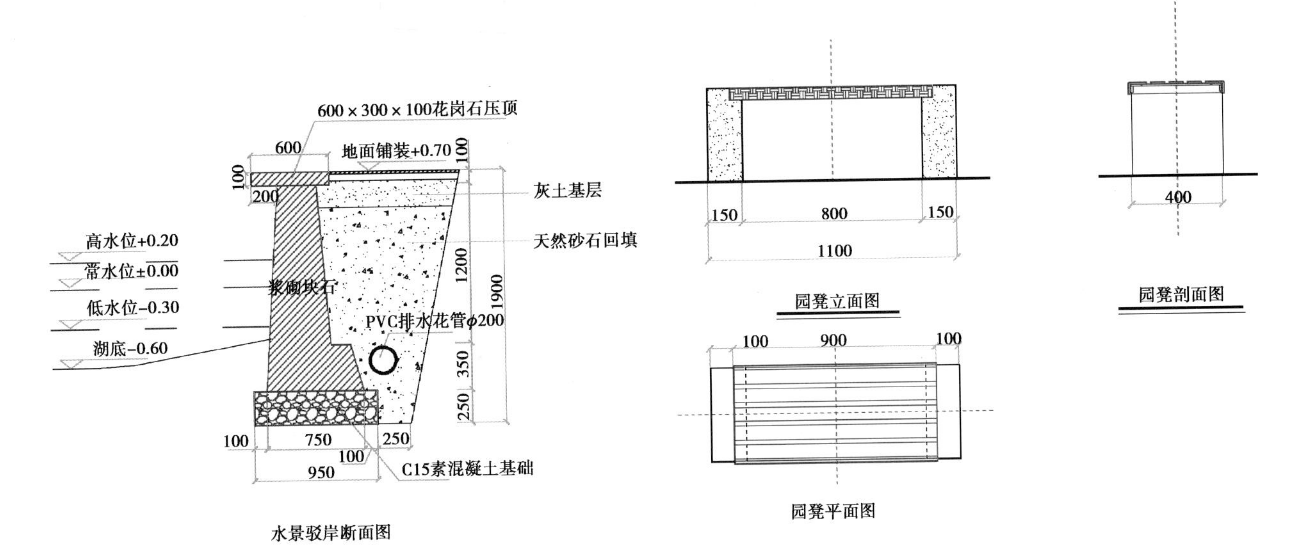

水景驳岸断面图

园凳平面图

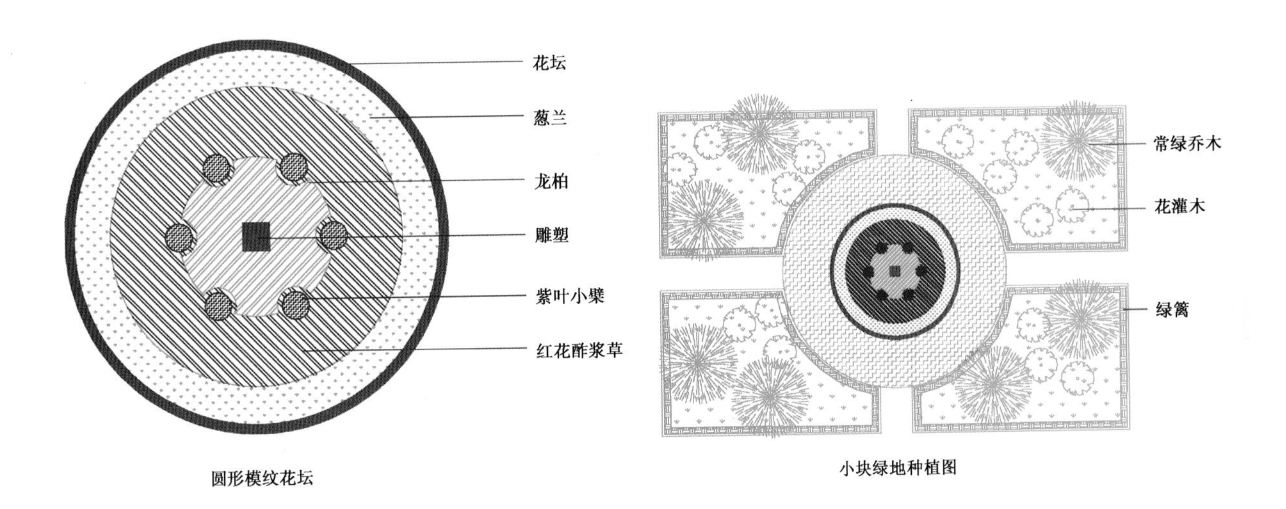

圆形模纹花坛

小块绿地种植图

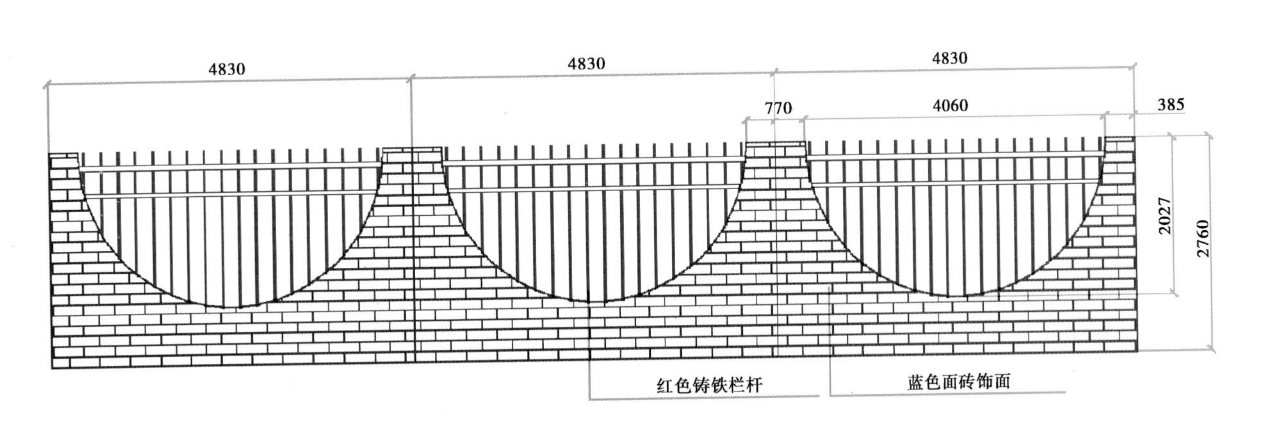

围墙立面图

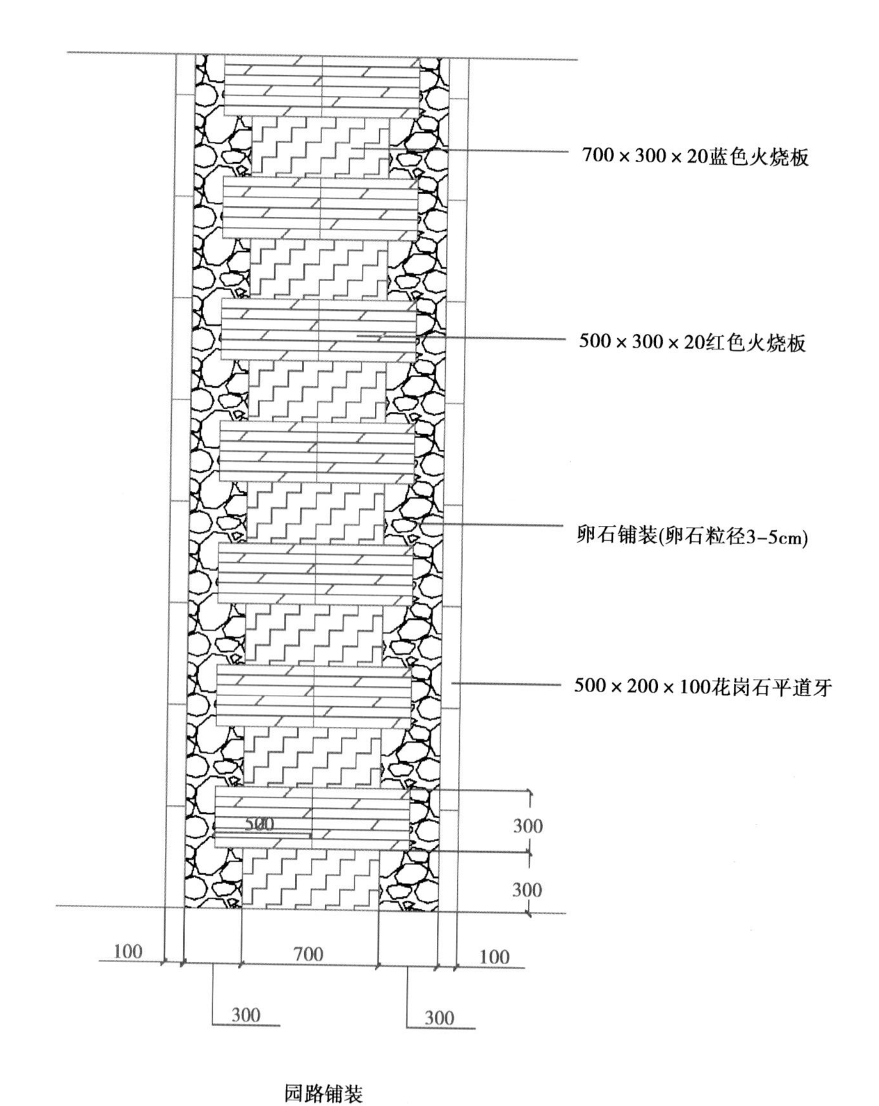

园路铺装

68#住宅
常绿植物
卵石铺装
落叶植物
春花植物
园桥
健身步道
景亭
夏花植物
溪水
70#住宅

居住区组团绿地平面图

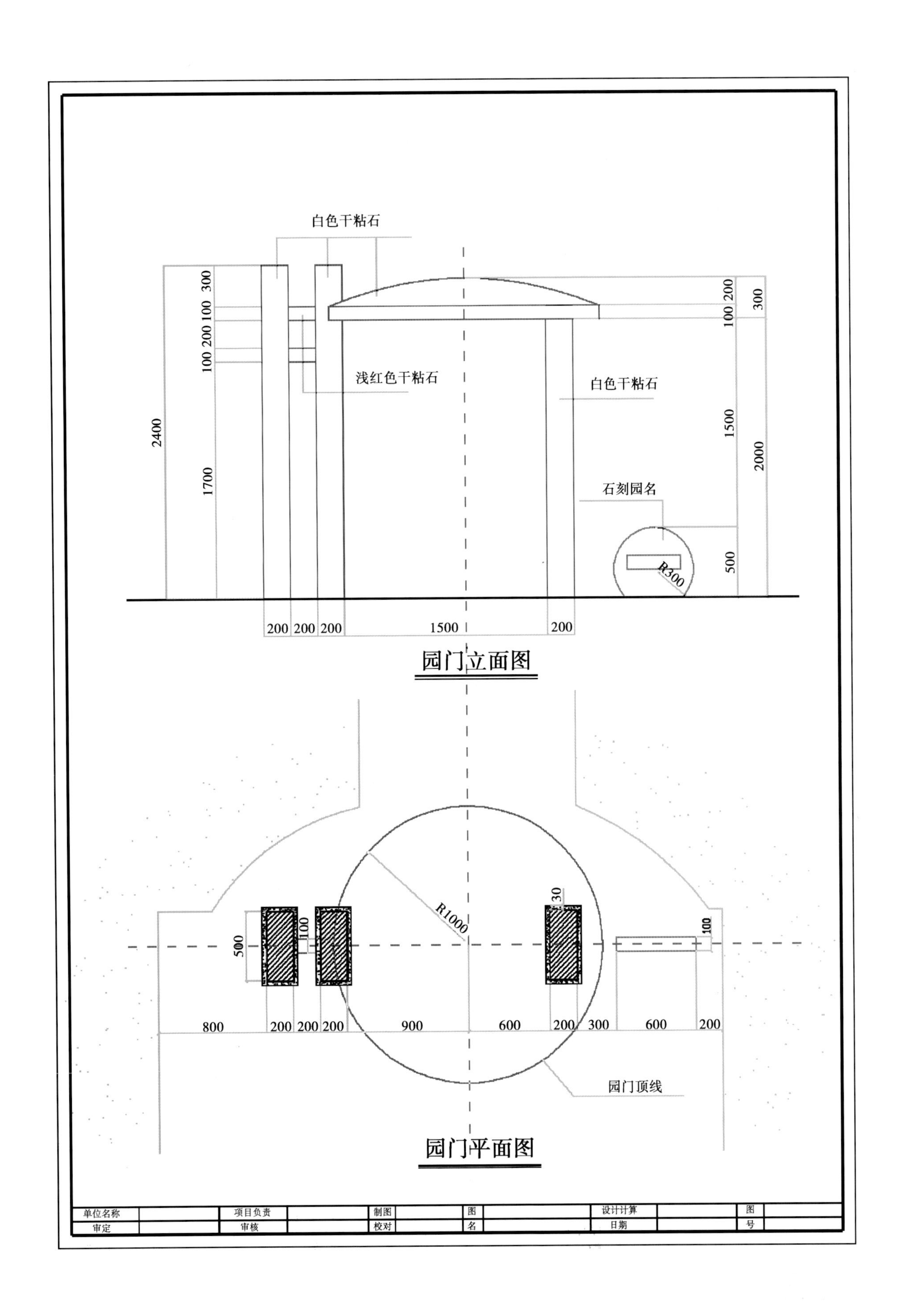
白色干粘石
300
100
200
100
2400
1700
浅红色干粘石
白色干粘石
200
100
300
1500
2000
石刻园名
500
R300
200 200 200
1500
200
园门立面图
R1000
130
100
500
100
800
200 200 200
900
600
200
300
600
200
园门顶线
园门平面图
单位名称
审定
项目负责
审核
制图
校对
图
名
设计计算
日期
图
号

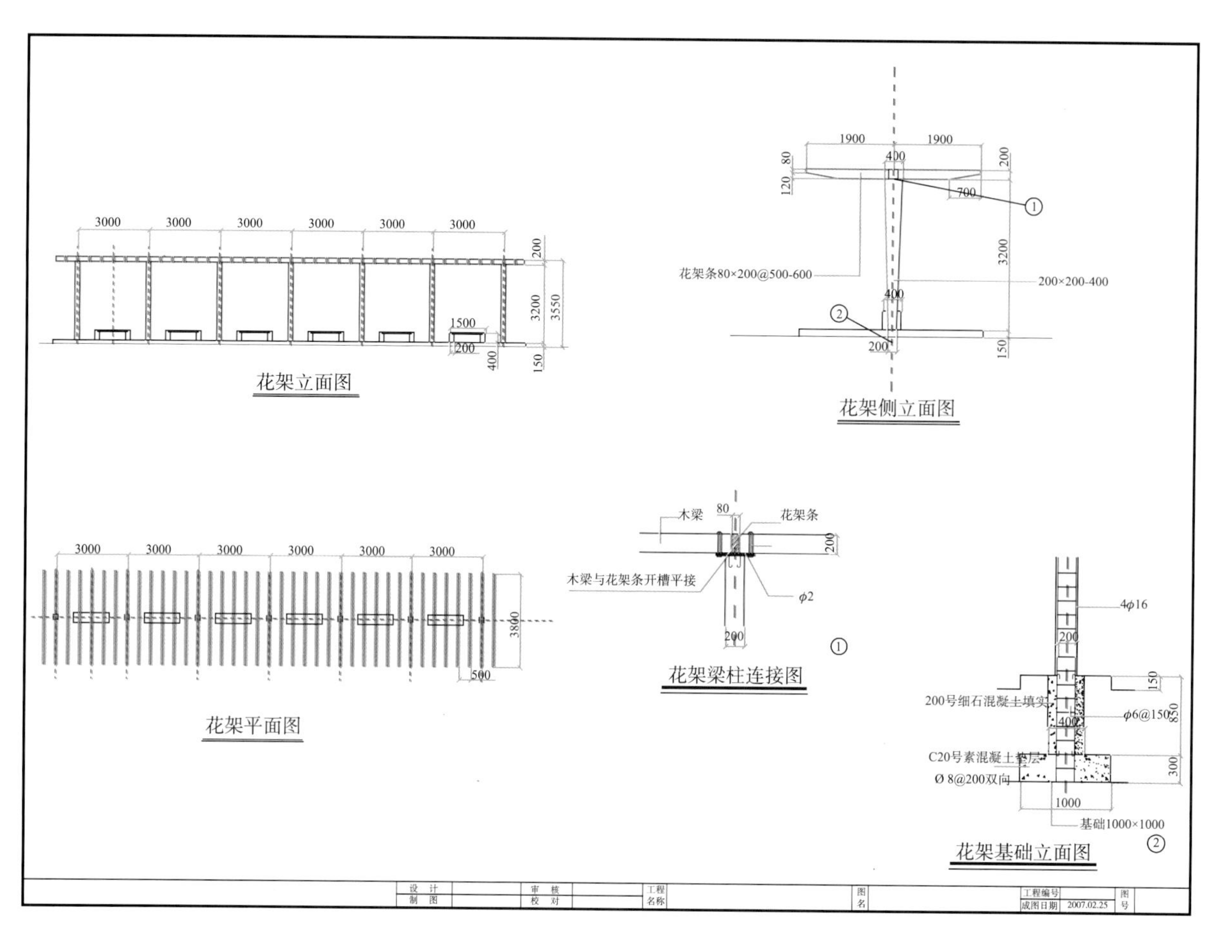

花架立面图
花架侧立面图
花架条80×200@500-600
200×200-400
花架平面图
木梁
花架条
木梁与花架条开槽平接
花架梁柱连接图
200号细石混凝土填实
C20号素混凝土垫层
Ø 8@200双向
基础1000×1000
花架基础立面图

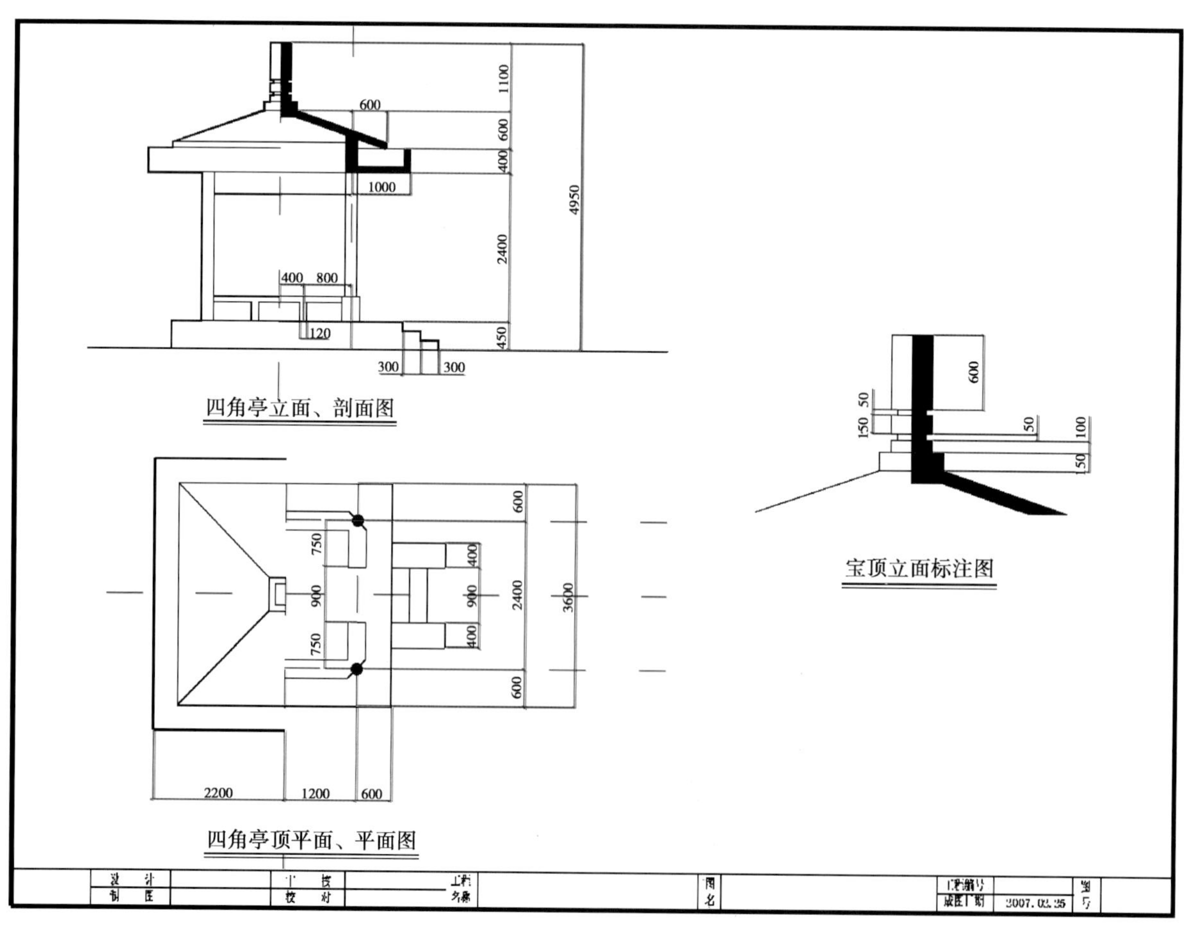

四角亭立面、剖面图
宝顶立面标注图
四角亭顶平面、平面图

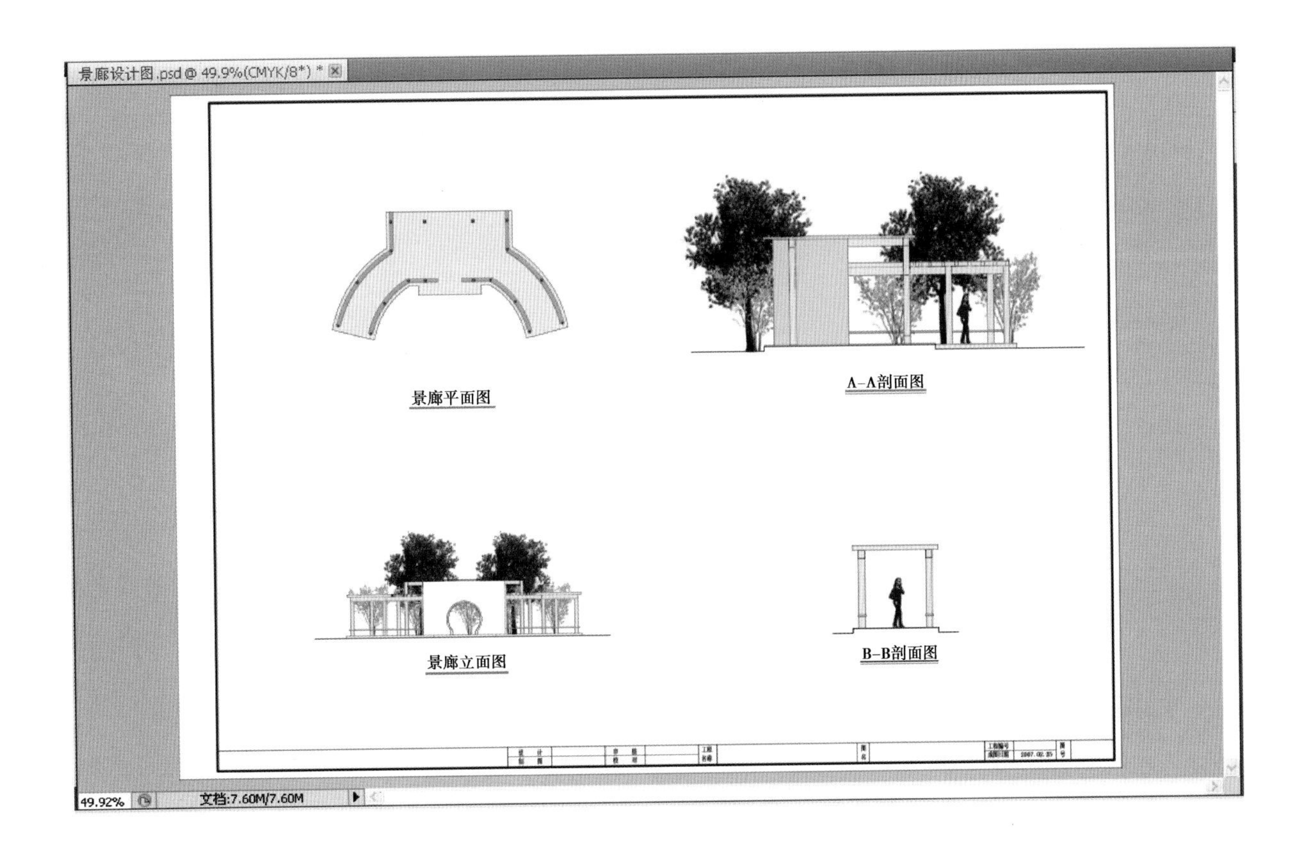
景廊设计图.psd @ 49.9%(CMYK/8*)
景廊平面图
A–A剖面图
景廊立面图
B–B剖面图
49.92%
文档:7.60M/7.60M

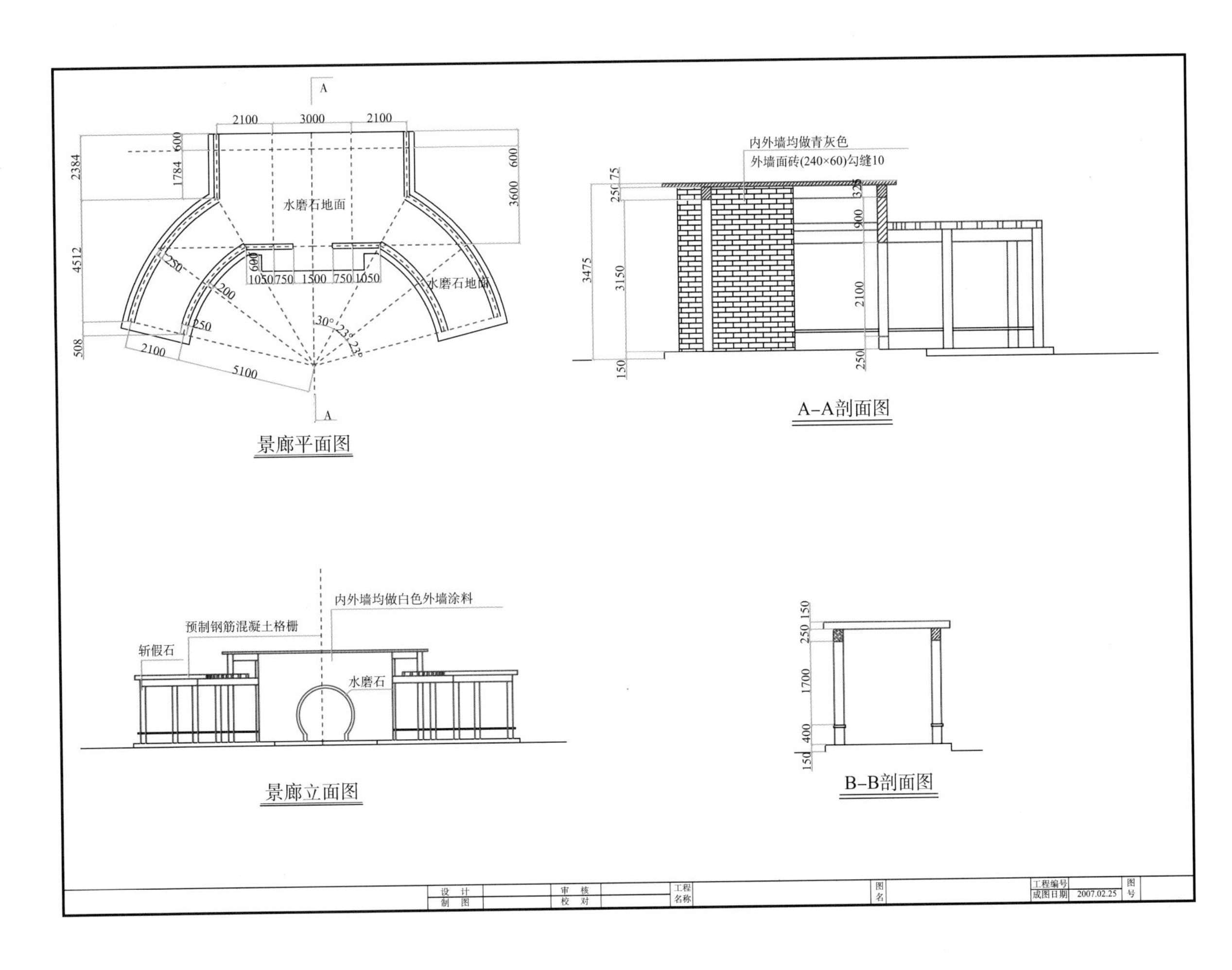
A
2100
3000
2100
600
1784
2384
600
3600
水磨石地面
4512
600
1050 750 1500 750 1050
250
200
水磨石地面
250
30°
23°
23°
508
2100
5100
A
景廊平面图
内外墙均做青灰色
外墙面砖(240×60)勾缝10
250 75
325
900
3475
3150
2100
150
250
A–A剖面图
内外墙均做白色外墙涂料
预制钢筋混凝土格栅
斩假石
水磨石
景廊立面图
150
250
1700
400
150
B–B剖面图
设 计
制 图
审 核
校 对
工程
名称
图
名
工程编号
成图日期
2007.02.25
图
号

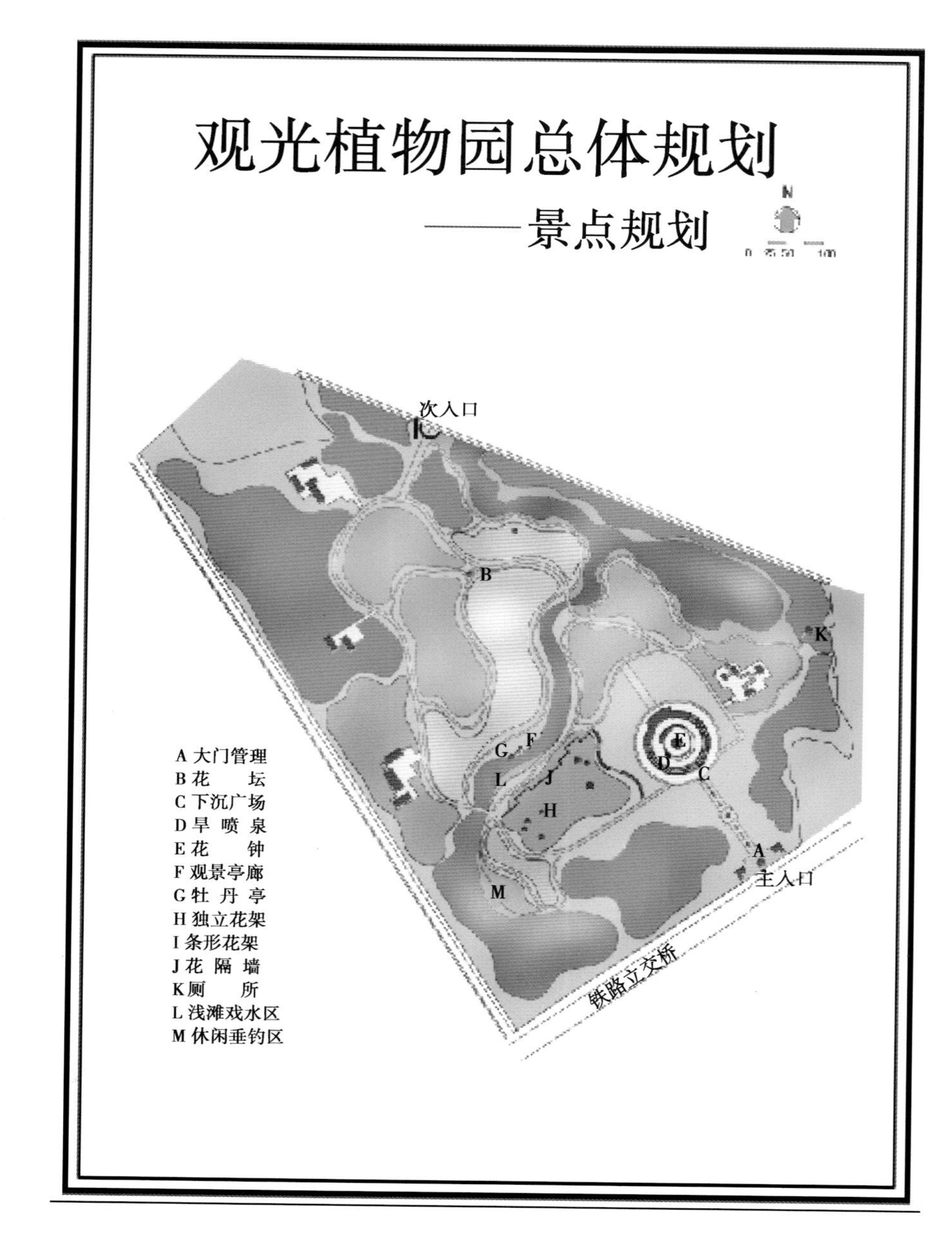
观光植物园总体规划
——景点规划
N
0 25 50 100
次入口
主入口
铁路立交桥
A 大门管理
B 花　坛
C 下沉广场
D 旱喷泉
E 花　钟
F 观景亭廊
G 牡丹亭
H 独立花架
I 条形花架
J 花隔墙
K 厕　所
L 浅滩戏水区
M 休闲垂钓区

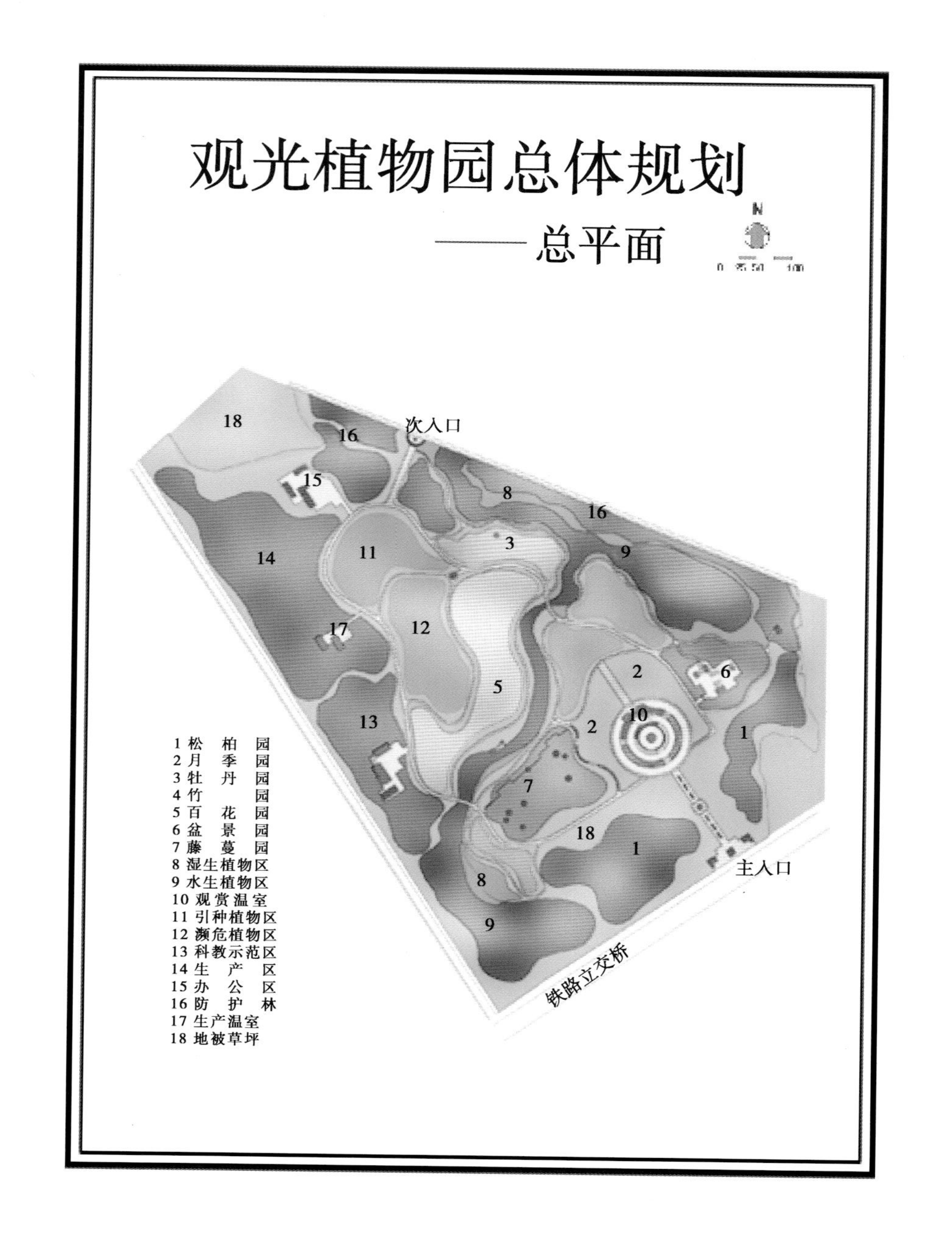
观光植物园总体规划
——总平面
N
0 25 50 100
次入口
主入口
铁路立交桥
1 松柏园
2 月季园
3 牡丹园
4 竹　园
5 百花园
6 盆景园
7 藤蔓园
8 湿生植物区
9 水生植物区
10 观赏温室
11 引种植物区
12 濒危植物区
13 科教示范区
14 生产区
15 办公区
16 防护林
17 生产温室
18 地被草坪

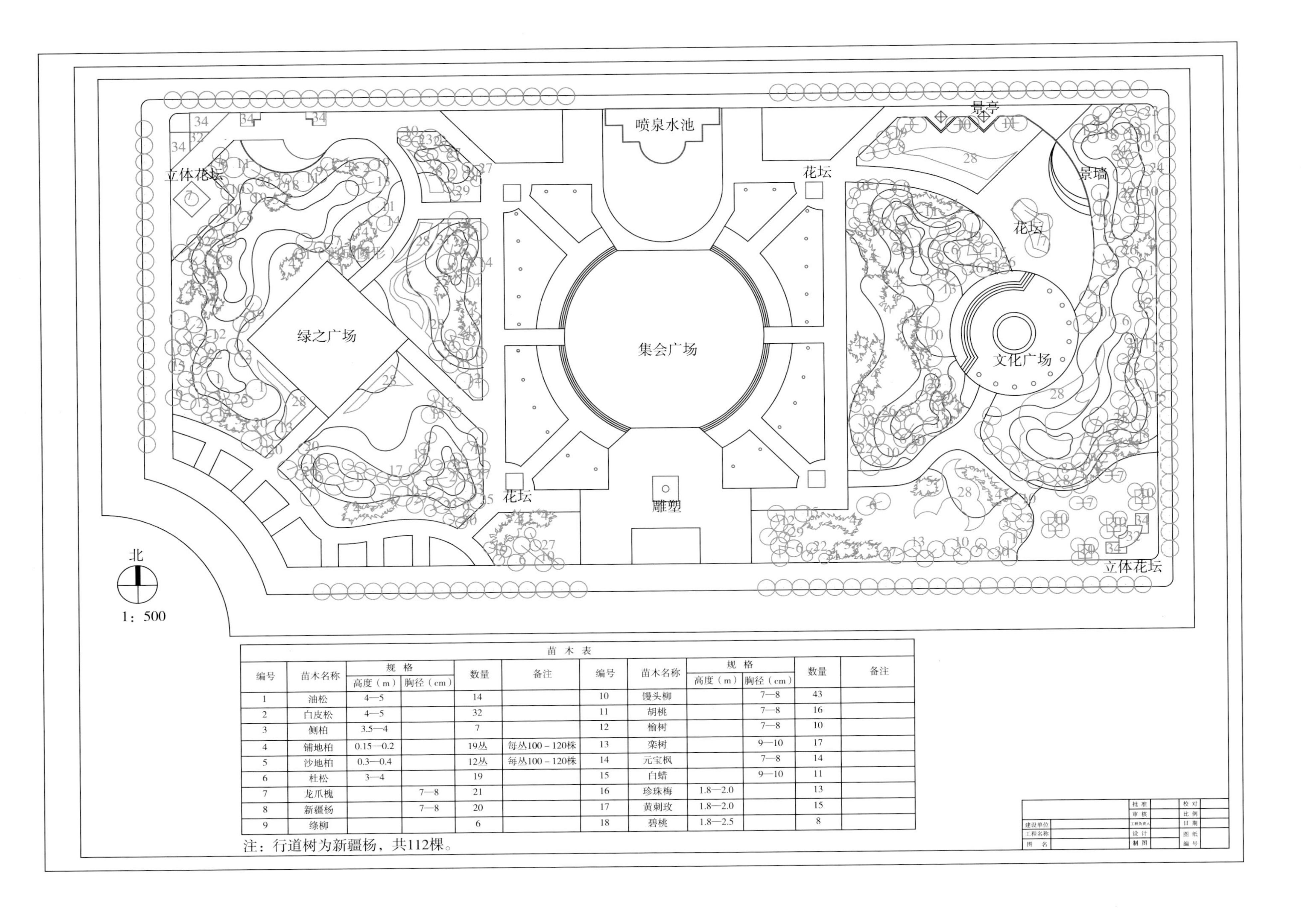

苗木表

编号	苗木名称	规格 高度（m）	规格 胸径（cm）	数量	备注	编号	苗木名称	规格 高度（m）	规格 胸径（cm）	数量	备注
1	油松	4—5		14		10	馒头柳		7—8	43	
2	白皮松	4—5		32		11	胡桃		7—8	16	
3	侧柏	3.5—4		7		12	榆树		7—8	10	
4	铺地柏	0.15—0.2		19丛	每丛100－120株	13	栾树		9—10	17	
5	沙地柏	0.3—0.4		12丛	每丛100－120株	14	元宝枫		7—8	14	
6	杜松	3—4		19		15	白蜡		9—10	11	
7	龙爪槐		7—8	21		16	珍珠梅	1.8—2.0		13	
8	新疆杨		7—8	20		17	黄刺玫	1.8—2.0		15	
9	绦柳			6		18	碧桃	1.8—2.5		8	

注：行道树为新疆杨，共112棵。

城市广场总体设计

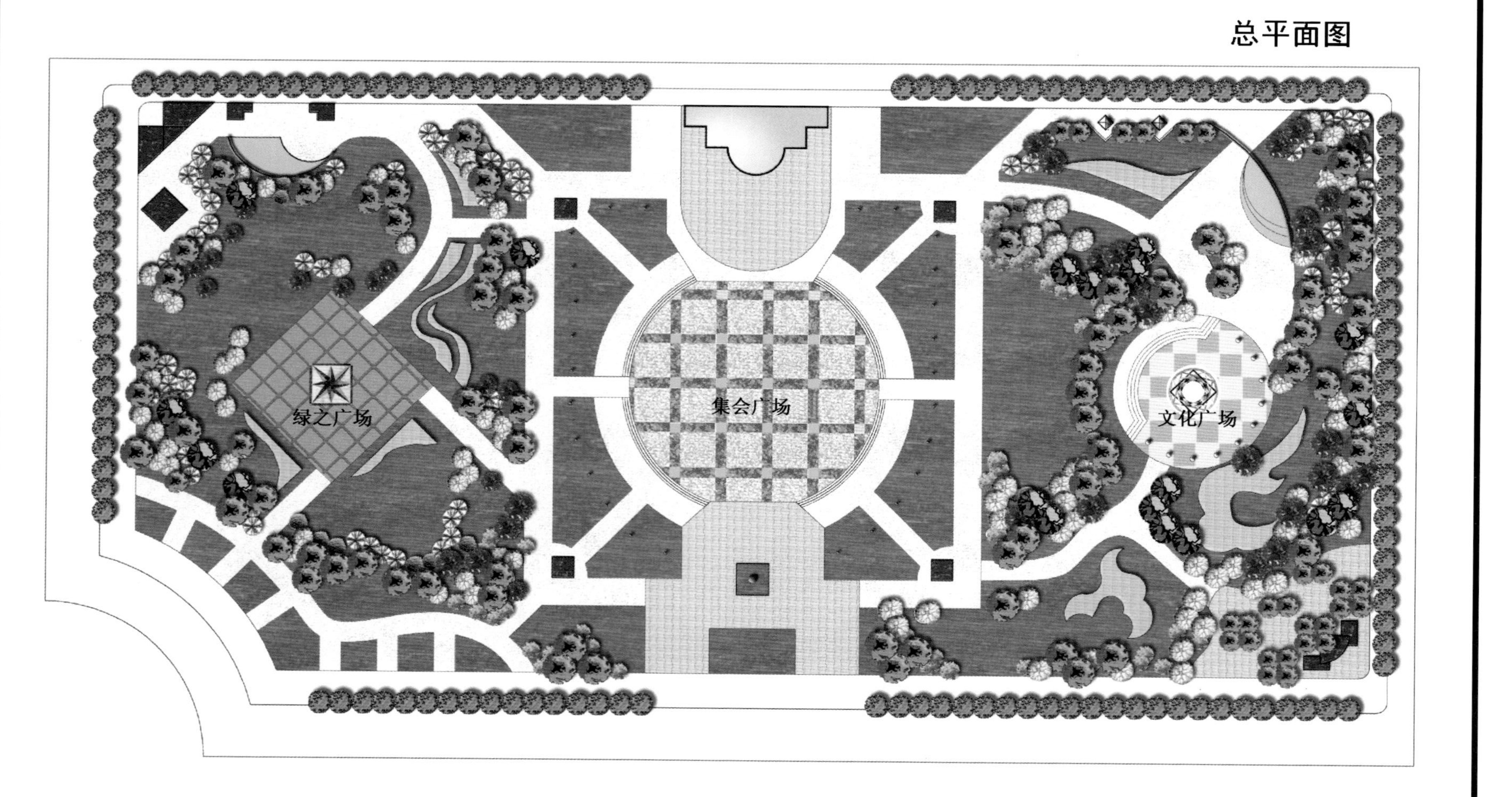

园林设计与电脑制图丛书

AutoCAD + Photoshop 园林设计实例

（第二版）

张　燕　胡大勇　编著

中国建筑工业出版社

图书在版编目（CIP）数据

AutoCAD+Photoshop园林设计实例 / 张燕，胡大勇编著．—2版．
北京：中国建筑工业出版社，2012.10
（园林设计与电脑制图丛书）
ISBN 978-7-112-14589-8

Ⅰ．①A…　Ⅱ．①张…　②胡…　Ⅲ．①园林设计-计算机辅助设计-应用软件　Ⅳ．①TU986.2-39

中国版本图书馆CIP数据核字（2012）第189615号

作者根据多年的设计经验，从设计实例入手，比较全面地介绍了Autodesk公司的AutoCAD 2010与Adobe公司的Photoshop CS5在园林设计制图中的相关知识，并结合实例，由浅入深地介绍这两种软件在该领域应用中便捷的方法和技巧，文中将园林设计基础、制图要求与软件的操作应用融为一体，使本书具有很强的实用性。

本书共分为两篇五章，第一篇介绍了AutoCAD 2010的基本功能和应用AutoCAD绘制园林建筑小品、规划设计线条图的方法，第二篇介绍了Photoshop CS5的基本知识和园林线条图形在Photoshop中后期渲染处理的方法与技巧。读者通过这些制作实例，可以在较短的时间内掌握电脑设计制图的方法和技巧。

本书所有的实例文件以及用到的素材都收录在随书附带的光盘中，可以供读者在操作过程中插入引用或对照参考。本书对AutoCAD与Photoshop其他版本的操作同样具有参考价值。

本书内容丰富、实例典型、步骤详细，适合使用电脑进行园林设计、景观规划、平面美术制作等技术人员参考，也可作为相关院校或培训班的教学材料。

*　　*　　*

责任编辑：郑淮兵
责任设计：董建平
责任校对：王誉欣　刘梦然

园林设计与电脑制图丛书
AutoCAD + Photoshop
园林设计实例
（第二版）
张　燕　胡大勇　编著
*
中国建筑工业出版社出版、发行（北京西郊百万庄）
各地新华书店、建筑书店经销
华鲁印联（北京）科贸有限公司制版
北京云浩印刷有限责任公司印刷
*
开本：880×1230毫米　1/16　印张：24¼　插页：4　字数：760千字
2013年2月第二版　2013年2月第十次印刷
定价：70.00元（含光盘）
ISBN 978-7-112-14589-8
（22661）

前　　言

近年来，计算机辅助设计在规划设计行业得到了广泛的应用。电脑日益取代画笔，成为园林设计、景观规划人员手中不可或缺的工具，电脑强大的功能与便捷的修改模式不但淋漓尽致地表现出设计师的设计理念，更开拓了他们的设计构思，使设计成果更趋完善。由计算机辅助设计制作的平面方案、三维效果或施工图，都以其精美的图案、逼真的效果、精确的制图而日益吸引业主，获得更广泛的肯定与应用。

本书立足于园林设计、景观规划行业，根据计算机辅助设计在这个领域中的应用方向，结合制图实例，详细介绍 AutoCAD 和 Photoshop 软件在设计绘图中的应用。其中，Autodesk 公司的 AutoCAD 软件应用最为广泛，在园林设计、景观规划中较多用于图形文件的基本绘制，如平面方案设计、施工图绘制等，是方案后期处理、三维图形建模的基础；Adobe 公司的 Photoshop 软件主要用于图形文件的后期效果处理，一般是把 AutoCAD 中绘制的平面设计方案和 3ds Max 中绘制的三维图形转换到 Photoshop 中，进行后期图面效果处理。

本书主要以 AutoCAD 2010、Photoshop CS5 为背景，结合设计实例，详细介绍了这两种软件在园林设计、景观规划行业中制作平面方案和施工图的方法和技巧，使读者有的放矢地尽快掌握电脑绘制园林景观图形的知识和技能。本书对于这两种软件其他版本的学习者同样具有参考价值。

本书在编写过程中，得到了编辑郑淮兵同志的大力支持和帮助，吴于勤、许先升、黄成林等同志也为本书提供了许多有益的建议和资料，陈战是、陈琗、张伟、刘华春、李学舒、于涵、刘栋、郭静等同志也为本书的绘制提供了帮助，书中个别图例取自于国家规范图集，在此也一并致谢。由于篇幅有限，AutoCAD 与 Photoshop 软件中有些功能没有充分展开，请广大读者谅解。此外，由于作者水平和经验所限，书中疏漏在所难免，欢迎广大读者批评、指正。

目 录

第一篇 AutoCAD 2010 绘制园林图实例

第一篇　AutoCAD 2010 绘制园林图实例

第一章　AutoCAD 2010 基本知识

1.1 AutoCAD 2010 基本环境

主要内容：了解 AutoCAD 2010 绘图界面的组成和常用的命令，了解功能键的含义。

1.1.1 绘图界面

双击桌面上的 AutoCAD 2010 图标，或单击桌面上的“开始”按钮，在程序菜单中找到 Autodesk/AutoCAD 2010，单击此选项就可以启动程序。屏幕将显示初始的工作空间（如图 1-1 所示）。

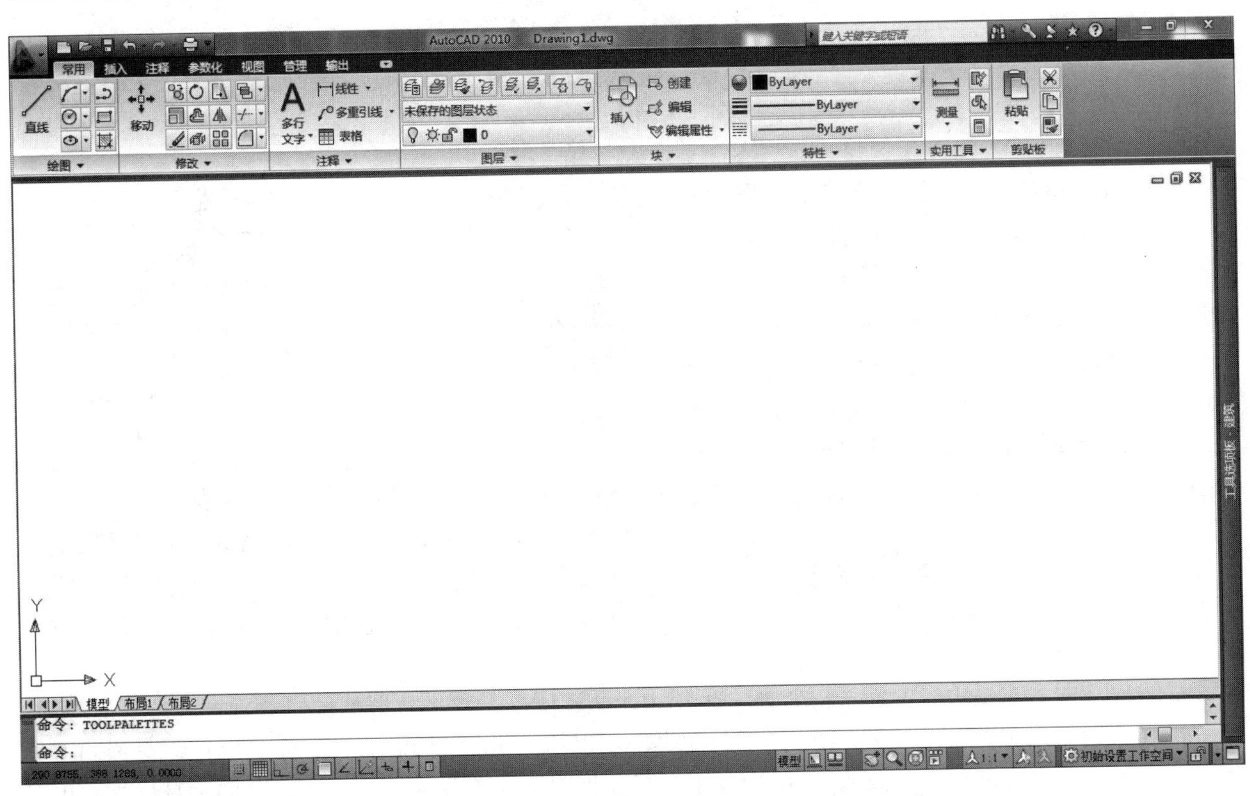

图 1-1

AutoCAD 2010 采用了全新的 Ribbon 界面，因此界面上和以往版本有所不同，在系统界面的上部 Ribbon 界面依次有常用、插入、注释、参数化、视图、管理、输出等常用的绘图功能项，单击相应的选项将显示其下复杂多样的工具与功能（如图 1-2 所示）。

在系统界面的底部有命令行与状态行，命令行提示输入或执行的命令，状态行显示 AutoCAD 当前的状态。

在状态行右侧有切换工作空间选项，单击其下拉三角，将显示工作空间选项（如图 1-3 所示），园林设计绘图可选择二维草图与注释、AutoCAD 经典，对其中的三维建模空间应用较少，本书也不作介绍；绘图时也可直接使用打开文件所默认的初始设置工作空间，基本功能界面同二维草图与注释的工作空间，前文也介绍了基本界面和功能，下面介绍 AutoCAD 经典的界面和功能。

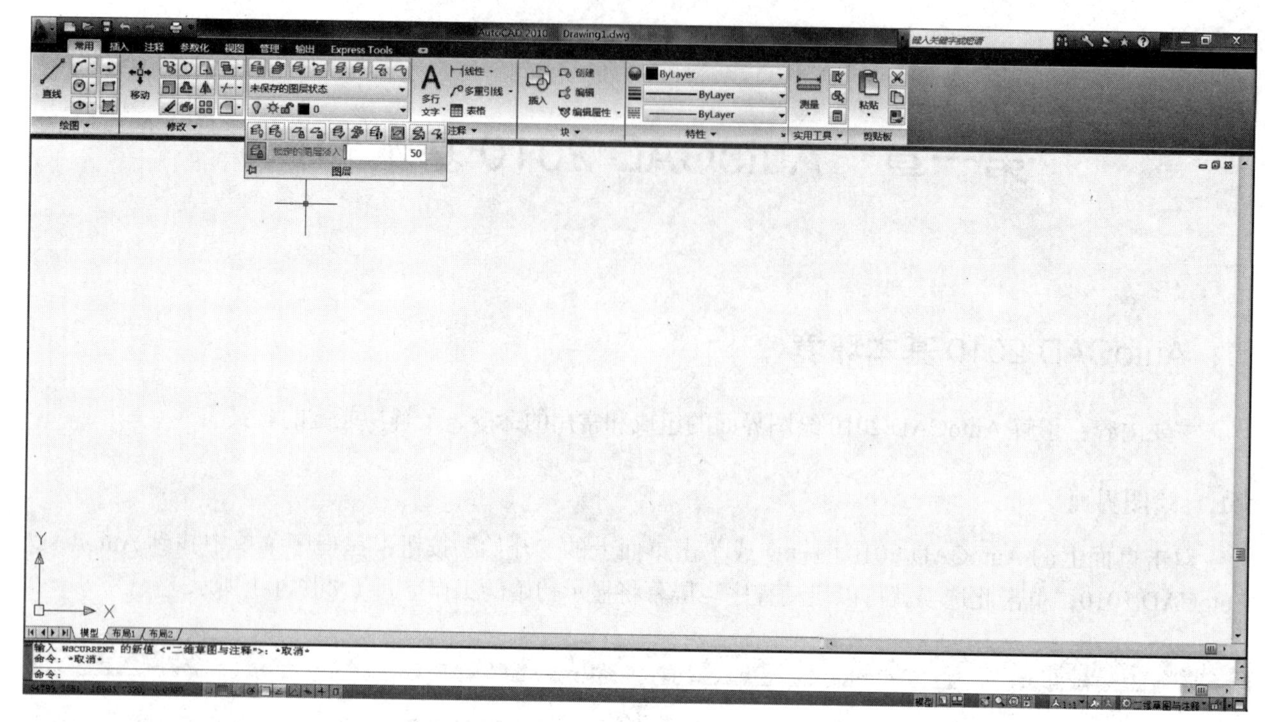

图 1-2

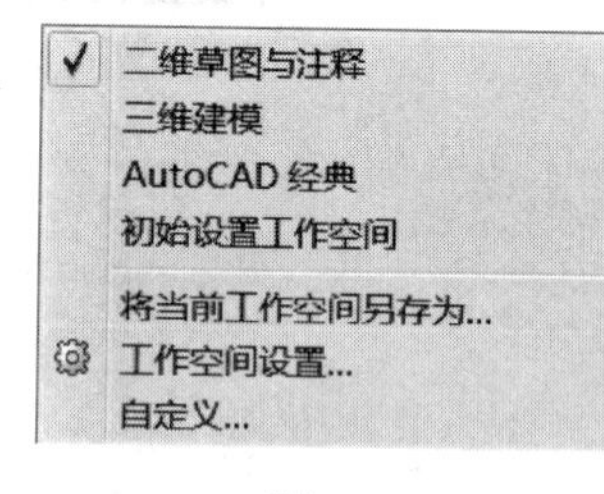

图 1-3

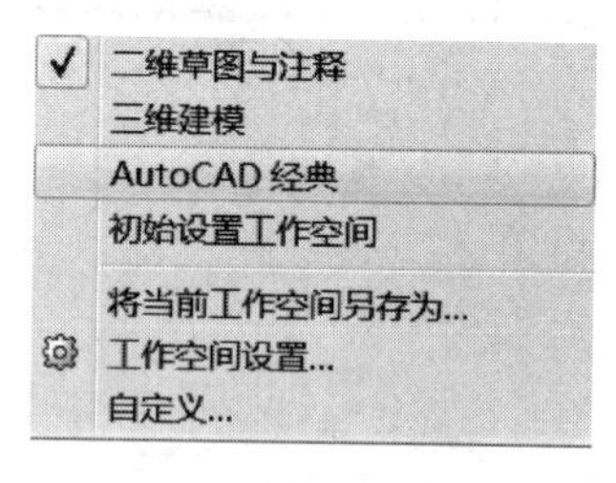

图 1-4

点击右下角的齿轮图标，会显示工作空间选项板，点击 AutoCAD 经典可将工作空间切换至传统工作空间（如图 1-4 所示）。当工作空间选择 AutoCAD 经典时，Ribbon 界面将消失，取而代之是传统的 CAD 菜单栏和工具栏，取消界面中间的工具选项板－所有选项板与平滑网格工具栏，让我们来详细了解下 AutoCAD 经典的绘图界面。在绘制园林设计平面图时，使用者可以根据自己的使用习惯来选取工作空间。

系统自动创建新的图形文件 Drawing1.dwg，屏幕上显示 AutoCAD 2010 的 AutoCAD 经典绘图界面如图 1-5 所示，其主要由标题栏、菜单栏、工具栏、绘图窗口、文本窗口与命令行、状态栏等元素组成。将鼠标对准各按钮稍作停留，鼠标下方将对应显示其名称或功能。下面将详述各组成元素的功能与作用。

标题栏：用于显示当前正在运行的程序名及文件名等信息。其最右端的按钮分别控制窗口最小化、最大化和关闭应用程序窗口；最左边的是应用程序的小图标，单击会弹出一个 AutoCAD 窗口控制下拉菜单，可以执行 AutoCAD 多项操作；中间显示的是文件名；在文件名左侧是快速访问工具栏，列出了几项常用的工具，如新建、打开、保存、放弃、重做、打印等；在文件名右侧则是搜索、通讯中心、收藏夹、帮助等快捷按钮。

菜单栏：在文件、编辑、视图、插入、格式、工具、绘图、修改等缺省的程序菜单中包含着各种命令。打开任意一个菜单，命令后的快捷键表示可以通过键盘快速执行该命令，黑色三角箭头表示该命令下还有子命令，如图 1-6 所示。

标准工具栏：有常用工具按钮，如新建、打开及缩放等按钮，比使用菜单更快捷方便，如图 1-7 所示。

对象工具栏：主要用于控制图层、文字、颜色、线型、线宽等设置，如图 1-8 所示。

绘图工具栏：包含了直线、圆弧、曲线、填充、文字等图形绘制命令，如图 1-9 所示。

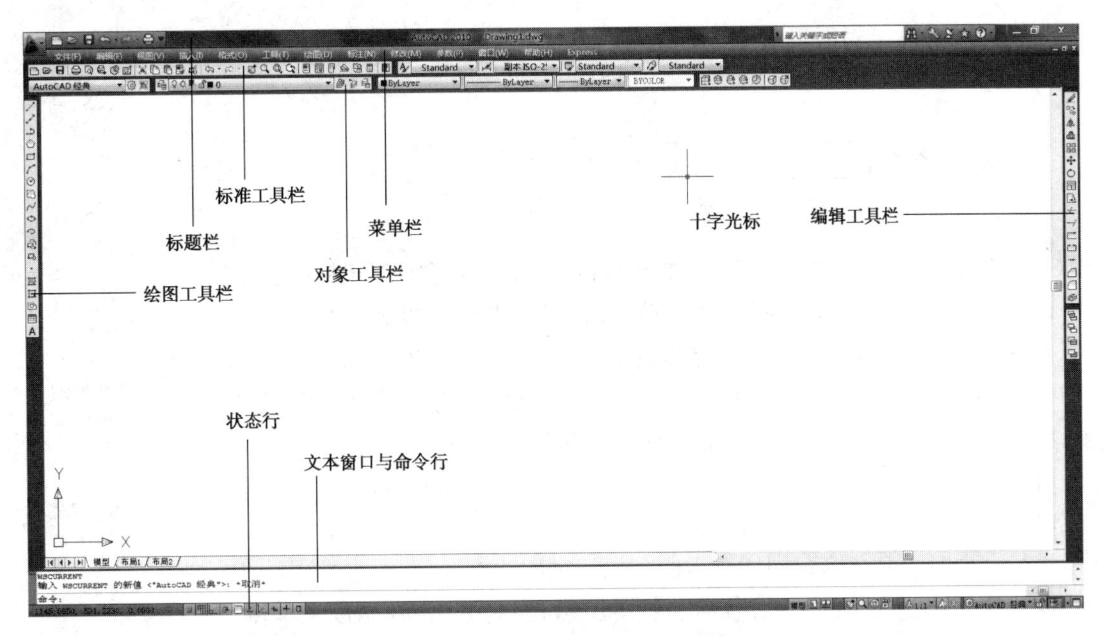

图 1-5

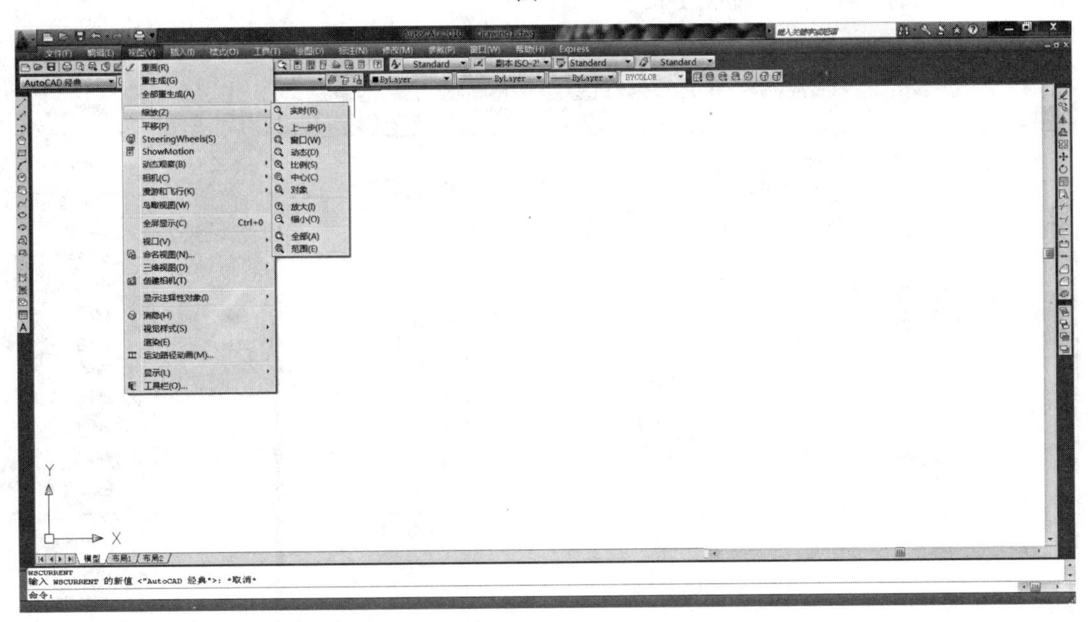

图 1-6

图 1-7

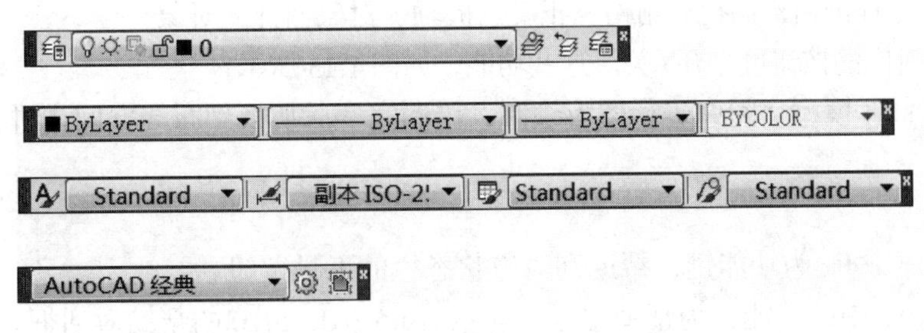

图 1-8

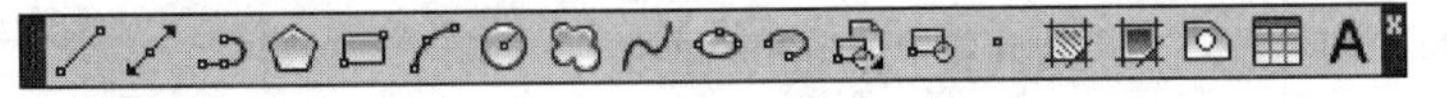

图 1-9

修改工具栏：包含了对图形对象进行复制、旋转、缩放、修剪、倒角等命令，如图 1-10 所示。

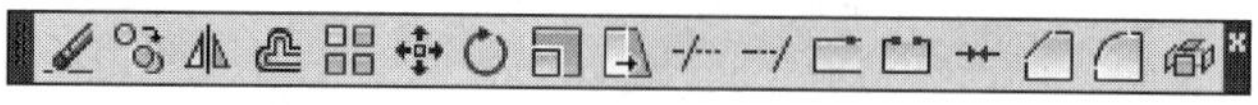

图 1-10

AutoCAD 有多项工具栏，如果要显示当前隐藏的工具栏，可在任意工具栏上右击，将弹出一个快捷菜单，通过选择相应的命令以弹出需要的工具栏，如图 1-11 所示。

图 1-11

坐标系图标：用于指示图形方向，默认状态下显示的为世界坐标系（WCS），其原点位于窗口的左下角。在较精密的制图中，使用者可以根据需要将其转变为用户坐标系（UCS），但在园林设计中很少使用，不再赘述。

命令窗口与文本窗口：命令窗口用于输入命令并显示 AutoCAD 提示信息。当在命令窗口中输入命令（英文全称或快捷键），将显示命令提示和选项，通过菜单和工具栏执行命令时，命令窗口同样显示命令执行过程。

文本窗口主要是记录 AutoCAD 命令，按 F2 键可以打开 AutoCAD 文本窗口，它记录了对当前文档的所有操作，如图 1-12 所示。

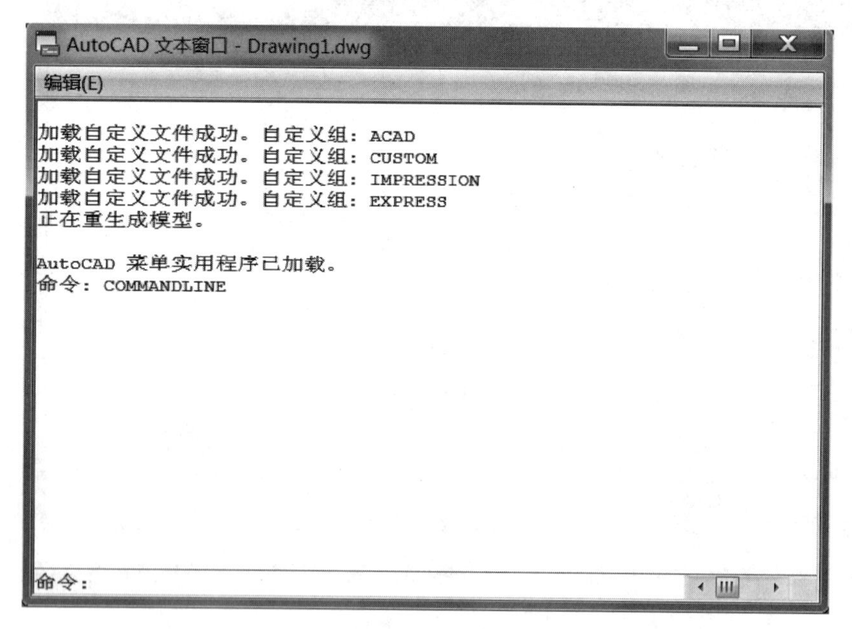

图 1-12

状态栏：用于显示 AutoCAD 当前的状态。左边显示的数字是光标的坐标；右边包含一组辅助绘图工具按钮，捕捉、栅格、正交、极轴、对象捕捉、对象捕捉追踪等，通过点击对应的按钮可打开 / 关闭这些功能，如图 1-13 所示。

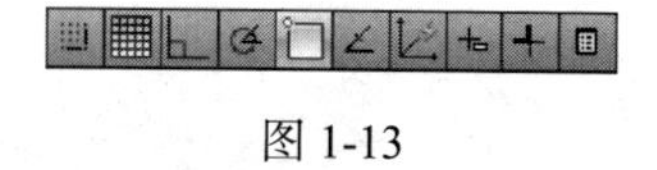

图 1-13

模型 / 布局选项卡：在模型空间中进行图形绘制，绘制完毕后切换到布局空间中进行打印输出。

1.1.2 功能热键

AutoCAD 2010 程序中 F*x* 为功能键，帮助和对应状态栏的工具按钮。

F1：等同于 Windows 中的功能，为帮助主题，显示 AutoCAD 2010 的帮助对话框。

F2：在文本 / 图形屏幕中切换，文本显示已执行命令的具体情况。

F3：对象捕捉 ON/OFF，控制对象捕捉摄制的开或关。

F4：数字化仪开关键，控制数字化仪模式的开或关。

F5：切换等轴侧面的模式，在等轴侧平面（左、右、上）之间切换。

F6：坐标显示 ON/OFF，控制状态栏左边的坐标显示。

F7：栅格显示 ON/OFF，控制栅格显示或关闭。

F8：正交模式 ON/OFF，当 F8 打开时可以绘制垂线或水平线。

F9：光标捕捉 ON/OFF，控制是否捕捉光标，用 SNAP 命令设置捕捉值。

F10：极坐标模式 ON/OFF，控制是否采用极坐标追踪模式。

F11：对象捕捉追踪 ON/OFF。

状态栏中对象捕捉对应 F3，单击可以打开控制开关，再次单击将关闭开关，可用同样的方法控制其他工具按钮：坐标显示（F6）、栅格（F7）、正交（F8），点击 MODEL 后变为 PAPER，为页面设置模式，再次点击还原为 MODEL 模式。LWT 为线宽模式控制键。

1.2 AutoCAD 2010 基本概念

主要内容：熟悉图形文件的创建、打开及保存和关闭等操作，了解对象的概念，熟悉图层、颜色、线型、线宽等设置方法，掌握图块的创建、输入和图形显示方法。

1.2.1 图形文件的管理

图形文件的管理，主要是新图形文件的创建，打开已有的文件及保存和关闭图形文件等操作。

1〉新建文件

启动 AutoCAD 2010 程序，系统将创建新的图形文件 Drawing1.dwg，读者可以直接在其上绘制图形，再操作保存命令。

如果在其他已打开的文件中进行新建文件，可以单击菜单“文件 / 新建”，或单击工具栏中“新建”按钮，或直接在命令栏中输入 NEW 后回车，或按下快捷键“Ctrl+N”，系统都将弹出“选择样板”对话框，如图 1-14 所示。

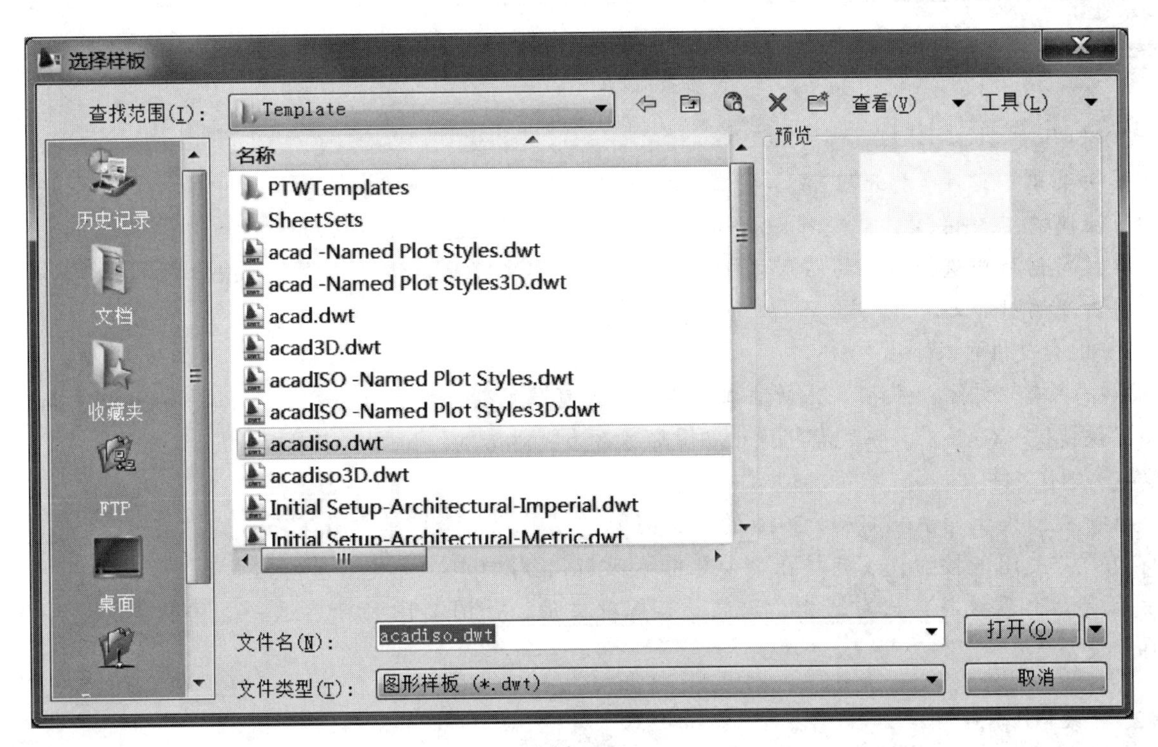

图 1-14

在该对话框中选择任意一个样板文件，右边的预览框中将显示该样板文件的预览图像，单击“打开”按钮，将以选中的文件为样板创建新文件。

样板文件包含了与绘图相关的设置，如图层、线型、文字样式、标注样式等，还包括了通用的对象，如标题栏、图框等，利用样板创建新图形，大大提高了绘图效率。

通常使用的样板文件有“acad.dwt”英制样板文件和公制样板文件两种，其中英制的尺寸为英寸，公制的尺寸为毫米，用户可以根据自己的实际需要选择。

选择样板文件后，绘图窗口将显示出样板文件的布局（样板文件 acad.dwt 或 acadiso.dwt 除外），如图 1-15 所示，在打印图形文件时将利用布局对图纸上的图形文件进行排版，但绘图过程还需要切换到模型空间，单击“模型”选项卡。

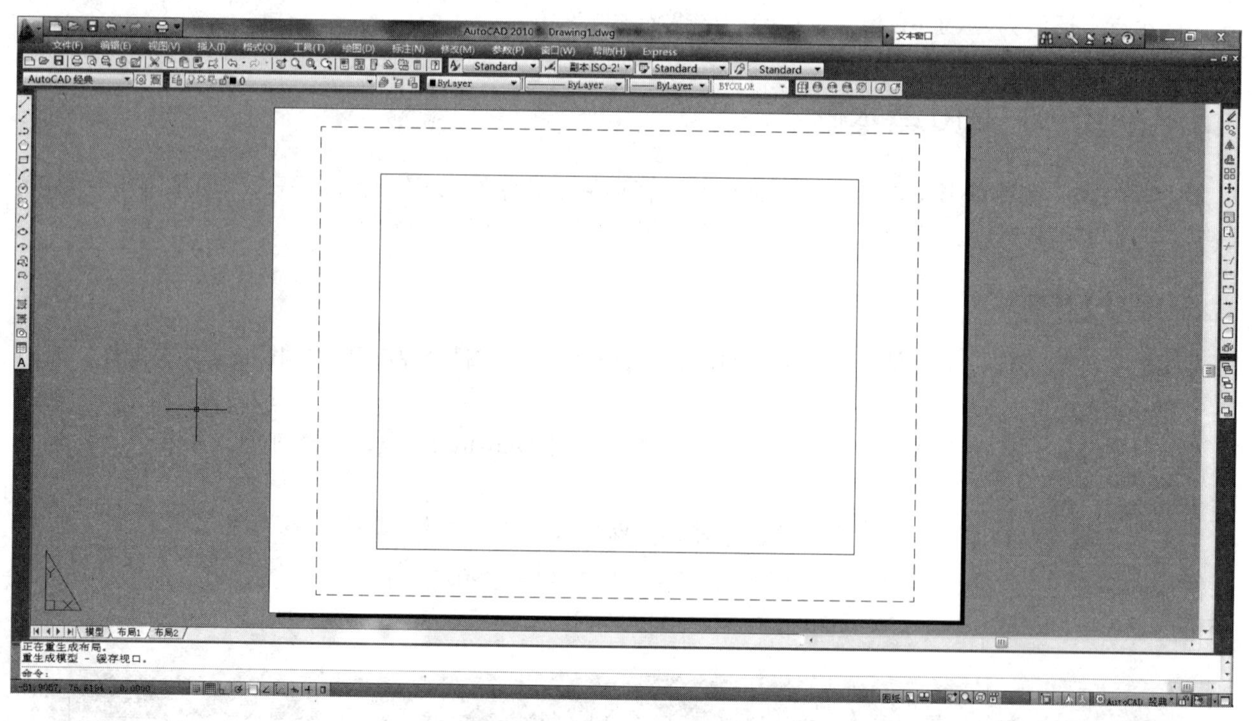

图 1-15

2）打开文件

单击菜单“文件 / 打开”，或单击工具栏中“打开”按钮，或直接在命令栏中输入 OPEN 后回车，或按下快捷键“Ctrl+O”，系统都将弹出“选择文件”对话框，如图 1-16 所示。

在该对话框中选择需要的图形文件，右边的预览框中将显示该文件的预览图像，单击“打开”按钮，将打开该图形文件。

3）保存文件

单击菜单“文件 / 保存”，或单击工具栏中“保存”按钮，或直接在命令栏中输入 QSAVE 后回车，或按下快捷键“Ctrl+S”，系统都将弹出“图形另存为”对话框，如图 1-17 所示。

4）关闭文件

单击视图左上角 AutoCAD 2010 的标志图标，在下拉菜单中单击最下面按键“关闭”，或单击绘图窗口的“关闭”按钮，或直接在命令栏中输入 close 后回车，将关闭当前的图形文件，如果当前文件没有存盘，系统将弹出对话框，询问是否保存文件，如图 1-18 所示。这一点同其他的软件相同，不再赘述。

1.2.2 对象与图层

对象指在 AutoCAD 2010 中绘制的图形或元素，如直线、圆弧、多边形、圆等。

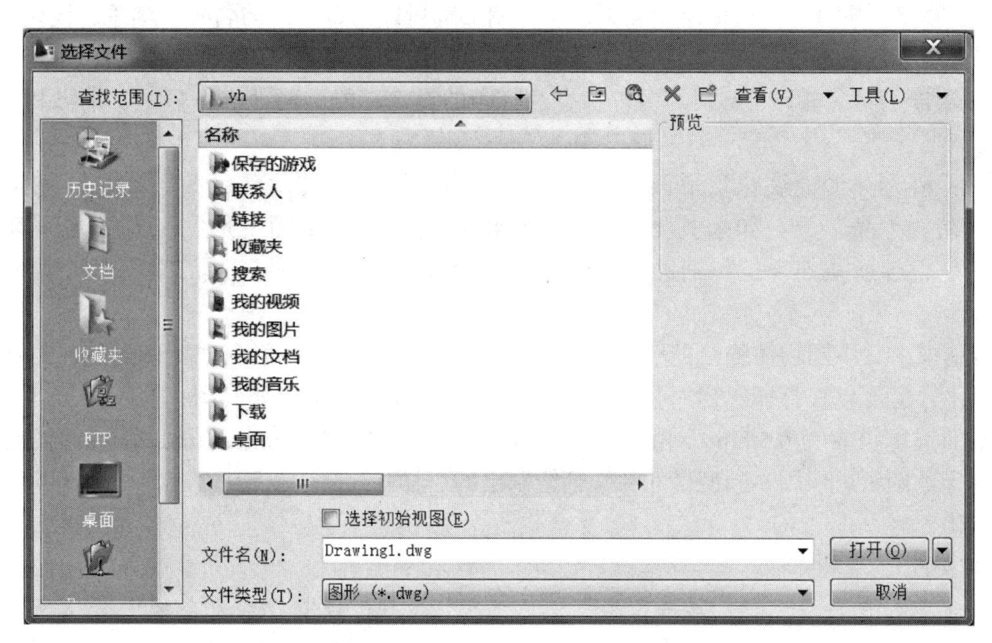

图 1-16

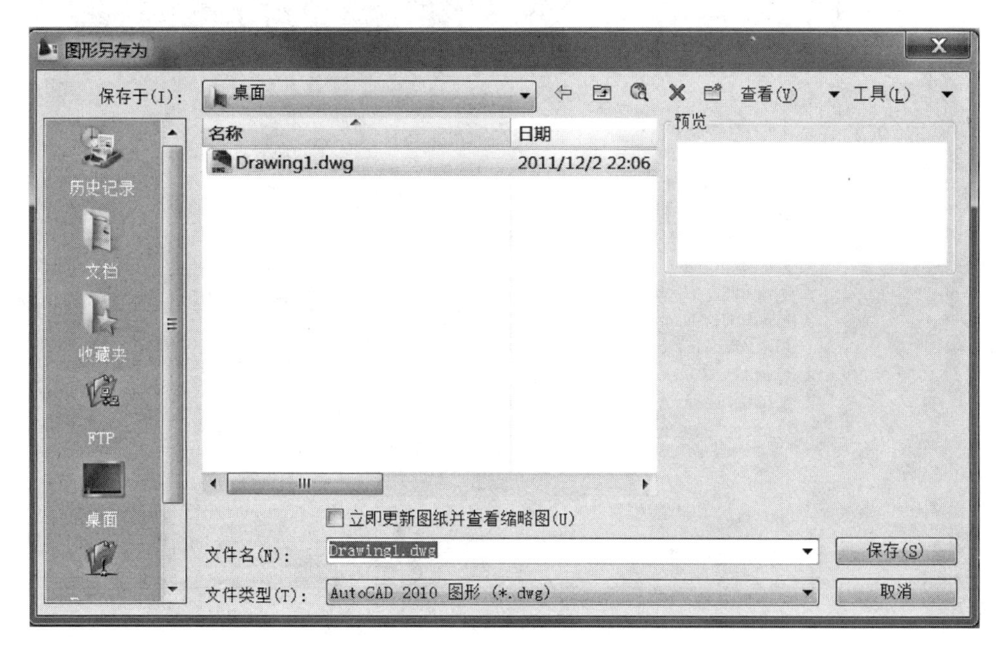

图 1-17

图 1-18

图层用于在绘图中存放不同的绘图元素，每一图层都可以指定自己的名称、颜色、线型，绘图中可以将不同的对象分别放置于不同图层，设置不同的颜色和线型，也可以放在同一图层；每个图层还有打开 / 关闭、冻结 / 解冻、锁定 / 解锁等多种状态及打印的设定，能方便地进行显示、编辑和修改，便于对对象进行归类管理。

彩图一所示为圆形模纹花坛平面图，红色虚线为辅助线，在“辅助”层；洋红色实线为花坛的边界线，在“小品”层。如果关闭“辅助”层的灯泡，只显示图案形状，有利于评判图案的形状和尺度感是否合适；如果把“辅助”层冻结（Freeze），对“小品”层的编辑修改就不会影响到“辅助”层。

图形绘制中，对不同物体描绘的线条设置在不同图层，并加以色彩和线宽的区别，打印出的图形就生动有变化，也可以在打印输出时根据色彩线型设置不同的线宽。如彩图一所示，把“小品”层的洋红色线型的线宽设置为 0.5mm，“植物”层的绿色线型设置为 0.25mm，“辅助”层的浅蓝色线型为 0.18mm，打印的图纸就像用不同型号的针管笔绘制出的一样。

操作步骤：

1〉新建文件

单击菜单“文件 / 新建”，或单击工具栏中“新建”按钮，或直接在命令栏中输入 NEW 后回车，在系统弹出“选择样板”对话框中选择默认样板文件 acad.dwt，单击“打开”按钮，将以选中的文件为样板创建新文件，如图 1-19 所示。

图 1-19

选择样板文件后，绘图窗口显示出样板文件的布局，如图 1-20 所示，单击“模型”选项卡，切换到模型空间进行绘图。

当直接打开 AutoCAD 2010，系统会默认一个新文件 Drawing1.dwg，也可以在绘图窗口中直接操作。

2〉创建图层

单击工具栏中图层特性管理器按钮（如图 1-21 所示），出现“图层特性管理器”对话框，读者可根据自己的需要对图层的名称、颜色、线型等进行修改、删除图层。

如果默认系统创建的文件 Drawing1.dwg，在“图层特性管理器”对话框中仅有“0”图层，读者需要单击“新建图层”按钮，设置新的图层（如图 1-22 所示）。这里以这种形式为例，讲解图层的设置。

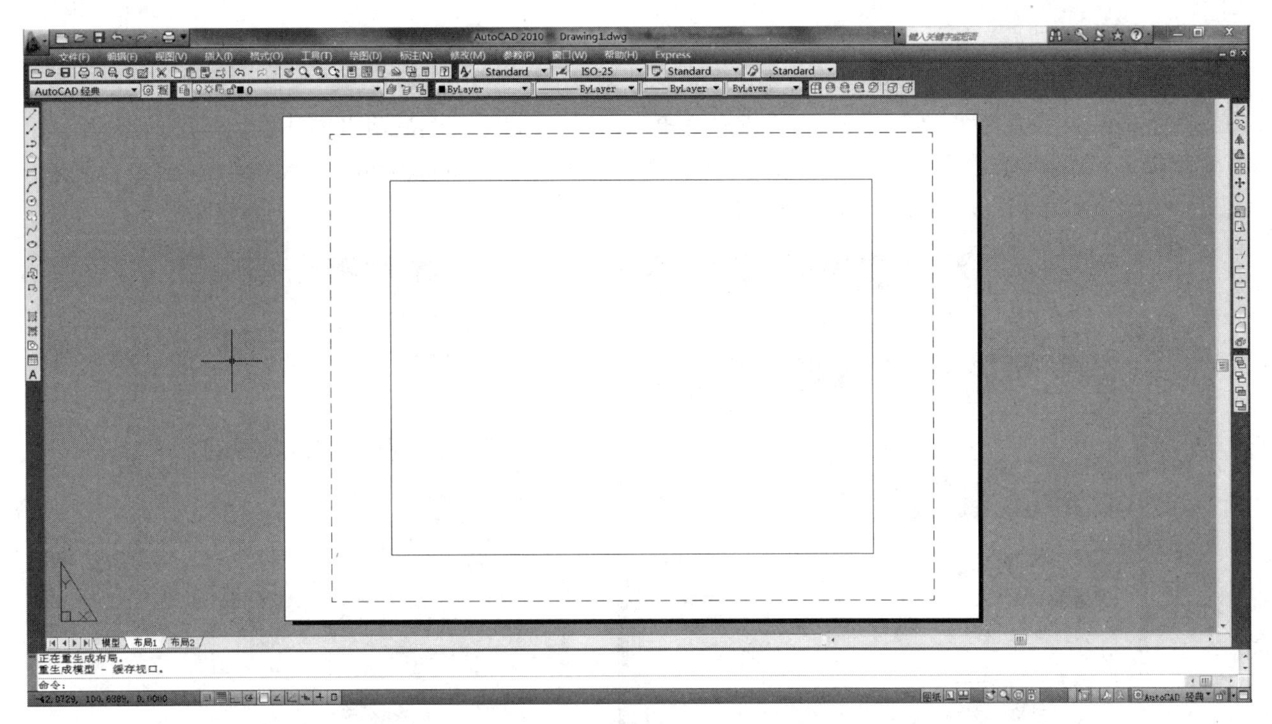

图 1-20

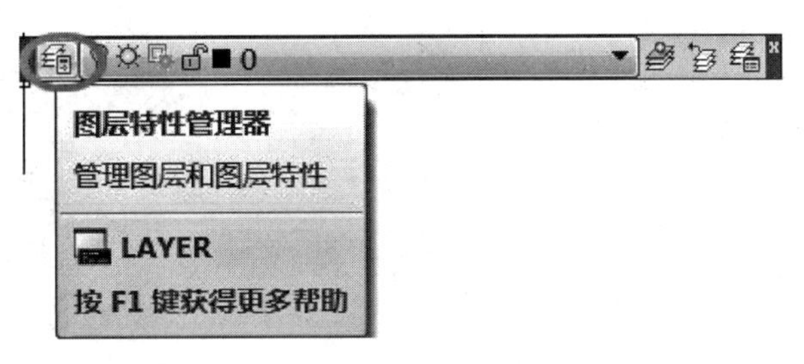

图 1-21

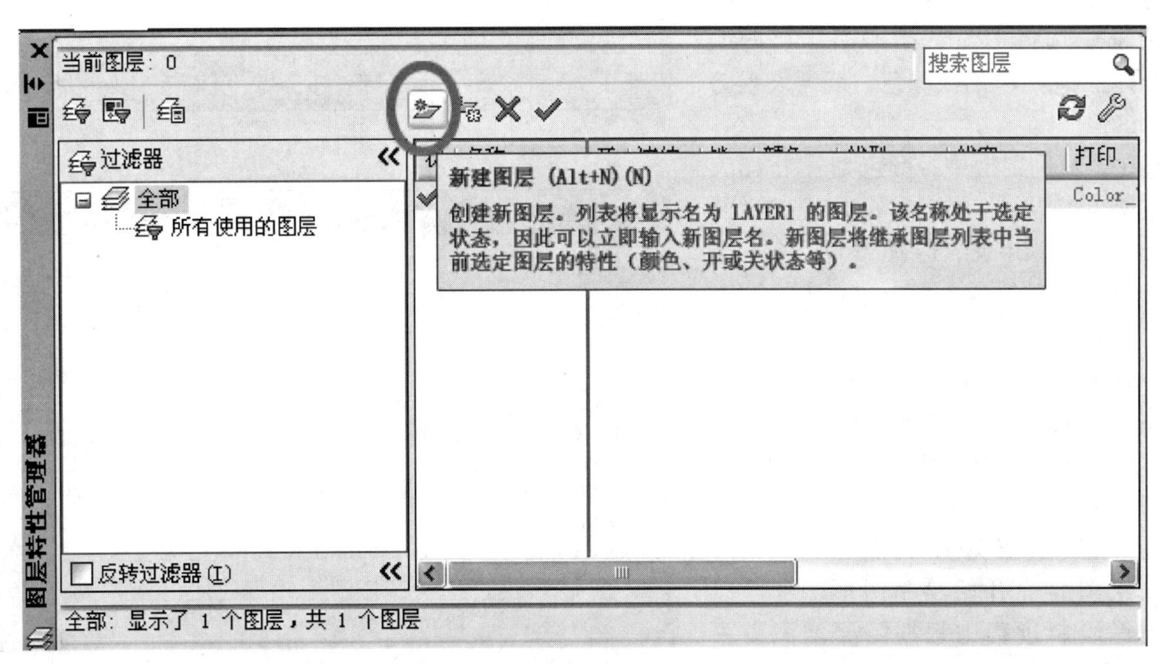

图 1-22

单击“新建图层”按钮，或按快捷键“Alt+N”，出现图层 1 的定义条，在名称中输入“建筑”，将图层 1 设置为绘制建筑线条的层；单击颜色（白色为默认前一图层颜色）前的方框，出现“选择颜色”面板，单击“索引颜色”1（红色），颜色框中将出现文字“红”，右侧显示出该颜色（如图 1-23 所示），再按“确定”，返回前图界面，图层颜色定义为红色；线型默认为 continuous（连续的）；单击线宽条，出现“线宽”对话框，选择 0.5mm（如图 1-24 所示）。

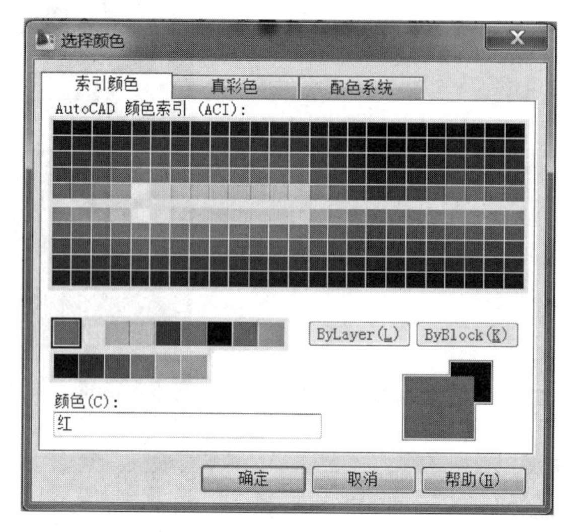

图 1-23

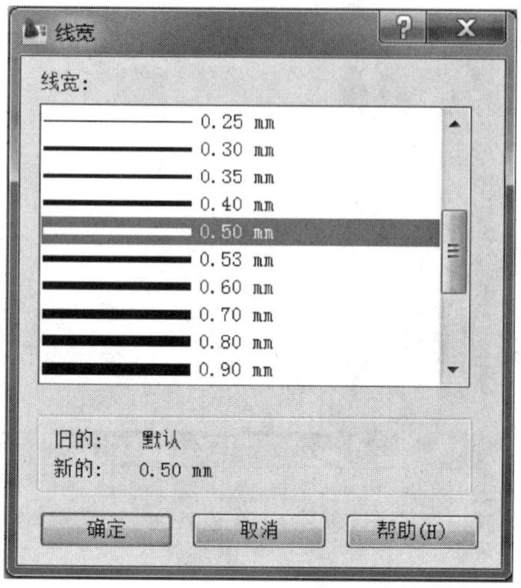

图 1-24

“树木”层、“草坪”层的设置同“建筑”层类似，只是颜色和线宽的设置有所不同。由于树木的颜色比草坪要深一些，所以在“选择颜色”面板上，“树木”层的颜色可以在窗口中点选深绿色，或在“索引颜色”项后的表框中直接输入颜色型号 82，确定后返回图层设置界面，点击线宽栏的“默认”，在系统弹出的“线宽”对话框中选择 0.25mm；“草坪”层的颜色选择型号为 70 的浅绿色，线宽设置为 0.18mm。

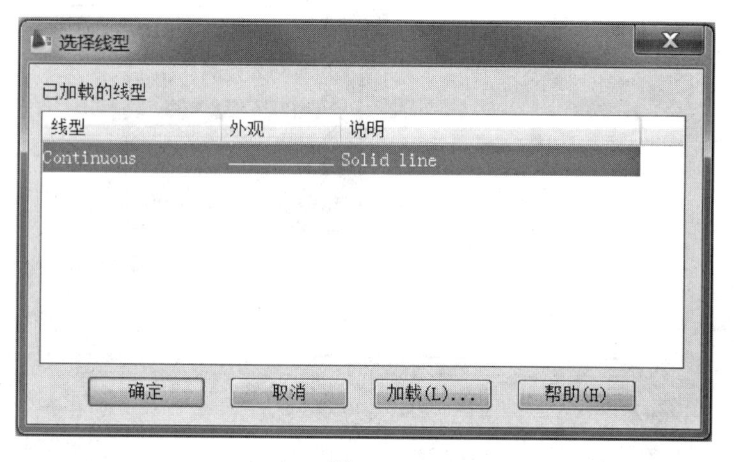

图 1-25

在“辅助”层中，颜色型号为 150，线宽为 0.13mm，单击本行中线型栏的 continuous，出现“选择线型”（如图 1-25 所示）对话框，点击加载（Load），在“加载或重载线型”面板中选择 ACAD_ISO03W100（如图 1-26 所示），点击“确定”返回“选择线型”对话框，点击 ACAD_ISO03W100 后“确定”，返回“图层特性管理器”（如图 1-27 所示）。图层设置好以后点击“确定”，返回绘图界面开始绘制图形；也可以在图形绘制过程中根据需要增添设置图层。

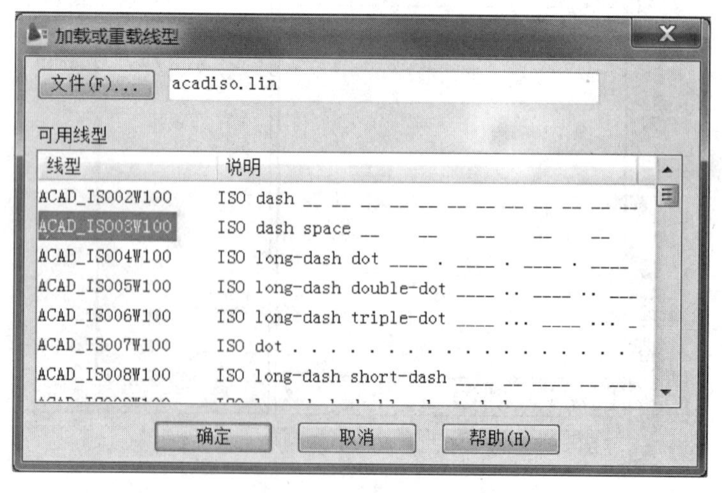

图 1-26

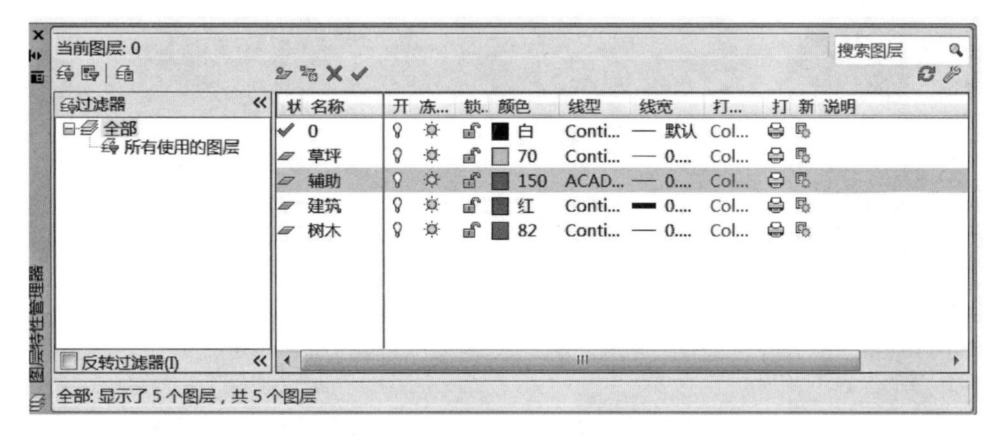

图 1-27

3〉绘制图形

点击对象工具栏中图层框右侧的按钮，出现所有图层的下拉列表，选择想要绘制的层（如“道路”），单击，此层即为当前层，可以在界面中进行道路的绘制。当转到其他层时，方法依旧。

1.2.3 图块

图块可以看成是一个复合的对象，图所示的针叶树平面图形是一个由多个线段组成的复合体，每一个线段都是一个单独的对象，将复合体定义为一个图块后，它就可以方便地插入 AutoCAD 2010 的图形，作为一个个体进行缩放、旋转、复制、移动等编辑，块的使用大大提高了绘图速度，丰富了图形的内容。

块定义的步骤：

1〉绘制图形

单击绘图工具条中“直线”按钮（或在命令行输入直线命令 LINE 后回车），在绘图区域中任意点单击左键（以下单击均指左键，不再赘述），确定线段的起点，然后在另一位置单击，确定线段的终点，击右键确认，完成线段的绘制；单击“修改”工具条中“阵列”命令（如图 1-28a），或在命令行输入阵列命令 ARRAY 后回车，出现“阵列”面板，在对话框中进行参数设置后（如图 1-28b 所示），单击“选择对象”按钮，在绘图界面内单击该线段，回车，返回“阵列”面板，单击中心点后的“拾取中心点”图标（如图 1-29 所示），在绘图界面内单击线段的终点（如图 1-30 所示），返回“阵列”面板，按“确定”后绘图界面出现针叶树的平面树形（如图 1-31 所示）。

2〉块定义

单击“绘图”工具条中“创建块”命令按钮，在“块定义”面板中输入名称 Tree1，单击“选择对象”按钮（如图 1-32 所示），在绘图界面中图形的右下角单击，出现绿色框选标志，在图形的左上角再次单击，选择树形的复合体（如图 1-33 所示），回车，返回“块定义”界面，在名称的后面出现块的缩略图，按“确定”，完成树形图块的定义（如图 1-34 所示）。

块的引用可以用“插入”（INSERT）命令，选择想要插入的块，按“确定”后返回绘图界面，选择适当的位置为插入点，单击，根据图形的大小确定缩放比例和旋转角。

块插入的步骤：

单击菜单栏上的“插入块”按钮，在“插入”面板中，单击名称栏后的省略按钮，从中选择 Tree1（如图 1-35 所示），确定后在绘图界面上指定插入点，图块插入成功。在“插入”面板上或在“插入”的命令行中还可以设置插入时的缩放比例和旋转角度，在 X、Y、Z 三个方向上可以有不同的缩放比例。

还可以单击“插入”面板中“浏览”按钮，在弹出的“选择图形文件”面板中单击搜索框后的缺省按钮，根据自己的路径设置查找合适的图块。在本书的光盘中也附有一些树的图块，读者可以按照“光盘 / 树块”的途径打开该文件夹，选择任意图块，预览框中将显示图块的形状（如图 1-36 所示），单击“打开”后返回“插入”面板，将显示出图块的路径，其余步骤同上。

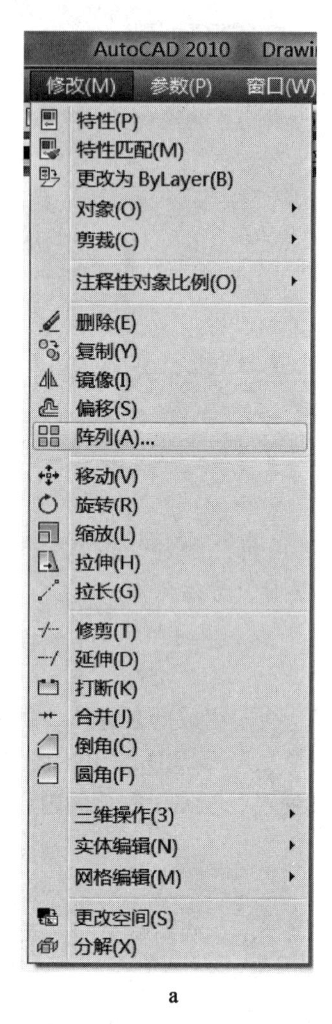
AutoCAD 2010
修改(M) 参数(P) 窗口(W)
特性(P)
特性匹配(M)
更改为 ByLayer(B)
对象(O)
剪裁(C)
注释性对象比例(O)
删除(E)
复制(Y)
镜像(I)
偏移(S)
阵列(A)...
移动(V)
旋转(R)
缩放(L)
拉伸(H)
拉长(G)
修剪(T)
延伸(D)
打断(K)
合并(J)
倒角(C)
圆角(F)
三维操作(3)
实体编辑(N)
网格编辑(M)
更改空间(S)
分解(X)

a

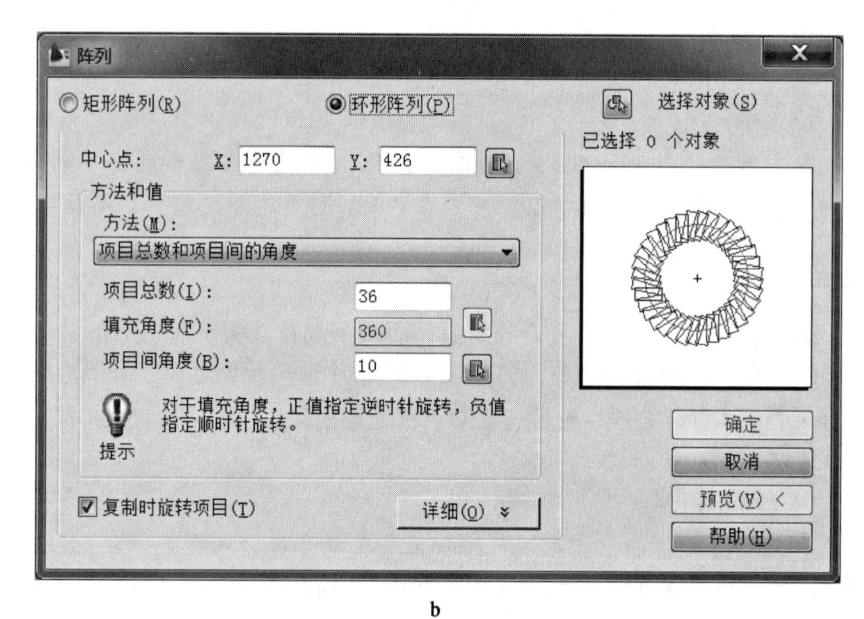
阵列
矩形阵列(R)
环形阵列(P)
选择对象(S)
已选择 0 个对象
中心点: X: 1270 Y: 426
方法和值
方法(M):
项目总数和项目间的角度
项目总数(I): 36
填充角度(F): 360
项目间角度(B): 10
对于填充角度，正值指定逆时针旋转，负值指定顺时针旋转。
提示
复制时旋转项目(T)
详细(O)
确定
取消
预览(V)
帮助(H)

b

图 1-28

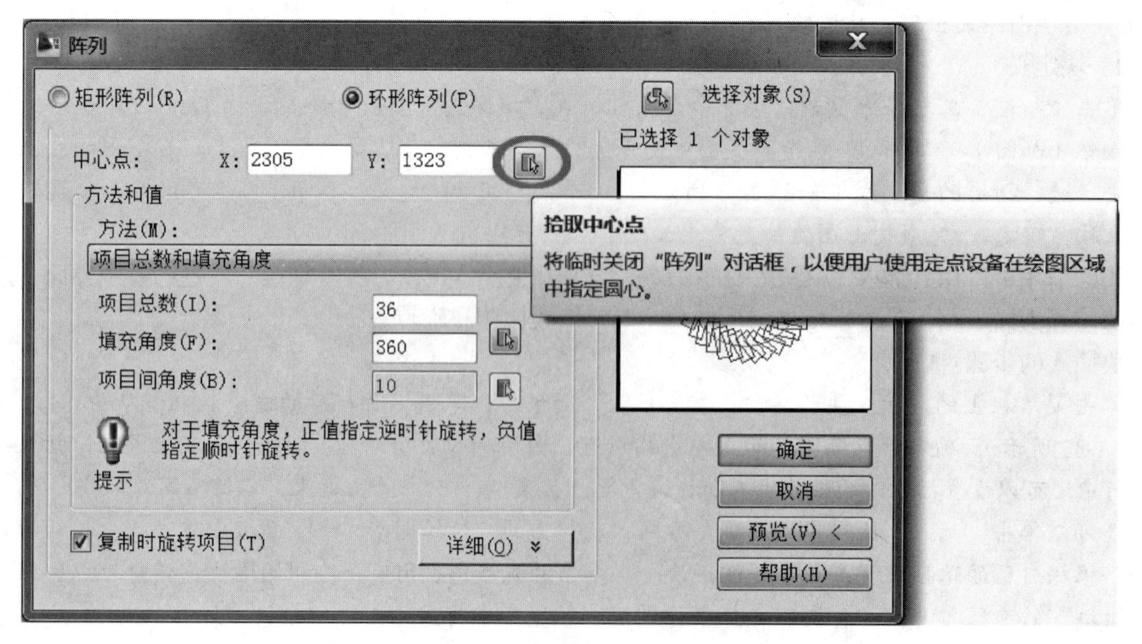
阵列
矩形阵列(R)
环形阵列(P)
选择对象(S)
已选择 1 个对象
中心点: X: 2305 Y: 1323
方法和值
方法(M):
项目总数和填充角度
项目总数(I): 36
填充角度(F): 360
项目间角度(B): 10
拾取中心点
将临时关闭"阵列"对话框，以便用户使用定点设备在绘图区域中指定圆心。
对于填充角度，正值指定逆时针旋转，负值指定顺时针旋转。
提示
复制时旋转项目(T)
详细(O)
确定
取消
预览(V)
帮助(H)

图 1-29

图 1-30　　　　　　图 1-31

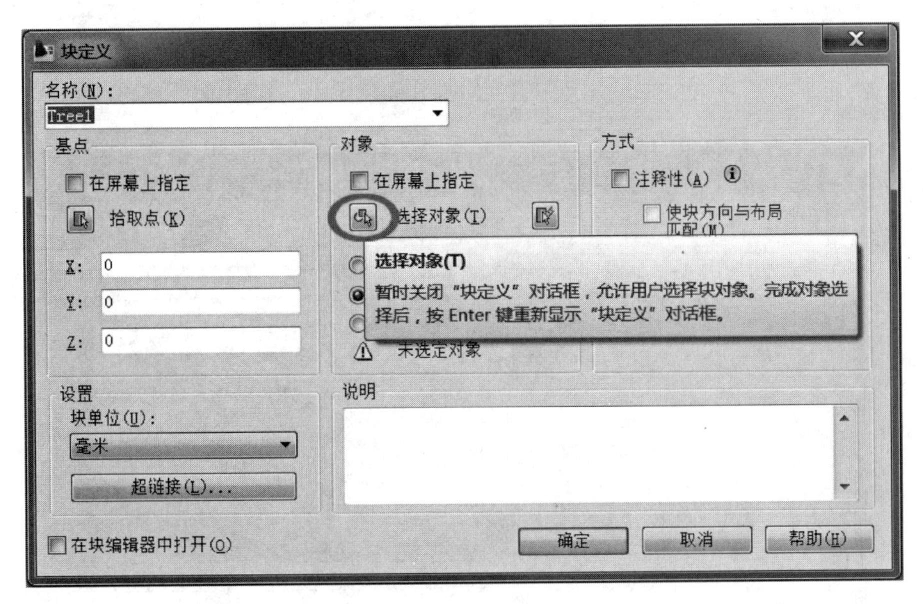

图 1-32

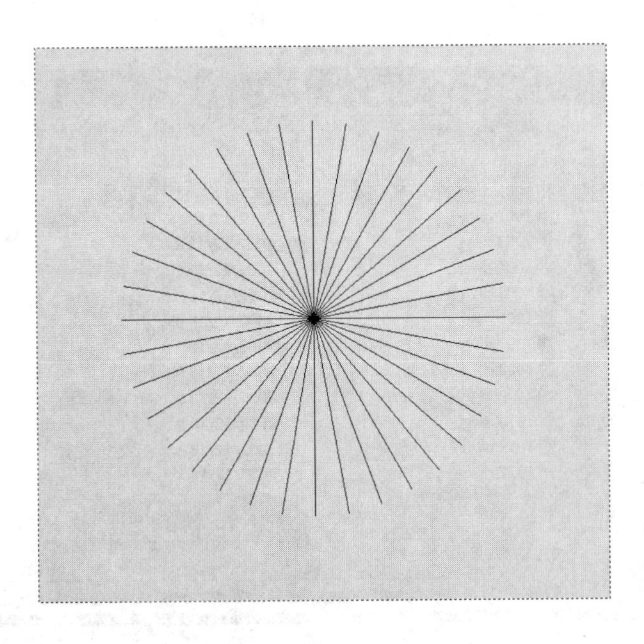

图 1-33

图 1-34

图 1-35

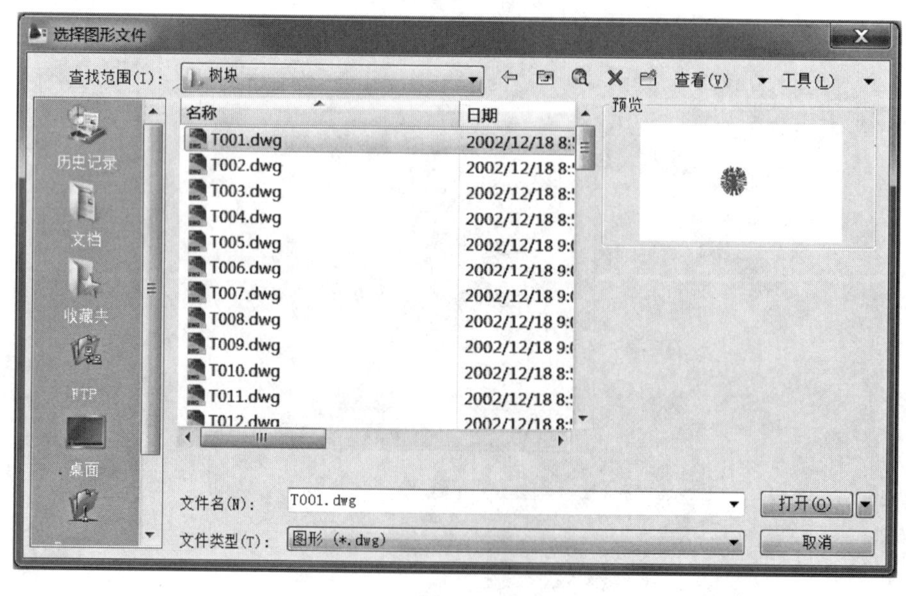

图 1-36

1.2.4 图形显示

用特定的比例位置角度查看对象图形并对其命名，称为视图（VIEW）。控制视图的显示，可以方便地进行图形编辑。缩放（ZOOM）命令是在不改变图形对象实际大小尺寸的情况下改变视图的大小，平移命令（PAN）改变视图在绘图区域中的位置。

● 视图

一般情况下，用户是在一个充满屏幕的单视口工作的，但也可以根据绘图的需要，将作图区域划分成几个部分，使屏幕上出现多个视口（即平铺视口），以便从不同方向、角度和比例上查看图像。同时，对一个视口所作的修改会立即在其他视口中反映出来，如可以在不同视口分别显示某个图形的俯视图、左视图、东南等轴测图（如图 1-37 所示）。在用 AutoCAD 建模绘制园林三维图形时常会用到多个视口，因本书主要侧重园林二维图形的创建，所以不再详述。

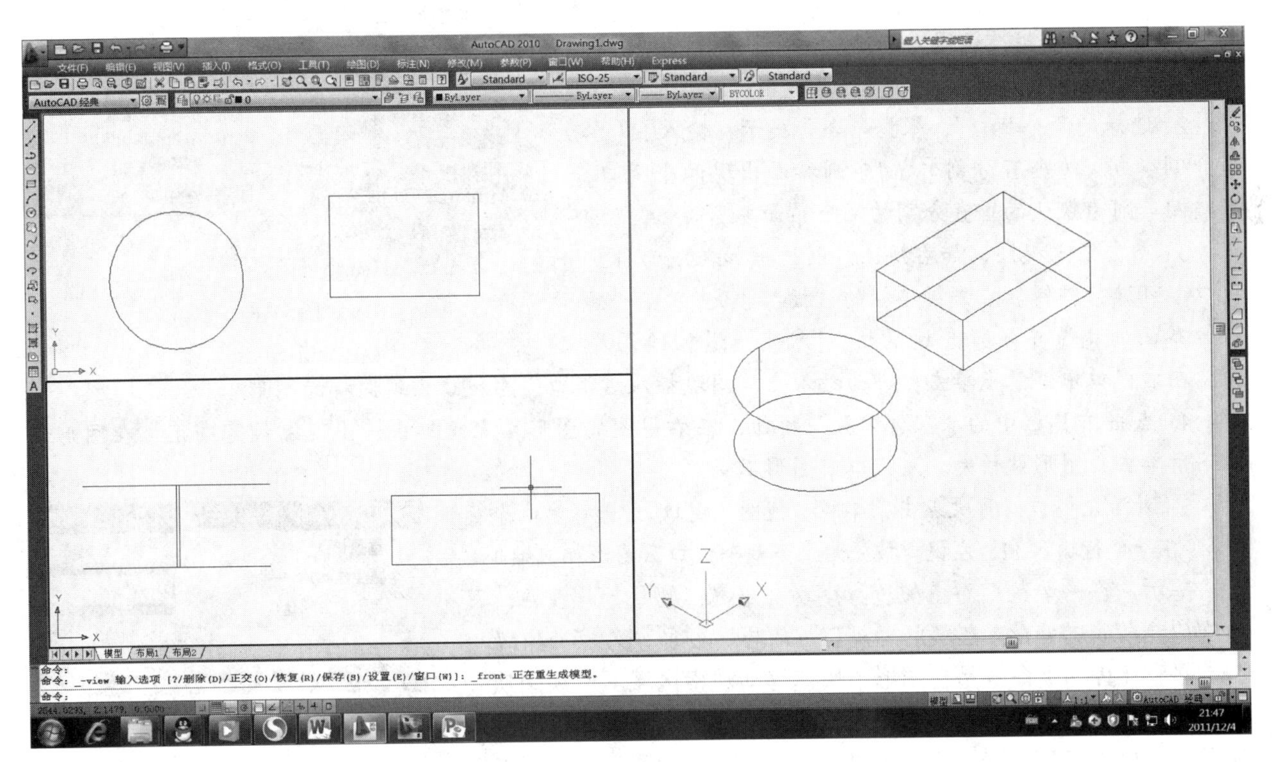

图 1-37

● 视窗观察

视窗观察：包括缩放（ZOOM）和平移（PAN）命令。

缩放是在不改变图形的绝对大小，仅改变绘图区域视图大小的情况下，对图形的观察，常用的命令有：

1）实时缩放　最常用的缩放命令。

命令：缩放（ZOOM）

操作：按住鼠标左键向上拖动光标或向上滚动鼠标中间滚轴，放大图形；向下拖动光标或向下滚动鼠标中间滚轴，缩小图形。缩放标志上的“+”消失表示放大到当前视图的最大极限，“-”消失表示缩小到当前视图的最小极限。

2）定义缩放　在图形中指定缩放区域，在视图中快速显示指定区域。

命令：缩放窗口（ZOOM WINDOW）

操作：选择放大区域的第一个角点，单击鼠标，选择放大区域的第二个角点，单击鼠标，定义的区域将在绘图区域中居中放大显示。

3〉全屏显示　在绘图区域中显示图形界限和范围，使用户看到全貌。

命令：视图 / 缩放 / 全部或范围（VIEW/ZOOM/ALL，EXTENT）

全部（ALL），根据图形边界显示整个图形；范围（EXTENT）根据图形选择的区域范围，充满视图。

4〉显示前视图　在图形编辑中，要经常在不同视图间转换，当需要查看或恢复到以前视图时，由前一视图（PREVIOUS）命令，能恢复到前视图的大小和位置，但是不能恢复到前一视图的编辑环境。

操作方法：

1. 点击菜单栏“视图 / 视口”，右侧下拉菜单出现多个视口的选项（如图 1-38 所示）。

2. 选择“两个视口”，根据命令行提示，输入 H（水平分割）或 V（垂直分割），回车则界面出现两个视口，直接回车则为默认的垂直分割的两个界面。

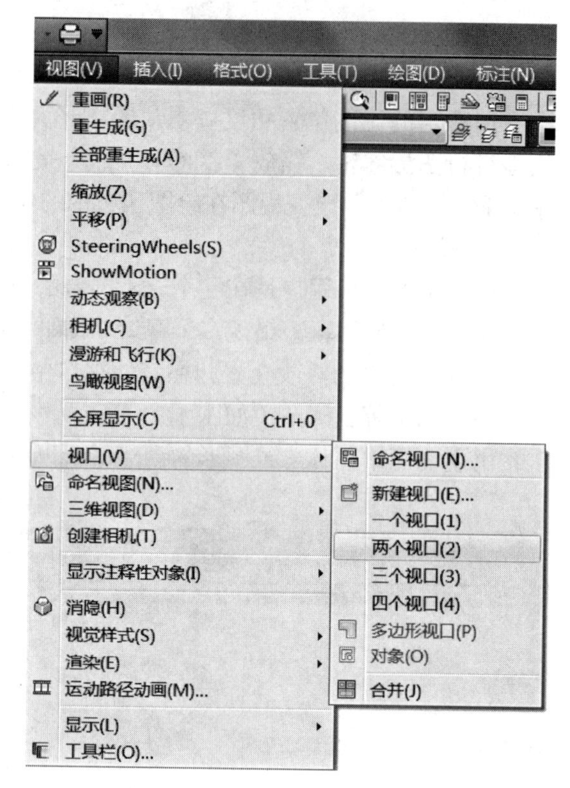

图 1-38

3. 点击任意视图，如右视图，则边框加粗成为当前视口，可进行编辑。点击菜单栏的“插入 / 块”，在“插入”界面的浏览中选择合适的块，“确定”返回绘图界面，在右视口中任意点单击，即为插入点，图块插入右视口，左视口出现同样的图形。

4. 点击工具栏中的“窗口缩放”按钮，在右视图的图形左上角单击，出现缩放范围框，在图形的右下角单击，图形被放大。左视口中图形不变。

5. 激活左视口，再次点击菜单栏“视图 / 视口”，选择“两个视口”，在命令行输入 H，左视口被分为上下两个视口，图形相应缩小。

提示：在一个视口对图块进行移动、复制、删除等修改时，其他视口会相应的变化。被激活的视口可以再次被划分为多个视口。

平移（PAN）命令是在图形中快速移动观察区域，使视图从一个区域转移到另一个区域，而图形或对象不发生实际移动，视图的显示比例也不发生改变。除了可以上下左右平移视图外，还可以实时和定点平移（如图 1-39 所示），常用的平移命令有：

● 实时平移

命令：视图 / 平移 / 实时（VIEW/PAN/REALTIME），或直接点击标准工具栏的“平移”图标。光标变为手掌，单击视图中任意点并按住不放，可以拖动视图移动。

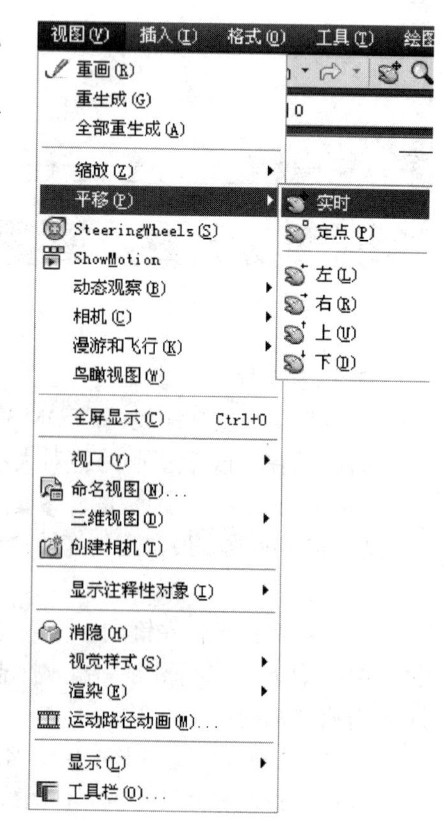

图 1-39

1.3 AutoCAD 2010 基本操作

主要内容：掌握创建图形对象的基本命令和操作方法，了解图形编辑的种类、方法。

1.3.1 图形绘制

在“绘图”（Draw）工具条中列出了我们绘制图形的基本命

令，在菜单栏的“绘图”子菜单中也相应地包含这些命令，我们还可以在命令行中通过输入命令的英文名操作这些命令。

直线命令（LINE）绘制直线条，圆弧命令（ARC）绘制弧线段，椭圆弧命令（ELLIPSE）绘制椭圆弧线段，还可以绘制样条曲线（SPLINE），绘制多段线（PLINE）；正多边形命令（POLYGON）绘制正多边形，矩形命令（RECTANG）绘制矩形，圆命令（CIRCLE）绘制圆形，修订云线命令（REVCLOUD）绘制连续圆弧组成的多段线，椭圆命令（ELLIPSE）绘制椭圆。

在菜单栏中，有些命令在右侧下拉菜单中还列出多种绘制方法，单击“绘图”工具条，在命令行中也会出现绘制这种对象的其他选项，只要按命令行的提示，输入某个选项的英文代码，即可按照这种方法绘制对象。如：单击菜单栏“绘图 / 圆”，右侧的下拉菜单列出了 6 种绘制圆形的方法，我们选择“圆心、半径”，在绘图区域中单击任意点为圆心，并输入半径，即可得到一个圆形对象；当单击绘图区域左侧的“绘图”工具条中图标，命令行也会提示画圆的几种方法，默认选项为“圆心、半径”。

在“绘图”工具条中，还有用于创建块和插入块的块操作命令，图案填充和渐变色命令，面域命令，添加表格和多行文字的命令。请读者依次操作各命令，逐步掌握各命令的功能与作用。

提示：命令在执行过程中发生错误，想退回上一步，可以在命令行中输入 U（放弃）返回；如果想退出命令，按键盘左上角的 Esc 即可。

1.3.2 点的定位和捕捉

精确定位点的位置是精确绘图的要求，可以通过键盘输入点的坐标来定位，也可以利用捕捉命令，根据其他参照物来定位。

实例步骤：绘制一个等腰直角三角形，直角边为 100 个单位（如图 1-40 所示）。

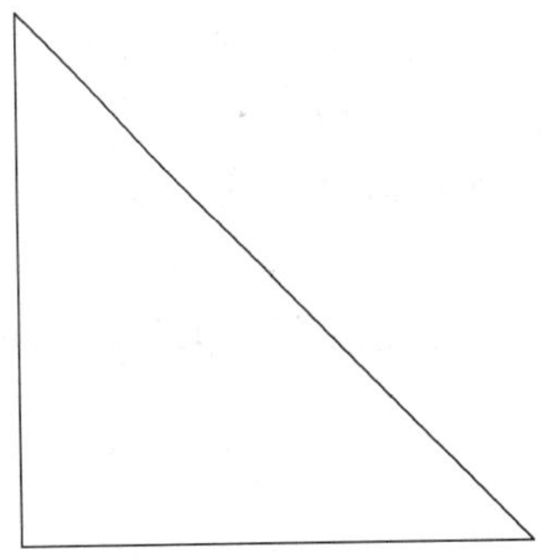

方法一：点击“直线”图标，或在命令行输入 LINE 命令，或在菜单栏点击“绘图 / 直线”（下文不再赘述），根据命令行提示输入第一点的坐标（50，50），回车；指定第二点坐标（150，50），回车；再输入第三点的坐标（50，150），回车；在命令行中输入 C，回车，闭合对象。

等腰三角形就绘制完毕了。

图 1-40

方法二：先确定一点，其余点以此为参照进行定位绘制。点击“直线”图标，在状态行输入第一点坐标（50，50）后回车，或在绘图区域中任意位置单击；在命令行输入（@ 100，0）后回车，确定第二点；在命令行输入（@ -100，100）后回车，确定第三点；在命令行中输入 C，回车，闭合对象。

方法三：先单击状态行中的“正交”或按下 F8，使正交处于“开”的状态；点击“直线”图标，在绘图区域中任意位置单击，指定第一点；把光标放在第一点的下方，在命令行中输入 100，回车，确定第二点；把光标放在第二点的右侧，在命令行中输入 100，回车，确定第三点；在命令行中输入 C，回车，闭合对象。

在不知道点的坐标的情况下，点的精确定位用对象捕捉（Osnap）较方便。在命令行输入 OSNAP 命令，屏幕出现“草图设置”窗口（如图 1-41 所示），在对象捕捉栏中有多项捕捉模式，勾选需要捕捉的点，如端点、中点、交点，确定后返回绘图界面，打开状态行的对象捕捉按钮或按下 F3 键，就可以方便地利用对象捕捉进行图形绘制和编辑了。

实例步骤：把上例等腰直角三角形均分为四个等腰直角三角形。

1〉在命令行中输入 OSNAP 命令，在“草图设置”窗口勾选中点，按“确定”后返回绘图界面；按下 F3 键，打开对象捕捉。

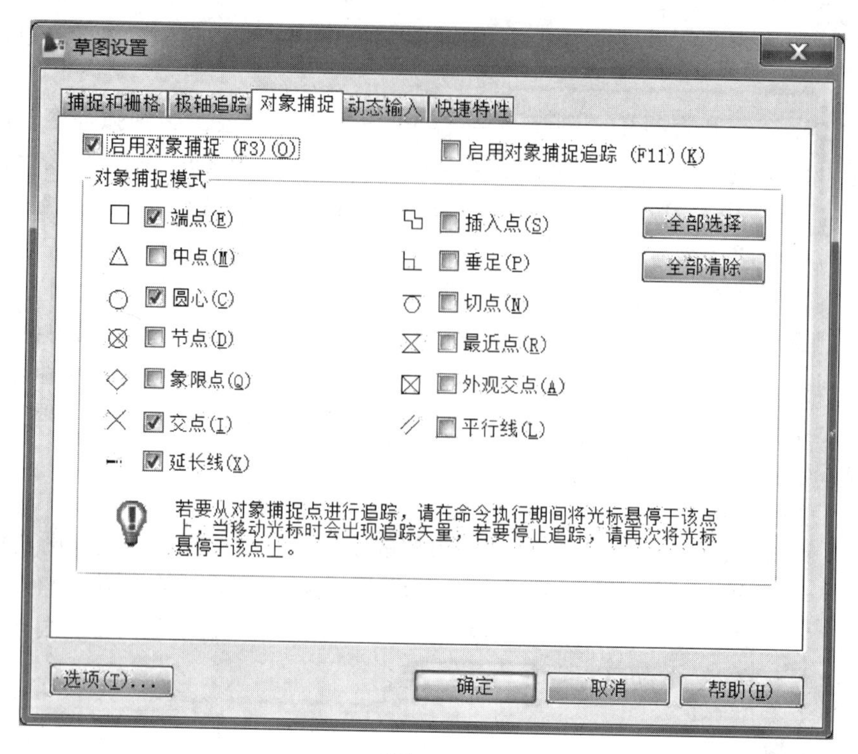

图 1-41

2〉点击“直线”图标，把光标靠近垂直的直角边中央，出现中点的标志，单击，确定三角形的第一点；把光标靠近斜边中央，再次出现中点的标志（如图 1-42 所示），单击，确定三角形的第二点；同样方法，确定水平的直角边中点，即三角形的第三点；在命令行输入 C 后回车，闭合小三角形。

大等腰直角三角形就被均分为四个小等腰直角三角形（如图 1-43 所示）。

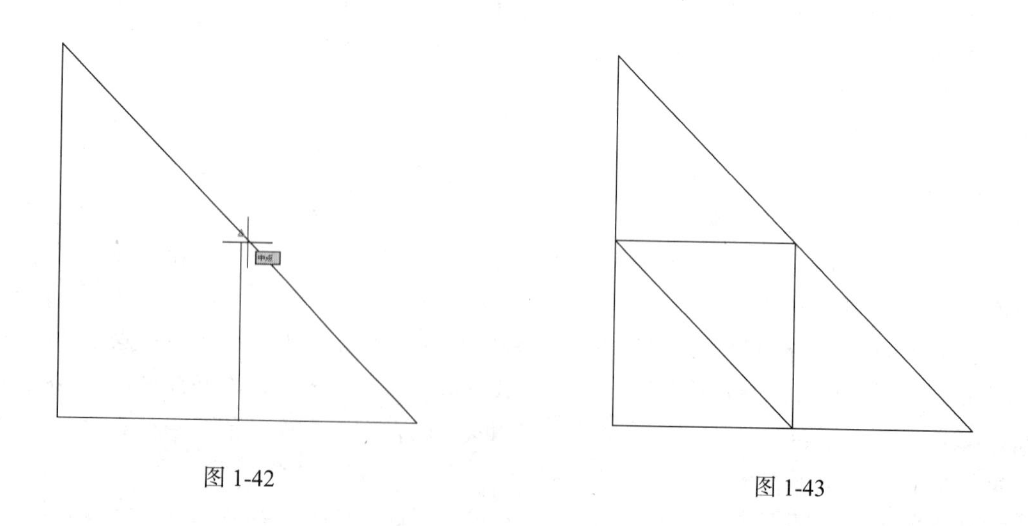

图 1-42　　　　图 1-43

1.3.3 对象编辑

对象绘制完成后，用户可以通过菜单栏中“修改”里的命令，或通过点击绘图界面右侧的“修改”工具条中的命令图标，方便地进行对象的移动、复制、偏移、旋转、删除、镜像、阵列、缩放等，还可以将对象按指定的长度进行截短（剪切）或加长（延伸），按指定的长度修倒角或修圆角，把对象进行合并与分解。

提示：缩放（SCALE）命令是放大和缩小对象的实际尺寸；观察中的缩放（ZOOM）命令是放大和缩小对象观察的范围，不改变对象实际尺寸。

实例操作：种植一行 5 棵树，间距 5m。

方法一：最为简洁的方法。

单击“插入块”按钮，在打开的“插入”对话框中单击浏览按钮，选择路径光盘：树块 /T002（如图 1-44 所示），打开后返回“插入”对话框，勾选“统一比例”，确定放大比例（如图 1-45 所示），在图中拾取任意点单击，插入树的图标；

图 1-44

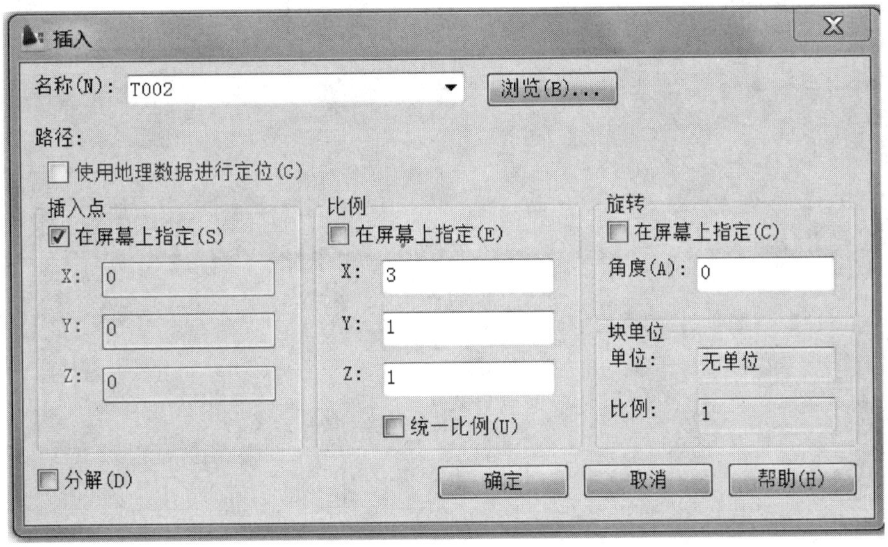

插入
名称(N)：T002　浏览(B)...
路径：
使用地理数据进行定位(G)
插入点　在屏幕上指定(S)　X: 0　Y: 0　Z: 0
比例　在屏幕上指定(E)　X: 3　Y: 1　Z: 1　统一比例(U)
旋转　在屏幕上指定(C)　角度(A)：0
块单位　单位：无单位　比例：1
分解(D)　确定　取消　帮助(H)

图 1-45

可能会由于缩放比例的原因，图像太大或太小，使图像显示不全或界面中看不到图形，单击“窗口缩放”的下拉按钮，选择“全部缩放”（如图 1-46 所示），将出现 T002 图形；单击“阵列”按钮，在弹出的“阵列”对话框中进行参数设置，然后再单击“选择对象”按钮（如图 1-47 所示），在返回的绘图界面中单击 T002 图形，右击鼠标，确定后返回绘图界面，再次单击“全部缩放”按钮或滚动鼠标中间滚轮，全图显示所绘图形（如图 1-48 所示）。

方法二：做辅助线的方法。

1〉按下 F8、F3 键，打开正交和对象捕捉的控制键，在“对象捕捉”面板上勾选端点、交点；单击“直线”命令，绘一条长 20000 的水平直线段；单击右键，选择“重复直线”命令，把光标靠近线段的起点，出现端点符号（如图 1-49a 所示），单击确定垂直线段的起点，把光标放在线段的上方任意点，单击确定垂直线段的终点，回车结束命令。

2〉单击偏移（OFFSET）命令，在命令行中输入偏移距离 5000，回车，单击选择偏移对象即刚绘制的垂直线段，在它的右侧单击，出现第二条垂直线段；接着单击选择第二条垂直线，在它的右侧单击，出现第三条垂直线段。同样方法，得到 5 条垂直线段（如图 1-49b 所示）。

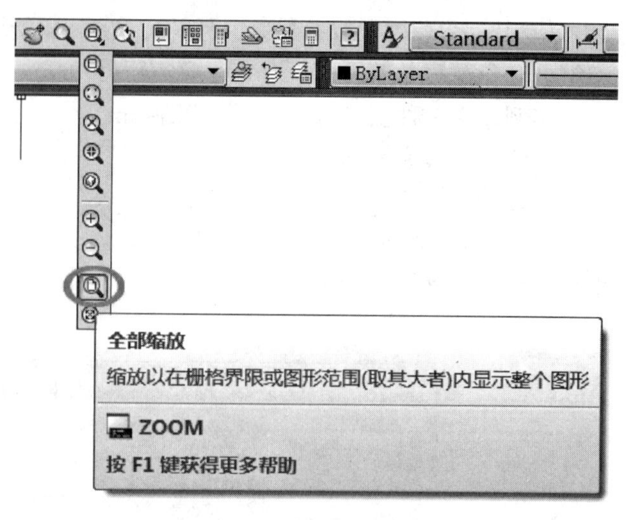

图 1-46

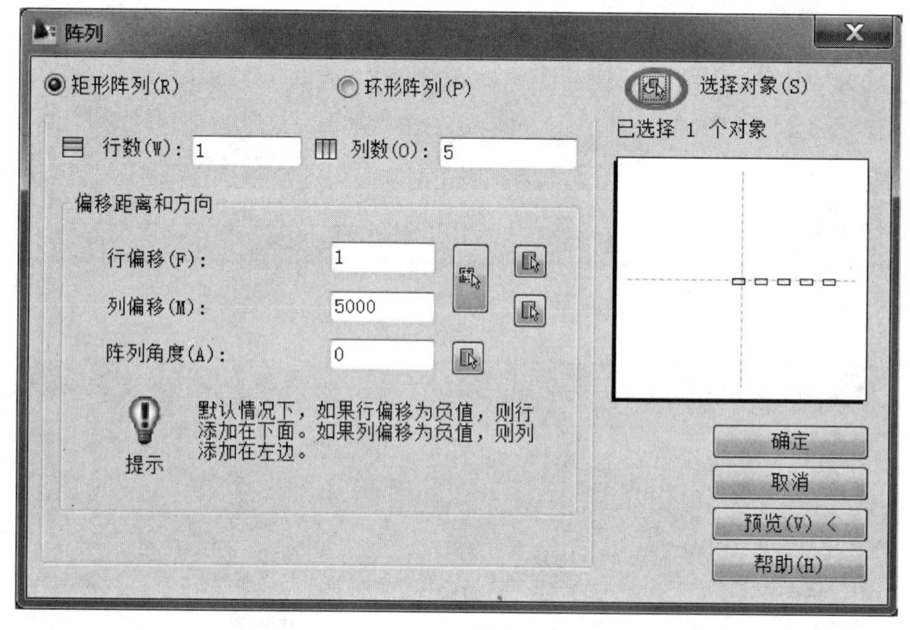

图 1-47

图 1-48

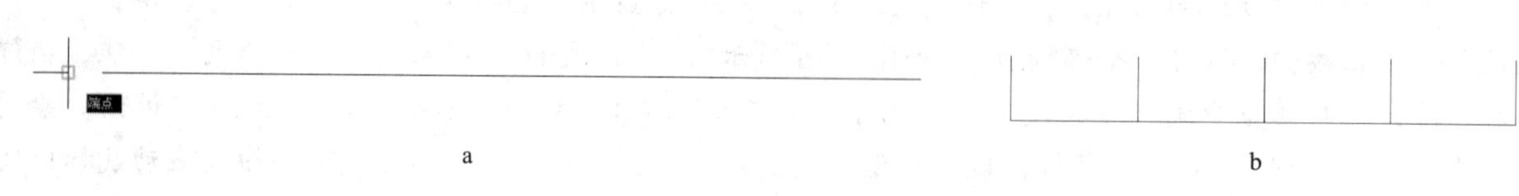

图 1-49

3〉插入树的图标（同方法一），单击“移动（Move）”按钮，选择树形图标，在图标的中心单击指定为基点（如图 1-50a 所示）；把光标靠近第一条垂直线段与水平线的交点，出现端点符号时单击，对象移到第一个交点处（如图 1-50b 所示）；

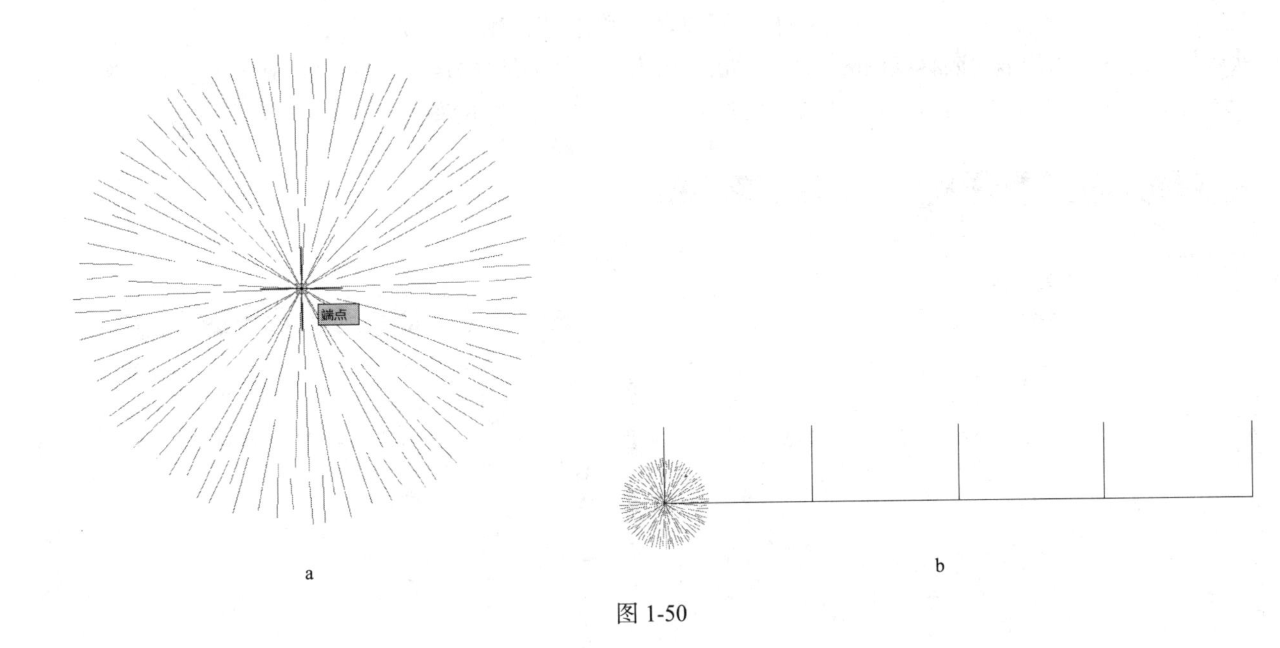

a b

图 1-50

单击“复制”按钮，选择树形对象，回车，在树形中心第一个交点处单击，指定为基点（如图 1-51a 所示）；接着移动光标，在靠近第二个交点处出现端点标志，单击；依次在第三、第四、第五个交点处单击，回车，完成四个图形的复制（如图 1-51b 所示）。

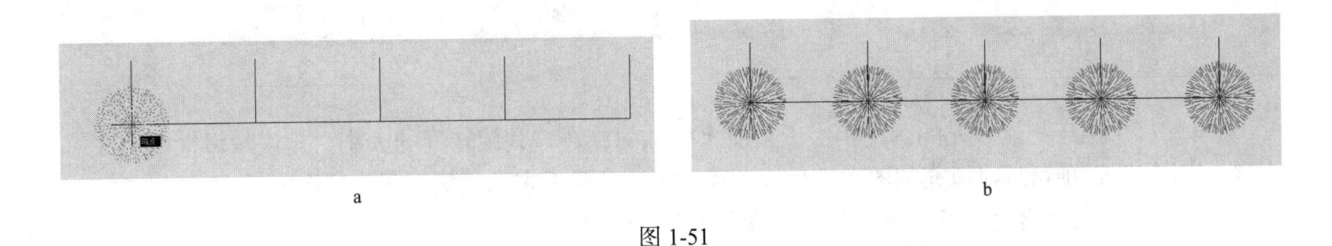

a b

图 1-51

4〉单击“删除”按钮，单击选择所有的辅助线，回车，删除了辅助直线，完成了图形绘制，得到和方法一相同的图形。

方法二比较繁琐，一般绘图中以简便的途径最好，列举出来主要是熟悉基本修改命令。

1.3.4 图案填充与渐变色

填充命令是用某种图案充满图形中的指定区域，用不同的图案和疏密度来区分对象或对象的不同部分，如草坪、绿篱、铺装道路及垫层等。渐变色填充是色彩有变化的实体填充，可以单色或双色，填充形状也有多种选择，其他方面与图案填充相同，本书不做详述。

1〉图案填充

填充命令可以创建关联或独立的图案填充。关联图案填充指填充图案与它们的边界相链接，当边界发生变化时填充区域将随之自动更新，缺省状态下，填充命令创建的为关联填充；独立的图案填充，指同时填充的图案没有关联性，可以单独的编辑，不受边界和其他图案的影响。填充的图案是由许多线条组成，但在图形文件中它们被组合成一个独立对象，可以单独地进行复制、删除、修改特性等编辑。它的性质与图块相同，需要将复合体分开时，可以用“修改”工具条中的分解（EXPLODE）命令。

单击填充命令按钮，打开“图案填充和渐变色”对话框，打开“图案填充”选项卡，可以设置图案填充的类型和图案、角度、比例等特性（如图 1-52 所示）。普通的图案填充用当前对话框所列的参数就可以满足，在一些复杂的图形填充中可以单击更多选项卡按钮，进行参数设置。具体说明如下：

在“类型和图案”选区中，类型的下拉表框包含“预定义”、“用户定义”和“自定义”3 个选项，一般默认预定的图案可以满足园林绘图的要求；单击“图案”右侧的缺省按钮，出现“填充图案选项板”（如图 1-53 所示），包含了 4 个选项卡，分别对应 4 种图案类型，“样例”中的图形是与图案名称相对应的。

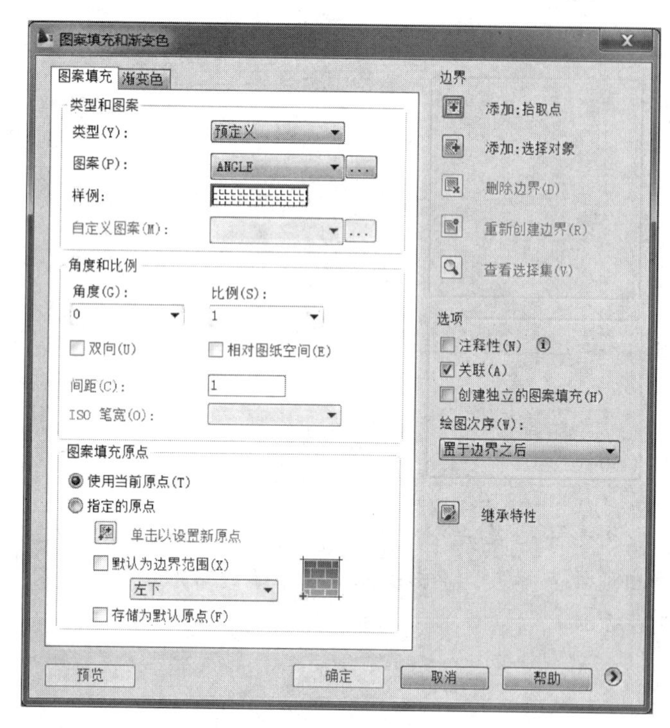

图 1-52

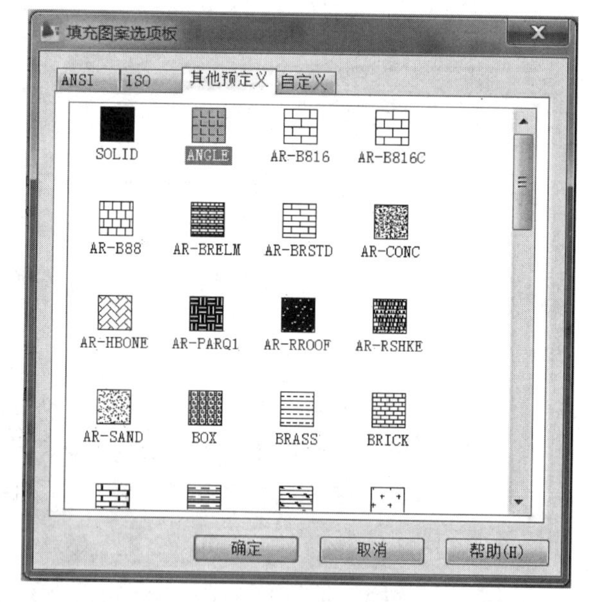

图 1-53

“角度”栏用于控制填充的图案相对于当前坐标轴的旋转，其旋转度的大小由角度编辑框中的数值决定；“比例”选项可以对填充的图案进行放大或缩小，编辑框中的比例因子决定图案填充时的疏密度；角度和比例大小是否合适，可以用“预览”项观察而后再调整。

“图案填充原点”选项可以设置填充原点的位置，以满足某些图案填充需要对齐填充边界的要求。“使用当前原点”选项指使用当前 UCS 坐标系的原点，使用“指定的原点”选项可以从绘图窗口选择某一点或填充边界的某一点做填充原点。

“边界”选项区域中，单击“拾取点”按钮，可以在封闭的区域内填充，只要在对象内部单击任意点即可；如果对象不封闭或为一个独立的封闭对象（如圆、矩形命令绘制出的矩形等），可以用“选择对象”选项，选取区域范围进行填充。

在“选项”区域中，“关联”用于创建其边界随之更新的图案和填充；“创建独立的图案填充”用于创建独立的图案填充；“绘图次序”下拉表框用于指定图案填充的绘图顺序，图案填充可以放在填充边界和其他对象之前或之后。

提示：当执行图案填充命令同时填充多个对象时，选择“创建独立的图案填充”选项，则同时填充的图案可以分别进行编辑，改变一个图案的比例、大小等属性不影响其他图案；如果没有选择该项，则所有图案是一个整体，不能单独对某一个图案进行编辑。

单击“图案填充与渐变色”面板右下角的“更多选项”按钮（如图 1-54a 所示），将显示更多选项，如“孤岛”、“边界保留”等（如图 1-54b 所示）。

图案填充和渐变色
图案填充
渐变色
类型和图案
类型(Y):
预定义
图案(P):
ANGLE
样例:
自定义图案(M):
角度和比例
角度(G):
比例(S):
0
1
双向(U)
相对图纸空间(E)
间距(C):
1
ISO 笔宽(O):
图案填充原点
使用当前原点(T)
指定的原点
单击以设置新原点
默认为边界范围(X)
左下
存储为默认原点(F)
边界
添加:拾取点
添加:选择对象
删除边界(D)
重新创建边界(R)
查看选择集(V)
选项
注释性(N)
关联(A)
创建独立的图案填充(H)
绘图次序(W):
置于边界之后
继承特性
预览
确定
取消
帮助
更多选项 (Alt + >)
展开对话框以显示其他选项。

a

b

图 1-54

孤岛：是图案填充边界的方式，有三种样式：普通、外部、忽略，每种样式与图中样例相对应。普通样式是从外部边界向内填充，遇到第一个边界将关闭填充，再遇到一个边界就会再次由外向内填充，以此类推；即由奇数交点和填充区域外部分割的区域将被填充，由偶数交点分割的区域不被填充。外部样式仅在第一和第二条边界之间的区域内填充，其他部分不进行填充。忽略样式是从外部边界向内全部进行图样填充，忽略所有内部边界的存在。

边界保留：选择“保留边界”选项，激活“对象类型”的下拉列表框来控制新边界的类型，其中“多段线”选项表示图样填充区域的边界为多段线，“面域”选项表示图样填充区域的边界为域。

边界集：定义填充边界的对象集，AutoCAD 2010 将根据这些对象来确定填充边界，默认状态时，系统根据“当前视口”中所有可见对象确定填充边界；单击“新建”按钮，可以通过在绘图界面上指定对象来定义边界集。

允许的间隙：通过“公差”选项设置允许的间隙大小，在设置的参数范围内，将一个几乎封闭的区域看作是一个闭合的填充边界；默认值为 0，对象是完全封闭的区域。

继承选项：用于确定在使用继承属性创建图案填充时图案填充原点的位置，可以是当前坐标原点，也可以是源图案填充的原点。

2〉渐变色填充

在 AutoCAD 2010 中，可以使用一种或两种颜色形成渐变色，对图案进行填充，如图 1-55 所示。

“单色”选项：一种单色调从深至浅平滑过渡的填充方式，单击颜色后的省略按钮，系统将弹出“选择颜色”对话框（如图 1-56 所示），可以根据用户需求选择索引颜色、真彩色、配色系统颜色；色调滑块可以调节着色的深浅，当滑块移至下侧时，为选定颜色与黑色

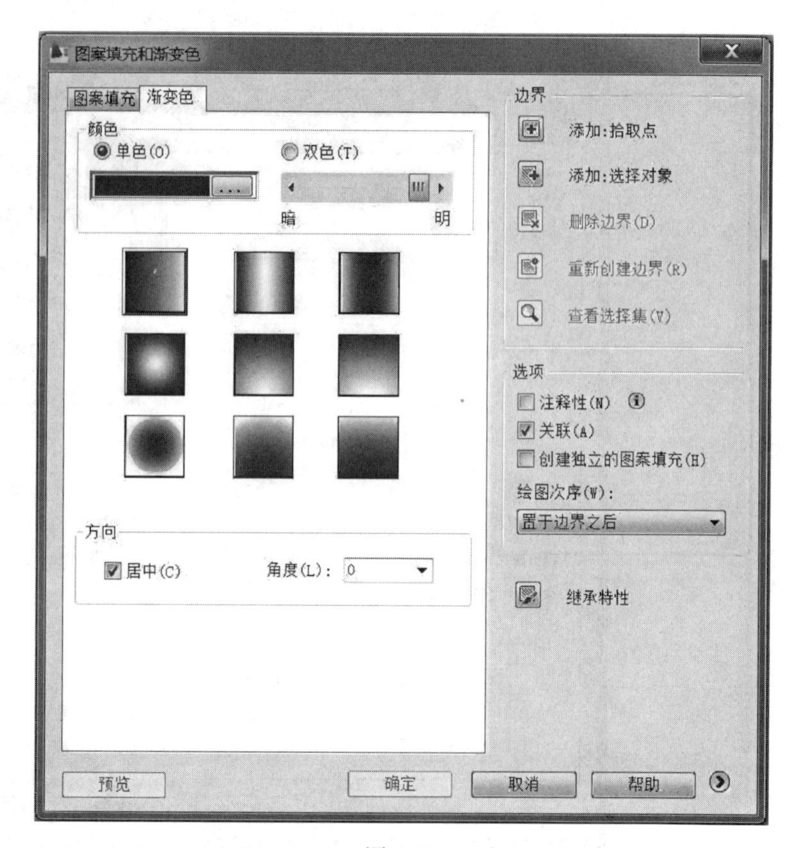

图 1-55

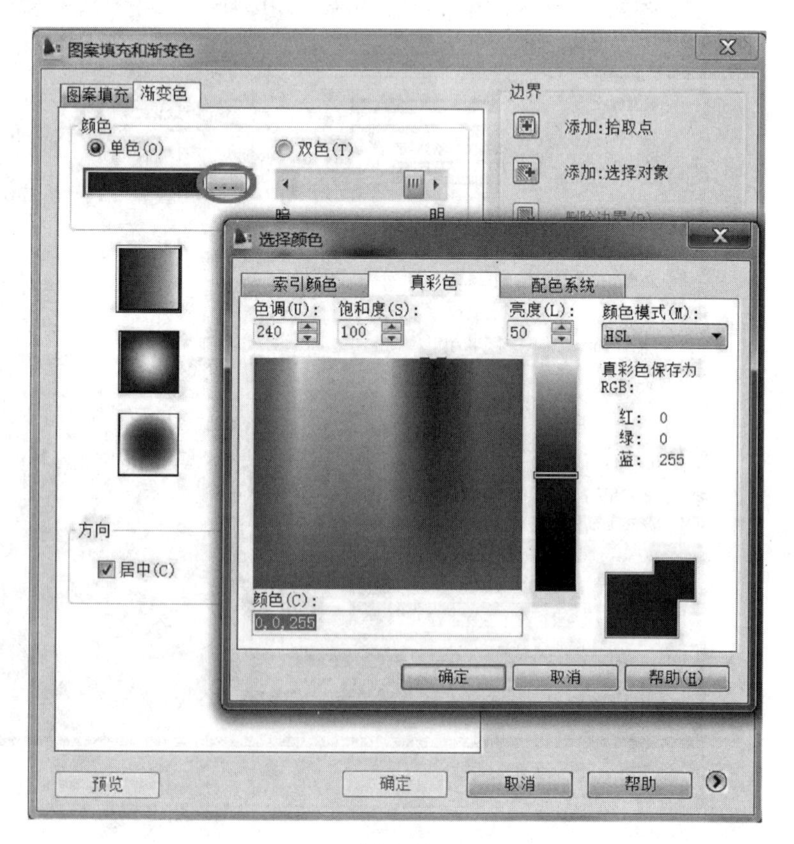

图 1-56

的混合，当滑块移至上侧时，为选定颜色与白色的混合。

"双色"选项：两种颜色之间平滑过渡的填充方式，单击颜色 1 和颜色 2 后的省略按钮，可以分别选择索引颜色、真彩色、配色系统颜色。

渐变图案形式：选项板列出了九种渐变效果，单击选中任一种，即可得到相应的渐变效果。

"方向"选项："居中"选项指渐变效果对称的设置，如果没被选中，则渐变填充向左上方变化（如图 1-57 所示）；"角度"选项是相对当前 UCS 指定渐变填充的角度（如图 1-58 所示）。

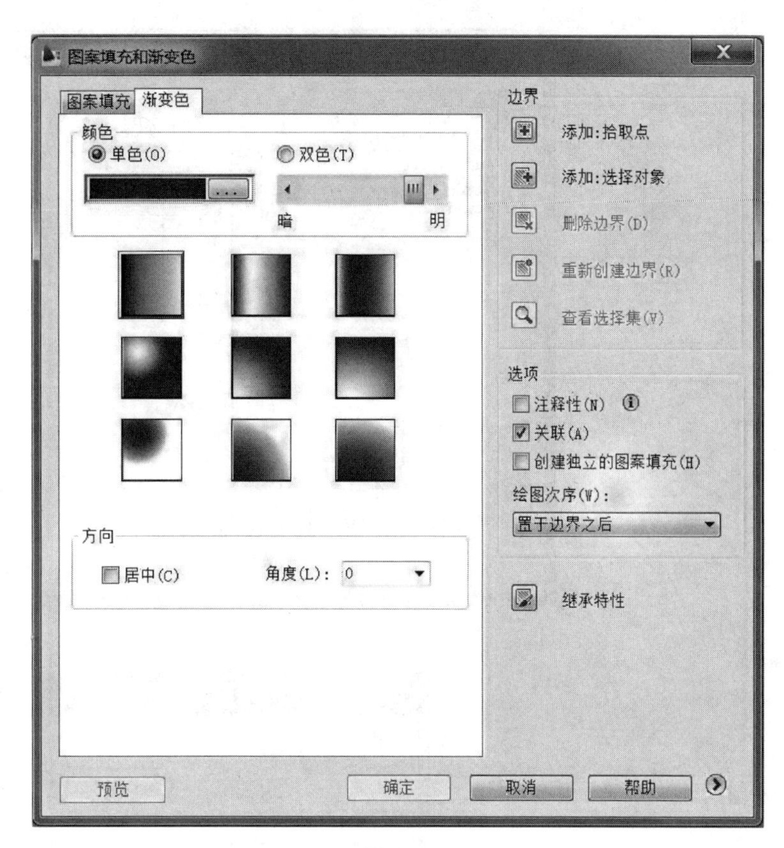

图 1-57

1.3.5 尺寸标注

尺寸标注是绘制园林建筑施工图必不可少的部分，标注是向图形文件中增加测量值的过程。标注包含有多种样式，但每种样式都是由基本元素组成，它包括尺寸界线、标注文字、尺寸线和箭头。创建标注时，AutoCAD 2010 使用的缺省设置为标准模式（Standard），根据应用的实际需要，用户可以自行选择标注样式，或对基本元素重新设置以满足特殊要求。

对样式的选择和修改，先在"标注 / 标注样式"菜单栏中打开"标注样式管理器"（如图 1-59 所示），选择"新建"按钮，在弹出的"创建新标注样式"面板中填上新样式名（如图 1-60 所示），而后"继续"新建标注样式（此处仅为解释不更改名称）。对话框中有七个选项卡，在"直线"选项中将设置直线颜色或默认随块，基线间距可以设置各尺寸线间距离，也可以默认选择（如图 1-61 所示）；在"符号和箭头"选项中将箭头调整为建筑标记，更符合制图规范（如图 1-62 所示）；在"文字"选项中默认的文字样式为 Standard，点击它后面的省略按钮（如图 1-63 所示），出现"文字样式"对话框，可以设定文字的字体和样

图 1-58

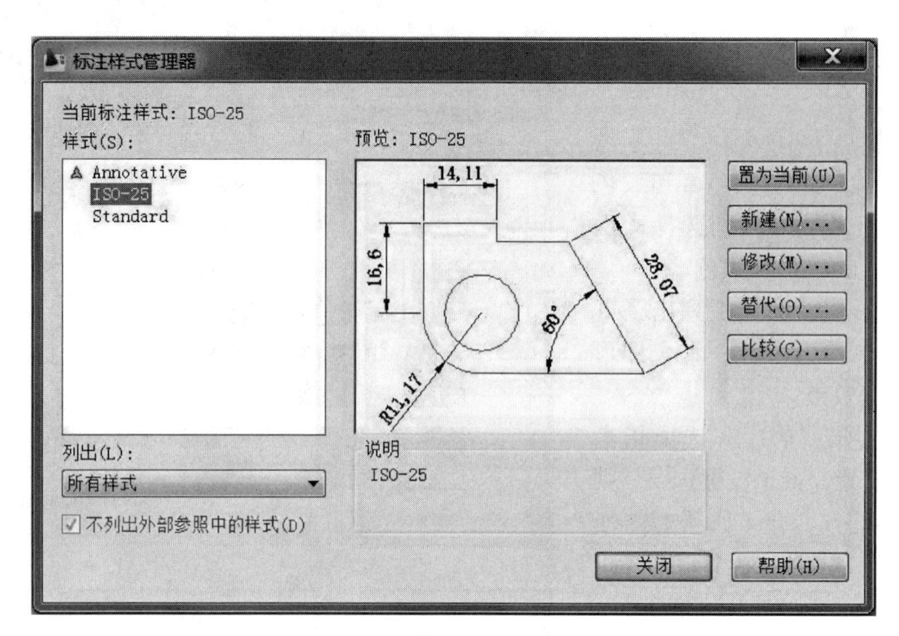

图 1-59

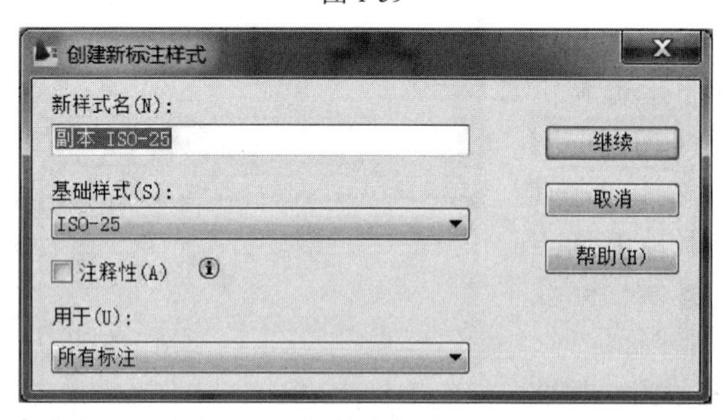

图 1-60

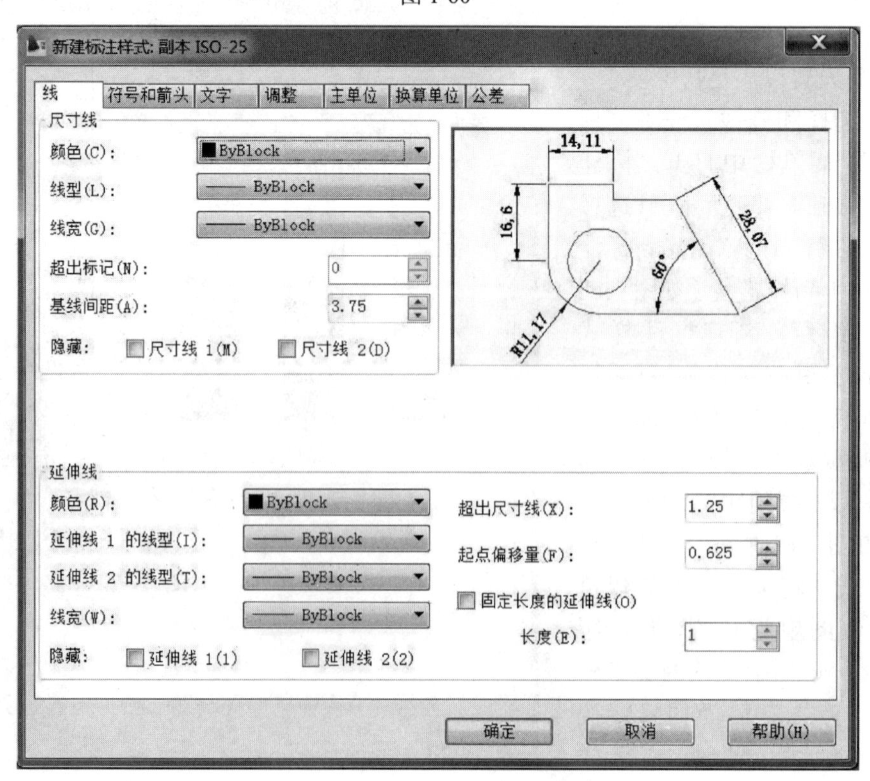

图 1-61

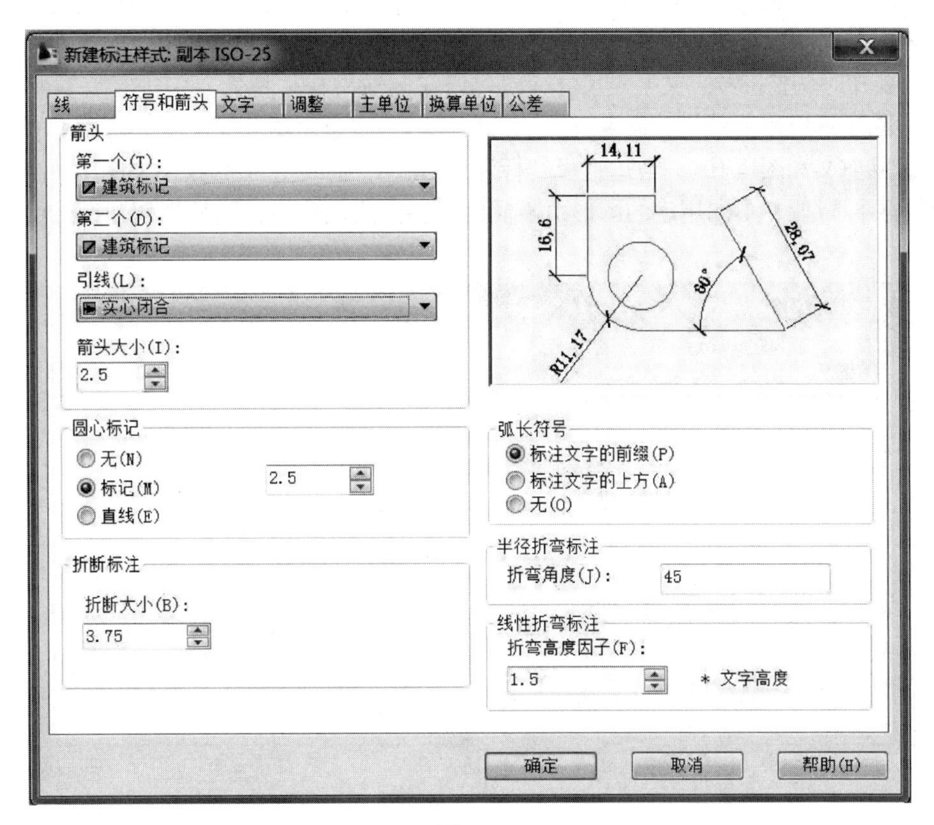
新建标注样式: 副本 ISO-25
线
符号和箭头
文字
调整
主单位
换算单位
公差
箭头
第一个(T):
建筑标记
第二个(D):
建筑标记
引线(L):
实心闭合
箭头大小(I):
2.5
圆心标记
无(N)
标记(M)
直线(E)
2.5
折断标注
折断大小(B):
3.75
14,11
16,6
28,07
60°
R11,17
弧长符号
标注文字的前缀(P)
标注文字的上方(A)
无(O)
半径折弯标注
折弯角度(J):
45
线性折弯标注
折弯高度因子(F):
1.5
* 文字高度
确定
取消
帮助(H)

图 1-62

新建标注样式: 副本 ISO-25
线
符号和箭头
文字
调整
主单位
换算单位
公差
文字外观
文字样式(Y):
Standard
文字颜色(C):
ByBlock
填充颜色(L):
无
文字高度(T):
2.5
分数高度比例(H):
1
绘制文字边框(F)
文字位置
垂直(V):
上
水平(Z):
居中
观察方向(D):
从左到右
从尺寸线偏移(O):
0.625
14,11
16,6
28,07
60°
R11,17
文字对齐(A)
水平
与尺寸线对齐
ISO 标准
确定
取消
帮助(H)

图 1-63

式（如图 1-64 所示），园林制图多用仿宋体字；在“主单位”选项中线性标注对精度进行选择，建筑小品标注单位为毫米时精度一般选择为 0（如图 1-65 所示），其他情况具体分析。由于标注对象绘制的尺寸和出图比例不同，要随时调整符号、文字等尺寸，也可以在标注后在“特性”中进行编辑修改。

绘图过程中除了可以用菜单栏、命令行来运行尺寸标注命令，还可在任意工具栏上右击，将弹出一个快捷菜单（参见前文和图 1-10），通过选择“标注”，调出“标注”工具条（如图 1-66 所示），以方便进行尺寸标注。不同行业、不同用途的图形由不同的标注方法供选择，园林规划和设计中常常用到的主

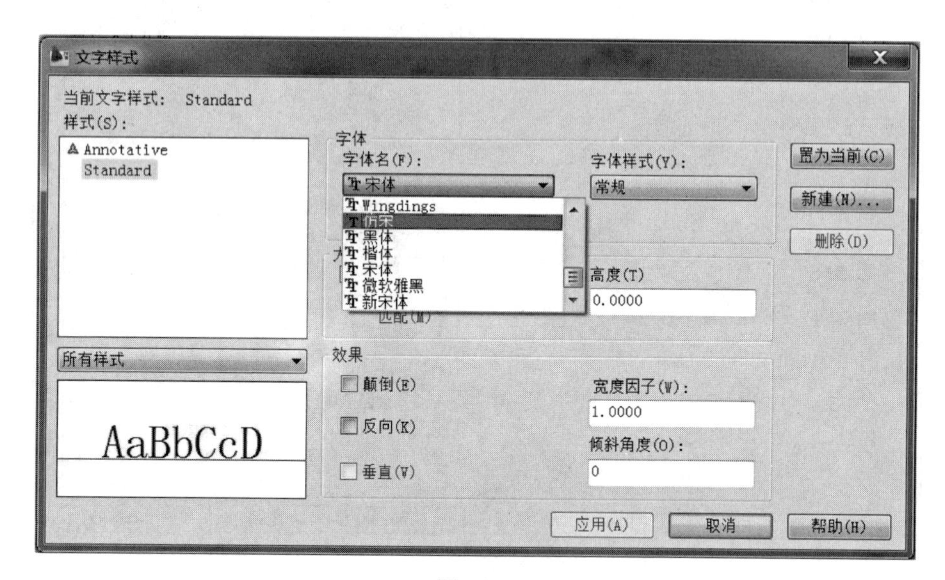

图 1-64

图 1-65

图 1-66

要有：线性标注、对齐标注、半径和直径标注、角度标注、连续标注等，具体用法和说明如下：

1）线性标注：可用于测量并标注当前用户坐标系的 XY 平面中两点间距离，包括直线或弧线的端点、交点或其他可识别的点。

操作步骤：在菜单栏选择“标注 / 线性”，或直接单击“标注”工具条中的“线性”按钮，根据命令行提示，可选择需要标注线段或圆弧的两个端点，也可以按回车选择标注对象；而后，命令行提示

指定尺寸线位置或

［多行文字（M）/ 文字（T）/ 角度（A）/ 水平（H）/ 垂直（V）/ 旋转（R）］：

默认情况下，拖动光标，屏幕中实时显示尺寸界线、尺寸线和标注文字的位置；按鼠标键左键确定尺寸线位置，完成线性标注（如图 1-67a 所示）。

命令操作运行之前，最好打开“对象捕捉”按钮，能准确地定位要标注的尺寸。

2）对齐标注：它标注的尺寸线将平行于由两条尺寸界线的起点确定的直线，它非常适合标注倾斜放置的对象。

操作步骤：在菜单栏选择“标注 / 对齐”，或直接单击“标注”工具条中的“对齐”按钮，根据命令行提示，可选择两条尺寸界线的起点，也可以按回车然后选择要标注的对象；而后，命令行提示

指定尺寸线位置或

［多行文字（M）/ 文字（T）/ 角度（A）］：

默认情况下，拖动光标，屏幕中实时显示尺寸界线、尺寸线和标注文字的位置；按鼠标键左键确定尺寸线位置，完成对齐标注（如图 1-67b 所示）。

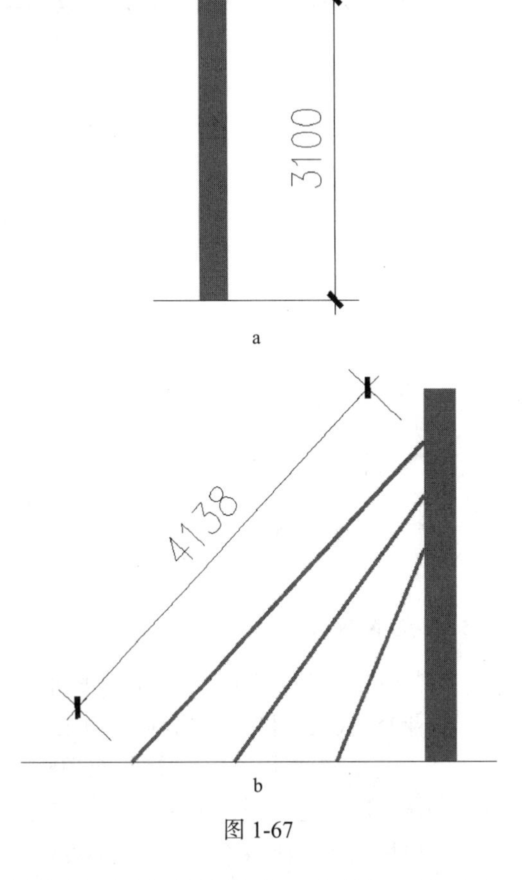

图 1-67

3）半径和直径标注：通过半径和直径标注，用户可以方便地标注圆和圆弧的半径或直径，给园路转角施工和铺装、绿化的图案施工提供了很大的方便。

操作步骤：从菜单栏选择“标注 / 半径”或“直径”，或直接单击“标注”工具条中的“半径”或“直径”按钮，根据命令行提示，选择需要标注的圆或圆弧；而后，命令行提示

指定尺寸线位置或［多行文字（M）/ 文字（T）/ 角度（A）］：

默认情况下，拖动光标，屏幕中实时显示尺寸线和标注文字的位置，尺寸线经过圆或圆弧的圆心指向圆周——所选定的对象；按鼠标键左键确定尺寸线位置，完成标注操作。

半径和直径标注的区别在于两者测量值的前面符号不同，半径标注前缀半径符号标志 R，直径标注前缀直径符号标志 ϕ（如图 1-68 所示）。

4）弧长标注和角度标注：对弧线长度进行测量标注，并对弧线的角度进行测量，方便于施工放线。

操作步骤：从菜单栏选择“标注 / 弧长”或“角度”，或直接单击“标注”工具条中的“弧长”或“角度”按钮，根据命令行提示，选择需要标注的圆弧；而后，命令行提示

指定弧长标注位置或［多行文字（M）/ 文字（T）/ 角度（A）/ 部分（P）/ 引线（L）］：

（指定标注弧线位置或［多行文字（M）/ 文字（T）/

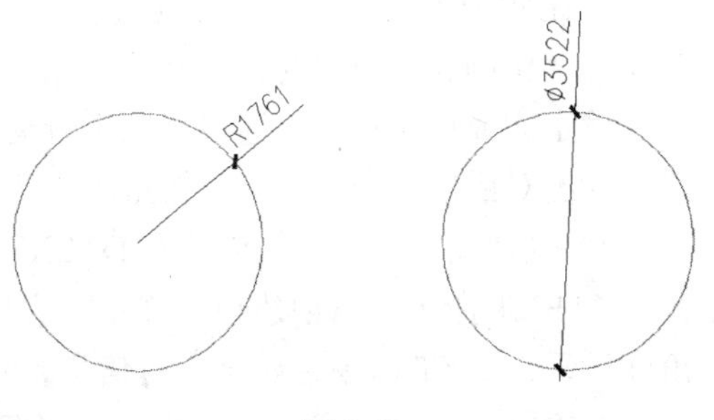

图 1-68

角度（A）/ 象限点（Q）]：）

默认情况下，拖动光标，屏幕中实时显示尺寸线和标注文字的位置；按鼠标键左键确定尺寸线位置，完成标注操作。

弧长标注前缀弧长符号标志⌒，角度标注后缀角度符号标志°（如图 1-69 所示）。

5〉连续标注：在图形的第一次线性、对齐或角度标注之后，运行连续标注命令，就可以方便迅速地对一系列对象进行同样的标注。这是在园林建筑施工图中作用非常大、应用非常广的一种标注方法（如图 1-70 所示）。

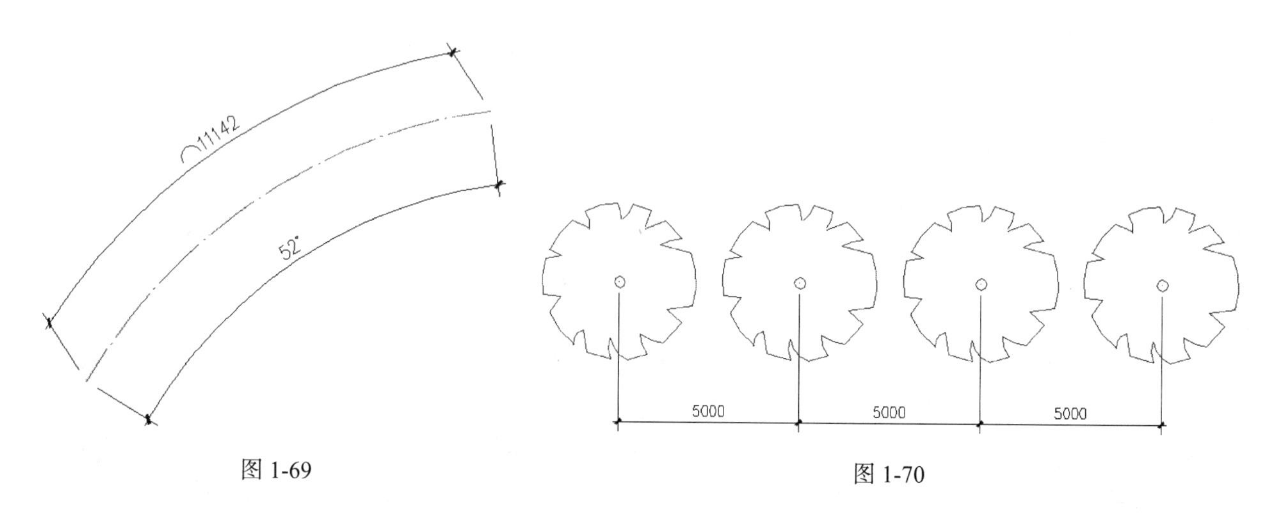

图 1-69　　　　图 1-70

1.3.6 文本编辑

制图中文字的应用非常广泛，图形对象注释、规格说明、标题栏等都会根据各自需要应用不同规格甚至不同样式的字体，我们具体来认识一些有关文本的主要命令和功能。

1〉文字样式（Style）：运行菜单栏“格式 / 文字样式”，打开“文字样式”对话框（如上文图 1-64 所示），可以设定合适的字体、字号和特殊效果等外部特征及创建、修改和删除文字样式。

对话框中“样式名”的下拉表框中，显示了当前图形中所有文字样式的名称，缺省样式为 Standard，用户可以根据自己需要选择其他的文字样式应用到图形中。

“字体”项可以设置文本样式使用的字体，AutoCAD 2010 提供了两种字体文件——Windows 标准的 TrueType 字体和 AutoCAD 编译的专用字体（后缀名为 .shx）。设置 TrueType 字体样式时，它还包括常规、粗体、斜体和粗斜体四种样式，除了“常规”是每种字体必须具有的之外，其他三种样式则取决于用户在创建字体时是否同时创建这些样式。AutoCAD 编译的专用字体不具备字体样式，但拥有大字体文件，它定义了特殊类型的形或符号。由于 Windows 不能识别 .shx 字体，而在多行文字编辑器中又仅能显示 Windows 可识别的字体，所以在编辑 .shx 字体或其他非 TrueType 字体的多行文字对象时，AutoCAD 在多行文字编辑器中提供等价的 TrueType 字体来替换它们。

对话框中的“效果”项，经过设置可以为文字对象添加一些特殊的效果。对话框中的缺省项，字体的宽度比例为 1.0000、倾斜角度为 0，用户可以根据自己的兴趣和需要，尝试设置颠倒、反向、垂直，改变宽度比例和倾斜角度。

设定完成后用户可以通过预览进行框进行观察，满意后需要保存应用的单击“应用”按钮，放弃设置并退出对话框单击“取消”按钮。

2〉创建文字：文字的创建有 DTEXT、MTEXT 等命令，我们来了解一下它们的区别。

DTEXT 命令可以创建单行文本。它们允许在一个命令中多行输入。在输入了起始点、高度和旋转角度后，DTEXT 命令将显示一行信息，显示输入的起点、文本高度的尺寸，输入的字符就出现在屏幕上。在输完一行后回车，光标将自动移至下一行的起始位置并重复输入文字，可以再次回车结束命令，如果取消这个命令，直接按下 Esc 键即可。

屏幕中的十字头可以不考虑文本的光标行而移动。如果指定一点，命令将结束当前文本行，并将光标行移至所选点。这个光标行可以移动或放置在屏幕中的任何位置。因此，仅 DTEXT 命令就可以在屏幕上任何所需位置输入多行文本，而多行文本又是可以进行单独编辑，如移动、复制、删除等。

DTEXT 命令可以与多行文本对齐方式一起使用，但它在左对齐情况下更为有效。在对齐文本的情况中，该命令将第一行的文本宽度分配给其他的每一行。不考虑对齐（Justify）选项的选择，文本首先在所选点左对齐。在 DTEXT 命令结束后，文本将暂时从屏幕上消失，然后按所需对齐方式重新显示出来。下面是普通方式的操作实例（如图 1-71 所示）。

AutoCAD 2007
Photoshop CS2
园林规划设计制图实例

图 1-71

操作步骤：

命令：DT（快捷键）（回车）

TEXT

当前文字样式："Standard"　文字高度：1500　注释性：否

指定文字的起点或［对正（J）/ 样式（S）］：确定文本的位置

指定高度 <1500>：（输入需要的高度后回车或直接回车默认）

指定文字的旋转角度 <0>：（输入需要的角度后回车或直接回车默认）

（而后屏幕上显示输入标志，输入第一行文字）

AutoCAD 2007（回车）

（光标自动转到第二行，输入第二行文字）

Photoshop CS2（回车）

（光标自动转到第三行，输入第三行文字）

园林规划设计制图实例（回车）

（光标自动转到第四行，再回车，结束命令）

MTEXT 命令可以创建多行的文本。文字的宽度可通过定义文本边界的两个角或用坐标值输入宽度来确定。由 MTEXT 命令产生的文本，不管有多少行，都是单个对象，作为一个整体进行编辑。在点击"多行文字"按钮或输入 MTEXT 命令后确定，在打开的写字板中输入文本，并设定文字所要的字体和宽度（如图 1-72 所示）。

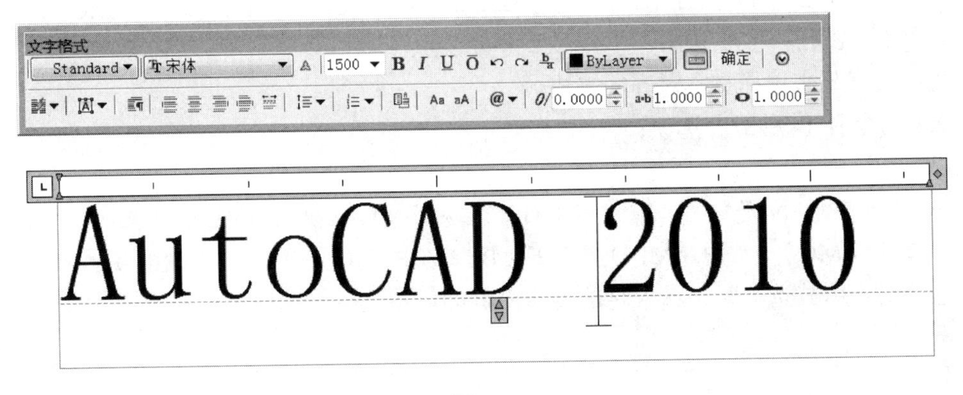

图 1-72

实例操作：

命令：MT（快捷键）（回车）

MTEXT 当前文字样式："Standard" 当前文字高度：1500　注释性：否

指定第一角点：（在屏幕中单击一点，确定文字框的第一个角点）

指定对角点或［高度（H）/ 对正（J）/ 行距（L）/ 旋转（R）/ 样式（S）/ 宽度（W）/ 栏（C）］：

（在屏幕中单击另一点，确定文字框的第二个角点）

系统弹出“文字格式”工具条和写字板，在工具条中设置文字类型、大小，在写字板中输入文字，按“确定”完成命令。

在输入第一个角点后，拖动鼠标，屏幕上将产生一个显示段落文本位置和大小的框。在定义的文本框中出现一个箭头，表示后面文本输入的方向。当文本边界定义好后，并不意味着文本段一定要适合所定义的边界。系统只取所定义的宽度作为文本段的宽度，文本边界的高度对文本段没有影响。

3〉选项特性

MTEXT 命令在指定第一角点后，命令栏会显示

指定对角点或［高度（H）/ 对正（J）/ 行距（L）/ 旋转（R）/ 样式（S）/ 宽度（W）/ 栏（C）］:

输入对应的字母，可以设定文字的特性。包含了指定的位置、文本的高度、文字对齐形式、行距、相对于基线旋转的角度、文字设定样式、文字宽度等，在指定点的起始位置后，文本从起点所在的位置开始沿基线左对齐。

“指定文本高度”指的是文本在基线以上的扩展距离，它以大写字母度量，距离以绘图单位确定，可以通过输入两个点或输入一个值来确定文本高度。直接回车则为采用缺省高度，文本的缺省高度是前一次所用文本设定的高度，所以是常常变动的。

“指定文本行距”指的是文本行间的距离，命令行显示

入行距类型［至少（A）/ 精确（E）］< 至少（A）>:　　（回车）

输入行距比例或行距 <1x>:

行距根据文字大小确定或自己指定。

“指定文字的旋转角度”决定所输入的文本行角度，缺省旋转角度为 0，文本从所确定的起点水平绘制。旋转角度是从逆时针方向度量的，最后确定的角度就是当前旋转的角度；如果直接回车，最后一个角度将采用缺省值。可以通过输入一个点来指定旋转角度；如果输入的点在起点的左边，则所输入的文本将颠倒。

“指定文本宽度”指的是文本框的宽度，当输入字母 W 以后，屏幕显示宽度指针，可以在图上指定任意点作为宽度，也可以在命令行输入精确的宽度值。

对齐（Justify）选项是对输入文本的排列位置的编辑处理，AutoCAD 2010 提供了 9 个选项来对齐文本，当输入字母 J 以后，命令行显示

输入对正方式［左上（TL）/ 中上（TC）/ 右上（TR）/ 左中（ML）/ 正中（MC）/ 右中（MR）/ 左下（BL）/ 中下（BC）/ 右下（BR）］< 左上（TL）>:

可以用相应的字母来选择文本对齐的方式。

而 DTEXT 命令有 14 种对齐选项，

输入选项

［对齐（A）/ 布满（F）/ 居中（C）/ 中间（M）/ 右对齐（R）/ 左上（TL）/ 中上（TC）/ 右上（TR）/ 左中（ML）/ 正中（MC）/ 右中（MR）/ 左下（BL）/ 中下（BC）/ 右下（BR）］:

在调用这些对齐方式选项时，输入它的英文简称即可在文件中按照要求放置文本。下面是有特殊对齐要求的实例：

操作步骤：

命令：MT　　（回车）

MTEXT 当前文字样式：“Standard”当前文字高度：1500　注释性：否

指定第一角点：

指定对角点或［高度（H）/ 对正（J）/ 行距（L）/ 旋转（R）/ 样式（S）/ 宽度（W）/ 栏（C）］: J　　（回车）

输入对正方式［左上（TL）/ 中上（TC）/ 右上（TR）/ 左中（ML）/ 正中（MC）/ 右中（MR）/

左下（BL）/ 中下（BC）/ 右下（BR）] < 左上（TL）>：MC （回车）

指定对角点或 [高度（H）/ 对正（J）/ 行距（L）/ 旋转（R）/ 样式（S）/ 宽度（W）/ 栏（C）]：（在屏幕上指定对角点）

屏幕显示文本框，在文本框内输入

AutoCAD 2010 （回车）

Photoshop CS5 （回车）

园林规划设计制图实例 （回车）

屏幕上的文字直接以正中对齐的形式出现（如图 1-73 所示），结束文字输入后显示不变。

图 1-73

4〉文本编辑

DTEXT、MTEXT 命令创建的文本，都可以视为一个块，进行删除、移动、复制、旋转、缩放等 AutoCAD 2010 的基本编辑，文本本身的内容和图层、颜色、线宽、对齐、旋转等外部特征，可以由特性（PROPERTIES）命令窗口编辑修改，其中文字的编辑还可以通过单击右键的"编辑"或"编辑多行文字"来修改。详述如下：

针对 DTEXT 命令创建的文本。首先选中需要编辑修改的文字对象，单击鼠标右键，从弹出的快捷菜单中选择"编辑"项；然后该文字被定义，在屏幕中输入新的文字（如图 1-74a 所示），最后单击确定按钮，完成编辑操作。

针对 MTEXT 命令创建的文本。首先选中需要编辑修改的文字对象，单击鼠标右键，从快捷菜单中选择"编辑多行文字"，屏幕上显示多行文字编辑器窗口（如图 1-74b 所示），可以编辑多行文字对象的文字内容、字符样式、段落格式等。

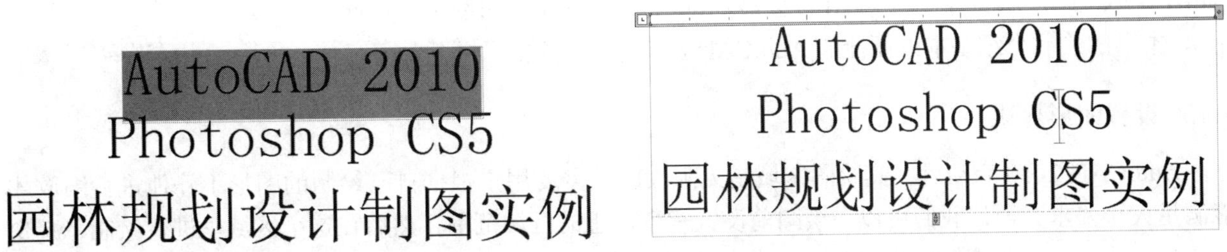

AutoCAD 2010
Photoshop CS5
园林规划设计制图实例

a

AutoCAD 2010
Photoshop CS5
园林规划设计制图实例

b

图 1-74

提示：对文字对象的编辑修改，无论是单行文字还是多行文本，都可以对准文本对象双击，根据文本的性质将直接进入文本编辑状态。

特性（PROPERTIES）命令窗口可以对单行和多行文本进行编辑，修改对象一个或多个特性，包括文本的内容、图层、颜色、线宽、对齐、旋转、插入点等外部特征。首先选中对象，再单击工具栏的特性命令按钮，或按 Ctrl+1 快捷键，或点鼠标右键，在打开的快捷菜单中选择特性命令，屏幕将显示特性命令窗口。向下移动滚动条，看到"文字 / 内容"项，如果是 DTEXT 命令创建的文本，可以在"内容"项中直接修改（如图 1-75a 所示）；如果是 MTEXT 命令创建的文本，可以鼠标单击"文字 / 内容"项，具体内容栏右侧将出现省略标志的按钮（如图 1-75b 所示），单击按钮，系统出现多行文字编辑器（同图 1-74b 所示），可以在文本框中对文本内容进行修改。

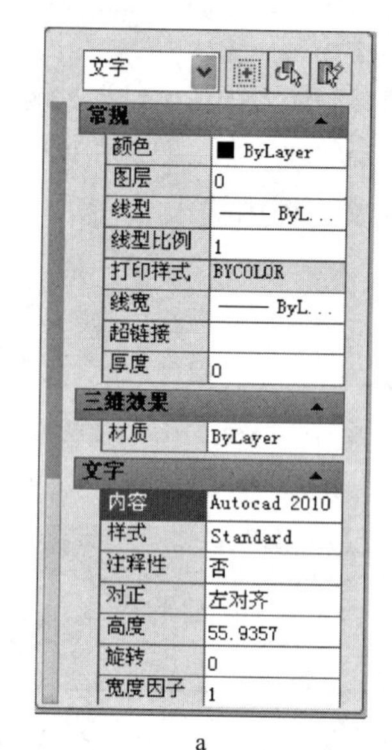

a

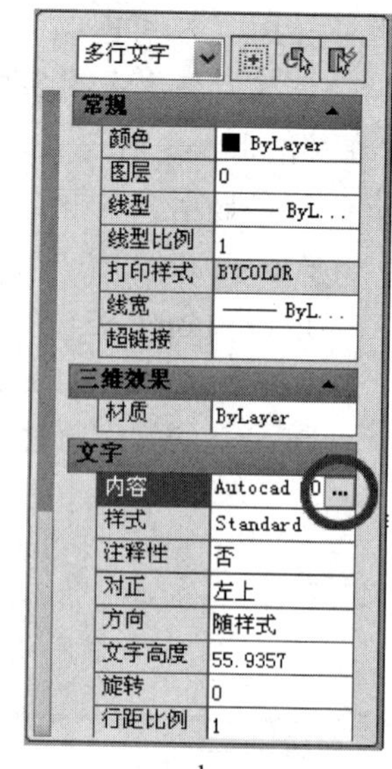

b

图 1-75

特性窗口有"常规"、"三维效果"、"文字"和"几何图形"等选项卡，主要说明如下：

"常规"包含了颜色、图层、线型、线型比例、打印样式等多个基本的设置，单击对应的项进行设置。

"三维效果"设置文字的材质、投影等三维效果。

"文字"可以对文字的内容、样式、高度、宽度比例、倾斜、倒置等项进行修改，同"文字样式"。

"几何图形"通过此项可以修改插入点的位置，用户可以直接输入坐标值，也可以单击"选择对象"按钮后通过光标定点指定。

1.4 AutoCAD 2010 系统设置

主要内容：了解 AutoCAD 2010 绘图前对系统环境中工作空间、图形界限、绘图单位、捕捉设置及一些工具选项的设置，熟悉命令的快捷键技巧用法。

前文重点介绍了各项基本的绘图、编辑命令，在对 AutoCAD 有个初始的熟悉后，我们再进一步熟悉它的系统设置内容，便于进一步掌握熟悉。

1.4.1 设置初始工作空间

如本章开始介绍，AutoCAD 2010 对工作空间进行了细分，双击图标运行 AutoCAD 2010 后，在打开的页面右下角有"初始设置工作空间"栏（如图 1-76a 所示），对准其下拉箭头会显示几种工作空间（如图 1-76b 所示）。本书的绘制介绍基本以便捷的 AutoCAD 经典空间为主。

初始设置工作空间　切换工作空间

a

二维草图与注释
三维建模
AutoCAD 经典
初始设置工作空间
将当前工作空间另存为...
工作空间设置...
自定义...

b

图 1-76

1.4.2 设置图形界限

AutoCAD 2010 启动后，其绘图区域是无限大的，需要用户根据自己绘制的图形不停地进行缩放才能满足大小要求，所以我们可以在绘图前设置一个假想的区域范围，然后在这个区域里进行绘制，减少缩放的工作量。图形界限可以通过点击菜单栏"格式 / 图形界限"命令（如图 1-77 所示），或直接在命令行输入命令来完成设置。如我们设置图纸尺寸为 42000 × 29700：

命令：LIMITS （回车）

重新设置模型空间界限：

指定左下角点或［开（ON）/ 关（OFF）］<0.0000，0.0000>：采用缺省值（回车）

指定右上角点 <420.0000，297.0000>：42000，29700 （回车）

在命令提示输入左下角点时，一般选择系统默认的（0，0）原点；系统要求的右上角点就是用户所需要的图纸绘制尺寸大小。

在 AutoCAD 2010 中图形一般以全比例绘制，因此需要用界限来限定绘图区域的大小。绘图界限的大小通常由以下几个因素决定：

1）要绘制图形的实际大小尺寸；

2）放置尺寸标注、图形文字说明、构件细部说明、指北针、比例示意等其他必要细节需要的空间；

3）图形布局所需要的一定空间环境；

4）边框、标题框和绘签栏所需的空间。

解决如何设置界限的方法，是先画一张可用于计算绘图区大小的草图。例如，一个对象的正视图尺寸为 5000 × 5000，侧视图的尺寸为 3000 × 5000，俯视图的尺寸为 5000 × 3000，该图的界限设置就应该适合视图及其有关的放置。如果，正视图与侧视图的空间为 4000 个单位、正视图与俯视图的空间为 3000 个单位，同时，视图与边框的左边距离为 5000 个单位，右边也为 5000 个单位，底边距离为 3000 个单位，上边为 2000 个单位（视图之间的距离、视图与边线的距离，应视图形的情况而定）。在知道不同视图的大小并确定了视图之间、图形与边框之间以及边框与纸边之间的空间后，可以计算绘图所需的空间大小如下：

在 X 轴方向上：

1000+5000+5000+4000+3000+5000+1000=24000

在 Y 轴方向上：

1000+3000+5000+3000+3000+2000+1000=18000

因此，绘图所需要的空间大小为 24000 × 18000。在确定了所需空间后，就可以设置绘图区域，还可以根据比例选择出图所需要的纸张。

当能够熟练掌握 AutoCAD 绘图命令以后，可以跳过绘图界限的设置这一步骤，直接根据对象的尺寸放线绘图；在图形绘制完成后再根据图形实际尺寸和出图比例选择图纸（图框）型号。

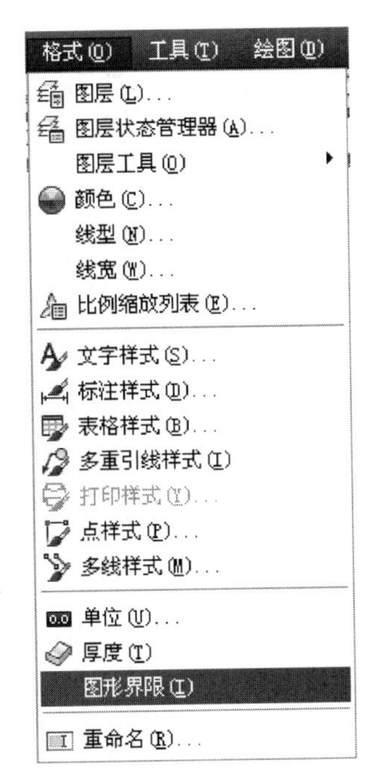

图 1-77

工具(T) 绘图(D) 标注(N)
工作空间(O)
选项板
工具栏
命令行 Ctrl+9
全屏显示 Ctrl+0
拼写检查(E)
快速选择(K)...
绘图次序(D)
查询(Q)
更新字段(T)
块编辑器(B)
外部参照和块在位编辑
数据提取(X)...
数据链接
动作录制器(T)
加载应用程序(L)...
运行脚本(R)...
宏(A)
AutoLISP(I)
显示图像(Y)
新建 UCS(W)
命名 UCS(U)...
地理位置(G)...
CAD 标准(S)
向导(Z)
草图设置(F)...
数字化仪(B)
自定义(C)
选项(N)...

图 1-78

1.4.3 设置［选项］对话框

在“选项”对话框中，可以设置绘图区背景颜色、光标参数、鼠标右键功能等。

单击菜单栏“工具 / 选项”一项（如图 1-78 所示），在弹出的“选项”对话框中单击“显示”选项卡（如图 1-79 所示），在此项中设置绘图背景颜色和光标。

在“窗口元素”框中单击“颜色”按钮（如图 1-80 所示），随后弹出“图形窗口颜色”对话框，从中可以设置“上下文”、“界面元素”、“颜色”（如图 1-81 所示），设置完成后单击“应用并关闭”按钮，返回“选项”对话框。

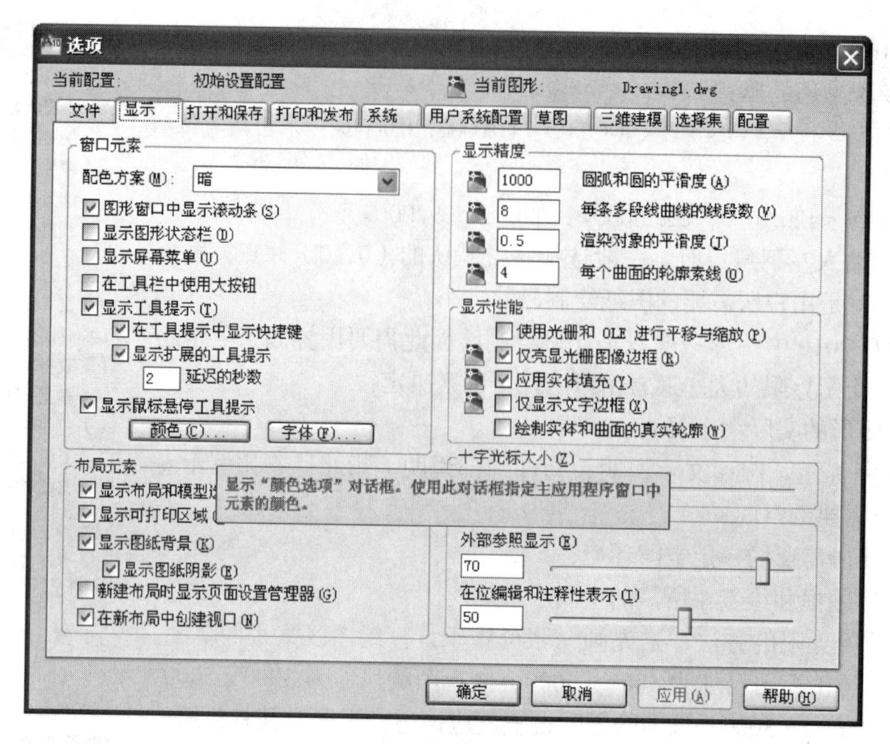

图 1-79

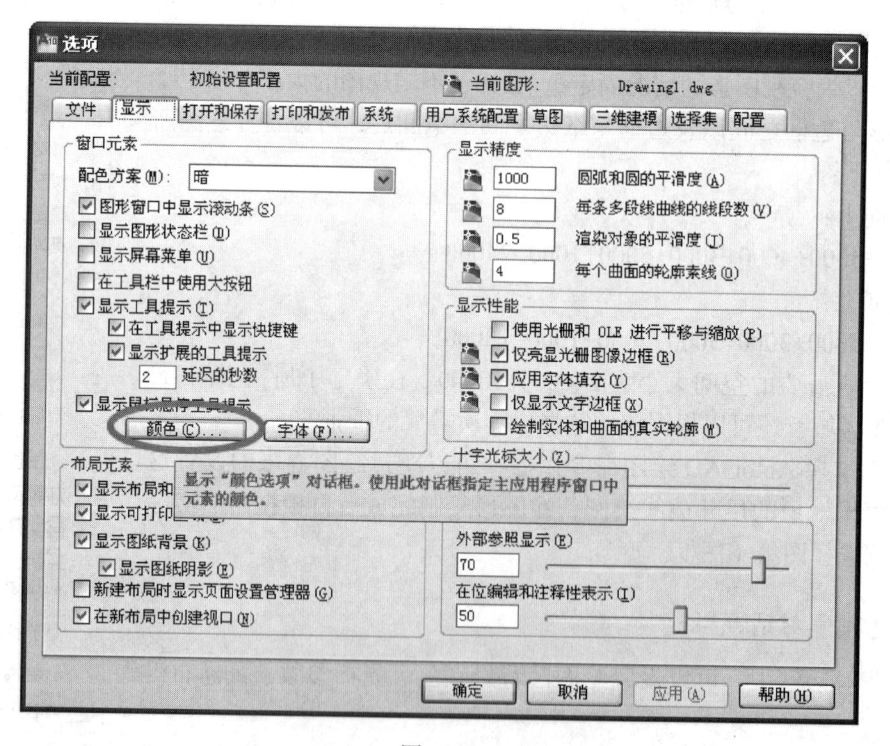

图 1-80

在"十字光标"框中，拖动滑块可以在前面的文本框中显示光标的大小参数值（如图 1-82 所示），用户可以根据自己习惯设置，也可以默认系统的设置。

如果想对鼠标的右键功能进行设置，单击"选项"对话框中"用户系统配置"选项卡，在打开的"Windows 标准操作"框中单击"自定义右键单击…"按钮（如图 1-83 所示），在弹出的对话框中进行参数设置后选择"应用并关闭"按钮（如图 1-84 所示），完成右键功能设置返回。

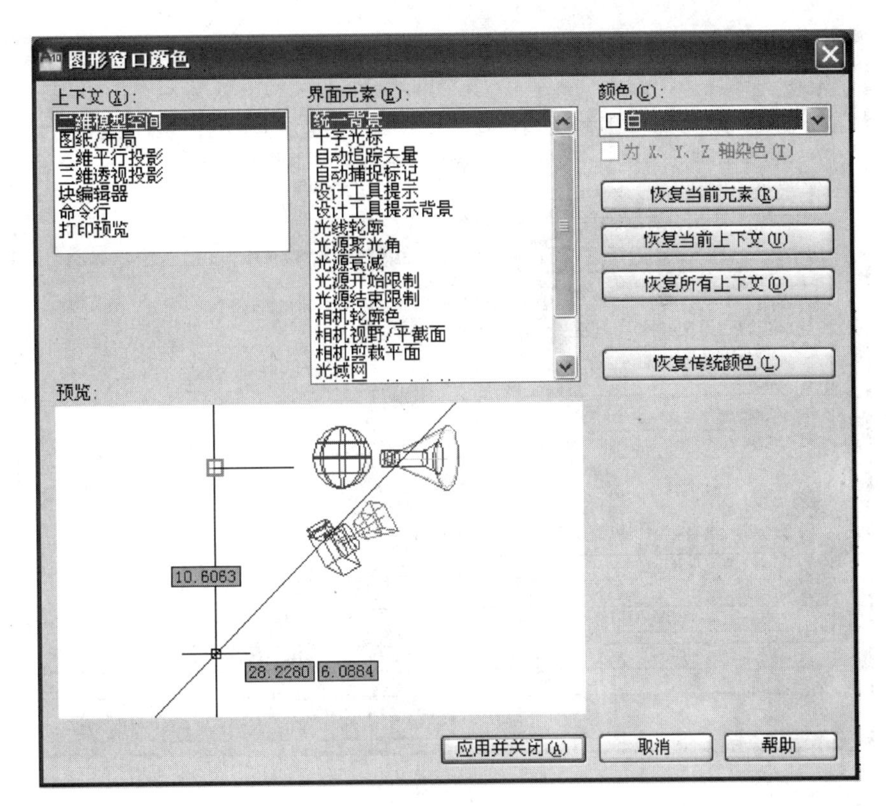

图 1-81

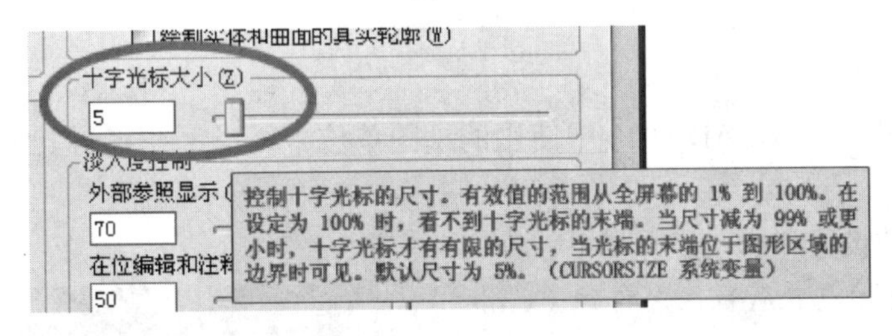

图 1-82

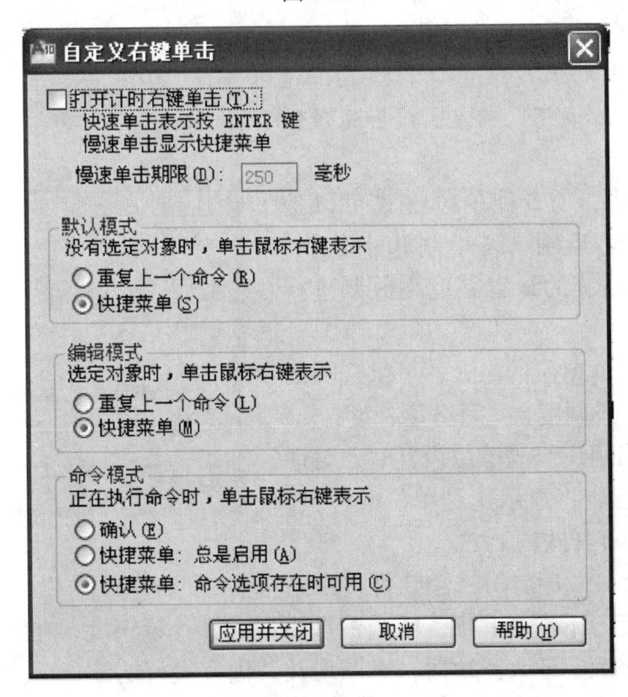

图 1-83

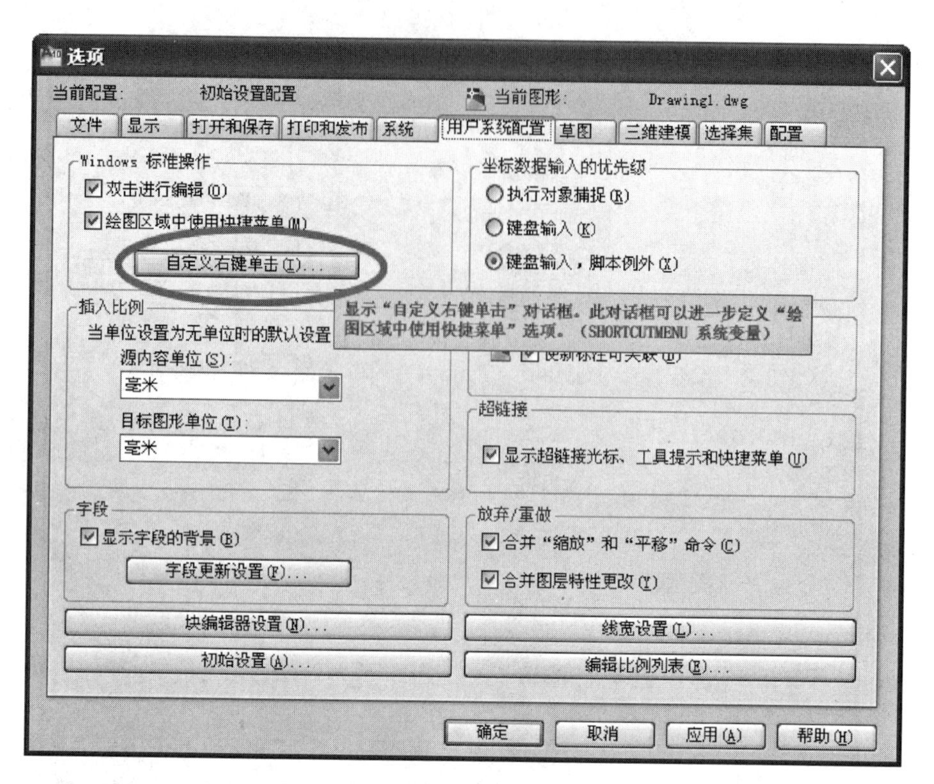

图 1-84

1.4.4 设置绘图单位

绘图前首先应该确定 AutoCAD 2010 中使用的绘图单位，相当于一张图上的比例尺，将真实的尺寸反映到图纸上。

长度和角度格式的设置和修改步骤如下：

选择菜单栏"格式（Format）/ 单位（Units）"，或在命令行输入 UNITS，打开"图形单位"对话框（如图 1-85 所示），可以通过"类型"编辑框中的下拉表框，选择所需要的长度或角度的格式；通过"精度"编辑框中的下拉表框，确定长度和角度的精度。

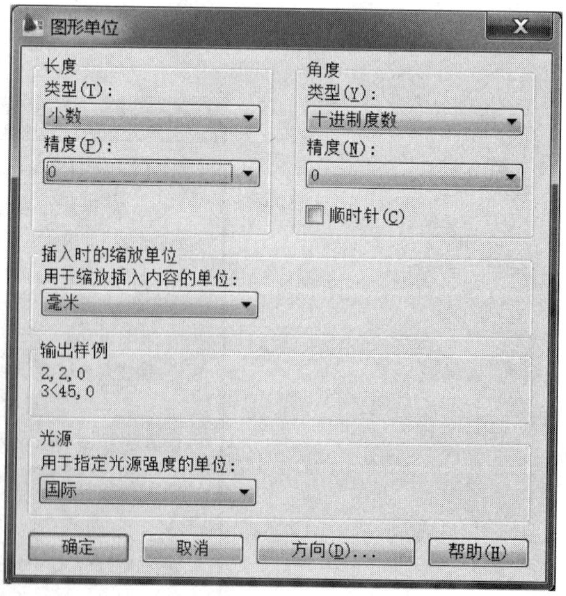

在"长度"的类型中，有 5 种单位格式可以选择：分数制、工程制、建筑制、科学制和小数制，在园林制图中可以选择系统的缺省制度小数制进行绘图。

在"角度"下设置角度单位的格式，可供选择的角度单位类型有 5 种：十进制度数、百分度、度 / 分 / 秒、弧度、勘探单位。当用户修改单位设置时，对话框底部的"输出样例"区域将显示这种单位的样例，其中，长度样式显示在角度样式的上方。

图 1-85

在"角度"栏中选择"顺时针"选项，可以令系统以顺时针方式测量角度。不选择此项，系统默认为逆时针计量角度。在"插入时的缩放单位"选择中，编辑框中的单位用来确定插入图块时，对图块及其内容进行的缩放单位。如果从下拉表框中选择"无单位"，图块将以原始尺寸插入，没有比例的缩放。

1.4.5 设置对象捕捉

在绘制图形时，对象捕捉可以标记对象上的某些特定的点，如端点、中点、交点、圆心点等，以便用户用鼠标进行定位。对象捕捉可以应用到屏幕上可见的对象上，包括被锁定的图层对象，但是不能捕捉被关闭或冻结图层上的对象。

捕捉的设置可以从菜单栏中选择“工具 / 草图设置”，或在状态栏“对象捕捉”按钮上单击右键，然后选择“设置”，还可以在命令行中直接输入 OSNAP 命令；系统弹出“草图设置”对话框，点击“对象捕捉”选项卡，即可以根据需要，选择一种或几种对象捕捉类型（如图 1-86 所示），单击“确定”后退出对话框。此后图形绘制中，对象捕捉类型将一直持续生效，直到用户单击状态行的“对象捕捉”按钮关闭对象捕捉模式，或按下 F3 键关闭对象捕捉为止。

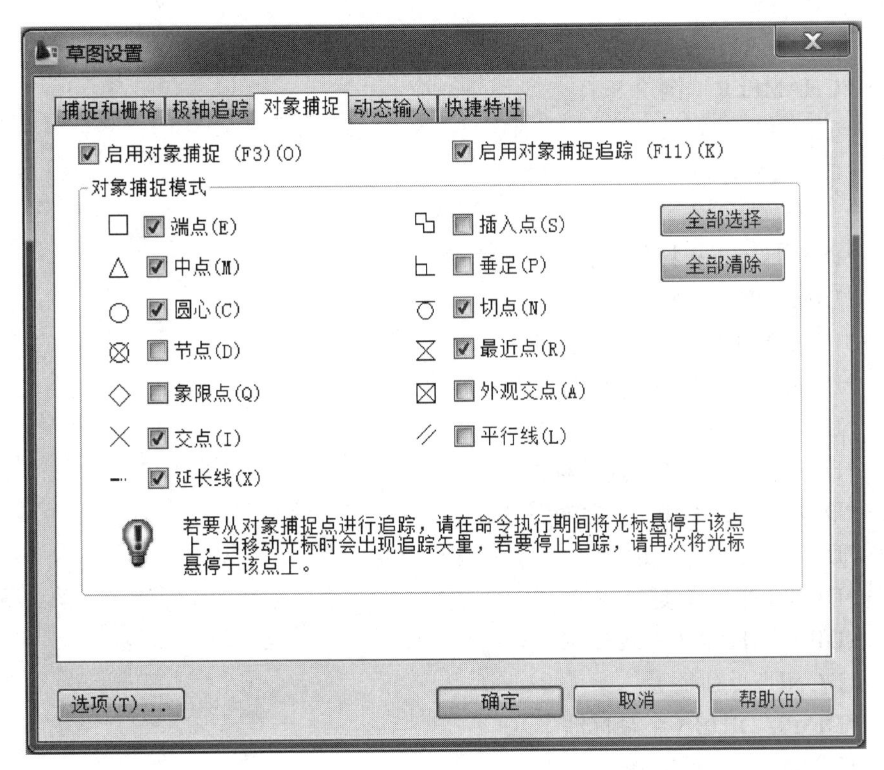

图 1-86

不同的对象或点的类型，捕捉显示的符号也不相同，如“草图设置”对话框所示。如果同时选中多个对象捕捉类型，当光标靠近对象时，可能会同时存在多个捕捉点，此时按下 Tab 键可以在这些点之间交换。

1.4.6 快捷键技巧

在 AutoCAD 图形绘制中，选择运行一些命令，一般有三个途径：用鼠标从菜单栏查找、鼠标点击工具条的命令按钮、通过键盘在命令行输入英文命令。对初学者来说用鼠标点击命令和按钮来运行程序，比较形象和简单。但是在熟练掌握基本命令后，要提高绘图速度，必须充分应用左右手，同时操作键盘和鼠标，这就要求用户掌握 AutoCAD 自带英文命令的快捷键，才能实现快速绘图。有些快捷键同 Windows 系统保持一致，有些为 AutoCAD 专有的绘图命令，具体如下

文件系统的快捷键：

新建——Ctrl+N　　打开——Ctrl+O

保存——Ctrl+S　　打印——Ctrl+P

剪切——Ctrl+X　　　　　　　复制——Ctrl+C
粘贴——Ctrl+V　　　　　　　全选——Ctrl+A

绘图命令的快捷键：

A　——*ARC（圆弧）
AA　——*AREA（测量面积）
AR　——*ARRAY（阵列）
B　——*BLOCK（块定义）
BH　——*HATCH（填充）
BO　——*BOUNDARY（边界）
BR　——*BREAK（打断）
C　——*CIRCLE（圆）
CH　——*PROPERTIES（特性）
CHA　——*CHAMFER（倒角）
COL　——*COLOR（颜色）
CO　——*COPY（复制）

D　——*DIMSTYLE（标注样式）
DAL　——*DIMALIGNED（对齐标注）
DAN　——*DIMANGULAR（角度标注）
DBA　——*DIMBASELINE（基线标注）
DCE　——*DIMCENTER（圆心标记）
DCO　——*DIMCONTINUE（连续标注）
DDI　——*DIMDIAMETER（直径标注）
DED　——*DIMEDIT（标注编辑）
DI　——*DIST（测量长度）
DLI　——*DIMLINEAR（直线标注）
DO　——*DONUT（圆环）
DRA　——*DIMRADIUS（半径标注）
DT　——*DTEXT（单行文字）

E　——*ERASE（删除）
ED　——*DDEDIT（编辑文字）
EX　——*EXTEND（延伸）
EXIT　——*QUIT（退出）
EXP　——*EXPORT（输出）
F　——*FILLET（圆角）
H　——*HATCH（图案填充）
I　——*INSERT（插入）

L　——*LINE（直线）
LA　——*LAYER（图层特性管理器）
LT　——*LINETYPE（线型管理器）
LTS　——*LTSCALE（线型比例因子）

LW　——*LWEIGHT（线宽设置）
M　——*MOVE（移动）
MA　——*MATCHPROP（特性匹配 / 格式刷）
MI　——*MIRROR（镜像）
ML　——*MLINE（多线）
MO　——*PROPERTIES（特性）
MT　——*MTEXT（多行文字）

O　——*OFFSET（偏移）
OS　——*OSNAP（草图设置 / 捕捉点设置）
P　——*PAN（实时平移）
PE　——*PEDIT（多段线编辑）
PL　——*PLINE（多段线）
POL　——*POLYGON（正多边形）
PRE　——*PREVIEW（预览）
R　——*REDRAW（重新绘制）
RE　——*REGEN（重新生成模型）
REN　——*RENAME（重命名）
RO　——*ROTATE（旋转）
S　——*STRETCH（拉伸）
SC　——*SCALE（比例缩放）
SN　——*SNAP（捕捉）
SPL　——*SPLINE（样条曲线）
ST　——*STYLE（文字样式）

T　——*MTEXT（多行文字）
TO　——*TOOLBAR（自定义工具包）
TR　——*TRIM（修剪）
V　——*VIEW（视图）
X　——*EXPLODE（分解）
Z　——*ZOOM（窗口缩放）

1.5 AutoCAD 2010 图形打印与输出

主要内容：了解 AutoCAD 2010 图纸输出环境、视口设置及打印输出设置和操作方法。

1.5.1 选择输出环境

在打印输出图形之前，先确定输出环境，在 AutoCAD 2010 版本中，提供了两种空间环境——模型空间和图纸空间。

模型空间是建立模型时所处的 AutoCAD 工作环境，主要在建立二维或三维模型空间时应用，便于绘制与编辑。如果在布局之前查看或检查图形，可以在模型空间打印输出图形；但是由于此空间不支持多视图和依赖视图的图层设置，且在同一张图纸中缩放不同比例的图形、注释和标题栏都需要进行计算，打印时多有不便。

图纸空间与真实的图纸相对应，便于设置、管理视图。可以将图纸空间称为布局空间，一个布局就是一张图纸，在布局中打印页面，创建多个视口以显示不同的视图。一个图形文件仅有一个模型空间，却可以有多个布局空间，就可以用多张图纸从不同角度、侧面反映一个对象。

单击绘图窗口左下方的“模型”与“布局”按钮（如图 1-87 所示），模型空间和图纸空间两种绘图环境之间可以十分方便地进行切换，以快捷地满足绘制与布局的需要。

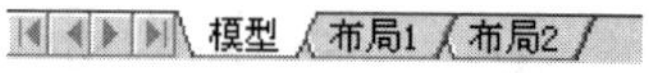

模型 布局1 布局2

图 1-87

1.5.2 模型空间的打印输出

如前文所述，对于一些输出要求不严格的简单图形、草图或不要求多方位、多次输出的图形，采用模型空间的输出就比较方便。其打印输出步骤为：

选择“文件 / 打印”命令，或者直接按快捷键 Ctrl+P，将弹出“打印—模型”对话框（如图 1-88 所示），这是一个常用的简化版的对话框，如果想设置更多参数，可以单击对话框右下角“帮助”栏后的图标“更多选项”，来设置更多的选项（如图 1-89 所示）。下面来了解对话框所示的参数和打印过程。

1. 首先在“打印机 / 绘图仪”栏中，单击“名称”后面的下拉箭头，选择计算机常用的打印机。

2. 在“图纸尺寸”的下拉项中选择所需的图纸（如图 1-90 所示），则对话框中会显示所选图纸的预览，并标示尺寸；选项中 ISO A*x* 表示的是国际通用图纸的尺寸。

3. 在“打印区域”栏中，选择“打印范围”的下拉项（如图 1-91 所示），“窗口”是返回图形文件，根据自己的需要框选打印范围；“范围”是按照图形文件设定的图形大小范围；“图形界限”是将图形设定界限内全部打印；“显示”是按照当前电脑界面显示的大小来打印。在模型阶段，选择“窗口”能更方便地满足用户需求。

4.“打印偏移”栏中，主要是设置图形在打印纸中的位置，可以自由设置，也可以直接勾选“居中打印”复选框。

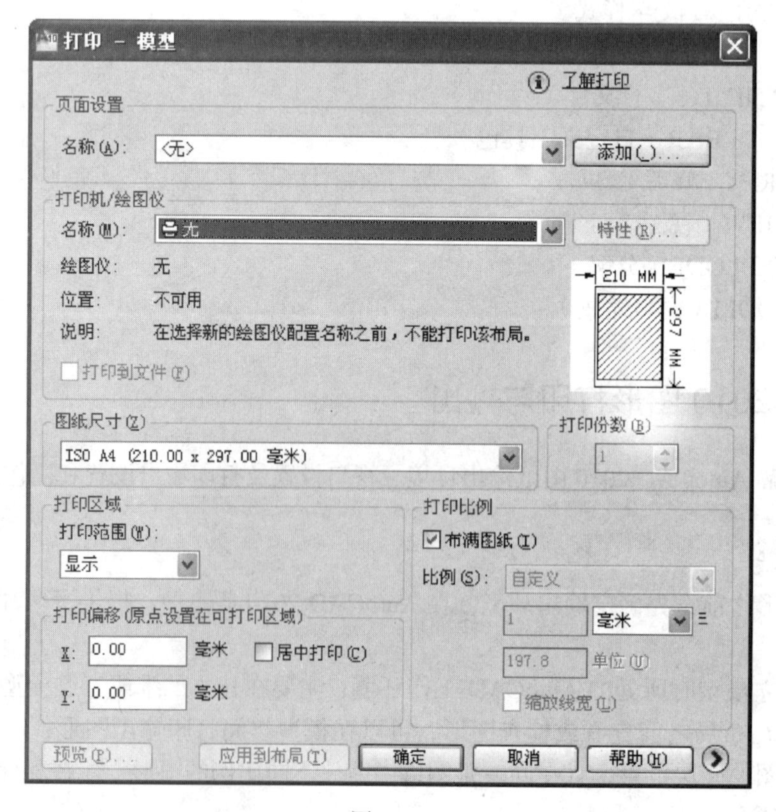

图 1-88

图 1-89

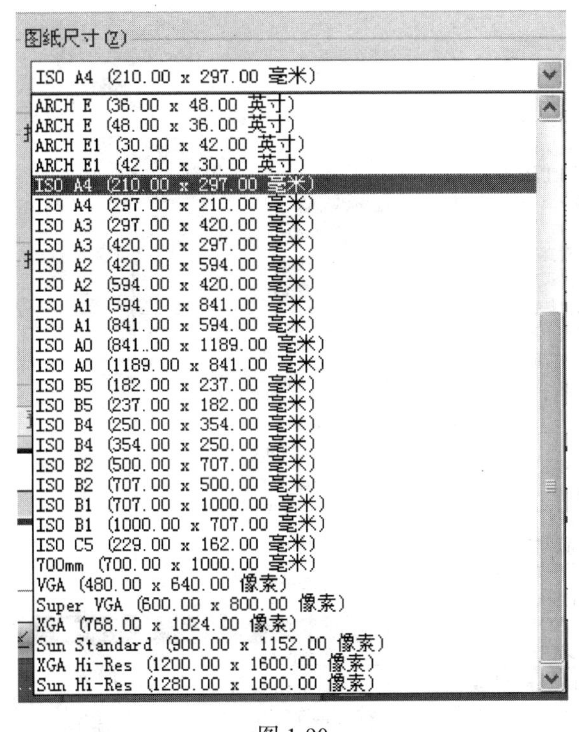

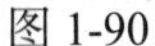

图 1-90

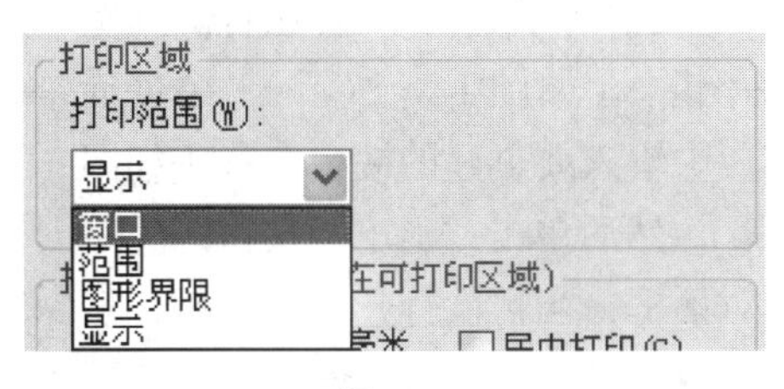

图 1-91

5. 在“打印比例”栏中，选择出图时的比例，如1∶2、1∶100等，也可以勾选“布满图纸”复选框，以自动调节缩放图形大小来充满选定的图纸；用户也可以在下方的文本框中输入自定义的打印比例。

当设置好以上参数并选定打印区域后，可以单击“预览”按钮，来了解打印效果。如果需要重新调整参数或打印范围，可以单击右键，在弹出的选项框内选择“退出”，重新设定后再预览；如果对预览的效果较满意，则单击右键，在弹出的选项框内单击“打印”，则开始了图形的打印。

1.5.3 布局空间的打印输出

在模型空间中，只能实现单个视图出图，如果要多个视图出图，则必须使用图形空间即布局。布局空间的优势在于出图时不必进行繁琐的参数设置。

首先要创建布局，然后设置视口，就可以进行打印出图了。

1.5.3.1 布局与视口

首先来了解一下布局。布局相当于一张图纸，它提供预置的打印页面设置。在布局中，可以创建和定位视口，生成图框、标题栏。在布局中可以创建多个视口以显示不同的视图，且每个视图都可以有不同的显示比例，如在一张园林建筑小品图纸中，平面、立面可以选择一个显示比例，而不同的结构细部可以选择不同的显示比例，达到打印出图时整体图面清晰、比例适当即可。具体见下文介绍。

再来了解一下视口。视口是现实绘制的对象不同视图的区域，一个图形文件可以创建多个视口。视口分为在模型空间创建的平铺视口和在图纸（布局）空间创建的浮动视口两种。在平铺视口中，视口之间必须相邻，并且不可以调整边界，多用于绘制三维图形，表现同一物体不同侧面和细部，平铺视口在机械制图中较广泛地应用；在浮动视口中，视口之间不仅可以重叠，而且可以调整其边界，园林景观设计图多绘制平面图形，更多地在图纸空间中利用浮动的视口，在同一张图形中表现不同的平面视图，并便于规划编辑图面空间。所以，此处侧重讲述创建浮动视口。

先对"视口"对话框进行设置。可以对准页面上部的工具栏点右键，弹出多个工具选项（如图 1-92 所示），单击"视口"，弹出"视口"工具栏（如图 1-93 所示）；或者选择菜单栏"视图 / 视口"项（如图 1-94 所示），然后在其子菜单中选择相应的菜单项。

单击"命名视口"，打开"视口"对话框（如图 1-95 所示），对话框包括"新建视口"和"命名视口"两个选项卡。单击"新建视口"选项卡，页面显示标准视口的几种类型，单击任一种会在右侧预览栏中显示出来（如图 1-96 所示）。在页面"新名称"中输入要创建的视口名称（如图 1-97 所示），然后单击"确定"按钮，关闭"视口"对话框，当再次打开对话框时，切换到"命名视口"选项卡，"命名视口"列表框中选择一种视口样式（如图 1-98 所示），单击右键可对其进行编辑操作。

提示：在设置视口之前需要新建一个单独的图层"视口"，在其后的参数中单击打印机图标，变为不可打印（如图 1-99 所示），然后再设置、编辑视口，则在打印时视口是不可见的。

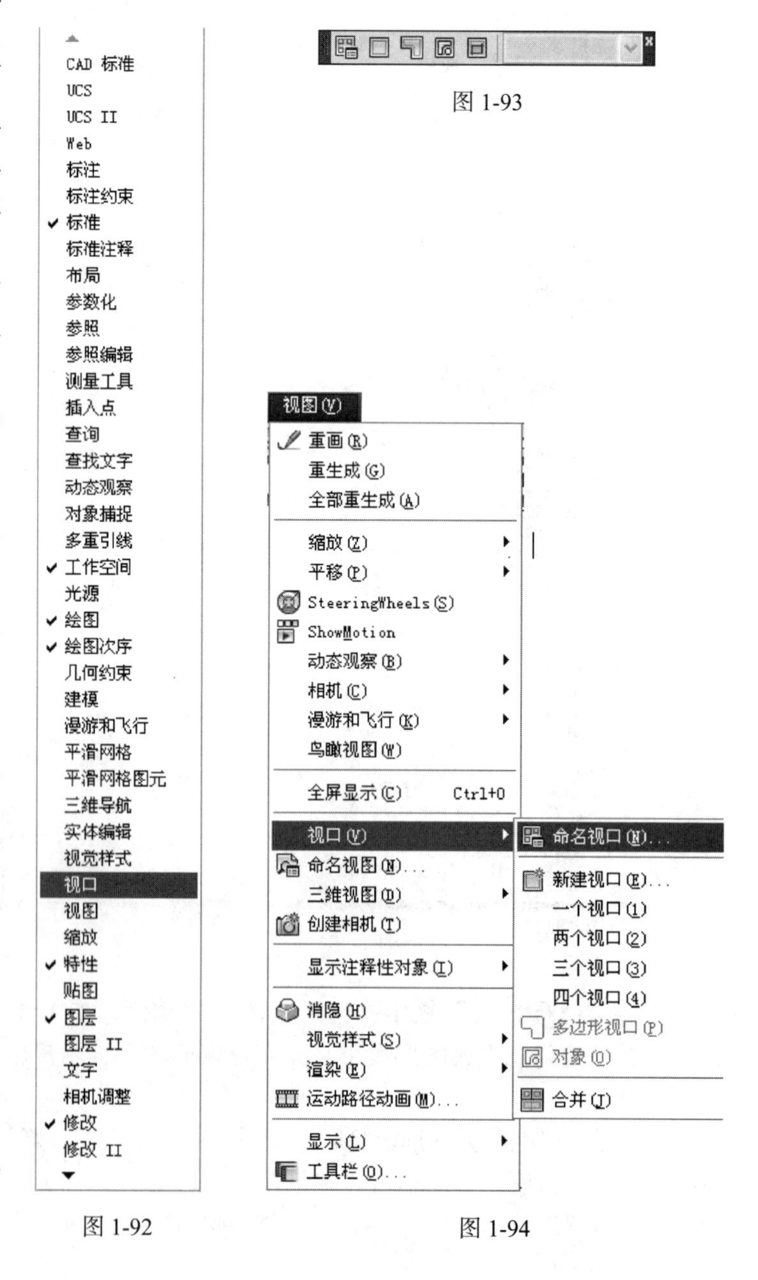

图 1-93

图 1-92

图 1-94

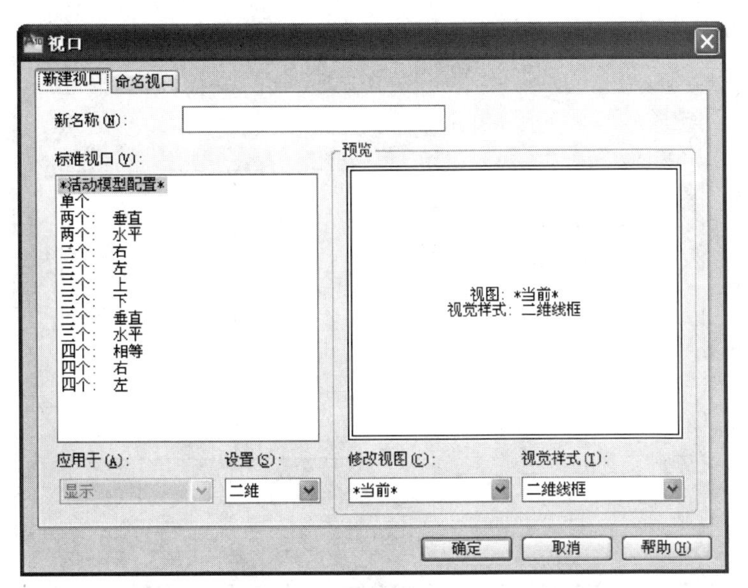

图 1-95

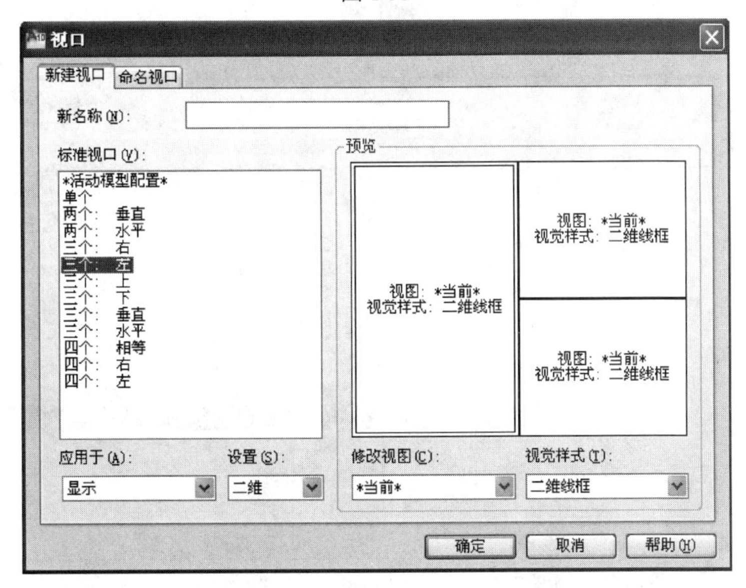

图 1-96

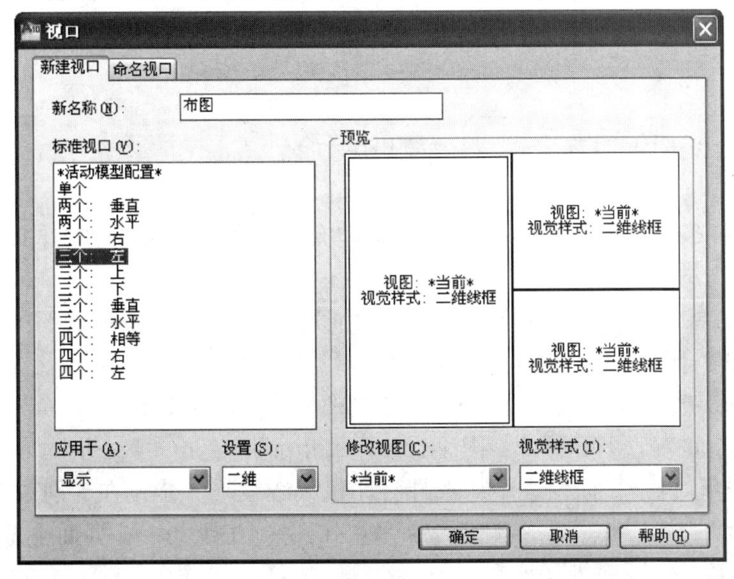

图 1-97

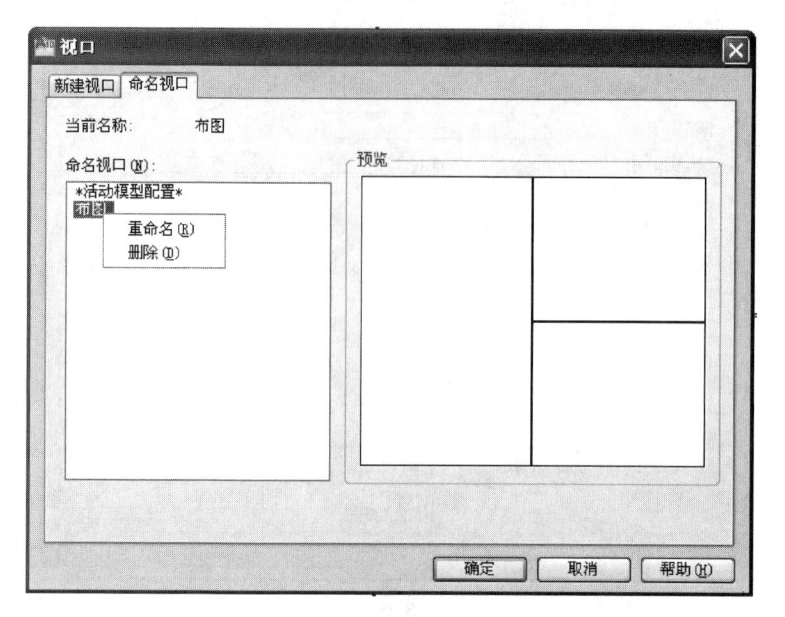

图 1-98

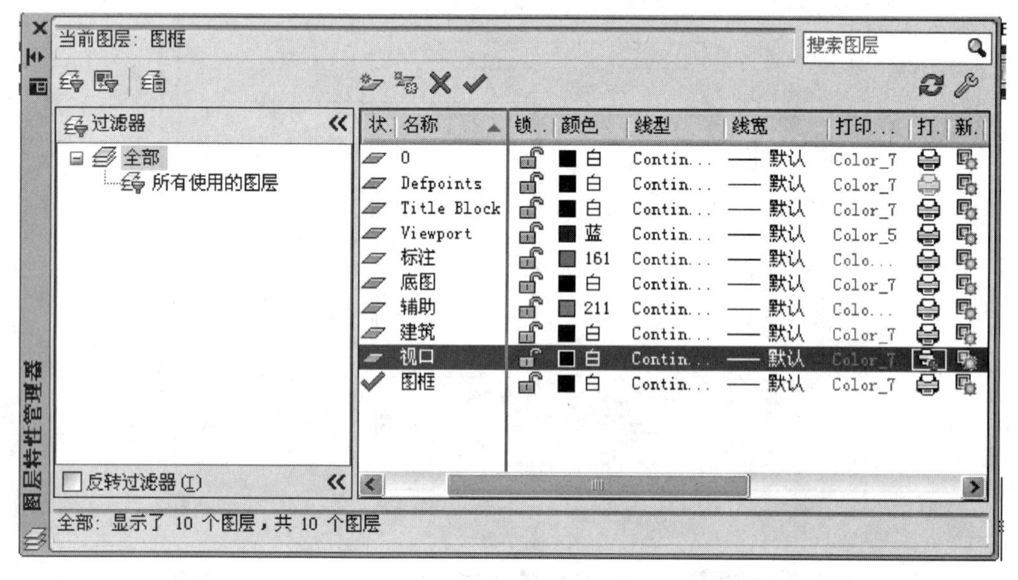

图 1-99

1.5.3.2 创建布局

创建布局主要包含以下内容：页面设置、绘制图框、插入标题栏、创建视口、设置视口中的图形比例、添加注解等。

创建布局的方法主要有：通过“布局”选项卡创建布局；利用布局向导创建布局；使用布局样板创建布局。

本书重点介绍用布局向导来创建布局，其他方法由读者来试操作。操作如下：

命令：OPEN（单击打开光盘：/ 附图 / 亭 .DWG）（如图 1-100 所示）

在打开的页面选择“插入 / 布局 / 创建布局向导”命令（如图 1-101 所示），在打开“创建布局”对话框中输入新的布局名称“打印布局”（如图 1-102 所示），而后单击“下一步”。

在“创建布局—打印机”页面列表中，选择打印机，继续下一步；在“创建布局—图纸尺寸”页面列表中，选择图形尺寸为 A2，图形单位为毫米（如图 1-103 所示），页面上显示了图纸的尺寸为 594.00 × 420.00，然后单击“下一步”。

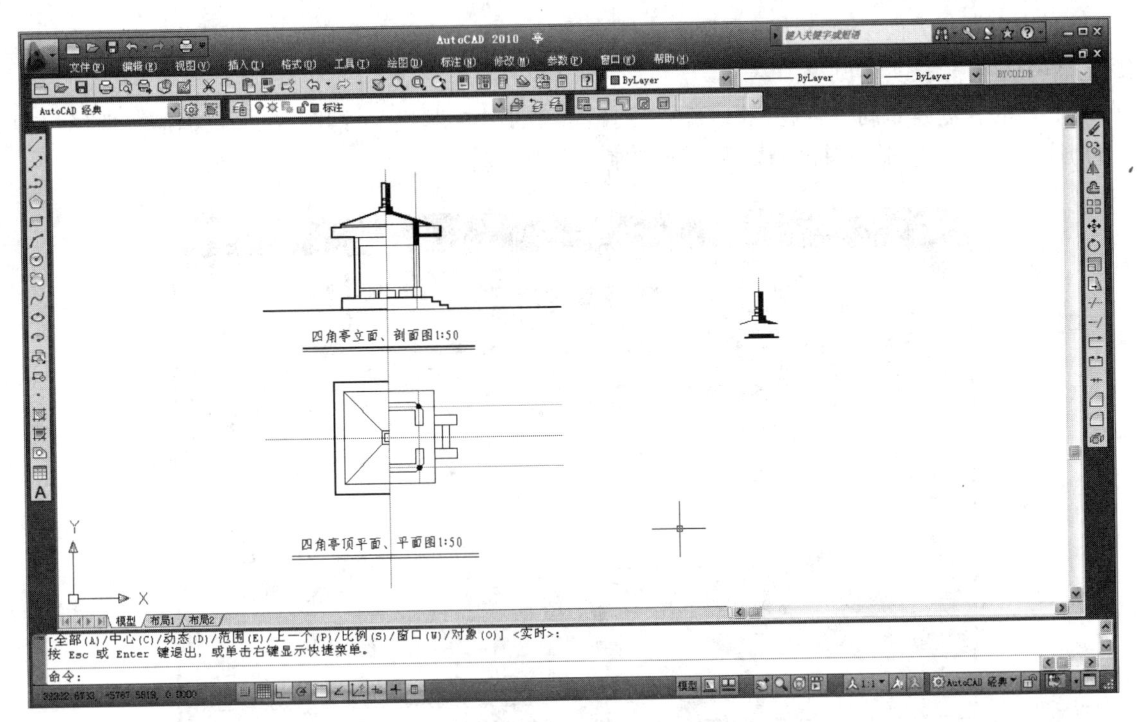

图 1-100

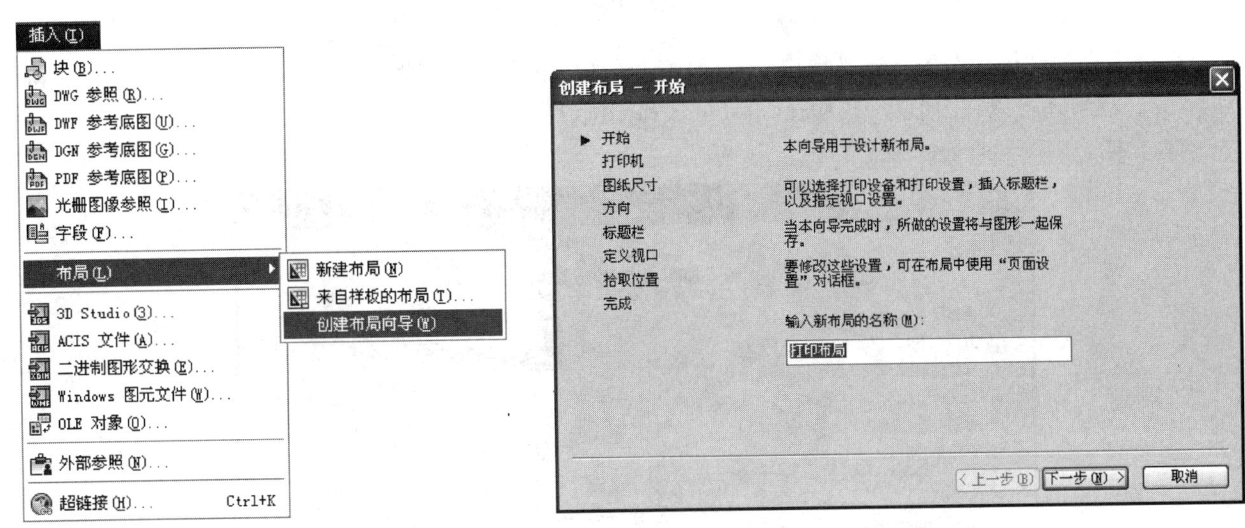

图 1-101　　　　图 1-102

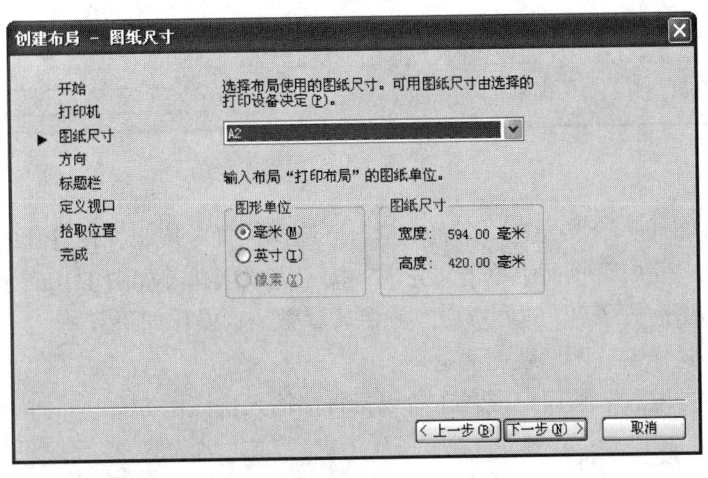

图 1-103

在“创建布局—方向”页面中选择图形在图纸上的方向，主要跟打印机所用纸卷宽度有关，这一项在实际打印中也可根据实际调整。

在接下来的“创建布局—标题栏”页面中列出了 2 种“标题栏”（即图框），根据需要选择一种（如图 1-104 所示），也可以根据自己的要求自己绘制一个图框与标题栏。

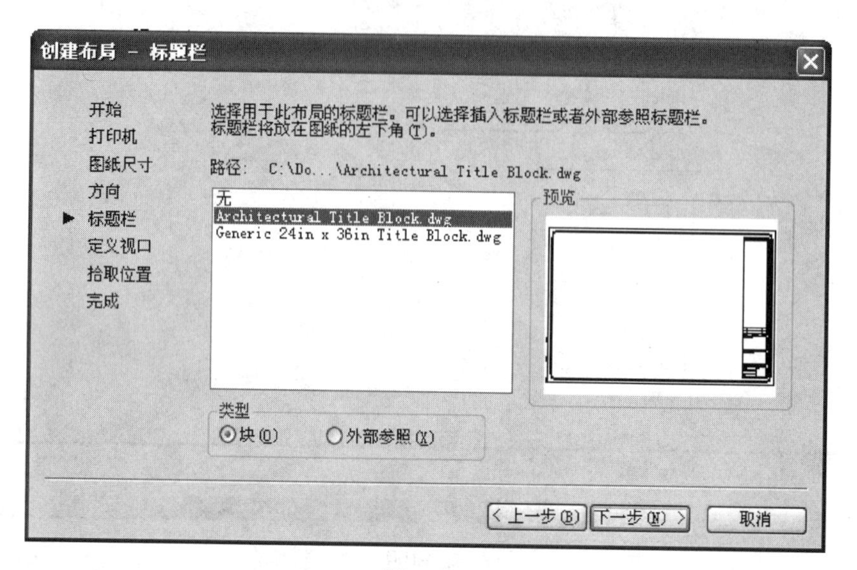

图 1-104

在接下来的“创建布局—定义视口”页面中选择视口的个数和比例（如图 1-105 所示），视口比例为 1∶50。视口还可以在图形布局中进行增减个数和比例设置。

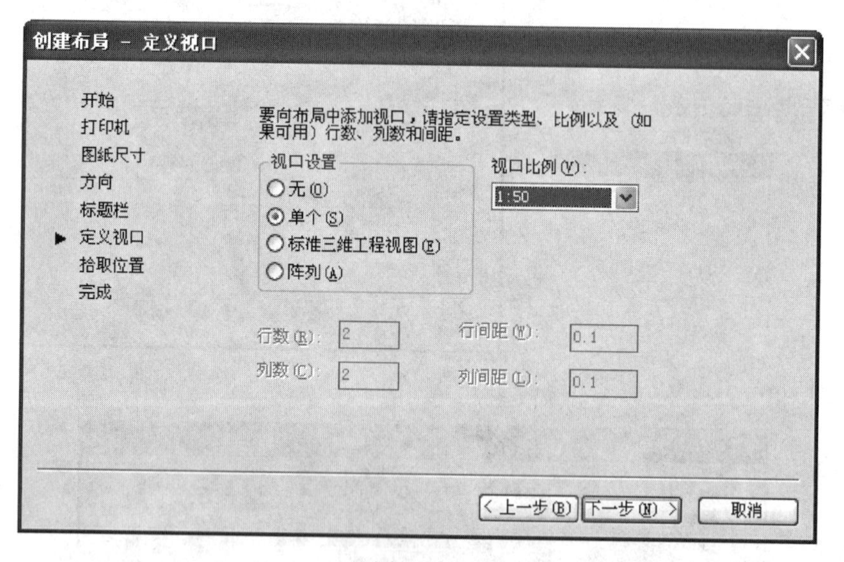

图 1-105

在接下来的“创建布局—拾取位置”页面中单击“选择位置”按钮，在打开的空间中选择视口的范围，而后在“创建布局—完成”页面中单击“完成”按钮完成创建（如图 1-106 所示）。

*提示：由于所插的图框大于 A2 图形布局，需要适量缩小。*操作如下：

先移开单个视口，这样缩放图框就更清楚。

单击右侧工具栏的“缩放”按钮，或者在命令行直接输入快捷键 SC，

命令：SC　　（回车）

SCALE

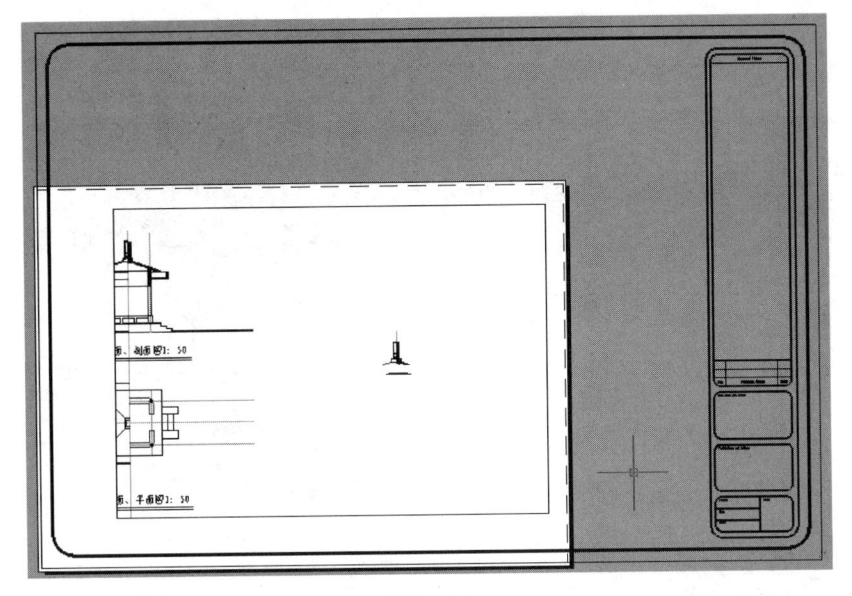

图 1-106

选择对象：（鼠标对准图框单击）

选择对象：找到 1 个

选择对象：（单击右键，结束选择）

指定基点：< 对象捕捉 开 >（按下 F3 键，打开对象捕捉，单击图框右下角）

指定比例因子或［复制（C）/ 参照（R）］<1.0000>：R　　　　　　　　　　　　（回车）

指定参照长度 <1.0000>：指定第二点：（单击图框右上角）（如图 1-107 所示）

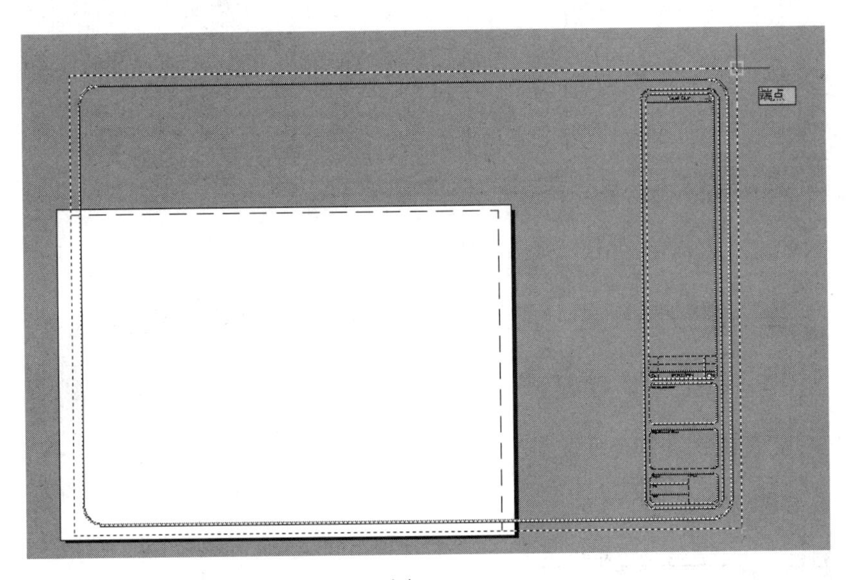

图 1-107

指定新的长度或［点（P）］<1.0000>：P　　　　　　　　　　　　　　　　　　（回车）

指定第一点：< 对象捕捉 关 >（按下 F3 键，关闭对象捕捉，单击布局右下角）

指定第二点：（单击布局右上角）（如图 1-108 所示）

然后图框缩放到布局的大小（如图 1-109 所示），把图框移到布局合适的位置并移回单个视口即可（如图 1-110 所示）。

提示：最精确的图框最好自己绘制，并可以根据自己需要进行设计，则在以后绘图中在不同的文件里进行复制应用即可。

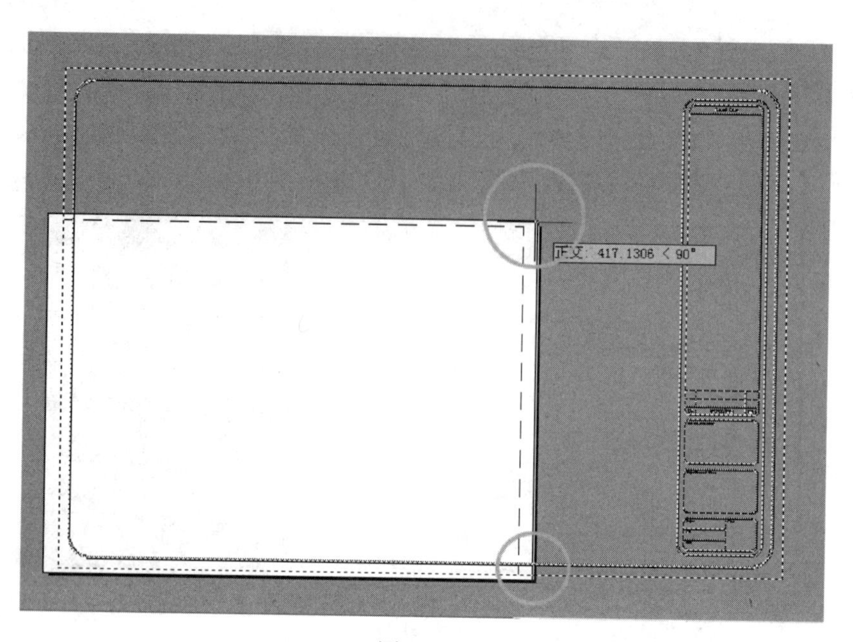

图 1-108

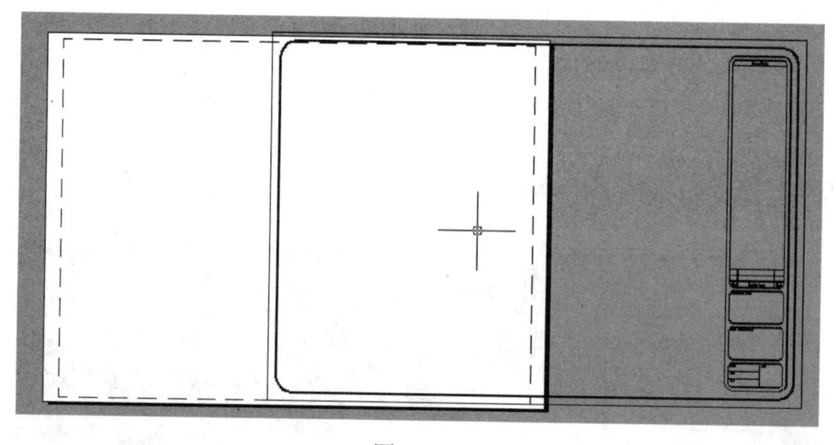

图 1-109

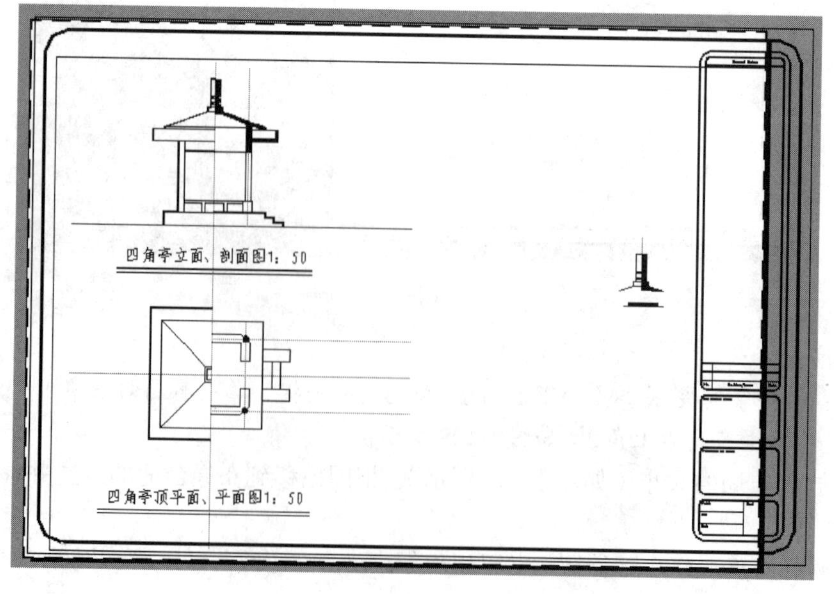

图 1-110

1.5.3.3 创建视口

单击绘图窗口左下角的“打印布局”，将空间切换到布局空间。将上文设置的布局版面进行调整，先运行拉伸命令将单个视口缩放至图框内左上角。

单击视口图框，图框四角变为可编辑状态，单击视口右下角可编辑显示按钮，拖动视口向左上方移动（如图 1-111 所示），移到合适的位置并只显示立面图，再单击鼠标结束拖移，按下 Esc 键完成命令操作（如图 1-112 所示）。

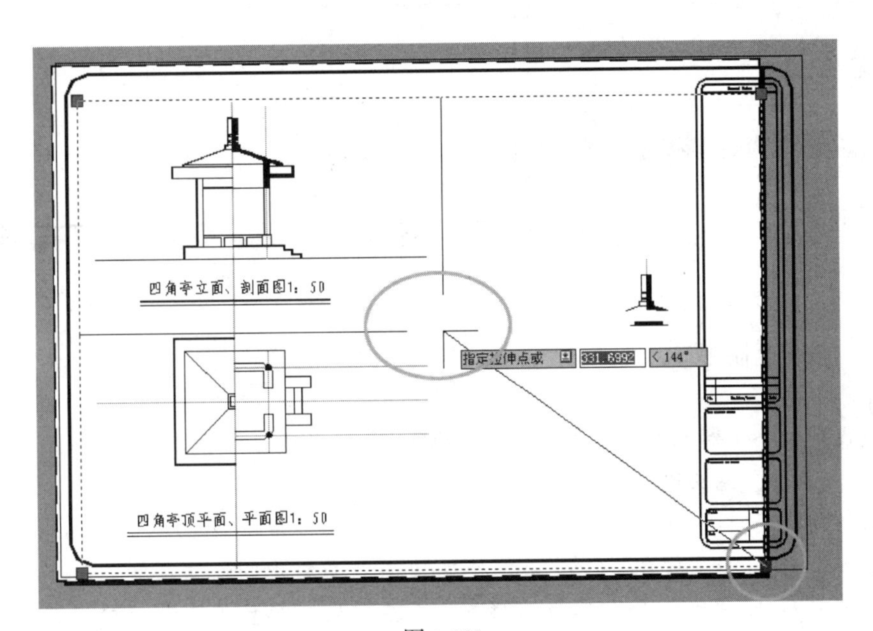

图 1-111

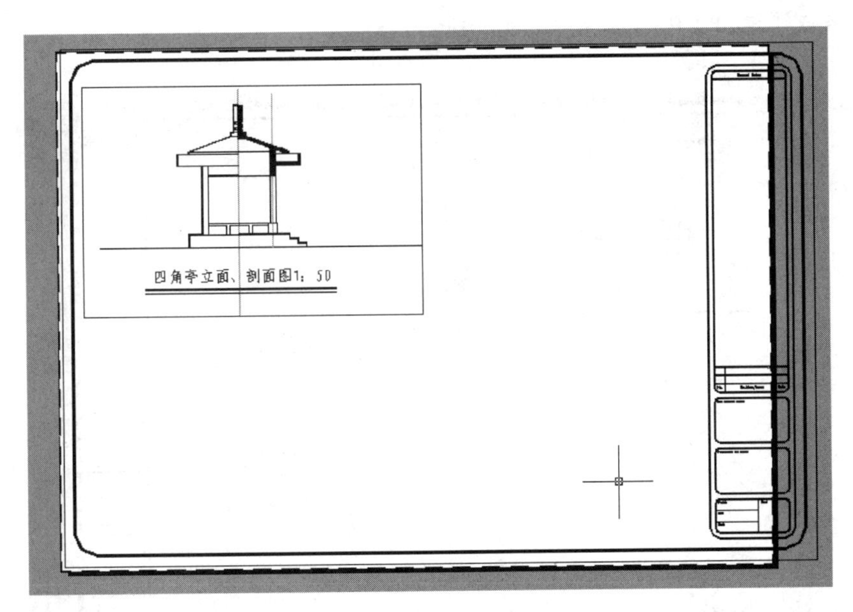

图 1-112

而后单击视口框，在旁侧出现“视口”的属性对话框，显示该视口的比例等属性，修改比例为 1∶50（如图 1-113 所示），拖动视口框右下角点对其进行缩放至合适大小位置，而后在图框内任意点双击，视口变为黑粗线，即表示可以进行内部图形文件的编辑操作。

单击“实时平移”按钮，或键盘输入快捷键“P”，将图形显示到四角亭的立面图中（如图 1-114 所示），单击右键退出命令，在图框外任意空白处双击，退出此视口的内部编辑。

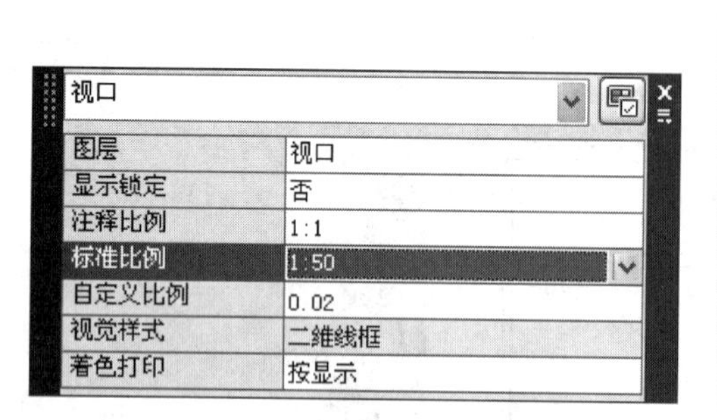

图 1-113

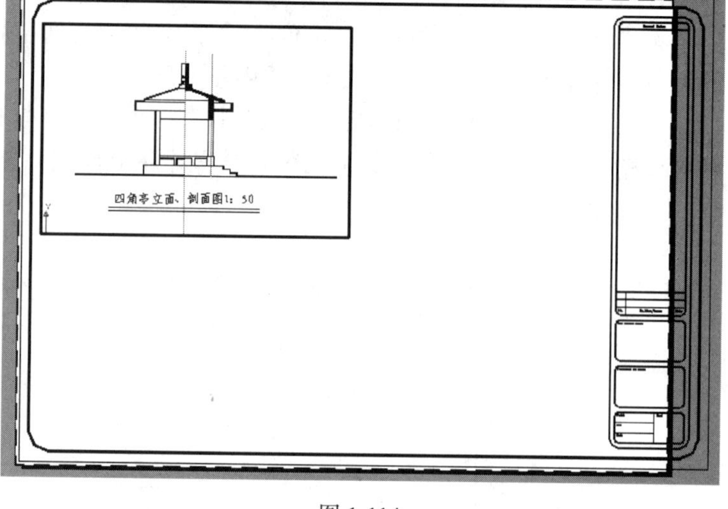

图 1-114

单击“复制”按钮复制视口，

命令：_copy

选择对象：找到 1 个（对准图框单击，选中图框）

选择对象：（点右键，结束选择）

当前设置：复制模式 = 多个

指定基点或 [位移（D）/ 模式（O）] < 位移 >：（在视口框中间任意点单击）

指定第二个点或 < 使用第一个点作为位移 >：正在重生成模型（拖动视口框在合适的位置单击）（如图 1-115 所示）

指定第二个点或 [退出（E）/ 放弃（U）] < 退出 >：　（回车）

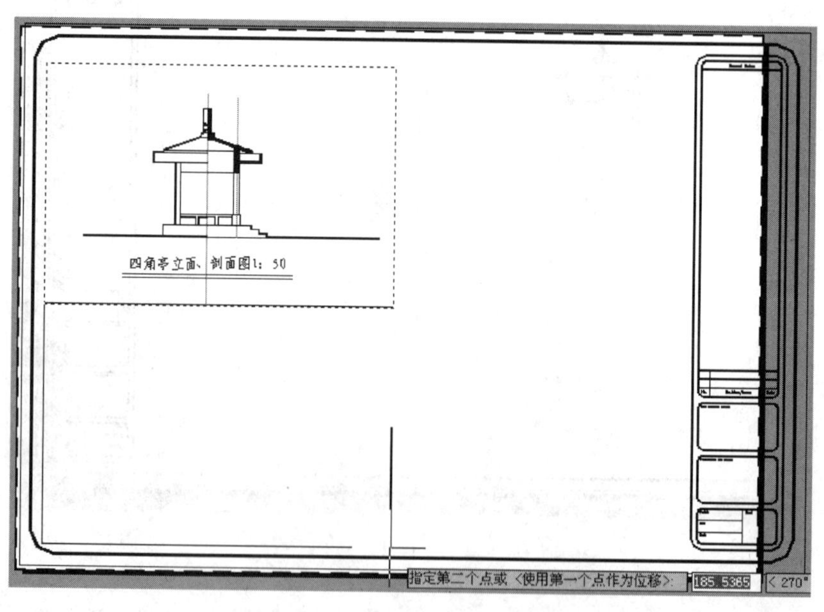

图 1-115

图框中出现两个相同的视口（如图 1-116 所示），在下面的视口中双击，进入编辑状态，运行实时平移命令，将图形显示到四角亭的立面、剖面图中（如图 1-117 所示），单击右键退出命令，在图框外任意空白处双击，退出此视口的内部编辑。

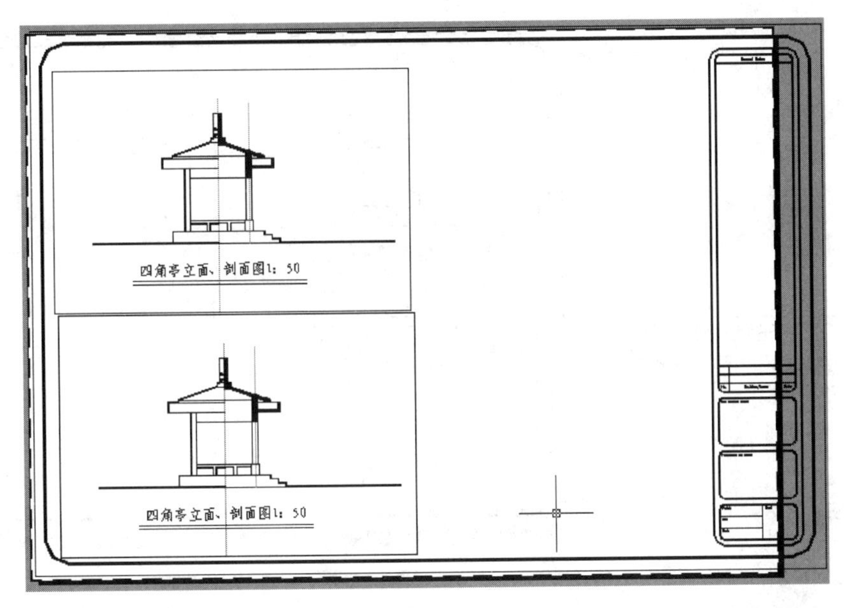

图 1-116

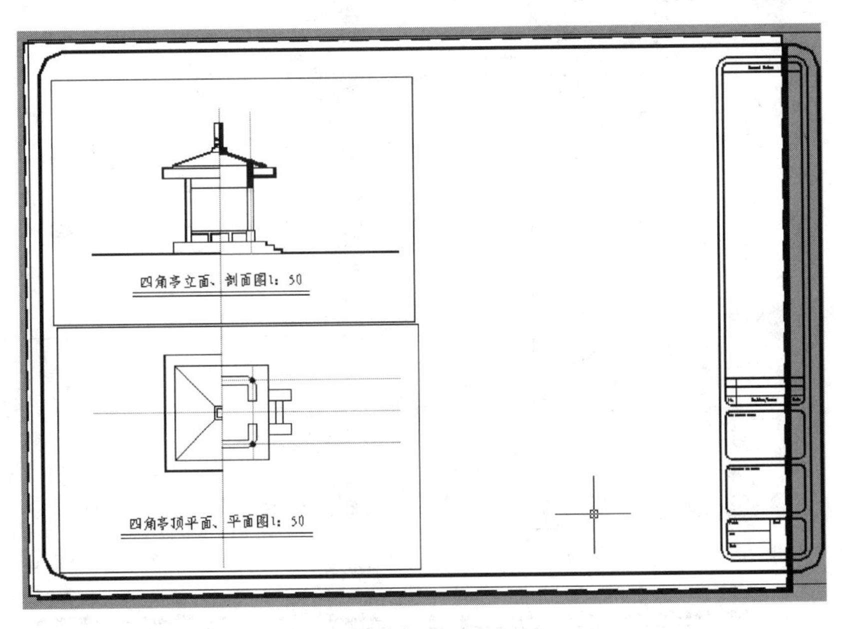

图 1-117

接下来继续在图框内偏右方向增加视口，来显示屋顶细部，现在我们换一种方法来增添视口。单击“视口”工具栏中“单个视口”按钮（如图 1-118 所示）。

命令：_-vports

指定视口的角点或［开（ON）/ 关（OFF）/ 布满（F）/ 着色打印（S）/ 锁定（L）/ 对象（O）/ 多边形（P）/ 恢复（R）/ 图层（LA）/2/3/4］< 布满 >：（在图框内中部单击）

指定对角点：正在重生成模型（拖动鼠标到图框右下角合适的地方再单击）。

而后图框中出现新增的视口（如图 1-119 所示），它没有显示图形内容，显示了模型空间的全部内容，单击“视口”工具栏上的“视口缩放控制”栏后的三角，在下拉缩放比例中选择 1∶10 的比例后（如图 1-120 所示），新增视口显示出局部图形（如图 1-121 所示），在视口内双击，对新增视口内容进行用实时平移窗口拖放，将宝顶立面标注图放置视口中央，再适当调整一下视口大小，就完成了对新视口的设置（如图 1-122 所示）。

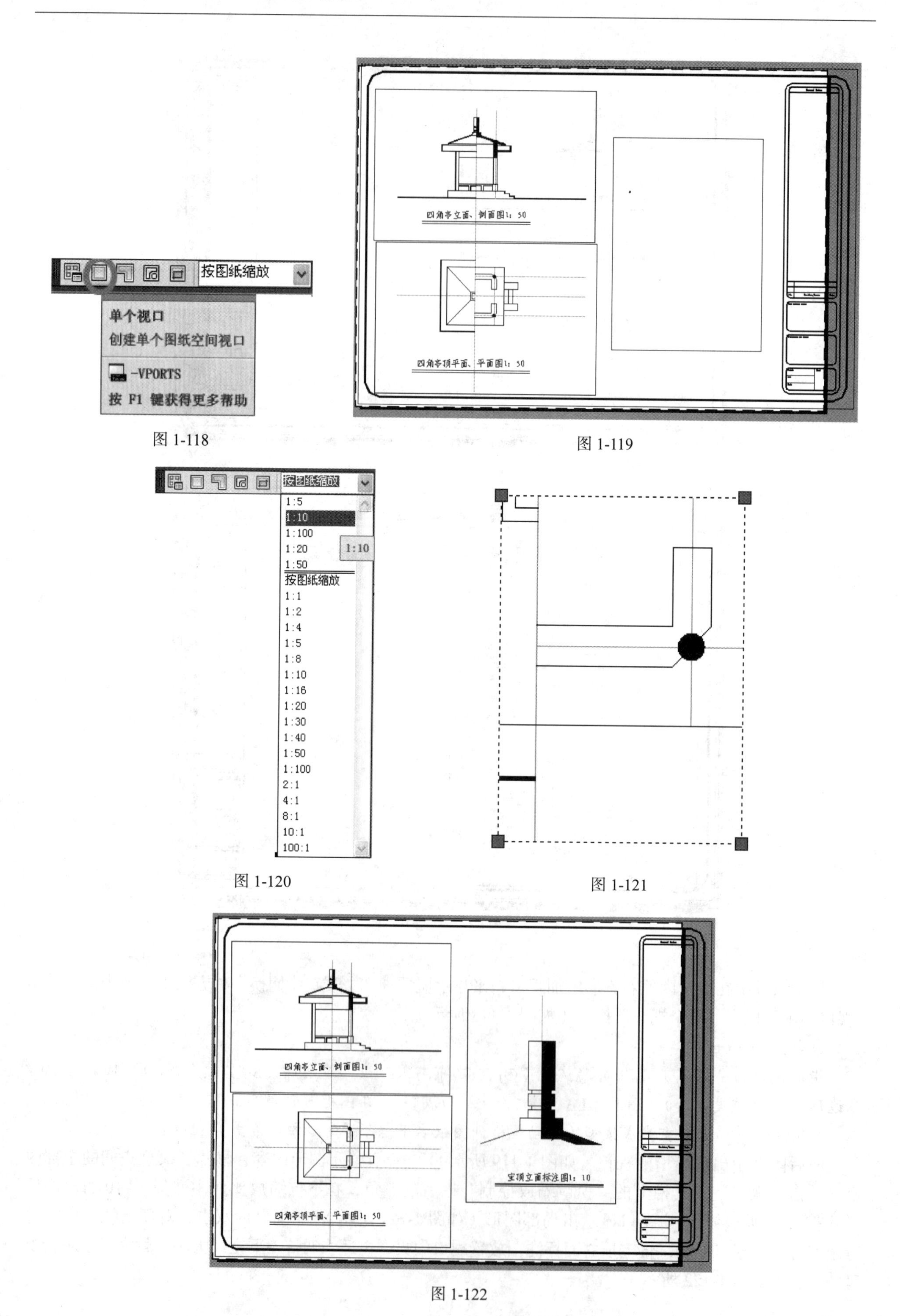

图 1-118

图 1-119

图 1-120

图 1-121

图 1-122

1.5.3.4 打印输出

创建好布局后，随时可以对布局进行打印输出。布局的打印输出与模型的打印输出步骤和界面基本一致，设置如下：

1〉在打开的 AutoCAD 文件中单击视图左下的“打印布局”或设定的其他布局，选择“文件 / 打印”命令或直接按下快捷键 Ctrl+P，弹出“打印—打印布局”对话框（如图 1-123 所示）；

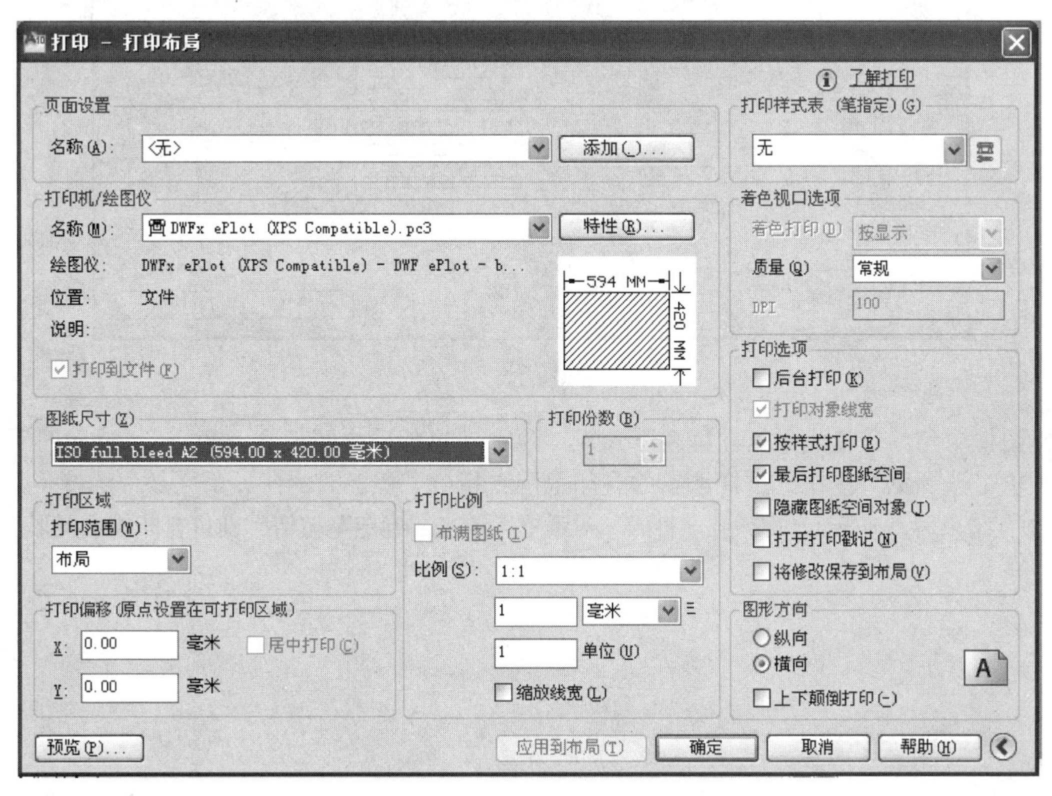

图 1-123

2〉在对话框中选择打印机，设置图纸尺寸，而后单击“特性”按钮调整打印区域的大小，在打开的“绘图仪配置编辑器”对话框中单击“修改标准图纸尺寸（可打印区域）”选项（如图 1-124 所示），在其下面的列表框中选择相应的图纸，并单击随后的“修改”按钮；

3〉在弹出的“自定义图形尺寸—可打印区域”对话框中，将上、下、左、右对应的边界值设置为 0（如图 1-125 所示），使打印区域与图形大小一致。单击“下一步”回到“打印”对话框；

4〉在图形发送到打印机以前，一般先进行图形预览。直接默认打印范围为“布局”，打印比例为 1∶1，单击“预览”按钮，系统将显示图形在打印时的确切外观，包括设定的线宽、填充图案和其他打印选项。

也可以单击“打印范围”下拉按钮选择“窗口”，屏幕显示到布局文件，按下 F3 按钮打开捕

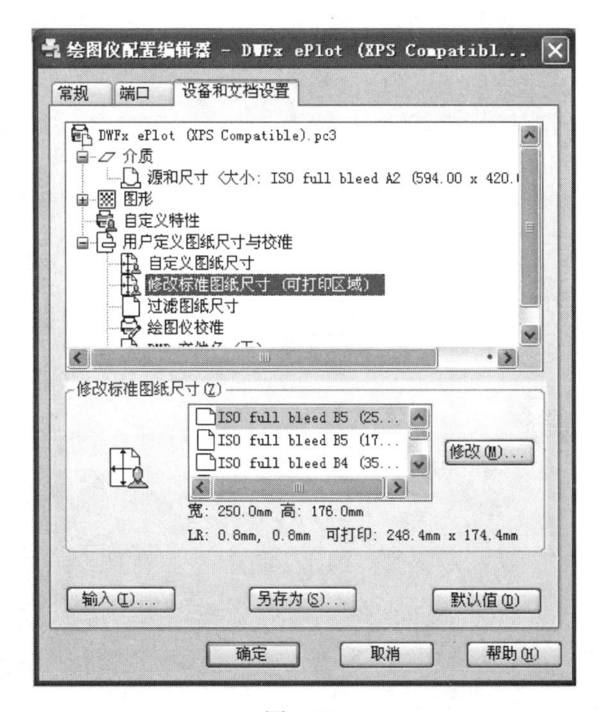

图 1-124

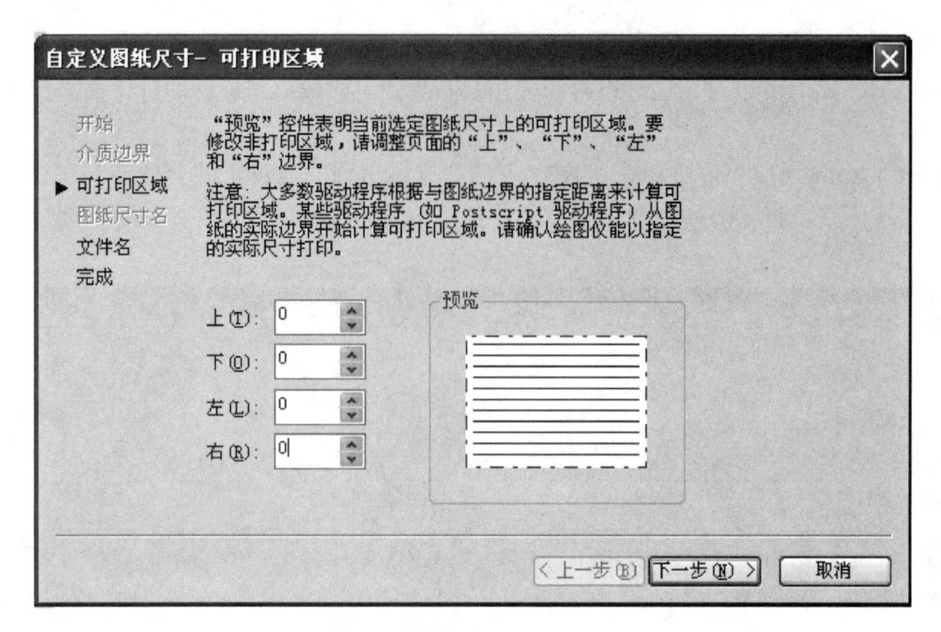

图 1-125

捉，选择图框对角的点（先单击图框左下角点，再拖动鼠标单击图框右上角点），返回图形打印对话框，再单击“预览”按钮。这样设置的打印范围更精确。

5〉预览结束后，按 Enter 键回到“打印”对话框，单击“确定”按钮，即可打印输出图形。

第二章　AutoCAD 2010 绘制园林建筑小品图实例

本章主要了解园林小品和园林建筑平面图、立面图、剖面图的含义和绘制内容，熟悉绘制图形时的系统设置、绘图方法、出图程序，掌握 AutoCAD 2010 绘图中图形绘制和修改的常用命令，并通过实例提高读者绘图中的操作技巧。

2.1 园林建筑小品图概述

主要内容：了解园林建筑小品平面图、立面图、剖面图的含义和绘制内容，掌握在 AutoCAD 2010 中绘制园林建筑小品的步骤。

2.1.1 园林建筑小品平面图的概述

● 平面图的概念

园林建筑小品平面图是假想园林建筑小品在高 1m 处被剖开，剖切处的下部构造在地面上的正投影图形，即是建筑小品平面图。它用于表示园林建筑小品的平面形状、各组成部分的大小、位置关系等。建筑小品平面图不同于俯视图，前者是建筑小品在 1m 剖切处的构造在地面的投影图形，后者是建筑小品整体构造在地面的投影图形。

● 平面图的绘制内容

1〉图名、比例尺标识；

2〉园林建筑小品平面图形状及名称标注；

3〉园林建筑小品的细部构件的形状、大小、位置及名称标注；

4〉园林建筑小品必要的尺寸标注，各部分图的索引和有关说明；

5〉图形的说明和标题。

● 绘制园林建筑小品平面图的主要步骤

1〉设置绘图基本环境，确定图层；

2〉绘制园林建筑小品平面图外部形状，标注名称；

3〉绘制园林建筑小品的细部构件的形状、大小、位置，并标注名称；

4〉完成园林建筑小品的尺寸标注，各部分图的索引和有关说明；

5〉添加图形的说明和标题；

6〉调整图形布局和大小，计算出图比例；

7〉图形打印输出的设置与操作。

2.1.2 园林建筑小品立面图的概述

● 立面图的概念

园林建筑小品立面图是以建筑小品主要的外表面为对象，按照正投影法在垂直空间中的正投影图形，一般指在建筑小品正前方向后的垂直投影图形，亦称正立面图或前视图。当建筑小品构造较复杂，正立面图不能够反映小品形状构造时，就需要绘制侧立面图、背立面图，或称左（或右）视图、后视图。

立面图包括了园林建筑小品在投影方向上可见的一切外形和构造，如建筑小品的外形轮廓、结构造型、附属物位置及样式、材料外装修的做法和必要的标高参数等。

立面图表现了立体空间中的景观效果，它与平面图相互补充，是工程施工和验收评判的依据。在绘图规范中，立面图的外轮廓线、一些形体构造线常常加粗表示，地平线以浓粗表示，使图面的层次感加强。

● 立面图的绘制内容

1）图名、比例尺标志；

2）建筑外地平线；

3）园林建筑小品的外形，细部构件的形状、大小、位置，装饰材料的做法、用材；

4）必要的标高和尺寸标注；

5）图的索引和有关说明。

● 绘制园林建筑小品立面图的主要步骤

1）设置绘图基本环境，确定图层；

2）绘出地平线、园林建筑小品立面轮廓线；

3）绘制园林建筑小品的细部构件的形状、大小、位置，并标注名称和装修材料；

4）对园林建筑小品必要部分进行标注尺寸和标高，各部分图的索引和有关说明；

5）完成图形的说明和标题；

6）调整图形布局和大小，计算出图比例；

7）图形打印输出的设置与操作。

2.1.3 园林建筑小品剖面图的概述

● 剖面图概念

对园林建筑小品构件中隐蔽的、外部无法看到的材料结构进行剖切，剖切面垂直或水平投影得到的图形即是园林建筑小品剖面图。园林建筑小品剖面图是园林施工图的重要组成部分，它与平面图、立面图配合，使施工图更加完整明确，有利于说明小品内部结构特征，给使用者提供施工、预决算的依据。

● 剖切面的位置与数量

园林建筑小品剖面图的剖切位置，一般是选取在内部结构和构造比较复杂，或者有变化、有代表性，或结构比较隐蔽、肉眼无法观察到的部位，剖面图的数量要根据园林建筑小品实际的复杂程度和自身观赏特性来确定，主要是能够完整地表达出园林建筑小品的实际情况。

一般情况下，施工剖面图的剖切位置主要放在建筑小品地基、柱梁的构造、转角的接口、园路的垫层等，在园林筑山、理水工程中常常会剖切地形曲折复杂处的景观构造。

● 剖面图的绘制内容

1）园林建筑小品构件的平（或立）面图上，需要剖切处的符号标记；

2）被剖切到的构件图形；

3）剖切处的构件材质标志与有关说明；

4）没被剖切但是可见的部分构件图形；

5）图形的尺寸标注；

6）图形的索引和必要的文字说明；

7）细部图形的比例。

● 剖面图的主要绘制步骤

1）在园林建筑小品构件的平（或立）面图上，添加需要剖切处的符号标记；

2）绘制被剖切到的构件图形；

3）绘制剖切处的构件材质标志并添加有关说明；

4）绘制没被剖切到但是可见的部分构件图形；

5〉标注图形的尺寸；

6〉添加图形的索引和必要的文字说明；

7〉调整图形布局和大小，计算全图和细部构件图形的比例，并对细部构件图形进行缩放；

8〉图形打印输出的设置与操作。

2.2 AutoCAD 2010 绘制园林小品图实例

园林小品平面图、立面图和剖面图是施工图的主要组成部分，能完整体现小品的外形特征和内部构造，是明确地进行施工和预决算的依据。

通过绘制简单的园林小品，如花坛、园路、柱廊、花架、大门等，了解 AutoCAD 2010 绘制园林图的一般过程和步骤，包括设置绘图环境、绘图、尺寸标注、文本说明、计算比例定图框和图纸的打印输出。

在图形绘制过程中，本着图形由简单到复杂、方法由单一到多重的原则，使用户重点熟悉 AutoCAD 2010 的基本绘图命令（如直线、圆弧、填充等）和修改编辑命令（如复制、阵列、移动、剪切等），掌握二维园林图形的基本绘制方法和基本绘制过程。

2.2.1 模纹花坛平面图绘制实例

图形绘制前，先熟悉图形文件的内容，确定绘制的主要过程或步骤，然后再着手绘制。下面我们将进行一个圆形模纹花坛平面图的绘制，效果如彩页所示，绘制的主要步骤：

1〉建立绘图环境；

2〉图层设置；

3〉绘制辅助线；

4〉绘制花坛及模纹线条；

5〉填充图案；

6〉标注尺寸；

7〉标注文字。

下面就进行具体的绘制过程：

● 建立绘图环境

绘图环境的设置主要包括以下三方面内容：绘图单位设置、绘图范围设置、建立图层。最主要的是建立图层关系，图层安排得合理得当将有利于绘图工作的展开和图纸的输出。

1. 绘图单位设置

在 AutoCAD 2010 中缺省方式是精确到小数点后 4 位，由于我们的园林制图采用全比例绘制，尺寸精确到毫米，标注时不带小数点，所以在制图前要对绘图单位要进行修改，重新设置，以方便尺寸标注。也可以在图形绘制完成后、尺寸标注前修改单位。

操作如下：

命令：UNITS　　　　（回车）

系统弹出“图形单位”对话框

将“长度”栏中的精度值由 0.0000 改为 0（如图 2-1 所示），单击“确定”，结束图形单位设置。

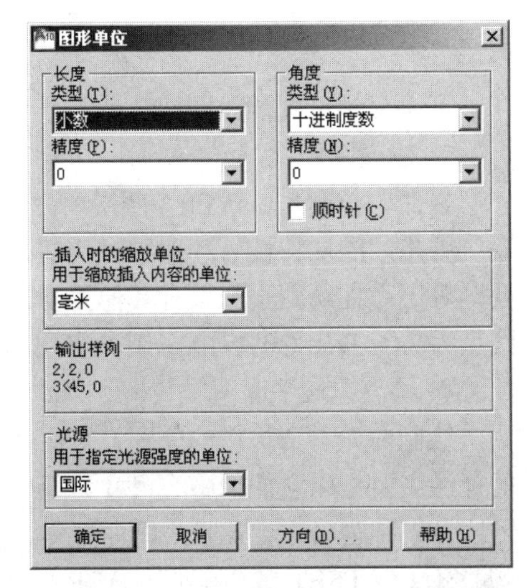

图 2-1

2. 绘图范围设置

图形的平面图长度约为 13000mm，宽度约为 14000mm，我们为图形绘制设置一个相对宽松但又不会太大的空间，设置如下：

命令：LIMITS　　（回车）
重新设置模型空间界限：
指定左下角点或［开（ON）/ 关（OFF）］< 0，0>：　　（回车）
指定右上角点 <420，297>：15000，15000　　（回车）
结束命令。
命令：ZOOM　　（回车）
指定窗口角点，输入比例因子（nX 或 nXP），或者
［全部（A）/ 中心（C）/ 动态（D）/ 范围（E）/ 上一个（P）/ 比例（S）/ 窗口（W）/ 对象（O）］
< 实时 >：A（全部缩放）　　（回车）

重新生成模型。

也可以用鼠标单击标准工具栏的“窗口缩放”工具右下方的下拉按钮，选择“全部缩放”按钮，直接执行 ZOOM ALL 命令（如图 2-2 所示）。

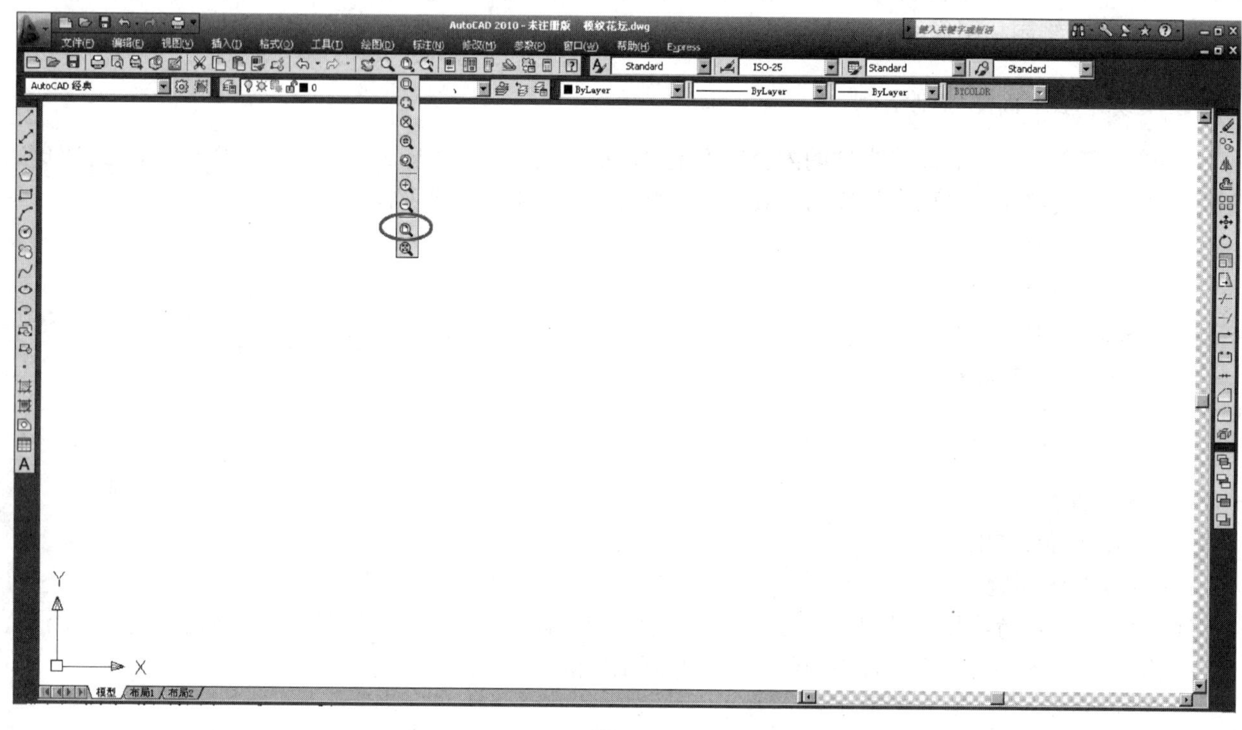

图 2-2

屏幕显示设置的绘图区域范围。

3. 建立图层

在命令行输入 LAYER（图层）命令，或直接点击“图层”工具条中的“图层特性管理器”命令按钮，系统弹出“图层特性管理器”对话框，先建立“小品”、“植物 1”、“植物 2”、“辅助”、“标注”、“文字说明”等层，在绘图中如果有其他需要，还可以再添加新的图层。图层的颜色设置参照对话框，辅助层的线型为 ACAD_ISO03W100，其余各层的线型为 Continuous，设置如下（如图 2-3、图 2-4、图 2-5 所示）：

● 绘制花坛平面图

绘制前先看清提供的原图，掌握并分解花坛的组成部分，特别是尺寸大小，有利于绘制图形。尺寸的标注主要是以它们的中心尺寸为基准点进行的，所以我们先进行辅助线的绘制。由于花坛和植物的图形线条以圆为母本，比较规则而重复，我们可以先用“圆”（CIRCLE）命令进行外围花坛的绘制，再用“偏移”（OFFSET）、“阵列”（ARRAY）等命令进行绘制。

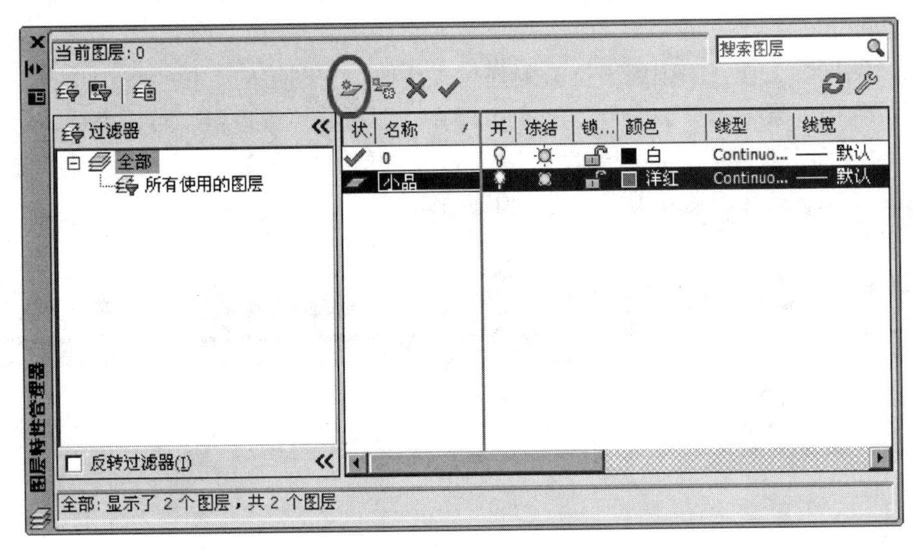

当前图层：0
搜索图层
过滤器
全部
所有使用的图层
反转过滤器(I)
状.
名称
开.
冻结
锁...
颜色
线型
线宽
0
白
Continuo...
默认
小品
洋红
Continuo...
默认
全部：显示了 2 个图层，共 2 个图层
图层特性管理器

图 2-3

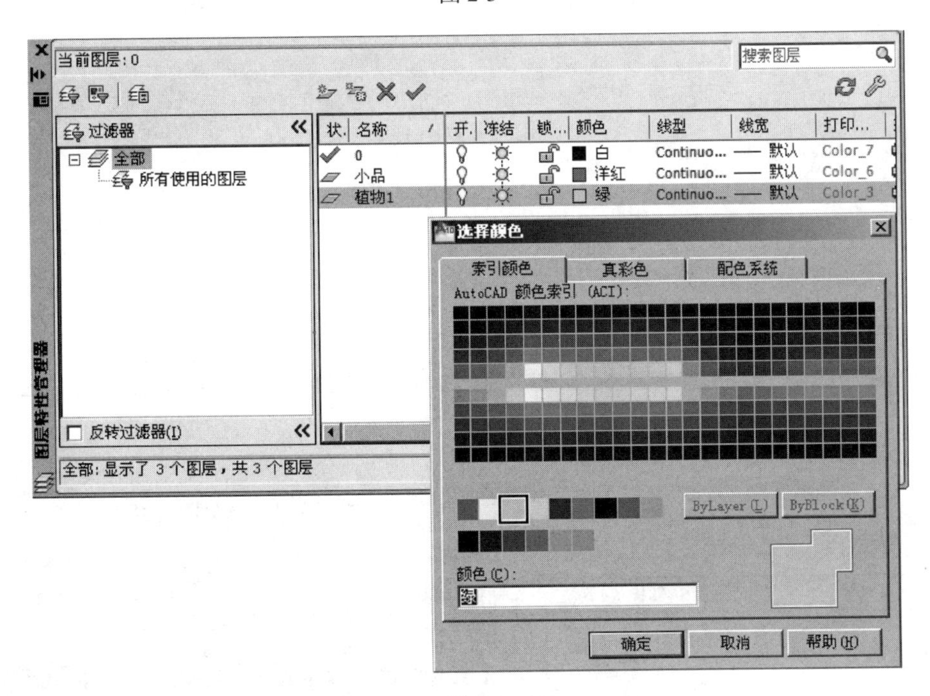

当前图层：0
搜索图层
过滤器
全部
所有使用的图层
反转过滤器(I)
状.
名称
开.
冻结
锁...
颜色
线型
线宽
打印...
0
白
Continuo...
默认
Color_7
小品
洋红
Continuo...
默认
Color_6
植物1
绿
Continuo...
默认
Color_3
全部：显示了 3 个图层，共 3 个图层
图层特性管理器
选择颜色
索引颜色
真彩色
配色系统
AutoCAD 颜色索引 (ACI)：
ByLayer (L)
ByBlock (K)
颜色 (C)：
确定
取消
帮助 (H)

图 2-4

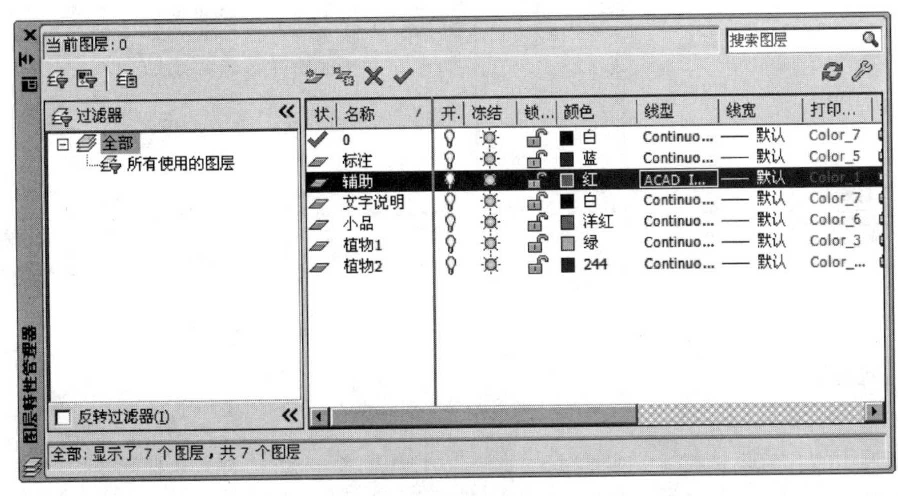

当前图层：0
搜索图层
过滤器
全部
所有使用的图层
反转过滤器(I)
状.
名称
开.
冻结
锁...
颜色
线型
线宽
打印...
0
白
Continuo...
默认
Color_7
标注
蓝
Continuo...
默认
Color_5
辅助
红
ACAD_I...
默认
Color_1
文字说明
白
Continuo...
默认
Color_7
小品
洋红
Continuo...
默认
Color_6
植物1
绿
Continuo...
默认
Color_3
植物2
244
Continuo...
默认
Color_...
全部：显示了 7 个图层，共 7 个图层
图层特性管理器

图 2-5

1. 绘制辅助线

鼠标单击“图层”工具条中图层表框右侧弹出式按钮，在图层的下拉表框中选择“辅助”层，即将“辅助”层设为当前层（如图 2-6 所示）；也可以在“图层特性管理器”对话框中，选择“辅助”层后，点击“置为当前”选项键，将“辅助”层设为当前层（如图 2-7 所示）。单击状态行的“正交”（ORTHO）或按下 F8，打开正交方式以方便地画辅助线。

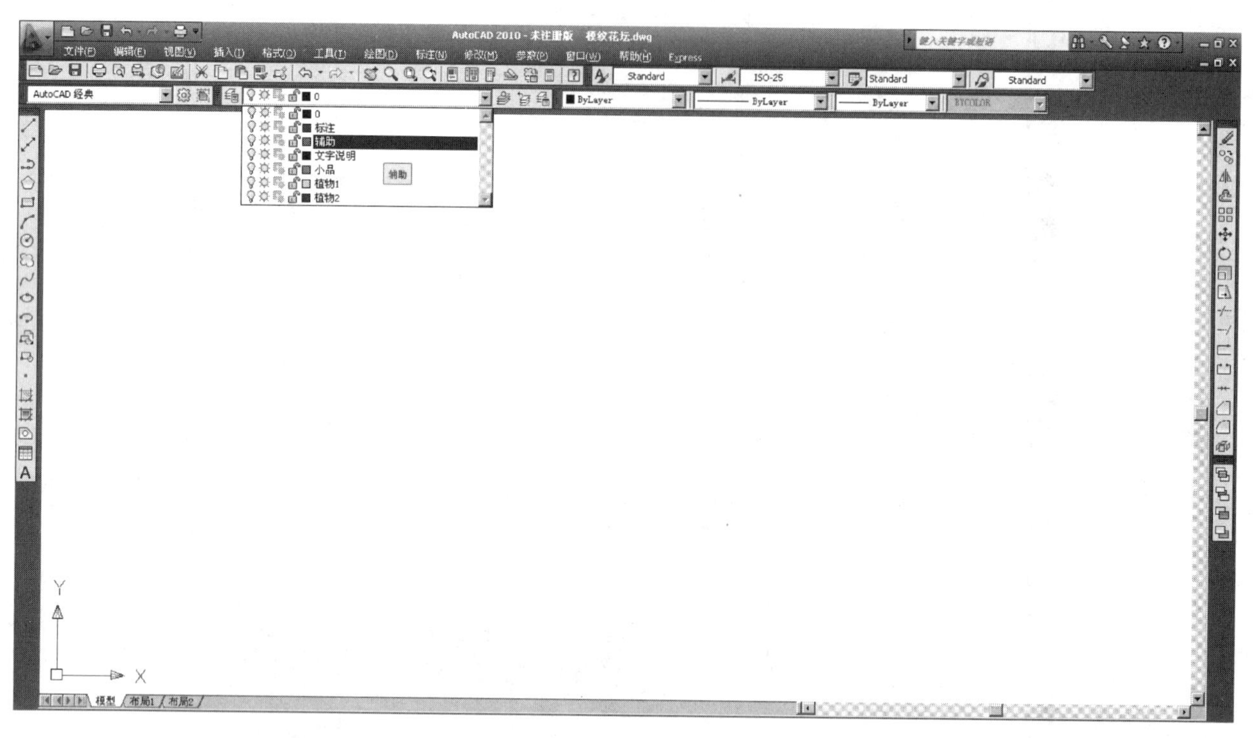

图 2-6

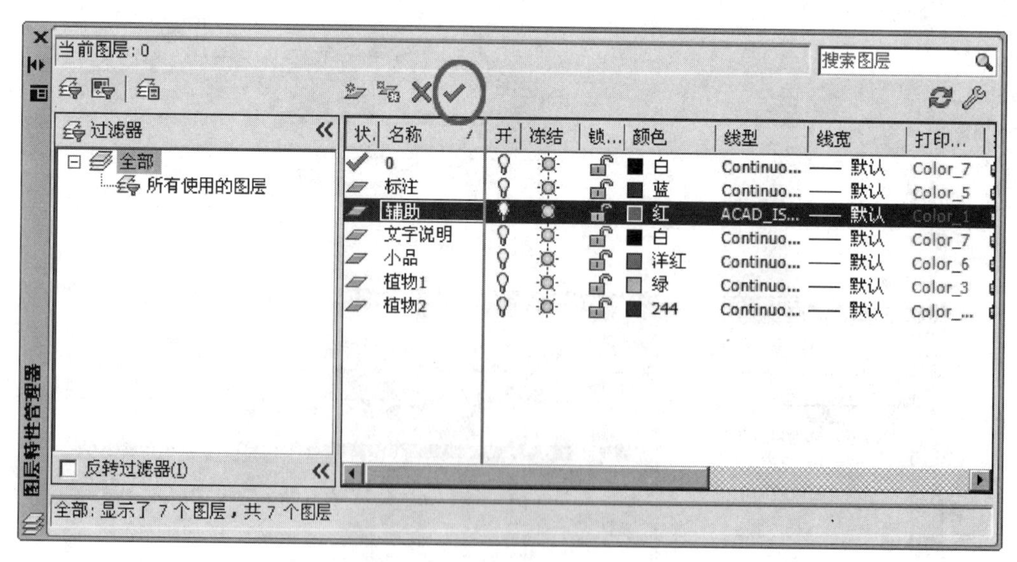

图 2-7

先绘出水平辅助线：

命令：LINE　　（回车）

（或直接输入 LINE 的快捷键 L，或单击“直线”工具按钮，以下不再赘述）

LINE 指定第一点：1500，7500 （选取左侧中间一点）　　（回车）

指定下一点或［放弃（U）］：@ 12000，0　　（回车）

指定下一点或［放弃（U）］：　　（回车）

再绘出垂直辅助线：

命令：LINE　　（回车）

LINE 指定第一点：7500，1500　　（回车）

指定下一点或［放弃（U）］：@ 0，12000　　（回车）

指定下一点或［放弃（U）］：　　（回车）

单击水平辅助线和垂直辅助线，图层显示为“辅助”层。

命令：PROPERTIES　　（回车）

系统弹出“特性”对话框，单击“线型比例”栏，把缺省的“1”改为“10”（如图 2-8 所示），关闭“特性”对话框。辅助线变为肉眼可观察的虚断线（如图 2-9a、b 所示）。

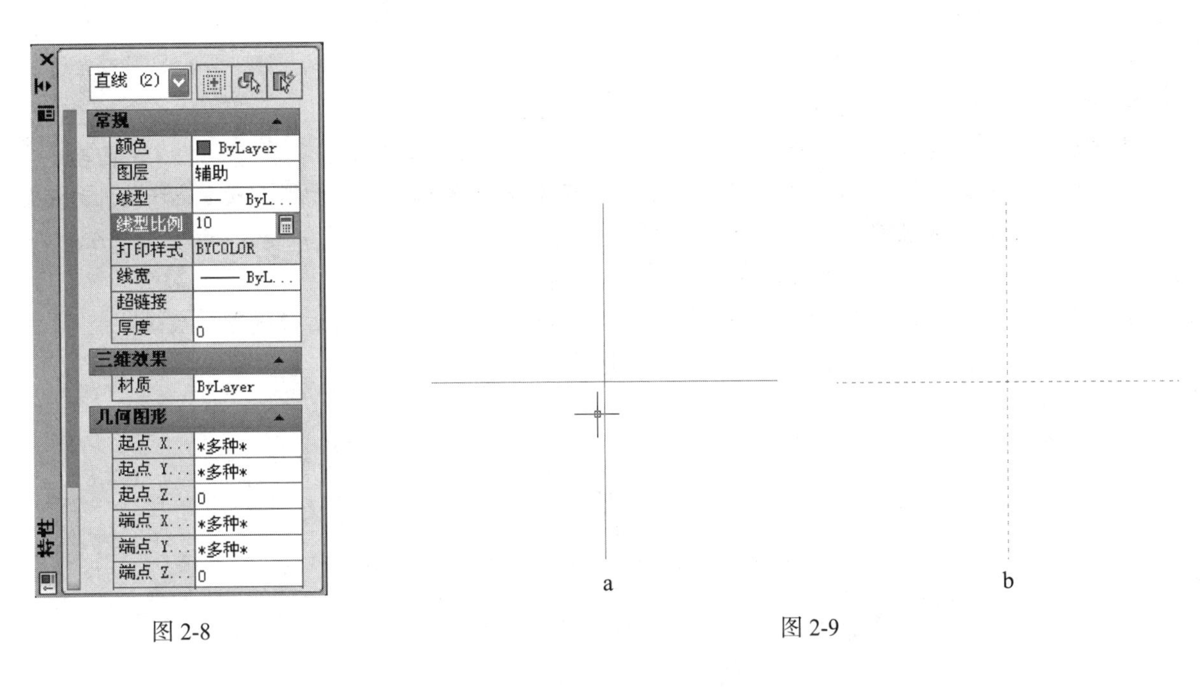

图 2-8　　图 2-9

2. 绘制中心雕塑基础

雕塑基础平面为 600 × 600 的正方形。鼠标单击“图层”工具条中图层表框右侧下拉按钮，在图层的下拉表框中选择“小品”层，将“小品”层设为当前层。

先设置点的捕捉模式。

命令：OSNAP（或输入 OS）　　（回车）

打开“草图设置”对话框，勾选端点、圆心、交点（如图 2-10 所示），点击“确定”后返回绘图区域。

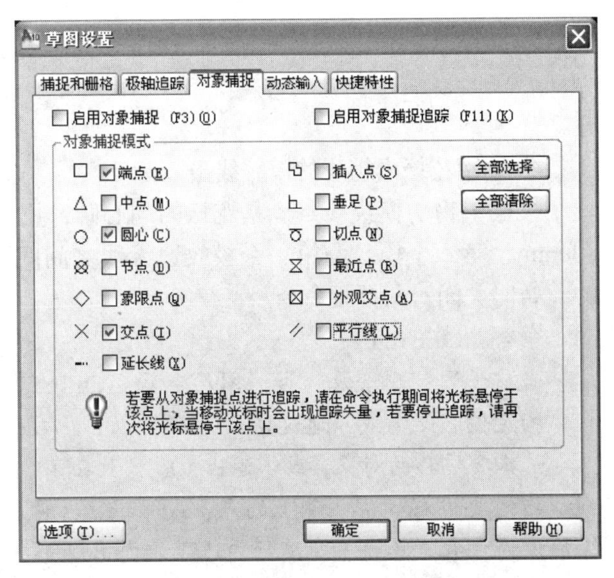

图 2-10

单击状态行的“对象捕捉”按钮，或按下 F3，打开“对象捕捉”。

命令：POLYGON（或输入 POL）（发出创建正多边形命令）　　（回车）

POLYGON 输入边的数目 <4>：（默认当前数目）　　（回车）

指定正多边形的中心点或［边（E）］：（把光标靠近辅助线的交叉点，屏幕出现交点符号）单击

输入选项［内结于圆（I）/ 外切于圆（C）］<I>：C　（回车）

指定圆的半径：300　（回车）

完成雕塑基础的绘制（如图 2-11 所示）。

3. 绘制花坛

花坛的外边缘线直径为 8400mm，内边缘线直径为 8000mm，宽度为 200mm。绘制仍旧在“小品”层。

命令：CIRCLE　（回车）

CIRCLE 指定圆的圆心或［三点（3P）/ 两点（2P）/ 切点、切点、半径（T）］：（把光标靠近辅助线的交叉点，屏幕出现交点符号）单击

指定圆的半径或［直径（D）］：4200　（回车）

结束命令，花坛的外边缘绘制完成（如图 2-12 所示）。

接下来绘制花坛的内边缘线。

命令：OFFSET（或输入 O）　（回车）

当前设置：删除源 = 否　图层 = 源　OFFSETGAPTYPE=0

指定偏移距离或［通过（T）/ 删除（E）/ 图层（L）］< 通过 >：200　（回车）

选择要偏移的对象，或［退出（E）/ 放弃（U）］< 退出 >：（光标变为小方框，点击花坛的外边缘线）

指定要偏移的那一侧上的点，或［退出（E）/ 多个（M）/ 放弃（U）］< 退出 >：（在花坛的外边缘线以内任意点单击，花坛的外边缘线内出现一个同心圆）

选择要偏移的对象或［退出（E）/ 放弃（U）］< 退出 >：（回车或单击右键选择“确认”）

结束命令，花坛的边缘线绘制完成（如图 2-13 所示）。

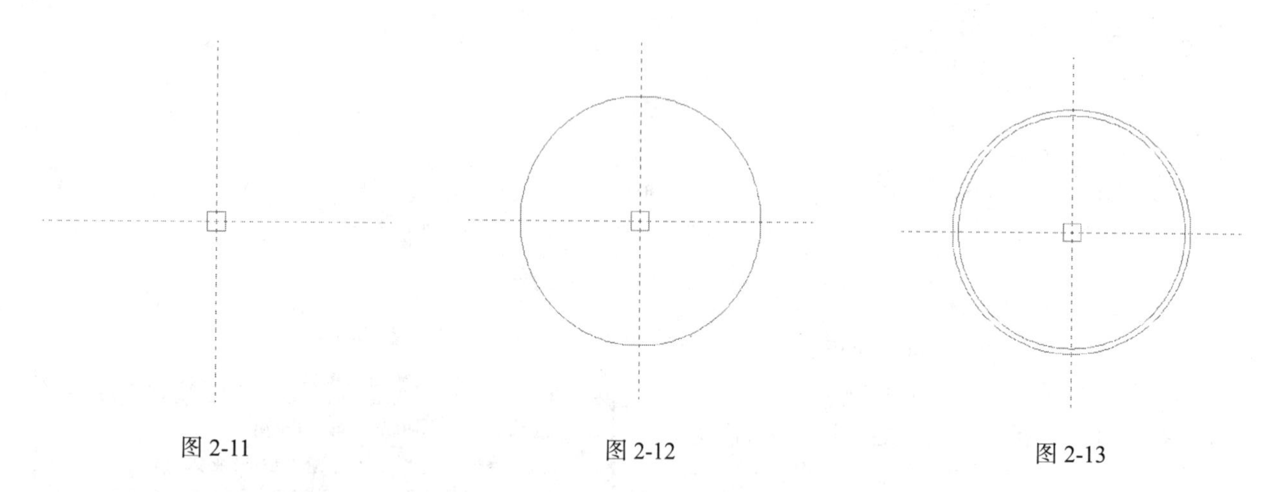

图 2-11　　图 2-12　　图 2-13

4. 绘制花坛内植物的模纹线条

根据植物的模纹线条也是花坛的同心圆，用“偏移”命令来绘制；第一个模纹边缘线与花坛间距 800mm，第二个模纹与第一个模纹边缘线之间间距 1500mm。为了防止对象捕捉的干扰，可以先按下 F3，暂时关闭对象捕捉命令。

命令：OFFSET　（回车）

当前设置：删除源 = 否　图层 = 源　OFFSETGAPTYPE=0

指定偏移距离或［通过（T）/ 删除（E）/ 图层（L）］<200>：800　（回车）

选择要偏移的对象，或［退出（E）/ 放弃（U）］< 退出 >：（光标变为小方框，点击花坛的内边缘线）

指定要偏移的那一侧上的点，或［退出（E）/ 多个（M）/ 放弃（U）］< 退出 >：（在花坛的内边缘线以内任意点单击，花坛的内边缘以内出现一个同心圆）

选择要偏移的对象或［退出（E）/ 放弃（U）］< 退出 >：（回车或单击右键选择“确认”）

结束命令，完成第一个模纹边缘线的绘制。

再绘制第二个模纹边缘线。

单击右键，在打开的快捷菜单里对准最上面的一条——“重复 OFFSET（R）”，单击。命令行显示：

OFFSET

当前设置：删除源 = 否　图层 = 源　OFFSETGAPTYPE=0

指定偏移距离或［通过（T）/ 删除（E）/ 图层（L）］<800>：1500　（回车）

选择要偏移的对象，或［退出（E）/ 放弃（U）］< 退出 >：（光标变为小方框，点击第一个模纹的边缘线）

指定要偏移的那一侧上的点，或［退出（E）/ 多个（M）/ 放弃（U）］< 退出 >：（在第一个模纹边缘线以内任意点单击，第一个模纹边缘以内出现一个同心圆）

选择要偏移的对象或［退出（E）/ 放弃（U）］< 退出 >：（回车或单击右键选择“确认”）

结束命令，完成第二个模纹边缘线的绘制（如图 2-14 所示）。

“偏移”命令产生的图案，会默认为处于被偏移图案的图层。当前两个模纹处于“小品”层，需要改换到“植物 1”层。

鼠标连续单击两个模纹的边缘线，线条成为虚线，处于可编辑状态。鼠标单击“特性”按钮，在打开的“特性”对话框中，单击“图层”项后面的“小品”，右侧出现下拉按钮，单击出现下拉图层框，选择“植物 1”层（如图 2-15 所示），两条模纹线改换到“植物 1”层，成为绿色。关闭“特性”对话框，按下［Esc］键，退出模纹线的编辑状态。

绘制雕塑周围围绕的 6 个圆形小模块，直径为 600mm；并绘出小模块与第二个模纹间的分隔空隙为 100mm。

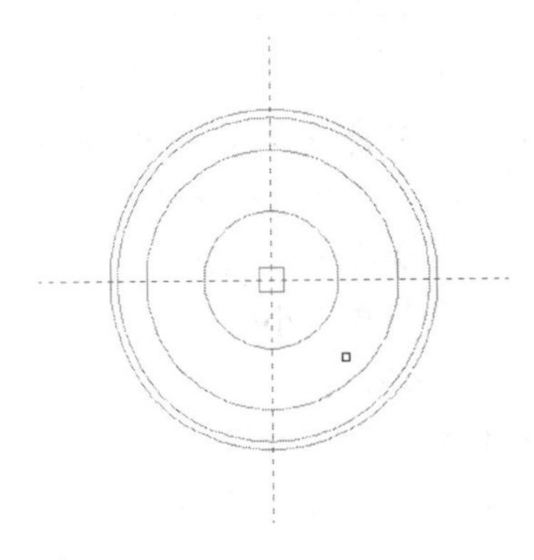

图 2-14

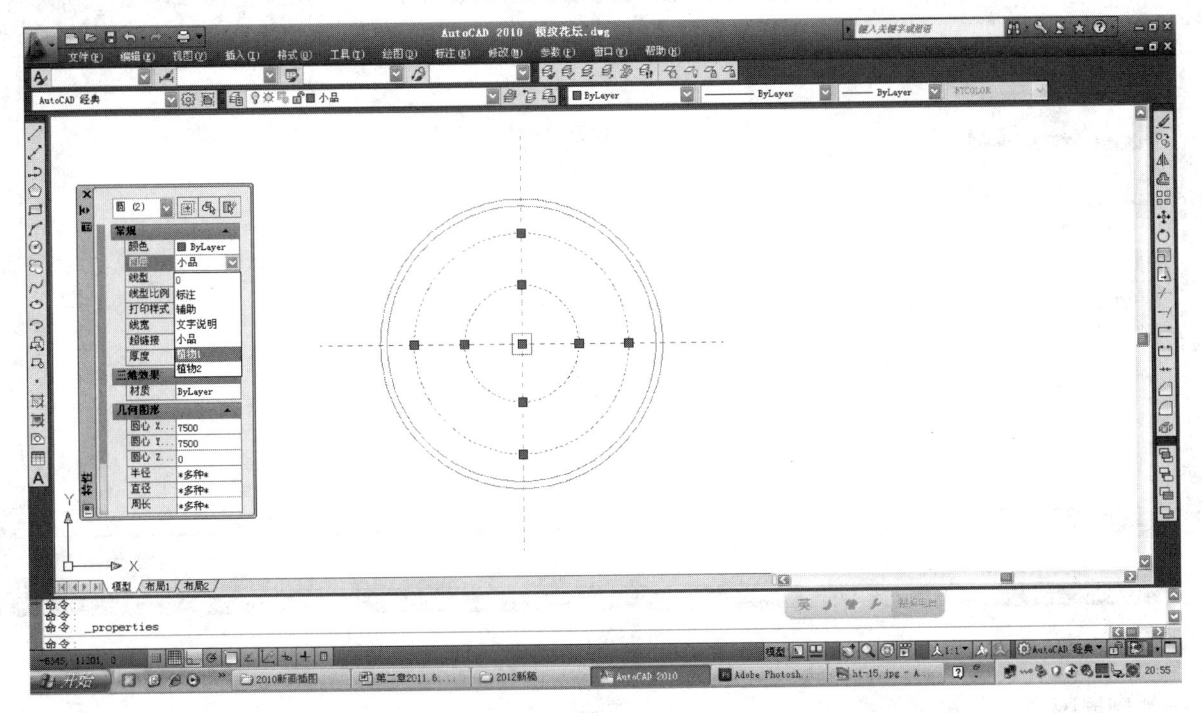

图 2-15

鼠标单击图层表框右侧下拉按钮，在图层的下拉表框中选择“植物 2”层，将“植物 2”层设为当前层。按下 F3，打开对象捕捉。

先绘制一个模块和分隔间隙。

命令：CIRCLE（或输入 C）　　（回车）

指定圆的圆心或［三点（3P）/ 两点（2P）/ 切点、切点、半径（T）］：（把光标靠近第二个模纹线条与水平辅助线的右侧交点，屏幕出现交点符号）单击

指定圆的半径或［直径（D）］<4200>：D　　（回车）

指定圆的直径 <8400>：600　　（回车）

结束命令，完成第一个小模块的绘制。

此处采用圆的直径绘制图形，尽管不是最简洁的，但是可以使读者熟悉另一种方式绘制圆形。

命令：OFFSET　　（回车）

当前设置：删除源 = 否　图层 = 源　OFFSETGAPTYPE=0

指定偏移距离或［通过（T）/ 删除（E）/ 图层（L）］<1500>：100　　（回车）

选择要偏移的对象，或［退出（E）/ 放弃（U）］< 退出 >：（光标变为小方框，点击小模块的边缘线）

指定要偏移的那一侧上的点，或［退出（E）/ 多个（M）/ 放弃（U）］< 退出 >：（在小模纹边缘线以外任意点单击，外围出现一个同心圆）

选择要偏移的对象或［退出（E）/ 放弃（U）］< 退出 >：（回车或单击右键选择“确认”）

结束命令，完成了分隔间隙的绘制。

鼠标单击小模块的分隔线，使线条成为虚线，处于可编辑状态。鼠标单击“特性”按钮，打开“特性”对话框，单击“图层”/“植物 2”，在出现的下拉图层框中，单击“植物 1”层（如图 2-16 所示），小模块的分隔线改换到“植物 1”层，由色号 244 变为绿色。关闭特性对话框，按下［Esc］键，退出小模块分隔线的编辑状态。

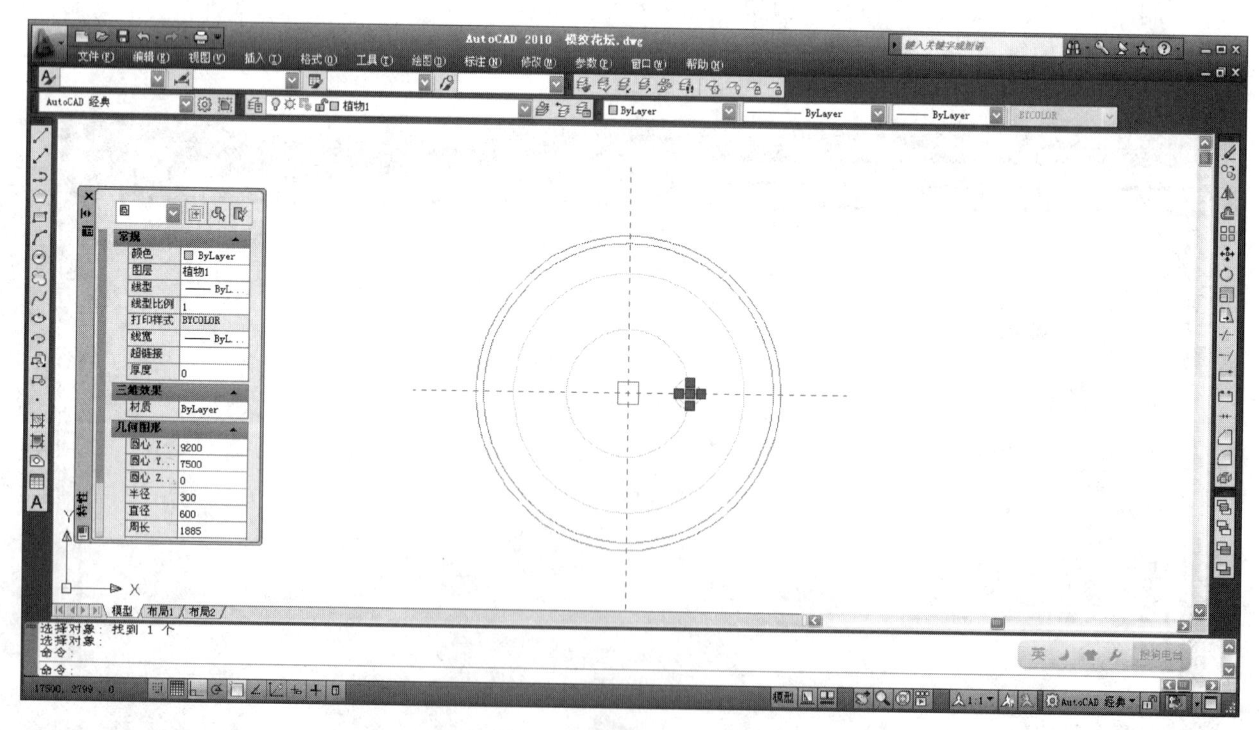

图 2-16

绘制周围多个小模块。

命令：ARRAY（或输入 AR）　　（回车）

系统弹出“阵列”命令对话框，点击“环形阵列（P）”，在“项目总数”的表框中输入 6，在“填充角度”的表框中输入 360；在“中心点”栏后，单击“拾取中心点”按钮，返回绘图界面，命令行提示：

指定阵列中心点：（将光标靠在两条辅助线的交点，即圆心点）单击（如图 2-17 所示）

屏幕上又出现阵列对话框，中心点坐标显示在表框中；“选择对象”按钮下显示“已选择 0 个对象”，单击“选择对象”按钮，返回绘图界面。

选择对象：（光标变为小方框，对准小模块分隔线，单击）找到 1 个

选择对象：（光标变为小方框，对准小模块边缘线，单击）找到 1 个，总计 2 个

选择对象：（回车，或单击右键选择“确认”）

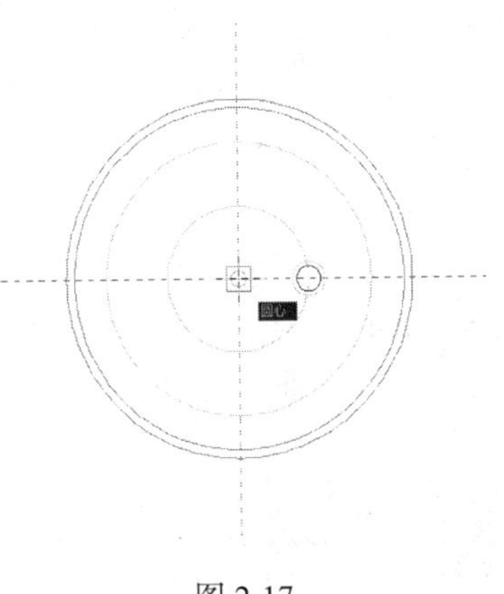

图 2-17

屏幕上再次出现阵列对话框，“选择对象”按钮下显示“已选择 2 个对象”，在“选择对象”按钮下的预览框中出现阵列模型示意图（如图 2-18 所示）；单击“确定”后返回绘图区域，完成周围小模块的复制（如图 2-19 所示）。

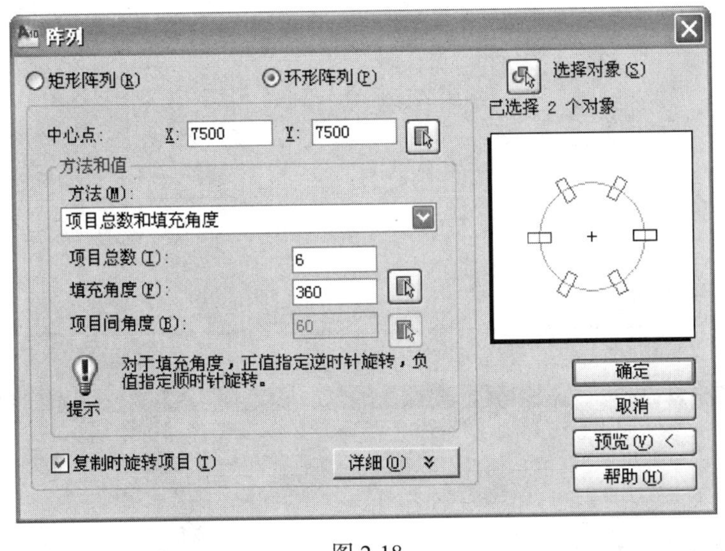

图 2-18

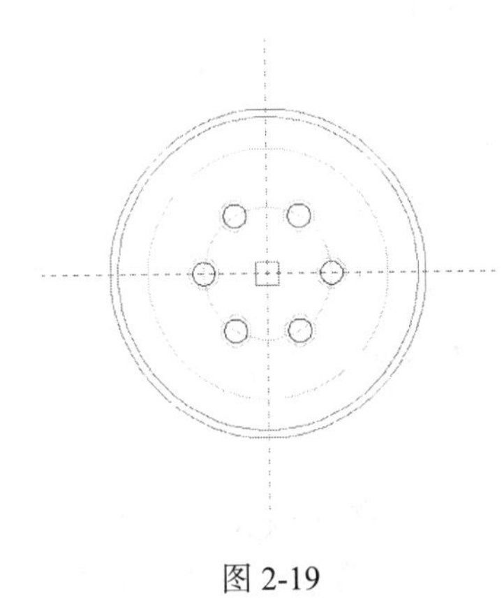

图 2-19

回到绘图区域，对小模块、分隔线与第二个模纹线进行线条多余部分的剪切：

命令：TRIM（或输入 TR）　　　　（回车）

当前设置：投影 =UCS，边 = 无

选择剪切边 ...

选择对象或 < 全部选择 >：（光标变为小方框，选择第二个模纹线）找到 1 个

选择对象：（选择 1 个分隔线）找到 1 个，总计 2 个

（连续选择分隔线）

选择对象：找到 1 个，总计 7 个

选择对象：　　　　（回车）

选择要修剪的对象，或按住 Shift 键选择要延伸的对象，或［栏选（F）/ 窗交（C）/ 投影（P）/ 边（E）/ 删除（R）/ 放弃（U）］：

由于需要修剪的地方在屏幕显示上非常细小，不易于执行命令，这时可以把鼠标对准标准工具栏中“窗口缩放”按钮，单击：

>> 指定窗口的角点，输入比例因子（nX 或 nXP），或者

[全部 (A) / 中心 (C) / 动态 (D) / 范围 (E) / 上一个 (P) / 比例 (S) / 窗口 (W) / 对象 (O)] < 实时 >: _W

>> 指定第一个角点：(把十字光标放在第二个模纹线左上方、靠近第一个模纹边缘线地方单击，屏幕上随光标移动出现一个矩形的选择框)

>> 指定对角点：(把十字光标在第二个模纹线右下方、靠近第一个模纹边缘线地方单击，注意使矩形的选择框把所有的小模块、分隔线与第二个模纹线包括在内)

此时，屏幕上的图像由全图变成放大的局部图（如图 2-20 所示）。也可以将光标对准图形需要放大的部分，向前滚动鼠标中间的滚轴，达到放大图像的效果。

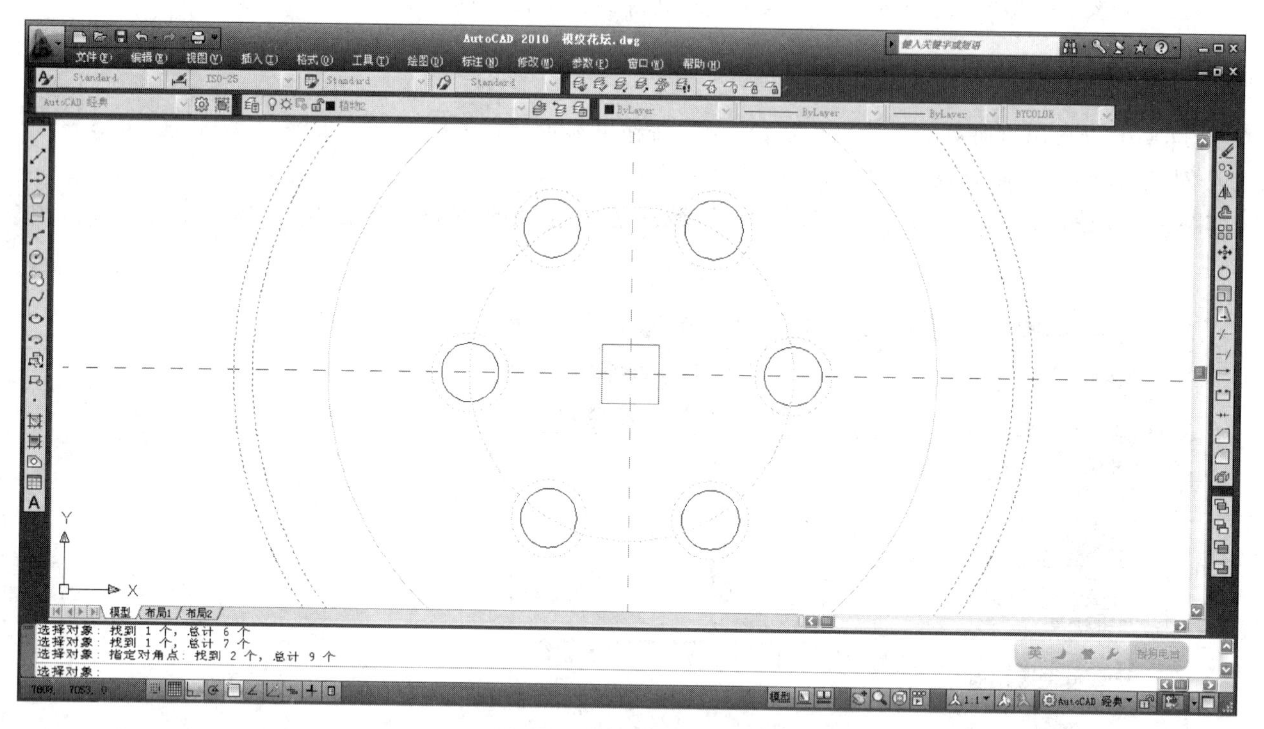

图 2-20

正在恢复执行 TRIM 命令。

选择要修剪的对象，或按住 Shift 键选择要延伸的对象，或 [栏选 (F) / 窗交 (C) / 投影 (P) / 边 (E) / 删除 (R) / 放弃 (U)]:（单击第二个模纹线条外的 1 个分隔线）

选择要修剪的对象，或按住 Shift 键选择要延伸的对象，或 [栏选 (F) / 窗交 (C) / 投影 (P) / 边 (E) / 删除 (R) / 放弃 (U)]:（对照提供的原图，连续点击多余的线条）

选择要修剪的对象，或按住 Shift 键选择要延伸的对象，或 [栏选 (F) / 窗交 (C) / 投影 (P) / 边 (E) / 删除 (R) / 放弃 (U)]:（回车，或单击鼠标右键，选择“确认”）

得到 6 个小模块的图形（如图 2-21 所示）。

技巧：在需要修剪的对象较多的情况下，修剪命令选择对象，利用选择框更为简便、快捷。

命令：TRIM（或输入 TR）　（回车）

当前设置：投影 =UCS，边 = 无

选择剪切边...

选择对象或 < 全部选择 >:（光标变为小方框，在第二个模纹线左上方、靠近第一个模纹边缘线地方单击，屏幕上随光标移动出现一个矩形的选择框）

选择对象或 < 全部选择 >:（光标在第二个模纹线右下方、靠近第一个模纹边缘线地方单击，注意使矩形的选择框把所有的小模块、分隔线与第二个模纹线包括在内）指定对角点：找到 14 个

选择对象：　（回车）

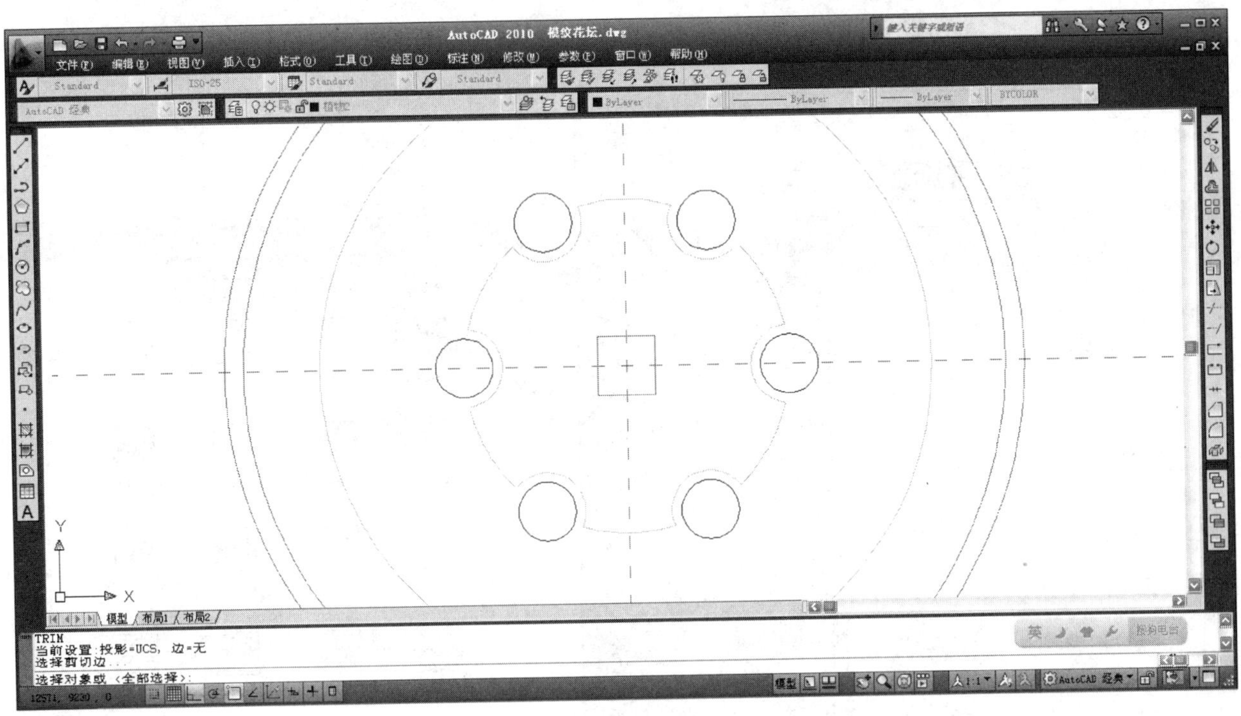

图 2-21

以下命令行选项同第一种方法。用这种方法选择到的对象较第一种方法要多，在修剪过程中要更加注意保留、剪切、删除之间的关系。

5. 填充花坛内模纹图案

先返回图形的全图显示，然后在相应的图层执行图案的填充。

命令：ZOOM（或输入 Z） （回车）

指定窗口的角点，输入比例因子（nX 或 nXP），或者

[全部（A）/ 中心（C）/ 动态（D）/ 范围（E）/ 上一个（P）/ 比例（S）/ 窗口（W）/ 对象（O）]

< 实时 >：P （回车）

技巧：直接单击标准工具栏中的“缩放上一个”按钮，一步完成上面命令的内容。但这只限于在此之前 CAD 系统一直没有关闭。

绘图区域返回上一个全图显示区域（如图 2-22 所示）。

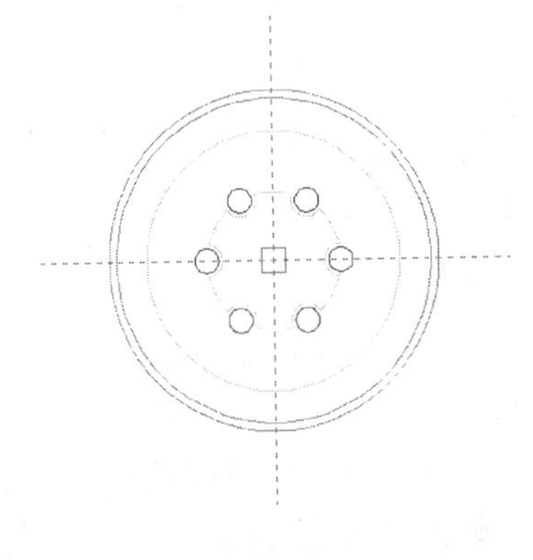

图 2-22

填充雕塑和花坛：

鼠标单击“图层”工具条中图层表框的下拉按钮，在下拉表框中选择“小品”层，将“小品”层设为当前层。

命令：HATCH（或输入 BH） （回车）

系统弹出“图案填充和渐变色”对话框（如图 2-23 所示）；单击“图案”选项后的省略按钮，屏幕上弹出“填充图案选项板”窗口；在窗口中选择“SOLID”图案（如图 2-24 所示），单击“确定”返回“图案填充和渐变色”对话框，图案的样例变为“SOLID”图案。单击“选择对象”按钮（如图 2-25 所示），“图案填充和渐变色”对话框暂时隐蔽，返回屏幕视图，在花坛全图上进行选择。

选择对象或 [拾取内部点（K）/ 删除边界（B）]：（光标变为小方形，在屏幕上单击雕塑的边缘框，）

找到 1 个

选择对象或 [拾取内部点（K）/ 删除边界（B）]： （回车）

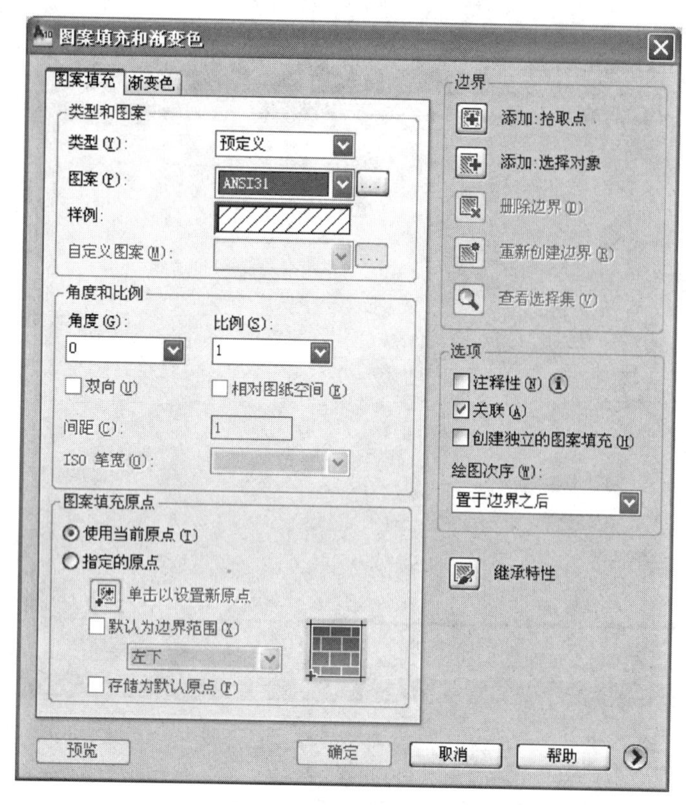

图 2-23

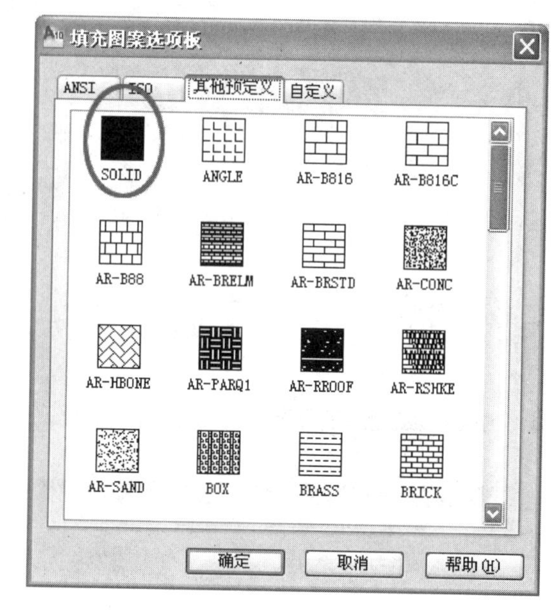

图 2-24

屏幕上又显示“图案填充和渐变色”对话框，单击“确定”后返回图形，雕塑被所选的图案填充（如图 2-26 所示）。

命令：HATCH　　　　　　（回车）

在弹出的“图案填充和渐变色”对话框中单击“选择对象”按钮，

选择对象或［拾取内部点（K）/ 删除边界（B）］:（光标变为小方形，在屏幕上单击花坛的外边缘线）找到 1 个

选择对象或［拾取内部点（K）/ 删除边界（B）］:（光标单击花坛的内边缘线）找到 1 个，总计 2 个

花坛线条全部处于被编辑状态（如图 2-27 所示）。

选择对象或［拾取内部点（K）/ 删除边界（B）］:　　　　　　（回车）

在弹出的“图案填充和渐变色”对话框中单击“确定”，返回图形，花坛线条图案填充（如图 2-28 所示）。

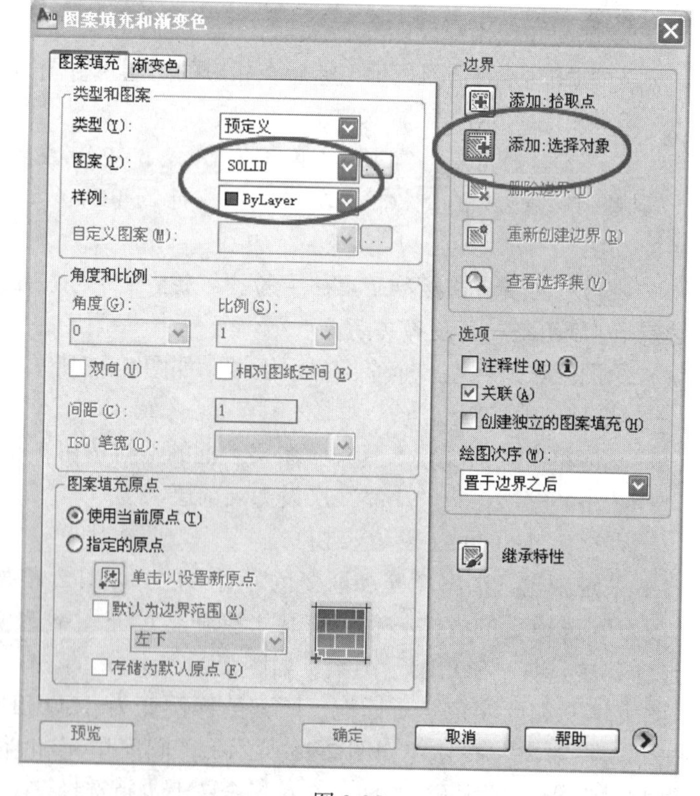

图 2-25

技巧：在执行第二个填充命令时，可以直接击一下键盘空格键，屏幕显示“图案填充和渐变色”对话框，选择对象后，连击两下空格键，完成图案的填充。此时空格键的功能相当于回车键，但在右手握鼠标时，左手操作起来更快捷方便。

填充花坛的植物模纹。单击“图层”的下拉窗口，把“植物 1”层置为当前层。

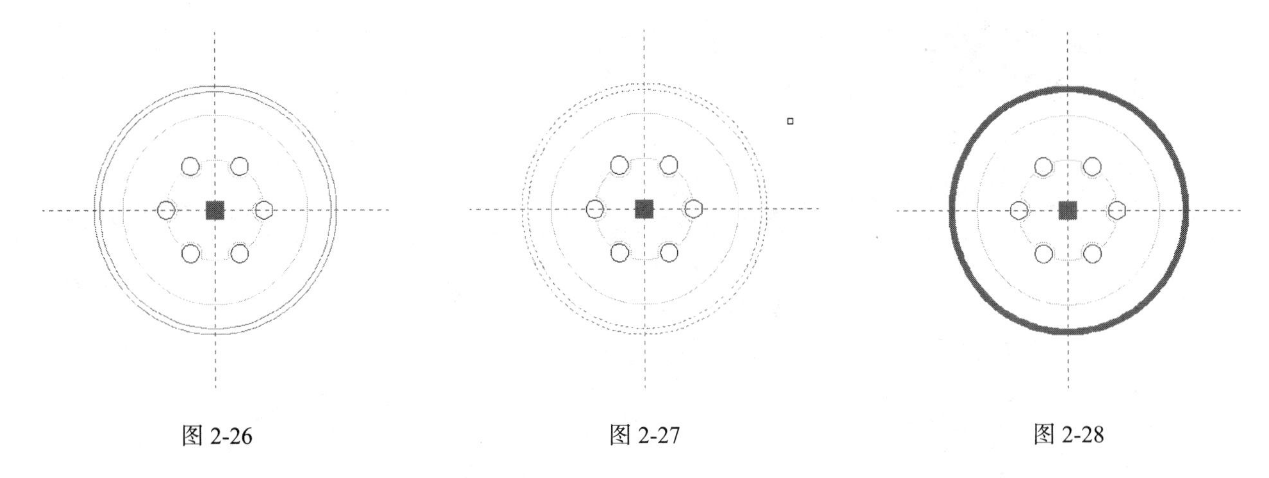

图 2-26　　　　图 2-27　　　　图 2-28

命令：HATCH　　（回车）

在弹出的“图案填充和渐变色”对话框中，单击“图案”项后面的省略方框，打开“填充图案选项板”；选择图案“ANSI32”（如图 2-29 所示）后，单击“确定”返回“图案填充和渐变色”对话框，图案的样例已经改为“ANSI32”的图样；单击对话框上“拾取点”按钮，返回图形窗口（把两条垂直的辅助线当做 X、Y 坐标轴，把图形分为四个象限便于表述），然后选择填充区域：

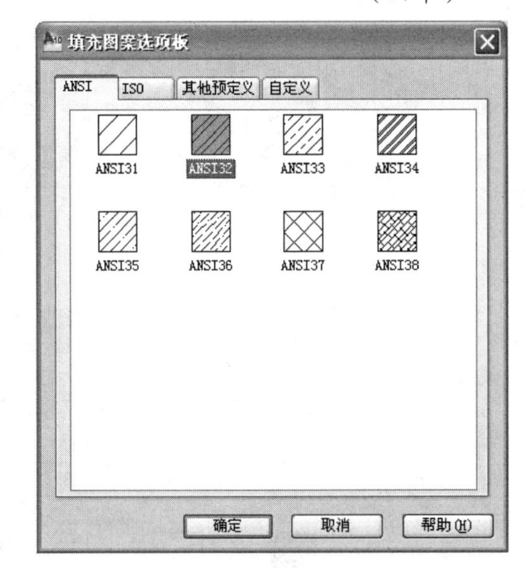

图 2-29

拾取内部点或［选择对象（S）/ 删除边界（B）］：（十字光标放在第一象限内、第二模纹边缘线内部单击）

正在分析所选数据...

正在分析内部孤岛...（第一象限内第二模纹边缘线变为虚断线，处于可编辑状态）

拾取内部点或［选择对象（S）/ 删除边界（B）］：（把十字光标放在第二象限内、第二模纹边缘线内部单击）

正在分析内部孤岛...

拾取内部点或［选择对象（S）/ 删除边界（B）］：（把十字光标放在第三象限内、第二模纹边缘线内部单击）

正在分析内部孤岛...

拾取内部点或［选择对象（S）/ 删除边界（B）］：（把十字光标放在第四象限内、第二模纹边缘线内部单击）

正在分析内部孤岛...

第二模纹线条全部处于被编辑状态。

拾取内部点或［选择对象（S）/ 删除边界（B）］：　　（回车）

单击对话框左下角的“预览”按钮，屏幕上显示图案填充的效果。

拾取或按 Esc 键返回到对话框或 <单击右键接受图案填充>：　　（Esc）

在“图案填充和渐变色”对话框中把“比例”项数值由 1 改为 500（如图 2-30 所示），再次单击“预览”，察看图案效果。

拾取或按 Esc 键返回到对话框或 <单击右键接受图案填充>：　　（Esc）

在“图案填充和渐变色”对话框中单击“确定”，返回图形，植物模纹被图案填充（如图 2-31 所示）。

继续填充模纹。重复“填充”命令，选择 GRASS 图案位填充图案，用上例相同的方法，选取花坛内缘线与第一条模纹线之间的区域，“比例”项数值为 200 进行填充（如图 2-32a、b 所示）。

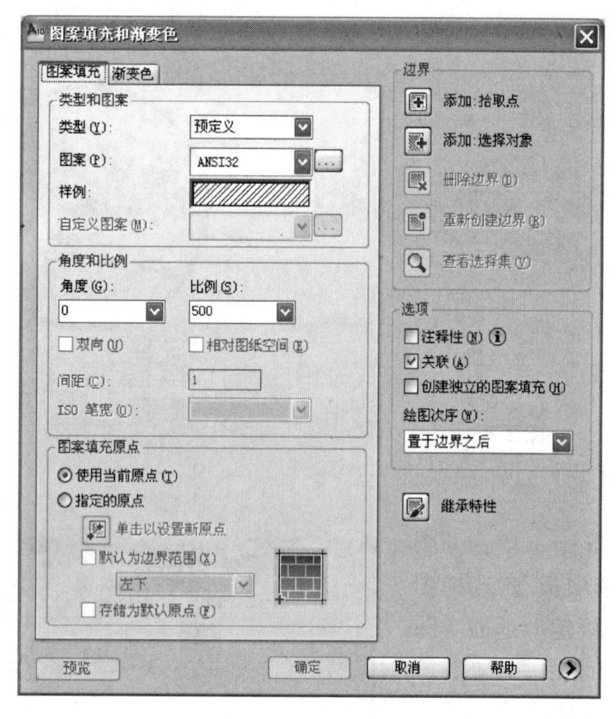

图 2-30

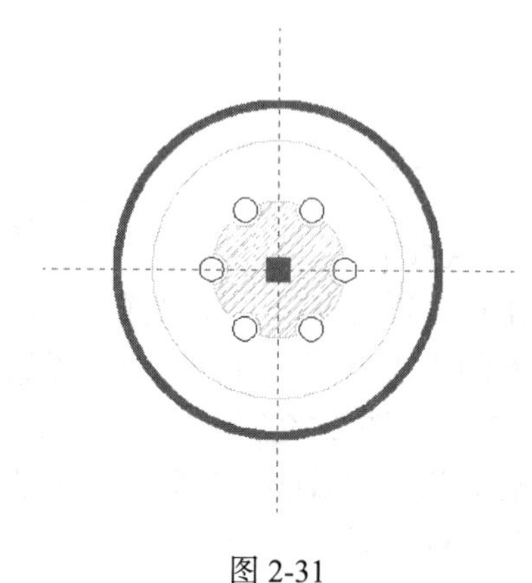

图 2-31

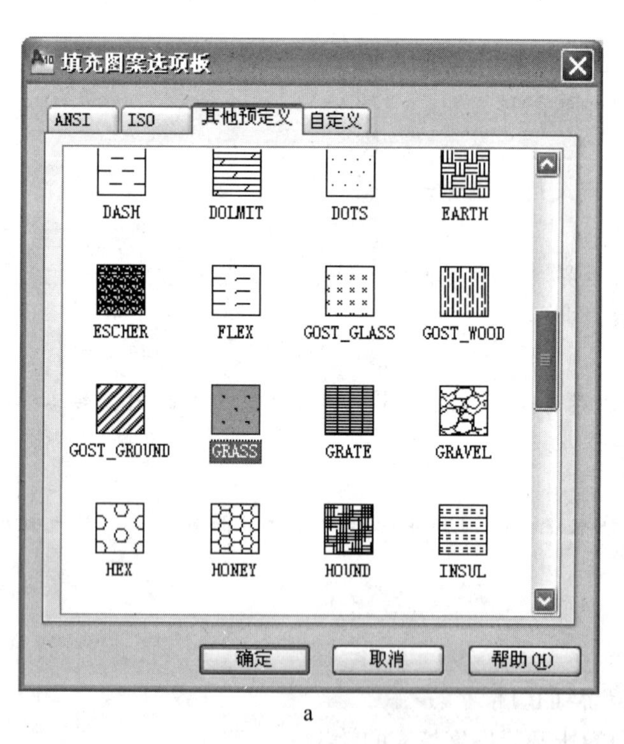

a

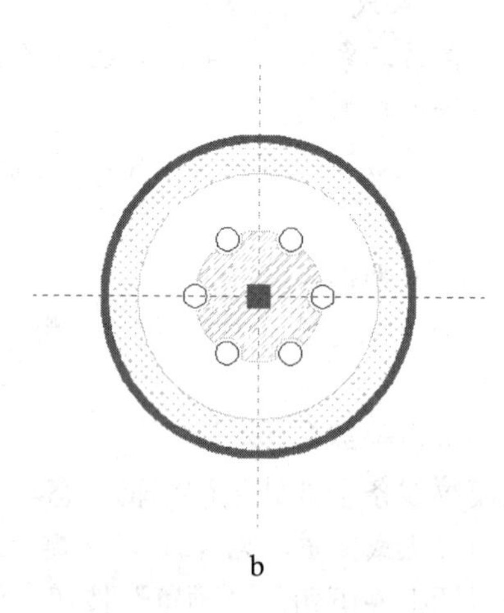

b

图 2-32

单击“图层”的下拉窗口，将“植物 2”层设为当前层，进行单独的小模块和第一个模纹的填充。

命令：HATCH （回车）

在弹出的“图案填充和渐变色”对话框中单击“图案”后省略按钮，在“填充图案选项板”中选择“ZIGZAG”图案，确定后返回，单击“选择对象”按钮，

选择对象或［拾取内部点（K）/ 删除边界（B）］:（将方形光标在屏幕上选择 1 个小模块）找到 1 个（将方形光标在屏幕上依次选择其他 5 个小模块）

……

选择对象或［拾取内部点（K）/ 删除边界（B）］：找到 1 个，总计 6 个

小模块线条全部处于被编辑状态，

选择对象或［拾取内部点（K）/ 删除边界（B）］：（单击右键，选择确认）

在弹出的“图案填充和渐变色”对话框中默认其比例为 1，单击“预览”，

图案填充间距太密，或短划尺寸太小。

拾取或按 Esc 键返回到对话框或 <单击右键接受图案填充>： （Esc）

返回对话框，将比例改为 400，再次预览，图案比例较适当，返回后按下“确定”按钮。小模块被图案填充（如图 2-33a、b 所示）。

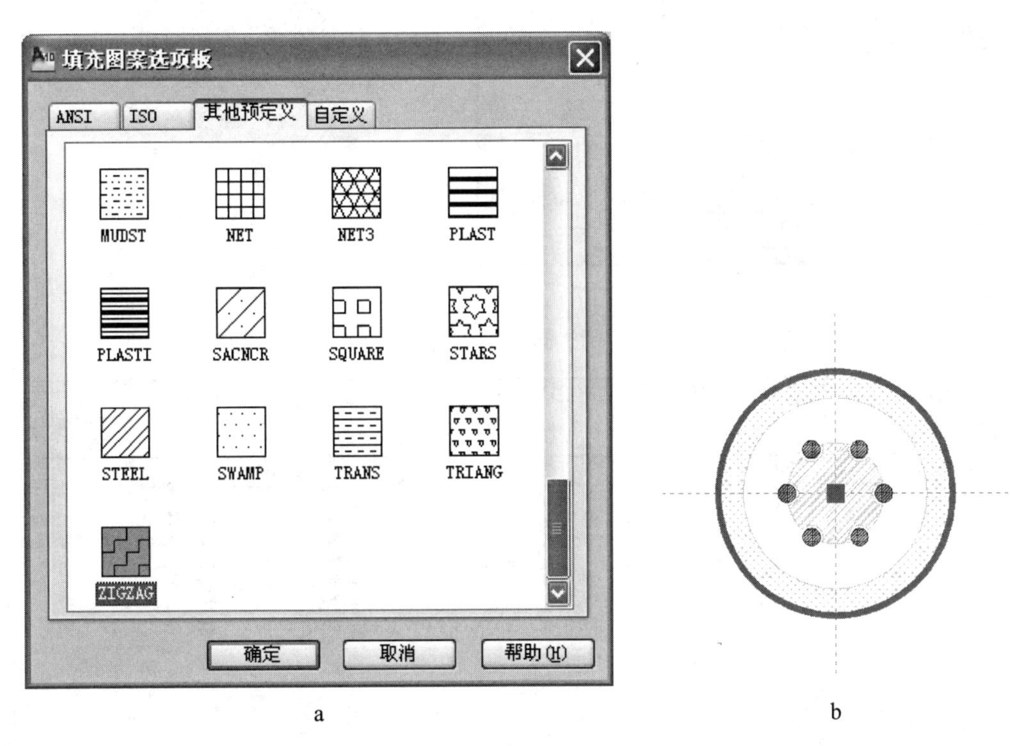

a b

图 2-33

继续填充（HATCH）命令，用上述填充第二个模纹的方法，选取“ANSI32”图案后，进行参数设置，有别于以上图案填充的是图案样例的角度设置为 90°，比例设置为 500，填充后的效果如图 2-34a、b 所示。

6. 标注模纹花坛的组成物

由于辅助层不再有作用，在完善图形细节时，可以将其关闭。打开“图层”窗口，单击“辅助”层前面的小灯泡，使它变暗，处于图层关闭状态（如图 2-35 所示）。

将“标注”层设为当前层，用直线命令绘出标注的索引符号。

命令：LINE （回车）

指定第一点：（十字光标在“GLASS”图案中单击一点）

指定下一点或［放弃（U）］：（十字光标在模纹图案外合适的位置单击）

指定下一点或［放弃（U）］：（单击右键，选择确认）

结束命令，一条索引线绘制成功。

重复以上命令，接连绘制出所有的索引线（如图 2-36 所示）。

在添加文字前，先进行文字样式的设置。单击菜单栏“格式 / 文字样式”，在打开的“文字样式”对话框中进行参数设置（如图 2-37 所示），单击“应用”按钮后再选择“关闭”。

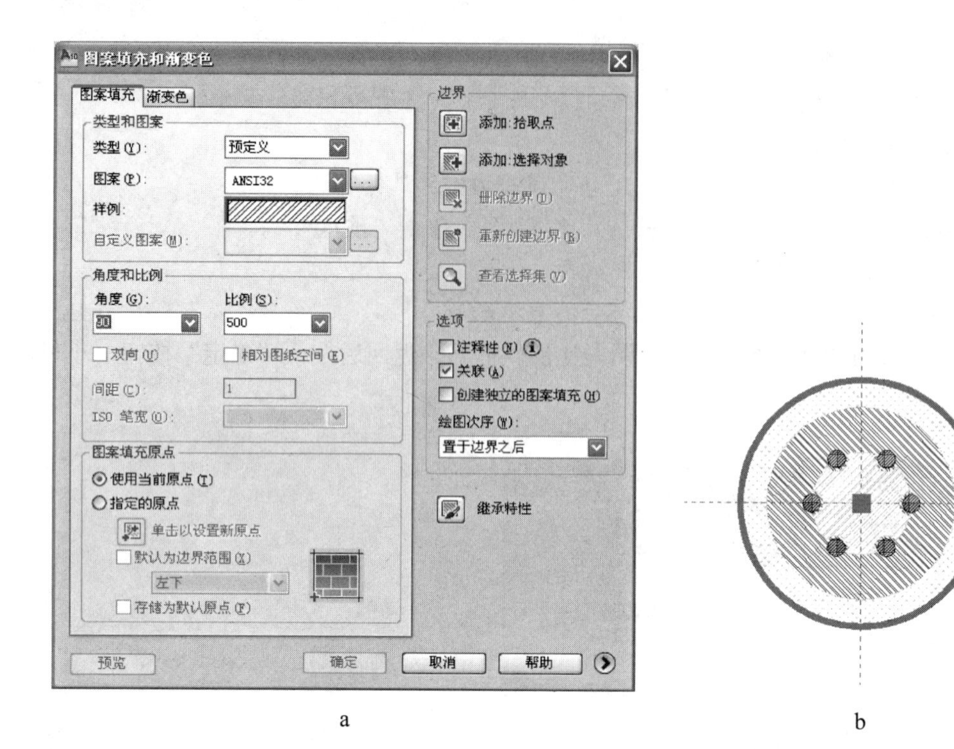

a　　　　b

图 2-34

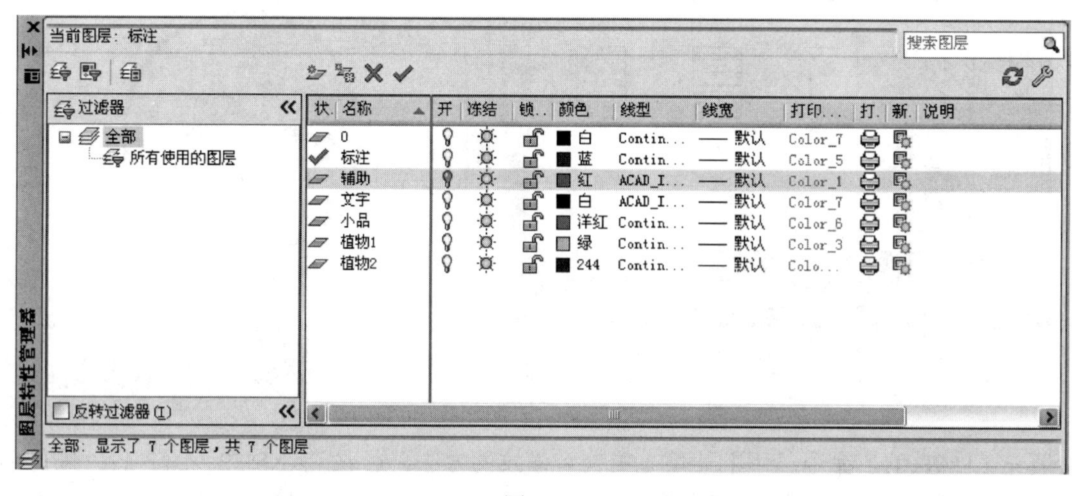

图 2-35

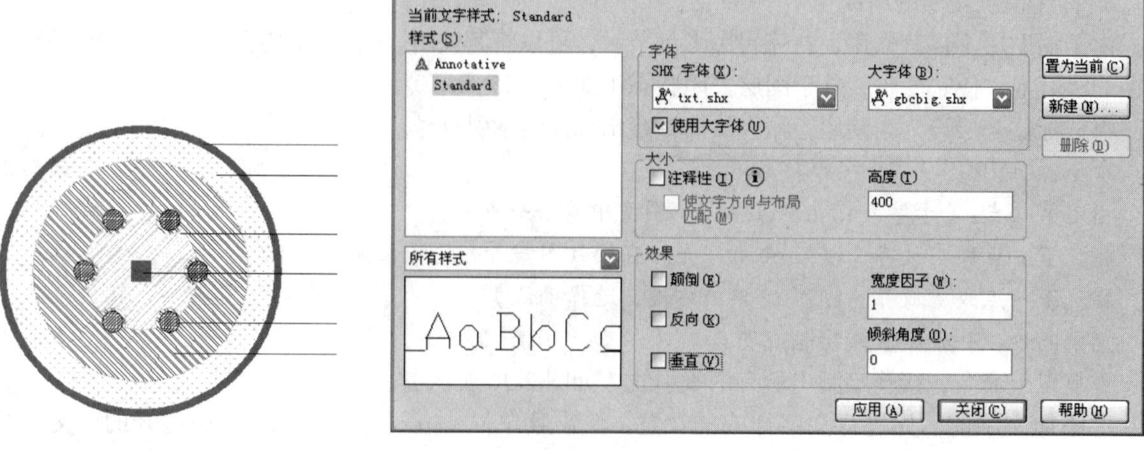

图 2-36　　　　图 2-37

将“文字说明”层设为当前层。

下一步进行添加文字：

命令：DTEXT（或输入 DT） （回车）

当前文字样式：“Standard” 文字高度：400 注释性：否

指定文字的起点或［对正（J）/ 样式（S）］：（把十字光标放在图形最上边的索引线后单击）

指定文字的旋转角度 <0>：（回车或单击右键）

（光标显示在图形最上边的索引线后）

输入文字：（从桌面右下角选择一种文字输入法，拼写文字）花坛 （回车）

输入文字：葱兰 （回车）

输入文字：龙柏 （回车）

输入文字：雕塑 （回车）

输入文字：紫叶小檗 （回车）

输入文字：红花酢浆草 （回车）

输入文字： （回车）

结束命令，会发现文字按行分布非常紧密，使用移动命令把它们对照索引线放置。打开“正交”按钮，使它们仅在垂直方向上移动，保持首位文字的整齐。

命令：MOVE（或输入 M） （回车）

选择对象：（将方框形光标对准“红花酢浆草”单击）找到 1 个

（回车或单击右键）

指定基点或［位移（D）］< 位移 >：（将十字光标对准“红花酢浆草”中间单击）

指定第二点或 < 使用第一点作为位移 >：（十字光标拖动“红花酢浆草”向下移至图形最下边的索引线后单击）

结束命令，完成最下面的索引文字的拖移。用相同的命令，依次完成其余文字的拖移（如图 2-38 所示）。

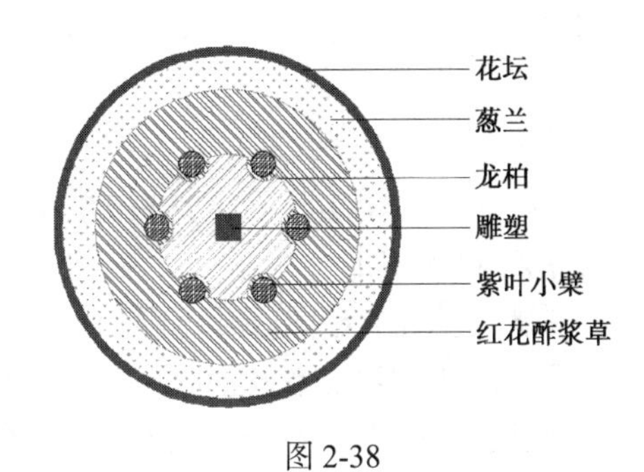

图 2-38

单击菜单栏“格式 / 文字样式”，在“文字样式”对话框中把字体的高度设置为 1000，添加图形名称：

命令：DTEXT （回车）

当前文字样式：“Standard” 文字高度：1000 注释性：否

指定文字的起点或［对正（J）/ 样式（S）］：（把十字光标放在图形下边居中的位置单击）

指定文字的旋转角度 <0>：（回车或单击右键）

输入文字：圆形模纹花坛 （回车）

输入文字： （回车）

结束命令，完成文字标注，图形整体效果如彩页图示（如图 2-39 所示）。

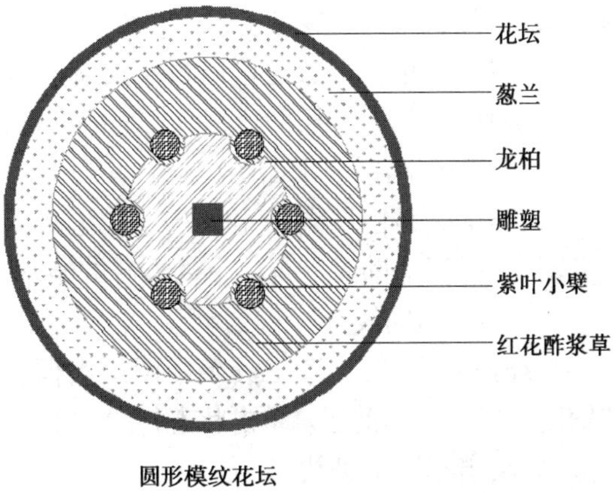

技巧：在第二次文字标注中，可以直接复制第一次标注的文字，而后在“特性”窗口中改变文字的内容和高度。这种便捷的方法将在以后实例中演示。

花坛
葱兰
龙柏
雕塑
紫叶小檗
红花酢浆草

圆形模纹花坛

图 2-39

2.2.2 园路铺装做法绘制实例

下面我们将进行一个园路铺装平面图的绘制，效果如彩页。主要绘制步骤有：

1）建立绘图环境；
2）图层设置；
3）绘制辅助线；
4）绘制园路铺装线条；
5）填充图案；
6）标注尺寸；
7）标注文字。

● 建立绘图环境

1. 绘图单位设置

命令：UNITS　　（回车）

系统弹出“图形单位”对话框，将“长度”栏中的精度值由 0.0000 改为 0，单击“确定”结束绘图单位设置，可以参照绘制模纹花坛实例中图 2-1 所示。

2. 绘图范围设置

图形的平面图长度为 1500mm，宽度为 4200mm，我们为图形绘制设置一个相对宽松但又不会太大的空间，设置如下：

命令：LIMITS
重新设置模型空间界限：　　（回车）
指定左下角点或［开（ON）/ 关（OFF）］<0，0>：　　（回车）
指定右上角点 <420，297>：5000，7000　　（回车）

结束命令。再进行全图显示：

命令：ZOOM（或输入 Z）　　（回车）
指定窗口的角点，输入比例因子（nX 或 nXP），或者
［全部（A）/ 中心（C）/ 动态（D）/ 范围（E）/ 上一个（P）/ 比例（S）/ 窗口（W）/ 对象（O）］< 实时 >：A（全部缩放）　　（回车）
正在重生成模型。

也可以用鼠标单击标准工具栏的“窗口缩放”工具右下方的弹出式按钮，选择“全部缩放”按钮，直接执行 ZOOM ALL 命令。

屏幕显示设置的绘图区域范围。

技巧：在用户熟练掌握 AutoCAD 2010 绘图技巧后，可以省略“绘图范围设置”这一步骤，在图形绘制过程中，经常使用全部缩放（ZOOM ALL）和实时缩放（ZOOM）命令，也能达到同样的效果。

3. 建立图层

在命令行输入 LAYER（图层）命令，或直接点击“图层”工具条中的“图层特性管理器”命令按钮，系统弹出“图层特性管理器”对话框，先建立“铺装”、“辅助”、“标注”、“文字说明”等层，在绘图中如果有其他需要，还可以再添加新的图层。图层的颜色设置参照对话框，辅助层的线型为 ACAD_ISO03W100，其余各层的线型为 Continuous，设置如图 2-40 所示。

● 绘制园路铺装平面图

园路铺装是由不同尺寸的方砖和道牙组成的。由于图形线条比较规则而重复，我们可以先绘制出辅助线，并根据辅助线进行单个的方砖的绘制，再用阵列工具等距离复制。

1. 绘制辅助线

鼠标单击“图层”工具条中图层表框右侧下拉按钮，在图层的下拉表框中选择“辅助”层，即将“辅助”层设为当前层。单击状态行的“正交”（ORTHO）或按下 F8，打开正交方式以方便地画辅助线。

先绘出垂直辅助线：

命令：LINE（或输入 L）　　（回车）

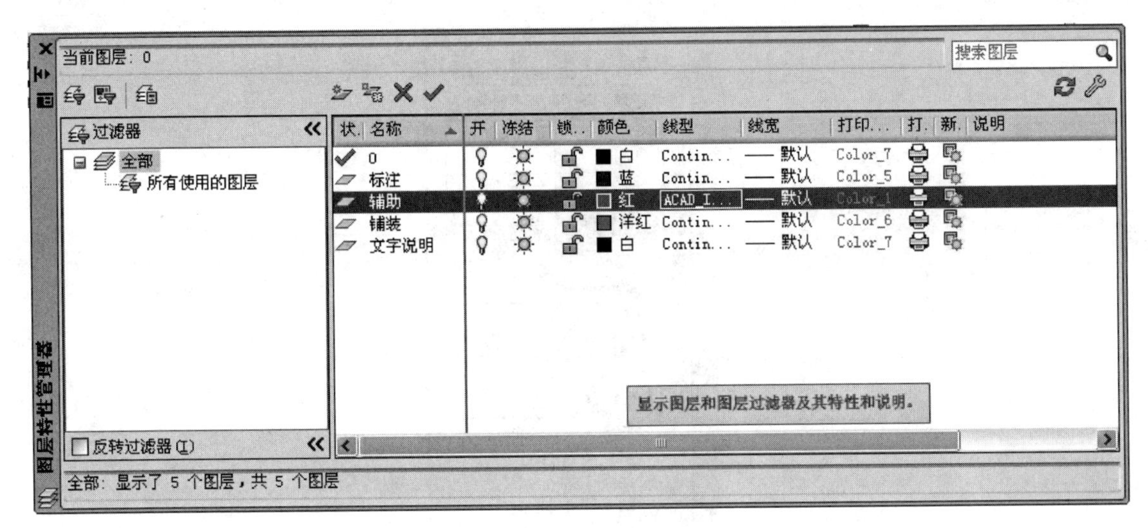

图 2-40

LINE 指定第一点：1500，2000（选取下方中间一点） （回车）

指定下一点或［放弃（U）］：@ 0，4500 （回车）

指定下一点或［放弃（U）］： （回车）

命令：ZOOM （回车）

指定窗口的角点，输入比例因子（nX 或 nXP），或者

［全部（A）/ 中心（C）/ 动态（D）/ 范围（E）/ 上一个（P）/ 比例（S）/ 窗口（W）/ 对象（O）］< 实时 >：A（全部缩放） （回车）

重新生成模型，全图显示垂直辅助线。

再绘出水平辅助线（如图 2-41 所示）：

命令：LINE （回车）

LINE 指定第一点：200，2000 （回车）

指定下一点或［放弃（U）］：@2600，0 （回车）

指定下一点或［放弃（U）］： （回车）

单击水平辅助线和垂直辅助线，图层显示为“辅助”层。

命令：PROPERTIES （回车）

系统弹出“特性”对话框，单击“线型比例”栏，把缺省的“1”改为“10”（如图 2-42 所示），关闭“特性”对话框。辅助线变为肉眼可观察的虚断线（如图 2-43 所示）。

2. 绘制一组大块花岗岩铺装

大块花岗岩铺装平面为 700 × 300 的矩形。鼠标单击“图层”工具条中图层表框右侧下拉按钮，在图层的下拉表框中选择“铺装”层，将“铺装”层设为当前层。

先确定大块花岗岩的左边界。

命令：OFFSET（或输入 O） （回车）

当前设置：删除源 = 否 图层 = 源 OFFSETGAPTYPE=0

指定偏移距离或［通过（T）/ 删除（E）/ 图层（L）］< 通过 >：350 （回车）

选择要偏移的对象或［退出（E）/ 放弃（U）］< 退出 >：（光标变为小方框，单击垂直辅助线）

指定要偏移的那一侧上的点，或［退出（E）/ 多个（M）/ 放弃（U）］< 退出 >：（在垂直辅助线的左侧任意点单击，垂直辅助线左侧出现一条相同的垂直线）

选择要偏移的对象，或［退出（E）/ 放弃（U）］< 退出 >： （回车）

完成大块花岗岩左边界的设定。

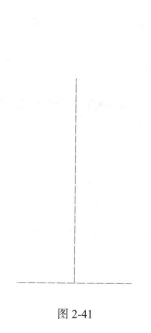

图 2-41

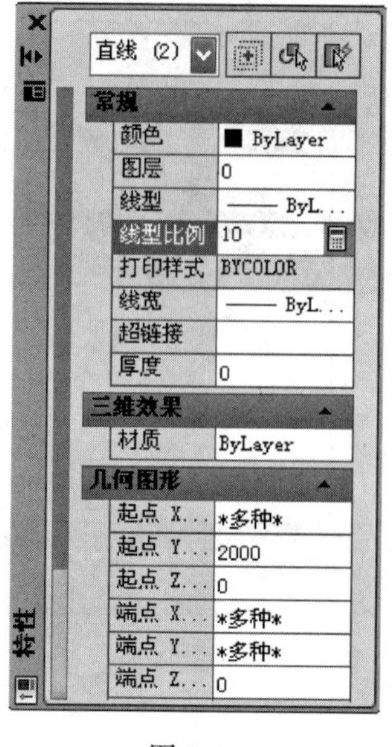

图 2-42

图 2-43

设置点的捕捉模式。

命令：OSNAP（或输入 OS）　（回车）

打开“草图设置”对话框，勾选端点、圆心、交点，点击“确定”后返回绘图区域。

单击状态行的“对象捕捉”按钮，或按下 F3，打开“对象捕捉”。

开始绘制大块花岗岩。

命令：RECTANG（或输入 REC）（发出创建矩形的命令）　（回车）

指定第一个角点或 [倒角（C）/ 标高（E）/ 圆角（F）/ 厚度（T）/ 宽度（W）]：（把光标靠近大块花岗岩左边界与水平辅助线的交叉点，屏幕出现交点符号）单击（如图 2-44 所示）

指定另一个角点或 [面积（A）/ 尺寸（D）/ 旋转（R）]：@700，300　（回车）

完成一组大块花岗岩的绘制（如图 2-45 所示）。

3. 绘制一组小块花岗岩铺装

命令：RECTANG（与绘制大块花岗岩的方法相同）（回车）

指定第一个角点或 [倒角（C）/ 标高（E）/ 圆角（F）/ 厚度（T）/ 宽度（W）]：（把光标靠近大块花岗岩上边与垂直辅助线的交叉点，屏幕出现交点符号）单击

图 2-44

图 2-45

指定另一个角点或 [面积（A）/ 尺寸（D）/ 旋转（R）]：@500，300　（回车）

命令：RECTANG

指定第一个角点或 [倒角（C）/ 标高（E）/ 圆角（F）/ 厚度（T）/ 宽度（W）]：（把光标靠近大块花岗岩上边与垂直辅助线的交叉点，屏幕出现交点符号）单击

指定另一个角点或 [面积（A）/ 尺寸（D）/ 旋转（R）]：@-500，300

完成一组小块花岗岩的绘制（如图 2-46 所示）。

4. 绘制出其余大、小块花岗岩铺装

命令：ARRAY　（回车）

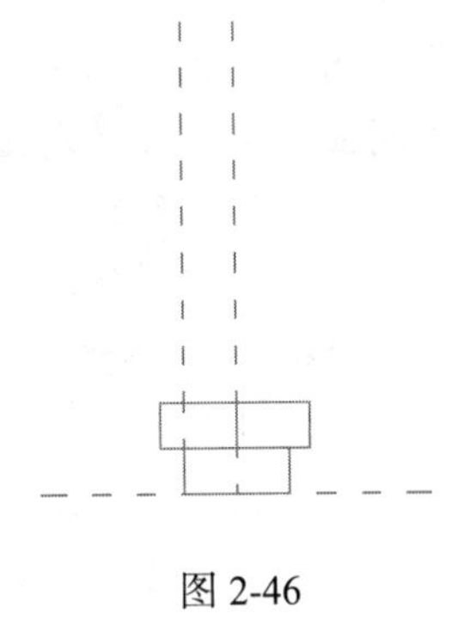

图 2-46

系统弹出“阵列”命令对话框，点击“矩形阵列”，在“行数”的表框中输入 7，在“列数”的表框中输入 1；在“行偏移”距离中输入 600，在“列偏移”距离中输入 0（如图 2-47 所示）；

“选择对象”按钮下显示“已选择 0 个对象”；点击“选择对象”按钮，光标变为小方框，选择以上绘出的 3 个方砖（如图 2-48 所示），命令行依次显示：

选择对象：找到 1 个

选择对象：找到 1 个，总计 2 个

选择对象：找到 1 个，总计 3 个

选择对象：　　　　　　　　　　　　　　　　　　（回车）

窗口再次弹出“阵列”命令对话框，对话框中“选择对象”按钮下显示“已选择 3 个对象”；单击“确定”后返回绘图区域。水平辅助线上方的方砖铺装被绘制完成（如图 2-49 所示）。

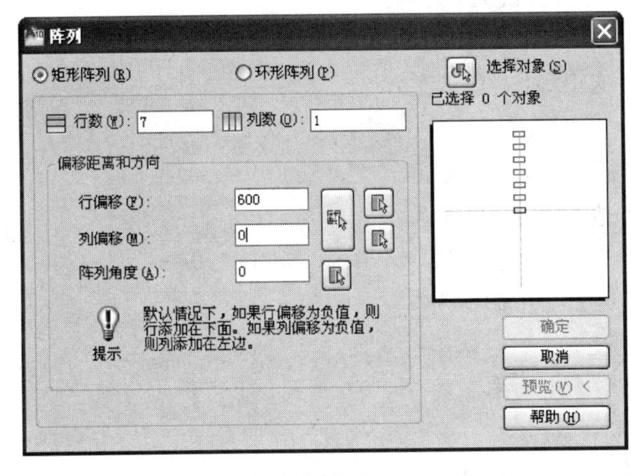

图 2-47

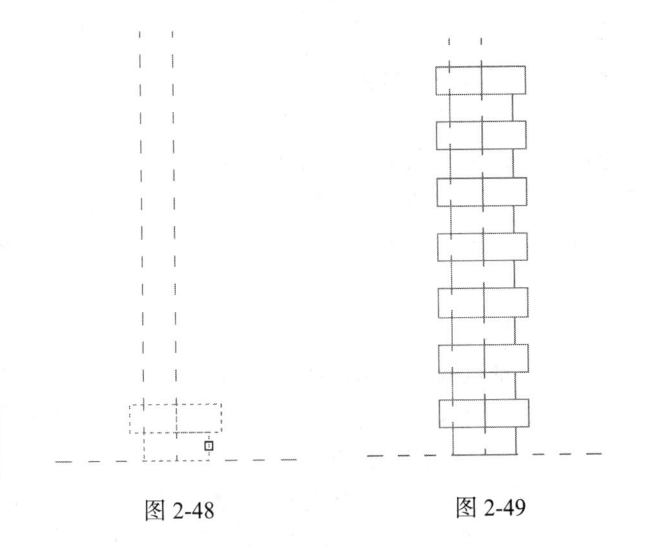

图 2-48　　　　图 2-49

删除大块花岗岩的左边界线。

5. 绘制道牙线

在绘制前先用鼠标单击状态行的“对象捕捉”按钮，或按下 F3，关闭“对象捕捉”，避免点的捕捉对绘图的干扰。

命令：ZOOM　　　　　　　　　　　　　　　　　　（回车）

指定窗口的角点，输入比例因子（nX 或 nXP），或者

[全部（A）/ 中心（C）/ 动态（D）/ 范围（E）/ 上一个（P）/ 比例（S）/ 窗口（W）/ 对象（O）] < 实时 >：（在大块花岗岩的左边线的左上方点击，确定缩放选择框的第一个角点）

指定对角点：（在大块花岗岩的右边线的右下方点击，确定缩放选择框的对角点）

绘图区域显示放大的垂直辅助线（如图 2-50 所示）。也可以将光标放在图形中间，滚动鼠标中间的滚轴，达到同样的效果。

命令：OFFSET（或输入 O）　　　　　　　　　　　（回车）

当前设置：删除源 = 否　图层 = 源　OFFSETGAPTYPE=0

指定偏移距离或 [通过（T）/ 删除（E）/ 图层（L）] <350>：750

（回车）

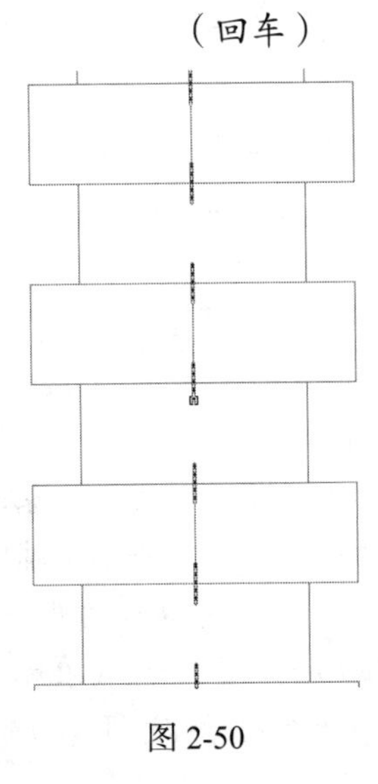

图 2-50

选择要偏移的对象或［退出（E）/ 放弃（U）］< 退出 >:（光标变为小方框，点击垂直辅助线）

指定要偏移的那一侧上的点，或［退出（E）/ 多个（M）/ 放弃（U）］< 退出 >:（在垂直辅助线左侧任意点单击，垂直辅助线左侧出现一条相同的垂直线）

选择要偏移的对象或［退出（E）/ 放弃（U）］< 退出 >:（光标变为小方框，再次点击垂直辅助线）

指定要偏移的那一侧上的点，或［退出（E）/ 多个（M）/ 放弃（U）］< 退出 >:（在垂直辅助线右侧任意点单击，垂直辅助线右侧也出现一条相同的垂直线）

选择要偏移的对象或［退出（E）/ 放弃（U）］< 退出 >:　（回车）

重复偏移命令。

命令：OFFSET　（回车）

当前设置：删除源 = 否　图层 = 源　OFFSETGAPTYPE=0

指定偏移距离或［通过（T）］<750>：650　（回车）

选择要偏移的对象或［退出（E）/ 放弃（U）］< 退出 >:（光标变为小方框，点击垂直辅助线）

指定要偏移的那一侧上的点，或［退出（E）/ 多个（M）/ 放弃（U）］< 退出 >:（在垂直辅助线左侧任意点单击，垂直辅助线左侧出现一条相同的垂直线）

选择要偏移的对象或［退出（E）/ 放弃（U）］< 退出 >:（光标变为小方框，再次点击垂直辅助线）

指定要偏移的那一侧上的点，或［退出（E）/ 多个（M）/ 放弃（U）］< 退出 >:（在垂直辅助线右侧任意点单击，垂直辅助线右侧也出现一条相同的垂直线）

选择要偏移的对象或［退出（E）/ 放弃（U）］< 退出 >:（回车）

结束垂直线的偏移（如图 2-51 所示）。

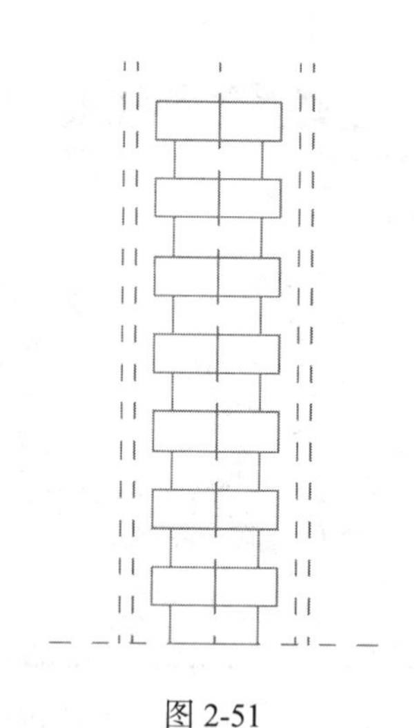

图 2-51

命令：ZOOM　（回车）

指定窗口的角点，输入比例因子（nX 或 nXP），或者［全部（A）/ 中心（C）/ 动态（D）/ 范围（E）/ 上一个（P）/ 比例（S）/ 窗口（W）/ 对象（O）］< 实时 >：P　（回车）

绘图区域重新返回为全图。

单击四条利用偏移命令得到的垂直线，图层显示为“辅助”层。

命令：PROPERTIES　（回车）

系统弹出“特性”对话框，单击“图层”栏，在“辅助”层后出现下拉按钮，点击按钮出现下拉窗口，选择“铺装”层（如图 2-52 所示），关闭“特性”对话框。四条直线由“辅助”层转换到“铺装”层（如图 2-53 所示）。

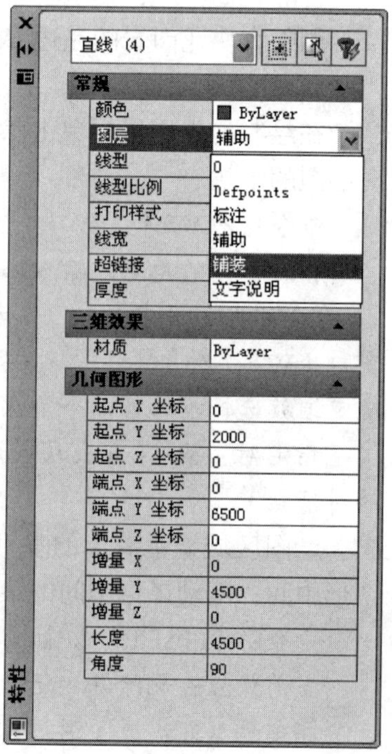

图 2-52

6. 绘制道牙砖缝线

命令：OFFSET　（回车）

当前设置：删除源 = 否　图层 = 源　OFFSETGAPTYPE=0

指定偏移距离或［通过（T）/ 删除（E）/ 图层（L）］<650>：500　（回车）

选择要偏移的对象或［退出（E）/ 放弃（U）］< 退出 >:（光标变为小方框，点击水平辅助线）

指定要偏移的那一侧上的点，或［退出（E）/ 多个（M）/ 放弃（U）］< 退出 >:（在水平辅助线上方任意点单击，水平辅助线上方出现一条相同的水平线）

选择要偏移的对象或 [退出（E）/ 放弃（U）] < 退出 >：　（回车）

单击这条利用偏移命令得到的水平线，图层显示为“辅助”层。

命令：PROPERTIES　（回车）

系统弹出“特性”对话框，单击“图层”栏，在“辅助”层后出现下拉按钮，点击按钮出现下拉窗口，选择“铺装”层，关闭“特性”对话框。该直线由“辅助”层转换到“铺装”层。

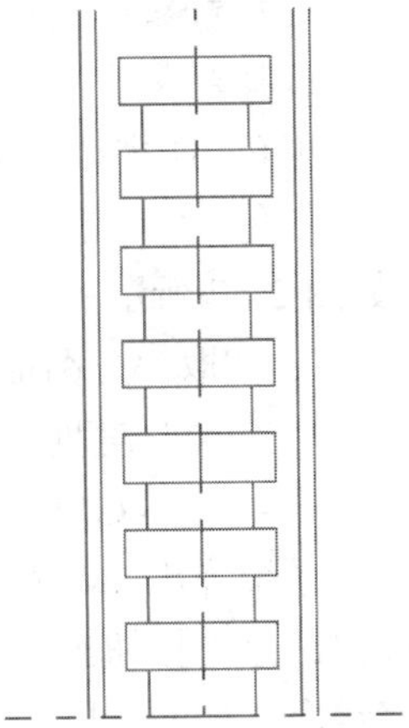

图 2-53

回到绘图区域，进行线条多余部分的剪切：

命令：TRIM（或输入 TR）　（回车）

当前设置：投影 =UCS，边 = 无

选择剪切边 ...

选择对象或 < 全部选择 >：找到 1 个

选择对象：指定对角点：找到 2 个，总计 3 个

选择对象：指定对角点：找到 2 个，总计 5 个

选择对象：（如图 2-54 所示）　（回车）

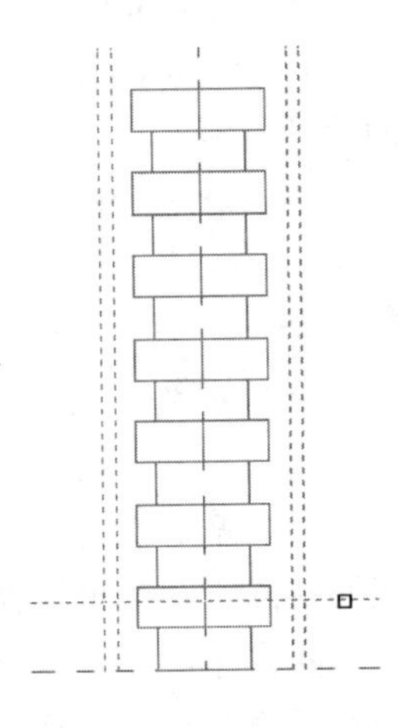

图 2-54

选择要修剪的对象，或按住 Shift 键选择要延伸的对象，或

[栏选（F）/ 窗交（C）/ 投影（P）/ 边（E）/ 删除（R）/ 放弃（U）]：（连续点击 4 条道牙线以外的部分）

选择要修剪的对象，或按住 Shift 键选择要延伸的对象，或

[栏选（F）/ 窗交（C）/ 投影（P）/ 边（E）/ 删除（R）/ 放弃（U）]：　（回车）

得到左右 2 条道牙砖缝线（如图 2-55 所示）。

接下来用阵列命令绘制其余的道牙。

命令：ARRAY（或输入 AR）　（回车）

系统弹出“阵列”命令对话框，点击“矩形阵列”，在“行数”的表框中输入 9，在“列数”的表框中输入 1；在“行偏移”距离中输入 500，在“列偏移”距离中输入 0（如图 2-56 所示）；

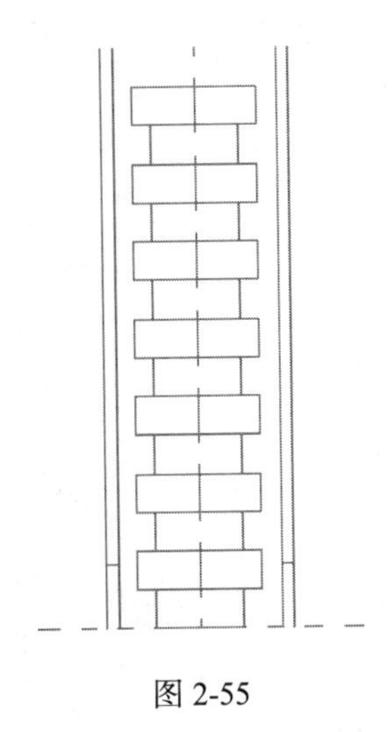

图 2-55

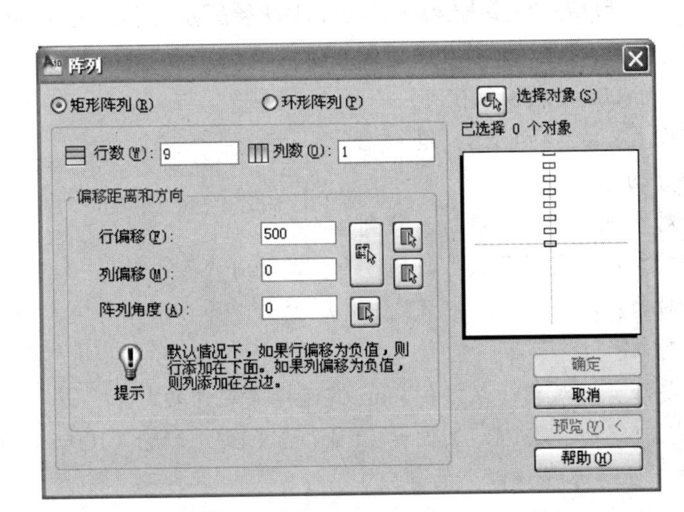

图 2-56

“选择对象”按钮下显示“已选择 0 个对象”；点击“选择对象”按钮，光标变为小方框，选择以上绘出的 2 条道牙砖缝线，命令行依次显示：

选择对象：找到 1 个

选择对象：找到 1 个，总计 2 个

选择对象：　（回车）

窗口再次弹出“阵列”命令对话框，对话框中“选择对象”按钮下显示“已选择 2 个对象”；单击“确定”后返回绘图区域。道牙铺装被绘制完成（如图 2-57 所示）。

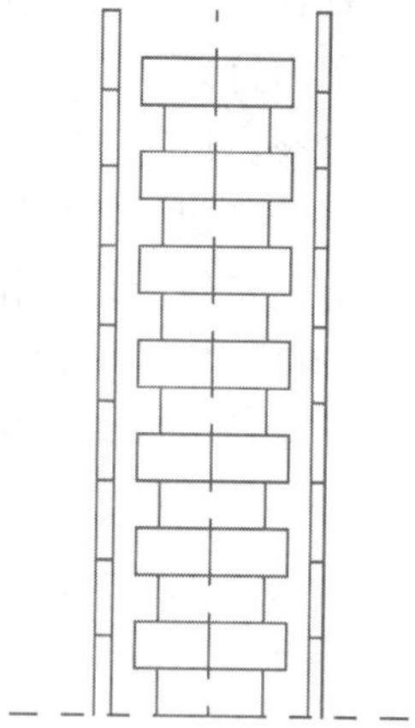

7. 截取部分图形

单击水平辅助线，图层显示为“辅助”层。

命令：PROPERTIES　（回车）

系统弹出“特性”对话框，单击“图层”栏，在“辅助”层后出现下拉按钮，点击按钮出现下拉窗口，选择“铺装”层，关闭“特性”对话框。该直线由“辅助”层转换到“铺装”层。

图 2-57

设置点的捕捉模式。

命令：OSNAP　（回车）

打开“草图设置”对话框，勾选端点、圆心、交点，点击“确定”后返回绘图区域。

单击状态行的“对象捕捉”按钮，或按下 F3，打开“对象捕捉”。　（回车）

命令：COPY（或输入 CO）　（回车）

选择对象：找到 1 个（复制一条水平线）

选择对象：　（回车）

指定基点或 [位移（D）/ 模式（O）] < 位移 >：（把光标靠近垂直辅助线的端点，屏幕出现端点符号）单击

指定第二个点或 < 使用第一个点作为位移 >：（把光标靠近最上边两块小块花岗岩交叉端点，屏幕出现端点符号）单击（如图 2-58 所示）

指定第二个点或 [退出（E）/ 放弃（U）] < 退出 >：　（回车）

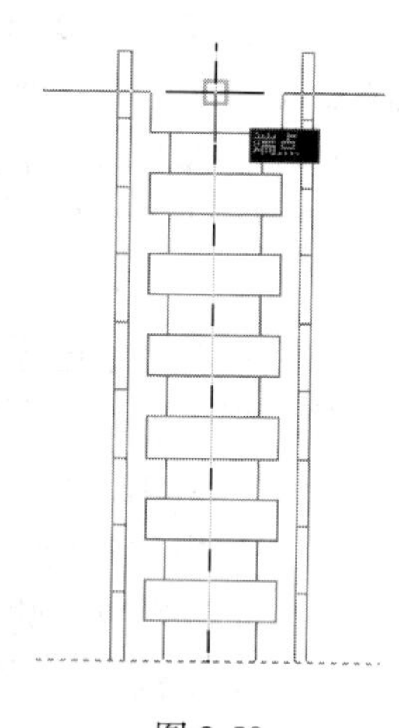

图 2-58

回到绘图区域，进行线条多余部分的剪切：

***技巧**：在用户熟练掌握 AutoCAD 2010 绘图技巧后，可以使用鼠标滚动轴来进行实时缩放，这种方法简单方便。*

命令：TRIM（或输入 TR）　（回车）

当前设置：投影 =UCS，边 = 无

选择剪切边 ...

选择对象或 < 全部选择 >：找到 1 个

选择对象：指定对角点：找到 3 个，总计 4 个

选择对象：指定对角点：找到 3 个，总计 7 个

选择对象：　（回车）

选择要修剪的对象，或按住 Shift 键选择要延伸的对象，或

[栏选（F）/ 窗交（C）/ 投影（P）/ 边（E）/ 删除（R）/ 放弃（U）]：（连续点击最上方水平线以上的部分）

选择要修剪的对象，或按住 Shift 键选择要延伸的对象，或

[栏选（F）/ 窗交（C）/ 投影（P）/ 边（E）/ 删除（R）/ 放弃（U）]：　（回车）

得到园路铺装平面图（如图 2-59 所示）。

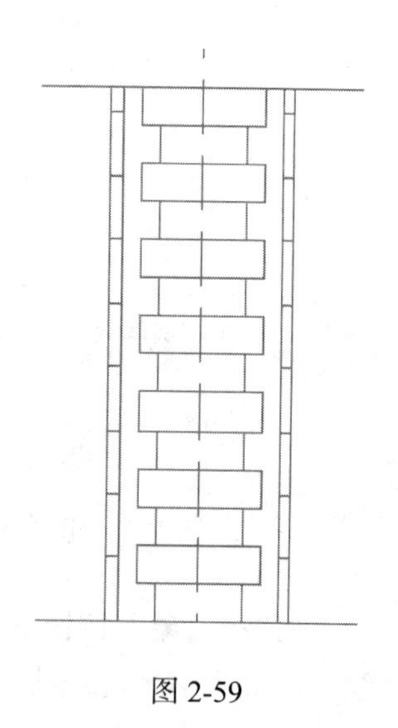

图 2-59

8. 填充铺装图案

命令：HATCH（或输入 BH）　　（回车）

系统弹出“图案填充和渐变色”对话框（如图 2-60 所示）；单击“图案”选项后的省略按钮，屏幕上弹出“填充图案选项板”窗口；在窗口中选择“GRAVEL”图案（如图 2-61 所示），单击“确定”返回“图案填充和渐变色”对话框，图案的样例变为“GRAVEL”图案（如图 2-62 所示）。单击“拾取点”按钮，“图案填充和渐变色”对话框暂时隐蔽，返回屏幕视图，在园路铺装全图上进行选择。

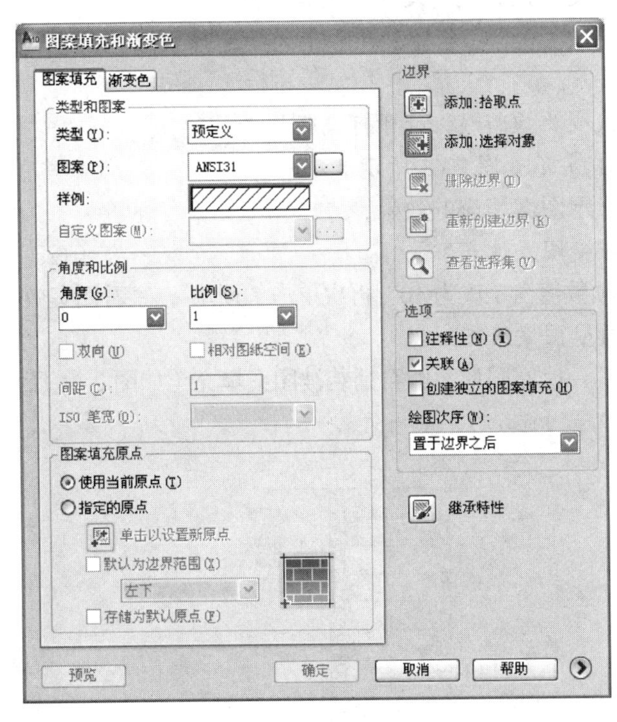

图 2-60

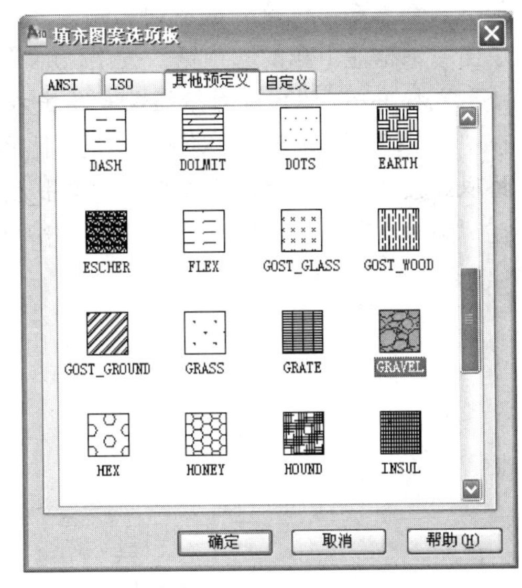

图 2-61

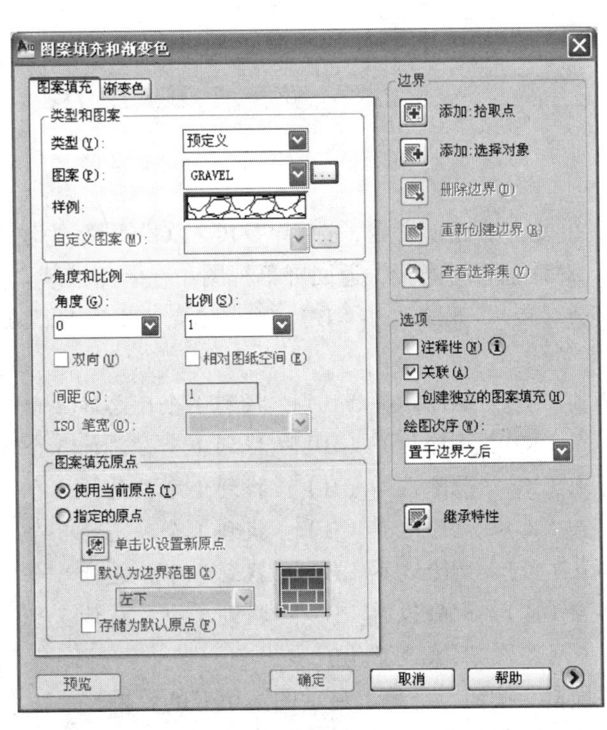

图 2-62

命令：HATCH

拾取内部点或［选择对象（S）/ 删除边界（B）］:（十字光标放在左半边的道牙线以内，方砖以外的中间区域里，单击）

正在选择所有对象 ...

正在选择所有可见对象 ...

正在分析所选数据 ...

正在分析内部孤岛 ...（此时这一区域的边缘线变为虚断线，处于可编辑状态）

拾取内部点或［选择对象（S）/ 删除边界（B）］:（十字光标放在右半边的道牙线以内，方砖以外的中间区域里，单击）

正在分析内部孤岛 ...（此时这一区域的边缘线变为虚断线，处于可编辑状态）

拾取内部点或［选择对象（S）/ 删除边界（B）］:（如图 2-63 所示）　　（回车）

单击对话框左下角的“预览”按钮，屏幕上显示图案填充的效果，

拾取或按 Esc 键返回到对话框或 < 单击右键接受图案填充 >:　　（Esc）

在“图案填充和渐变色”对话框中把“比例”项数值由 1 改为 10，再次单击“预览”，察看图案效果。

拾取或按 Esc 键返回到对话框或 < 单击右键接受图案填充 >:　　（Esc）

在“图案填充和渐变色”对话框中单击“确定”，返回图形，卵石铺装被图案填充（如图 2-64 所示）。

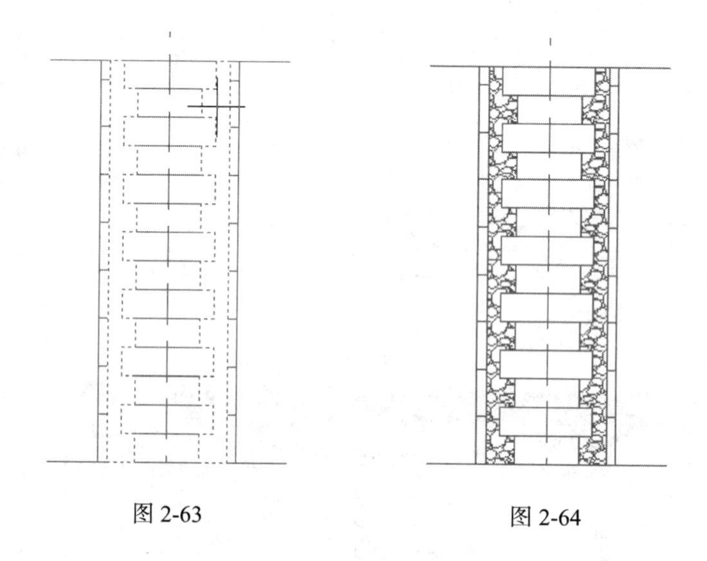

图 2-63　　图 2-64

填充大块花岗岩铺装。重复“填充”命令，选择“ZIGZAG”图案为填充图案，单击“选择对象”按钮，“图案填充和渐变色”对话框暂时隐蔽，返回屏幕视图，在园路铺装全图上进行选择。

选择对象或［拾取内部点（K）/ 删除边界（B）］:（光标变为小方形，在屏幕上单击大块花岗岩的边缘框，）找到 1 个

选择对象或［拾取内部点（K）/ 删除边界（B）］: 找到 1 个，总计 2 个

选择对象或［拾取内部点（K）/ 删除边界（B）］: 找到 1 个，总计 3 个

选择对象或［拾取内部点（K）/ 删除边界（B）］: 找到 1 个，总计 4 个

选择对象或［拾取内部点（K）/ 删除边界（B）］: 找到 1 个，总计 5 个

选择对象或［拾取内部点（K）/ 删除边界（B）］: 找到 1 个，总计 6 个

选择对象或［拾取内部点（K）/ 删除边界（B）］: 找到 1 个，总计 7 个

选择对象或［拾取内部点（K）/ 删除边界（B）］:　　（回车）

单击对话框左下角的“预览”按钮，屏幕上显示图案填充的效果，

拾取或按 Esc 键返回到对话框或 < 单击右键接受图案填充 >:　　（Esc）

在“图案填充和渐变色”对话框中把“比例”项数值由 1 改为 600，再次单击“预览”，察看图案效果。

拾取或按 Esc 键返回到对话框或 <单击右键接受图案填充>：　　(Esc)

屏幕上又显示“图案填充和渐变色”对话框，单击“确定”后返回图形，大块花岗岩被所选的图案填充（如图 2-65 所示）。

继续填充小块花岗岩铺装，重复上例操作，选择“DOLMIT”图案为填充图案，选择小块花岗岩的边缘框，“比例”项数值为 200，进行填充（如图 2-66 所示）。

得到小块花岗岩铺装的填充图案（如图 2-67 所示）。

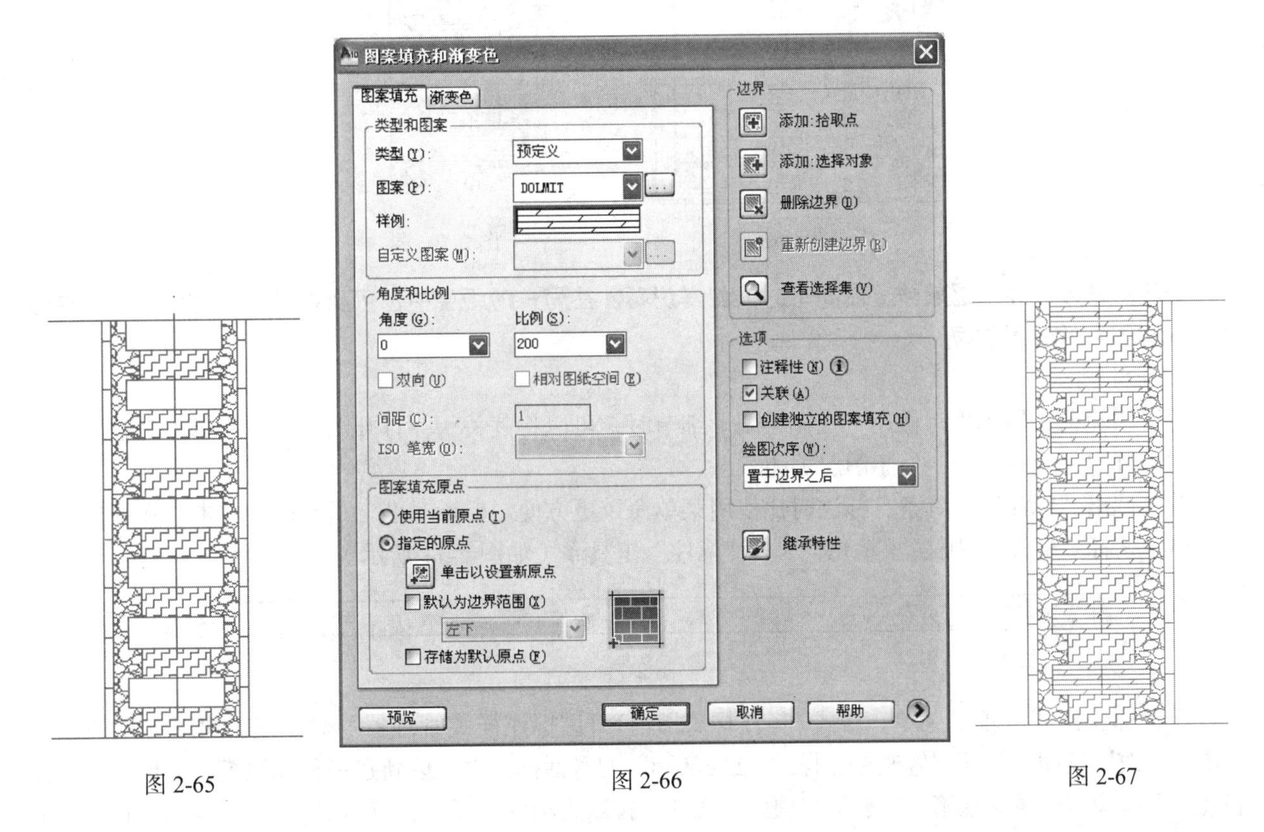

图 2-65　　图 2-66　　图 2-67

为了不同铺装的图案更加美观，调整每种铺装的颜色。

选择卵石铺装的填充图案。

命令：PROPERTIES　　(回车)

系统弹出“特性”对话框，单击“颜色”栏，在“ByLayer”颜色后出现下拉按钮，点击按钮出现下拉窗口，在选择颜色对话框中，选择“黑色”颜色，关闭“特性”对话框。该卵石铺装由“ByLayer”颜色转换为“黑色”颜色（如图 2-68 所示）。

用上例相同的方法，将大块花岗岩的颜色，由“ByLayer”颜色转换为“蓝色”颜色（如图 2-69 所示）。将小块花岗岩的颜色，由“ByLayer”颜色转换为“红色”颜色。

更改后的填充效果如图 2-70 所示。

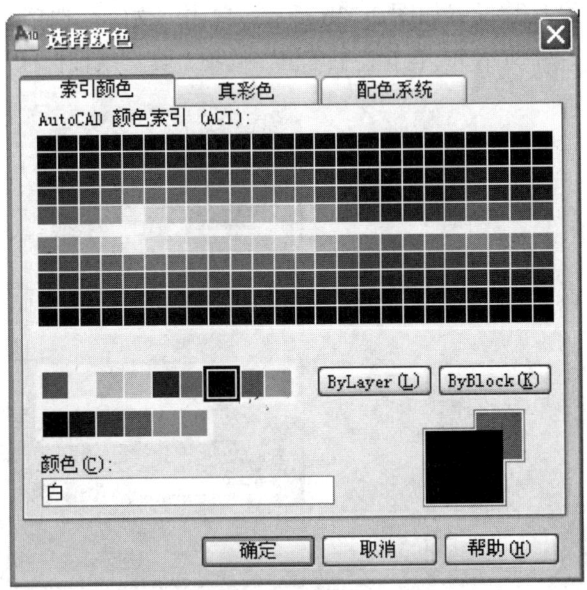

图 2-68

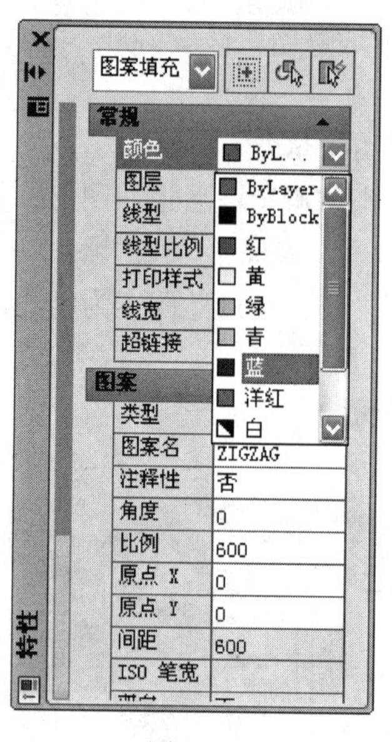

图 2-69

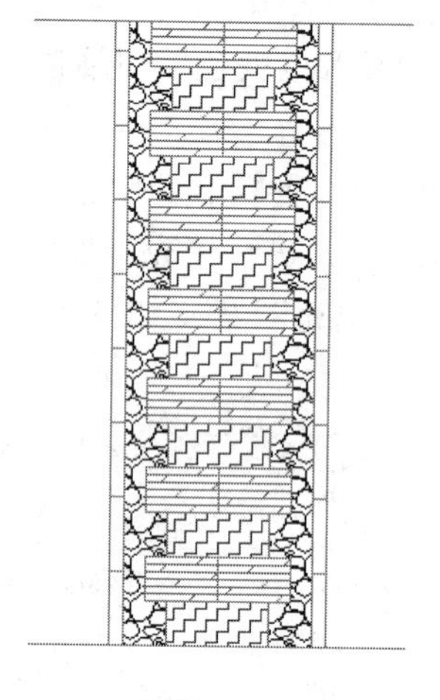

图 2-70

技巧：此方法并不是操作上最简单的，但其说明，在同一的图层中也可以更改为不同的颜色，这与建立不同图层的效果相同。

9. 标注尺寸

由于“辅助”层不再有作用，在完善图形细节时，可以将其关闭。打开图层窗口，单击“辅助”层前面的小灯泡，使它变暗，处于图层关闭状态。

首先调出“标注”工具条，标注时比使用菜单命令更方便。鼠标对准工具属性栏右击，在弹出的快捷菜单中选择“标注”，则在屏幕上显示出“标注”工具条（如图 2-71 所示）。

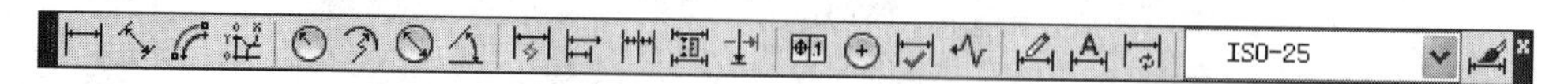

图 2-71

设置标注样式。单击菜单“格式 / 标注样式”，打开“标注样式管理器”对话框（如图 2-72 所示），单击“修改”按钮，打开“修改标注样式：Standard”的对话框，也可以新建一种标注模式；单击“符号和箭头”选项卡，依次在第一项、第二项、引线的下拉缺省项中选择“建筑标记”（如图 2-73a 所示），最终参数设置如图 2-73b 所示；单击“文字”选项，在“文字外观”栏对文字样式和高度进行设置（如图 2-74 所示）；单击“主单位”选项，在“线性标注”栏进行精度设置（如图 2-75 所示）；其余项默认。

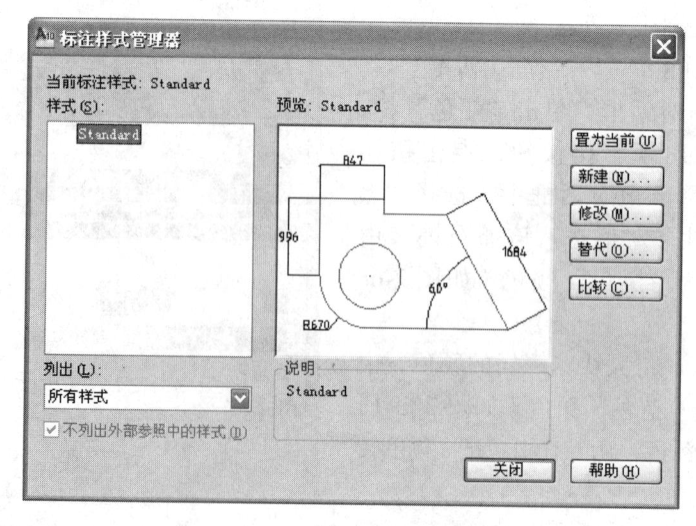

图 2-72

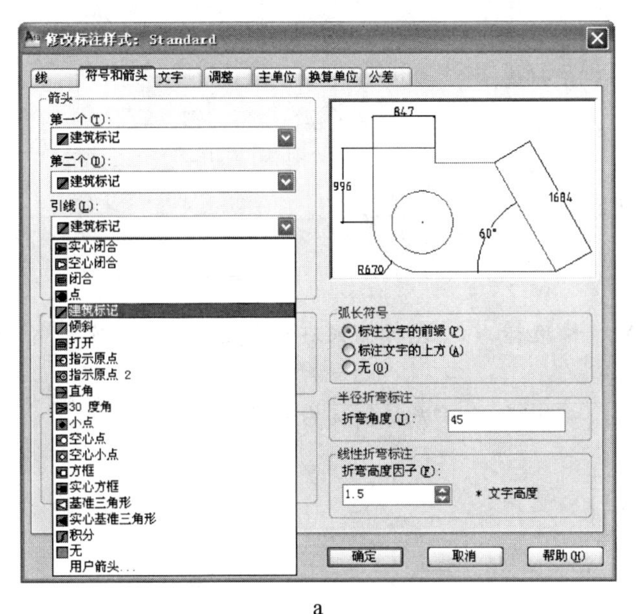

a

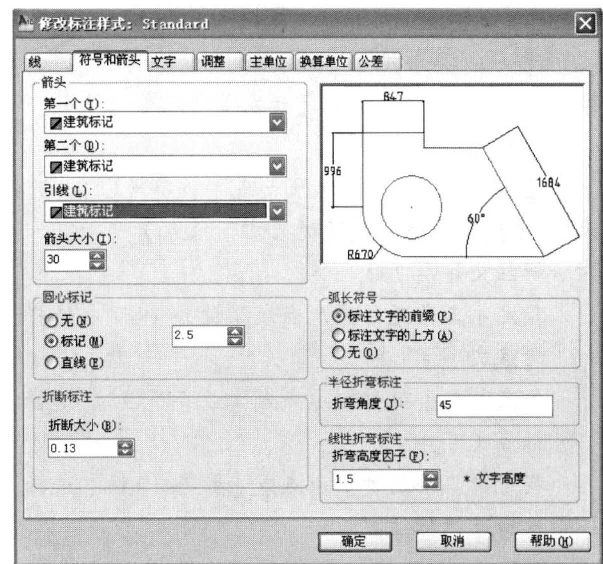

b

图 2-73

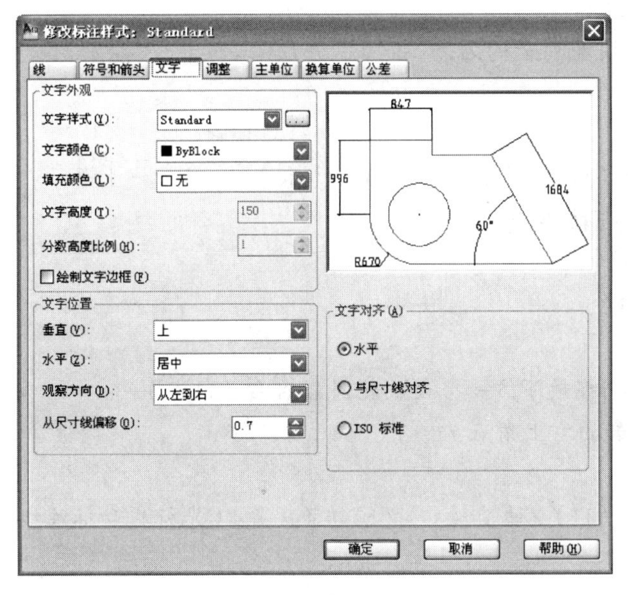

图 2-74

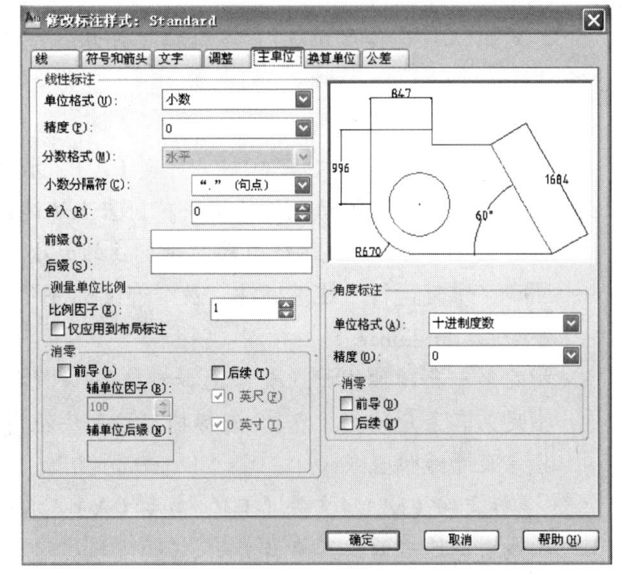

图 2-75

设置完成后，将“标注”层置为当前图层，打开对象捕捉，开始尺寸标注。

运用缩放和平移工具放大显示铺装平面图，单击“标注”工具条中的“线性标注”按钮，命令行提示：

命令：-dimlinear（或输入 DLI） （回车）

指定第一条延伸线原点或 <选择对象>：（光标捕捉左侧外道牙线端点）

指定第二条延伸线原点：（光标捕捉左侧内道牙线端点）

指定尺寸线位置或

[多行文字（M）/ 文字（T）/ 角度（A）/ 水平（H）/ 垂直（V）/ 旋转（R）]：（尺寸线上显示标注对象的尺寸大小，拖动光标在水平线下方单击）

标注文字 = 100（提示行自动显示标注的大小）

结束左边道牙砖间距的尺寸标注（如图 2-76 所示），接下来的几种铺装间距可以使用连续标注，单击“标注”工具条中的“连续标注”按钮。

命令：_dimcontinue（或输入 DCO）　　　　（回车）

指定第二条延伸线原点或［放弃（U）/ 选择（S）］< 选择 >：（光标捕捉大块花岗岩左下角点）

标注文字 = 300

指定第二条延伸线原点或［放弃（U）/ 选择（S）］< 选择 >：（光标捕捉大块花岗岩右下角点）

标注文字 = 700

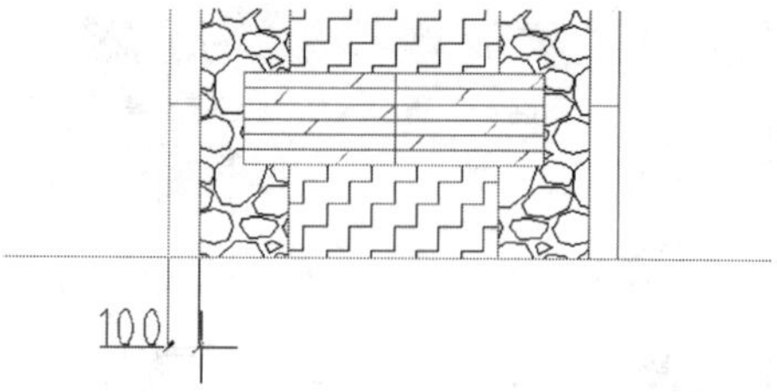

图 2-76

指定第二条延伸线原点或［放弃（U）/ 选择（S）］< 选择 >：（光标捕捉右侧内道牙线端点）

标注文字 = 300

指定第二条延伸线原点或［放弃（U）/ 选择（S）］< 选择 >：（光标捕捉右侧外道牙线端点）

标注文字 = 100

指定第二条延伸线原点或［放弃（U）/ 选择（S）］< 选择 >：　　　　（回车）

选择连续标注：　　　　（回车）

完成各铺装间距的连续标注（如图 2-77 所示）。

命令：_dimlinear

指定第一条延伸线原点或 < 选择对象 >：（光标捕捉任意一个小块花岗岩的左上角点）

指定第二条延伸线原点：（光标捕捉任意一个小块花岗岩的右上角点）

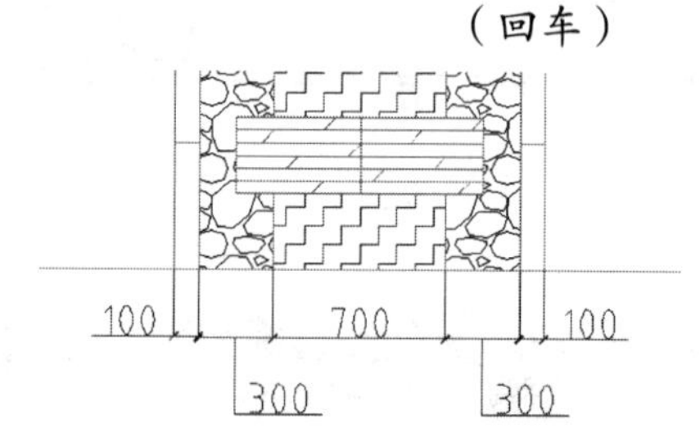

图 2-77

指定尺寸线位置或

［多行文字（M）/ 文字（T）/ 角度（A）/ 水平（H）/ 垂直（V）/ 旋转（R）］：（尺寸线上显示标注对象的尺寸大小，拖动光标在小块花岗岩上边缘线下方单击）

标注文字 = 500（提示行自动显示标注的大小）

回车，重复运行“线性标注”及“连续标注”命令：

命令：_dimlinear

指定第一条延伸线原点或 < 选择对象 >：（光标捕捉最下方一个大块花岗岩的右下角点）

指定第二条延伸线原点：（光标捕捉该大块花岗岩的右上角点）

指定尺寸线位置或

［多行文字（M）/ 文字（T）/ 角度（A）/ 水平（H）/ 垂直（V）/ 旋转（R）］：（光标拖动标注线在道牙线右侧适当的位置单击）

标注文字 = 300

命令：_dimcontinue

指定第二条延伸线原点或［放弃（U）/ 选择（S）］< 选择 >：（光标捕捉相邻的小块花岗岩的右上角点）

标注文字 = 300

指定第二条尺寸界线原点或［放弃（U）/ 选择（S）］< 选择 >：　　　　（回车）

选择连续标注：　　　　（回车）

完成园路铺装平面图其他部分的尺寸标注（如图 2-78 所示）。

10. 标注园路铺装的组成物

用直线命令绘出标注的索引符号。

命令：LINE　　　　（回车）

指定第一点：（十字光标在“GRAVEL”图案中单击一点）

指定下一点或［放弃（U）］：（十字光标在铺装图案外合适的位置单击）

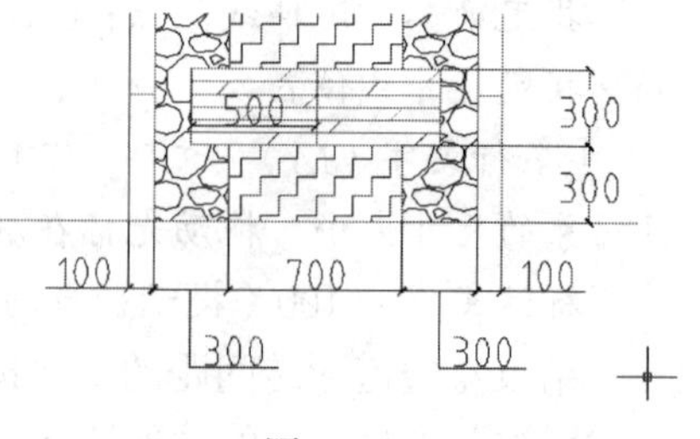

图 2-78

指定下一点或［放弃（U）］:（单击右键，选择“确认”）

结束命令，一条索引线绘制成功。

重复以上命令，接连绘制出所有的索引线（如图 2-79 所示）。

在添加文字前，先进行文字样式的设置。单击菜单栏“格式/文字样式”，在打开的“文字样式”对话框中进行参数设置（如图 2-80 所示），单击“应用”按钮后再选择“关闭”。

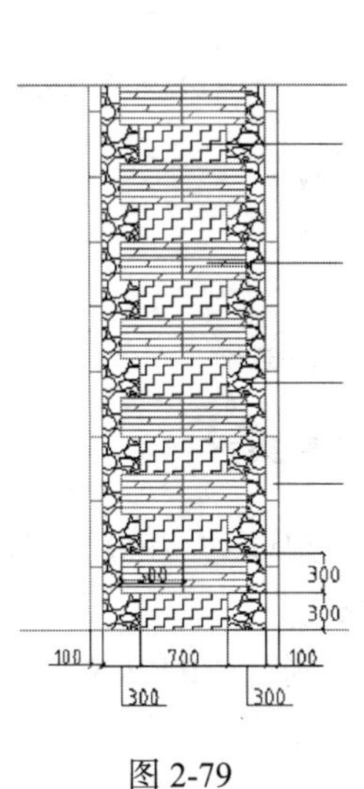

图 2-79

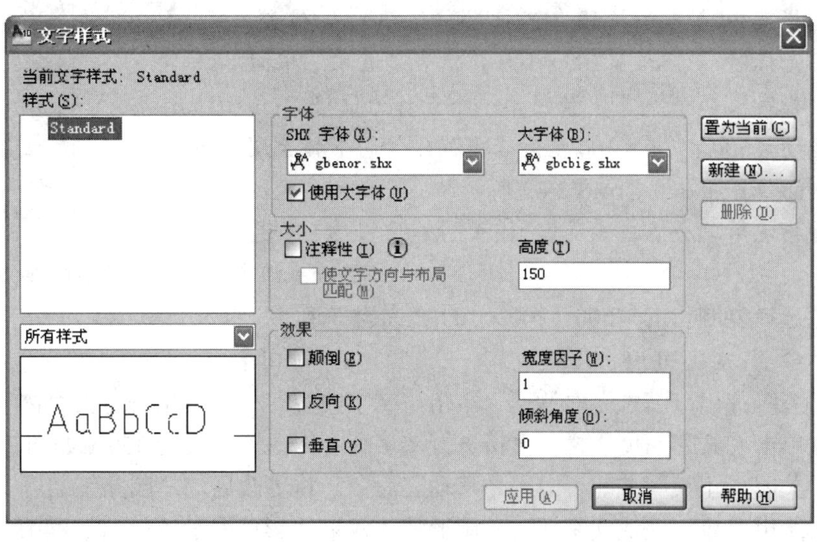

图 2-80

将“文字说明”层设为当前层，下一步进行添加文字：

命令：DTEXT（或输入 DT）　　（回车）

当前文字样式：“Standard” 文字高度：150　注释性：否

指定文字的起点或［对正（J）/ 样式（S）］:（把十字光标放在图形最上边的索引线后单击）

指定文字的旋转角度 <0>:（回车或单击右键）

（光标显示在图形最上边的索引线后）

输入文字：700X300X20 蓝色火烧板　　（回车）

输入文字：500X300X20 红色火烧板　　（回车）

输入文字：卵石铺装（卵石粒径 3~5cm）　　（回车）

输入文字：500X200X100 花岗岩平道牙　　（回车）

输入文字：　　（回车）

结束命令，会发现文字按行分布非常紧密，使用移动命令把它们对照索引线放置。打开“正交”按钮，使它们仅在垂直方向上移动，保持首位文字的整齐。

命令：MOVE（或输入 M）　　（回车）

选择对象：（将方框形光标对准“500×200×100 花岗岩平道牙”单击）找到 1 个　（回车或单击右键）

指定基点或［位移（D）］<位移>:（将十字光标对准“500×200×100 花岗岩平道牙”中间单击）

指定第二个点或 <使用第一个点作为位移>:（十字光标拖动“500×200×100 花岗岩平道牙”向下移至图形最下边的索引线后单击）

结束命令，完成最下面的索引文字的拖移。用相同的命令，依次完成其余文字的拖移（如图 2-81 所示）。

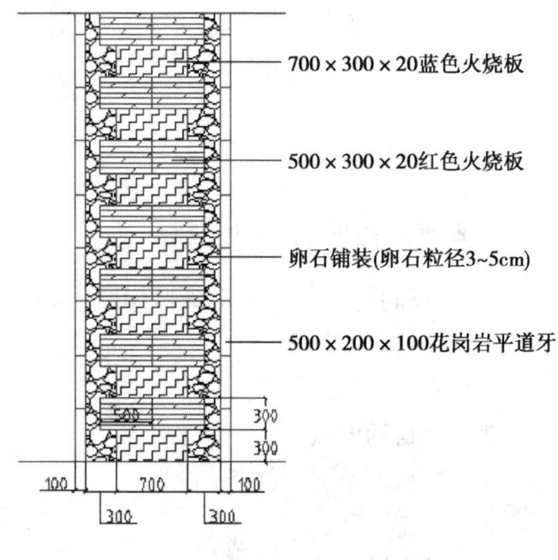

图 2-81

接下来用复制文字和特性修改的方法添加图形的名称。

命令：COPY（或输入 CO）　　　　　　（回车）

选择对象：找到 1 个（选中“500×200×100 花岗岩平道牙”）

选择对象：　　　　　　　　　　　　（回车）

指定基点或［位移（D）/ 模式（O）］<位移>：（将十字光标对准“500×200×100 花岗岩平道牙”中间单击

指定第二个点或 <使用第一个点作为位移>：（十字光标拖动“500×200×100 花岗岩平道牙”向下移至图形下方居中的位置单击）（如图 2-82 所示）

指定第二个点或［退出（E）/ 放弃（U）］<退出>：　　　　　　　　　　　　　　　　　　（回车）

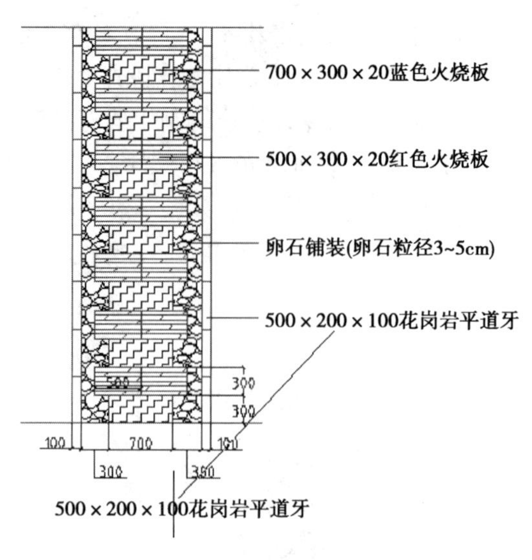

图 2-82

选择复制出的“500×200×100 花岗岩平道牙”文字。

命令：PROPERTIES　　　　　　　　（回车）

系统弹出“特性”对话框，单击“文字内容”栏，直接进行文字内容修改，更改为“园路铺装”文字。单击“文字高度”栏，直接进行文字高度修改，更改为 350（如图 2-83 所示）。

关闭“正交”按钮，运用“移动”命令，将更改后的“园路铺装”文字移动到合适的位置。

结束命令，完成文字标注，图形整体效果如彩页图示（如图 2-84 所示）。

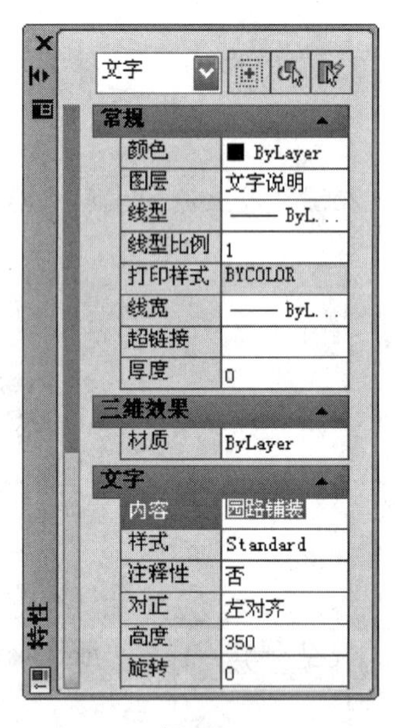

图 2-83

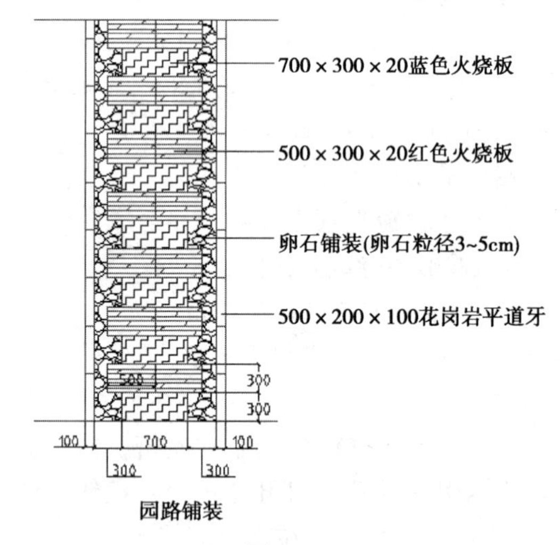

图 2-84

2.2.3 水景驳岸断面绘制实例

下面我们将进行一个水景驳岸断面的绘制，效果如彩页。主要绘制步骤有：

1〉建立绘图环境；

2〉图层设置；

3〉绘制辅助线；

4〉绘制水景驳岸线条；

5〉填充图案；

6〉标注尺寸；

7〉标注文字。

● 建立绘图环境

1. 绘图单位设置

命令：UNITS　　　　　　　　　　　　　　　　　　　　　　　　　　　（回车）

系统弹出“图形单位”对话框，将“长度”栏中的精度值由 0.0000 改为 0，单击“确定”结束绘图单位设置，可以参照绘制模纹花坛实例中图 2-1 所示。

2. 绘图范围设置

图形的长度为 3000mm，宽度为 2000mm，我们为图形绘制设置一个相对宽松但又不会太大的空间，设置如下：

命令：LIMITS

重新设置模型空间界限：

指定左下角点或［开（ON）/ 关（OFF）］<0，0>：　　　　　　　　　　　　　（回车）

指定右上角点 <420，297>：6000，5000　　　　　　　　　　　　　　　（回车）

结束命令。再进行全图显示：

命令：ZOOM（或输入 Z）　　　　　　　　　　　　　　　　　　　　　　（回车）

指定窗口的角点，输入比例因子（nX 或 nXP），或者

［全部（A）/ 中心（C）/ 动态（D）/ 范围（E）/ 上一个（P）/ 比例（S）/ 窗口（W）/ 对象（O）］< 实时 >：A（全部缩放）　　　　　　　　　　　　　　　　　　　　　　　（回车）

正在重生成模型。

也可以用鼠标单击标准工具栏的“窗口缩放”工具右下方的弹出式按钮，选择“全部缩放”按钮，直接执行 ZOOM ALL 命令。

屏幕显示设置的绘图区域范围。

3. 建立图层

在命令行输入 LAYER（图层）命令，或直接点击“图层”工具条中的“图层特性管理器”命令按钮，系统弹出“图层特性管理器”对话框，先建立“湖水”、“地面”、“驳岸构造”、“辅助”、“标注”、“文字说明”等层，在绘图中如果有其他需要，还可以再添加新的图层。图层的颜色设置参照对话框，“辅助”层和“湖水”层的线型为 ACAD_ISO03W100，其余各层的线型为 Continuous，设置如图 2-85 所示。

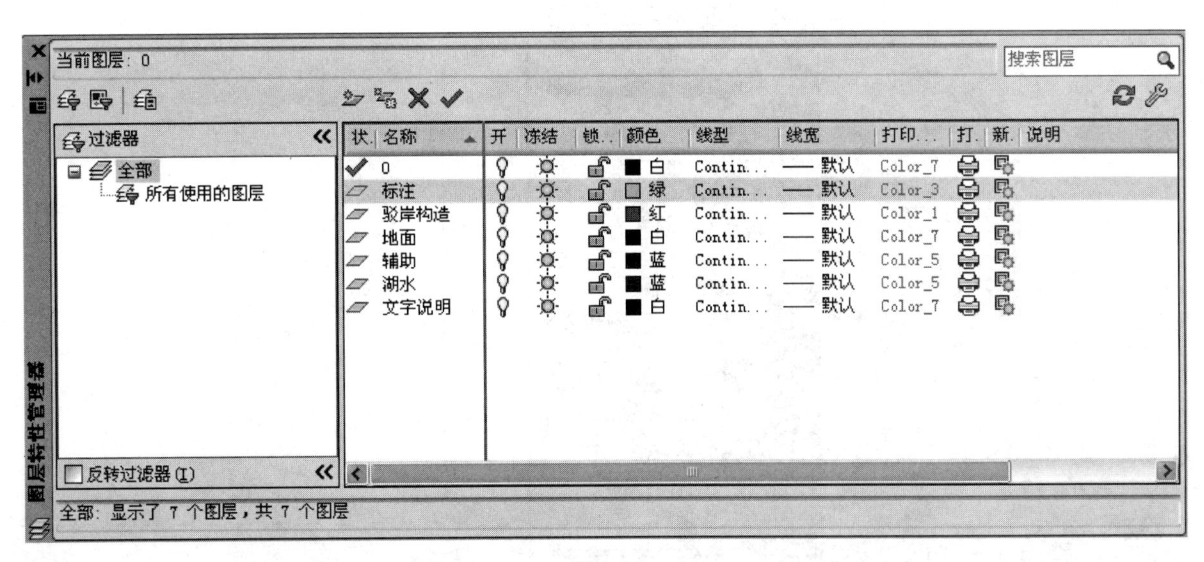

图 2-85

● 绘制驳岸断面图

1. 绘制辅助线

鼠标单击“图层”工具条中图层表框右侧下拉按钮，在图层的下拉表框中选择“辅助”层，即将“辅助”层设为当前层。单击状态行的“正交”（ORTHO）或按下 F8，打开正交方式以方便地画辅助线。

先绘出水平辅助线：

命令：LINE（或输入 L）　　（回车）

LINE 指定第一点：2000，1500（选取左下方一点）　　（回车）

指定下一点或［放弃（U）］：@ 2000，0　　（回车）

指定下一点或［放弃（U）］：　　（回车）

命令：ZOOM　　（回车）

指定窗口的角点，输入比例因子（nX 或 nXP），或者

［全部（A）/ 中心（C）/ 动态（D）/ 范围（E）/ 上一个（P）/ 比例（S）/ 窗口（W）/ 对象（O）］< 实时 >：A（全部缩放）　　（回车）

重新生成模型，全图显示水平辅助线。

再绘出垂直辅助线：

设置点的捕捉模式。

命令：OSNAP（或输入 OS）　　（回车）

打开“草图设置”对话框，勾选端点、圆心、交点，点击“确定”后返回绘图区域。

单击状态行的“对象捕捉”按钮，或按下 F3，打开“对象捕捉”。

命令：LINE　　（回车）

LINE 指定第一点：（把光标靠近水平辅助线的左端点，出现端点符号）单击（如图 2-86 所示）　　（回车）

指定下一点或［放弃（U）］：@0，1800　　（回车）

指定下一点或［放弃（U）］：　　（回车）

单击水平辅助线和垂直辅助线，图层显示为“辅助”层。

命令：PROPERTIES　　（回车）

系统弹出“特性”对话框，单击“线型比例”栏，把缺省的“1”改为“5”（如图 2-87 所示），关闭“特性”对话框。辅助线变为肉眼可观察的虚断线（如图 2-88 所示）。

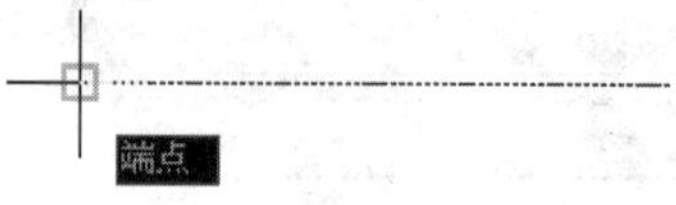

端点

图 2-86

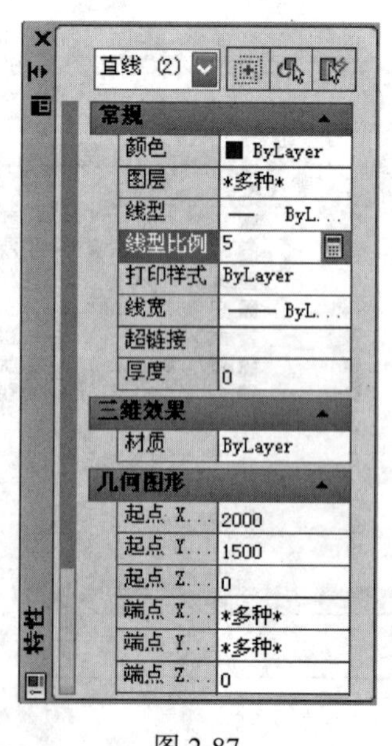

图 2-87

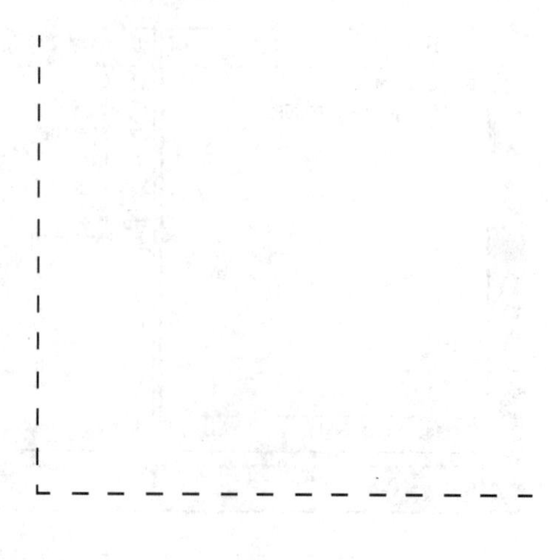

图 2-88

2. 绘制驳岸构造

1〉绘制驳岸基础

鼠标单击“图层”工具条中图层表框右侧下拉按钮，在图层的下拉表框中选择“驳岸构造”层，将“驳岸构造”层设为当前层。

命令：RECTANG（或输入 REC）　　　　（回车）

指定第一个角点或［倒角（C）/ 标高（E）/ 圆角（F）/ 厚度（T）/ 宽度（W）］:（把光标靠近水平辅助线和垂直辅助线的交叉点，出现交点符号）单击

指定另一个角点或［面积（A）/ 尺寸（D）/ 旋转（R）］: @950，250　　　　（回车）

绘制完成驳岸基础（如图 2-89 所示）。

2〉绘制驳岸压顶

命令：RECTANG　　　　（回车）

指定第一个角点或［倒角（C）/ 标高（E）/ 圆角（F）/ 厚度（T）/ 宽度（W）］:（把光标靠近垂直辅助线的上端点，出现端点符号）单击

指定另一个角点或［面积（A）/ 尺寸（D）/ 旋转（R）］: @600，100　　　　（回车）

绘制完成驳岸压顶（如图 2-90 所示）。

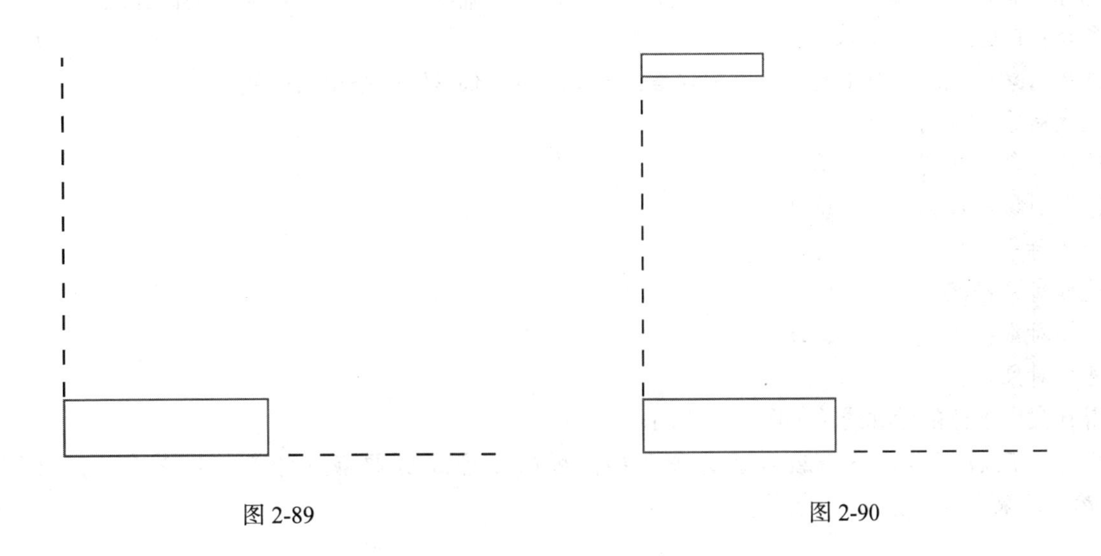

图 2-89　　　　图 2-90

3〉绘制驳岸墙体

单击状态行的“对象捕捉”按钮，或按下 F3，关闭“对象捕捉”。

运行“偏移”命令，分别以距离 100mm，200mm，500mm，600mm，750mm，850mm，将垂直辅助线向右偏移；以距离 600mm 将水平辅助线向上偏移（如图 2-91 所示）；

打开“对象捕捉”；关闭“正交”，以方便操作。

使用“多段线”命令，连接驳岸墙体的各个端点。

命令：PLINE（或输入 PL）　　　　（回车）

指定起点：（把光标靠近垂直辅助线的第一条偏移线与驳岸基础上边界的交叉点，出现交点符号）单击

当前线宽为 0

指定下一个点或［圆弧（A）/ 半宽（H）/ 长度（L）/

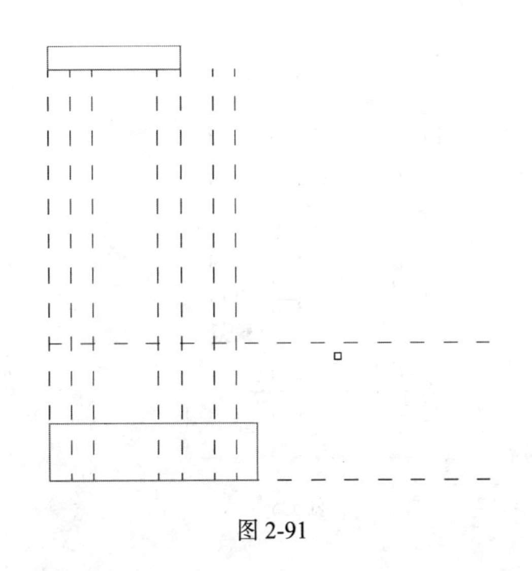

图 2-91

放弃（U）/ 宽度（W）]：（把光标靠近垂直辅助线的第二条偏移线与驳岸压顶下边界的交叉点，出现交点符号）单击

指定下一点或［圆弧（A）/ 闭合（C）/ 半宽（H）/ 长度（L）/ 放弃（U）/ 宽度（W）]：（把光标靠近垂直辅助线的第三条偏移线与驳岸压顶下边界的交叉点，出现交点符号）单击

指定下一点或［圆弧（A）/ 闭合（C）/ 半宽（H）/ 长度（L）/ 放弃（U）/ 宽度（W）]：（把光标靠近垂直辅助线的第四条偏移线与水平辅助线的一条偏移线的交叉点，出现交点符号）单击（如图 2-92 所示）

指定下一点或［圆弧（A）/ 闭合（C）/ 半宽（H）/ 长度（L）/ 放弃（U）/ 宽度（W）]：（把光标靠近垂直辅助线的第五条偏移线与水平辅助线的一条偏移线的交叉点，出现交点符号）单击

指定下一点或［圆弧（A）/ 闭合（C）/ 半宽（H）/ 长度（L）/ 放弃（U）/ 宽度（W）]：（把光标靠近垂直辅助线的第六条偏移线与驳岸墙体上边界的交叉点，出现交点符号）单击

指定下一点或［圆弧（A）/ 闭合（C）/ 半宽（H）/ 长度（L）/ 放弃（U）/ 宽度（W）]：（把光标靠近起点位置，出现端点符号）单击（回车）（如图 2-93 所示）

***技巧：*在绘制图形时，当进行到最后一步闭合图形时，可以在命令行中，打“C”命令来完成，这种方法达到灵活使用键盘和鼠标的目的。**

删除所有运用“偏移”命令得到的线条，也可以关闭辅助层的显示，隐藏这些偏移线。

命令：ERASE（或输入 E）　　（回车）

选择对象：找到 1 个（光标变为小方框，点击运用“偏移”命令得到的线条）

选择对象：找到 1 个，总计 2 个

选择对象：找到 1 个，总计 3 个

选择对象：找到 1 个，总计 4 个

选择对象：找到 1 个，总计 5 个

选择对象：找到 1 个，总计 6 个

选择对象：找到 1 个，总计 7 个

选择对象：　　（回车）

得到驳岸墙体的轮廓线（如图 2-94 所示）。

***技巧：*在进行删除图形或线条的操作中，可以在选择所要删除的图形或线条后，按下键盘“Delete”键来实现此操作。**

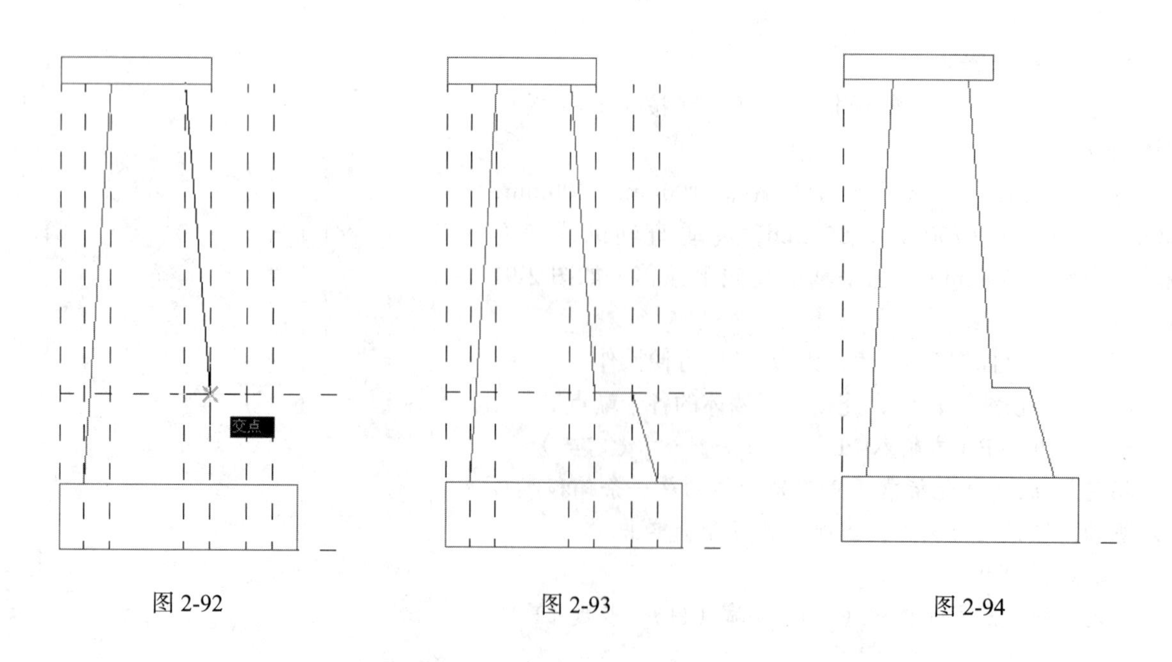

图 2-92　　图 2-93　　图 2-94

4〉加粗驳岸构造的线条

命令：PEDIT（或输入 PE）（回车）

也可以选中多段线，右击鼠标，在弹出的窗口选择“编辑多段线”（如图 2-95 所示）。

选择多段线或［多条（M）］：（光标单击驳岸基础线条）

输入选项［闭合（C）/ 合并（J）/ 宽度（W）/ 编辑顶点（E）/ 拟合（F）/ 样条曲线（S）/ 非曲线化（D）/ 线型生成（L）/ 反转（R）/ 放弃（U）］：W（回车）

指定所有线段的新宽度：5（回车）

输入选项［闭合（C）/ 合并（J）/ 宽度（W）/ 编辑顶点（E）/ 拟合（F）/ 样条曲线（S）/ 非曲线化（D）/ 线型生成（L）/ 反转（R）/ 放弃（U）］：（回车）

连续进行驳岸压顶和墙体的线条加粗，操作同上。

完成驳岸构造的线条加粗（如图 2-96 所示）。

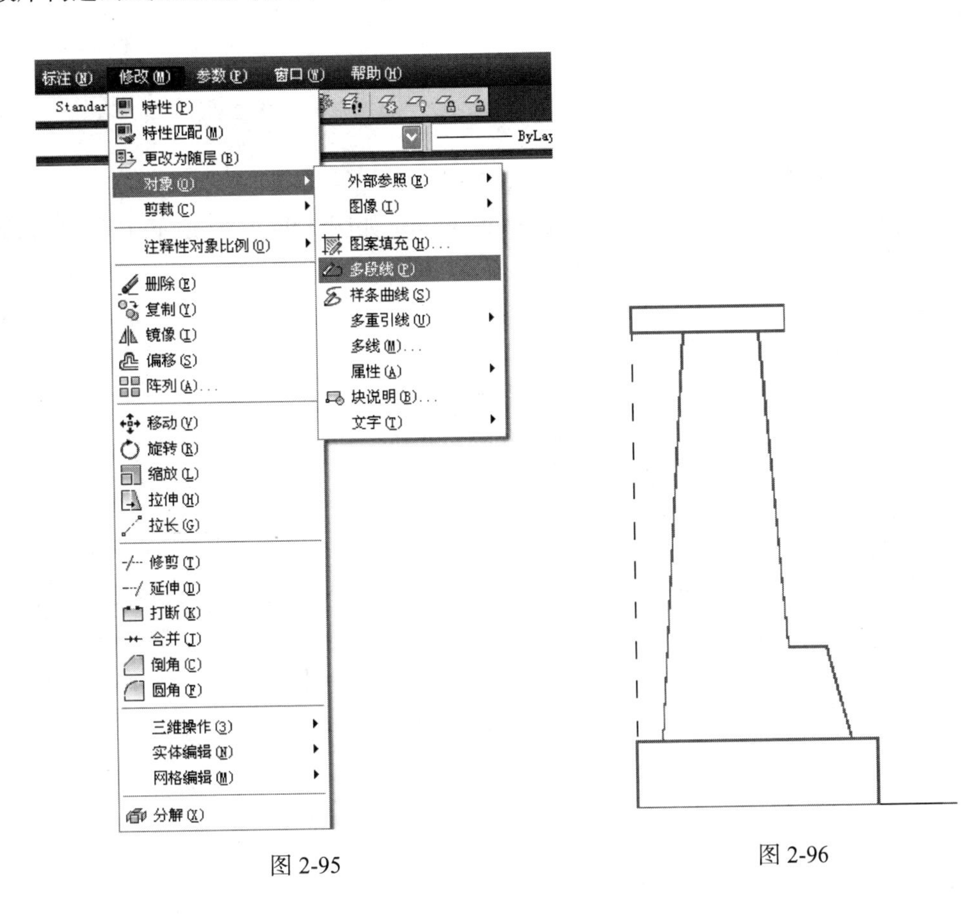

图 2-95　　　　图 2-96

3. 绘制地面及地下部分

1〉绘制地面铺装断面

在图层的下拉表框中选择“地面”层，即将“地面”层设为当前层。

单击状态行的“正交”（ORTHO）或按下 F8，打开“正交”。

命令：_line

指定第一点：（把光标靠近驳岸压顶的右上端点，出现端点符号）单击

指定下一点或［放弃（U）］：1000（将光标放置右侧水平方向上，输入数字 1000）（回车）

指定下一点或［放弃（U）］：（回车）

完成地面铺装上表面的绘制（如图 2-97 所示）。

运用“偏移”命令，将铺装表面分别向下偏移 20mm，70mm，得到铺装断面图（如图 2-98 所示）。

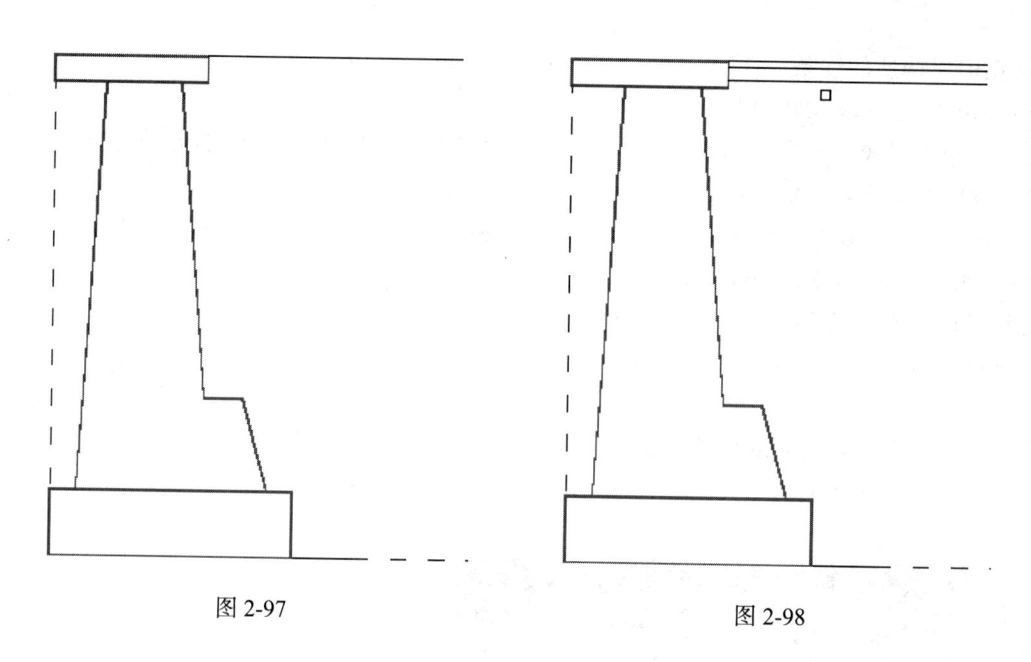

图 2-97　　　　图 2-98

2〉绘制地下结构层的分界线

继续运用“偏移”命令，将铺装表面向下偏移 270mm（如图 2-99 所示），再将该条线段左端点延伸到驳岸墙体右边线。

命令：EXTEND（或输入 EX）　　（回车）

当前设置：投影 =UCS，边 = 无

选择边界的边 ...（光标变为小方框，点击驳岸墙体右边线）

选择对象或 < 全部选择 >：找到 1 个（如图 2-100 所示）

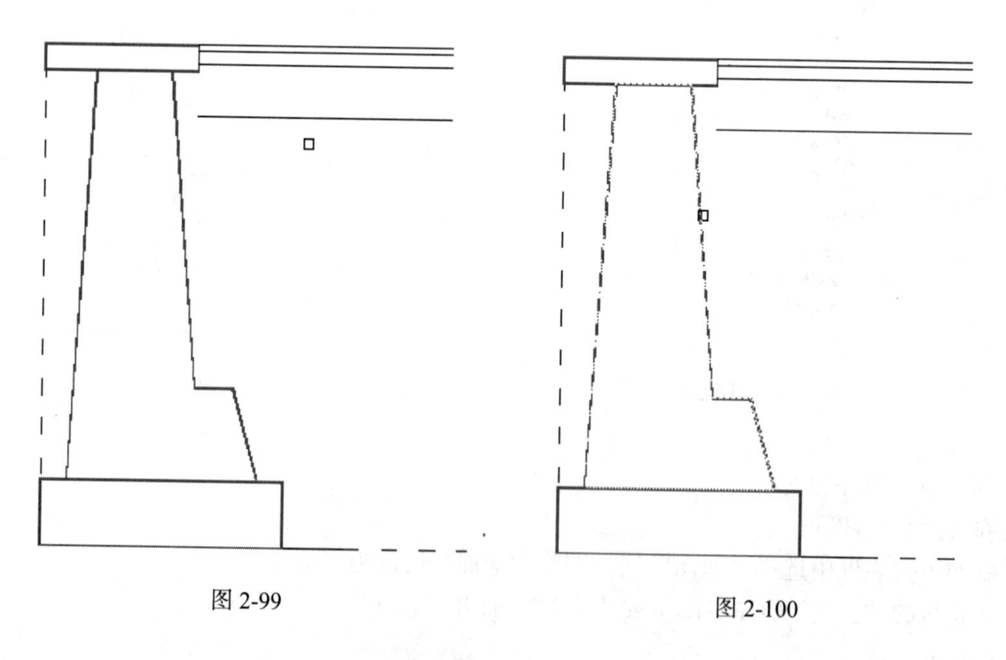

图 2-99　　　　图 2-100

选择对象：　　（回车）

选择要延伸的对象，或按住 Shift 键选择要修剪的对象，或

[栏选（F）/ 窗交（C）/ 投影（P）/ 边（E）/ 放弃（U）]:（点击该结构分界线）

选择要延伸的对象，或按住 Shift 键选择要修剪的对象，或

[栏选（F）/ 窗交（C）/ 投影（P）/ 边（E）/ 放弃（U）]:　　（回车）

得到地下结构层的分界线（如图 2-101 所示）。

绘制其余地下结构线。

命令：LINE（回车）

指定第一点：（把光标靠近驳岸基础的右下端点，出现端点符号）单击

指定下一点或 [放弃（U）]：250（回车）

指定下一点或 [放弃（U）]：（回车）

关闭"正交"，打开"捕捉"。

命令：_line　指定一点：（把光标靠近最下边一条结构线的右端点，出现端点符号）单击

指定下一点或 [放弃（U）]：（把光标靠近最上边一条结构线的右端点，出现端点符号）单击

指定下一点或 [放弃（U）]：（回车）

修剪、删除掉多余的线段，得到一个截取后的地下结构图（如图 2-102 所示）。

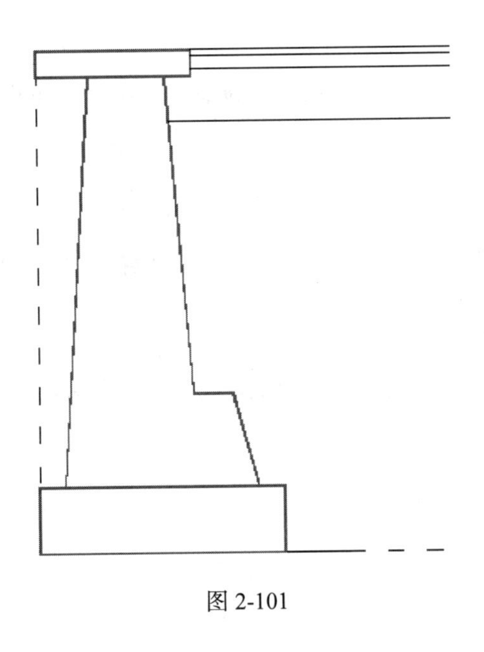

图 2-101

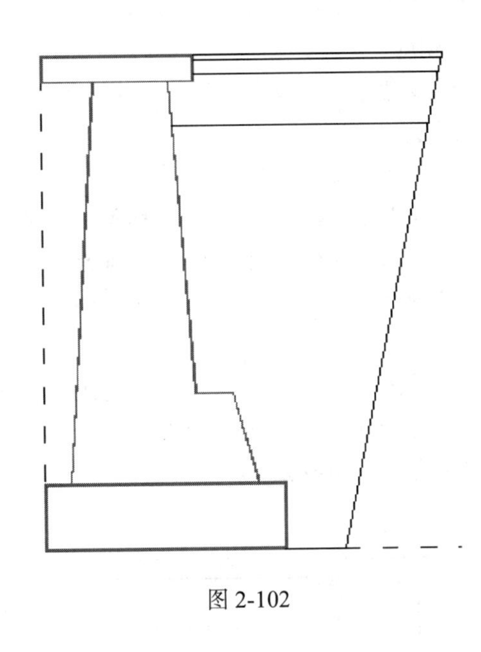

图 2-102

3〉绘制地下排水管，并加粗

命令：PLINE（或输入 PL）（回车）

指定起点：（光标放到驳岸墙体右侧适当的位置）单击

当前线宽为 0

指定下一个点或 [圆弧（A）/ 半宽（H）/ 长度（L）/ 放弃（U）/ 宽度（W）]：A（回车）

指定圆弧的端点或

[角度（A）/ 圆心（CE）/ 方向（D）/ 半宽（H）/ 直线（L）/ 半径（R）/ 第二个点（S）/ 放弃（U）/ 宽度（W）]：R（回车）

指定圆弧的半径：100（回车）

指定圆弧的端点或 [角度（A）]：A（回车）

指定包含角：180（回车）

指定圆弧的弦方向 <97>：（回车）

指定圆弧的端点或 [角度（A）/ 圆心（CE）/ 闭合（CL）/ 方向（D）/ 半宽（H）/ 直线（L）/ 半径（R）/ 第二个点（S）/ 放弃（U）/ 宽度（W）]：（把光标靠近圆弧的起点，出现端点符号）单击

指定圆弧的端点或 [角度（A）/ 圆心（CE）/ 闭合（CL）/ 方向（D）/ 半宽（H）/ 直线（L）/ 半径（R）/ 第二个点（S）/ 放弃（U）/ 宽度（W）]：（回车）

完成直径为 200mm 的圆形排水管的绘制。

命令：PEDIT

选择多段线或［多条（M）]：（光标单击排水管线条）

输入选项［闭合（C）/ 合并（J）/ 宽度（W）/ 编辑顶点（E）/ 拟合（F）/ 样条曲线（S）/ 非曲线化（D）/ 线型生成（L）/ 放弃（U）]：W （回车）

指定所有线段的新宽度：20 （回车）

输入选项［闭合（C）/ 合并（J）/ 宽度（W）/ 编辑顶点（E）/ 拟合（F）/ 样条曲线（S）/ 非曲线化（D）/ 线型生成（L）/ 放弃（U）]： （回车）

完成圆形排水管线条加粗的操作（如图 2-103 所示）。

技巧：由于 PEDIT 命令，只能对多段线进行操作，对画圆命令绘出的圆形不能操作，因此上例中应用多段线命令进行圆形的绘制，再进行线宽的修改。读者可以尝试用“圆”命令绘制，再向外偏移圆，最后用实体填充圆环得到相同的结果。

4〉绘制湖底

执行多段线命令，在驳岸基础的左侧适当的位置绘制一条多段线，请读者自己绘制，不再详述，而后加粗湖底线条。

命令：PEDIT（或输入 PE） （回车）

选择多段线或［多条（M）]：（光标单击湖底线条）

输入选项［闭合（C）/ 合并（J）/ 宽度（W）/ 编辑顶点（E）/ 拟合（F）/ 样条曲线（S）/ 非曲线化（D）/ 线型生成（L）/ 放弃（U）]：W （回车）

指定所有线段的新宽度：5 （回车）

输入选项［闭合（C）/ 合并（J）/ 宽度（W）/ 编辑顶点（E）/ 拟合（F）/ 样条曲线（S）/ 非曲线化（D）/ 线型生成（L）/ 放弃（U）]： （回车）

得到湖底线条（如图 2-104 所示）。

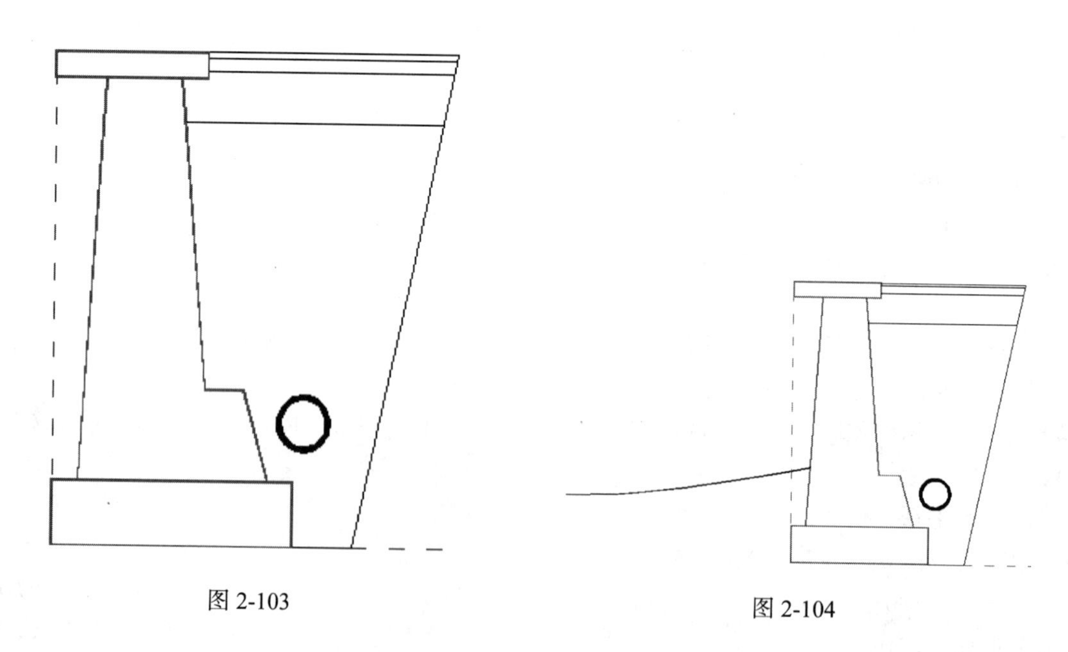

图 2-103　　图 2-104

4. 绘制湖水部分

在图层的下拉表框中选择“湖水”层，即将“湖水”层设为当前层。

由于湖底在常水位下 600mm，将湖底线向上偏移 600mm 绘制常水位线。

下面执行“直线”和“偏移”命令，先绘制出各条水位线的基本位置，再采用延伸命令，使水位线与驳岸结构线相交。也可以直接绘制水位线与驳岸结构线相交，再修剪多余的线段，这种方法读者可自己尝试。

命令：_line 指定第一点：(以湖底偏移线左端点为起点)

指定下一点或[放弃(U)]：(在起点右侧任意位置点击)

指定下一点或[放弃(U)]： (回车)

得到常水位线段(如图 2-105 所示)。

运用“偏移”命令，分别向常水位线段上方偏移 200mm，下方偏移 300mm，得到高水位和低水位线段(如图 2-106 所示)。

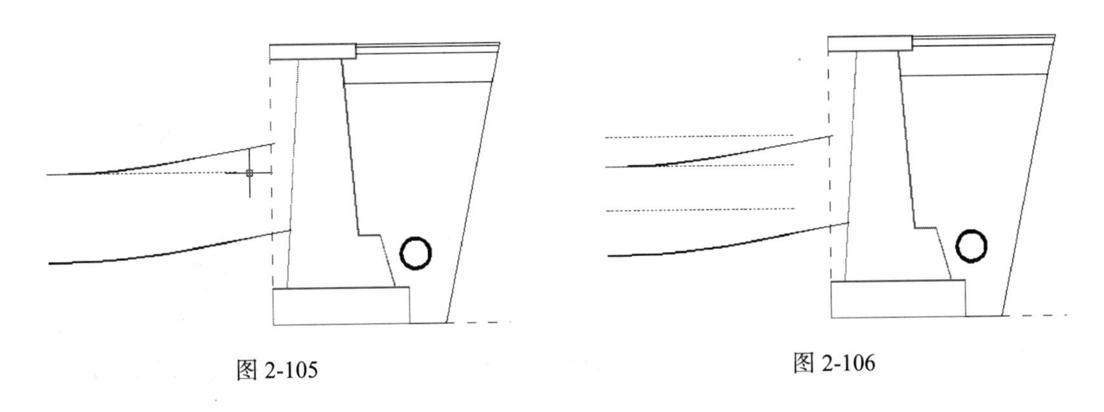

图 2-105　　图 2-106

删除多余线段(如图 2-107 所示)。

命令：PROPERTIES (回车)

系统弹出“特性”对话框，单击“线型比例”栏，把缺省的“1”改为“20”，关闭“特性”对话框(如图 2-108 所示)。

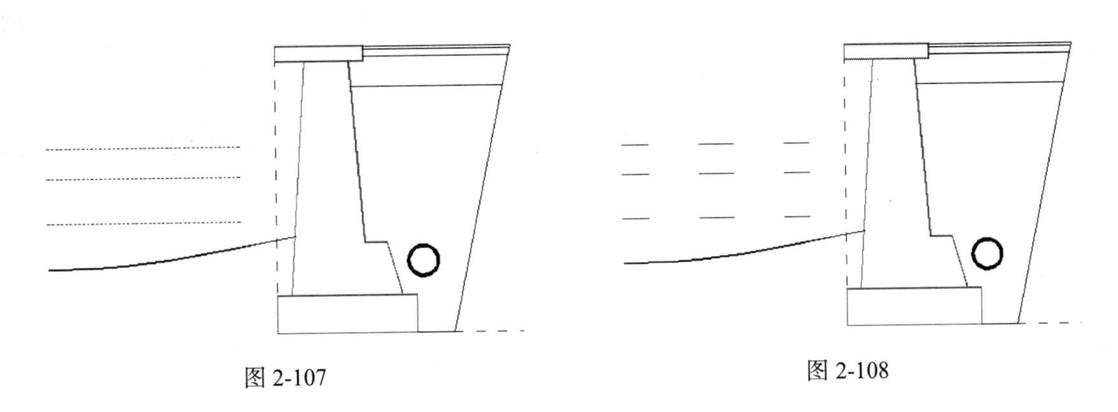

图 2-107　　图 2-108

同时将三条水位线延伸至驳岸墙体左边线。

命令：_extend

当前设置：投影 =UCS，边 = 无

选择边界的边 ...(光标变为小方框，点击驳岸墙体左边线)

选择对象或 <全部选择>：找到 1 个

选择对象： (回车)

选择要延伸的对象，或按住 Shift 键选择要修剪的对象，或[栏选(F)/窗交(C)/投影(P)/边(E)/放弃(U)]：F

指定第一个栏选点：(在低水位线下方任意一点)单击

指定下一个栏选点或[放弃(U)]：(在高水位线上方任意一点)单击

（如图 2-109 所示）

指定下一个栏选点或［放弃（U）]: （回车）

选择要延伸的对象，或按住 Shift 键选择要修剪的对象，或［栏选（F）/ 窗交（C）/ 投影（P）/ 边（E）/ 放弃（U）]: （回车）

完成水位线的绘制（如图 2-110 所示）。

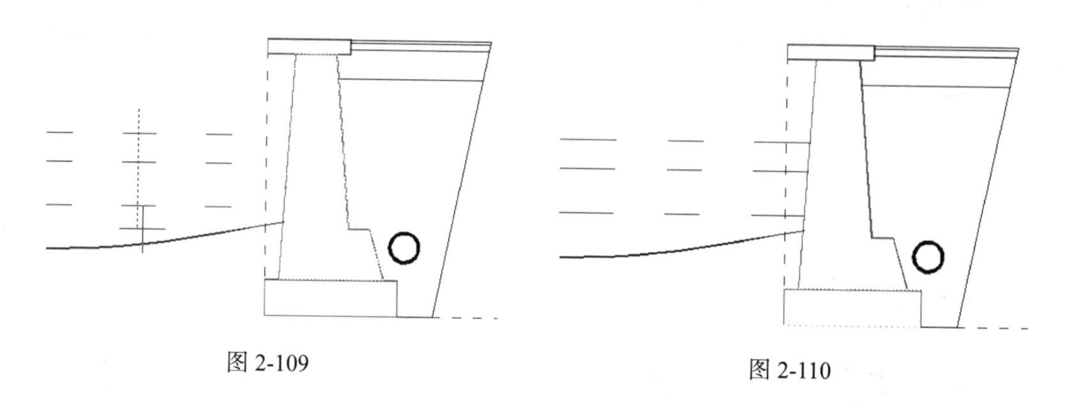

图 2-109 图 2-110

技巧：当以某一直线（或物体）为对象，有多个对象被延伸（或修剪）时，可以在“选择要延伸（或修剪）的对象”命令中输入“F”，用指定的线段选择多个对象，被选的对象将同时被延伸（或修剪）。

5. 填充铺装图案

在图层的下拉表框中选择“地面”层，即将“地面”层设为当前层。

命令：HATCH（或输入 BH） （回车）

系统弹出“图案填充和渐变色”对话框；单击“图案”选项后的省略按钮，屏幕上弹出“填充图案选项板”窗口；在窗口中选择“AR-CONC”图案，单击“确定”返回“图案填充和渐变色”对话框，图案的样例变为“AR-CONC”图案。单击“拾取点”按钮，“图案填充和渐变色”对话框暂时隐蔽，返回屏幕视图，在水景驳岸全图上进行选择。

命令：HATCH

拾取内部点或［选择对象（S）/ 删除边界（B）]:（十字光标放在地下结构图的最下面一个区域里，单击）

正在选择所有对象 ...

正在选择所有可见对象 ...

正在分析所选数据 ...

正在分析内部孤岛 ...（此时这一区域的边缘线变为虚断线，处于可编辑状态）

拾取内部点或［选择对象（S）/ 删除边界（B）]:（如图 2-111 所示） （回车）

单击对话框左下角的“预览”按钮，屏幕上显示图案填充的效果，

拾取或按 Esc 键返回到对话框或 <单击右键接受图案填充>: （回车）

在“图案填充和渐变色”对话框中把“比例”项数值由 1 改为 30，再次单击“预览”，察看图案效果。

拾取或按 Esc 键返回到对话框或 <单击右键接受图案填充>: （回车）

在“图案填充和渐变色”对话框中单击“确定”，返回图形，地下砂石结构被图案填充（如图 2-112 所示）。

填充灰土基层部分。重复“填充”命令，选择“AR-SAND”图案位填充图案，“比例”项数值改为 50，得到填充效果如图 2-113 所示。

继续填充地面铺装，重复上例操作，选择“ANSI31”图案位填充图案，选择地面铺装的边缘框，“比例”项数值为 200，得到铺装的填充图案（如图 2-114 所示）。

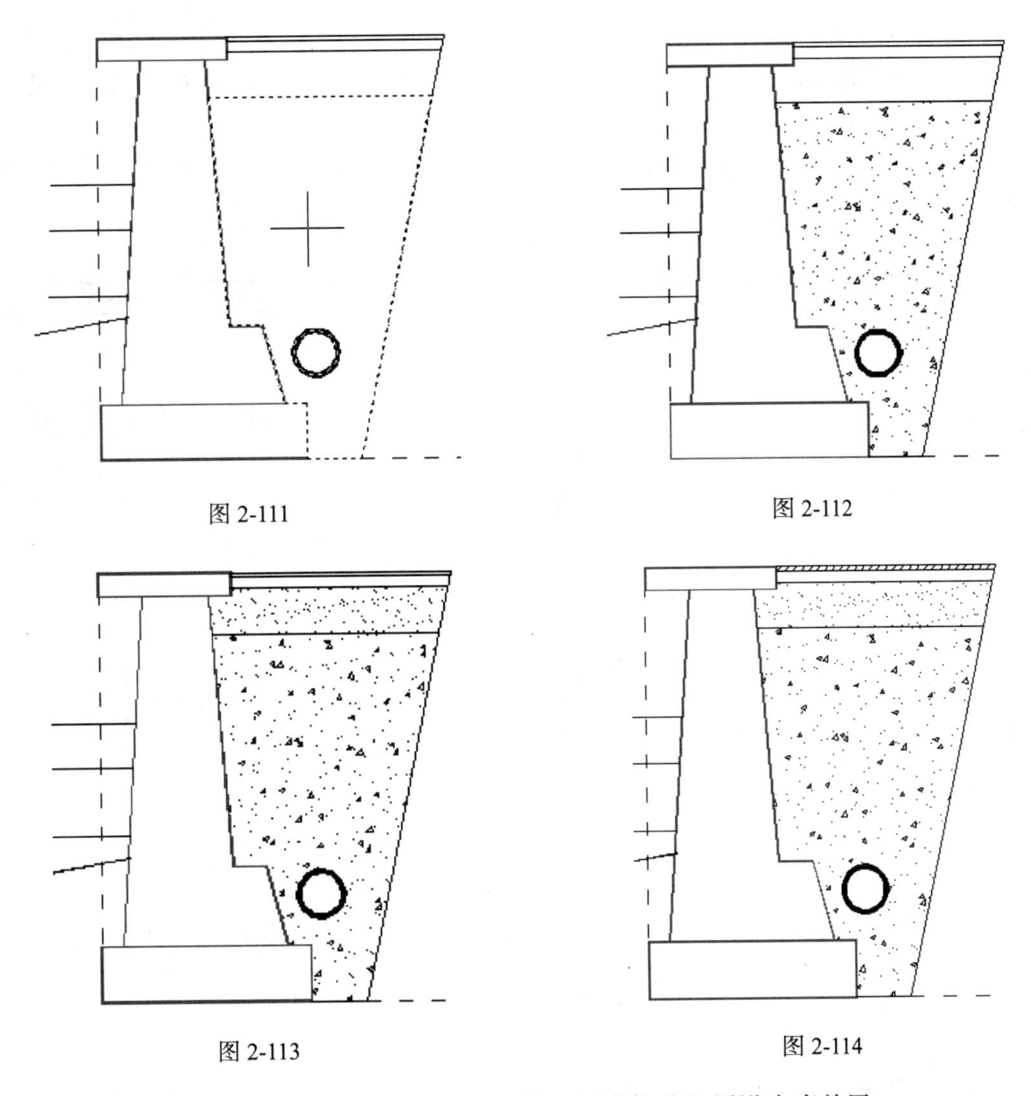

图 2-111

图 2-112

图 2-113

图 2-114

在图层的下拉表框中选择“驳岸构造”层，即将“驳岸构造”层设为当前层。

填充驳岸墙体和压顶，选择“ANSI31”图案位填充图案，选择驳岸墙体和压顶的边缘框，“比例”项数值为 300，得到驳岸墙体和压顶的填充图案（如图 2-115 所示）。

填充驳岸基础，选择“GRAVEL”图案位填充图案，选择驳岸基础的边缘框，“比例”项数值为 150，得到驳岸基础的填充图案（如图 2-116 所示）。

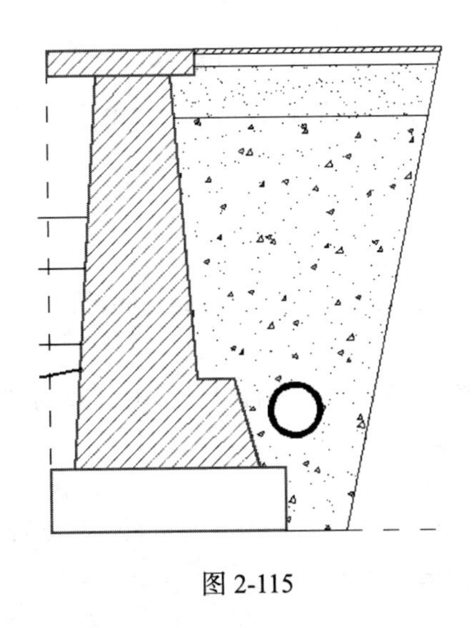

图 2-115

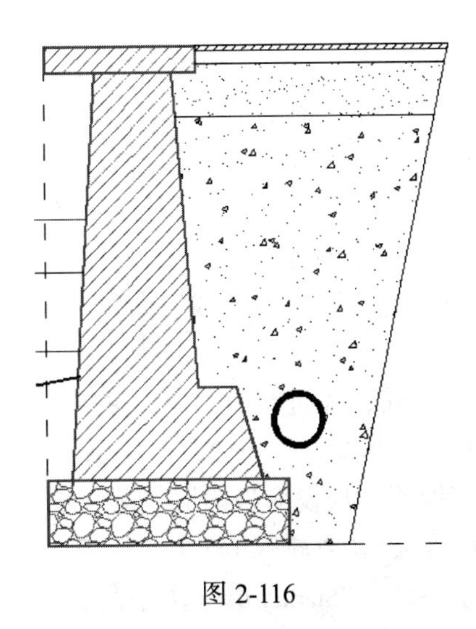

图 2-116

6. 标注尺寸

由于辅助层不再有作用，在完善图形细节时，可以将其关闭。打开图层窗口，单击“辅助”层前面的小灯泡，使它变暗，处于图层关闭状态。

首先调出“标注”工具条，标注时比使用菜单命令更方便。鼠标对准工具属性栏右击，在弹出的快捷菜单中选择“标注”，则在屏幕上显示出“标注”工具条（如图 2-117 所示）。

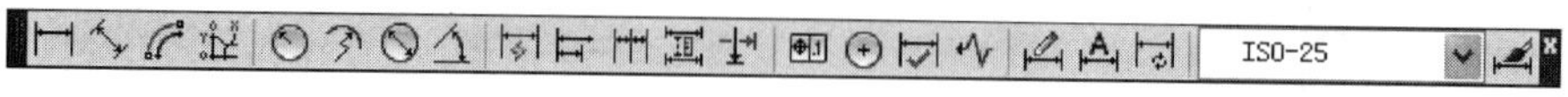

图 2-117

设置标注样式。单击菜单“格式 / 标注样式”，打开“标注样式管理器”对话框（如图 2-118 所示），单击“修改”按钮，打开“修改标注样式：ISO-25”的对话框，也可以新建一种标注模式；单击“符号和箭头”选项卡，在箭头栏中进行参数设置（如图 2-119 所示）；单击“文字”选项，在“文字外观”栏对文字样式和高度进行设置（如图 2-120 所示）；单击“主单位”选项，在“线性标注”栏进行精度设置（如图 2-121 所示）；其余项默认。

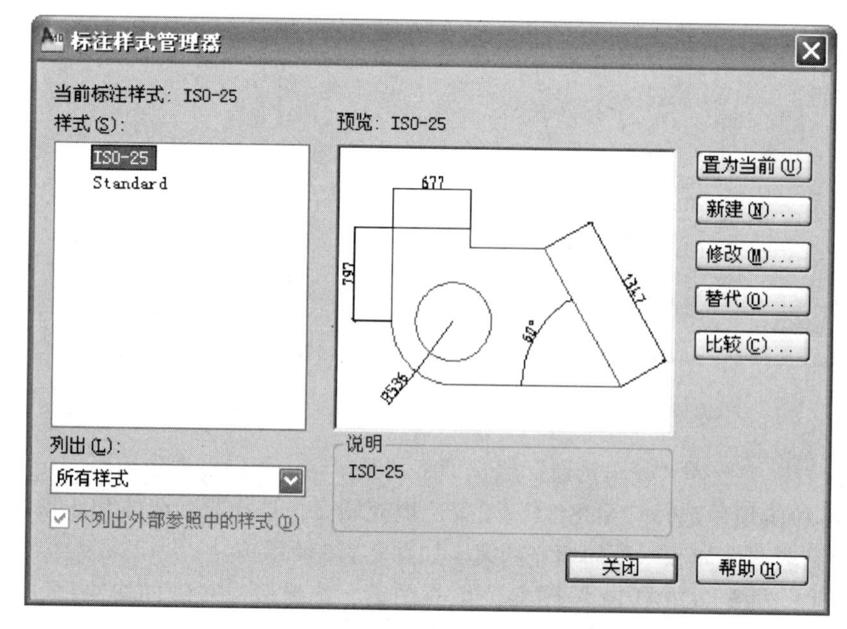

图 2-118

设置完成后，将“标注”层置为当前图层，打开“对象捕捉”，开始尺寸标注。

运用“缩放”和“平移”工具放大显示驳岸断面图，连续运行“线性标注”命令，标出驳岸断面图中各部分的尺寸，方法如园路铺装做法实例中所介绍的。

完成水景驳岸断面图的尺寸标注（如图 2-122 所示）。

7. 标注水景驳岸的组成物

连续运用“直线”、“多段线”命令，在适当位置安排索引线，绘出标注的索引符号（如图 2-123 所示）。

在添加文字前，先进行文字样式的设置。单击菜单栏“格式 / 文字样式”，在打开的“文字样式”对话框中进行参数设置（如图 2-124 所示），单击“应用”按钮后再选择“关闭”。

将“文字说明”层设为当前层，下一步进行添加文字：

命令：DTEXT（或输入 DT） （回车）

当前文字样式：“Standard” 文字高度：120 注释性：否

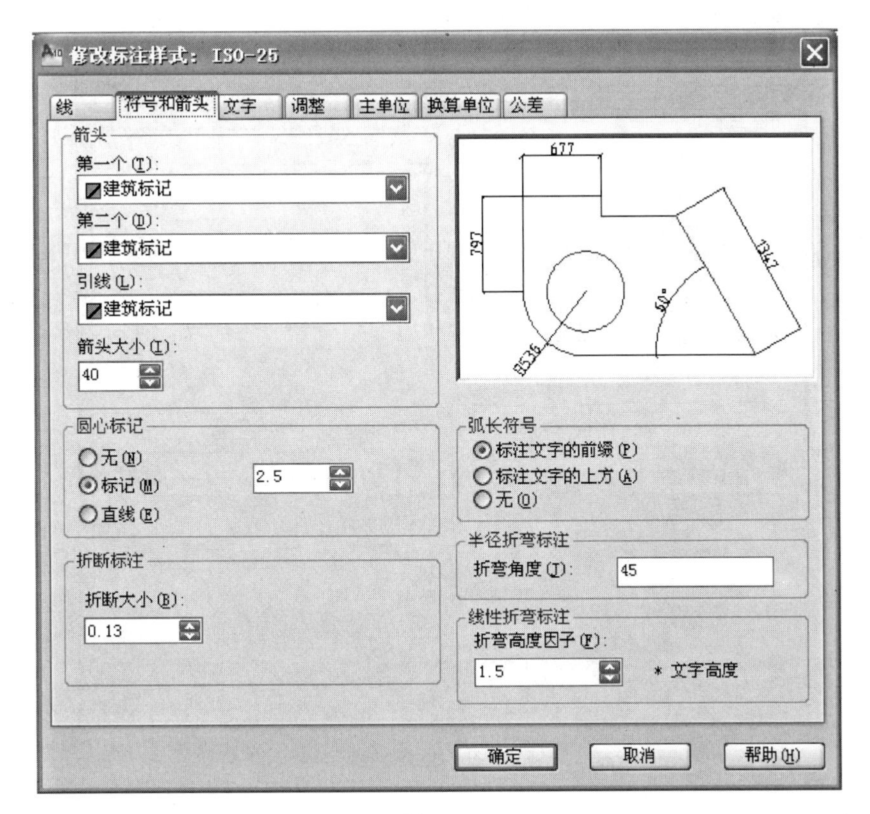
修改标注样式：ISO-25
线
符号和箭头
文字
调整
主单位
换算单位
公差
箭头
第一个(T)：
建筑标记
第二个(D)：
建筑标记
引线(L)：
建筑标记
箭头大小(I)：
40
圆心标记
无(N)
标记(M)
直线(E)
2.5
折断标注
折断大小(B)：
0.13
677
797
1347
60°
R536
弧长符号
标注文字的前缀(P)
标注文字的上方(A)
无(O)
半径折弯标注
折弯角度(J)：
45
线性折弯标注
折弯高度因子(F)：
1.5
* 文字高度
确定
取消
帮助(H)

图 2-119

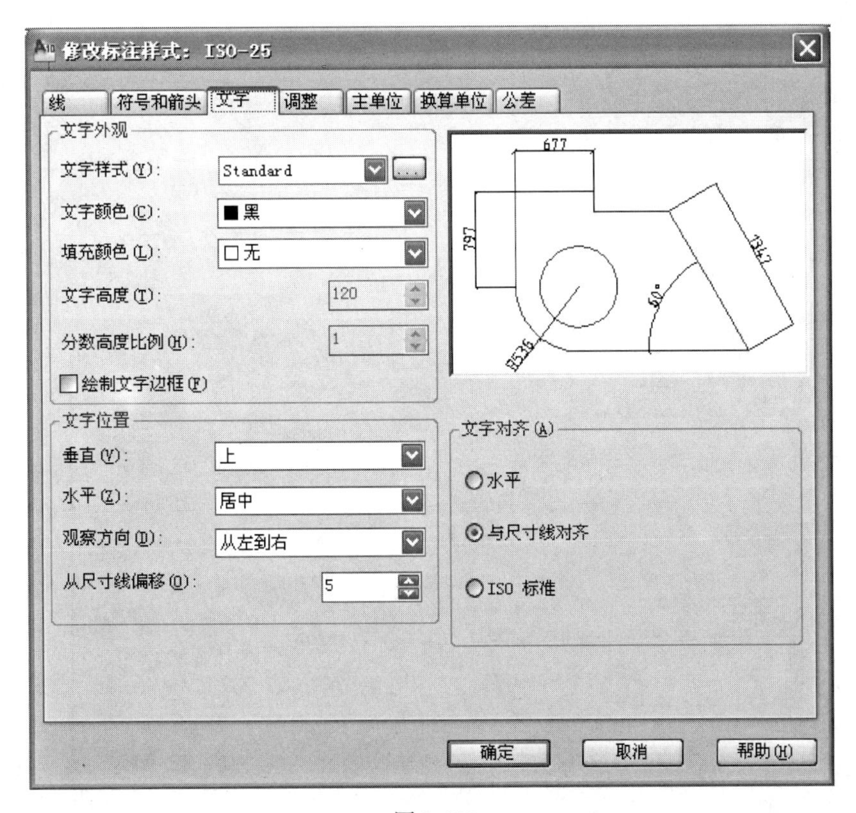
修改标注样式：ISO-25
线
符号和箭头
文字
调整
主单位
换算单位
公差
文字外观
文字样式(Y)：
Standard
文字颜色(C)：
黑
填充颜色(L)：
无
文字高度(T)：
120
分数高度比例(H)：
1
绘制文字边框(F)
677
797
1347
60°
R536
文字位置
垂直(V)：
上
水平(Z)：
居中
观察方向(D)：
从左到右
从尺寸线偏移(O)：
5
文字对齐(A)
水平
与尺寸线对齐
ISO 标准
确定
取消
帮助(H)

图 2-120

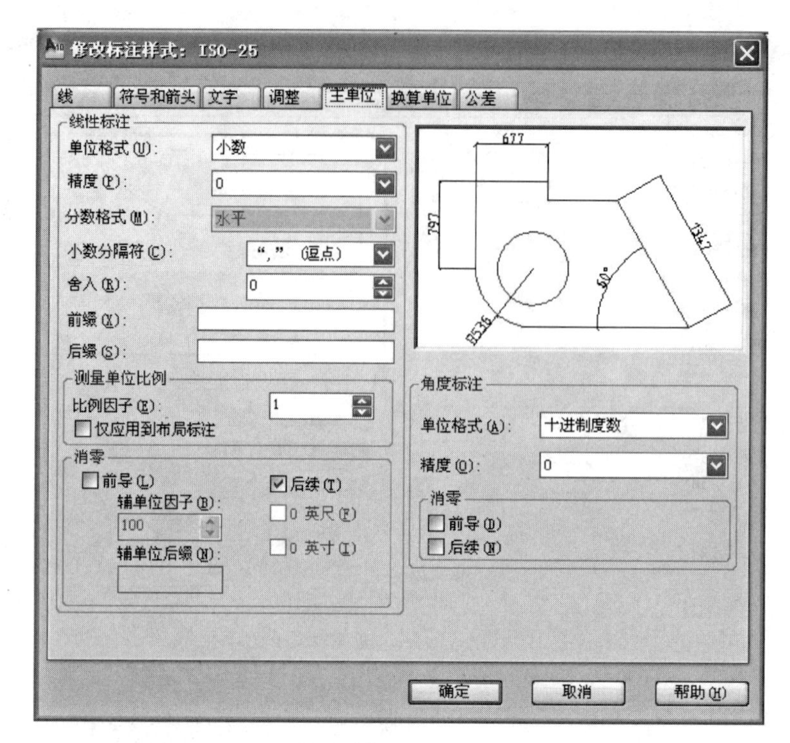

图 2-121

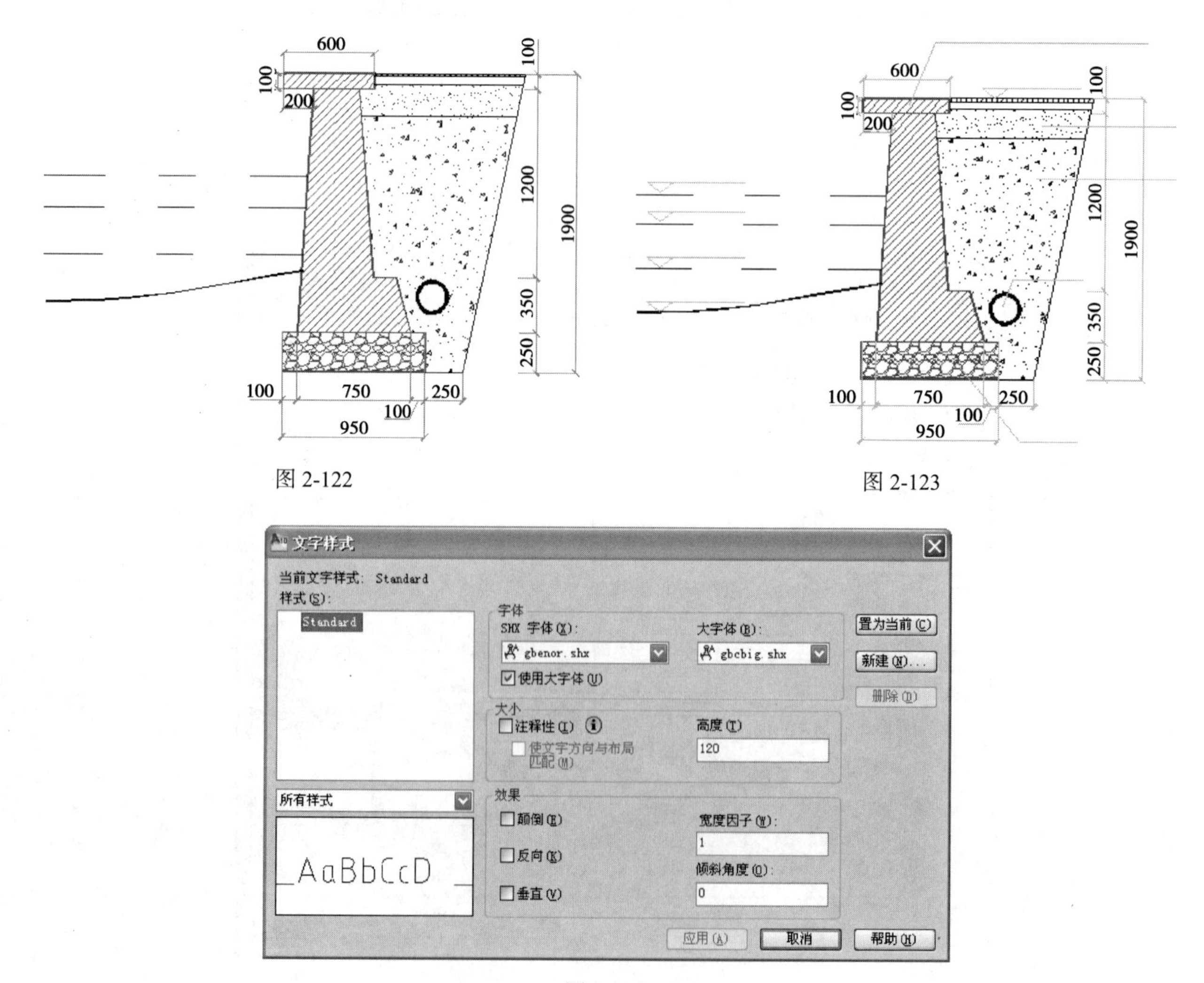

图 2-122

图 2-123

图 2-124

指定文字的起点或［对正（J）/ 样式（S）］:（把十字光标放在图形最上边的索引线上方单击）

指定文字的旋转角度 <0>:

（回车或单击右键）

（光标显示在图形最上边的索引线上）

输入文字：600×300×100 花岗岩压顶

（回车）

完成此项标注（如图 2-125 所示）。用相同的方法，输入所有索引线所指的文字。结束命令，会发现文字分布有不合适的地方，使用"移动"命令把它们对照索引线放置（如图 2-126 所示）。

任意复制一个文字说明，如"灰土基层"文字。

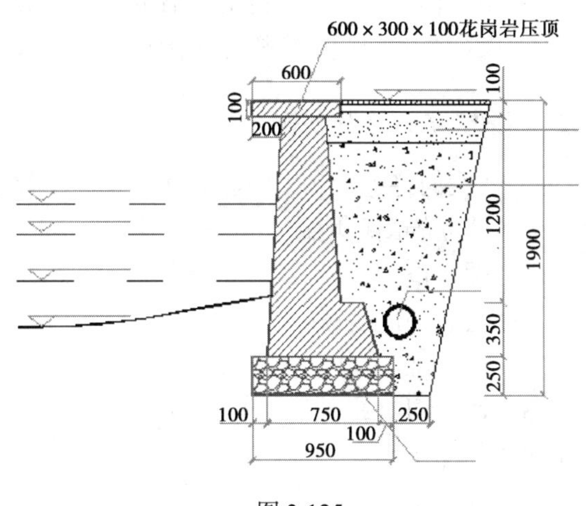

图 2-125

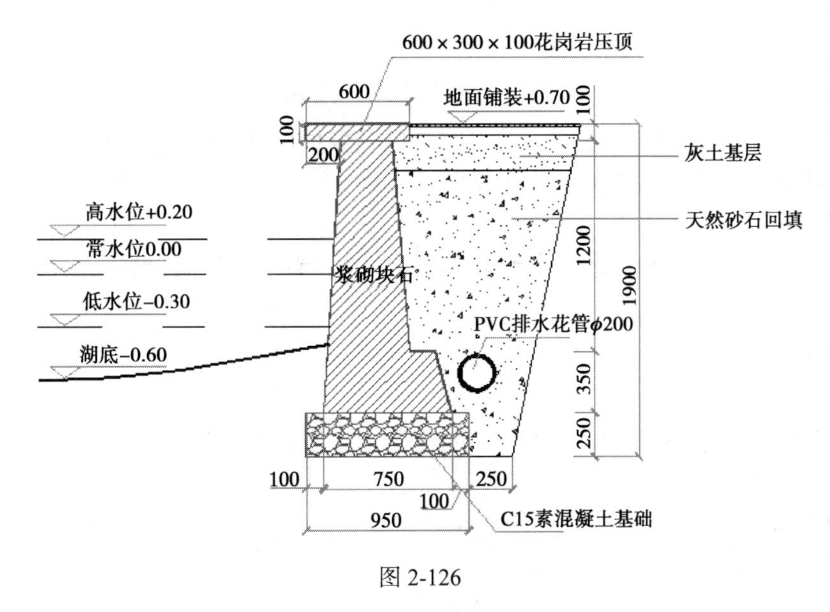

图 2-126

命令：PROPERTIES （回车）

系统弹出"特性"对话框，单击"文字内容"栏，直接进行文字内容修改，更改为"水景驳岸断面图"文字。单击"文字高度"栏，直接进行文字高度修改，更改为 250（如图 2-127 所示）。

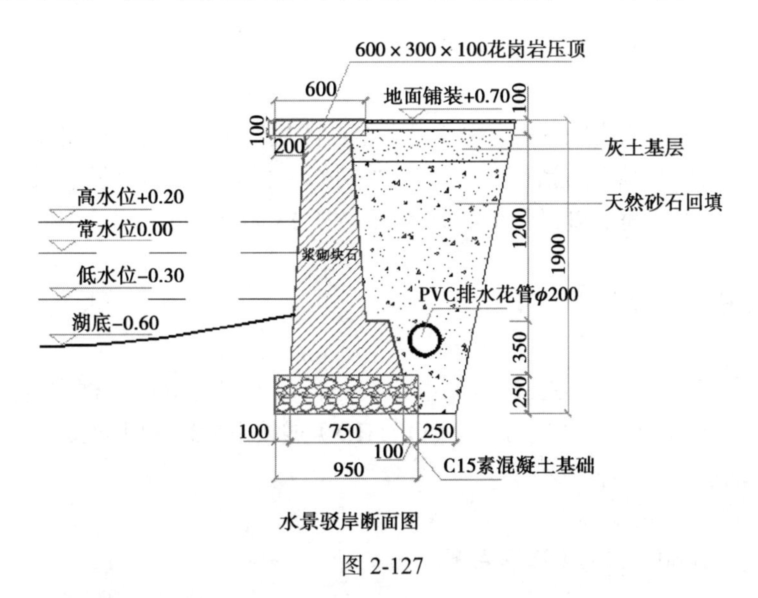

图 2-127

运用“移动”命令，将更改后的“水景驳岸断面图”文字移动到合适的位置。

结束命令，完成文字标注，图形整体效果如彩页图示。

2.2.4 围墙立面绘制实例

下面我们将进行一个围墙立面的绘制，效果如彩页。主要绘制步骤有：

1〉建立绘图环境；

2〉图层设置；

3〉绘制辅助线；

4〉绘制围墙立面的线条；

5〉填充图案；

6〉标注尺寸；

7〉标注文字。

● 建立绘图环境

1. 绘图单位设置

命令：UNITS　　（回车）

系统弹出“图形单位”对话框，将“长度”栏中的精度值由 0.0000 改为 0，单击“确定”结束绘图单位设置，可以参照绘制模纹花坛实例。

2. 绘图范围设置

图形的立面图长度为 15000mm，宽度为 2800mm，我们为图形绘制设置一个相对宽松但又不会太大的空间，设置如下：

命令：LIMITS　　（回车）

重新设置模型空间界限：

指定左下角点或［开（ON）/ 关（OFF）］<0，0>：　　（回车）

指定右上角点 <420，297>：19000，6000　　（回车）

结束命令。再进行全图显示：

命令：ZOOM　　（回车）

指定窗口的角点，输入比例因子（nX 或 nXP），或者

［全部（A）/ 中心（C）/ 动态（D）/ 范围（E）/ 上一个（P）/ 比例（S）/ 窗口（W）/ 对象（O）］< 实时 >：A （全部缩放）　　（回车）

正在重生成模型。

屏幕显示设置的绘图区域范围。

3. 建立图层

在命令行输入 LAYER（图层）命令，或直接点击“图层”工具条中的“图层特性管理器”命令按钮，系统弹出“图层特性管理器”对话框，先建立“墙体”、“栏杆”、“辅助”、“标注”、“文字说明”等层。图层的颜色设置参照对话框，辅助层的线型为 ACAD_ISO03W100，其余各层的线型为 Continuous，设置如图 2-128 所示。

● 绘制围墙立面图

1. 绘制辅助线

鼠标单击“图层”工具条中图层表框右侧下拉按钮，在图层的下拉表框中选择“辅助”层，即将“辅助”层设为当前层。单击状态行的“正交”（ORTHO）或按下 F8，打开正交方式以方便画辅助线。

先绘出水平辅助线：

命令：LINE　　（回车）

LINE 指定第一点：2000，1500（选取左下方一点）　　（回车）

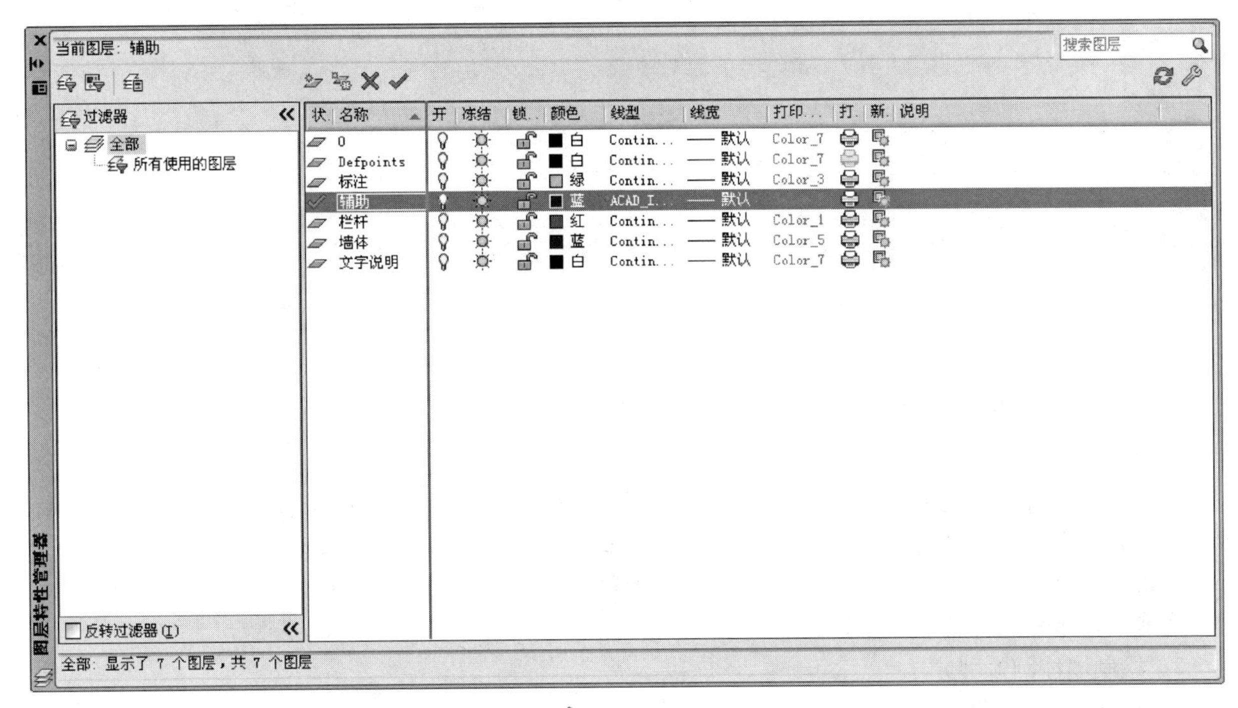

图 2-128

指定下一点或［放弃（U）］：@ 6000，0　（回车）

指定下一点或［放弃（U）］：　（回车）

命令：ZOOM　（回车）

指定窗口角点，输入比例因子（nX 或 nXP），或

［全部（A）/ 中心（C）/ 动态（D）/ 范围（E）/ 上一个（P）/ 比例（S）/ 窗口（W）/ 对象（O）］< 实时 >：A（全部缩放）　（回车）

重新生成模型，全图显示水平辅助线。

再绘出垂直辅助线：

设置点的捕捉模式。

命令：OSNAP　（回车）

打开“草图设置”对话框，勾选端点、圆心、交点、中心，点击“确定”后返回绘图区域。

单击状态行的“对象捕捉”按钮，或按下 F3，打开“对象捕捉”。

命令：LINE　（回车）

LINE 指定第一点：（把光标靠近水平辅助线的左端点，出现端点符号）单击　（回车）

指定下一点或［放弃（U）］：@0，3500　（回车）

指定下一点或［放弃（U）］：　（回车）

单击水平辅助线和垂直辅助线，图层显示为“辅助”层。

命令：PROPERTIES　（回车）

系统弹出“特性”对话框，单击“线型比例”栏，把缺省的“1”改为“10”（如图 2-129 所示），关闭“特性”对话框。辅助线变为肉眼可观察的虚断线（如图 2-130、图 2-131 所示）。

2. 绘制一组围墙墙体

鼠标单击“图层”工具条中图层表框右侧下拉按钮，在图层的下拉表框中选择“墙体”层，将“墙体”层设为当前层。

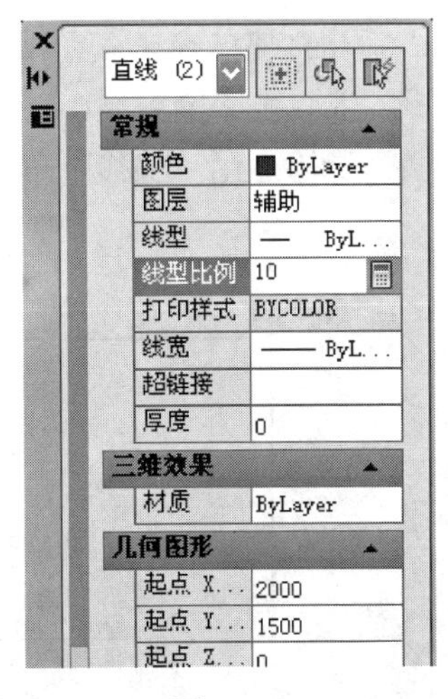

图 2-129

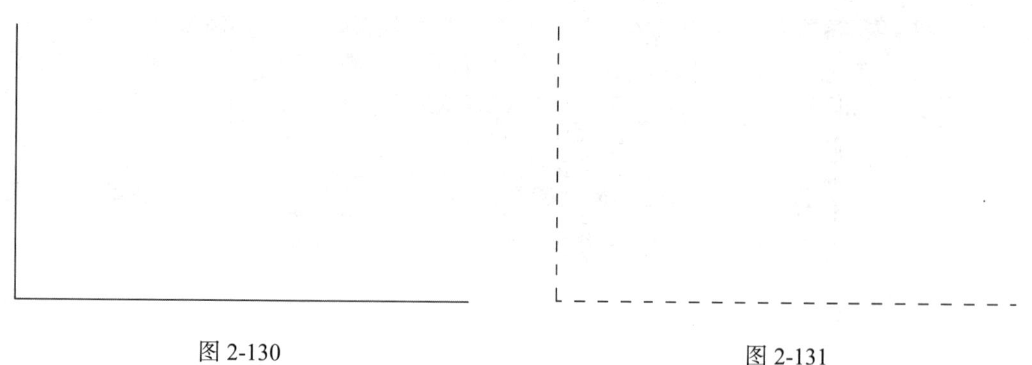

图 2-130　　　　图 2-131

1〉绘制墙体边界线

命令：RECTANG

指定第一个角点或［倒角（C）/ 标高（E）/ 圆角（F）/ 厚度（T）/ 宽度（W）］:（把光标靠近水平辅助线和垂直辅助线的交叉点，出现交点符号）单击

指定另一个角点或［面积（A）/ 尺寸（D）/ 旋转（R）］: @4830，2760　　（回车）

完成墙体边界线的绘制（如图 2-132 所示）。

2〉绘制墙体圆弧部分

先确定圆弧左边端点。

为方便操作，关闭“对象捕捉”。

命令：OFFSET

当前设置：删除源 = 否　图层 = 源　OFFSETGAPTYPE = 0　　（回车）

指定偏移距离或［通过（T）/ 删除（E）/ 图层（L）］< 通过 >：385　　（回车）

选择要偏移的对象，或［退出（E）/ 放弃（U）］< 退出 >:（光标变为小方框，点击垂直辅助线）

指定要偏移的那一侧上的点，或［退出（E）/ 多个（M）/ 放弃（U）］< 退出 >:（在垂直辅助线右侧任意一点）单击

选择要偏移的对象，或［退出（E）/ 放弃（U）］< 退出 >:　　（回车）

打开“对象捕捉”，执行“圆弧”命令。

命令：ARC

指定圆弧的起点或［圆心（C）］: C　　（回车）

指定圆弧的圆心:（把光标靠近墙体上边界中点，出现中点符号）单击

指定圆弧的起点:（把光标靠近运用“偏移”命令得到的垂直线与墙体上边界的交叉点，出现交点符号）单击

指定圆弧的端点或［角度（A）/ 弦长（L）］: A　　（回车）

指定包含角：180　　（回车）

删除运用“偏移”命令得到的垂直线，剪切多余的墙体边线，得到一组墙体图形（如图 2-133 所示）。

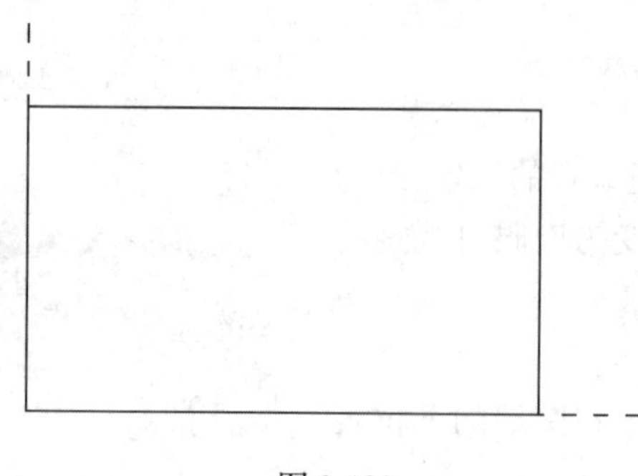

图 2-132　　　　图 2-133

3. 绘制栏杆

将“栏杆”层置为当前层。

1〉先绘制一根栏杆立柱

关闭“对象捕捉”。

运行“偏移”命令，将垂直辅助线以距离 230mm 向右偏移，得到栏杆的中心线。

滚动鼠标滚轴将画面放大到可以看清为止，按住鼠标滚轴进行拖动，光标变为小手，将画面移动到栏杆中心线附近，此时完成图形放大显示，方便以下操作。

再将偏移得到的垂直线，以距离 10mm 分别向两侧偏移，得到栏杆的两条垂直边线（如图 2-134 所示）。

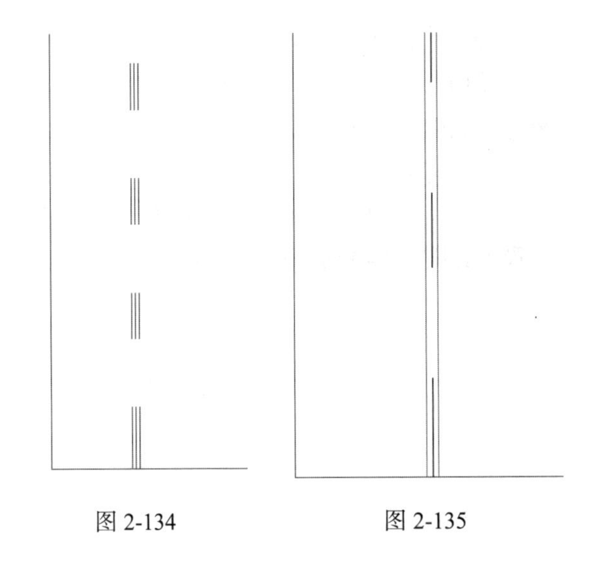

图 2-134　　图 2-135

单击这两条栏杆垂直边线，将其从“辅助”层，改为“栏杆”层（如图 2-135 所示）。

按住鼠标滚轴进行拖动，将画面移动到墙体上边线与栏杆垂直线交叉处附近。

以墙体上边线为界，将栏杆垂直线多余的部分剪切：

命令：TRIM

当前设置：投影 =UCS，边 = 无

选择剪切边 ...

选择对象或 <全部选择>：（光标变为小方框，在墙体上边线下方、栏杆右边线右边单击，屏幕上随光标移动出现一个矩形选择框）（如图 2-136 所示）指定对角点：（在墙体上边线上方、栏杆左边线左边单击）（如图 2-137 所示）找到 4 个

选择对象：　　（回车）

选择要修剪的对象，或按住 Shift 键选择要延伸的对象，或［栏选（F）/ 窗交（C）/ 投影（P）/ 边（E）/ 删除（R）/ 放弃（U）］：（单击墙体上边线以上的一根栏杆边线）

选择要修剪的对象，或按住 Shift 键选择要延伸的对象，或［栏选（F）/ 窗交（C）/ 投影（P）/ 边（E）/ 删除（R）/ 放弃（U）］：（单击墙体上边线以上的另一根栏杆边线）

选择要修剪的对象，或按住 Shift 键选择要延伸的对象，或［栏选（F）/ 窗交（C）/ 投影（P）/ 边（E）/ 删除（R）/ 放弃（U）］：　　（回车）（如图 2-138 所示）

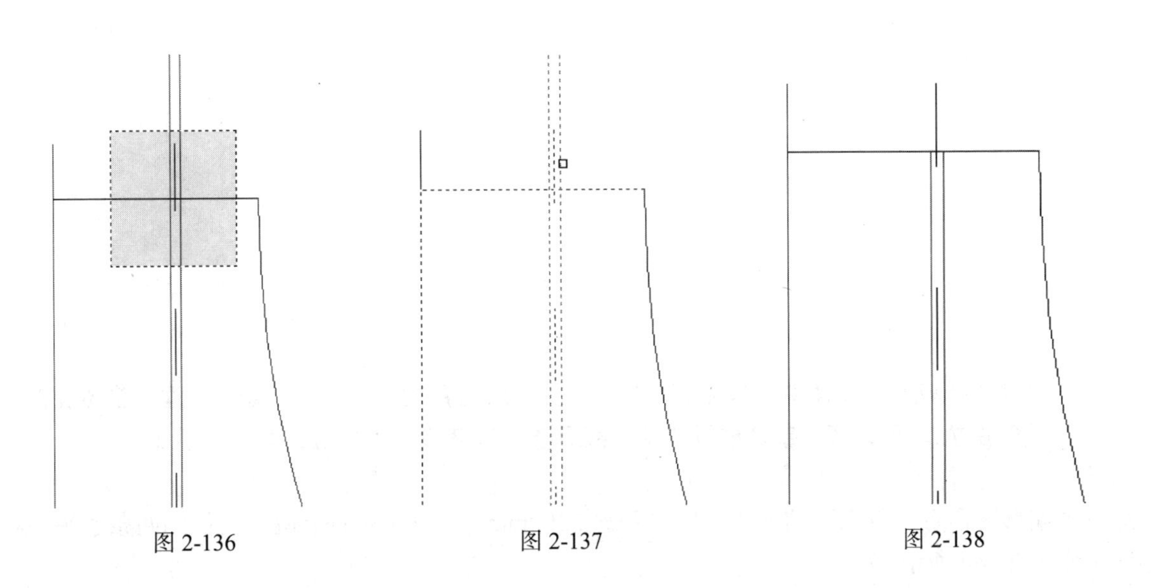

图 2-136　　图 2-137　　图 2-138

打开“对象捕捉”。

使用“直线”命令，捕捉两条栏杆顶点，连接成栏杆上边线。删除栏杆中心线，得到一根栏杆立柱图形（如图 2-139 所示）。

2〉绘制出其余的栏杆立柱

单击“阵列”命令按钮，选择栏杆立柱的三条边为阵列对象，在打开的“阵列”对话框中进行参数设置（如图 2-140 所示）。

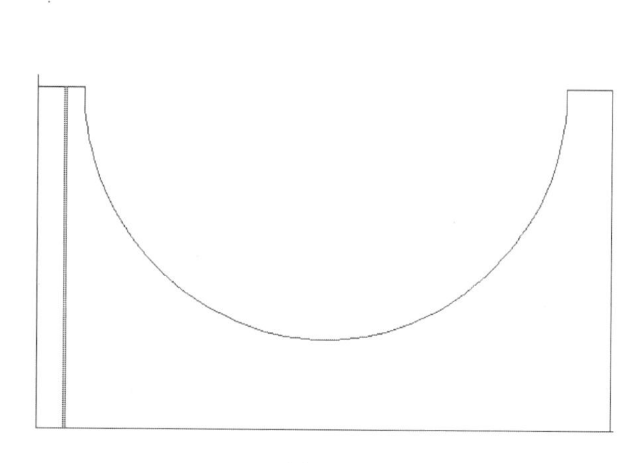

图 2-139

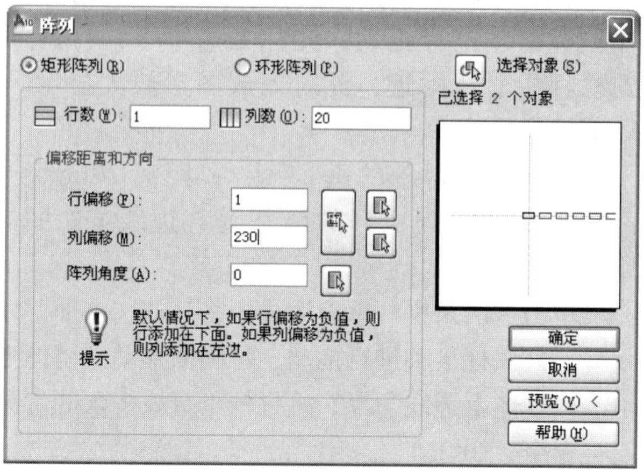

阵列
矩形阵列(R)　环形阵列(P)　选择对象(S)
已选择 2 个对象
行数(W): 1　列数(O): 20
偏移距离和方向
行偏移(F): 1
列偏移(M): 230
阵列角度(A): 0
提示　默认情况下，如果行偏移为负值，则行添加在下面。如果列偏移为负值，则列添加在左边。
确定　取消　预览(V) <　帮助(H)

图 2-140

命令：_array

选择对象：找到 1 个（选择一条栏杆垂直边线）

选择对象：找到 1 个，总计 2 个（选择另一条栏杆垂直边线）

选择对象：找到 1 个，总计 3 个（选择栏杆上边线）

选择对象：　（回车）

绘制出其余的栏杆立柱（如图 2-141 所示）。

单击“修剪”命令按钮，框选出所有栏杆垂直边和墙体圆弧边，执行修剪操作，剪切掉栏杆在圆弧以下的部分，并且删除处于墙体内的栏杆线条，得到栏杆立柱（如图 2-142 所示）。

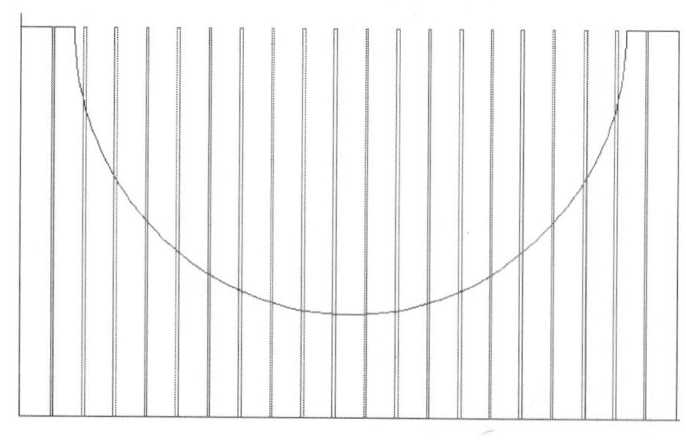

图 2-141

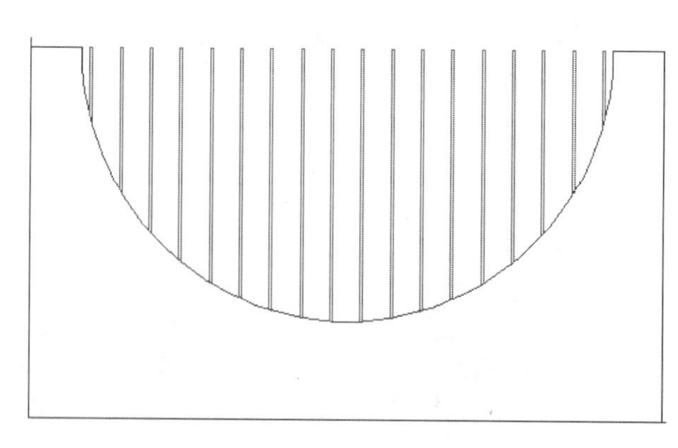

图 2-142

<u>技巧</u>：在需要修剪的对象较多的情况下，“修剪”命令选择对象，可以利用选择框（在模纹花坛绘制实例中已经介绍过），被剪切的部分也同样可以利用选择框来完成（如图 2-143 所示）。

3〉绘制水平栏杆

运行“偏移”命令，将水平辅助线分别以距离 2200mm、2550mm 向上偏移，得到两条水平栏杆的中心线（如图 2-144 所示）。

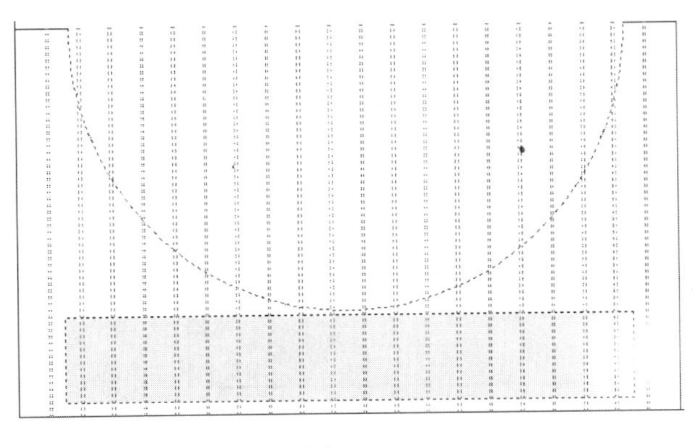

图 2-143

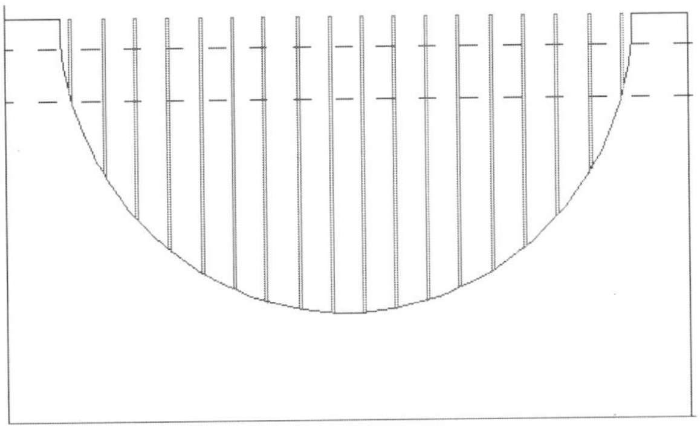

图 2-144

继续运行“偏移”命令，将上面一条水平栏杆的中心线分别以距离 35 mm 上下偏移；下面一条水平栏杆的中心线分别以距离 22 mm 上下偏移，得到两条水平栏杆的边线（如图 2-145 所示）。

剪切水平栏杆在圆弧墙体以外的部分，删除水平栏杆中心线，将留下的部分由“辅助”图层，改换为“栏杆”图层；继续运行“修剪”命令，将水平栏杆与栏杆立柱交叉处的多余线段剪切，得到一段完整的墙体（如图 2-146 所示）。

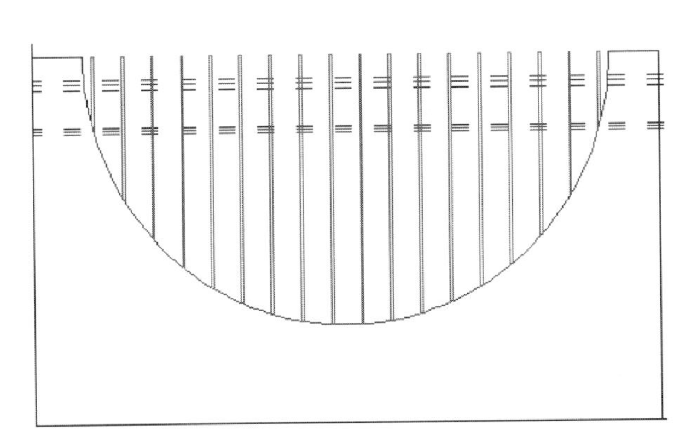

图 2-145

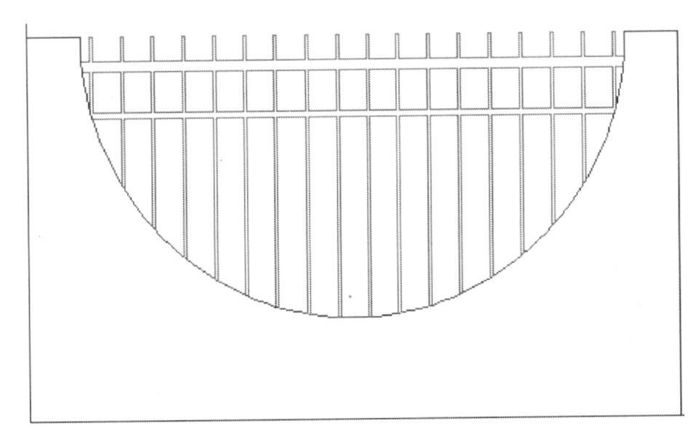

图 2-146

4. 绘制其余两组围墙立面

由于其余两组围墙立面与第一组围墙立面完全相同，这里运用“复制”命令完成。

命令：COPY

选择对象：（框选出围墙的所有线条）（如图 2-147 所示）指定对角点：找到 196 个

选择对象：　　　　　　　　　（回车）

当前设置：复制模式 = 多个

指定基点或［位移（D）/ 模式（O）］<位移>：（把光标靠近墙体左下角的端点，出现端点符号）单击

指定第二个点或 <使用第一个点作为位移>：（把光标靠近墙体右下角的端点，出现端点符号）单击（如图 2-148 所示）

指定第二个点或［退出（E）/ 放弃（U）］<退出>：（把光标靠近第一个复制出的墙体右下角的端点，出现端点符号）单击（如图 2-149 所示）

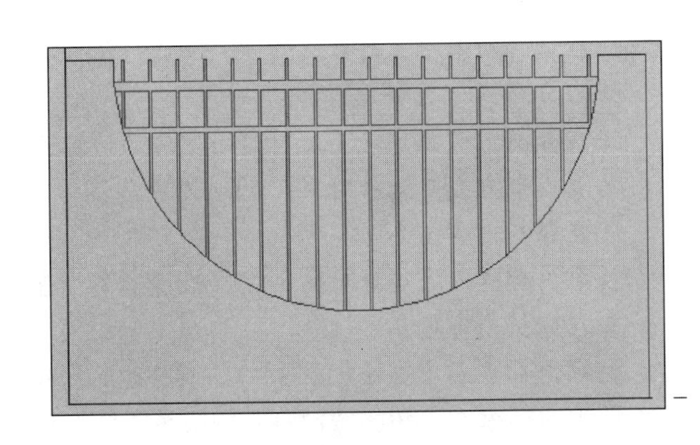

图 2-147

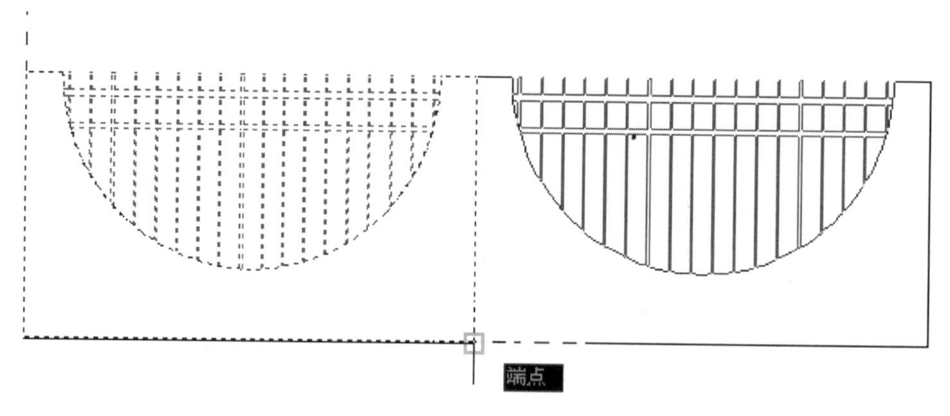

图 2-148

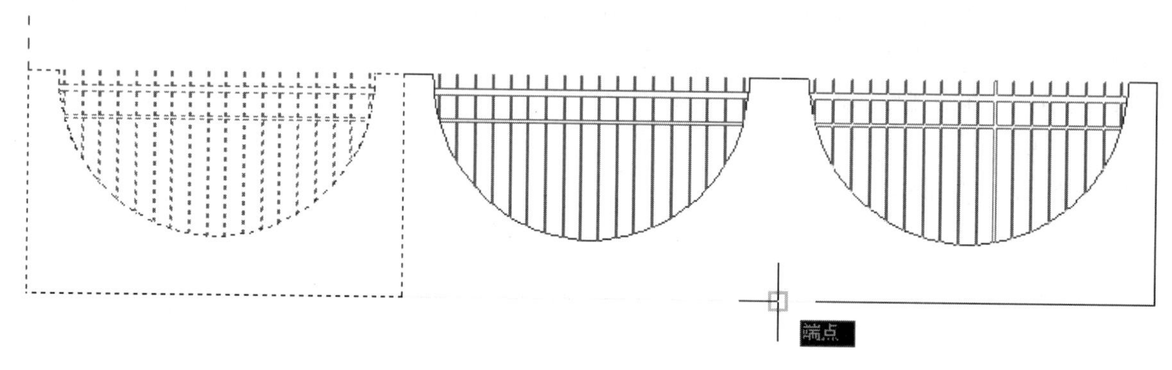

图 2-149

指定第二个点或［退出（E）/ 放弃（U）］＜退出＞：（回车）

完成所有围墙立面的绘制。

5. 填充墙体图案

在图层的下拉表框中选择“墙体”层，即将“墙体”层设为当前层。

命令：HATCH（回车）

系统弹出“图案填充和渐变色”对话框；单击“图案”选项后的省略按钮，屏幕上弹出“填充图案选项板”窗口；在窗口中选择“AR-BRSTD”图案，单击“确定”返回“图案填充和渐变色”对话框，图案的样例变为“AR-BRSTD”图案。单击“拾取点”按钮，“图案填充和渐变色”对话框暂时隐蔽，返回屏幕视图，在围墙全图上进行选择。

命令：HATCH

拾取内部点或［选择对象（S）/ 删除边界（B）］：（十字光标放在第一个墙体区域里，单击）

正在选择所有对象 ...

正在选择所有可见对象 ...

正在分析所选数据 ...

正在分析内部孤岛 ...（此时这一区域的边缘线变为虚断线，处于可编辑状态）

拾取内部点或［选择对象（S）/ 删除边界（B）］：（十字光标放在第二个墙体区域里，单击）

正在分析内部孤岛 ...

拾取内部点或［选择对象（S）/ 删除边界（B）］：（十字光标放在第三个墙体区域里，单击）

正在分析内部孤岛 ...

拾取内部点或［选择对象（S）/ 删除边界（B）］：（回车）

单击对话框左下角的“预览”按钮，屏幕上显示图案填充的效果，

拾取或按 Esc 键返回到对话框或＜单击右键接受图案填充＞：（Esc）

在“图案填充和渐变色”对话框中把“比例”项数值由 1 改为 2，再次单击“预览”，察看图案效果。

拾取或按 Esc 键返回到对话框或 < 单击右键接受图案填充 >:　　　　　　　　　　　　（Esc）

在“图案填充和渐变色”对话框中单击“确定”，返回图形，墙体被图案填充（如图 2-150 所示）。

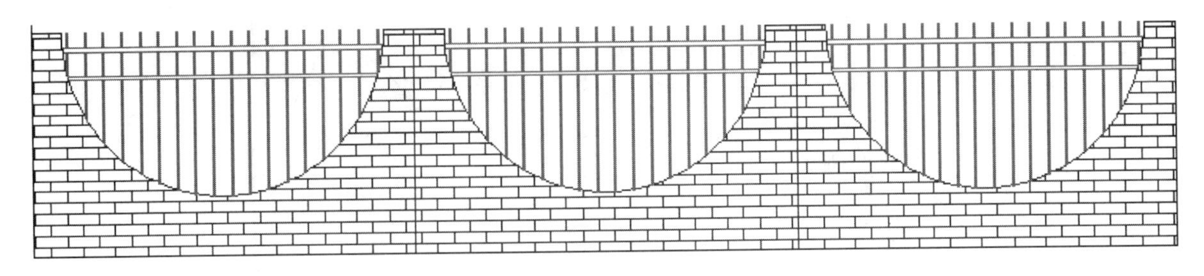

图 2-150

6. 标注尺寸

由于辅助层不再有作用，在完善图形细节时，可以将其关闭。打开图层窗口，单击“辅助”层前面的小灯泡，使它变暗，处于图层关闭状态。

调出“标注”工具条后，设置标注样式。单击菜单“格式 / 标注样式”，打开“标注样式管理器”对话框，单击“修改”按钮，打开“修改标注样式：ISO-25”的对话框；单击“符号和箭头”选项卡，在箭头栏中进行参数设置（如图 2-151 所示）；单击“文字”选项，在“文字外观”栏对文字样式和高度进行设置（如图 2-152 所示）；单击“主单位”选项，在“线性标注”栏进行精度设置（如图 2-153 所示）；其余项默认。

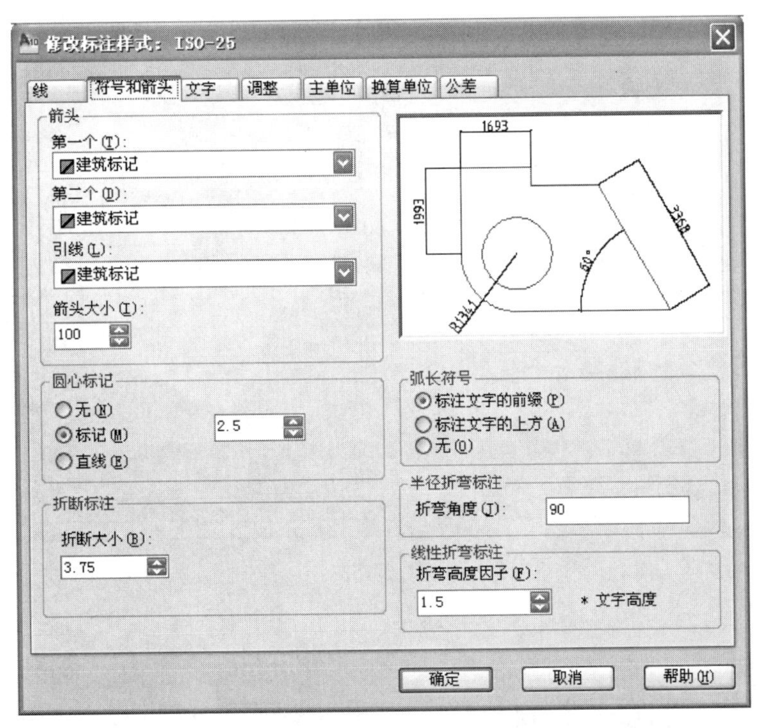

图 2-151

设置完成后，将“标注”层置为当前图层，打开“对象捕捉”，开始尺寸标注。

运用“缩放”和“平移”工具放大显示围墙立面图，连续运行“线性标注”命令，标出围墙立面图中各部分的尺寸，方法如园路铺装做法实例中所介绍的。

完成围墙立面图的尺寸标注（如图 2-154 所示）。

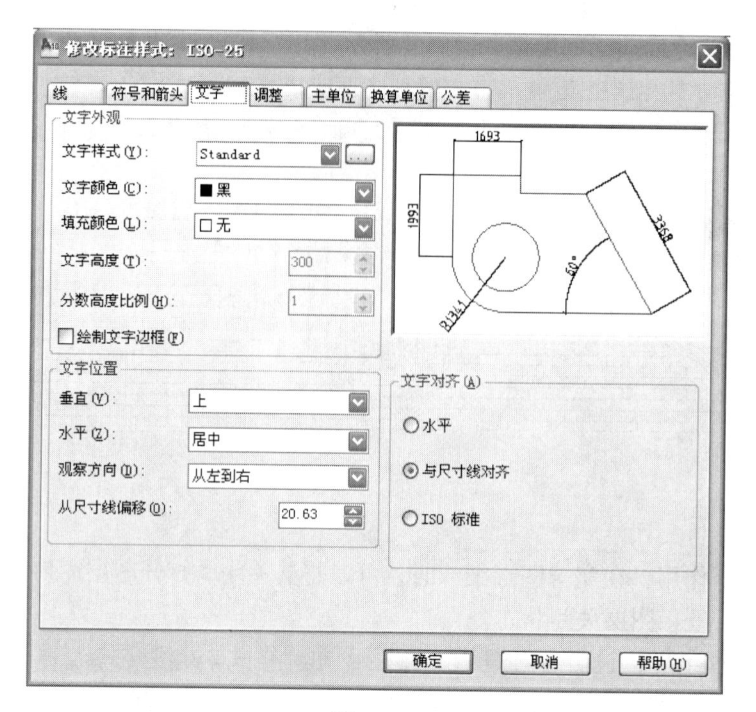

图 2-152

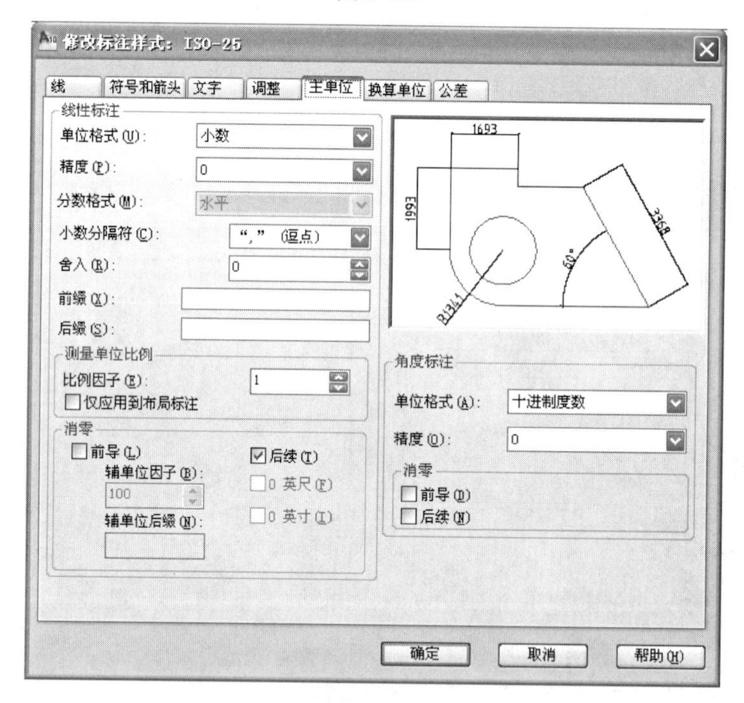

图 2-153

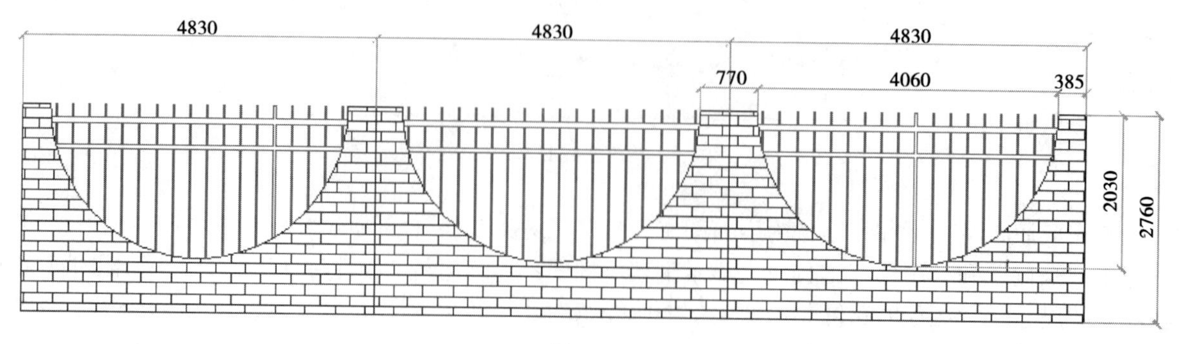

图 2-154

7. 标注围墙的组成物

连续运用“多段线”命令，在适当位置安排索引线，绘出标注的索引符号（如图 2-155 所示）。

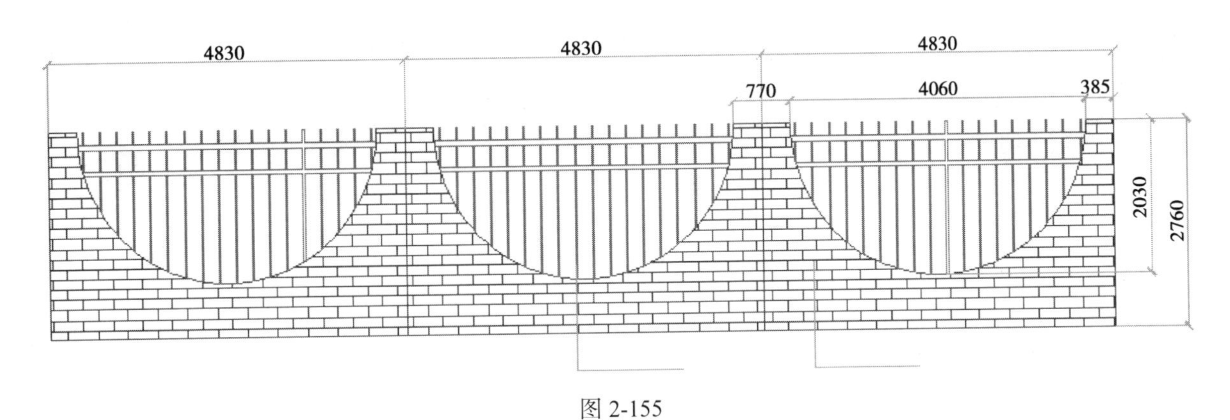

图 2-155

在添加文字前，先进行文字样式的设置。单击菜单栏“格式 / 文字样式”，在打开的“文字样式”对话框中进行参数设置（如图 2-156 所示），单击“应用”按钮后再选择“关闭”。

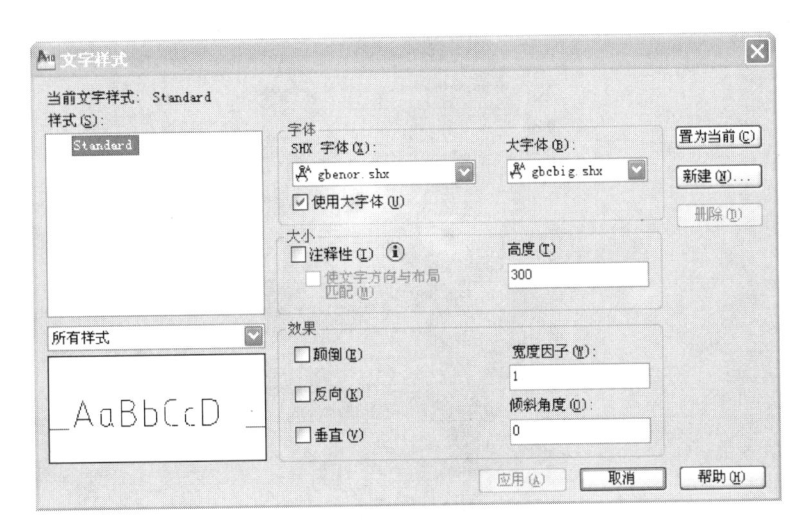

图 2-156

将“文字说明”层设为当前层，下一步进行添加文字：

命令：DTEXT　（回车）

当前文字样式：“Standard”　文字高度：300　注释性：否

指定文字的起点或［对正（J）/ 样式（S）］：（把十字光标放在图形左边的索引线上方单击）

指定文字的旋转角度 <0>：（回车或单击右键）（光标显示在图形最上边的索引线上）

输入文字：红色铸铁栏杆　（回车）

打开“正交”，复制“红色铸铁栏杆”文字，水平放置到右侧索引线上方，复制出的文字保持在同一水平线上。

双击复制得到的文字，该文字变为黑色可编辑状态，直接修改文字内容（如图 2-157 所示），得到“蓝色面砖饰面”文字（如图 2-158 所示）。

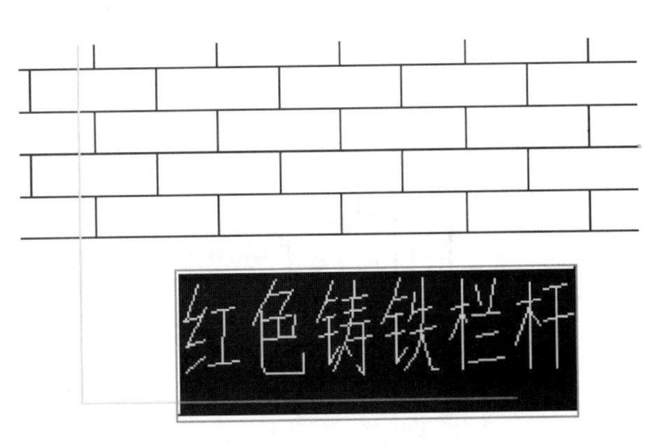

图 2-157

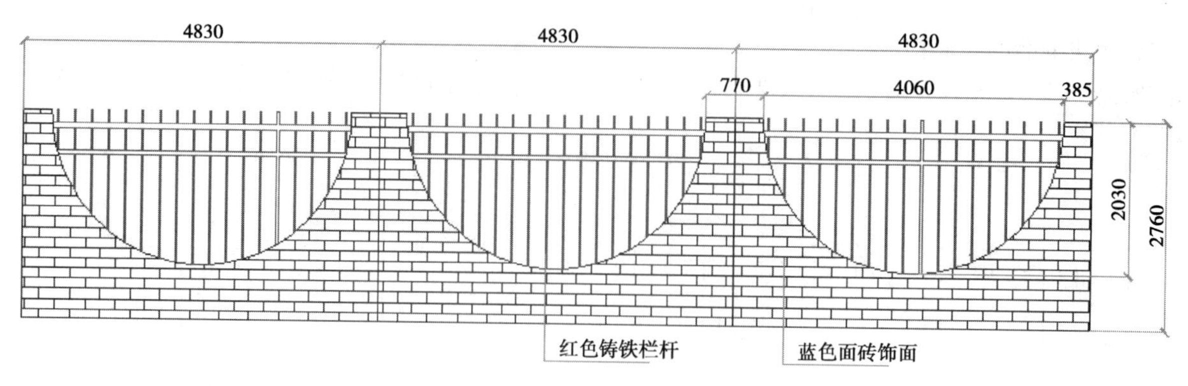

图 2-158

继续复制一个文字说明，如“红色铸铁栏杆”文字。

命令：PROPERTIES （回车）

系统弹出“特性”对话框，单击“文字内容”栏，直接进行文字内容修改，更改为“围墙立面图”文字。单击“文字高度”栏，直接进行文字高度修改，更改为 550（如图 2-159 所示）。

运用“移动”命令，将更改后的“围墙立面图”文字移动到合适的位置。

结束命令，完成文字标注，图形整体效果如彩页图示（如图 2-160 所示）。

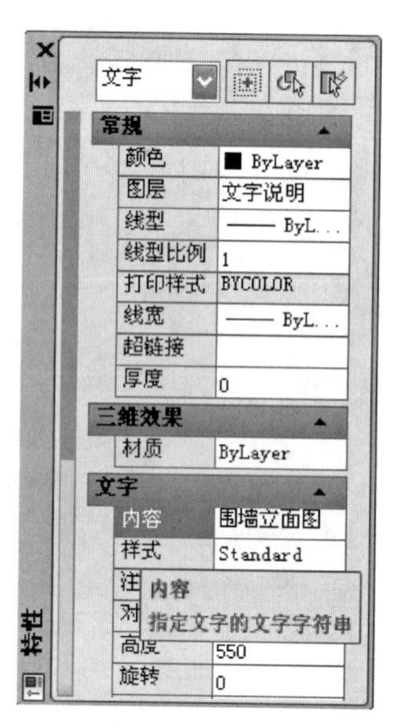

图 2-159

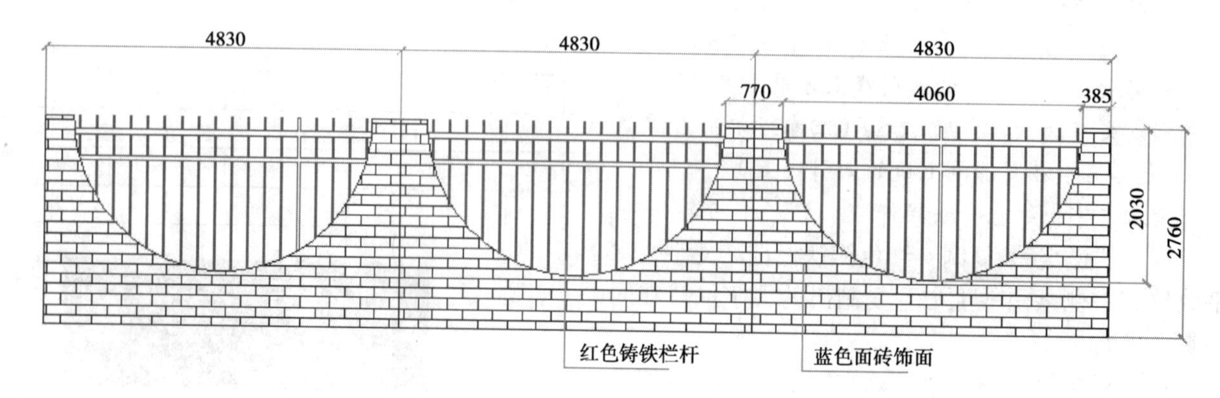

图 2-160

2.2.5 园凳小品绘制实例

下面我们将进行一个园凳小品的绘制，坐凳面层为木质板条，两侧支柱为混凝土结构，效果如彩页。主要绘制步骤有：

1〉建立绘图环境；

2〉图层设置；

3〉绘制园凳平面图；

A. 绘制辅助线；

B. 绘制园凳的面板；

C. 绘制园凳的支柱；

4〉绘制园凳立面图；

A. 绘制辅助线；

B. 绘制地平线；

C. 绘制园凳支柱；

D. 绘制园凳面板；

5〉绘制园凳剖面图；（同上）

6〉填充图案；

7〉标注尺寸；

8〉标注文字。

● 建立绘图环境

1. 绘图单位设置

命令：UNITS （回车）

系统弹出“图形单位”对话框，将“长度”栏中的精度值由 0.0000 改为 0，单击“确定”结束绘图单位设置，可以参照绘制模纹花坛实例。

2. 绘图范围设置

图形的平面图长度为 1100mm，宽度为 400mm，我们为图形绘制设置一个相对宽松但又不会太大的空间，设置如下：

命令：LIMITS

重新设置模型空间界限：

指定左下角点或［开（ON）/ 关（OFF）］<0，0>： （回车）

指定右上角点 <420，297>：5000，3000 （回车）

结束命令。再进行全图显示：

命令：ZOOM （回车）

指定窗口的角点，输入比例因子（nX 或 nXP），或者

［全部（A）/ 中心（C）/ 动态（D）/ 范围（E）/ 上一个（P）/ 比例（S）/ 窗口（W）/ 对象（O）］< 实时 >：A （全部缩放） （回车）

正在重生成模型。

也可以用鼠标单击标准工具栏的“窗口缩放”工具右下方的弹出式按钮，选择“全部缩放”按钮，直接执行 ZOOM ALL 命令。

屏幕显示设置的绘图区域范围。

3. 建立图层

在命令行输入 LAYER（图层）命令，或直接点击“图层”工具条中的“图层特性管理器”命令按钮，系统弹出“图层特性管理器”对话框，先建立“面板”、“支柱”、“地平线”、“辅助”、“标注”、“文

字”等层。图层的颜色设置参照对话框，“辅助”层的线型为 ACAD_ISO03W100，其余各层的线型为 Continuous，设置如图 2-161 所示。

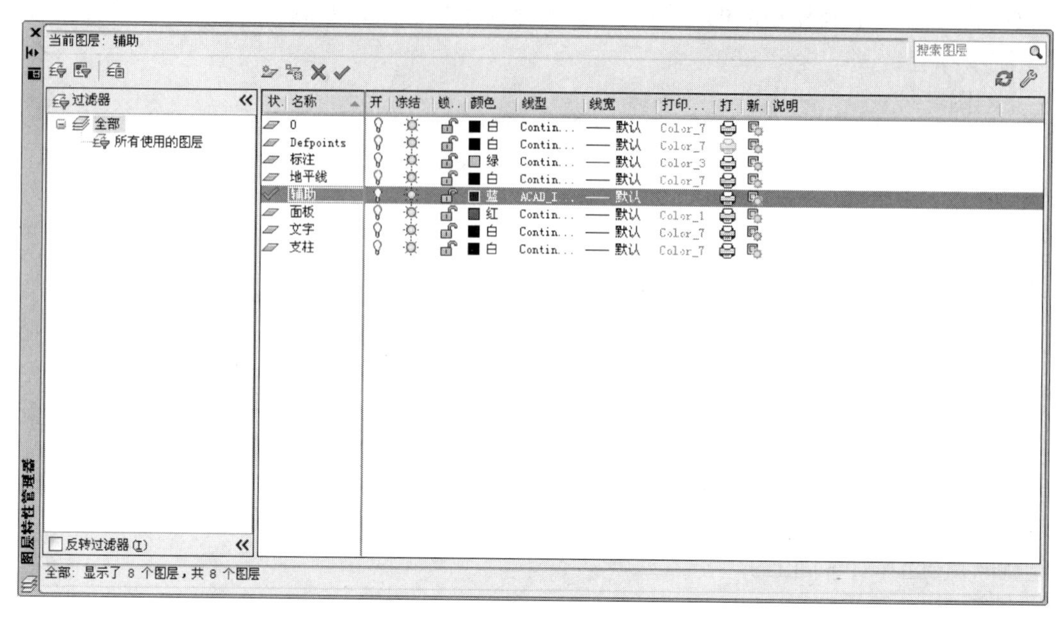

图 2-161

● 绘制园凳平面图

1. 绘制辅助线

设置“辅助”层为当前层。打开“正交”方式以方便地画辅助线。

先绘出水平辅助线：

命令：LINE （回车）

LINE 指定第一点：1000，1000（选取左侧中间一点） （回车）

指定下一点或［放弃（U）］：@ 1400，0 （回车）

指定下一点或［放弃（U）］： （回车）

命令：ZOOM （回车）

指定窗口的角点，输入比例因子（nX 或 nXP），或者

［全部（A）/ 中心（C）/ 动态（D）/ 范围（E）/ 上一个（P）/ 比例（S）/ 窗口（W）/ 对象（O）］<实时>：A（全部缩放） （回车）

重新生成模型，全图显示水平辅助线。

再绘出垂直辅助线：

命令：LINE （回车）

LINE 指定第一点：1700，700 （回车）

指定下一点或［放弃（U）］：@0，600 （回车）

指定下一点或［放弃（U）］： （回车）

绘制完成园凳平面图辅助线（如图 2-162 所示）。

2. 绘制园凳面板

1〉先绘制园凳面板一侧

将“面板”层置为当前层。

命令：OFFSET

指定偏移距离或［通过（T）/ 删除（E）/ 图层（L）］<通过>：450

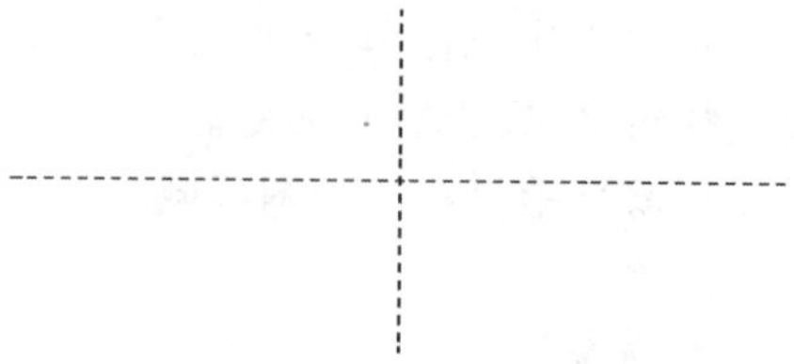

图 2-162

选择要偏移的对象，或［退出（E）/ 放弃（U）］< 退出 >:（方形光标点击垂直辅助线）

指定要偏移的那一侧上的点，或［退出（E）/ 多个（M）/ 放弃（U）］< 退出 >:（光标在垂直辅助线左侧任意点单击）

选择要偏移的对象，或［退出（E）］/ 放弃（U）< 退出 >:（方形光标点击垂直辅助线）

指定要偏移的那一侧上的点，或［退出（E）/ 多个（M）/ 放弃（U）］< 退出 >:（光标在垂直辅助线右侧任意点单击）

选择要偏移的对象，或［退出（E）/ 放弃（U）］< 退出 >:　（回车）

得到面板左、右边界线（如图 2-163 所示）。

接下来绘制园凳上的木板条。

继续执行“偏移”命令，分别以距离 30mm、50mm、110mm、130mm、190mm、200mm、210mm，将水平辅助线向上偏移（如图 2-164 所示）。

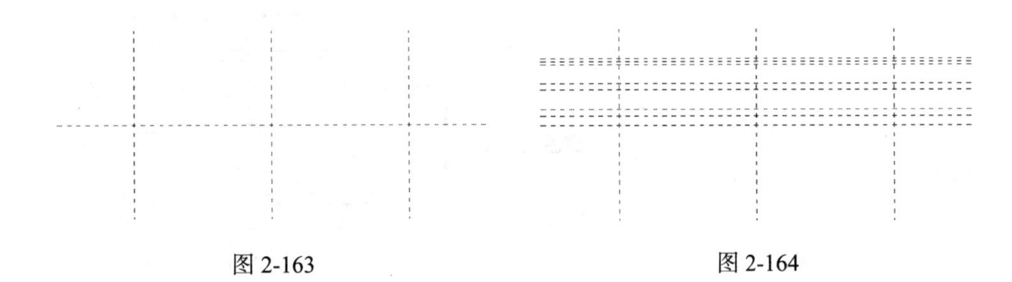

图 2-163　　图 2-164

运行“修剪”命令，对多余的线条执行修剪操作。线段整理后，运行“窗口缩放”，放大显示面板部分。

框选中所得的线条，单击图层的下拉表框选择“面板”层，将线条所在的图层转换为“面板”层，得到园凳一侧面板（如图 2-165 所示）。

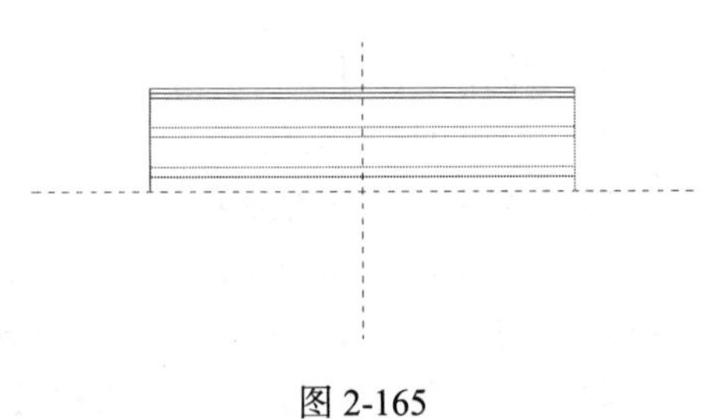

图 2-165

加粗面板外轮廓线条。

命令：PE（PEDIT）

选择多段线或［多条（M）］: M　（回车）

选择对象:（方形光标单击修剪后的外轮廓线）

选择对象:　（回车）

是否将直线、圆弧和样条曲线转换为多段线?［是（Y）/ 否（N）］? <Y>　（回车）

输入选项［闭合（C）/ 打开（O）/ 合并（J）/ 宽度（W）/ 拟合（F）/ 样条曲线（S）/ 非曲线化（D）/ 线型生成（L）/ 反转（R）/ 放弃（U）］: W

指定所有线段的新宽度：5　（回车）

输入选项［闭合（C）/ 打开（O）/ 合并（J）/ 宽度（W）/ 拟合（F）/ 样条曲线（S）/ 非曲线化（D）/ 线型生成（L）/ 反转（R）/ 放弃（U）］:　（回车）

完成面板外轮廓线的加粗（如图 2-166 所示）。

2〉绘制出园凳面板另一侧

绘制园凳面板另一侧。打开“对象捕捉”，运行“镜像”命令。

命令：_mirror

选择对象:（框选中刚绘制出的面板一侧的所有线条）

指定对角点：找到 9 个

选择对象:　（回车）

指定镜像线的第一点:（光标捕捉刚绘制出的面板左边线的端点）（如图 2-167 所示）

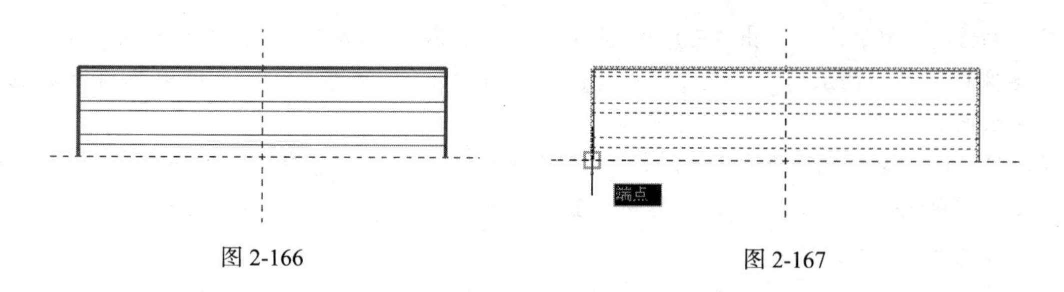

图 2-166　　图 2-167

指定镜像线的第二点：（光标捕捉刚绘制出的面板右边线的端点）（如图 2-168 所示）

要删除源对象吗？[是（Y）/ 否（N）] <N>：　（回车）

水平辅助线的下方出现相同的面板图形（如图 2-169 所示），这样完成了木板条的绘制。

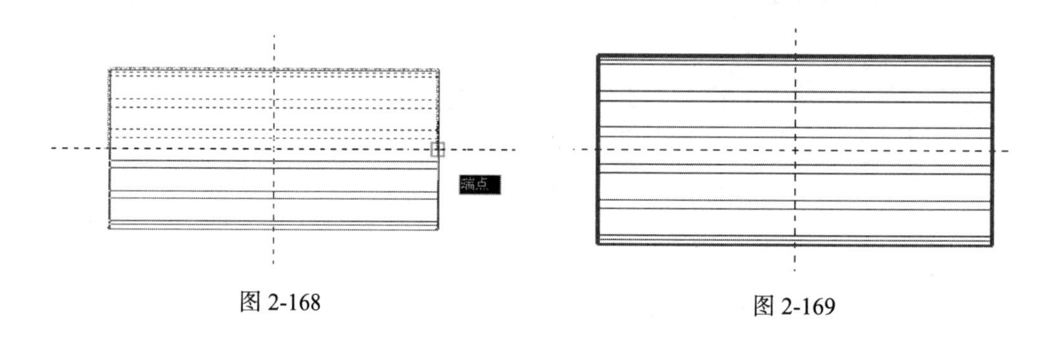

图 2-168　　图 2-169

3. 绘制园凳支柱

1〉绘制园凳左支柱

将“支柱”层置为当前层。

执行“偏移”命令，以距离 200mm，将水平辅助线分别向上、下偏移一次；分别以距离 400mm、550mm，将垂直辅助线向左偏移，得到园凳支柱的四条边界（如图 2-170 所示）。

打开“对象捕捉”，运行“多段线”命令，捕捉运用“偏移”命令得到的四条边界线的交点，绘制出支柱的轮廓线（如图 2-171 所示）。

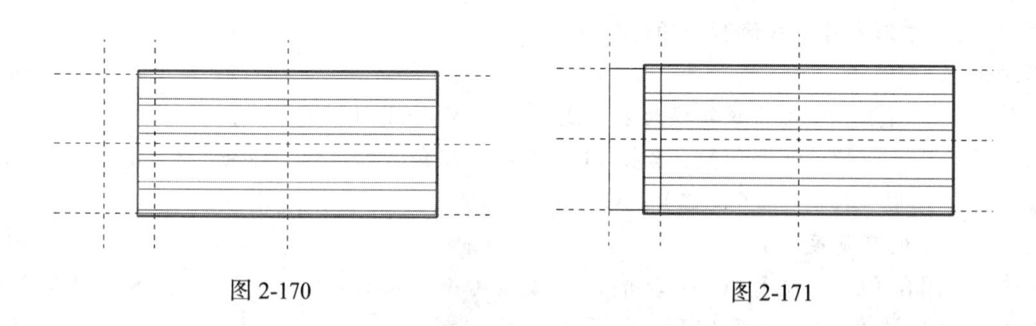

图 2-170　　图 2-171

由于园凳支柱内侧线条在平面图中应为不可见的线条，因此点击该线条，在“特性”对话框中，将其线型改为 ACAD_ISO03W100，以符合园林绘图要求（如图 2-172 所示）。

删除运用“偏移”命令得到的四条边界线，加粗支柱平面图中可见部分的线条，方法同加粗“园凳板面”线条一样。

得到效果如图 2-173 所示的园凳支柱。

2〉绘制出园凳支柱另一侧

绘制园凳支柱另一侧。打开“对象捕捉”，运行“镜像”命令，方法与绘制园凳面板方法一致。

绘制完成园凳平面图（如图 2-174 所示）。

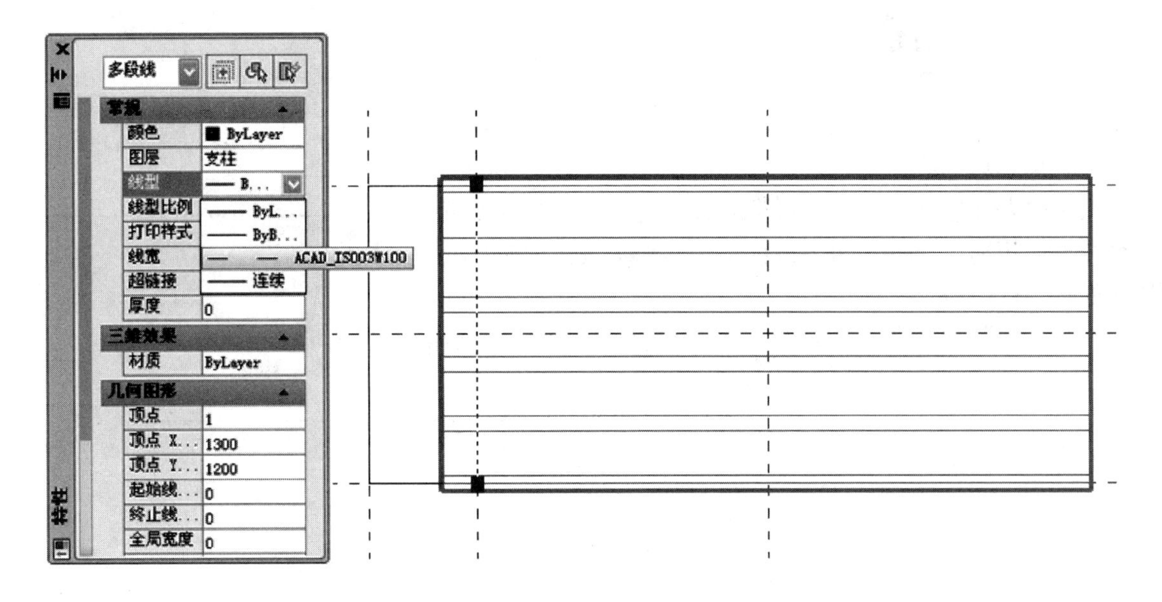

图 2-172

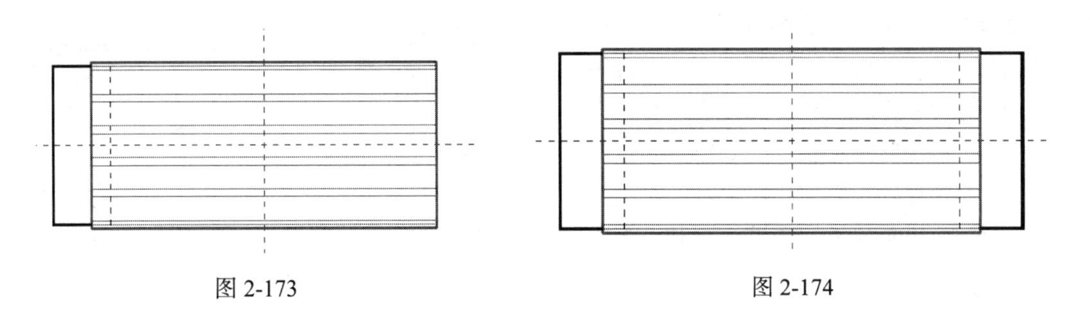

图 2-173　　　　图 2-174

● 绘制园凳立面图

1. 绘制辅助线

设置“辅助”层为当前层。打开“正交”方式。

绘出园凳的垂直辅助线，与平面图上的垂直辅助线保持一致：

命令：LINE　（回车）

LINE 指定第一点：1700，2000　（回车）

指定下一点或［放弃（U）］：@0，600　（回车）

指定下一点或［放弃（U）］：　（回车）

绘制完成园凳立面图辅助线（如图 2-175 所示）。

命令：ZOOM　（回车）

指定窗口的角点，输入比例因子（nX 或 nXP），或者
［全部（A）/ 中心（C）/ 动态（D）/ 范围（E）/ 上一个（P）/ 比例（S）/ 窗口（W）/ 对象（O）］< 实时 >：A（全部缩放）　（回车）

重新生成模型，全图显示。

2. 绘制地平线

将当前图层转换为“地平线”层。

命令：_line 指定第一点：1000，2000　（回车）

指定下一点或［放弃（U）］：@1400，0　（回车）

指定下一点或［放弃（U）］：　（回车）

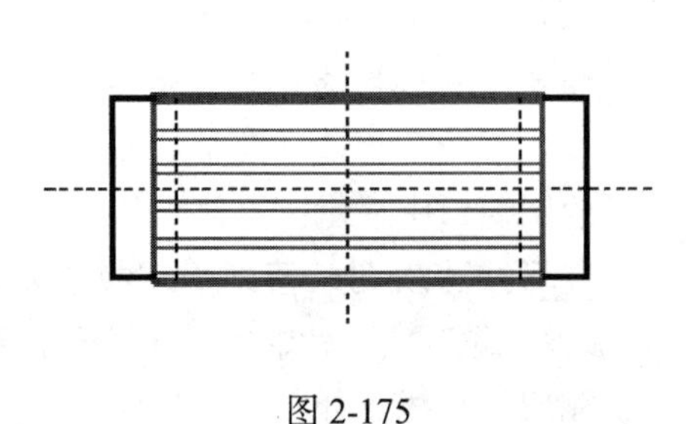

图 2-175

绘制出地平线（如图 2-176 所示）。

3. 绘制园凳正立面

运行“窗口缩放”，放大显示园凳立面图部分。

单击“偏移”命令，分别以距离 400mm、450mm、550mm 左右偏移园凳的中心辅助线作为园凳两边支柱；回车重复“偏移”命令，以距离 350mm、400mm 向上偏移地平线作为园凳面板边（如图 2-177 所示）。

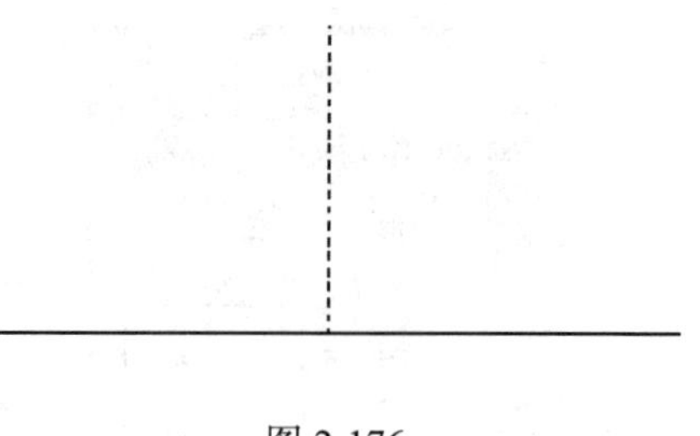

图 2-176

运行“修剪”、“删除”命令，对多余的线条执行修剪、删除操作（如图 2-178 所示）。

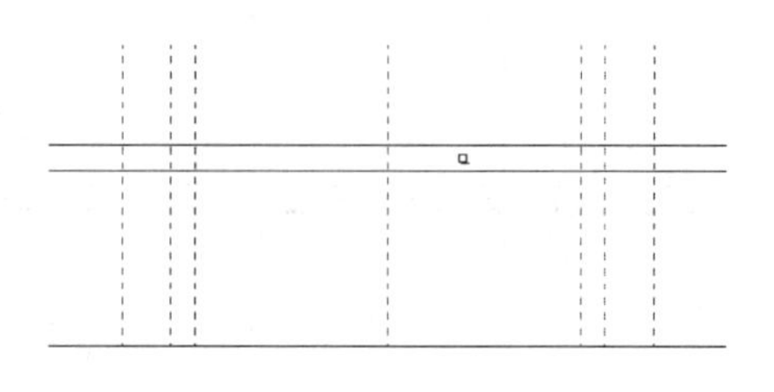

图 2-177

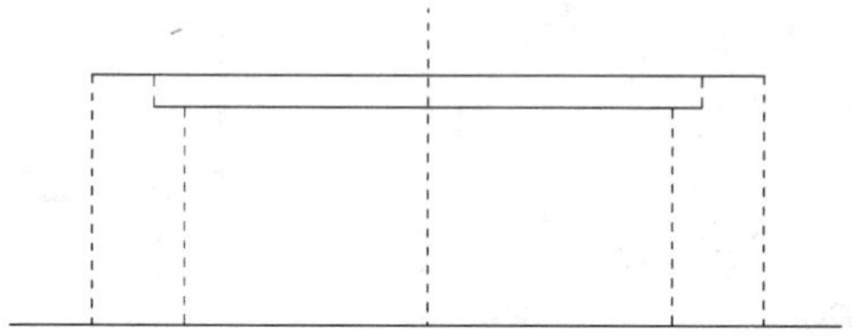

图 2-178

线段整理后，连续单击选择所得的园凳面板线条，再单击图层下拉列表选择“面板”层，将线条所在的图层改换为“面板”层；连续选择所得的园凳支柱线条，改换为“支柱”层。

完成园凳立面图的绘制（如图 2-179 所示）。

4. 加粗地平线与外轮廓线

由于立面图与剖面图密切关联，所以外轮廓线和地平线的加粗待绘制完成剖面图后一起进行。

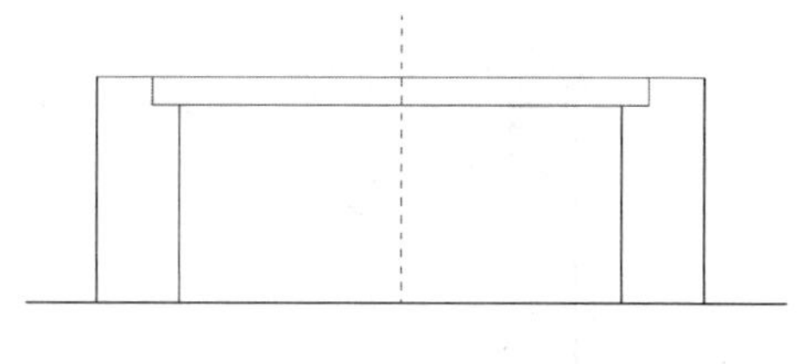

图 2-179

● 绘制园凳剖面图

将剖面图放置在立面图的水平方向上，以取得构造的一致和对比。我们采取延长线的方法，绘制更便捷。

1. 绘制辅助线

设置“辅助”层为当前层。按下 F8 键打开“正交”模式。

运行“直线”命令，在园凳立面图的右侧绘制一垂直线，长度长于园凳的立面高度。

绘制延长线。运行“延长”命令，以辅助线为边界，依次延长园凳面板的上表面、下表面、地平线。

命令：EXTEND　（回车）

当前设置：投影 =UCS，边 = 无

选择边界的边 ...

选择对象或 < 全部选择 >：（光标单击刚绘制的辅助线）找到 1 个

选择对象：　（回车）

选择要延伸的对象，按住 Shift 键选择要修剪的对象，或 [栏选（F）/ 窗交（C）/ 投影（P）/ 边（E）/ 放弃（U）]：F　（回车）

指定第一栏选点：< 对象捕捉 关 >

指定下一个栏选点或 [放弃（U）]：（光标在地平线下单击）

指定下一个栏选点或 [放弃（U）]：（光标在园凳面板上方单击，如图 2-180 所示）　（回车）

绘图窗口中显示园凳面板的上表面、下表面、地平线被延长至辅助线。

<u>技巧</u>：当以某一直线（或物体）为对象，有多个对象被延伸（或修剪）时，可以在“选择要延伸（或修剪）的对象”命令中输入“F”，用指定的线段选择多个对象，被选的对象将同时被延伸（或修剪）。

完成延长线（如图 2-181 所示）。

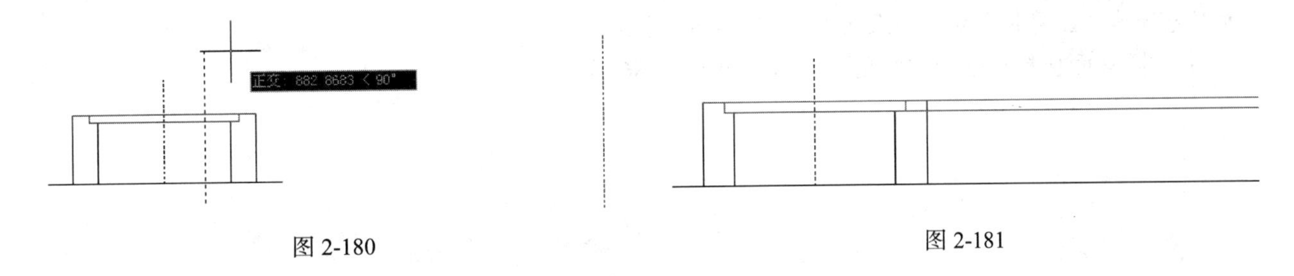

图 2-180　　　　　　　　　　　　图 2-181

复制右侧辅助线，并平移到辅助线和园凳立面图之间的位置，作为园凳剖面的中心辅助线。

2. 绘制园凳剖面

1〉绘制园凳立柱

执行“偏移”命令，以距离 200mm，左右偏移园凳剖面中心辅助线（如图 2-182 所示）；修剪多余的线条，得到园凳剖面轮廓线，并将留下的线条改换为“支柱”层（如图 2-183 所示）。

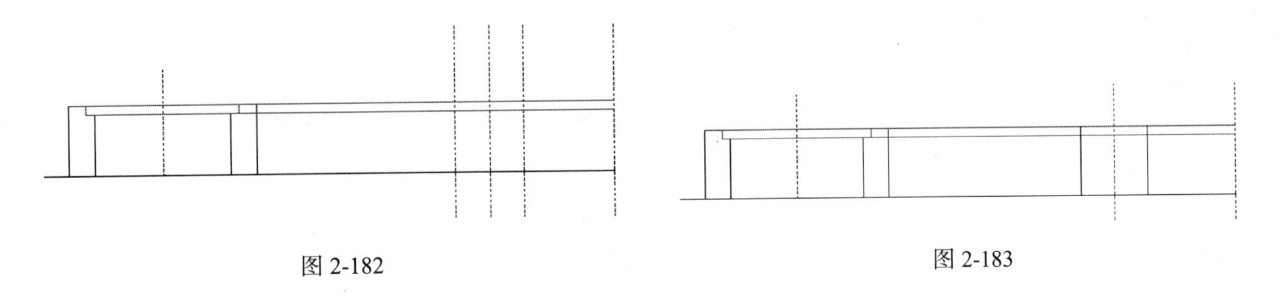

图 2-182　　　　　　　　　　　　图 2-183

2〉绘制园凳面板细部

命令：_zoom

指定窗口的角点，输入比例因子（nX 或 nXP），或者

[全部（A）/ 中心（C）/ 动态（D）/ 范围（E）/ 上一个（P）/ 比例（S）/ 窗口（W）/ 对象（O）] < 实时 >：_w

指定第一个角点：（光标单击剖面中心辅助线左上方）

指定对角点：　　（光标单击剖面中心辅助线右下方）

重新生成模型，放大显示。

执行“偏移”命令，园凳面板上表面依次向下偏移 10mm、18mm；以距离 30mm、50mm、110mm、130mm、190mm、210mm，向左偏移园凳剖面中心辅助线，得到剖面图的各条边线。

用鼠标滚轴，灵活调节画面大小，将立面图和剖面图一并选中，修剪、删除多余的线条，并将对象转换到“面板”图层（如图 2-184 所示）。

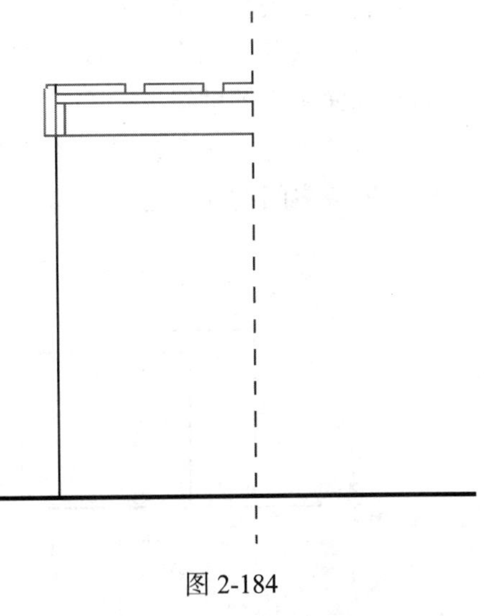

图 2-184

将画面放大到园凳拐角处，进行“圆角”操作。

命令：_fillet

当前设置：模式 = 修剪，半径 = 0

选择第一个对象或 [放弃（U）/ 多段线（P）/ 半径（R）/ 修剪（T）/ 多个（M）]：r

指定圆角半径 <0>：6

选择第一个对象或 [放弃（U）/ 多段线（P）/ 半径（R）/ 修剪（T）/ 多个（M）]：（方形光标单击园凳拐角处的上表面）

选择第二个对象，或按住 Shift 键选择要应用角点的对象：

（方形光标单击园凳拐角处的侧表面）（如图 2-185 所示）

完成园凳面板拐角处的“圆角”操作（如图 2-186 所示）。

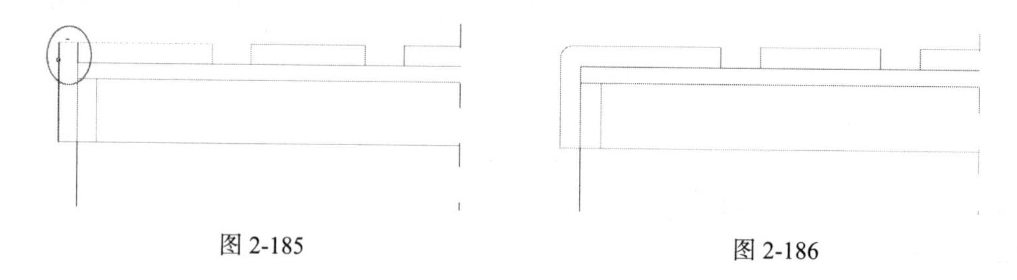

图 2-185　　　　图 2-186

进行进一步细致绘制拐角处的钢筋。并使用“多段线”命令绘制出拐角钢筋的图形，按照上述方法进行圆角处理，删除多余线条，绘制出园凳剖面内的钢筋线条（如图 2-187 所示）。

适当缩小画面，调整到园凳剖面图位置，进行镜像复制，使剖面图右侧得到一个和左侧完全相同的图形，完成剖面图的基本轮廓绘制（如图 2-188 所示）。

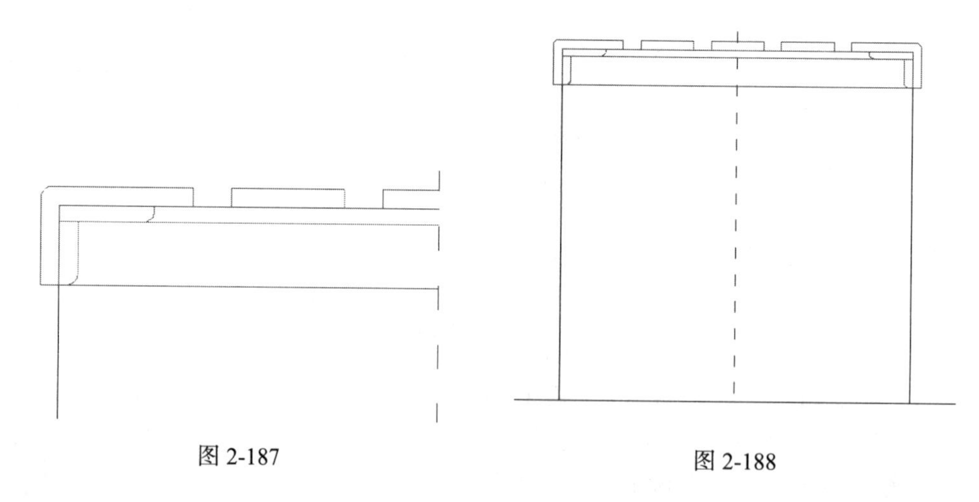

图 2-187　　　　图 2-188

命令：ZOOM　　（回车）

指定窗口的角点，输入比例因子（nX 或 nXP），或者

[全部（A）/ 中心（C）/ 动态（D）/ 范围（E）/ 上一个（P）/ 比例（S）/ 窗口（W）/ 对象（O）]

< 实时 >：A　　（全部缩放）（回车）

重新生成模型，全图显示。

运行“偏移”命令，以距离 700mm，向右偏移园凳立面图中心辅助线；以距离 350mm，左、右偏移园凳剖面中心辅助线。

运行“修剪”命令，以刚才使用偏移命令绘制出的线条为界，剪断立面图与剖面图之间、剖面图与右侧辅助线之间的地平连线；修剪完成后，删除多余的线条（如图 2-189 所示）。

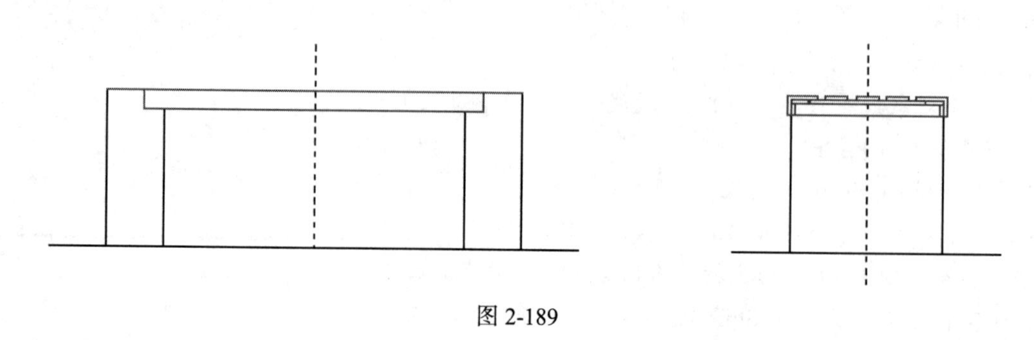

图 2-189

3. 图形整理

下面进行加粗地平线、园凳立面图外轮廓线、剖面图的面板轮廓线的操作。

加粗线条有两种方法，下面分别使用。

1〉地平线的处理

命令：PEDIT

选择多段线或［多条（M）］：M　（回车）

选择对象：（方形光标点击立面图地平线）找到 1 个

选择对象：（方形光标点击剖面图地平线）找到 2 个

选择对象：　（回车）

是否将直线、圆弧和样条曲线转换为多段线？［是（Y）/ 否（N）］？ <Y>　（回车）

输入选项［闭合（C）/ 打开（O）/ 合并（J）/ 宽度（W）/ 编辑顶点（E）/ 拟合（F）/ 样条曲线（S）/ 非曲线化（D）/ 线型生成（L）/ 反转（R）/ 放弃（U）］：W　（回车）

指定所有线段的新宽度：10　（回车）

输入选项［闭合（C）/ 打开（O）/ 合并（J）/ 宽度（W）/ 编辑顶点（E）/ 拟合（F）/ 样条曲线（S）/ 非曲线化（D）/ 线型生成（L）/ 反转（R）/ 放弃（U）］：　（回车）

完成地平线的加粗（如图 2-190 所示）。

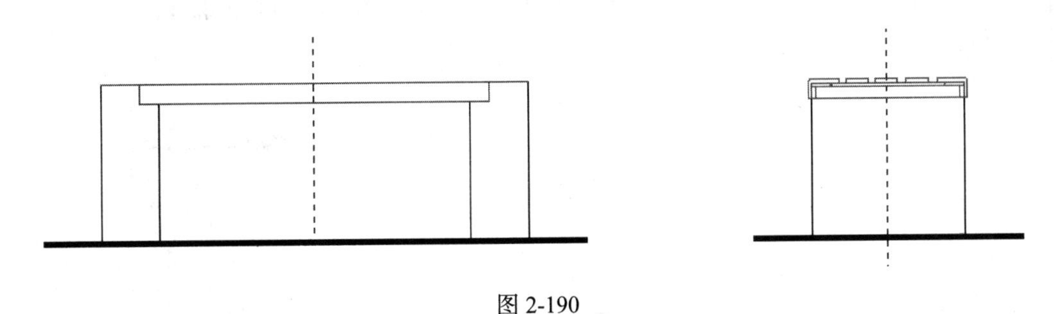

图 2-190

2〉园凳立面图的处理

先对立面图中的面板轮廓线进行加粗，选择“面板”层为当前图层。

由于园凳立面中的面板和支柱是同时绘制的，线段之间相连，不能用 PEDIT 命令编辑修改，所以用“多段线”命令加粗。

命令：_pline　（回车）

指定起点：< 对象捕捉 开 >（光标捕捉面板层左侧上端点）

当前线宽为 10

指定下一个点或［圆弧（A）/ 半宽（H）/ 长度（L）/ 放弃（U）/ 宽度（W）］：W　（回车）

指定起点宽度 <10>：5　（回车）

指定端点宽度 <5>：　（回车）

指定下一个点或［圆弧（A）/ 闭合（C）/ 半宽（H）/ 长度（L）/ 放弃（U）/ 宽度（W）］：（光标捕捉面板层右侧上端点）

指定下一个点或［圆弧（A）/ 闭合（C）/ 半宽（H）/ 长度（L）/ 放弃（U）/ 宽度（W）］：（光标捕捉面板层左侧下端点）

指定下一个点或［圆弧（A）/ 闭合（C）/ 半宽（H）/ 长度（L）/ 放弃（U）/ 宽度（W）］：（光标捕捉面板层右侧下端点）

指定下一个点或［圆弧（A）/ 闭合（C）/ 半宽（H）/ 长度（L）/ 放弃（U）/ 宽度（W）］：　（回车）

完成立面图中面板轮廓线的加粗。

将“支柱”置为当前图层。回车，重复“多段线”命令。

用上述相同的方法完成立面图中支柱轮廓线的处理，线条宽度 W=5（如图 2-191 所示）。

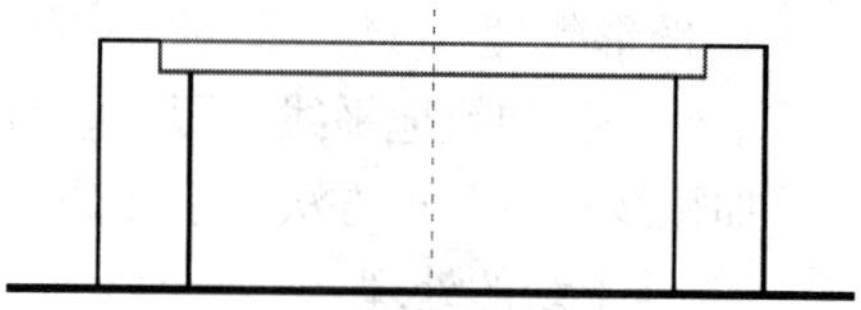

图 2-191

3〉园凳剖面图的处理

同样采用“多段线”命令给园凳剖面图中的面板轮廓线加粗。

命令：PLINE

指定起点：（光标捕捉面板层左侧上端点）

当前线宽为 5

（光标依次捕捉剖面图中面板轮廓转折点）

指定下一个点或［圆弧（A）/ 半宽（H）/ 长度（L）/ 放弃（U）/ 宽度（W）］:

指定下一个点或［圆弧（A）/ 闭合（C）/ 半宽（H）/ 长度（L）/ 放弃（U）/ 宽度（W）］:

指定下一个点或［圆弧（A）/ 闭合（C）/ 半宽（H）/ 长度（L）/ 放弃（U）/ 宽度（W）］:

（如图 2-192 所示）

……

指定下一个点或［圆弧（A）/ 闭合（C）/ 半宽（H）/ 长度（L）/ 放弃（U）/ 宽度（W）］:

回车，重复“多段线”命令，线条宽度 W=2，加粗面板层拐角处的钢筋轮廓线。

结束剖面图面板轮廓线的绘制（如图 2-193 所示）。

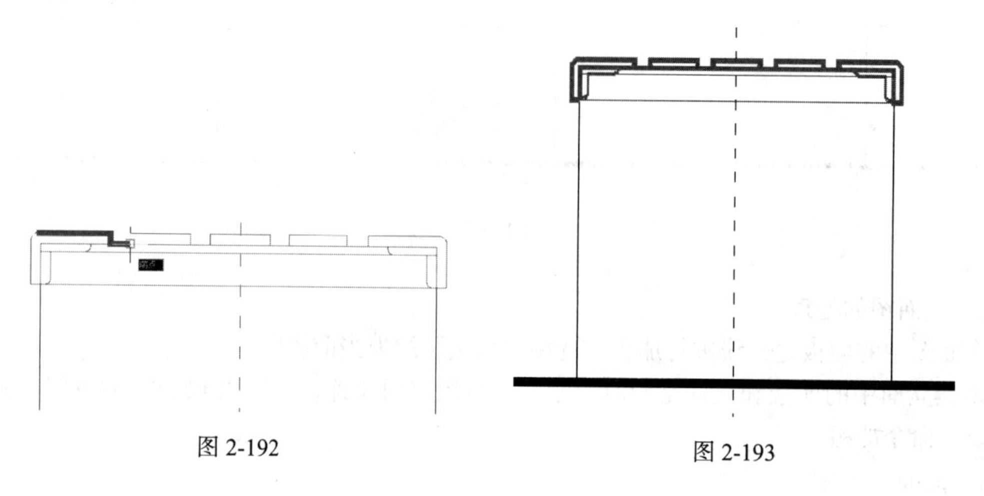

图 2-192　　图 2-193

● 填充园凳图案

在图层的下拉表框中选择“面板”层，即将“面板”层设为当前层。

命令：HATCH　　（回车）

系统弹出“图案填充和渐变色”对话框；单击“图案”选项后的省略按钮，屏幕上弹出“填充图案选项板”窗口；在窗口中选择“EARTH”图案，单击“确定”返回“图案填充和渐变色”对话框，图案的样例变为“EARTH”图案。单击“拾取点”按钮，“图案填充和渐变色”对话框暂时隐蔽，返回屏幕视图，在园凳立面图上进行选择。

命令：HATCH

拾取内部点或［选择对象（S）/ 删除边界（B）］:（十字光标放在立面图面板区域里，单击）

正在选择所有对象 ...

正在选择所有可见对象 ...

正在分析所选数据 ...

正在分析内部孤岛 ...（此时这一区域的边缘线变为虚断线，处于可编辑状态）

拾取内部点或 [选择对象（S）/ 删除边界（B）]:　　（回车）

单击对话框左下角的“预览”按钮，屏幕上显示图案填充的效果，

拾取或按 Esc 键返回到对话框或 < 单击右键接受图案填充 >:　　（Esc）

在“图案填充和渐变色”对话框中把“比例”项数值由 1 改为 5，再次单击“预览”，察看图案效果。

拾取或按 Esc 键返回到对话框或 < 单击右键接受图案填充 >:　　（Esc）

在“图案填充和渐变色”对话框中单击“确定”，返回图形，园凳面板被图案填充。

填充立面图中的园凳支柱。在“支柱”层中，重复“填充”命令，选择“AR-SAND”图案位填充图案，“比例”项数值为 1。

得到填充效果如图 2-194 所示。

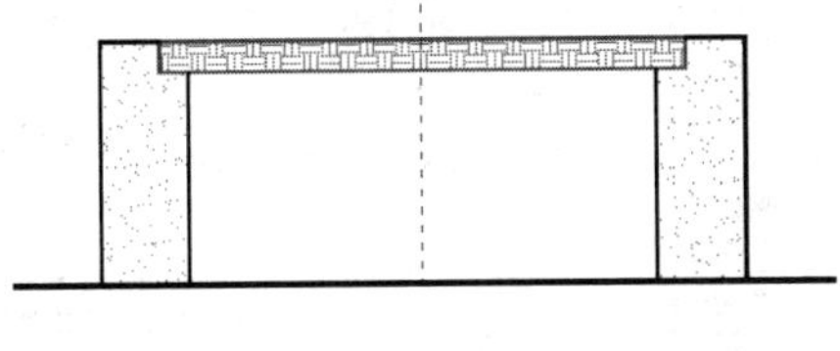

图 2-194

● 标注尺寸

方法与前面几个实例中介绍的相同。设置完成标注样式后，将“标注”层置为当前图层，打开对象捕捉，开始尺寸标注。

运用“缩放”和“平移”工具逐个放大显示平、立、剖图，连续运行“线性标注”命令，标出图中的尺寸。

完成园凳小品的尺寸标注（如图 2-195 所示）。

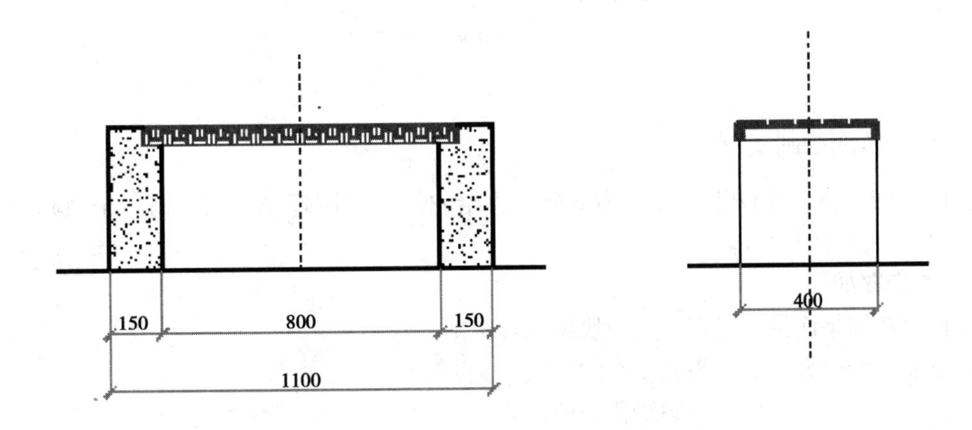

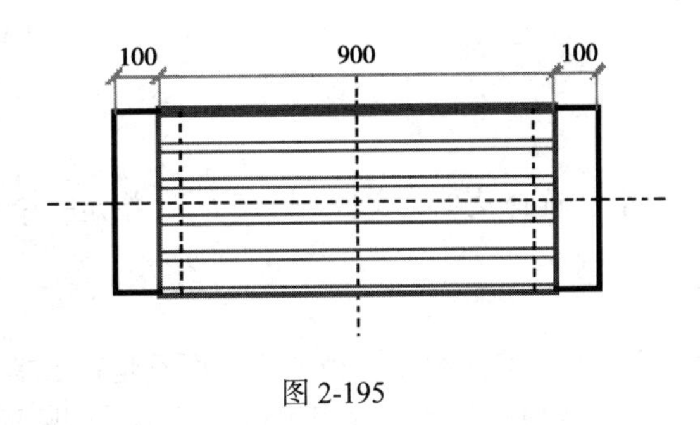

图 2-195

● 添加标注文字

将“文字”层设为当前层，在添加文字前，进行文字样式的设置，运行单行文字工具（详细操作见前面几个实例）。

给图形添加图名（如图 2-196 所示）。

结束命令，完成文字标注，图形整体效果如彩页图示。

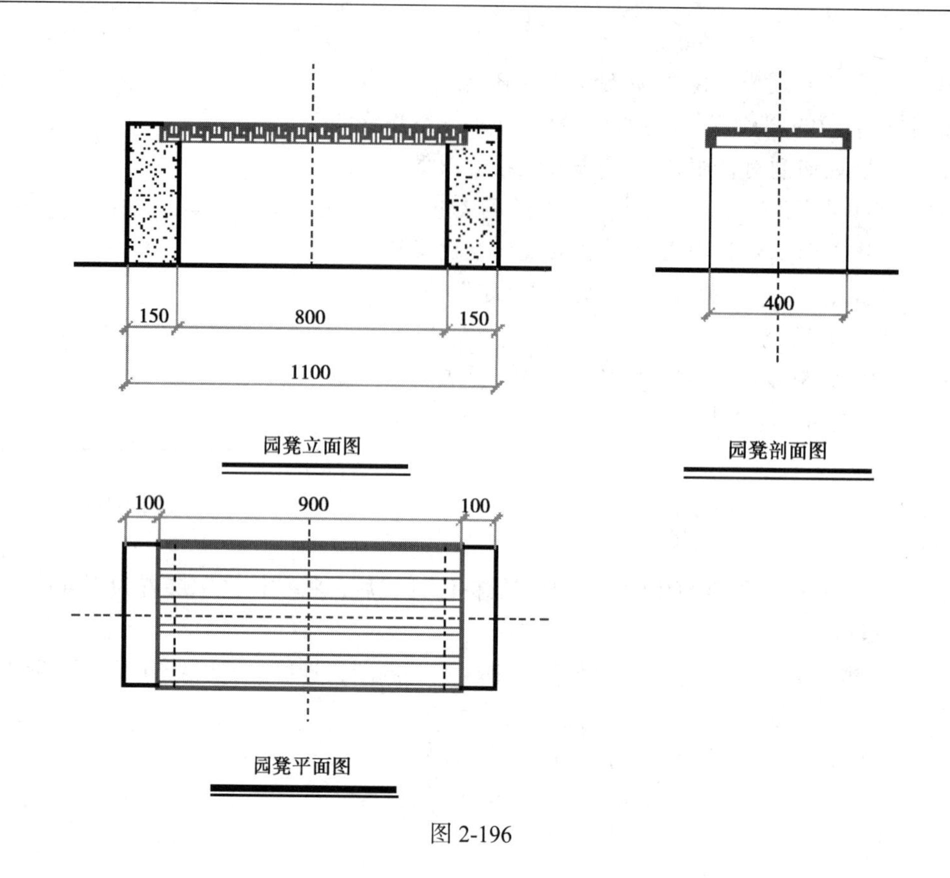

图 2-196

2.2.6 小块绿地种植图绘制实例

本节把前面 2.2.1 模纹花坛平面图作为基础，再给它添加周围环境，制作出一个规则式方块绿地，主要使读者了解绘制方法和步骤。

绘制的主要步骤如下：

1〉打开模纹花坛平面图，另存为“小块绿地种植图”；

2〉删除不需要的内容，或关闭其所在的图层；

3〉在图面上插入树型图块，绘制绿化种植模式；

4〉添加种植的图例或文字注释；

5〉添加或修改图名内容。

具体的绘制如下：

● 保存文件

打开文件“模纹花坛平面图”，选择菜单“文件 / 另存为”，指定一个途径，文件名为“小块绿地种植图”。

● 删减图形内容

由于“小块绿地种植图”主要是要表现绿地种植内容，而不是花坛本身，所以需要删减原有图形中的部分文字说明，仅保留图名，留待以后修改。这里可以暂时不做删除而是关闭“标注”、“文字说明”图层前的灯泡（图层显示开关），需要时再做修改或删除。

提示：暂时关闭“文字说明”图层，进行修改操作时再打开显示开关。

● 修改绘图环境

1. 重新设置绘图范围

由于原有的绘图空间已经不能满足种植图的需要，所以要在原有的基础上加大绘图范围，需要重新设置绘图范围。

操作如下：

命令：LIMITS（回车）

重新设置模型空间界限：

指定左下角点或［开（ON）/ 关（OFF）］<0，0>:（回车）

指定右上角点 <15000，15000>：28000，28000（回车）

结束命令。

命令：ZOOM（回车）

指定窗口的角点，输入比例因子（nX 或 nXP），或者

［全部（A）/ 中心（C）/ 动态（D）/ 范围（E）/ 上一个（P）/ 比例（S）/ 窗口（W）/ 对象（O）］< 实时 >：A（回车）

重新生成模型。

此时发现图形处于画面的左下角，执行“移动”命令，将花坛图形全部线条移动到画面中间部分，便于以后的绘图操作。

2. 添加图层

在原有的图层设置基础上，继续添加新图层，打开“图层特性管理器”对话框，添加“树木”、“绿篱”、“绿地”、“铺装”等层，设置如图 2-197 所示。

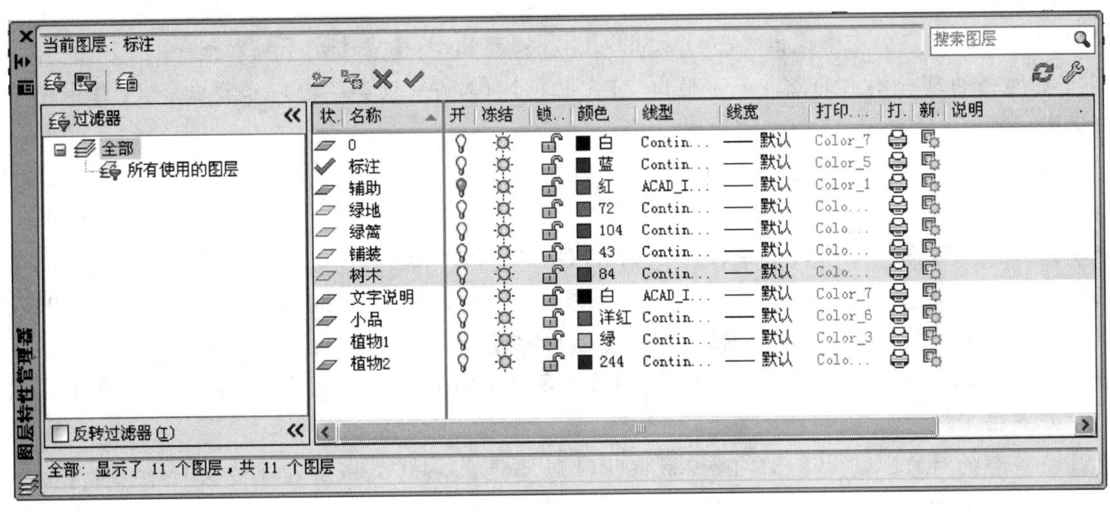

图 2-197

● 绘制绿地平面

在花坛外围绘制一长方形绿地，中间有一圆形铺装广场，并有道路穿插在内。

1. 修改辅助线

打开“辅助”图层前的灯泡（图层显示开关），并将其置为当前图层。由于绘图范围加大，所以要对辅助线进行拉伸，使其满足绘图要求。

按下 F8，打开“正交”。

点击水平辅助线，使它处于编辑状态，鼠标点击水平辅助线右端点，此时命令行出现：

** 拉伸 **

指定拉伸点或［基点（B）/ 复制（C）/ 放弃（U）/ 退出（X）］:

向右拉伸至足够长的位置（根据绿地范围，估计位置）（如图 2-198 所示）后，单击鼠标左键。

用同样的方法，拉伸水平辅助线左端点和垂直辅助线的上下两个端点（如图 2-199 所示）。

2. 绘制绿地图案

先绘制绿地外边界，运行“偏移”命令。

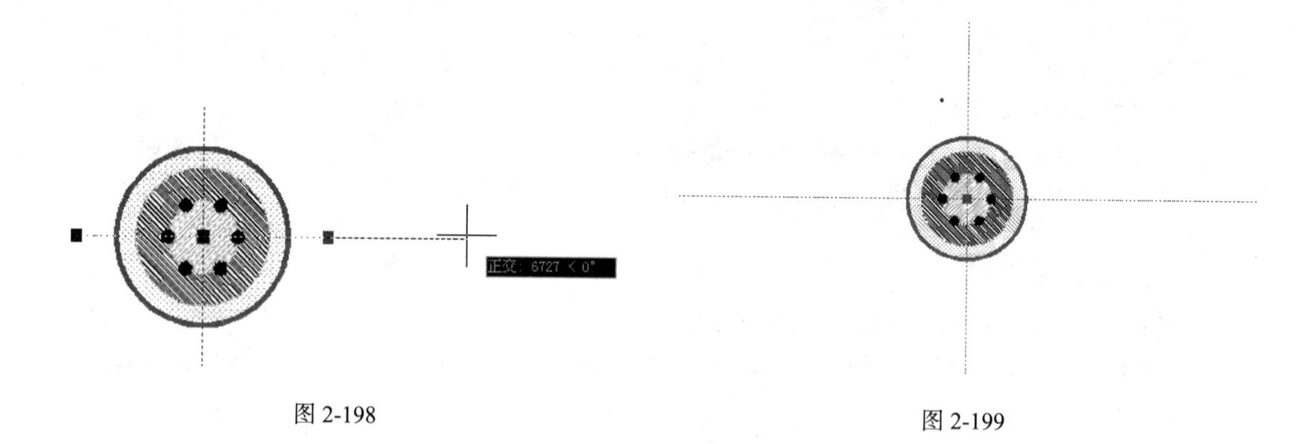

图 2-198

图 2-199

命令：OFFSET　（回车）

当前设置：删除源 = 否　图层 = 源　OFFSETGAPTYPE = 0

指定偏移距离或 [通过（T）/ 删除（E）/ 图层（L）] < 通过 >：10000　（回车）

选择要偏移的对象，或 [退出（E）/ 放弃（U）] < 退出 >：（点击水平辅助线）

指定要偏移的那一侧上的点，或 [退出（E）/ 多个（M）/ 放弃（U）] < 退出 >：（在水平辅助线上边任意处点击）

选择要偏移的对象，或 [退出（E）/ 放弃（U）] < 退出 >：（点击水平辅助线）

指定要偏移的那一侧上的点，或 [退出（E）/ 多个（M）/ 放弃（U）] < 退出 >：（在水平辅助线下边任意处点击）

选择要偏移的对象，或 [退出（E）/ 放弃（U）] < 退出 >：　（回车）

命令：OFFSET　（回车）

当前设置：删除源 = 否　图层 = 源　OFFSETGAPTYPE = 0

指定偏移距离或 [通过（T）/ 删除（E）/ 图层（L）] <10000>：15000　（回车）

选择要偏移的对象，或 [退出（E）/ 放弃（U）] < 退出 >：（点击垂直辅助线）

指定要偏移的那一侧上的点，或 [退出（E）/ 多个（M）/ 放弃（U）] < 退出 >：（在垂直辅助线左方任意处点击）

选择要偏移的对象，或 [退出（E）/ 放弃（U）] < 退出 >：（点击垂直辅助线）

指定要偏移的那一侧上的点，或 [退出（E）/ 多个（M）/ 放弃（U）] < 退出 >：（在垂直辅助线右方任意处点击）

选择要偏移的对象，或 [退出（E）/ 放弃（U）] < 退出 >：　（回车）

偏移得到绿地外边界。

继续运行“偏移”命令，以距离 1000mm，分别向垂直辅助线和水平辅助线两侧偏移，得到绿地中间道路边线（如图 2-200 所示）。

下面用“圆”命令，绘制绿地中心小广场。

将“铺装”层置为当前，按下 F3，打开“对象捕捉”。

命令：_circle　（回车）

指定圆的圆心或 [三点（3P）/ 两点（2P）/ 切点、切点、半径（T）]：（光标捕捉花坛的圆心）

指定圆的半径或 [直径（D）]：7200　（回车）

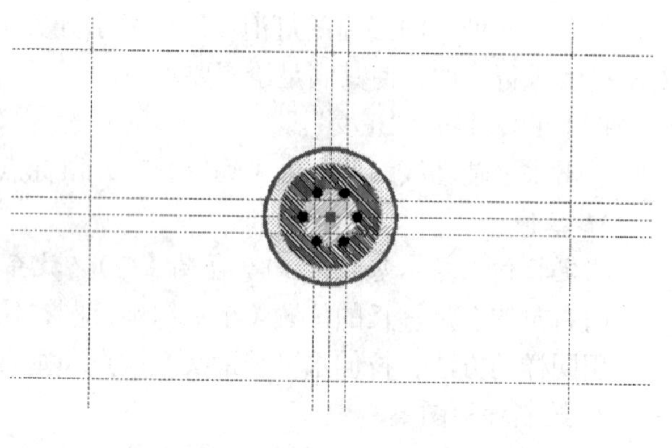

图 2-200

绘制出绿地中心广场（如图 2-201 所示）。

修剪多余的线条，将留下的线条转换为“绿地”层，得到绿地范围（如图 2-202 所示）。

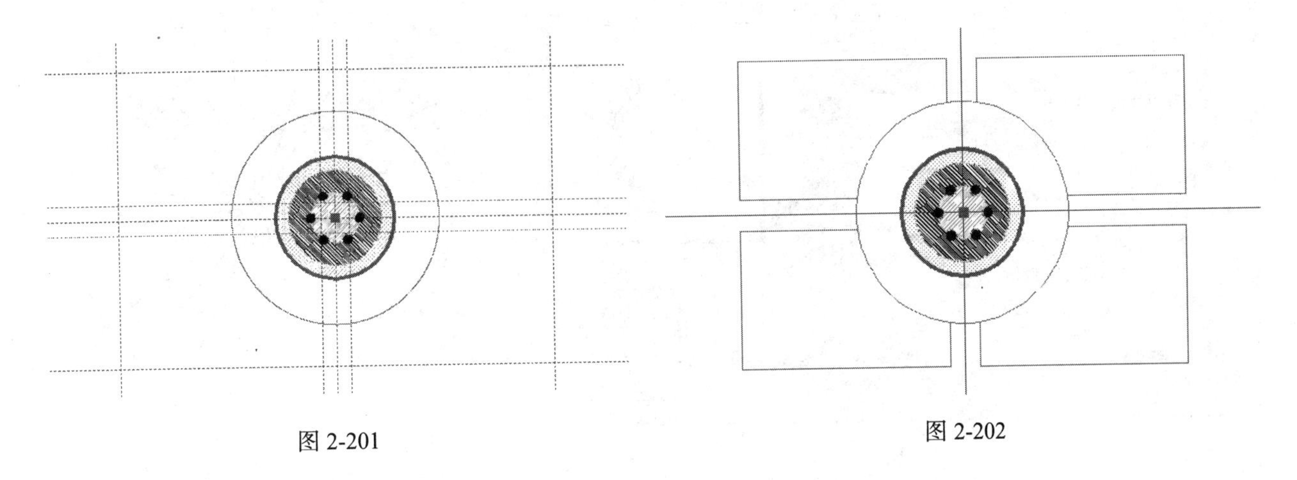

图 2-201　　　　图 2-202

● 绘制植物

植物的绘制主要是各类乔灌木和地被植物的绘制。在种植设计和施工图中，树木冠径的大小一般以成年树木的冠径为绘图标准，而不依赖于栽植时的冠径；一般大乔木、绿地孤植树、行道树冠径取 5 ~ 7m，普通中小乔木冠径取 3 ~ 5m，大灌木冠径取 1.5 ~ 2.5m，中小灌木取 1 ~ 2m，整形灌木可以以实际尺寸为准。

由于本图仅为一小块绿地，植物绘制主要是乔木、绿篱的绘制。大型的种植设计、施工图的绘制，见后面第三章，这里只对绘图方法进行简单介绍。

树木的绘制有两种方式，一种是运行“插入 / 块”命令，从“光盘：\ 树块 \”中直接选择不同的树形，另一种更为简便的方法是绘制不同规格的圆，复制后放在合适的位置代表树木，圆中标志各种树木的文字代号。

本节我们采用“插入 / 块”命令，绘制树木。

首先，我们给读者介绍制作简单树块的方法，在后面插入时使用。

将“树木”层置为当前层。

在图面放大到图形左侧空白处，运行“圆”命令。

命令：_circle

指定圆的圆心或 [三点（3P）/ 两点（2P）/ 切点、切点、半径（T）]：　　（回车）

指定圆的半径或 [直径（D）]：2500

绘制出一个直径为 5m 的圆形。

再用“直线”命令，从圆心向圆外绘制一条直线（如图 2-203 所示）。

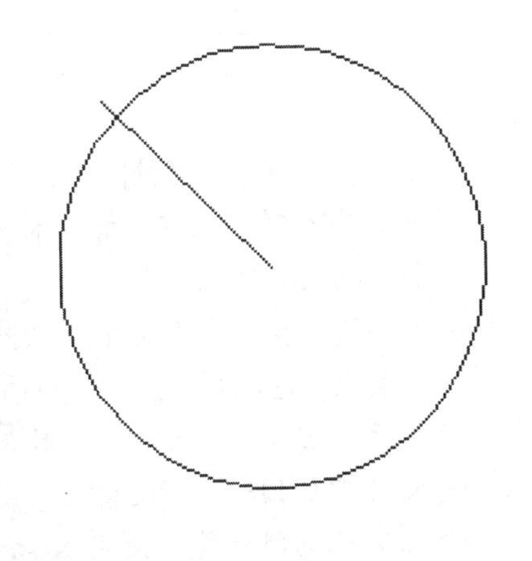

图 2-203

运行“阵列”命令，

命令：_array

选择对象：找到 1 个（选择刚绘制出的直线）

选择对象：　　（回车）

指定阵列中心点：< 对象捕捉　开 >（捕捉圆心）

在“阵列”对话框中设置参数如图 2-204 所示，确定后得到如图 2-205 所示的图形。

绘制好一个简单图例后，将其定义成块。

命令：BLOCK（B）　　（回车）

选择对象：指定对角点：找到 26 个（框选中整个图例）

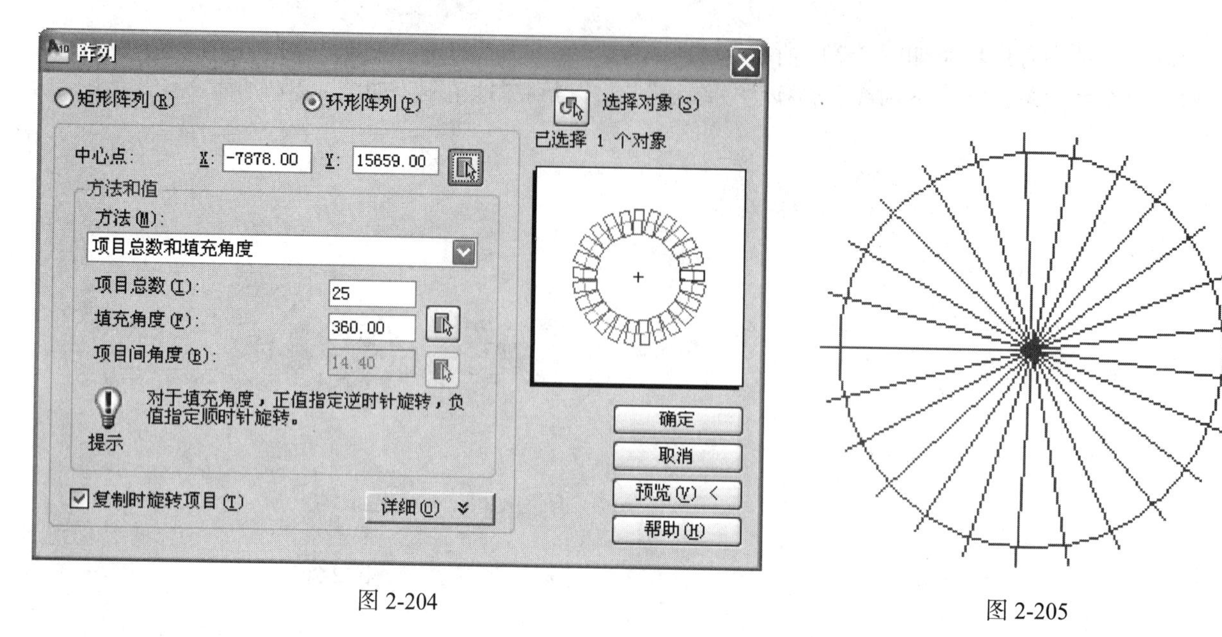

图 2-204

图 2-205

选择对象：（回车）

指定插入基点：（捕捉图例的圆心）

在“块定义”对话框中，定义块名称为 T001（如图 2-206 所示），确定后该图例被定义为“树块”T001。

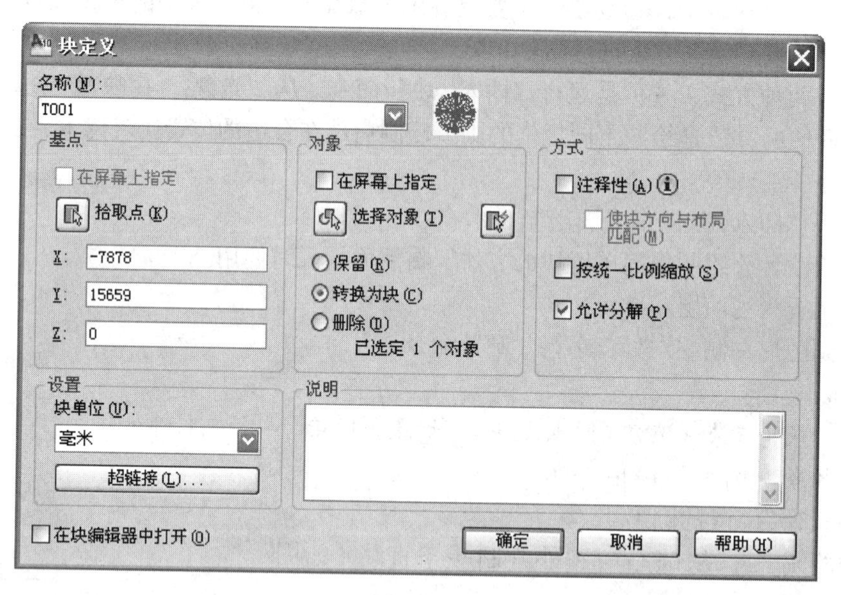

图 2-206

照此方法可以绘制多种图例，在插入树块时使用。

下面在图形文件上添加常绿乔木，这里使用的树块为光盘中提供的树块，读者也可插入自己绘制的图块。

命令：INSERT（回车）

系统出现“插入”对话框（如图 2-207 所示），选择浏览，找到光盘中的树块（如图 2-208 所示），打开后，系统又返回到“插入”对话框，点击“确定”，命令行出现：

指定插入点或 [基点（B）/ 比例（S）/X/Y/Z/ 旋转（R）]：（在图中绿地范围内单击）

输入 X 比例因子，指定对角点，或 [角点（C）/XYZ（XYZ）] <1>：1（回车）

输入 Y 比例因子或 < 使用 X 比例因子 >：（回车）

这时一个比例因子为 1 的树块出现在图形中（如图 2-209 所示）。

图 2-207

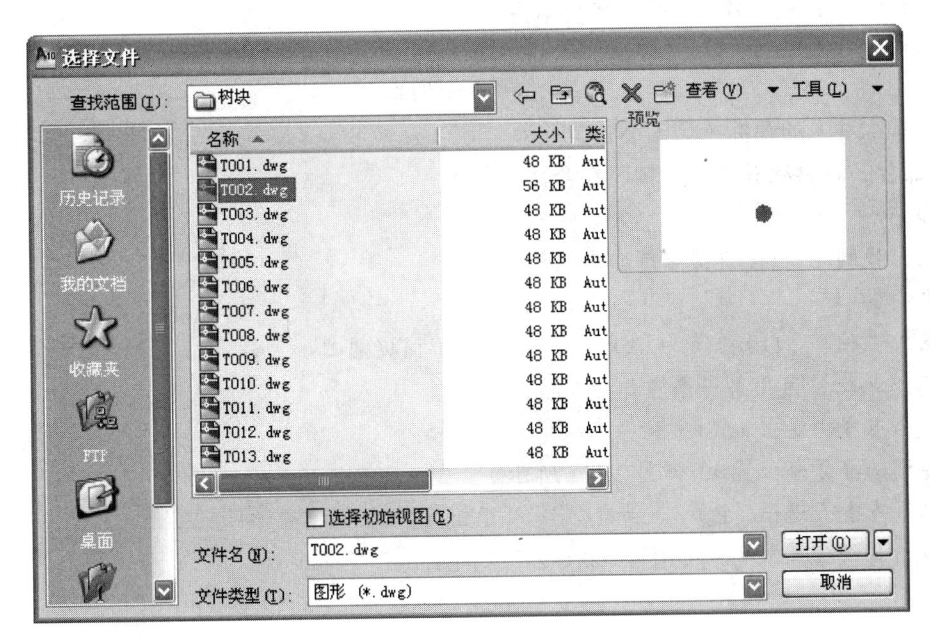

图 2-208

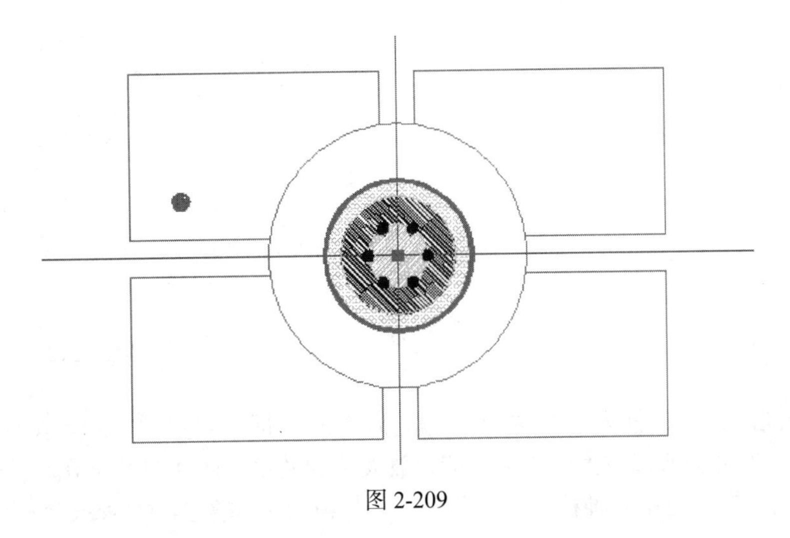

图 2-209

由于这个树块代表常绿乔木，显然其比例偏小，需要放大比例。

下面计算缩放比例。

命令：DIST（DI）（或者选择菜单“工具 / 查询 / 距离”） （回车）

指定第一点：（在圆形图标边缘单击）

指定第二点：（在通过圆形图标直径的另一点单击）

距离 = 1008，XY 平面中的倾角 = 91，与 XY 平面的夹角 = 0

X 增量 = -11，Y 增量 = 1008，Z 增量 = 0

测量得到直径 1008，根据实际情况，该乔木的实际直径为 5000，用实际尺寸 / 测量尺寸 =4.96，所得数据即为树块要放大的倍数。

命令：SCALE（SC） （回车）

选择对象：找到 1 个（选择刚才插入的树块）

选择对象： （回车）

指定基点：< 对象捕捉 开 >（捕捉树块圆心）

指定比例因子或［复制（C）/ 参照（R）］<1>：5 （回车）

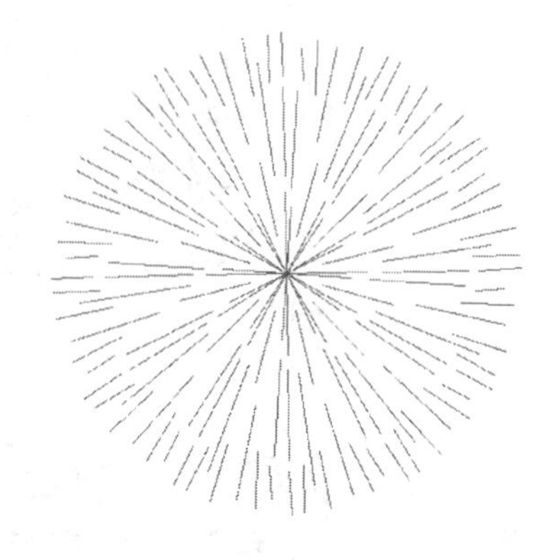

图 2-210

放大得到常绿乔木的图标（如图 2-210 所示）。

“复制”命令，将常绿乔木“种植”在合适的位置。

命令：_copy

选择对象，找到 1 个 （选择常绿乔木图标） （回车）

选择对象： （回车）

指定基点或［位移（D）/ 模式（O）］< 位移 >：（捕捉圆心）

指定第二个点或 < 使用第一个点作为位移 >：

指定第二个点或［退出（E）/ 放弃（U）］< 退出 >：

……（连续选择复制位置）（如图 2-211 所示） （回车）

指定第二个点或［退出（E）/ 放弃（U）］< 退出 >：

复制完成所有常绿乔木的“种植”（如图 2-212 所示）。

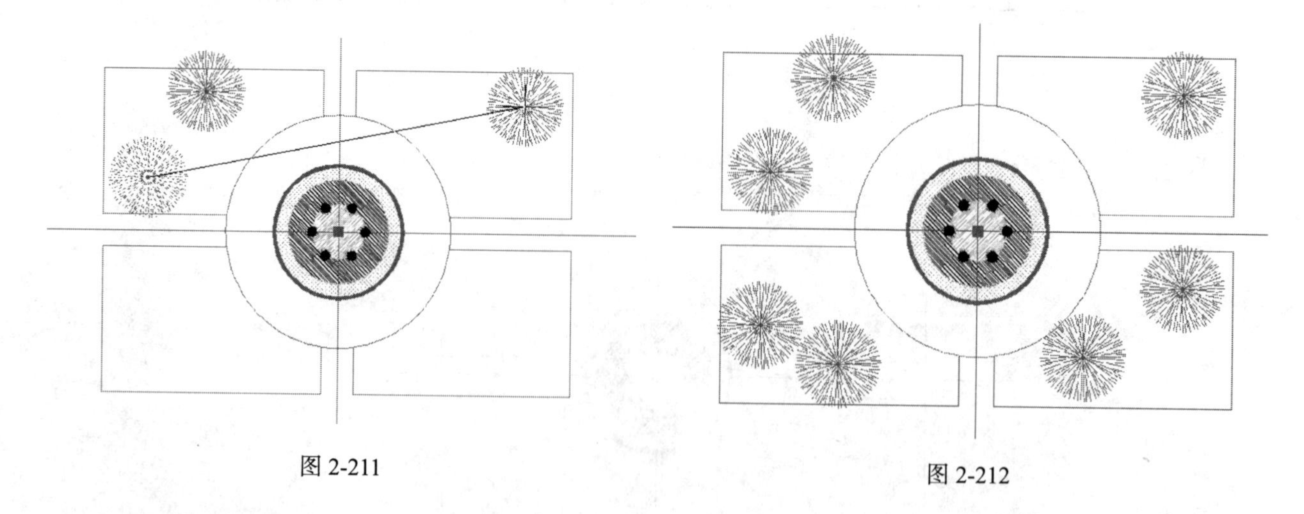

图 2-211 图 2-212

下面用上述相同的方法，插入一个树块作为花灌木的图标（如图 2-213 所示）。图中测量冠径为 1000，实际冠径应为 2000，所以放大该图标 2 倍，放大后的效果如图 2-214 所示。

运用“复制”命令，在图中“种植”所有花灌木，种植效果如图 2-215 所示。

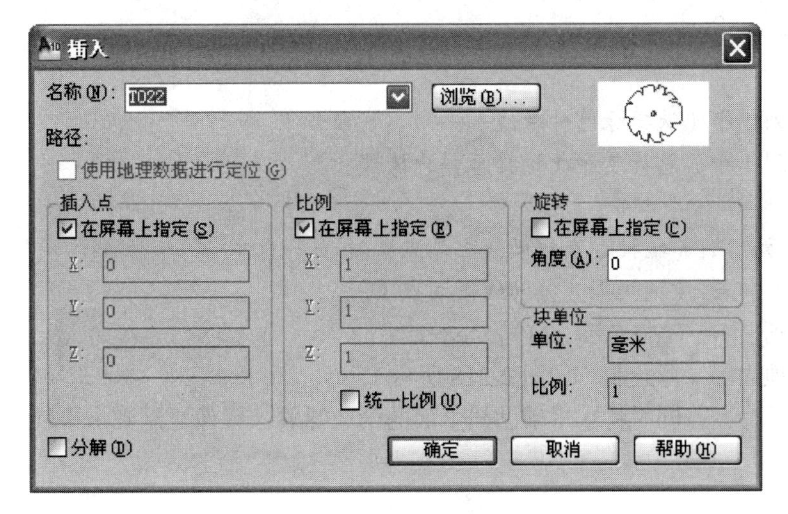

图 2-213

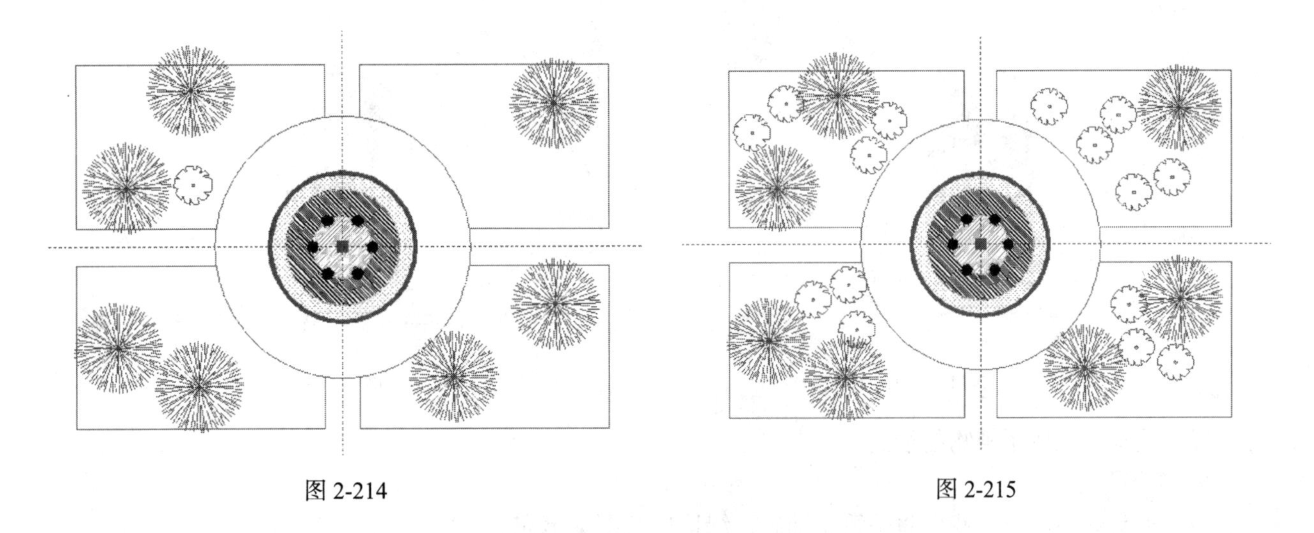

图 2-214　　　　图 2-215

接下来，我们在绿地周边“种植”绿篱，先绘制出左上角绿地内的绿篱。

将“绿篱”层置为当前层，运用“多段线”命令，在靠近绿地边缘处，延绿地形状绘制出绿篱外边缘线（如图 2-216 所示）。

将外缘线再向内偏移 400mm，得到绿篱内边缘线（如图 2-217 所示）。

运用“镜像”命令，将左上角绿地内的绿篱，镜像复制到右上角绿地内。

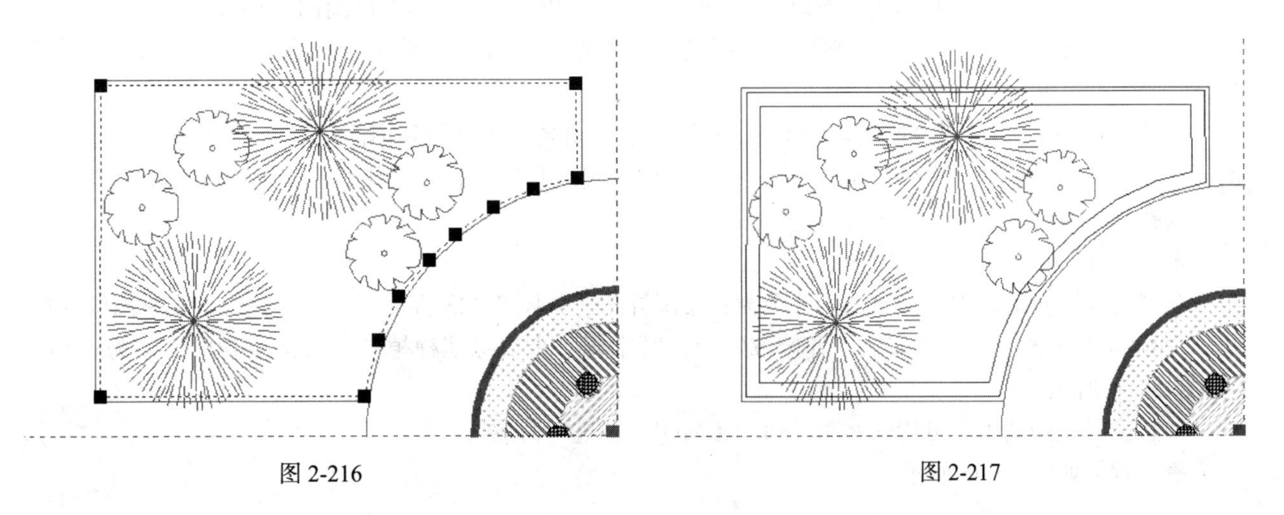

图 2-216　　　　图 2-217

按下 F3，打开“对象捕捉”。

命令：_mirror

选择对象：找到 1 个（选择绿篱外缘线）

选择对象：找到 1 个，总计 2 个（选择绿篱内缘线）

选择对象：（回车）

指定镜像线的第一点：（捕捉垂直辅助线上端点）

指定镜像线的第二点：（捕捉垂直辅助线下端点）

要删除源对象吗？[是（Y）/ 否（N）] <N>：（回车）

完成右上角绿地内的绿篱绘制（如图 2-218 所示）。

继续用“镜像”命令，同时将水平辅助线上面的两组绿篱，镜像复制到水平辅助线下面的两块绿地内（如图 2-219 所示）。

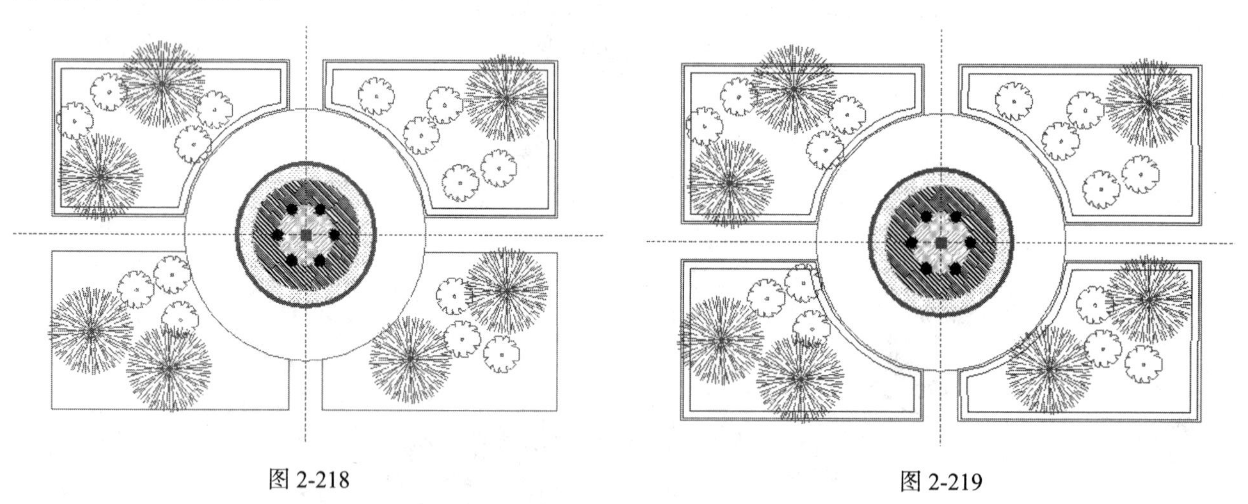

图 2-218　　　　图 2-219

现在基本上完成了植物的绘制。

● 填充图案

为了丰富图面内容，我们将绿篱、铺装、绿地进行图案填充。

在“绿篱”层，填充“EARTH”图案，比例为 1500；

在“绿地”层，填充“GRASS”图案，比例为 1000；

在“铺装”层，填充“ZIGZAG”图案，比例为 2000。

填充效果，如图 2-220 所示。

● 添加植物标注

此时辅助线已经不再起作用，所以将其关闭，同时打开“文字说明”层前面的小灯泡。

由于在前面的绘图中，已经删除了没用的文字注解，仅保留了图名，仍在原来的位置上（如图 2-221 所示）。

下面我们在“标注”层添加标注引线，并且将原有图名连续复制到标注线后面（如图 2-222 所示）。也可以选择菜单“绘图 / 文字 / 单行文字（多行文字）”或按下 DT 键，运行文字工具，读者可自行尝试。

选择第一行文字。

命令：_properties

在“特性”对话框中，文字内容修改为：常绿乔木（如图 2-223 所示），图中文字也相应得到修改。

用相同的方法，将其余文字一并修改完成，其中将“小块绿地种植图”的文字高度修改为：2000（如图 2-224 所示）。

如有位置上的调整，可用“移动”命令（MOVE）进行修改。

最终效果如图 2-225 所示。

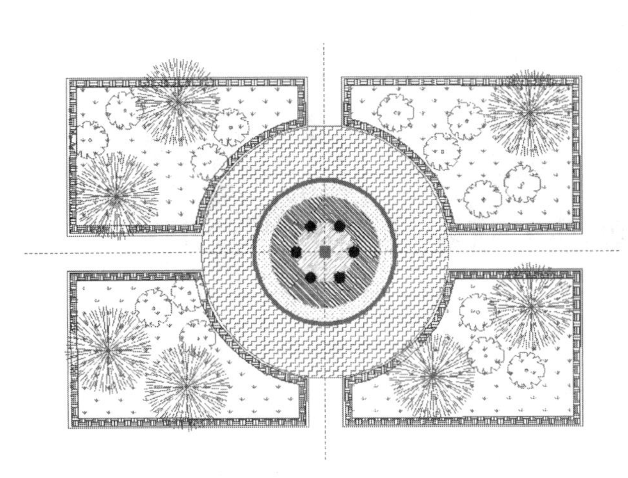

图 2-220

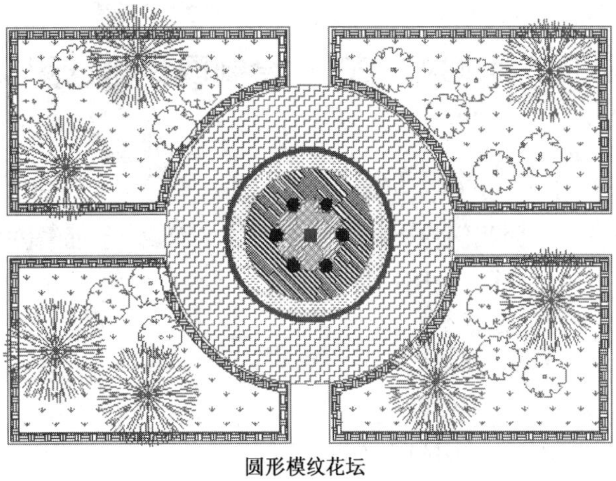

圆形模纹花坛

图 2-221

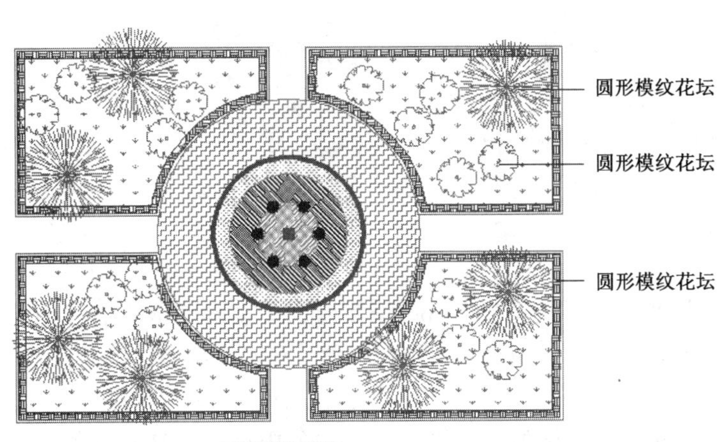

图 2-222

图 2-223

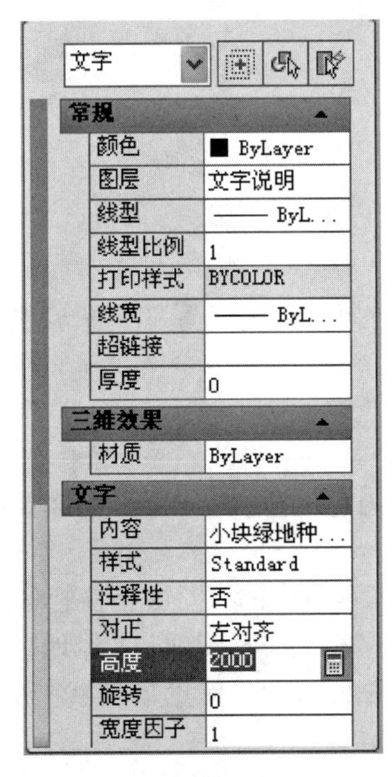

图 2-224

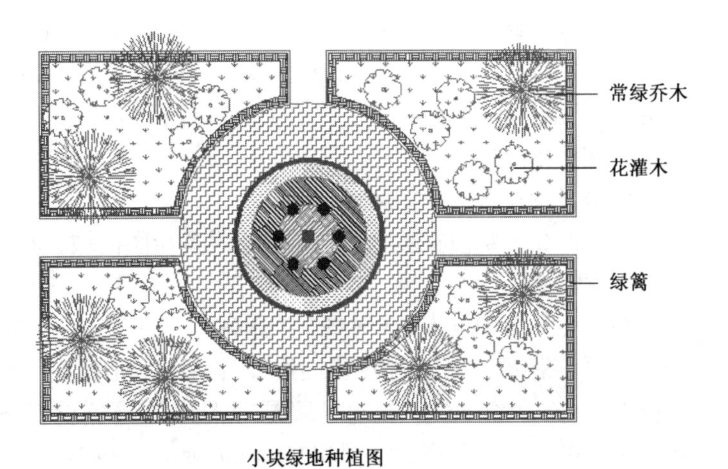

图 2-225

2.3 AutoCAD 2010 绘制园林建筑图实例

2.3.1 园门绘制实例

下面我们将进行一个园门的平面图和立面图的绘制，效果如彩页。主要绘制步骤有：

1〉建立绘图环境；

2〉设置图层；

3〉绘制图形；

A. 绘制辅助线；

B. 绘制园门平面图；

C. 绘制园门立面图；

D. 加粗线条，填充图案；

4〉标注尺寸；

5〉标注文字和图名；

6〉布图；

7〉打印设置与输出。

● 建立绘图环境

1. 绘图单位设置

命令：UNITS （回车）

系统弹出“图形单位”对话框，将“长度”栏中的精度值由 0.0000 改为 0，单击“确定”结束绘图单位设置，可以参照绘制模纹花坛实例中图 2-1 所示。

2. 绘图范围设置

图形的平面图长度为 4200mm，宽度为 2300mm，我们为图形绘制设置一个相对宽松但又不会太大的空间，设置如下：

命令：LIMITS

重新设置模型空间界限：

指定左下角点或［开（ON）/ 关（OFF）］<0，0>： （回车）

指定右上角点 <420，297>：7000，8000 （回车）

结束命令。再进行全图显示：

命令：ZOOM （回车）

指定窗口的角点，输入比例因子（nX 或 nXP），或者

［全部（A）/ 中心（C）/ 动态（D）/ 范围（E）/ 上一个（P）/ 比例（S）/ 窗口（W）/ 对象（O）］< 实时 >：A（全部缩放） （回车）

正在重生成模型。

屏幕显示设置的绘图区域范围。

如果对命令掌握得较熟练，可以不设置绘图区域，在绘制过程中用“缩放”工具根据需要放大。

3. 建立图层

在命令行输入 LAYER（图层）命令，或直接点击“图层”工具条中的“图层特性管理器”命令按钮，系统弹出“图层特性管理器”对话框，先建立“园门”、“基础”、“石刻碑”、“绿地”、“辅助”、“标注”、“文字说明”、“视口”等层。图层的颜色设置参照图 2-226 所示，辅助层的线型为 ACAD_ISO03W100，其余各层的线型为 Continuous。

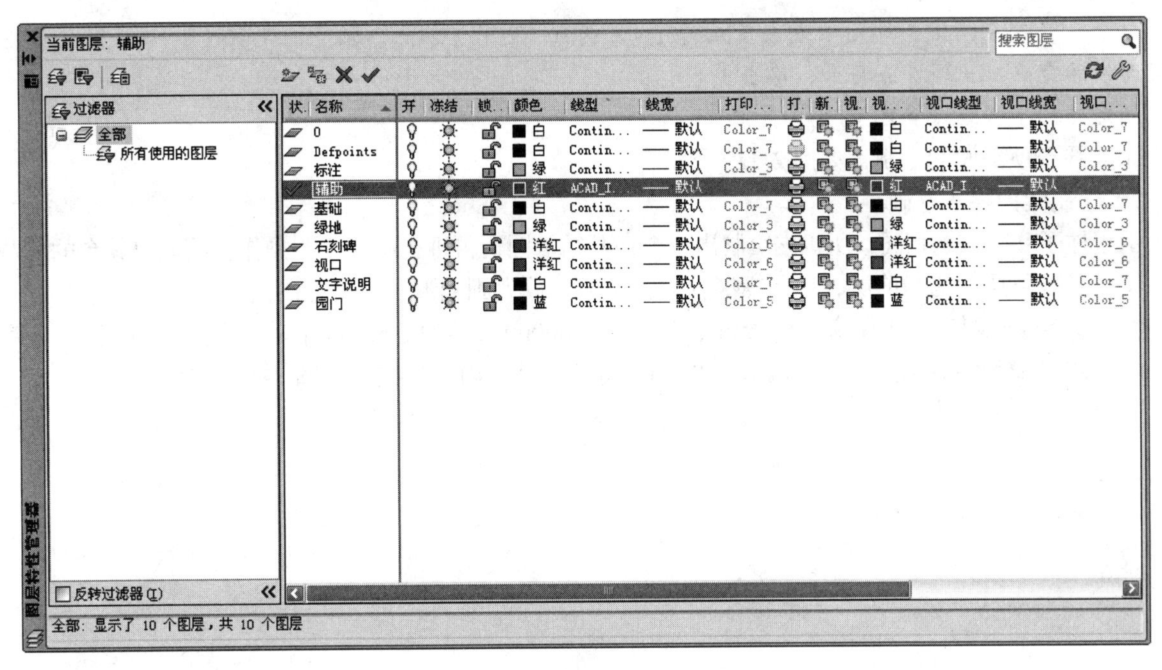

图 2-226

● 绘制图形

1. 绘制辅助线

由于园门平面和立面图中的线条是相对应的，所以辅助线可以一并绘出。

首先绘出垂直中心线。将“辅助”层置为当前图层，按下 F8 打开“正交”，运行“直线”命令。

命令：LINE

指定第一点：（在图形中下方单击）

指定下一点或［放弃（U）］：（光标放在第一点的上方）6500（回车）

指定下一点或［放弃（U）］：　（回车）

回车，重复“直线”命令，绘制长 5000mm 的水平辅助线，作为平面图的水平中心线。

运行“偏移”命令，以距离 2500mm 向上偏移水平中心线作为立面图的基础地平线（如图 2-227 所示）。

单击立面图的基础地平线，将其从“辅助”层改换到“基础”层；并且单击垂直辅助线和平面图中的水平辅助线，图层显示为“辅助”层。

命令：PROPERTIES　（回车）

系统弹出“特性”对话框，单击“线型比例”栏，把缺省的“1”改为“5”，关闭“特性”对话框。辅助线变为肉眼可观察的虚断线（如图 2-228 所示）。

2. 绘制园门的平面图

1〉绘制园门顶平面

单击图层的下拉窗口，将“园门”层设为当前层。打开“对象捕捉”或按下 F3，利用两条辅助线的交点为圆形顶面的圆心，绘制出圆顶面。

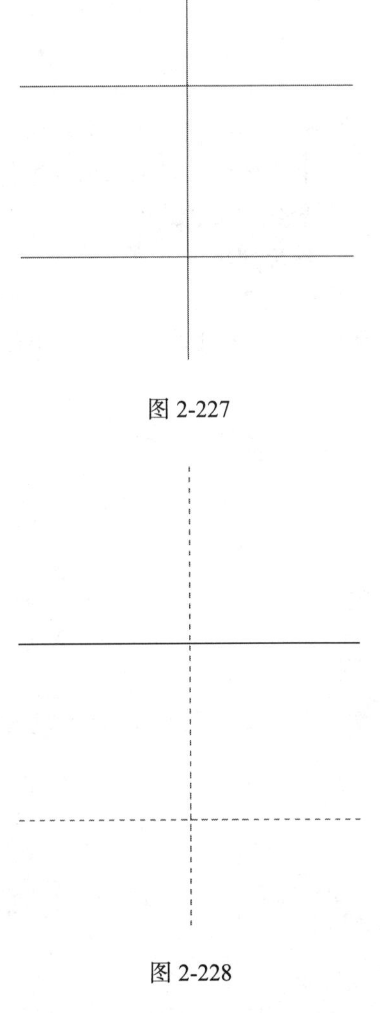

图 2-227

图 2-228

命令：_circle 指定圆的圆心或 [三点（3P）/ 两点（2P）/ 切点、切点、半径（T）]:（光标靠近两条辅助线的交点，出现交点符号，单击）

指定圆的半径或 [直径（D）]：1000　　（回车）

完成圆形顶平面的绘制（如图 2-229 所示）。

2〉绘制园门柱子基础

由于柱子基础结构相同，所以先绘制出一个柱基结构图，再进行阵列复制操作，绘制出其余的柱基。

将“基础”层置为当前层，用鼠标滚轴向上滚动，放大到圆形顶面的范围内。

将垂直辅助线依次向右偏移 570mm、600mm、800mm、830mm；水平辅助线分别向上、下偏移 250mm；水平辅助线分别向上、下偏移 280mm，得到柱基的内外边线（如图 2-230 所示）。

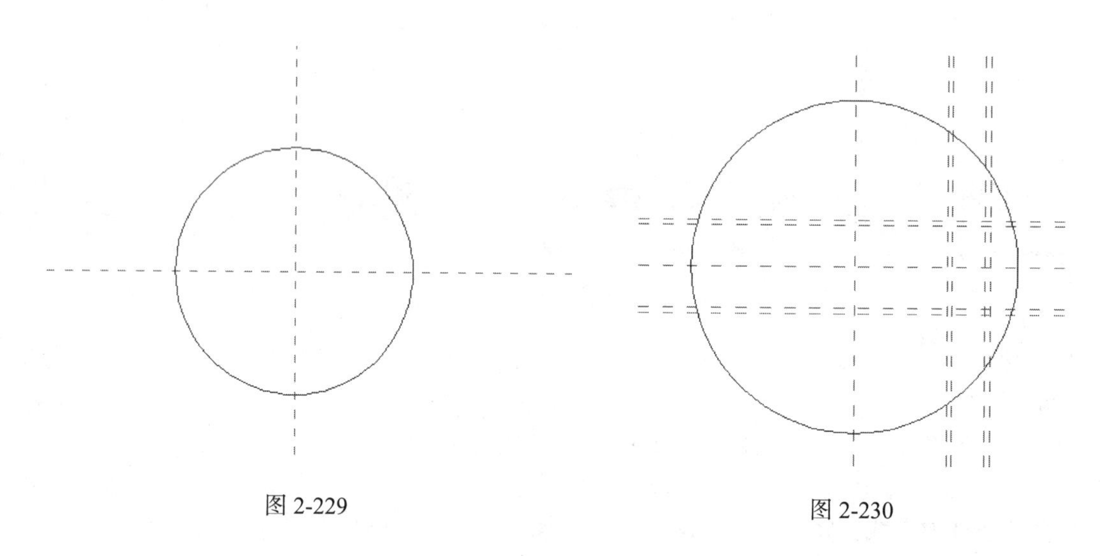

图 2-229　　图 2-230

修剪多余的线条，并将留下的线条置换到“基础”层，得到一个柱基结构图（如图 2-231 所示）。

下面运用“阵列”命令进行其余两个柱基的绘制。

命令：ARRAY　　（回车）

系统弹出“阵列”命令对话框，点击“矩形阵列”，在“行数”的表框中输入 1，在“列数”的表框中输入 2；在“行偏移”距离中输入 0，在“列偏移”距离中输入 -1700；单击“选择对象”按钮，从柱基左上到其右下框选中刚绘制好的那个柱基（如图 2-232 所示）。

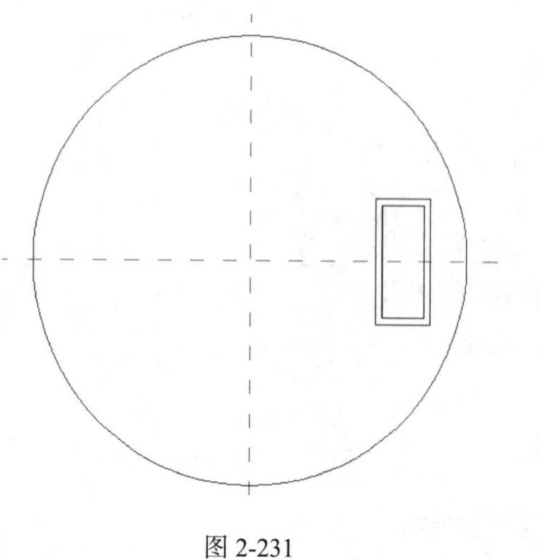

图 2-231

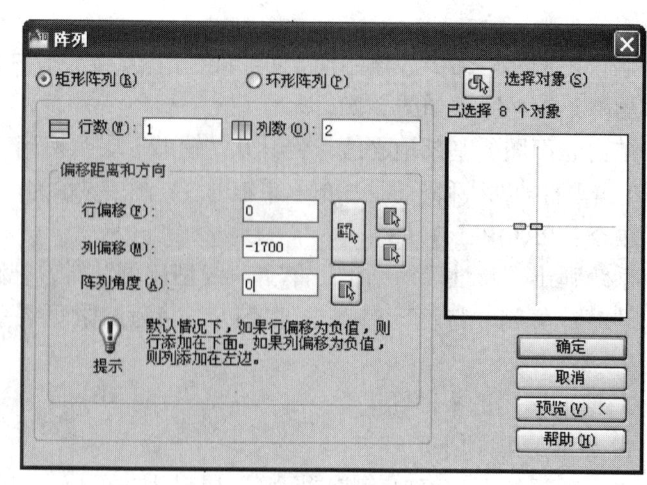

图 2-232

单击“确定”后返回绘图区域（如图 2-233 所示）。

继续运行“阵列”命令，将“列偏移”距离改为 –2100，其他值不变；选择对象同上一操作。

绘制完成园门的柱基轮廓（如图 2-234 所示）。

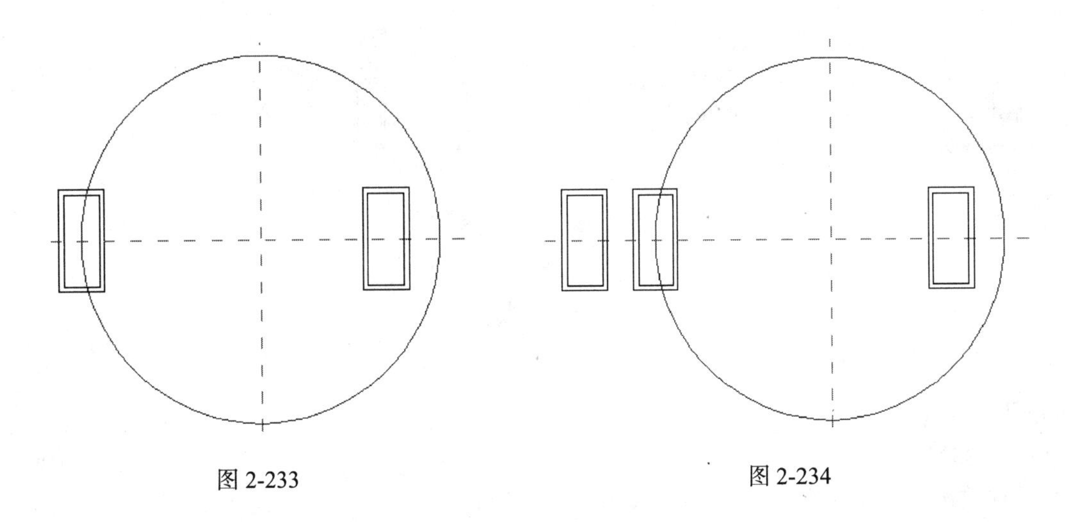

图 2-233　　图 2-234

3〉绘制石刻碑和柱子横梁

将“石刻碑”层置为当前图层。

运行“偏移”命令，将水平辅助线分别向上、下偏移 50mm 作为石刻碑的上下边缘线，同时也是柱子横梁的边缘线；垂直辅助线依次向右偏移 1100mm、1700mm 作为石刻碑的左右边缘线（如图 2-235 所示）。

修剪多余线条，在第一个柱基的右侧得到的石刻碑边缘线，将其从“辅助”改为“石刻碑”层；在第二、三个柱基的中间得到的柱子横梁边缘线，将其改为“园门”层（如图 2-236 所示）。

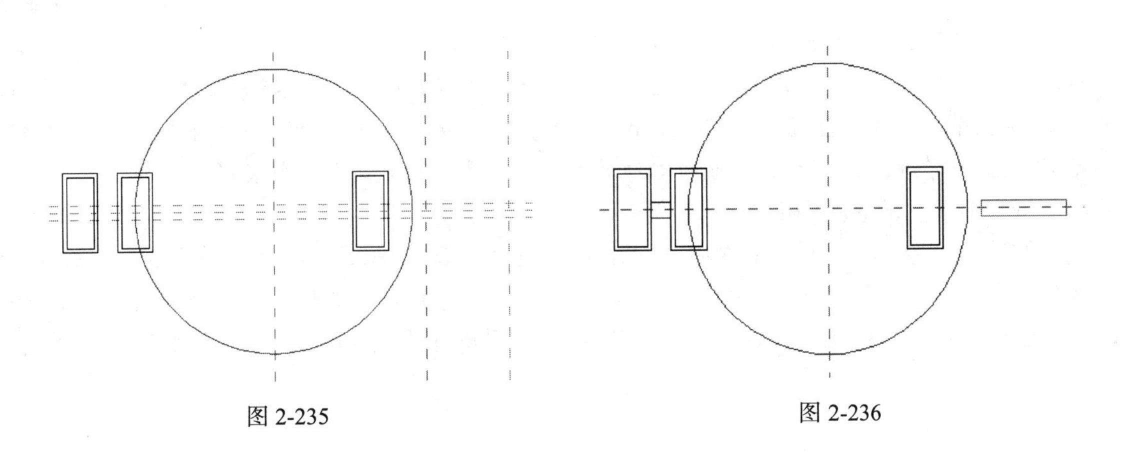

图 2-235　　图 2-236

4〉绘制周围绿地

将“绿地”层置为当前图层。

执行“偏移”命令，垂直辅助线依次向左偏移 800mm、1900mm、2300mm，垂直辅助线依次向右偏移 800mm、1800mm、1900mm，水平辅助线依次向上偏移 250mm、1000mm，以上偏移得到的线条交点为绿地范围的拐角点（如图 2-237 所示）。

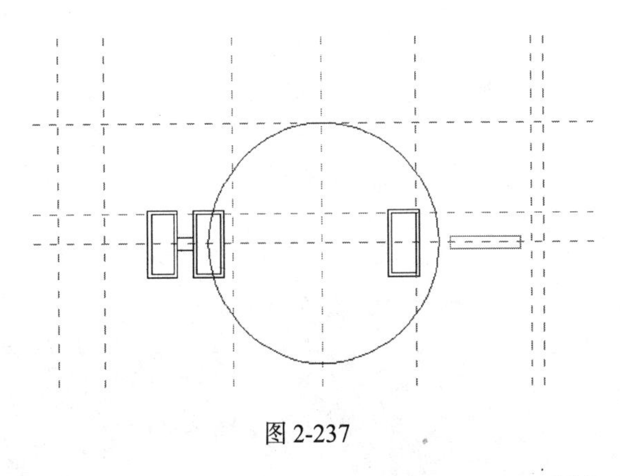

图 2-237

运行“多段线”命令，打开“对象捕捉”，依次连接得到的拐角点（如图 2-238 所示），并删除多余的辅助线，绘制完成园门周围的绿地环境（如图 2-239 所示）。

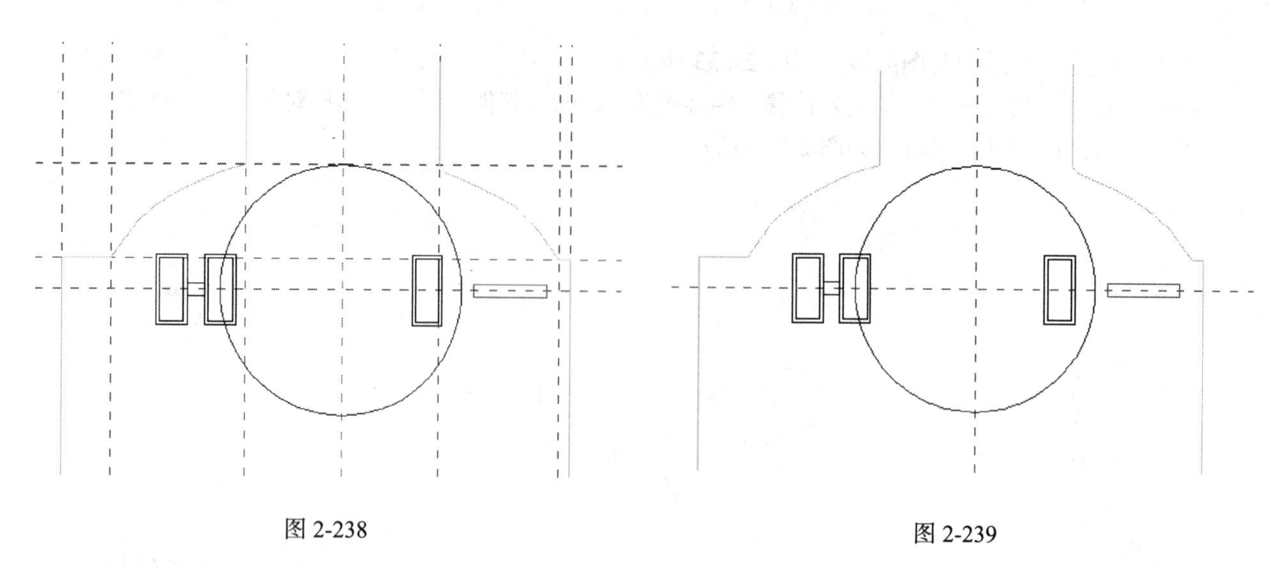

图 2-238　　　　图 2-239

绘制完成园门的平面。

命令：ZOOM　　（回车）

指定窗口的角点，输入比例因子（nX 或 nXP），或者

[全部（A）/ 中心（C）/ 动态（D）/ 范围（E）/ 上一个（P）/ 比例（S）/ 窗口（W）/ 对象（O）]

< 实时 >：A　　（回车）

屏幕显示设置的绘图区域范围。

3. 绘制园门立面图

单击图层的下拉窗口，将“园门”层设为当前层。

1〉绘制弧形园门顶

命令：ZOOM　　（回车）

指定窗口的角点，输入比例因子（nX 或 nXP），或者

[全部（A）/ 中心（C）/ 动态（D）/ 范围（E）/ 上一个（P）/ 比例（S）/ 窗口（W）/ 对象（O）]

< 实时 >：（在地平线上方、垂直中心线的左上方点击，确定缩放选择框的第一个角点）

指定对角点：（在地平线下方、垂直中心线的右下方点击，确定缩放选择框的对角点）

绘图区域显示放大的立面图部分。

执行“偏移”命令，将地平线依次向上偏移 2000mm、100mm 作为园门顶部横梁的上下边缘，将垂直辅助线分别向左、右偏移 1000mm 作为园门顶部横梁的左右边缘（如图 2-240 所示），修剪四条边缘线交点以外的部分，并将留下的部分改换为“园门”层，得到园门顶部的横梁轮廓线（如图 2-241 所示）。

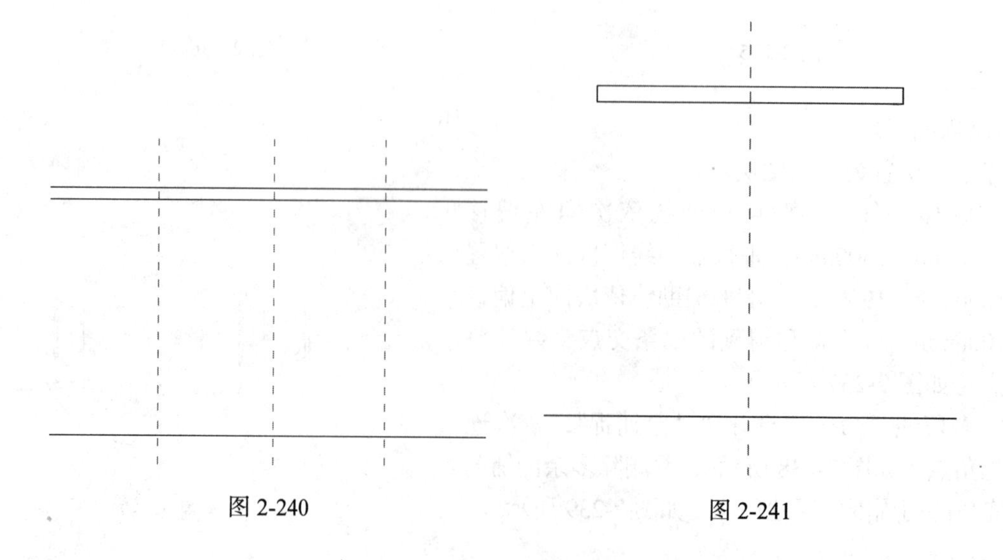

图 2-240　　　　图 2-241

再次执行“偏移”命令，将横梁上边缘线向上偏移 200mm 作为园门顶部的顶高度。

由于此园门是弧形顶，打开“对象捕捉”，运用“弧线”命令，绘制出弧形屋顶。

命令：_arc（A）

指定圆弧的起点或［圆心（C）］:（光标靠近横梁左上角，出现端点符号）单击

指定圆弧的第二个点或［圆心（C）/ 端点（E）］:（光标靠近横梁上边与垂直中心线的交点，出现交点符号）单击

指定圆弧的端点：（光标靠近横梁右上角，出现端点符号）单击（如图 2-242 所示）

删除偏移出的顶高度线，完成园门顶部的绘制（如图 2-243 所示）。

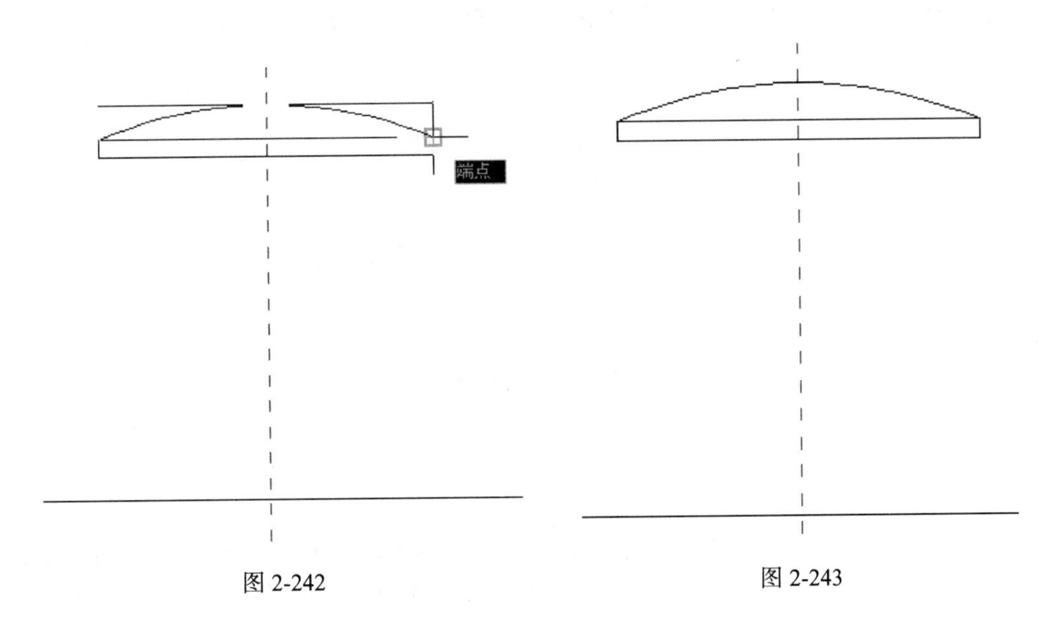

图 2-242

图 2-243

2〉绘制园门柱子

关闭“对象捕捉”。

运行“偏移”命令，将垂直辅助线依次向右偏移 600mm、200mm 作为右侧白色干粘石柱子的边缘线；垂直辅助线依次向左偏移 900mm、200mm、200mm、200mm 作为左侧白色干粘石柱子的边缘线；地平线向上偏移 2400mm 作为左侧柱子的上边缘线。

地平线依次向上偏移 1700mm、100mm、200mm、100mm 作为两根柱子横梁的边缘线（如图 2-244 所示）。

修剪多余的线条，并将留下的线条改换为“园门”图层，得到园门立面的大概轮廓（如图 2-245 所示）。

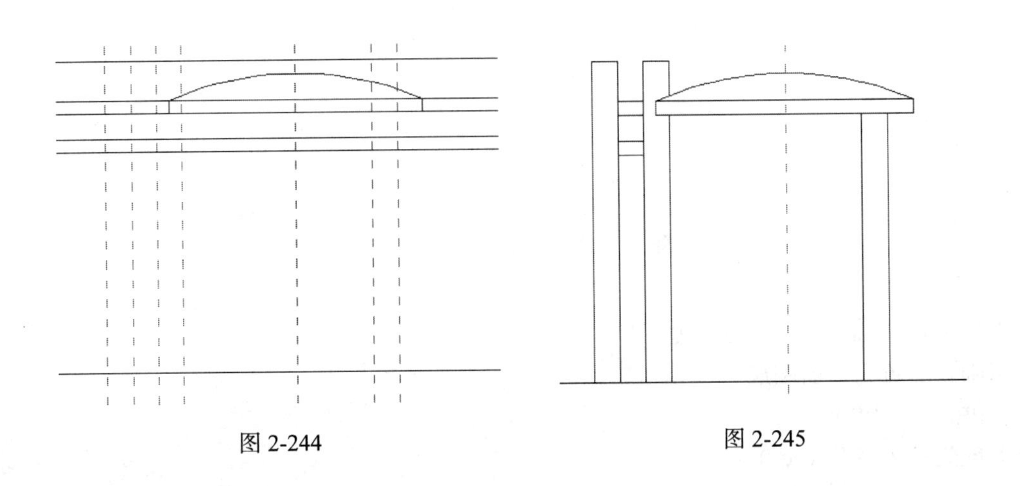

图 2-244

图 2-245

3〉绘制石刻碑立面

石刻碑为半径为 300mm 的弧形，高出地面 500mm，所以先绘制出半径为 300mm 的圆，再将其修剪成圆弧。

将地平线向上偏移 200mm，垂直辅助线向右偏移 1400mm，得到的两条辅助线的交点为圆的中心点。

命令：_circle（C）

指定圆的圆心或［三点（3P）/ 两点（2P）/ 切点、切点、半径（T）］：<对象捕捉 开>（捕捉两条辅助线的交点）

指定圆的半径或［直径（D）］<1000>：300　　（回车）（如图 2-246 所示）

修剪圆形在地平线以下的部分，得到石刻碑的外轮廓线（如图 2-247 所示）。

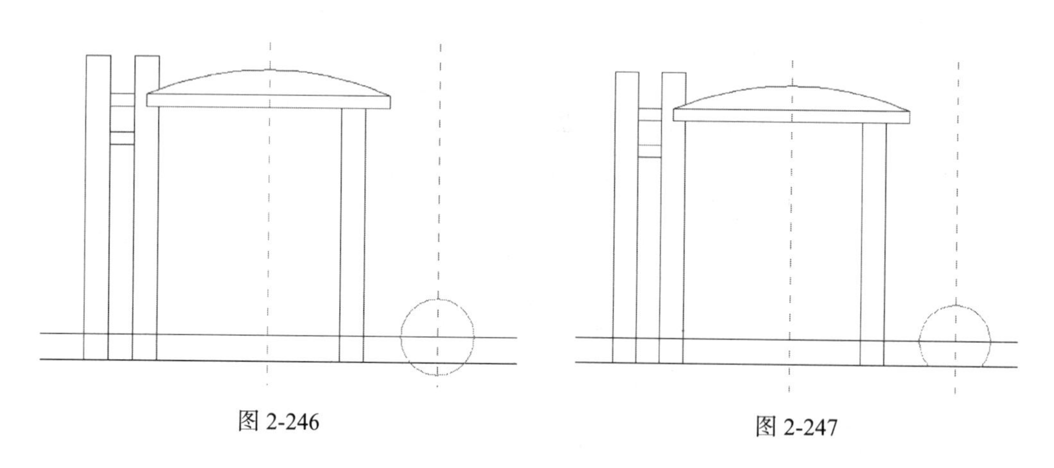

图 2-246　　图 2-247

执行"偏移"命令，将石刻碑的水平辅助线向上偏移 100mm，垂直辅助线分别向左、右两侧偏移 200mm，得到石刻碑上题字栏的边缘线（如图 2-248 所示），修剪、删除多余的线条后将留下的线条转换为"石刻碑"图层。

提示：此处和上文绘制柱子都可以运行"绘制矩形"命令，打开"捕捉"，直接捕捉辅助线的交点作为所需绘制对象，删除辅助线，不必再逐个修剪。

完成园门立面图的绘制（如图 2-249 所示）。

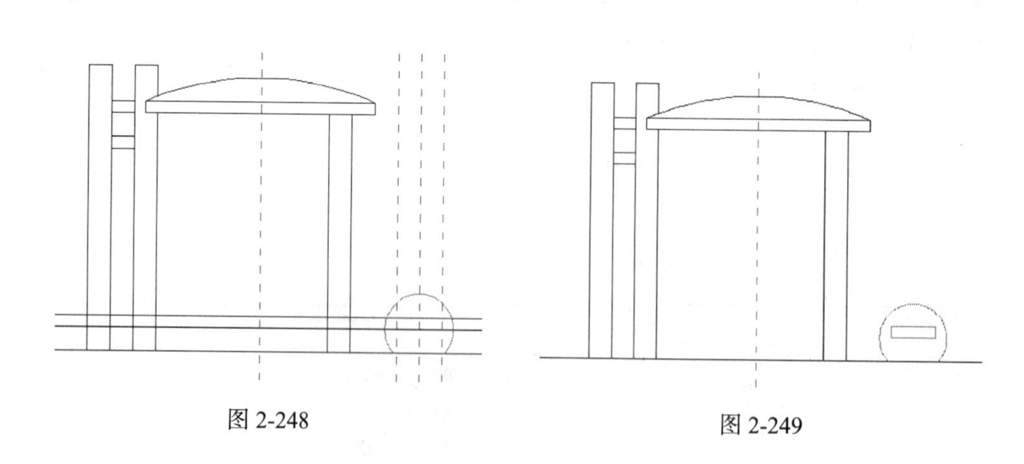

图 2-248　　图 2-249

4. 加粗线条，填充图案

下面进行加粗基础地平线和柱子基础的操作。

将"基础"层置为当前图层。

命令：PEDIT（PE）

选择多段线或［多条（M）］：M　　（回车）

选择对象：指定对角点：找到 4 个（光标框选中第一个柱子基础内边线）

选择对象：指定对角点：找到 4 个，总计 8 个（光标框选中第二个柱子基础内边线）

选择对象：指定对角点：找到 4 个，总计 12 个（光标框选中第三个柱子基础内边线）

选择对象：（回车）

是否将直线、圆弧和样条曲线转换为多段线？[是（Y）/ 否（N）]? <Y>（回车）

输入选项 [闭合（C）/ 打开（O）/ 合并（J）/ 宽度（W）/ 拟合（F）/ 样条曲线（S）/ 非曲线化（D）/ 线型生成（L）/ 反转（R）/ 放弃（U）]：W（回车）

指定所有线段的新宽度：8（回车）

输入选项 [闭合（C）/ 打开（O）/ 合并（J）/ 宽度（W）/ 拟合（F）/ 样条曲线（S）/ 非曲线化（D）/ 线型生成（L）/ 反转（R）/ 放弃（U）]：（回车）

完成柱基的加粗（如图 2-250a 所示），接下来加粗基础地平线。

命令：PEDIT（PE）

选择多段线或 [多条（M）]：（光标单击立面图中的基础地平线）（回车）

是否将其转换为多段线？<Y>

输入选项 [闭合（C）/ 合并（J）/ 宽度（W）/ 编辑顶点（E）/ 拟合（F）/ 样条曲线（S）/ 非曲线化（D）/ 线型生成（L）/ 反转（R）/ 放弃（U）]：W（回车）

指定所有线段的新宽度：10（回车）

输入选项 [闭合（C）/ 合并（J）/ 宽度（W）/ 编辑顶点（E）/ 拟合（F）/ 样条曲线（S）/ 非曲线化（D）/ 线型生成（L）/ 反转（R）/ 放弃（U）]：（回车）

完成基础地平线的加粗（如图 2-250b 所示）。

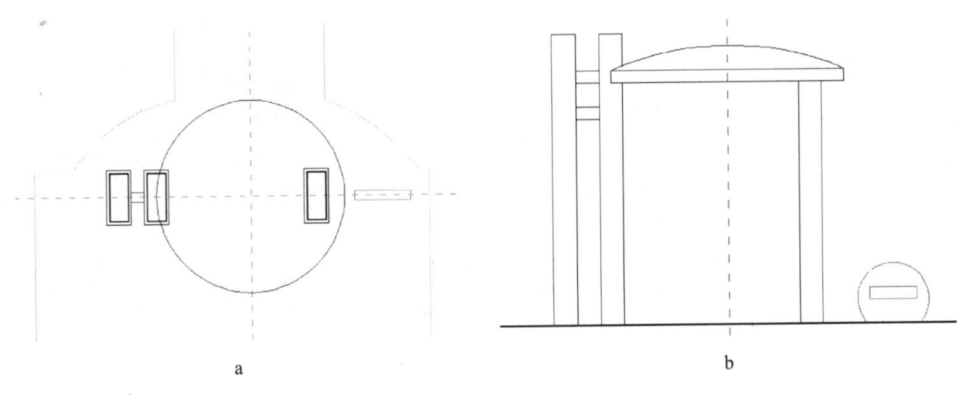

图 2-250

接下来开始填充柱基图案。

放大画面到看清柱子基础平面图为止。

填充平面图的柱基内部钢筋混凝土结构，在“基础”层中，运行“填充”命令，选择“ANSI31”图案位填充图案，“比例”项数值为 8。填充柱基外围（内外边缘线之间）的饰面，重复“填充”命令，选择“AR-CONC”图案位填充图案，“比例”项数值为 0.3。得到填充效果如图 2-251 所示。

为了得到想要的边界草坪示意，这里画上绿地边界进行填充。

用“多段线”命令，先绘制出边界辅助线（线段形式可由读者自己尝试），使其成为闭合边界（如图 2-252 所示）。

运行“填充”命令，选择“AR-SAND”图案位填充图案，“比例”项数值为 8，使用“拾取点”选择填充对象，填充效果如图 2-253 所示。

删除绘制出的边界辅助线，完成绿地图案的填充（如图 2-254 所示）。

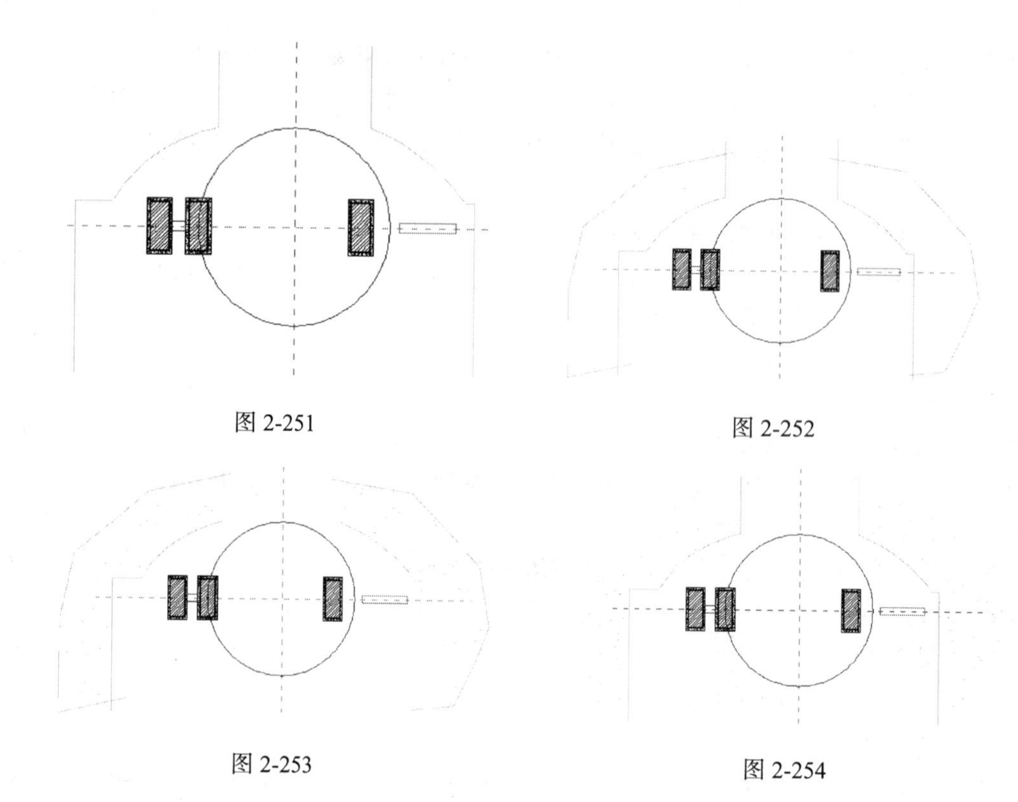

图 2-251　　图 2-252

图 2-253　　图 2-254

提示：填充图案时，若使用“拾取点”选择填充对象，该对象必须是闭合的线段；如果使用“选择对象”，对象可以不闭合。

提示：此处的绿地绘制还可以运行“点”命令，直接在图中根据需要单击，完成绿地绘制。

● 尺寸标注

鼠标对准工具属性栏右击，在弹出的快捷菜单中选择“标注”，在屏幕上显示出“标注”工具条。

调出“标注”工具条后，设置标注样式。单击菜单“格式 / 标注样式”，打开“标注样式管理器”对话框，单击“修改”按钮，打开“修改标注样式：ISO-25”的对话框；单击“符号和箭头”选项卡，在箭头栏中进行参数设置（如图 2-255 所示）；单击“文字”选项，在“文字外观”栏对文字样式、位置和高度进行设置（如图 2-256 所示）；单击“主单位”选项，在“线性标注”栏进行精度设置（如图 2-257 所示）；其余项默认。

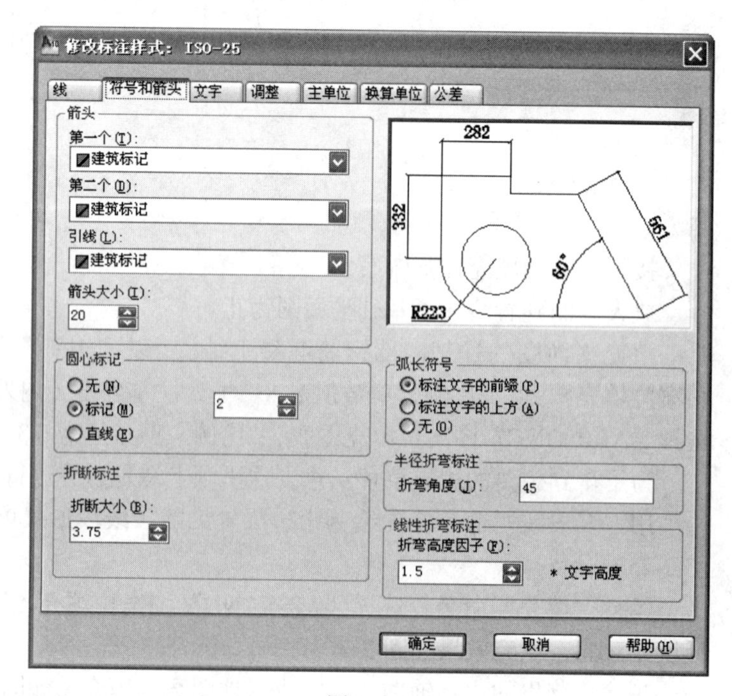

图 2-255

设置完成后，将“标注”层置为当前图层，打开“对象捕捉”，开始尺寸标注。

这里我们介绍一下“半径标注”命令标注平面图中的圆形屋顶，其余标注方法参见前面实例。

命令：_dimradius

选择圆弧或圆：（方形光标单击圆形屋顶）（如图 2-258 所示）

标注文字 = 1000

指定尺寸线位置或 [多行文字（M）/ 文字（T）/ 角度（A）]：（捕捉圆形中心）（如图 2-259 所示）

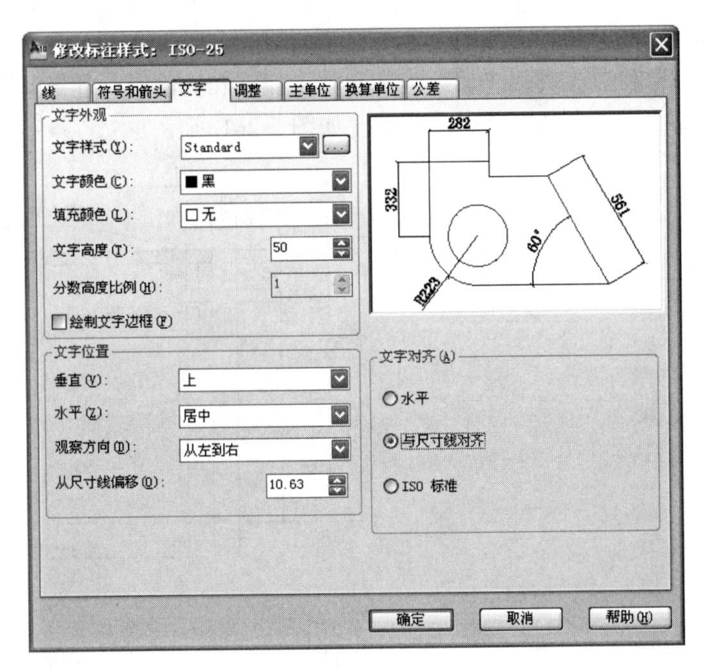

图 2-256

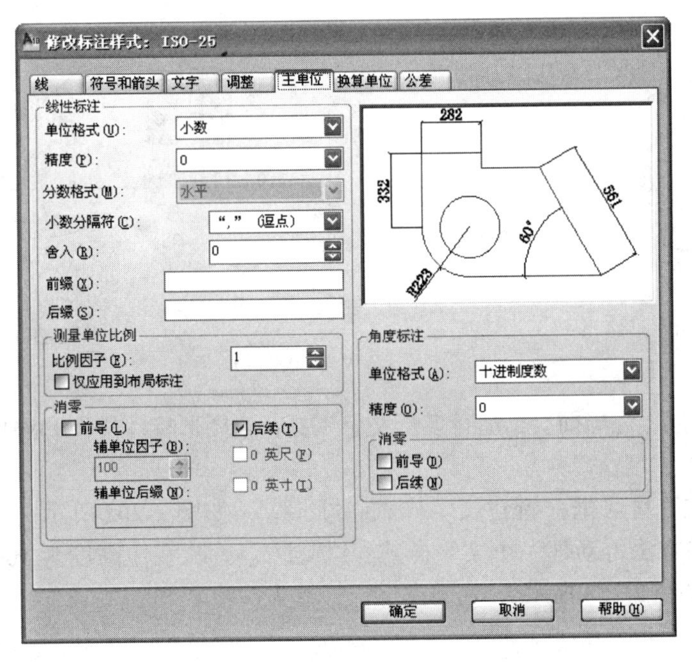

图 2-257

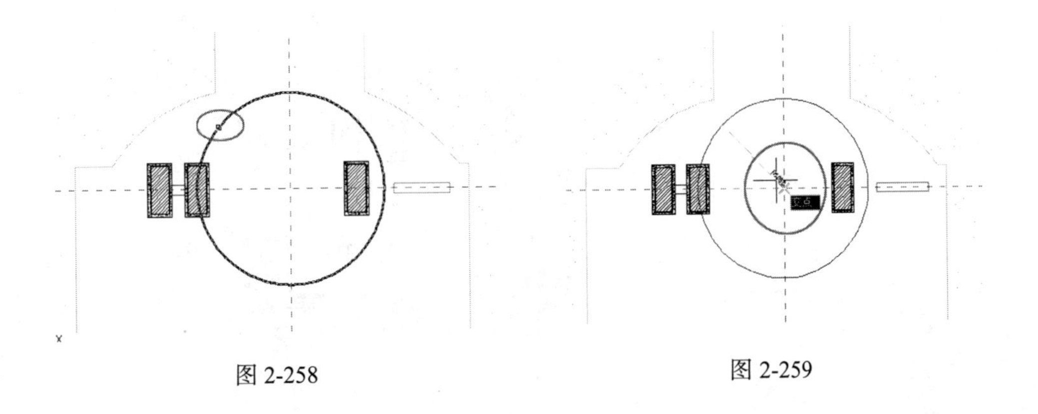

图 2-258　　　　图 2-259

完成圆形屋顶半径的尺寸标注（如图 2-260 所示）。

运用“缩放”和“平移”工具逐个放大显示园门平面图和立面图，连续运行“线性标注”、“连续标注”和“半径标注”命令，标出图中其他的尺寸（如图 2-261 所示）。

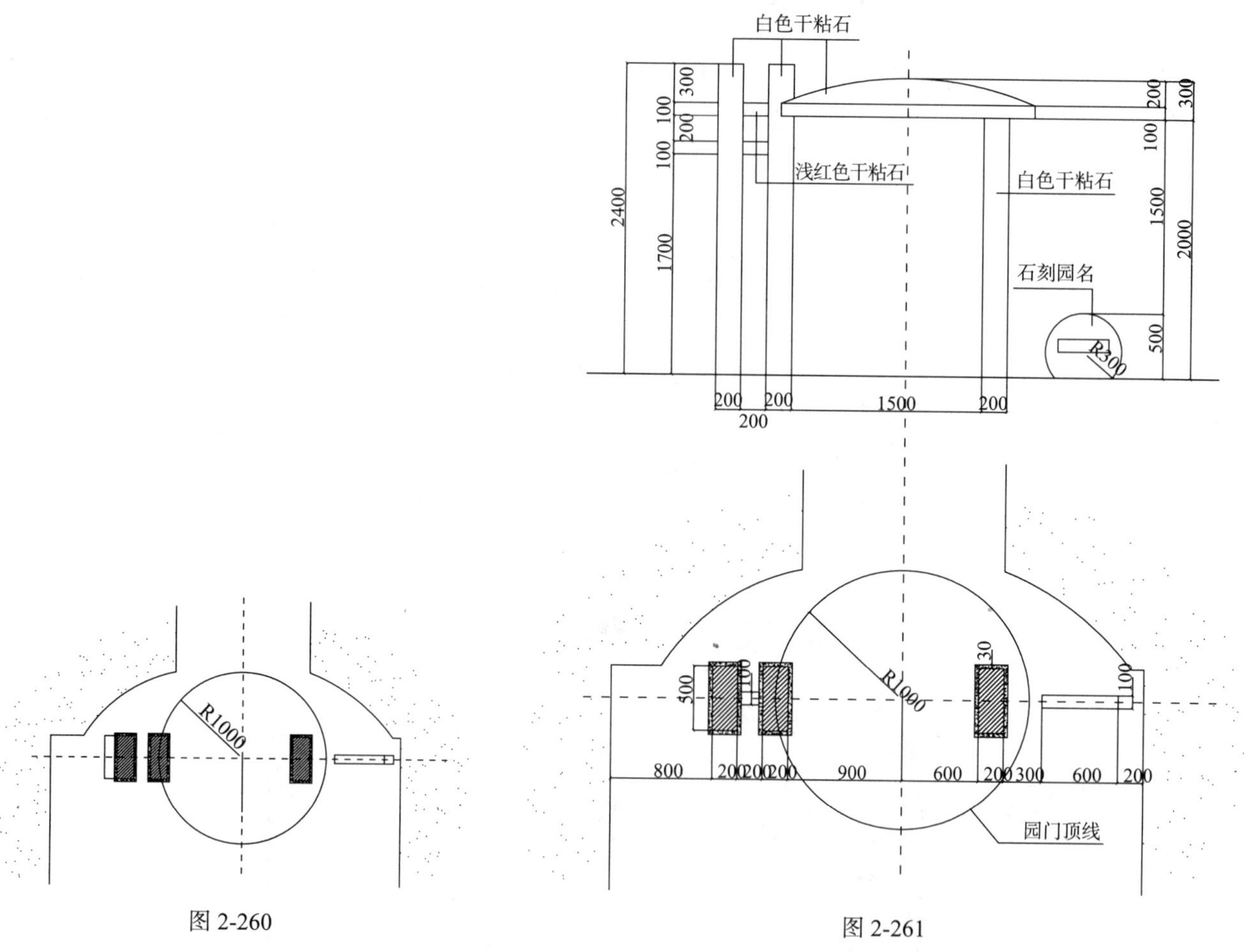

图 2-260

图 2-261

● 添加文字

将“文字说明”层置为当前层，运行多行文字工具，给图形标注文字和添加图名。

1. 设置文字样式。

打开“文字样式”对话框，新建文字样式：“图名”（如图 2-262 所示），更改字体和高度（如图 2-263 所示）；同样的方法再新建一个文字样式：“标注”，更改字体高度为 100。单击“样式”下拉列表，选择“图名”（如图 2-264 所示），当前文字样式改为“图名”。

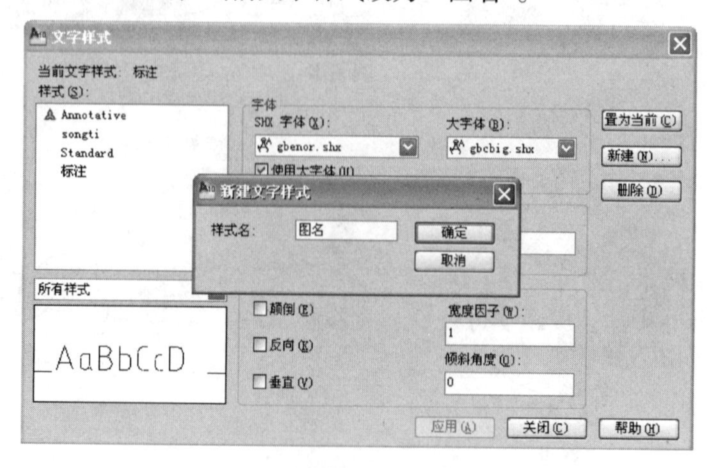

图 2-262

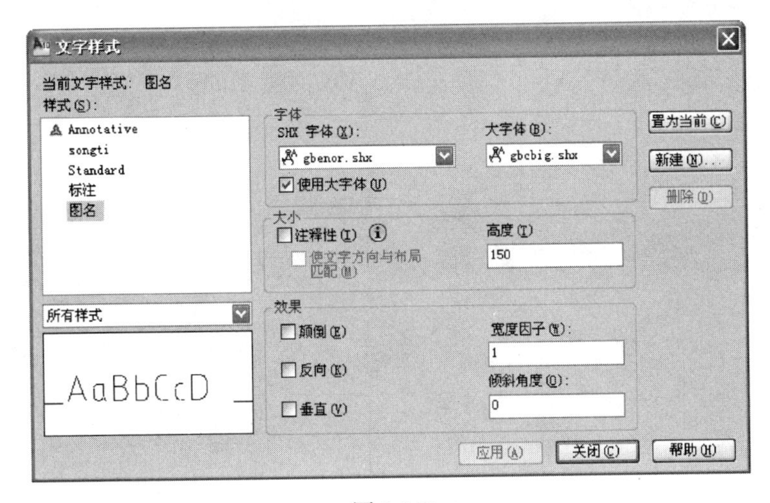

图 2-263

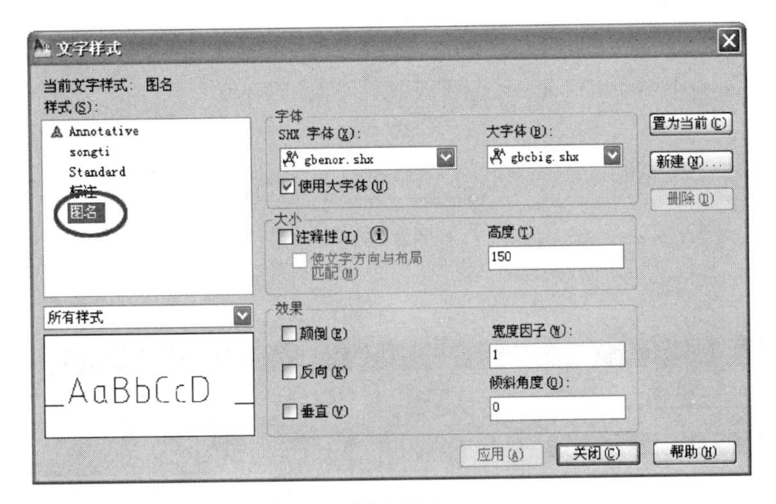

图 2-264

2. 运行“多行文字”工具。

命令：MTEXT（MT）

当前文字样式：“图名” 当前文字高度：150 注释性：否

指定第一角点：（在平面图的下方中间位置单击）

指定对角点或［高度（H）/ 对正（J）/ 行距（L）/ 旋转（R）/ 样式（S）/ 宽度（W）/ 栏（C）]：（下拉一定大小的字体框）（如图 2-265 所示）

出现“文字格式”对话框，在字体框中填写文字“园门平面图”，用光标抹黑选中文字“园门平面图”，在字体下拉框中选择“仿宋”（如图 2-266 所示），该字体被修改为仿宋字体。单击“文字格式”对话框中的“确定”按钮，在平面图中出现文字“园门平面图”（如图 2-267 所示）。

用同样的方法，添加文字“园门立面图”（如图 2-268 所示）。

继续运用“多行文字”，在“文字格式”对话框中选择“标注”样式名，即当前为“标注”样式添加文字说明。同样也可以运用复制文字，再进行文字内容的修改（在前面的实例中已做了说明），添加完成的效果如图 2-269 所示。

● 布图

将“视口”层置为当前层。

点击“插入 / 布局 / 新建布局”选项，在命令行显示：

命令：_layout

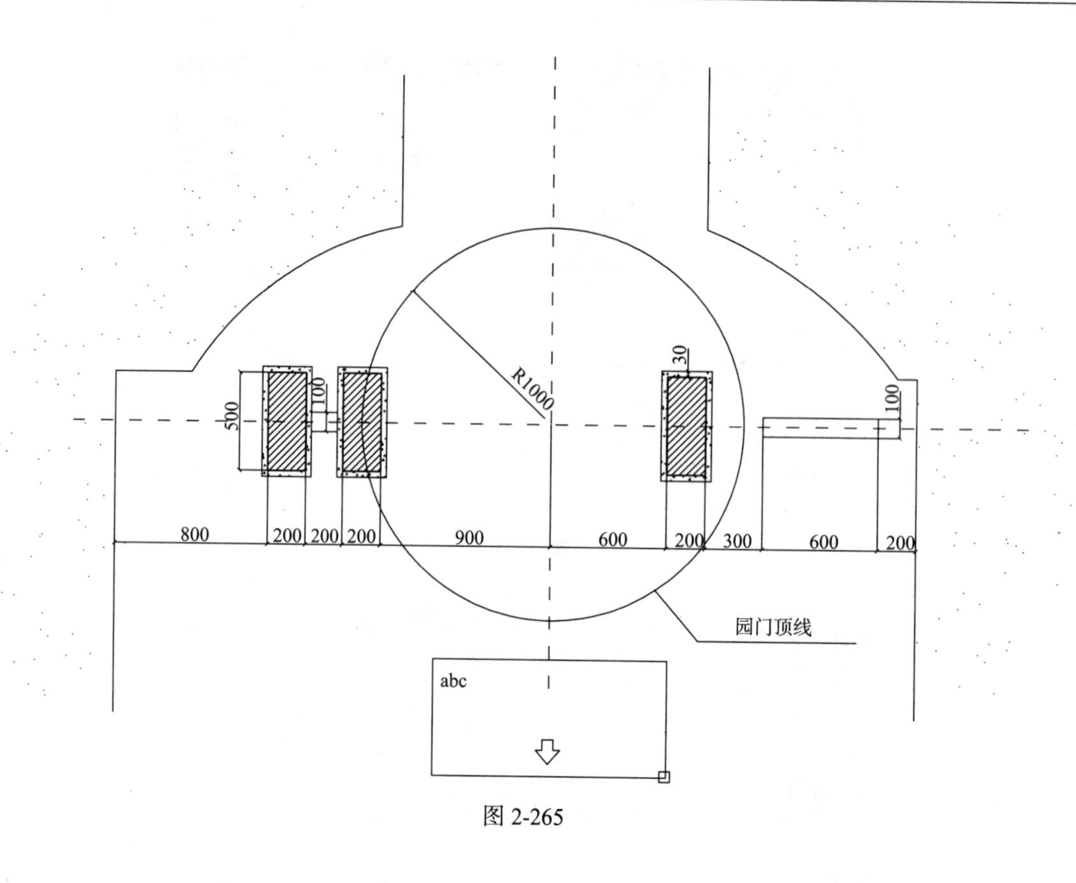

图 2-265

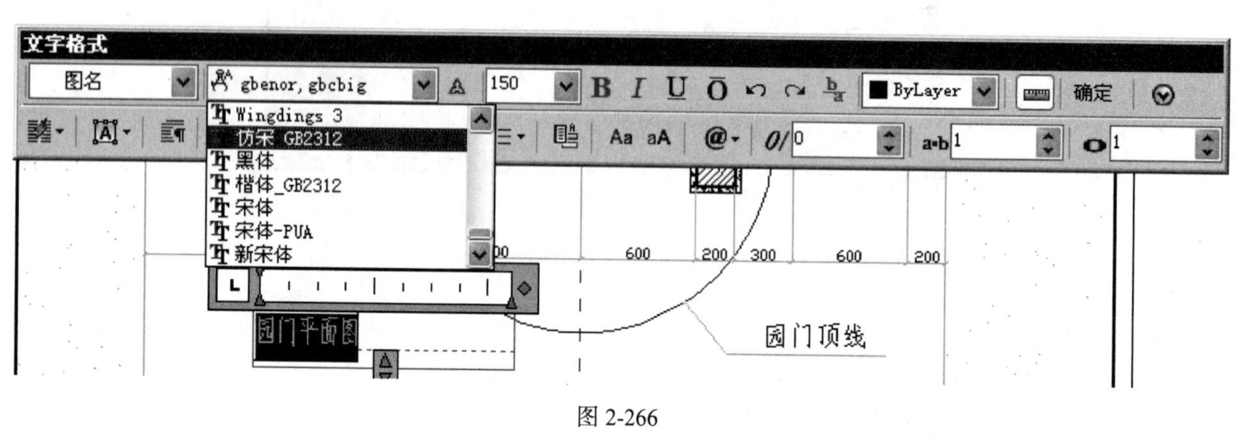

图 2-266

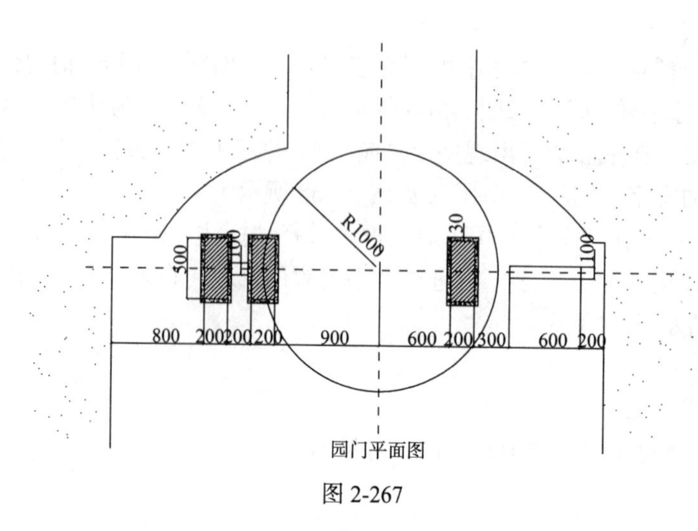

图 2-267

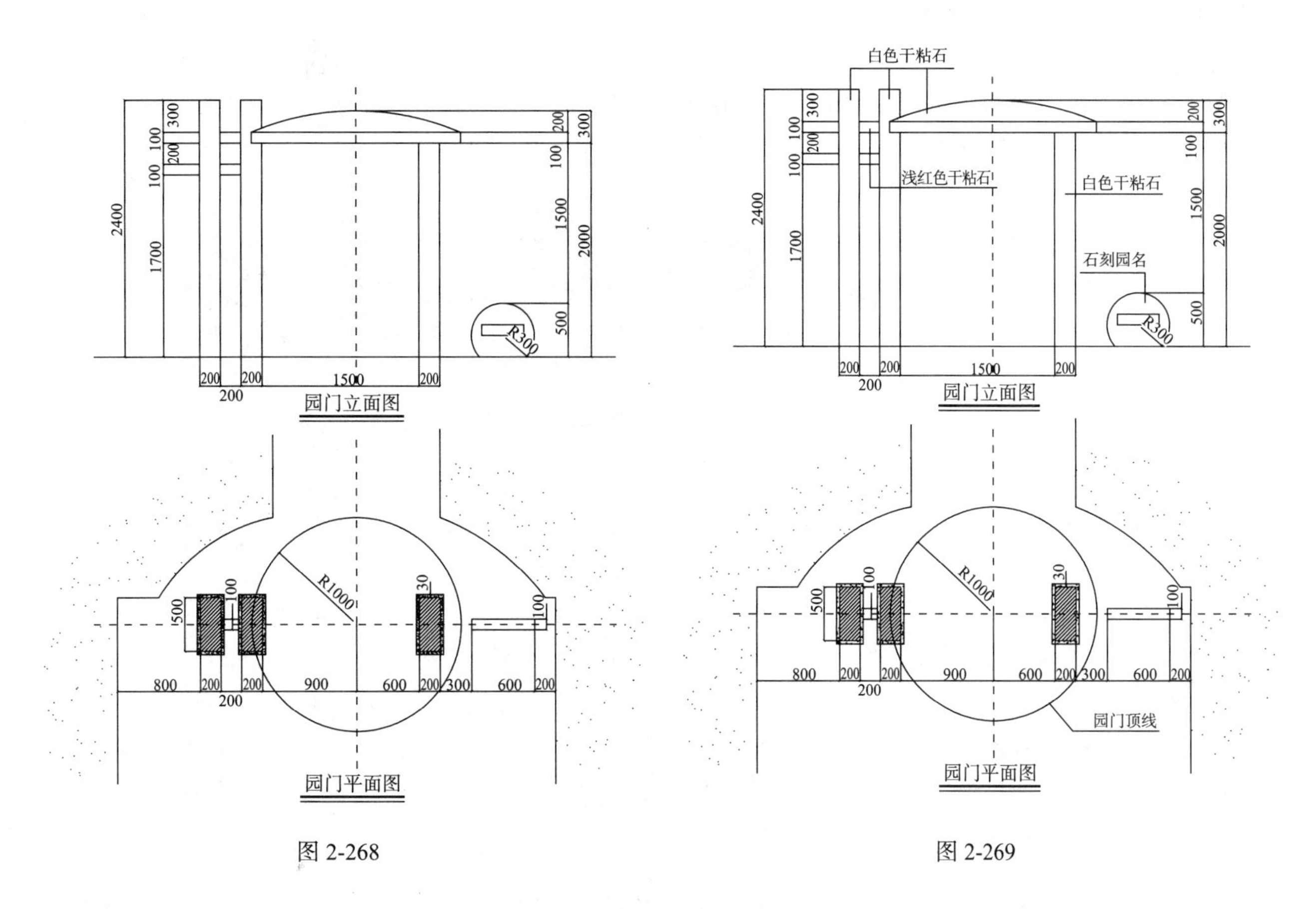

图 2-268　　　　图 2-269

输入布局选项［复制（C）/ 删除（D）/ 新建（N）/ 样板（T）/ 重命名（R）/ 另存为（SA）/ 设置（S）/?］< 设置 >：_new

输入新布局名 < 布局 3>：　　　　（回车）

在命令行上面一行出现“布局 3”按钮，点击“布局 3”按钮，模型空间转换成图纸空间（如图 2-270 所示）。

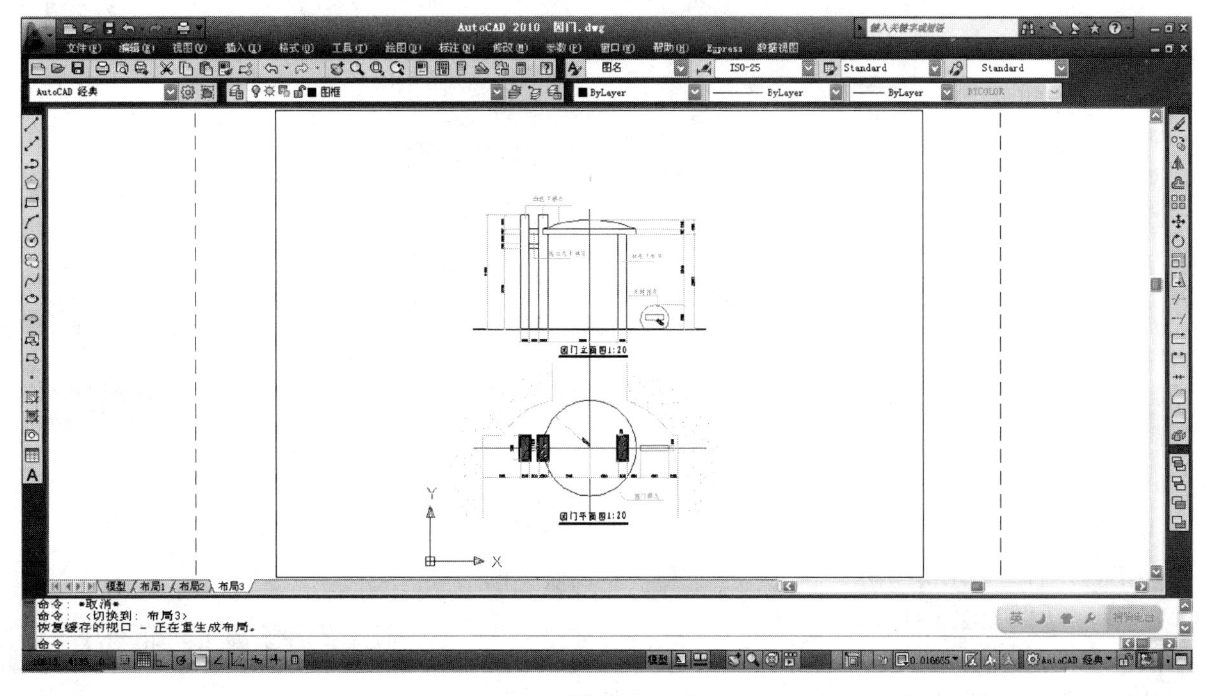

图 2-270

鼠标右键点击“布局 3”按钮，在出现的快捷菜单（如图 2-271 所示）中选择“页面设置管理器”（如图 2-272 所示），设置打印机和图纸大小，具体设置如图 2-273 所示，点击确定后，系统又回到“页面设置管理器”对话框，关闭后回到“布局”界面，布局显示为竖向放置。

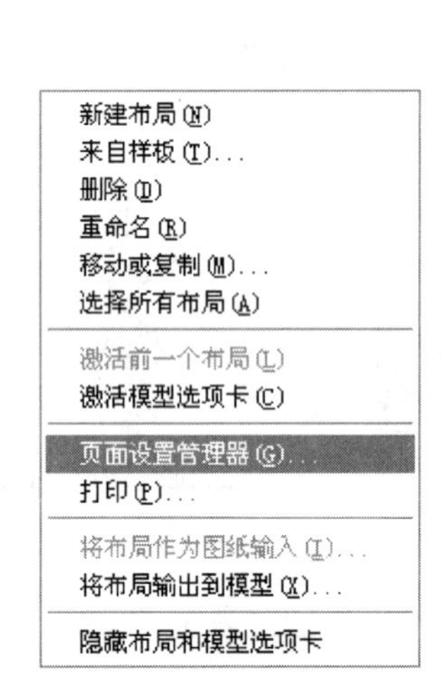

图 2-271

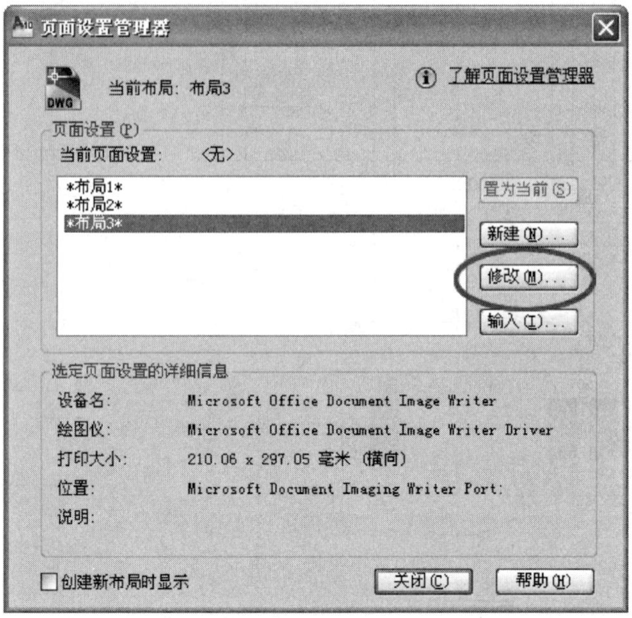

页面设置管理器
当前布局：布局3
了解页面设置管理器
页面设置(P)
当前页面设置： <无>
布局1
布局2
布局3
置为当前(S)
新建(N)...
修改(M)...
输入(I)...
选定页面设置的详细信息
设备名： Microsoft Office Document Image Writer
绘图仪： Microsoft Office Document Image Writer Driver
打印大小： 210.06 x 297.05 毫米 (横向)
位置： Microsoft Document Imaging Writer Port:
说明：
创建新布局时显示
关闭(C) 帮助(H)

图 2-272

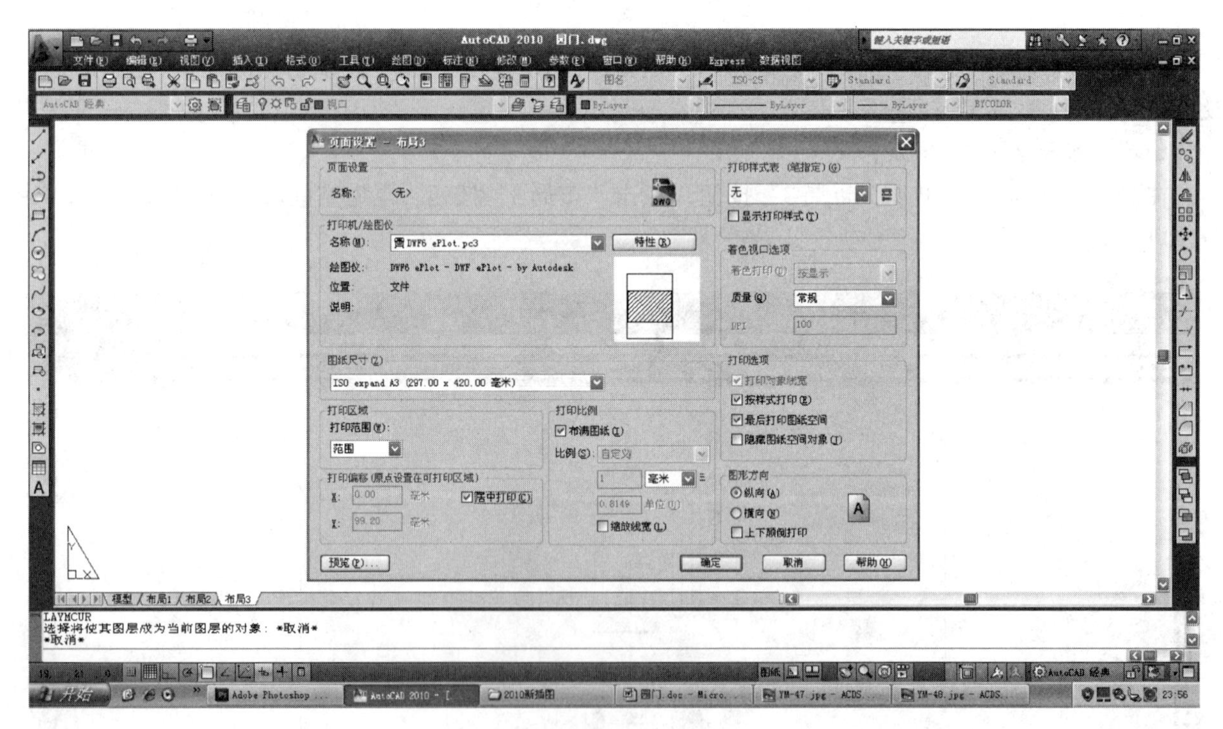

图 2-273

设置完成后，进行图纸布局，将园门平、立面图设置为两个比例相同视口显示。

在工具栏右键显示快捷菜单中，点击“视口”，出现“视口”工具栏（如图 2-274 所示）。

图 2-274

点击现有视口框，使其成为选中状态，调整“视口”工具栏中的比例选项，在下拉列表中选择 1∶20 或直接填写，该视口比例被调整为 1∶20。

此时该视口显示的图形不完全（如图 2-275 所示），接下来调整视口大小，点击视口的四个角，鼠标拖拽到合适位置，使其仅显示园门立面图（如图 2-276 所示）。

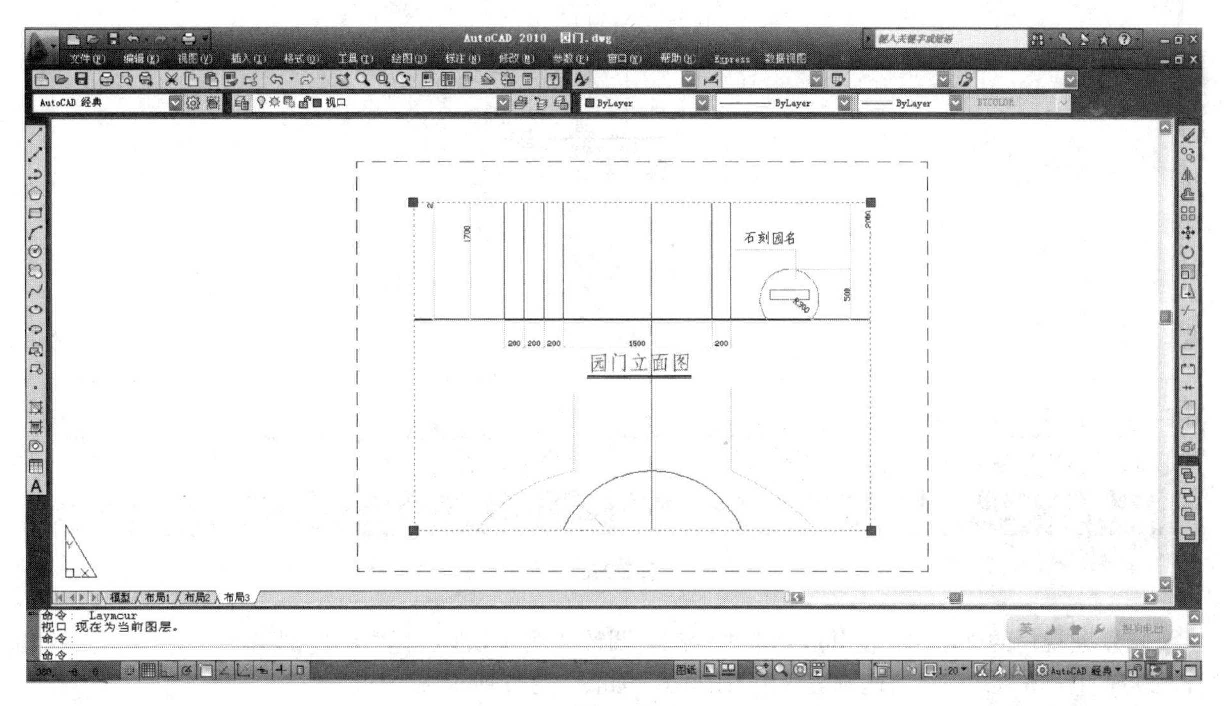

图 2-275

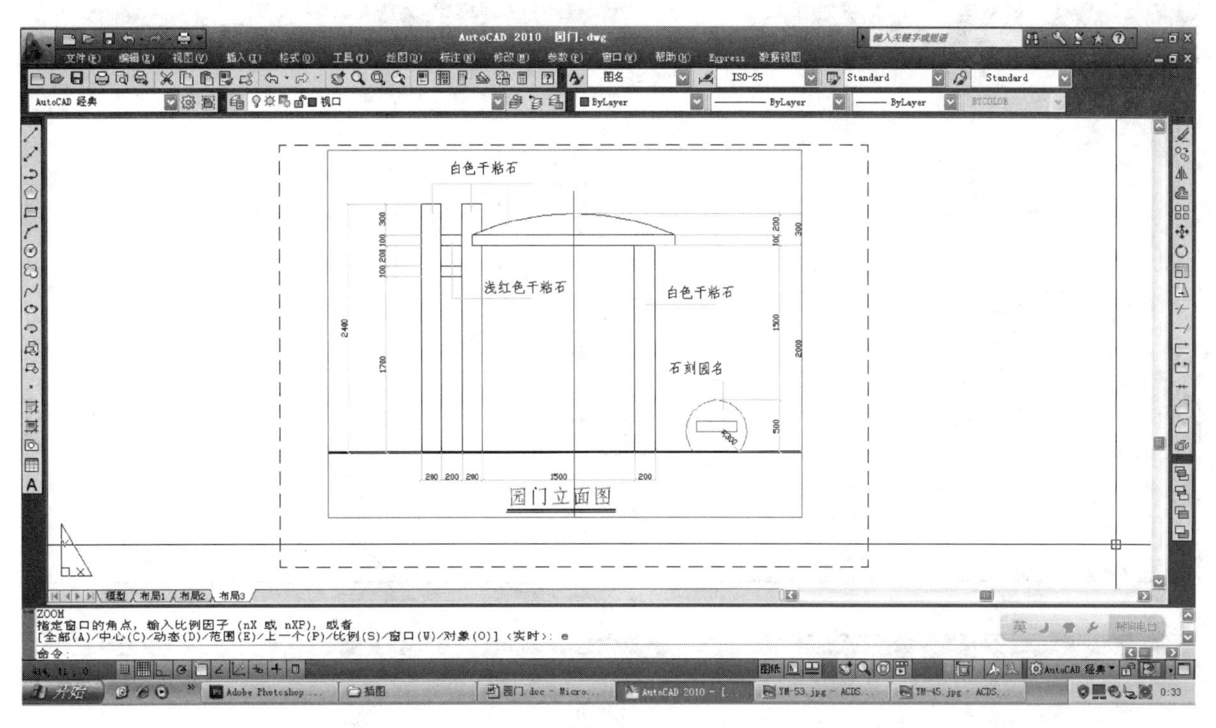

图 2-276

点击“视口”工具栏中的“单个视口”按钮（如图 2-277 所示），鼠标在园门立面图的下方自左上角至右下角划过，在立面图下方又出现一个视口（如图 2-278 所示）。

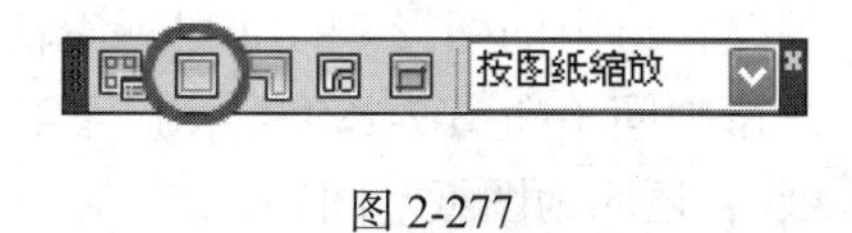

图 2-277

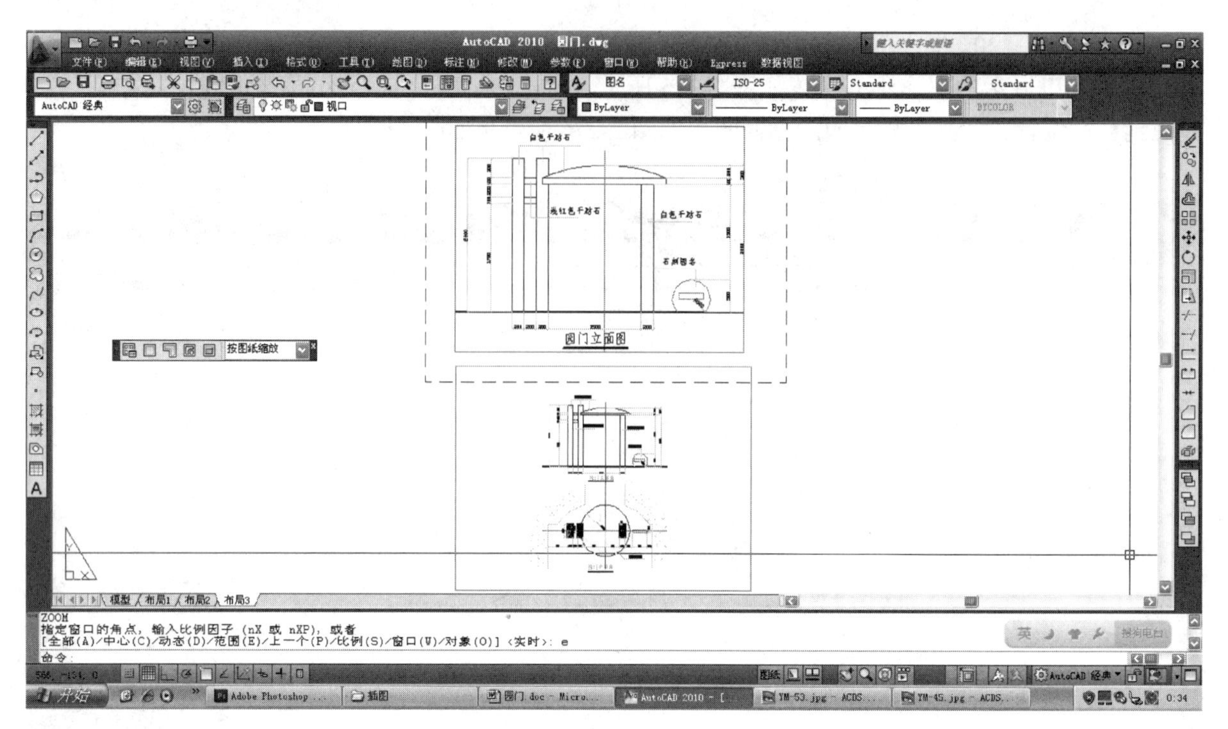

图 2-278

点击新建视口的外边框，使其成为选中状态，调整“视口”工具栏中的比例选项，在下拉列表中选择 1∶20 或直接填写，该视口比例被调整为 1∶20（如图 2-279 所示）。

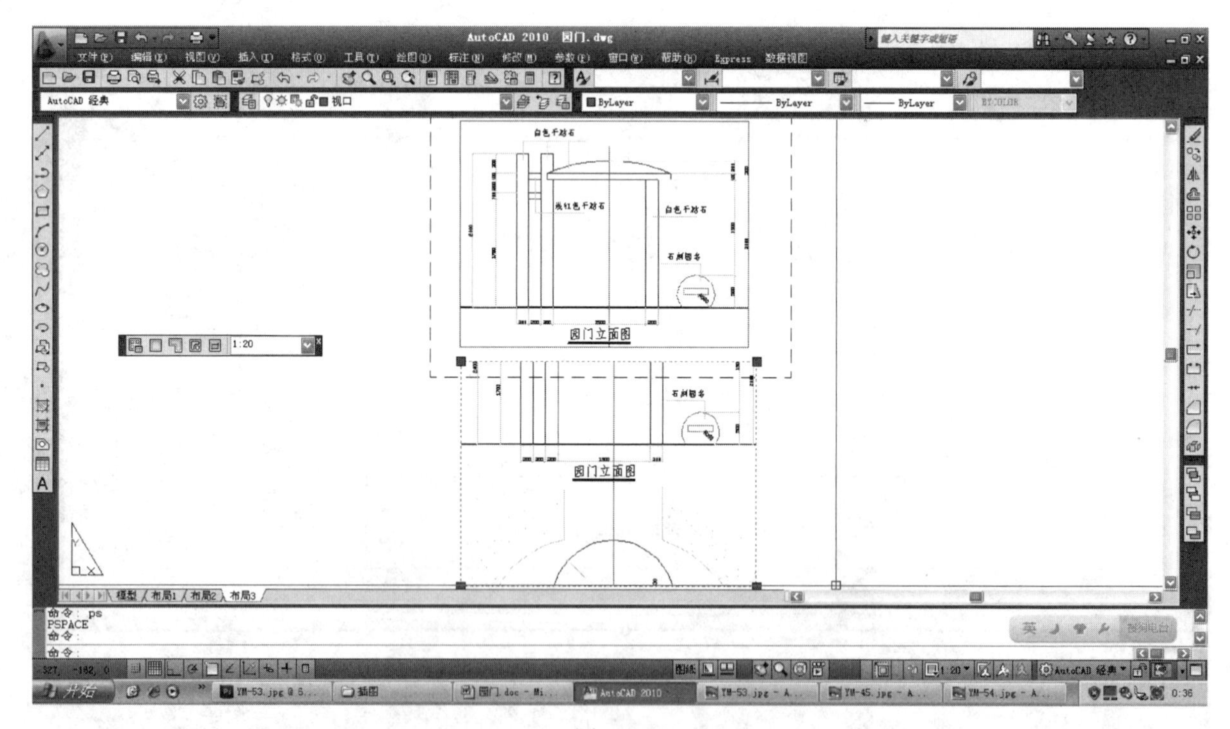

图 2-279

点击命令行下面一行的“图纸”选项，该选项由“图纸”变为“模型”，此时转为模型空间，可以调整视口内的图形。按住鼠标滚轴，鼠标变为小手标志后，拖动新建视口中的图形，使平面图显示在视口中间（如图 2-280 所示）。再次点击命令行下面一行的“模型”选项，该选项由“模型”变为“图纸”，还原为图纸空间。

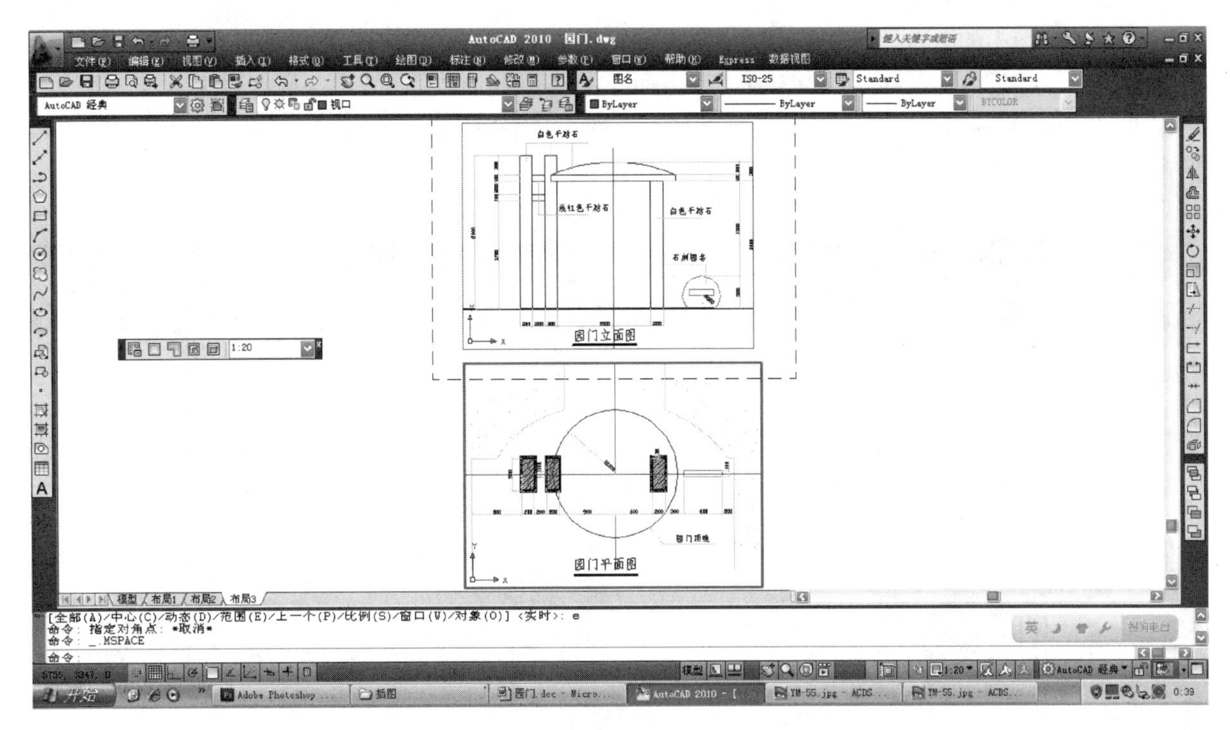

图 2-280

提示：在布局中，如果需要调整图形内容，可以点击命令行下面一行的“模型或图纸空间”按钮，使其转换为“模型”；反复按此按钮，可以在图纸空间和模型空间相互转换。

调整完两个视口位置后，下面我们来插入图框。打开绘有 A3 图框的文件，将 A3 图框定义成块，选中后按下 Ctrl+C，再回到“园门”文件中，按下 Ctrl+V，此时将 A3 图框复制到“园门”文件中了，运用“移动”命令，将 A3 图框和两个视口移动到适当的位置（如图 2-281 所示）。

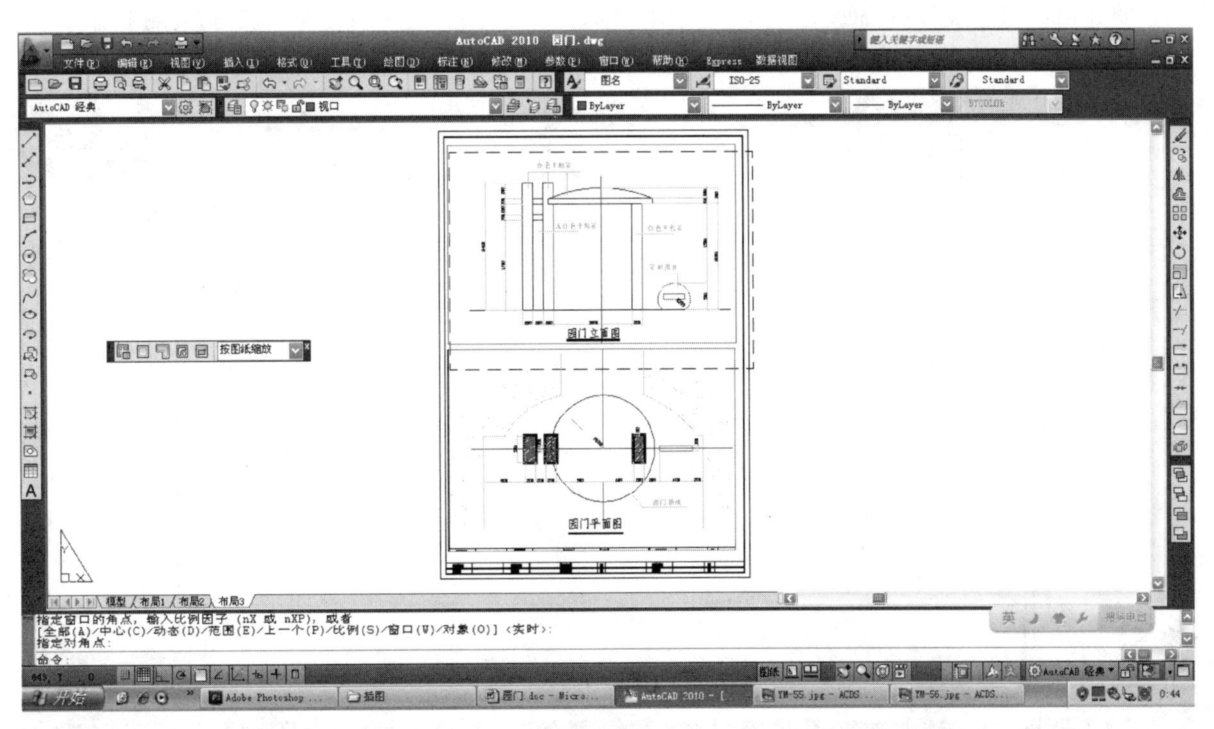

图 2-281

接下来，在图中的图名后面添加比例说明。

滚动鼠标滚轴，放大图形到适当位置。点击命令行下面一行的“图纸”选项，该选项由“图纸”变为“模型”。对准“园门立面图”文字，双击后，出现“文字格式”工具栏，在编辑文字框中的“园门立面图”后面添加“1：20”（如图 2-282 所示）。

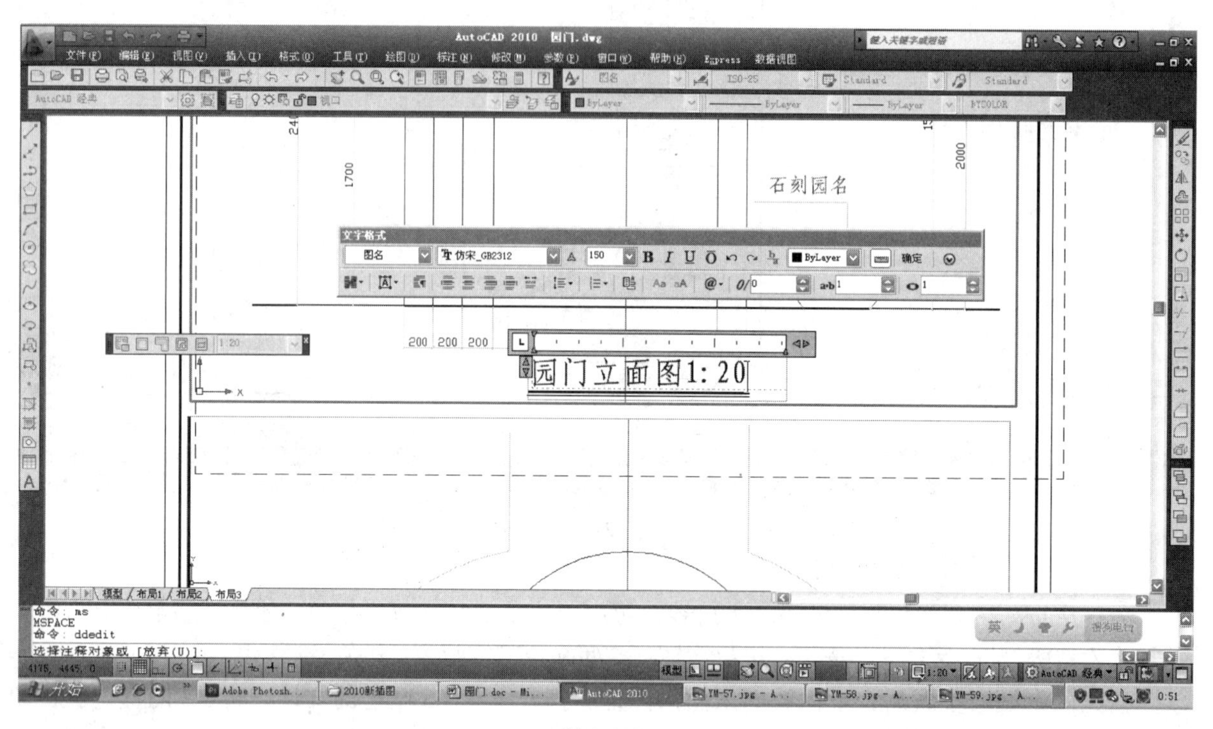

图 2-282

添加完成立面图中的比例文字后，打开“正交”，运用“拉伸”命令，分别向右拉长图名下的两条直线，使其延长到图名文字后面，再运行“移动”命令，调整图名到适当位置（如图 2-283 所示）。

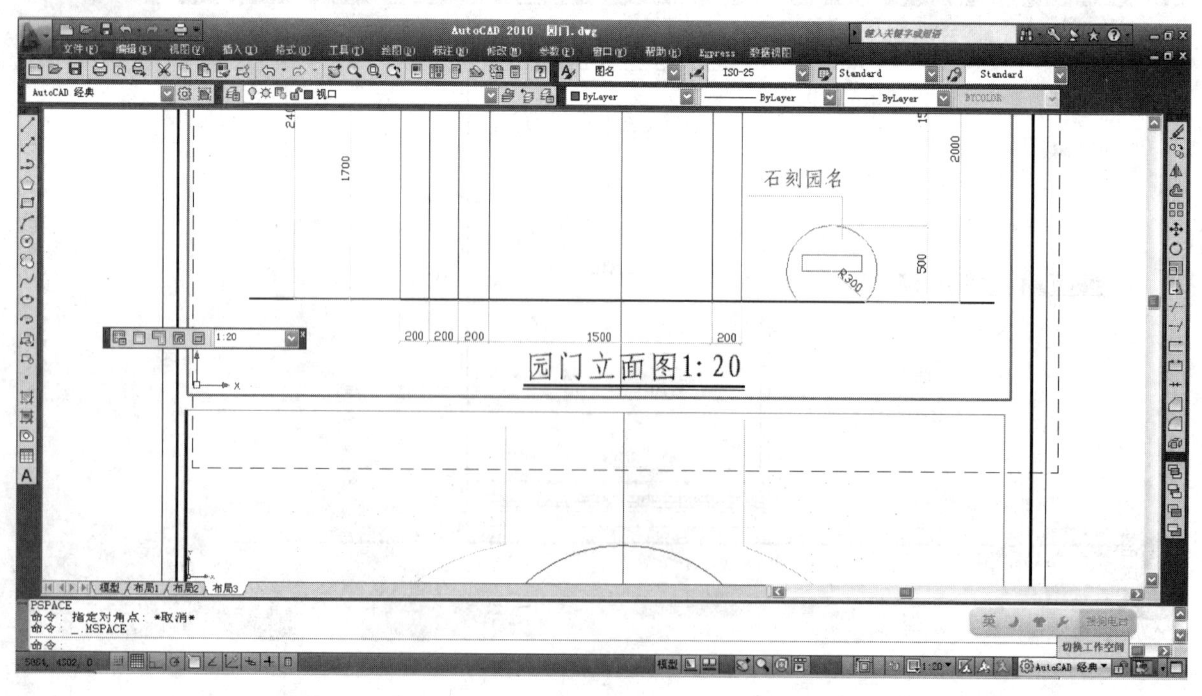

图 2-283

将命令行下面的“模型”选项变为“图纸”，按住鼠标滚轴拖动，使平面图放大显示到图面中，再次点击命令行下面的“图纸”选项，“图纸”选项变为“模型”，用同样的方法在平面图图名后面添加比例 1∶20，并拉伸直线。

全部修改完成后，还原到图纸空间。

命令：ZOOM（Z） （回车）

指定窗口的角点，输入比例因子（nX 或 nXP），或者

[全部（A）/ 中心（C）/ 动态（D）/ 范围（E）/ 上一个（P）/ 比例（S）/ 窗口（W）/ 对象（O）] < 实时 >：A （回车）

重新生成图像。

到此为止，完成布图操作（如图 2-284 所示）。

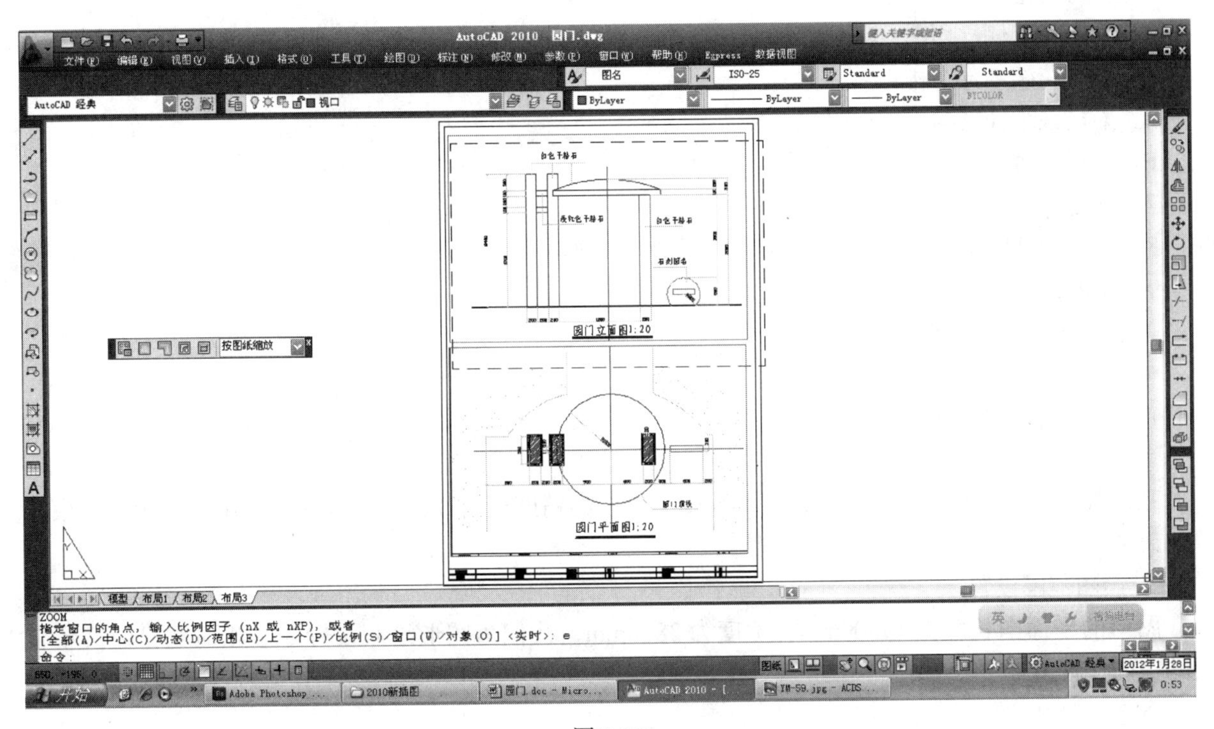

图 2-284

● 打印设置与输出

关闭“视口”图层前的“小灯泡”，使其不再显示。

选择菜单“文件 / 打印”命令，系统弹出“打印”对话框。在打印机配备的下拉列表框中选择打印机（电脑预先已装配）；图纸尺寸选择为 A3；单击打印范围中的“布局”按钮；打印比例设为 1∶1，设置完成后可以通过单击“预览”按钮预览设定的图形布局，不满意的返回再重新设置。

如果要修改打印的线宽，可以在“页面设置管理器”中，单击“打印样式表”下拉列表中的“新建”选项，根据提示进行设置（请参照第一章的打印设置），在打开的“打印样式表管理器”中根据对象的颜色进行线宽、线形的重新设置。

设置完成后，单击“确定”按钮，图纸将从打印机中输出。

2.3.2 园林花架绘制实例

下面我们将进行一个园林花架的平面图和立面图的绘制，效果如彩页。主要绘制步骤有：

1）建立绘图环境；

2）设置图层；

3〉绘制花架平面图；

A. 绘制辅助线；

B. 绘制花架的柱、梁结构；

C. 绘制花架的花架条；

D. 绘制座凳；

4〉绘制花架正立面图；

A. 绘制辅助线；

B. 绘制地平线；

C. 绘制花架的梁结构；

D. 绘制花架立面的柱子和花架条；

E. 绘制座凳；

5〉绘制花架侧立面图；（同上）

6〉绘制花架细部结构；

A. 梁柱联结处结构；

B. 基础立面；

7〉标注尺寸；

8〉标注构件的文字和图名；

9〉布图；

10〉打印设置与输出。

● 建立绘图环境

1. 绘图单位设置

命令：UNITS （回车）

系统弹出“图形单位”对话框，将“长度”栏中的精度值由 0.0000 改为 0，单击“确定”结束绘图单位设置。

2. 绘图范围设置

图形的平面图长度为 19800mm，宽度为 3800mm，我们为图形绘制设置一个相对宽松但又不会太大的空间，设置如下：

命令：LIMITS

重新设置模型空间界限： （回车）

指定左下角点或［开（ON）/ 关（OFF）］<0，0>： （回车）

指定右上角点 <420，297>：50000，24000 （回车）

结束命令。再进行全图显示：

命令：ZOOM （回车）

指定窗口的角点，输入比例因子（nX 或 nXP），或者

［全部（A）/ 中心（C）/ 动态（D）/ 范围（E）/ 上一个（P）/ 比例（S）/ 窗口（W）/ 对象（O）］< 实时 >：A （全部缩放）（回车）

正在重生成模型。

也可以用鼠标单击标准工具栏的“窗口缩放”工具右下方的弹出式按钮，选择“全部缩放”按钮，直接执行 ZOOM ALL 命令。

屏幕显示设置的绘图区域范围。

3. 建立图层

在命令行输入 LAYER（图层）命令，或直接点击“图层”工具条中的“图层特性管理器”命令按钮，系统弹出“图层特性管理器”对话框，先建立“基础”、“柱梁”、“花架条”、“辅助”、“标注”、“文

字说明”、“视口”等层。图层的颜色设置参照对话框，辅助层的线型为 ACAD_ISO03W100，其余各层的线型为 Continuous，设置如图 2-285 所示。

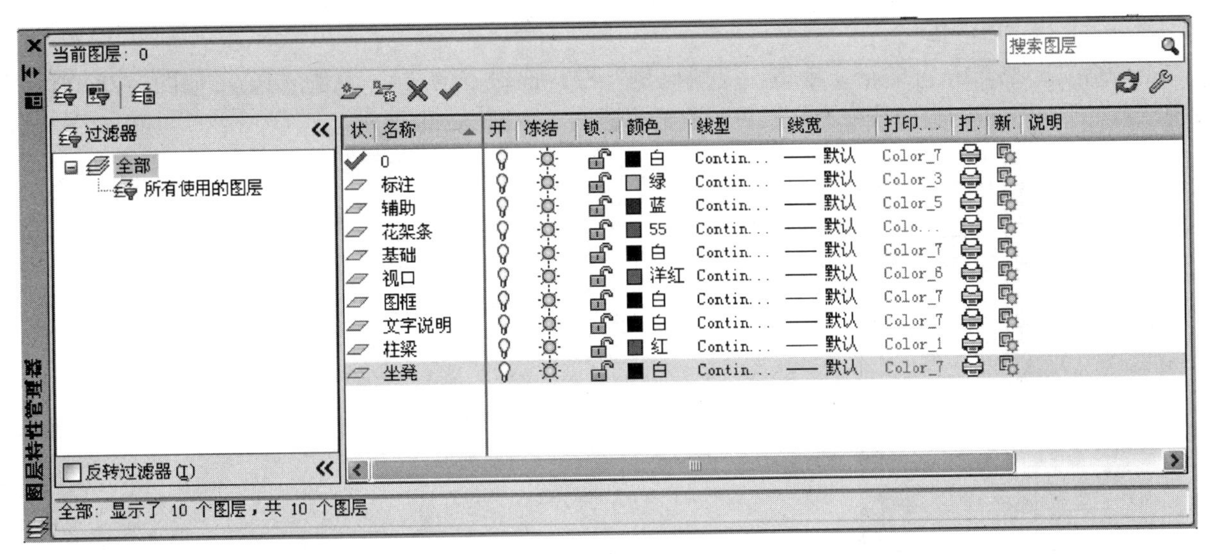

图 2-285

● 绘制花架平面图

花架的主要构件是花架的柱、梁和花架条等，尺寸的标注是以它们的中心尺寸为基准点进行的，所以我们先进行辅助线的绘制。由于图形线条比较规则而重复，我们可以先进行单个的柱、花架条绘制，再用“阵列”工具等距离复制。

1. 绘制辅助线

鼠标单击“图层”工具条中图层表框右侧下拉按钮，在图层的下拉表框中选择“辅助”层，即将“辅助”层设为当前层。单击状态行的“正交”（ORTHO）或按下 F8，打开正交方式以方便地画辅助线。

先绘出水平辅助线：

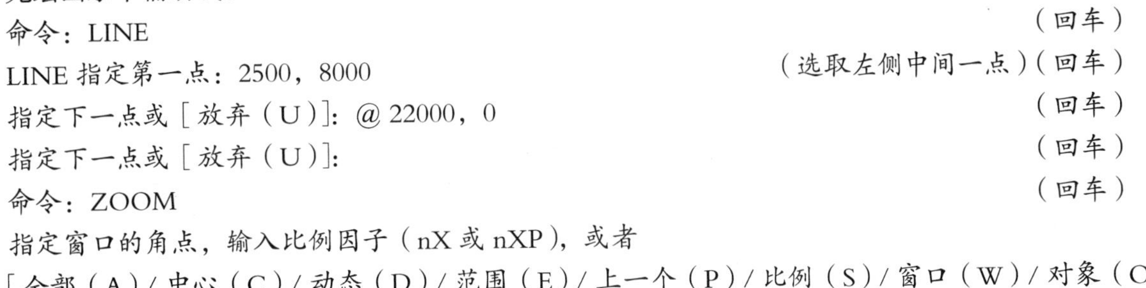

命令：LINE （回车）

LINE 指定第一点：2500，8000 （选取左侧中间一点）（回车）

指定下一点或［放弃（U）］：@ 22000，0 （回车）

指定下一点或［放弃（U）］： （回车）

命令：ZOOM （回车）

指定窗口的角点，输入比例因子（nX 或 nXP），或者

［全部（A）/ 中心（C）/ 动态（D）/ 范围（E）/ 上一个（P）/ 比例（S）/ 窗口（W）/ 对象（O）］

< 实时 >：A （全部缩放）（回车）

重新生成模型，全图显示水平辅助线。

再绘出垂直辅助线（如图 2-286 所示）：

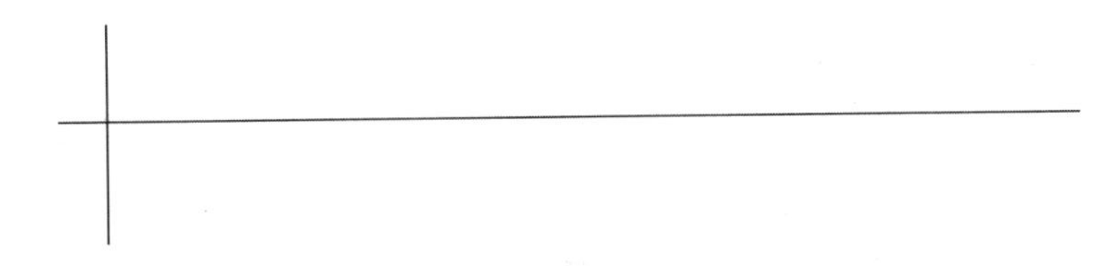

图 2-286

命令：LINE （回车）

LINE 指定第一点：3500，10000 （回车）

指定下一点或［放弃（U）]：@ 0，-4500 （回车）

指定下一点或［放弃（U）]： （回车）

单击水平辅助线和垂直辅助线，图层显示为“辅助”层。

命令：PROPERTIES （回车）

系统弹出“特性”对话框，单击“线型比例”栏，把缺省的“1”改为“10”（如图 2-287 所示），关闭“特性”对话框。辅助线变为肉眼可观察的虚断线（如图 2-288 所示）。

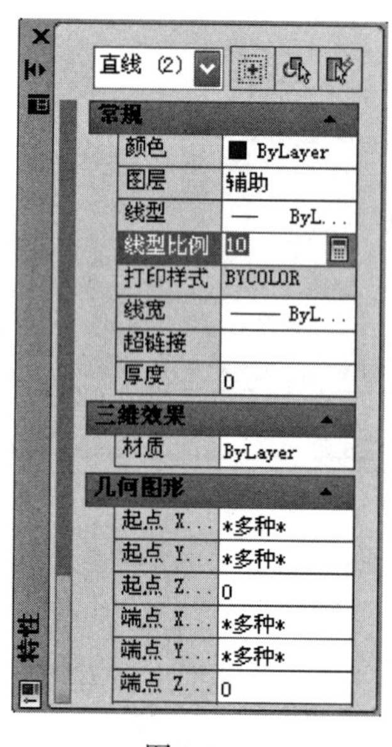

图 2-287

图 2-288

2. 绘制花架的柱、梁

单击“图层”的下拉窗口，将“柱梁”层设为当前层。利用辅助线为柱梁的中心线，对称绘制柱子。由于平面图没有花架梁的结构，所以只有辅助线标志出梁的中心线。

1〉先绘制 1 个柱子

设置点的捕捉模式。

命令：OSNAP （回车）

打开“草图设置”对话框，勾选端点、中点、圆心、交点，点击“确定”后返回绘图区域。

单击状态行的“对象捕捉”按钮，或按下 F3，打开“对象捕捉”。

开始绘制柱子。

命令：POLYGON （发出创建正多边形命令）（回车）

Polygon 输入边的数目 <4>： （默认当前数目）（回车）

指定正多边形的中心点或［边（E）]：（把光标靠近辅助线的交叉点，屏幕出现交点符号）单击

输入选项［内接于圆（I）/ 外切于圆（C）] <I>：C （回车）

指定圆的半径：100 （回车）

完成花架柱子的绘制（如图 2-289 所示）。

图 2-289

2〉绘制出花架其余的柱子

命令：ARRAY　　　　　　　　　　　　　　　　　　　　　　　　　　（回车）

系统弹出“阵列”命令对话框，点击“矩形阵列”，在“行数”的表框中输入 1，在“列数”的表框中输入 7；在“行偏移”距离中输入 0，在“列偏移”距离中输入 3000（如图 2-290 所示）；

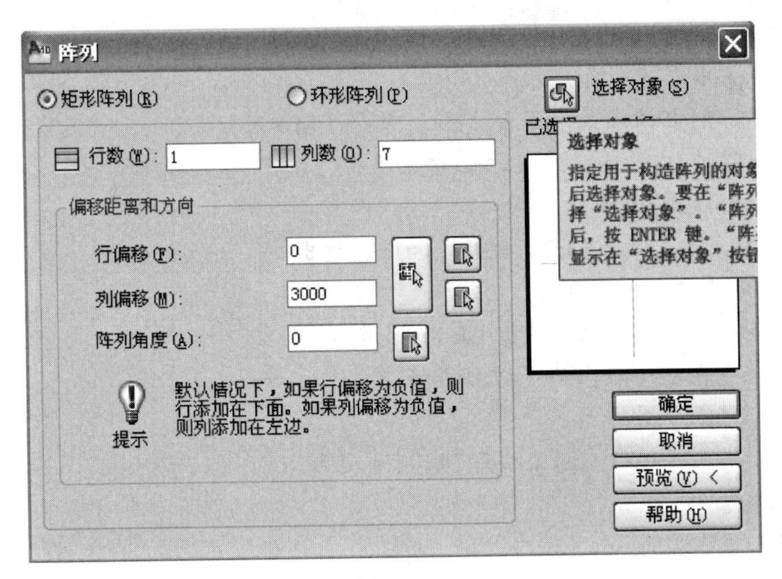

图 2-290

“选择对象”按钮下显示“已选择 0 个对象”；点击“选择对象”按钮，光标变为小方框，选择柱子和垂直辅助线，命令行显示：

选择对象：指定对角点：找到 2 个

选择对象：　　　　　　　　　　　　　　　　　　　　　　　　　　（回车）

窗口再次弹出“阵列”命令对话框，对话框中“选择对象”按钮下显示“已选择 2 个对象”；单击“确定”后返回绘图区域（如图 2-291 所示）。

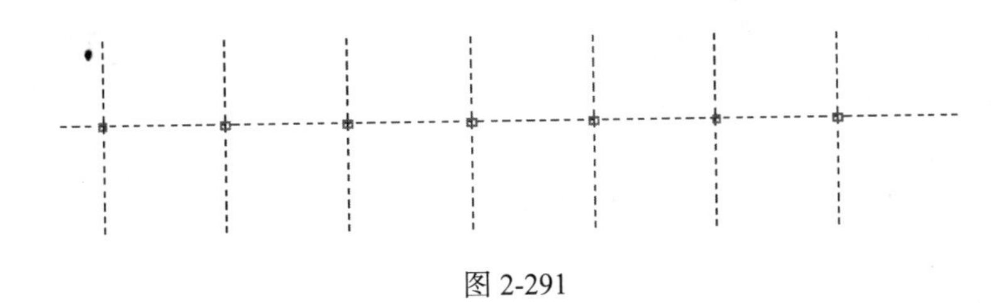

图 2-291

3. 绘制花架条

单击“图层”的下拉窗口，将“花架条”层设为当前层。

1〉先绘制 1 个花架条

在绘制前先用鼠标单击状态行的“对象捕捉”按钮，或按下 F3，关闭“对象捕捉”，避免点的捕捉对绘图的干扰。

命令：ZOOM　　　　　　　　　　　　　　　　　　　　　　　　　　（回车）

指定窗口的角点，输入比例因子（nX 或 nXP），或者

[全部（A）/ 中心（C）/ 动态（D）/ 范围（E）/ 上一个（P）/ 比例（S）/ 窗口（W）/ 对象（O）]< 实时 >：（在第一条垂直辅助线的左上方点击，确定缩放选择框的第一个角点）

指定对角点：（在第一条垂直辅助线的右下方点击，确定缩放选择框的对角点）

绘图区域显示放大的垂直辅助线（如图 2-292 所示）。

命令：OFFSET （回车）

当前设置：删除源 = 否　图层 = 源　OFFSETGAPTYPE = 0

指定偏移距离或［通过（T）/ 删除（E）/ 图层（L）］<1>：1900 （回车）

选择要偏移的对象，或［退出（E）/ 放弃（U）］< 退出 >：（光标变为小方框，点击水平辅助线）

指定要偏移的那一侧上的点或［退出（E）/ 多个（M）/ 放弃（U）］< 退出 >：（在水平辅助线上方任意点单击，水平辅助线上方出现一条相同的水平线）

选择要偏移的对象，或［退出（E）/ 放弃（U）］< 退出 >：（光标变为小方框，再次点击水平辅助线）

指定要偏移的那一侧上的点或［退出（E）/ 多个（M）/ 放弃（U）］< 退出 >：（在水平辅助线下方任意点单击，水平辅助线下方也出现一条相同的水平线）

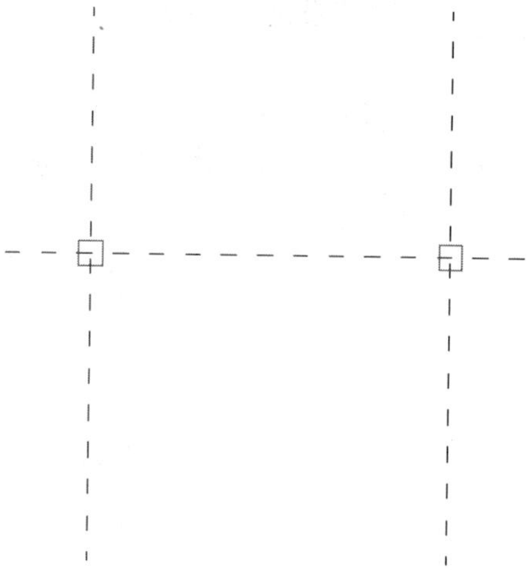

图 2-292

选择要偏移的对象，或［退出（E）/ 放弃（U）］< 退出 >： （回车）

结束水平线的偏移。

命令：OFFSET （回车）

当前设置：删除源 = 否　图层 = 源　OFFSETGAPTYPE = 0

指定偏移距离或［通过（T）/ 删除（E）/ 图层（L）］<1900>：40 （回车）

选择要偏移的对象，或［退出（E）/ 放弃（U）］< 退出 >：（光标变为小方框，点击垂直辅助线）

指定要偏移的那一侧上的点，或［退出（E）/ 多个（M）/ 放弃（U）］< 退出 >：（在垂直辅助线左方任意点单击，水平辅助线左方出现一条相同的垂直线）

选择要偏移的对象，或［退出（E）/ 放弃（U）］< 退出 >：（光标变为小方框，再次点击垂直辅助线）

指定要偏移的那一侧上的点，或［退出（E）/ 多个（M）/ 放弃（U）］< 退出 >：（在垂直辅助线右方任意点单击，垂直辅助线右方也出现一条相同的水平线）

选择要偏移的对象，或［退出（E）/ 放弃（U）］< 退出 >： （回车）

结束垂直线的偏移（如图 2-293 所示）。

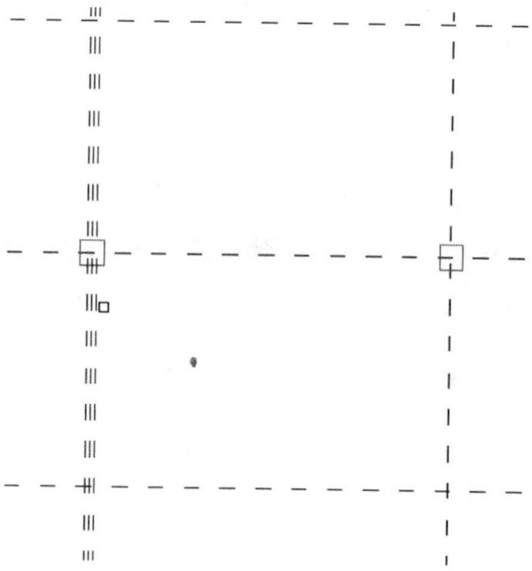

图 2-293

单击四条利用“偏移”命令得到的水平线和垂直线，图层显示为“辅助”层。

单击“图层”栏后的下拉窗口，选择“花架条”层（如图 2-294 所示），按下“Esc”按钮，退出编辑。四条直线由“辅助”层转换到“花架条”层（如图 2-295 所示）。

<u>技巧</u>：将对象转换图层时，可以单击对象使之处于可编辑状态，而后直接单击图层下拉按钮，在图层的下拉表框中选择要转换的图层，按下 Esc 键退出编辑即可完成图层转换操作。

回到绘图区域，进行线条多余部分的剪切：

命令：TRIM （回车）

当前设置：投影 =UCS，边 = 无

选择剪切边 ...

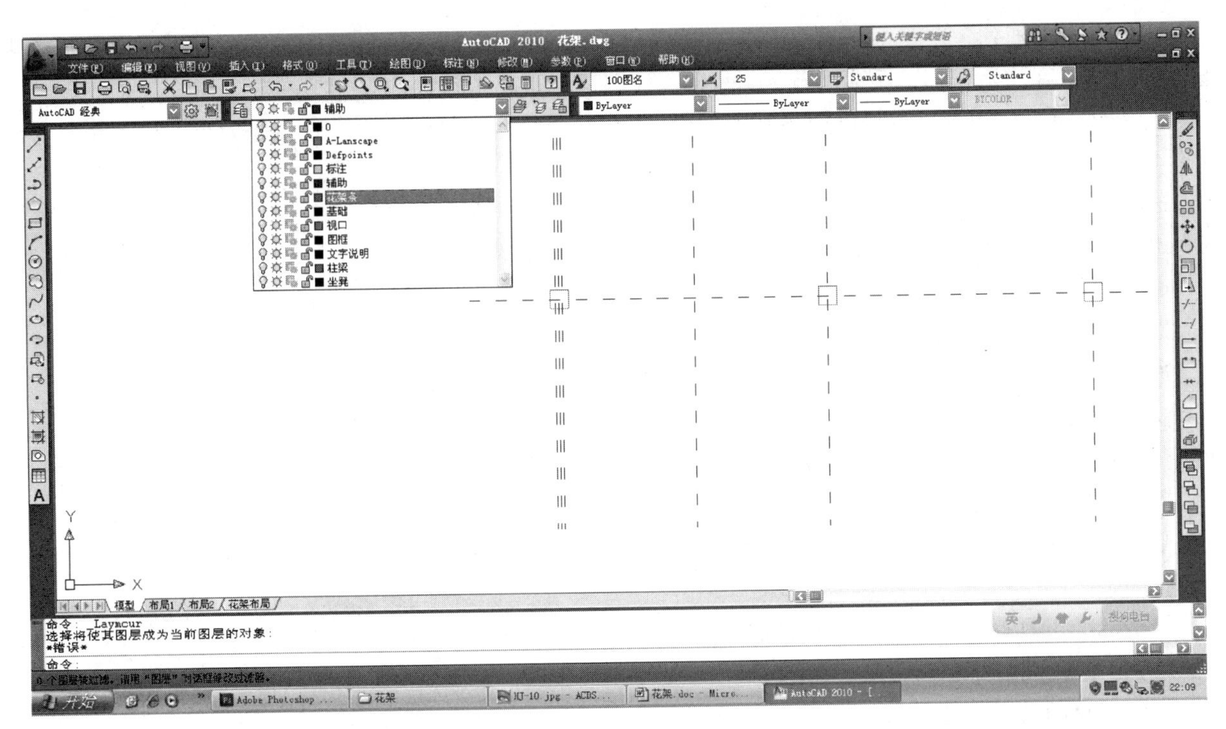

图 2-294

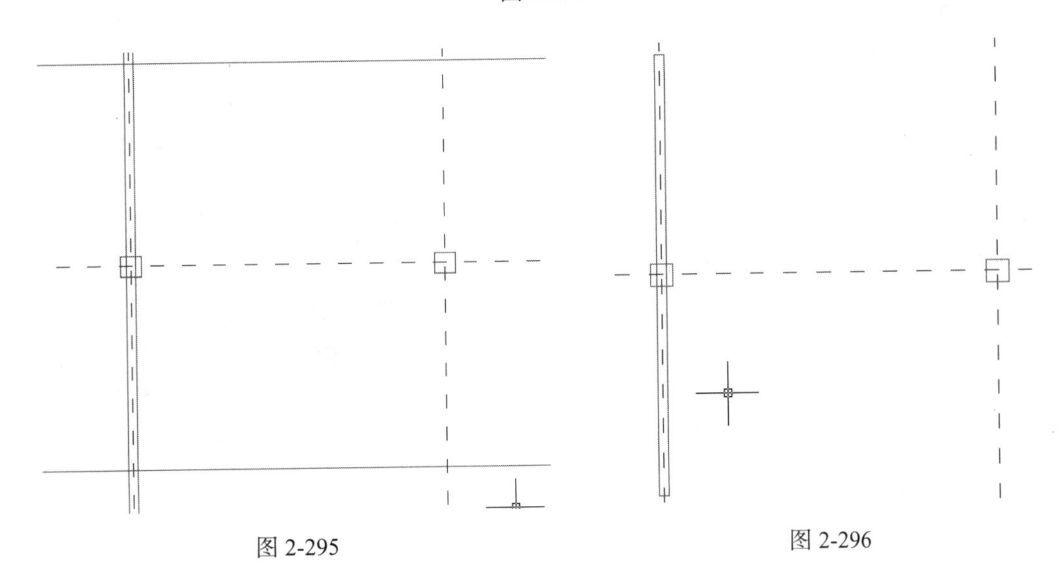

图 2-295　　图 2-296

选择对象：（光标变为小方框，选择花架条的 1 条水平线）找到 1 个

选择对象：（选择花架条的另 1 条水平线）找到 1 个，总计 2 个

选择对象：（选择花架条的 1 条垂直线）找到 1 个，总计 3 个

选择对象：（选择花架条的另 1 条垂直线）找到 1 个，总计 4 个

选择对象：（回车）

选择要修剪的对象，或按住 Shift 键选择要延伸的对象，或［栏选（F）/ 窗交（C）/ 投影（P）/ 边（E）/ 删除（R）/ 放弃（U）］:（连续点击 4 条线交点以外的部分）

选择要修剪的对象，或按住 Shift 键选择要延伸的对象，或［栏选（F）/ 窗交（C）/ 投影（P）/ 边（E）/ 删除（R）/ 放弃（U）］:（回车）

得到花架 1 个花架条的图形（如图 2-296 所示）。

2〉绘制出其余的花架条：

命令：ARRAY（回车）

系统弹出“阵列”命令对话框，点击“矩形阵列”，在“行数”的表框中输入 1，在“列数”的表框中输入 38；在“行偏移”距离中输入 0，在“列偏移”距离中输入 500；

“选择对象”按钮下显示“已选择 0 个对象”；点击“选择对象”按钮，光标变为小方框，选择花架条的 4 个边，命令行依次显示：

选择对象：找到 1 个

选择对象：找到 1 个，总计 2 个

选择对象：指定对角点：找到 1 个，总计 3 个

选择对象：指定对角点：找到 1 个，总计 4 个

选择对象：（回车）

窗口再次弹出“阵列”命令对话框，对话框中“选择对象”按钮下显示“已选择 4 个对象”；单击“确定”后返回绘图区域。垂直辅助线右侧的花架条被绘制完成。

重复 ARRAY（阵列）命令，在“行数”的表框中输入 1，在“列数”的表框中输入 2；在“行偏移”距离中输入 0，在“列偏移”距离中输入 –500；重复以上命令执行的步骤，绘制完成垂直辅助线左侧的花架条。

单击标准工具栏中“缩放上一个”命令图标，或输入命令

命令：ZOOM（回车）

指定窗口的角点，输入比例因子（nX 或 nXP），或者

[全部（A）/ 中心（C）/ 动态（D）/ 范围（E）/ 上一个（P）/ 比例（S）/ 窗口（W）/ 对象（O）] < 实时 >：P（回车）

绘图区域重新返回为全图（如图 2-297 所示）。

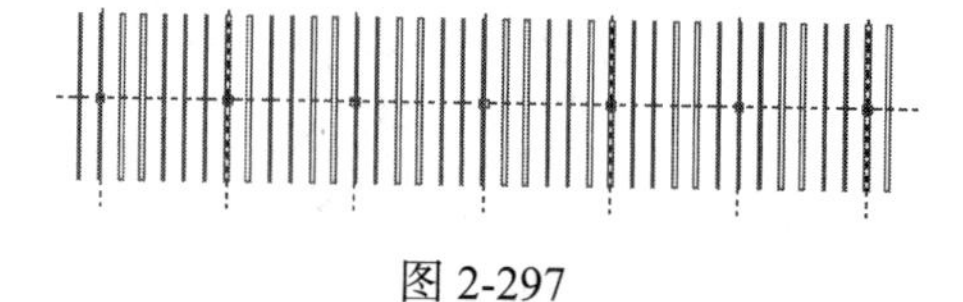

图 2-297

4. 添加座凳

在每两个花架柱子中间添加一宽 400mm、长 1500mm、高 400mm 的座凳，先绘出一个座凳。

首先绘制辅助线。

单击“窗口缩放”按钮，用选择框放大显示左侧第一、第二条垂直辅助线间的图形。

单击“偏移”命令，以距离 1500mm 向右偏移第一条垂直辅助线作为座凳的中心辅助线；回车重复“偏移”命令，以距离 750mm 左右偏移座凳的中心辅助线作为座凳两条垂直边；回车重复“偏移”命令，以距离 200mm 上下偏移花架的水平辅助线作为座凳两条水平边（如图 2-298 所示）。

单击“修剪”命令按钮，再回车，直接对准多余的线条执行修剪操作。线段整理后，选择四条边，单击“特性”按钮，将图层“辅助”改换为“座凳”，完成一个座凳的绘制（如图 2-299 所示）。

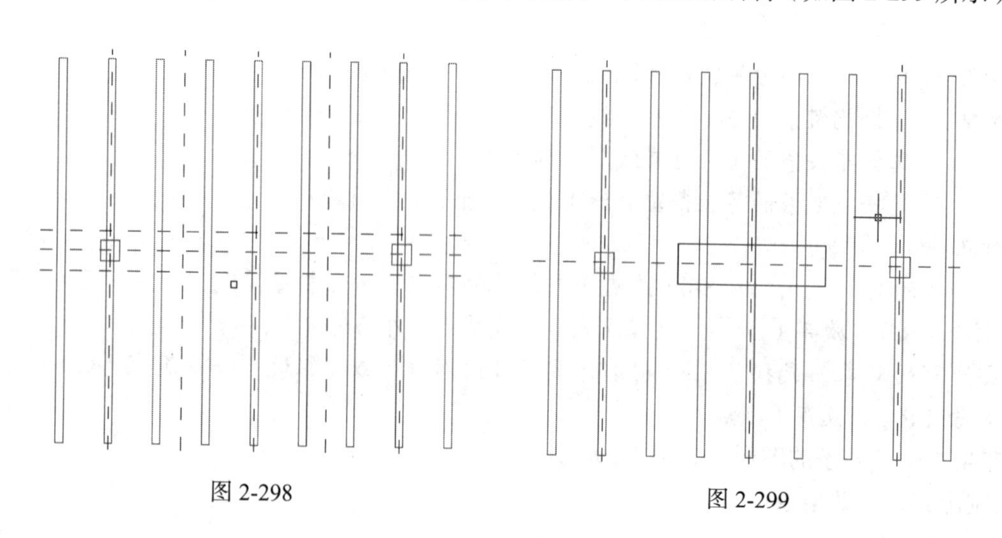

图 2-298　　图 2-299

单击“阵列”命令按钮，选择座凳的四条边为阵列对象，在打开的“阵列”对话框中进行参数设置（如图 2-300 所示），完成座凳绘制（如图 2-301 所示）。

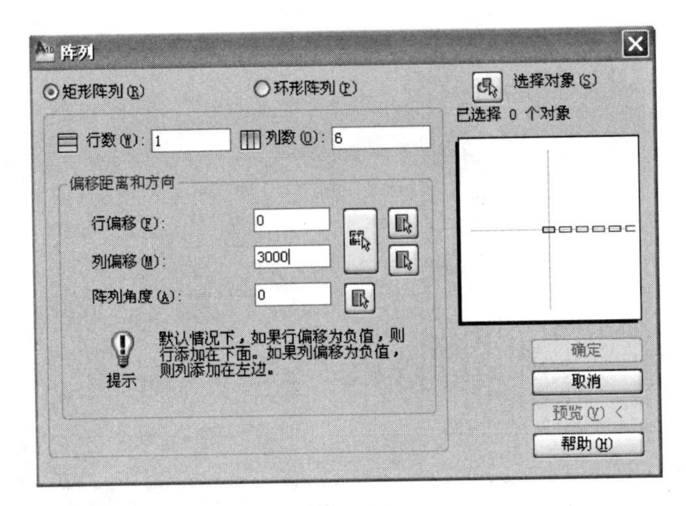

图 2-300

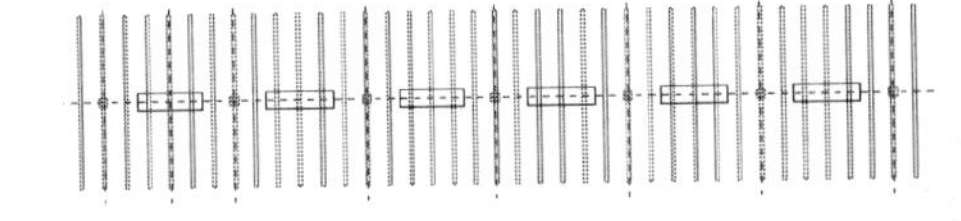

图 2-301

单击标准工具栏中“缩放上一个”命令图标，绘图区域重新返回为花架平面图全图。

● 绘制花架正立面图

1. 绘制辅助线

将“辅助”层设为当前层并单击状态行的“正交”（ORTHO）或按下 F8，打开正交方式。

绘出柱子的垂直辅助线，与平面图上的垂直辅助线保持一致：

命令：LINE （回车）
LINE 指定第一点：3500，17000 （回车）
指定下一点或［放弃（U）]：@ 0，4000 （回车）
指定下一点或［放弃（U）]： （回车）
命令：ZOOM （回车）
指定窗口的角点，输入比例因子（nX 或 nXP），或者
［全部（A）/ 中心（C）/ 动态（D）/ 范围（E）/ 上一个（P）/ 比例（S）/ 窗口（W）/ 对象（O）]
< 实时 >：A（全部缩放） （回车）

重新生成模型，全图显示。

命令：MATCHPROP（或单击“特性匹配”命令按钮）（如图 2-302 所示） （回车）
选择源对象：（方形光标单击平面图中虚断的垂直辅助线）
选择目标对象或［设置（S）]：（刷子型光标单击立面图中的垂直辅助线）（如图 2-303 所示）
选择目标对象或［设置（S）]： （回车）

结束命令，立面图中的垂直辅助线也成为肉眼可见的虚断线。

2. 绘制地平线

单击“图层”下拉窗口，将“基础”层设为当前层；单击状态行的“正交”（ORTHO）或按下 F8，打开正交方式。

先绘出室外地平线：

命令：LINE （回车）
LINE 指定第一点：1000，17000 （选取左侧中间一点） （回车）
指定下一点或［放弃（U）]：@ 24000，0 （回车）
指定下一点或［放弃（U）]： （回车）

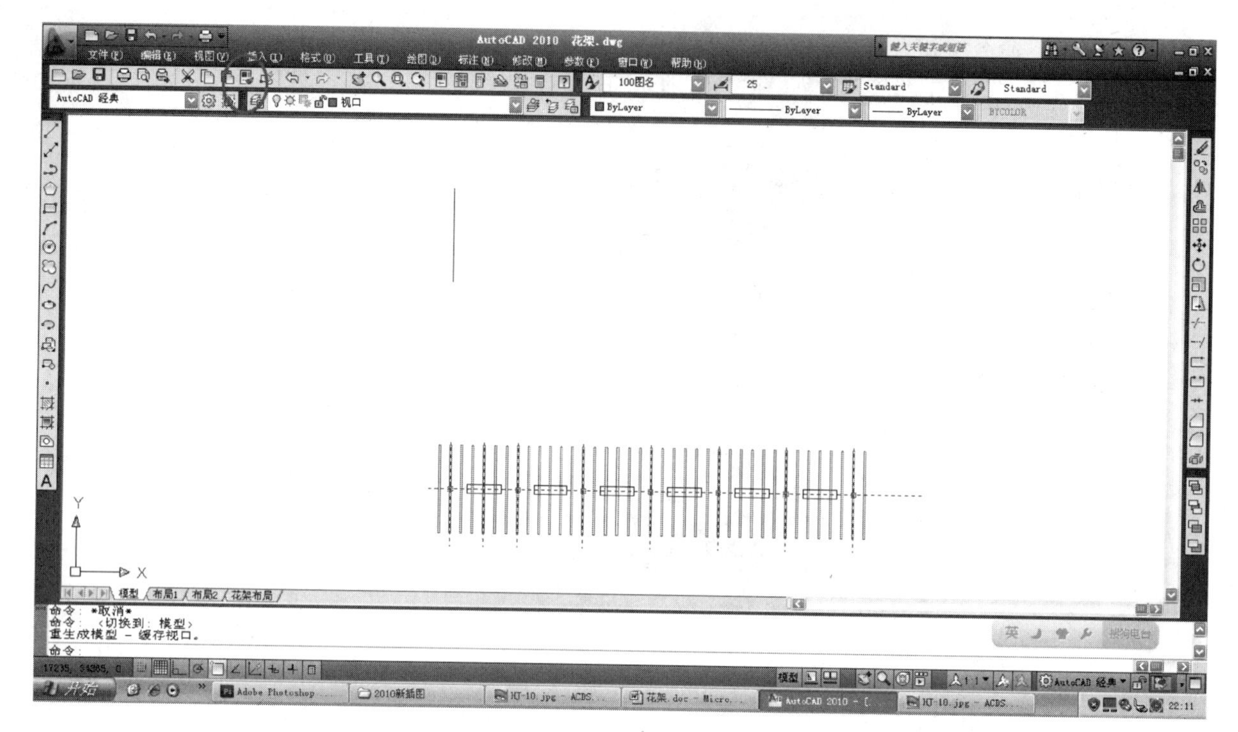

图 2-302

单击“窗口缩放”（ZOOM）按钮，在立面辅助线的左上角单击，拖动选框至室外地平线右下角，图像放大显示；单击“实时平移”（PAN）按钮，将图像调整到屏幕合适的位置。

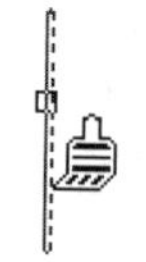

绘出花架内的地坪层：

命令：OFFSET　　　　　　　　（回车）

当前设置：删除源 = 否　图层 = 源

OFFS ETGAPTYPE = 0

指定偏移距离或［通过（T）/ 删除（E）/ 图层（L）］<1900>：150　　　　　　（回车）

选择要偏移的对象，或［退出（E）/ 放弃（U）］< 退出 >：（方形光标，单击地平线）

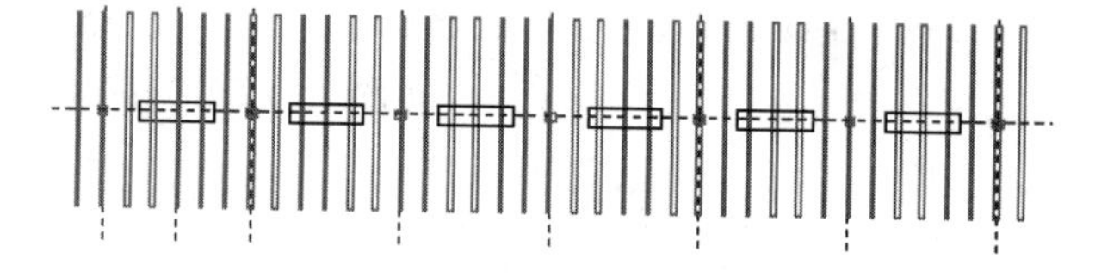

图 2-303

指定要偏移的那一侧上的点，或［退出（E）/ 多个（M）/ 放弃（U）］< 退出 >：（在地平线上方任意点单击，地平线上方出现一条相同的水平线）

选择要偏移的对象，或［退出（E）/ 放弃（U）］< 退出 >：　　　　（回车）

结束花架内地坪层的偏移。

命令：OFFSET　　　　（回车）

当前设置：删除源 = 否　图层 = 源 OFFSETGAPTYPE = 0

指定偏移距离或［通过（T）/ 删除（E）/ 图层（L）］<150>：1000　　　　（回车）

选择要偏移的对象，或［退出（E）/ 放弃（U）］< 退出 >：（光标变为小方框，点击花架梁的垂直辅助线）

指定要偏移的那一侧上的点，或［退出（E）/ 多个（M）/ 放弃（U）］< 退出 >：（在花架梁的垂直辅助线左侧任意点单击，左侧出现一条相同的垂线）

选择要偏移的对象，或［退出（E）/ 放弃（U）］< 退出 >：　　　　（回车）

命令：OFFSET　　　　（回车）

当前设置：删除源 = 否 图层 = 源 OFFSETGAPTYPE = 0

指定偏移距离或［通过（T）/ 删除（E）/ 图层（L）］<1000>：19000 （回车）

选择要偏移的对象，或［退出（E）/ 放弃（U）］< 退出 >：（选择花架梁的垂直辅助线）

指定要偏移的那一侧上的点，或［退出（E）/ 多个（M）/ 放弃（U）］< 退出 >：（在花架梁的垂直辅助线右侧任意点单击，右侧出现一条相同的垂线）

选择要偏移的对象，或［退出（E）/ 放弃（U）］< 退出 >： （回车）

花架内地坪层的左右边线绘制完成（如图 2-304 所示）。

图 2-304

回到绘图区域，选择花架内地坪层的水平和垂直边线，将多余的部分剪切：

命令：TRIM （回车）

当前设置：投影 =UCS，边 = 无

选择剪切边 ...

选择对象或 < 全部选择 >：（光标变为小方框，选择花架内地坪层）找到 1 个

选择对象：（选择花架内地坪层的左边线）找到 1 个，总计 2 个

选择对象：（选择花架内地坪层的右边线）找到 1 个，总计 3 个

选择对象： （回车）

选择要修剪的对象，或按住 Shift 键选择要延伸的对象，或［栏选（F）/ 窗交（C）/ 投影（P）/ 边（E）/ 删除（R）/ 放弃（U）］：（连续点击 3 条线交点以外的部分）

选择要修剪的对象，或按住 Shift 键选择要延伸的对象，或［栏选（F）/ 窗交（C）/ 投影（P）/ 边（E）/ 删除（R）/ 放弃（U）］： （回车）

得到花架内地坪层的图形，选择修剪后的 3 条边，单击“特性”按钮，在对话框中将“图层”项修改为“基础”层。

花架内地坪层绘制完成（如图 2-305 所示）。

图 2-305

3. 绘制梁柱线

将“辅助”层设为当前层。

绘出花架的梁。

命令：OFFSET （回车）

当前设置：删除源 = 否 图层 = 源 OFFSETGAPTYPE = 0

指定偏移距离或［通过（T）/ 删除（E）/ 图层（L）］<19000>：3200 （回车）

选择要偏移的对象，或［退出（E）/ 放弃（U）］< 退出 >：（方形光标，点击花架内地坪层）

指定要偏移的那一侧上的点，或［退出（E）/ 多个（M）/ 放弃（U）］< 退出 >：（在花架内地坪层上方任意点单击，上方出现一条相同的水平线）

选择要偏移的对象，或［退出（E）/ 放弃（U）］< 退出 >： （回车）

花架梁的下边线绘制完成。

命令：OFFSET （回车）

当前设置：删除源 = 否　图层 = 源　OFFSETGAPTYPE = 0

指定偏移距离或［通过（T）/ 删除（E）/ 图层（L）］<3200>：200 （回车）

选择要偏移的对象，或［退出（E）/ 放弃（U）］< 退出 >：（方形光标，点击花架梁的下边线）

指定要偏移的那一侧上的点，或［退出（E）/ 多个（M）/ 放弃（U）］< 退出 >：（在花架梁的下边线上方任意点单击，上方出现一条相同的水平线）

选择要偏移的对象，或［退出（E）/ 放弃（U）］< 退出 >： （回车）

花架梁的上边线绘制完成。

命令：OFFSET （回车）

当前设置：删除源 = 否　图层 = 源　OFFSETGAPTYPE = 0

指定偏移距离或［通过（T）/ 删除（E）/ 图层（L）］<200>：900 （回车）

选择要偏移的对象，或［退出（E）/ 放弃（U）］< 退出 >：（方形光标，选择花架梁的垂直辅助线）

指定要偏移的那一侧上的点，或［退出（E）/ 多个（M）/ 放弃（U）］< 退出 >：（在花架梁的垂直辅助线左方任意点单击，左方出现一条相同的垂直线）

选择要偏移的对象，或［退出（E）/ 放弃（U）］< 退出 >： （回车）

命令：OFFSET （回车）

当前设置：删除源 = 否　图层 = 源　OFFSETGAPTYPE = 0

指定偏移距离或［通过（T）/ 删除（E）/ 图层（L）］<900>：18900 （回车）

选择要偏移的对象，或［退出（E）/ 放弃（U）］< 退出 >：（方形光标，选择花架梁的垂直辅助线）

指定要偏移的那一侧上的点，或［退出（E）/ 多个（M）/ 放弃（U）］< 退出 >：（在花架梁的垂直辅助线右方任意点单击，右方出现一条相同的垂直线）

选择要偏移的对象，或［退出（E）/ 放弃（U）］< 退出 >： （回车）

花架梁的左右边线绘制完成（如图 2-306 所示）。

回到绘图区域，选择花架梁的上下左右 4 条边线，将多余的部分剪切，得到花架梁的图形。

选择修剪后梁的 4 条边，单击“特性”按钮，在对话框中将“图层”项修改为“柱梁”层（如图 2-307 所示）。

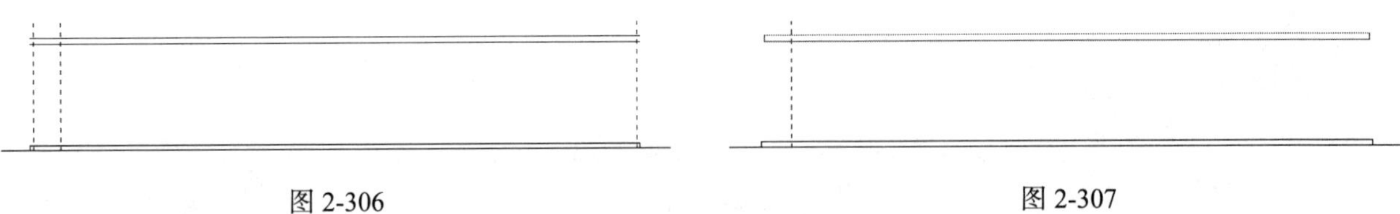

图 2-306　　　　图 2-307

4. 绘制立面柱子和花架条

根据图纸提供的尺寸，柱子正立面宽度为 200mm，花架条正立面宽度为 80mm，先进行单个柱子和花架条的绘制，再用“阵列”命令绘制出全部柱子和花架条。

1〉绘制单个柱子

命令：ZOOM （回车）

指定窗口的角点，输入比例因子（nX 或 nXP），或者

［全部（A）/ 中心（C）/ 动态（D）/ 范围（E）/ 上一个（P）/ 比例（S）/ 窗口（W）/ 对象（O）］< 实时 >：（光标在垂直辅助线的左上角单击，确定缩放窗口的第一个角点）

指定对角点：（光标在辅助线的右下角单击，确定缩放窗口的第二个角点）

重新生成模型，图形按选择框放大显示。

命令：OFFSET

当前设置：删除源 = 否　图层 = 源　OFFSETGAPTYPE = 0

指定偏移距离或［通过（T）/ 删除（E）/ 图层（L）］< 通过 >：100　　（回车）

选择要偏移的对象，或［退出（E）/ 放弃（U）］< 退出 >：（方形光标点击辅助线）

指定要偏移的那一侧上的点，或［退出（E）/ 多个（M）/ 放弃（U）］< 退出 >：（光标在辅助线左侧任意点单击）

选择要偏移的对象，或［退出（E）/ 放弃（U）］< 退出 >：（方形光标点击辅助线）

指定要偏移的那一侧上的点，或［退出（E）/ 多个（M）/ 放弃（U）］< 退出 >：（光标在辅助线右侧任意点单击）

选择要偏移的对象，或［退出（E）/ 放弃（U）］< 退出 >：（回车或单击右键，结束命令）

以花架内地坪层的水平边线和梁的下边线为界，将花架立面柱子多余的部分剪切：

命令：TRIM　　（回车）

当前设置：投影 =UCS，边 = 无

选择剪切边 ...

选择对象或 < 全部选择 >：（将方框光标在三条辅助线右侧、花架地坪层下方空白处单击，确定选择框的右下角点）

指定对角点：（将方框光标在三条辅助线左侧、花架梁上下边界线之间空白处单击，确定选择框的左上角点）找到 5 个

选择对象：　　（回车）

选择要修剪的对象，或按住 Shift 键选择要延伸的对象，或［栏选（F）/ 窗交（C）/ 投影（P）/ 边（E）/ 删除（R）/ 放弃（U）］：（修剪偏移得到的辅助线，连续点击花架地坪层以下和梁的下边线以上的部分）

选择要修剪的对象，或按住 Shift 键选择要延伸的对象，或［栏选（F）/ 窗交（C）/ 投影（P）/ 边（E）/ 删除（R）/ 放弃（U）］：　　（回车）

将柱子的线条置换到“柱梁”层，可以用“特性匹配”命令完成。

命令：MATCHPROP（或单击“特性匹配”命令按钮）　　（回车）

选择源对象：（单击立面图中花架的横梁）

选择目标对象或［设置（S）］：（单击立面图中柱子垂直辅助线两侧的偏移线）

选择目标对象或［设置（S）］：（单击右键，选择“确认”）

结束命令，立面图中垂直辅助线两侧的花架柱子由“辅助”层的虚断线成为“柱梁”层的实线。

花架正立面单个柱子绘制完成（如图 2-308 所示）。

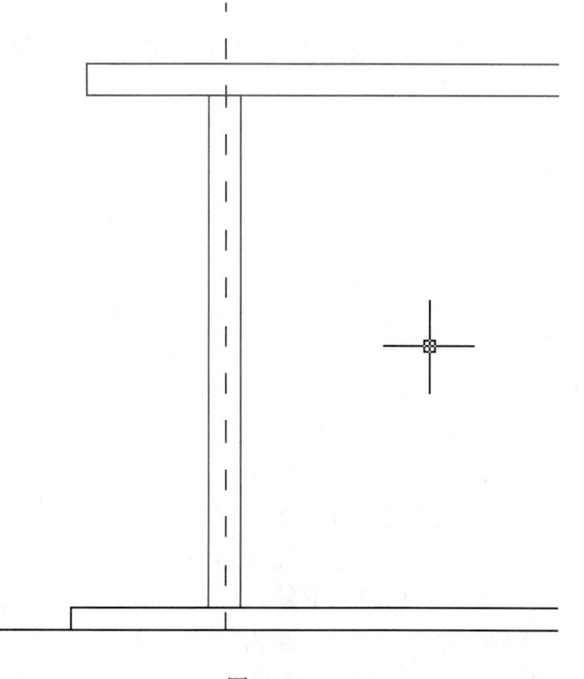

图 2-308

2〉绘制单个花架条

命令：OFFSET

当前设置：删除源 = 否　图层 = 源　OFFSETGAPTYPE = 0

指定偏移距离或［通过（T）/ 删除（E）/ 图层（L）］<100>：40　　（回车）

选择要偏移的对象，或［退出（E）/ 放弃（U）］< 退出 >：（方形光标点击辅助线）

指定要偏移的那一侧上的点，或［退出（E）/ 多个（M）/ 放弃（U）］＜退出＞:（光标在辅助线左侧任意点单击）

选择要偏移的对象，或［退出（E）/ 放弃（U）］＜退出＞:（方形光标点击辅助线）

指定要偏移的那一侧上的点，或［退出（E）/ 多个（M）/ 放弃（U）］＜退出＞:（光标在辅助线右侧任意点单击）

选择要偏移的对象，或［退出（E）/ 放弃（U）］＜退出＞:（回车或单击右键，结束命令）

以花架梁的上下边线为界，将花架条立面多余的部分剪切：

命令：TRIM　（回车）

当前设置：投影 =UCS，边 = 无

选择剪切边 ...

选择对象:（将方框光标在柱子右侧、花架梁下边界下方空白处单击，确定选择框的右下角点）

指定对角点:（将方框光标在柱子左侧、花架梁上边界线之间空白处单击，确定选择框的左上角点）找到 7 个

选择对象:　（回车）

选择要修剪的对象，或按住 Shift 键选择要延伸的对象，或［栏选（F）/ 窗交（C）/ 投影（P）/ 边（E）/ 删除（R）/ 放弃（U）]:（修剪偏移得到的辅助线，连续点击花架梁的上下边线外的部分）

选择要修剪的对象，或按住 Shift 键选择要延伸的对象，或［栏选（F）/ 窗交（C）/ 投影（P）/ 边（E）/ 删除（R）/ 放弃（U）]:　（回车）

选择修剪后得到的 2 条短线，单击“特性”按钮运行“特性”命令，在对话框中选择“图层”栏，单击“辅助”右侧的下拉按钮，在下拉表中选择“花架条”层。

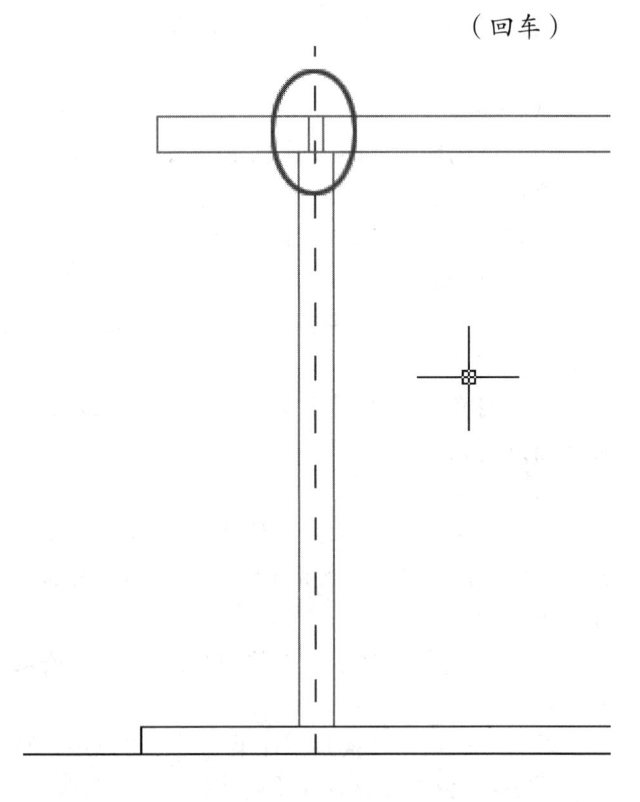

图 2-309

正立面单个花架条绘制完成（如图 2-309 所示）。

3〉绘制全部柱子

首先单击“缩放上一个”按钮，回复到原来的（全）视图。

运行“阵列”命令复制其余的柱子，

命令：ARRAY　（回车）

系统弹出“阵列”命令对话框，单击“选择对象”按钮下返回绘图界面，依次选择柱子和垂直辅助线，回车返回“阵列”对话框进行参数设置（如图 2-310 所示），单击“确定”后返回绘图区域。

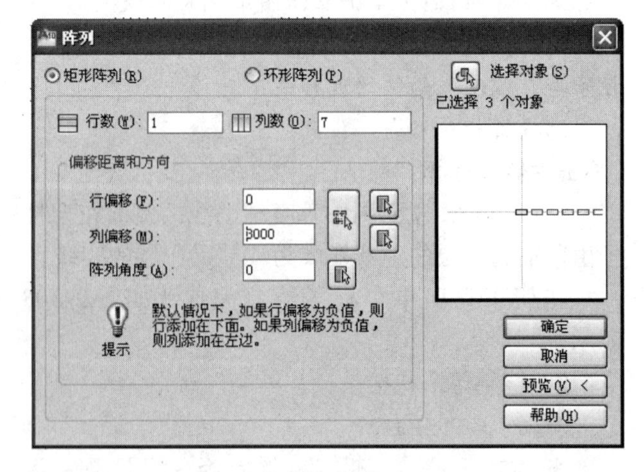

图 2-310

完成了全部柱子的复制（如图 2-311 所示）。

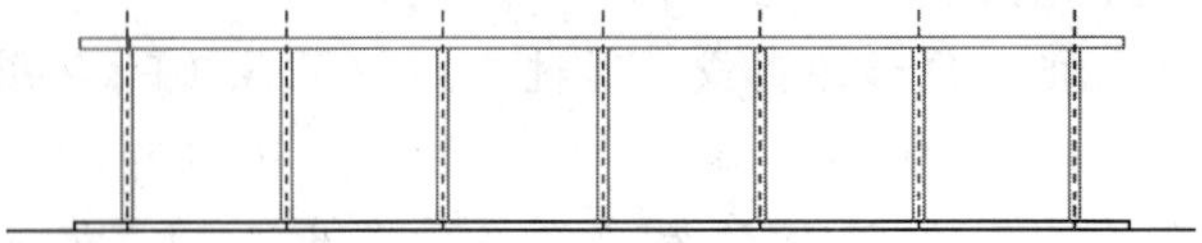

图 2-311

4〉绘制全部花架条

先绘制辅助线右侧的花架条。

按下回车键，重复“阵列”命令；系统弹出“阵列”命令对话框，单击“选择对象”按钮后返回绘图界面，选择垂直辅助线两侧的花架条，回

车返回“阵列”对话框进行参数设置（如图 2-312 所示），确定后返回绘图区域，完成辅助线右侧花架条的绘制。

回车，重复“阵列”命令；选择花架条，并进行阵列参数设置，由于向左侧阵列对象，故阵列距离为负数（如图 2-313 所示），确定后返回绘图区域。

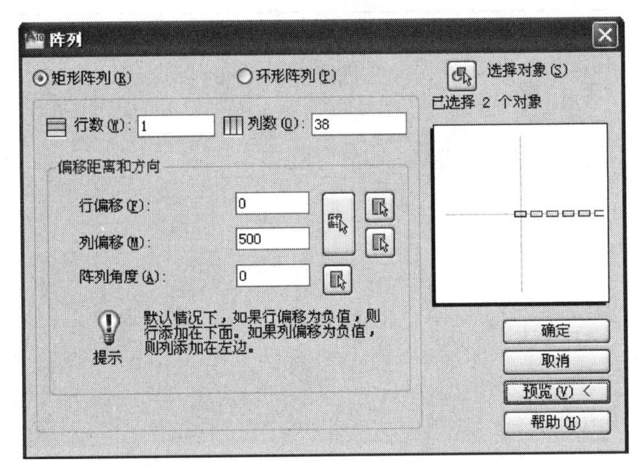

图 2-312

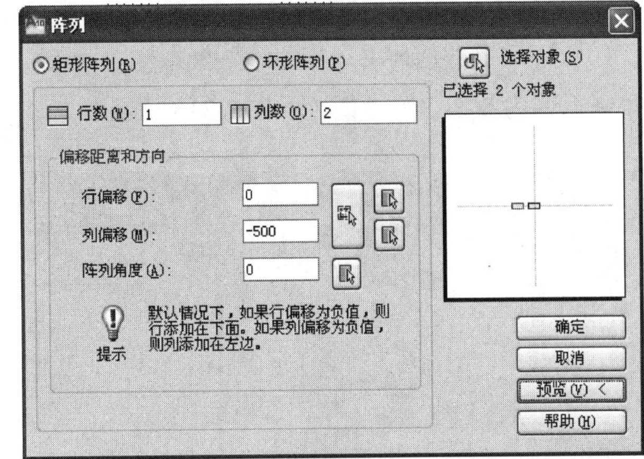

图 2-313

完成立面花架条的绘制（如图 2-314 所示）。

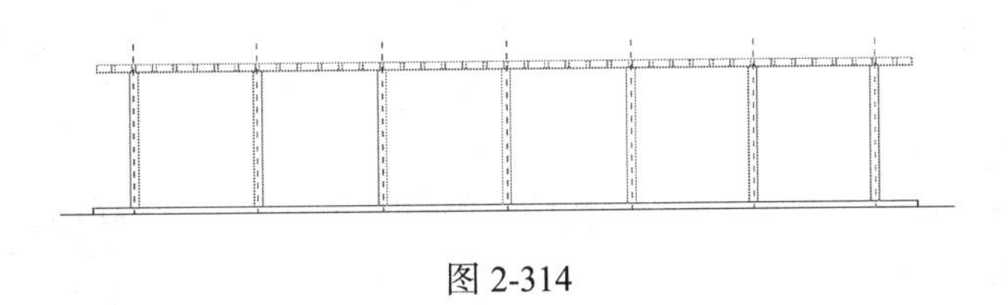

图 2-314

<u>技巧</u>：在“阵列”命令中，需要选择的对象较小（如花架条）不易准确选择时，可以在单击“选择对象”按钮后返回绘图界面，首先单击“窗口缩放”按钮，放大显示要选择的部分（如花架条和梁的部位），再依次选择对象（如单击花架条的两条边线），然后单击“缩放上一”按钮，回到原有视图继续执行“阵列”命令的下一步骤。

5. 绘制立面座凳

先绘制一个立面座凳。运行“窗口缩放”，放大显示左侧第一、二条垂直辅助线间的图形。

先绘制辅助线。单击“偏移”命令，以距离 1500mm 向右偏移第一条垂直辅助线为座凳的中心辅助线；回车重复“偏移”命令，分别以距离 750mm、630mm、550mm 左右偏移座凳的中心辅助线作为座凳两边支柱；回车重复“偏移”命令，以距离 400mm、340mm 向上偏移花架内的地坪层作为座凳面板边（如图 2-315 所示）。

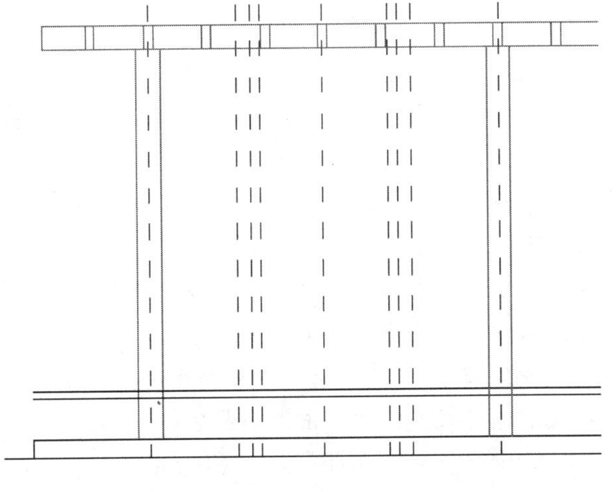

图 2-315

运行“修剪”命令，对多余的线条执行修剪操作。线段整理后，再次运行“窗口缩放”，放大显示座凳。

连续单击选择所得的线条，再单击“图层”的下拉表框选择“座凳”层，将线条所在的图层改换为“座凳”层，完成一个座凳的绘制（如图2-316所示）。

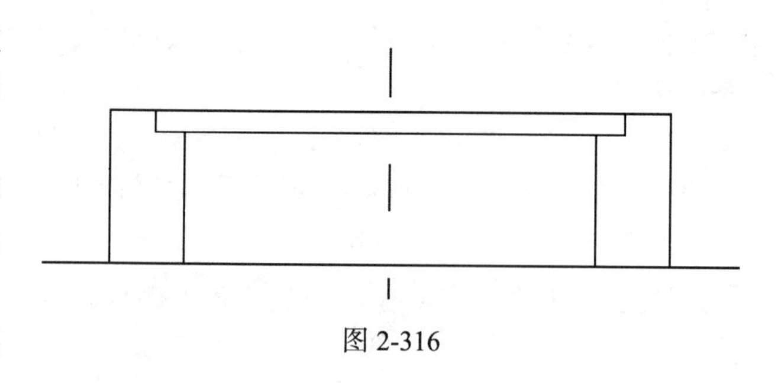

图 2-316

单击“阵列”命令按钮，选择立面座凳为“阵列”对象，在打开的“阵列”对话框中参数设置如图2-317所示，完成立面座凳绘制。

连续单击“缩放上一个”命令图标，绘图区域重新返回为花架立面全图（如图2-318所示）。

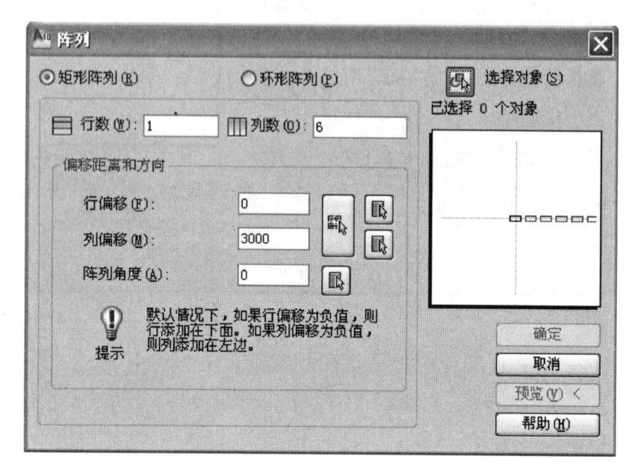

图 2-317

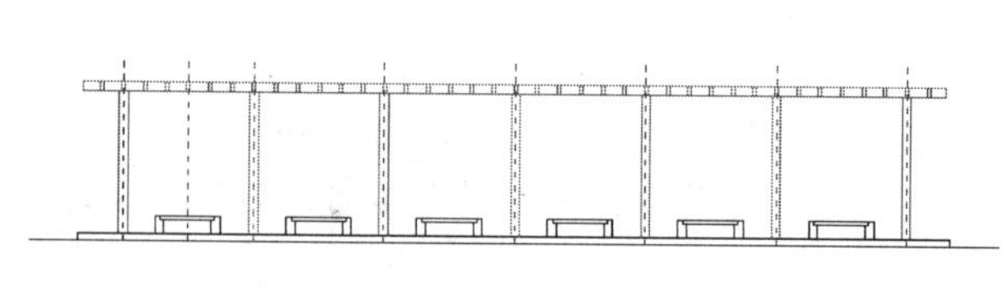

图 2-318

● 绘制花架侧立面图

一般在绘图中，将侧立面图放置在正立面图的水平方向上，以取得构造的一致和对比。我们采取延长线的方法，绘制更简便。

1. 绘制辅助线

将辅助层置为当前图层，按下F8键打开正交模式；运行“直线”命令，在花架正立面图的右侧绘制一垂直线，长度长于花架的立面高度；选择辅助线，在“特性”窗口中将线型比例改为10，使之成为虚断线。

绘制延长线。运行“延伸”命令，以辅助线为边界，依次延长座凳的上表面、花架梁的上表面、花架梁的下表面、地坪层和地平线。

命令：EXTEND　（回车）

当前设置：投影 =UCS，边 = 无

选择边界的边 ...

选择对象或 < 全部选择 >：（光标单击刚绘制的辅助线）找到 1 个

选择对象：　（回车）

选择要延伸的对象，或按住 Shift 键选择要修剪的对象，或 [栏选（F）/ 窗交（C）投影（P）/ 边（E）/ 放弃（U）]：F　（回车）

指定第一栏选点：< 对象捕捉　关 >（光标在花架右侧室外地平线下单击）

指定下一个栏选点或 [放弃（U）]：（光标在花架右侧花架梁上方单击，如图2-319所示）

指定直线的端点或 [放弃（U）]：（回车）

（绘图窗口中显示花架梁、花架地坪层和室外

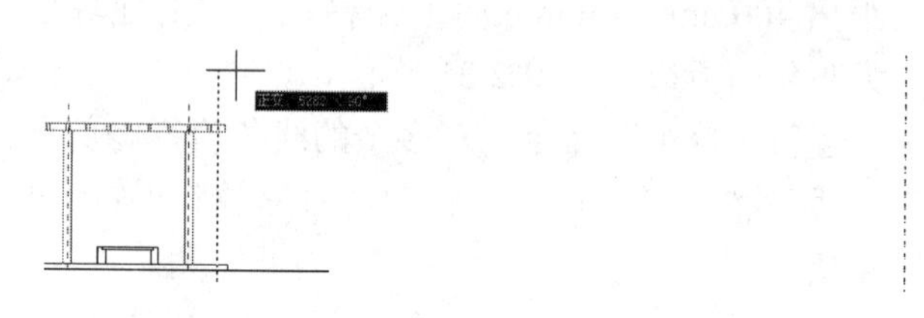

图 2-319

地平线被延长至辅助线。)

选择要延伸的对象，或按住 Shift 键选择要修剪的对象，或 [栏选（F）/ 窗交（C）/ 投影（P）/ 边（E）/ 放弃（U）]:（单击“窗口缩放”按钮）

'_zoom

>> 指定窗口的角点，输入比例因子（nX 或 nXP），或者

[全部（A）/ 中心（C）/ 动态（D）/ 范围（E）/ 上一个（P）/ 比例（S）/ 窗口（W）/ 对象（O）] < 实时 >: _w

>> 指定第一个角点:（光标单击最右侧座凳的左上方）

>> 指定对角点:（光标单击最右侧座凳的右下方）

正在恢复执行 EXTEND 命令。

选择要延伸的对象，或按住 Shift 键选择要修剪的对象，或 [栏选（F）/ 窗交（C）/ 投影（P）/ 边（E）/ 放弃（U）]:（光标单击放大显示的座凳面层线条，如图 2-320 所示）

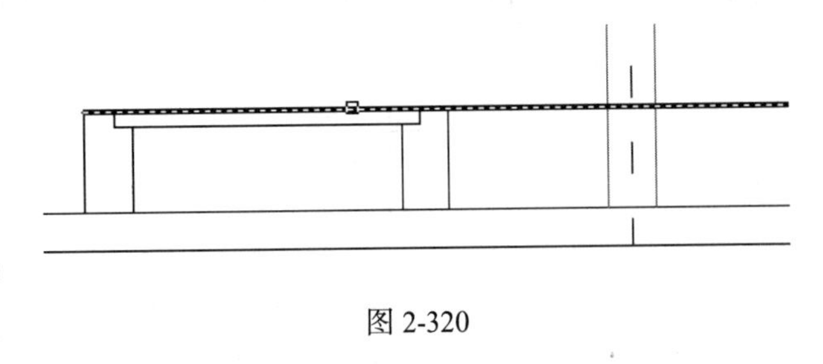

图 2-320

选择要延伸的对象，或按住 Shift 键选择要修剪的对象，或 [栏选（F）/ 窗交（C）/ 投影（P）/ 边（E）/ 放弃（U）]:（单击“缩放上一个”按钮，恢复到前视图）

'_zoom

>> 指定窗口的角点，输入比例因子（nX 或 nXP），或者

[全部（A）/ 中心（C）/ 动态（D）/ 范围（E）/ 上一个（P）/ 比例（S）/ 窗口（W）/ 对象（O）] < 实时 >: _p

正在恢复执行 EXTEND 命令。

选择要延伸的对象，或按住 Shift 键选择要修剪的对象，或 [栏选（F）/ 窗交（C）/ 投影（P）/ 边（E）/ 放弃（U）]:（回车）

完成延长线（如图 2-321 所示）。

复制右侧辅助线，并平移到辅助线和花架立面图之间的位置，作为花架侧立面的中心辅助线（如图 2-322 所示）。

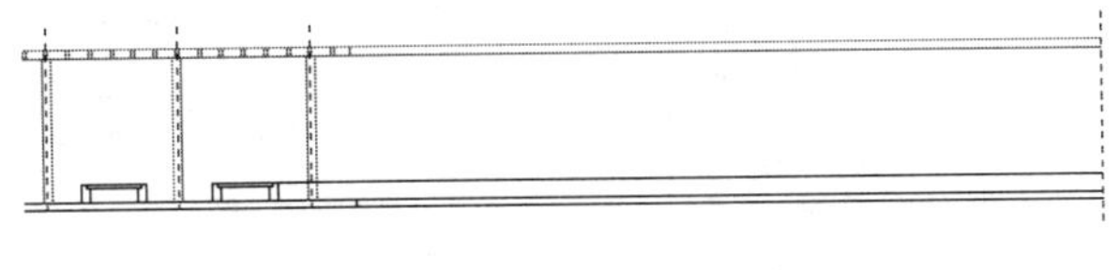

图 2-321

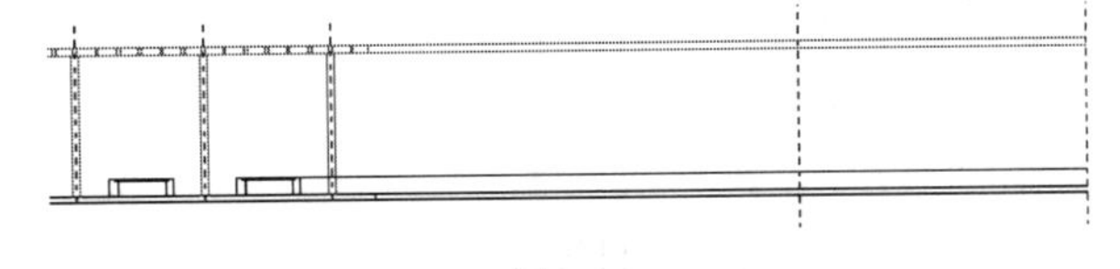

图 2-322

2. 绘制花架条

运行“偏移”命令，以距离 1900mm 左右偏移花架侧立面中心辅助线（如图 2-323 所示）；修剪、删除多余的线条，得到花架条的侧视轮廓线。

选择花架条，使边线处于可编辑状态，鼠标单击工具“图层”栏中图层的下拉按钮，在图层下拉表框中单击“花架条”，线条变成“花架条”色彩，按下 Esc 键退出编辑，花架的线条转换到“花架条”层（如图 2-324 所示）。

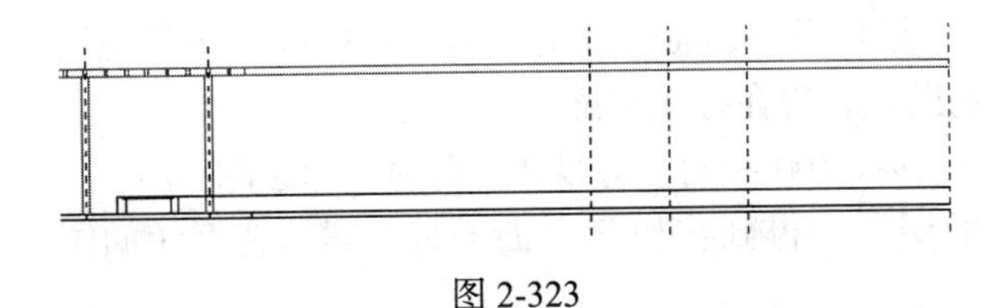

图 2-323

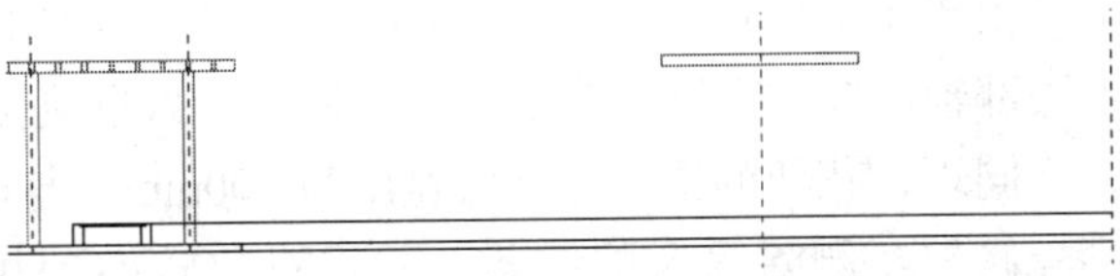

图 2-324

3. 绘制花架柱子、梁、座凳

花架的柱子侧视时是一个梯形，上底边长为 400mm，下底边长为 200mm。

单击“窗口缩放”，放大显示花架侧立面图。

运行“偏移”命令，分别以距离 100mm、200mm 左右偏移花架侧立面中心辅助线（如图 2-325 所示）。

单击“图层”下拉窗口，将“柱梁”层置为当前图层；运行“直线”命令，按下 F3 键打开“对象捕捉”，以偏移线 200 与花架条的交点为起点、偏移线 100 与花架室内地坪的交点为端点（如图 2-326 所示），绘制花架侧立面柱子的线条（如图 2-327 所示），下一步要进行多余线条的修剪和删除。

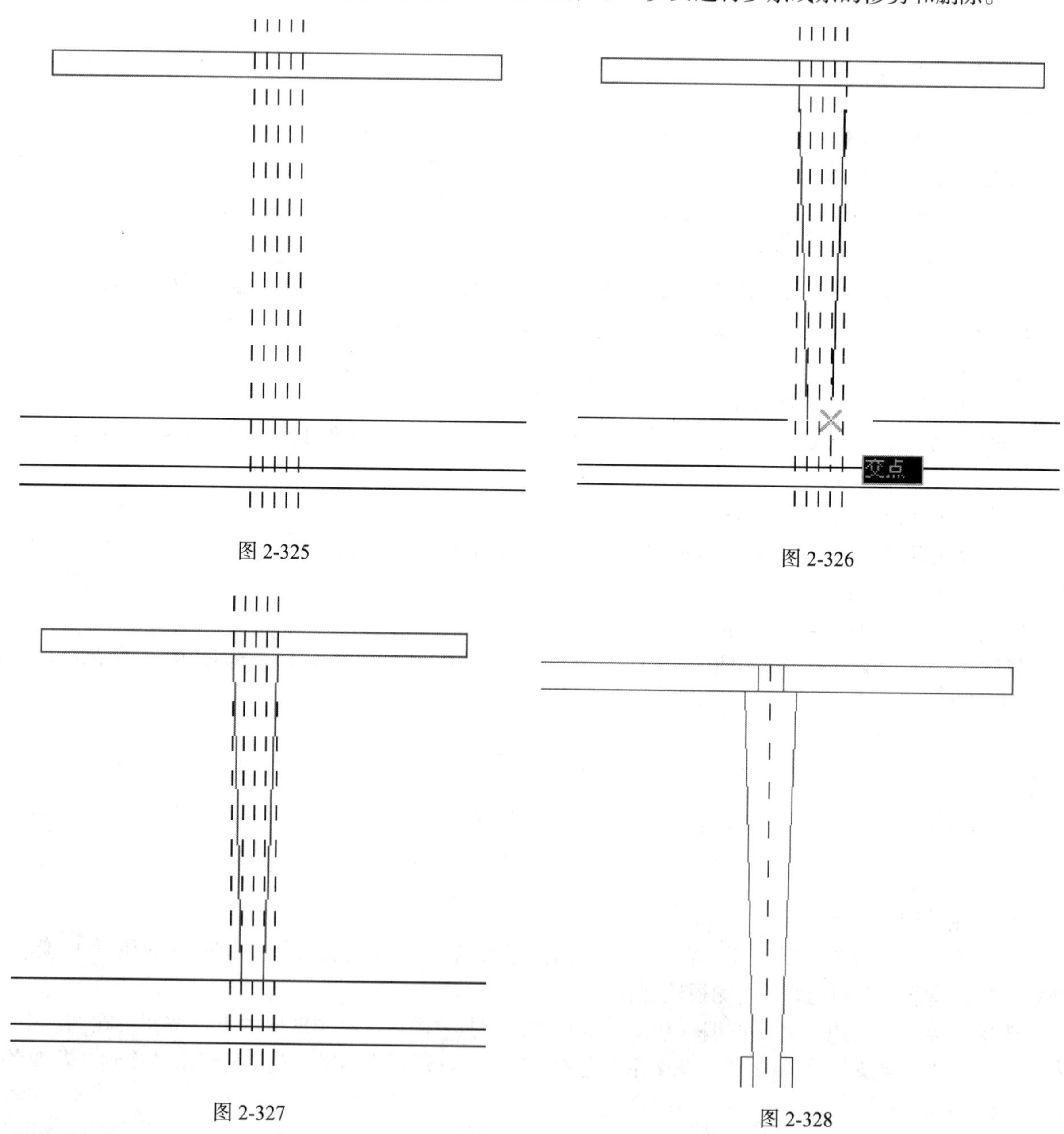

图 2-325

图 2-326

图 2-327

图 2-328

由于梁的侧面宽度为 200mm，如果单独绘制，要把侧立面中心辅助线左右偏移 100mm，正好是柱子底部辅助线的宽度，为了绘制方便，不再重复偏移辅助线，现在把花架梁一并绘出。

同理，花架的作凳侧立面宽度为 400mm，与柱子偏移线 200 相同，可以在修剪时一起绘制。

修剪、删除多余的线条，并将对象转换到相应的图层，得到花架侧立面的柱、梁、座凳（如图 2-328 所示）。

4. 绘制花架地坪层

运行“偏移”命令，以距离 2000mm、3500mm 左右偏移花架侧立面中心辅助线。修剪多余的线条（如图 2-329 所示）。

单击“实时缩放”按钮，向下拖动并平移显示出左侧花架正立面图。运行“偏移”命令，以距离 1500mm 向右偏移花架正立面图中地坪层的高度线（如图 2-330 所示）。

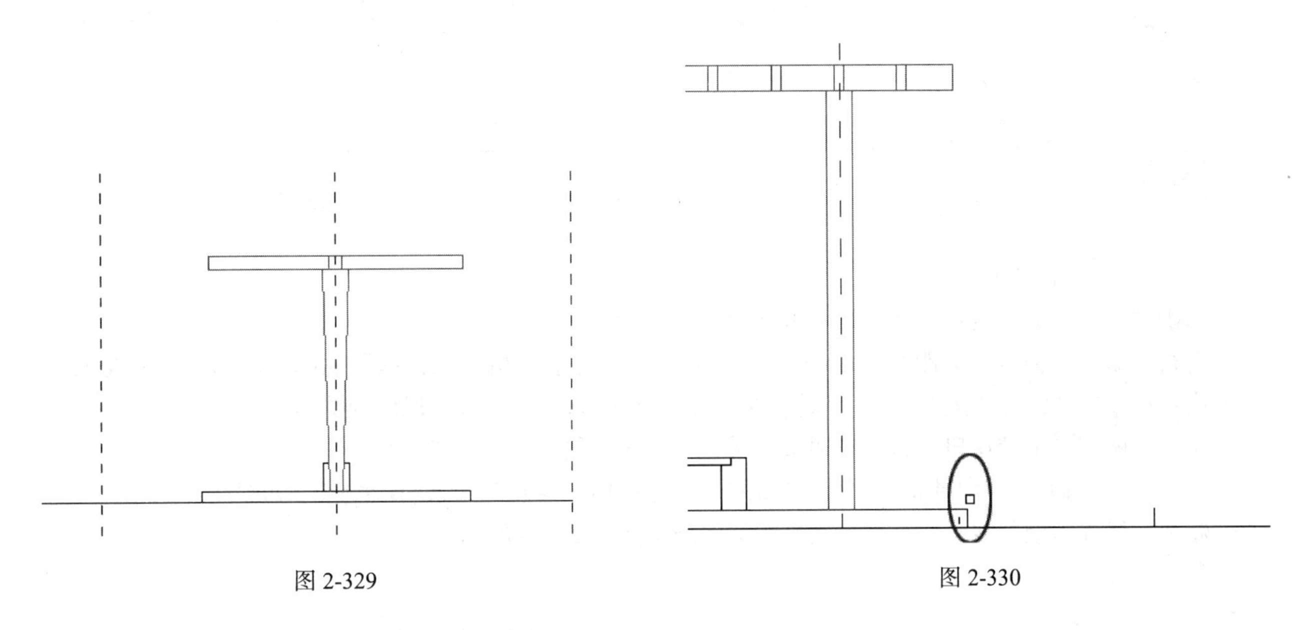

图 2-329　　　　图 2-330

运行“修剪”命令，剪断正立面图和侧立面图之间的地平连线，将修剪的线段转换到“基础”图层（如图 2-331 所示）。

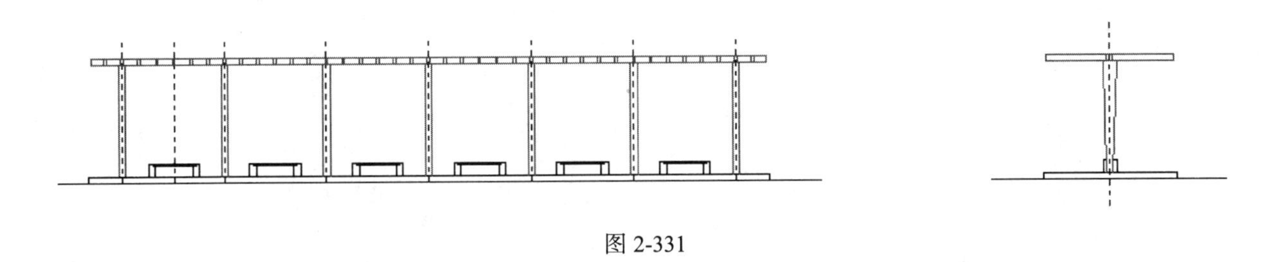

图 2-331

基础地平线绘制完成后，加粗地平线。

命令：PEDIT　（回车）

选择多段线或［多条（M）］：M　（回车）

选择对象：（光标单击正立面中的地平线）找到 1 个

选择对象：（光标单击侧立面中的地平线）找到 1 个，总计 2 个

选择对象：　（回车）

选定的对象不是多段线

是否将直线、圆弧和样条曲线转换为多段线？［是（Y）/ 否（N）］? <Y>　（回车）

输入选项

［闭合（C）/ 打开（O）/ 合并（J）/ 宽度（W）/ 拟合（F）/ 样条曲线（S）/ 非曲线化（D）/ 线型生成（L）/ 反转（R）/ 放弃（U）］：W　（回车）

指定所有线段的新宽度：8　（回车）

输入选项

[闭合（C）/ 打开（O）/ 合并（J）/ 宽度（W）/ 拟合（F）/ 样条曲线（S）/ 非曲线化（D）/ 线型生成（L）/ 反转（R）/ 放弃（U）]:　（回车）

加粗的基础地平线，在图中非常明显（如图 2-332 所示）。

图 2-332

5. 绘制花架条细部

单击“窗口缩放”按钮，放大显示侧立面花架条。

运行“偏移”命令，以距离 700mm 向内偏移花架条左右两侧边线；以距离 80mm 向下偏移花架条上方边线；单击“特性匹配”按钮，以辅助线为源对象，将三条偏移线段转换为辅助线。

单击“图层”下拉窗口，将“花架条”层置为当前图层。

按下 F3 键打开“对象捕捉”，单击“直线”命令按钮，绘制花架条两端线条（如图 2-333 所示）。

修剪、删除多余的线条，得到绘制好的花架条（如图 2-334 所示）。

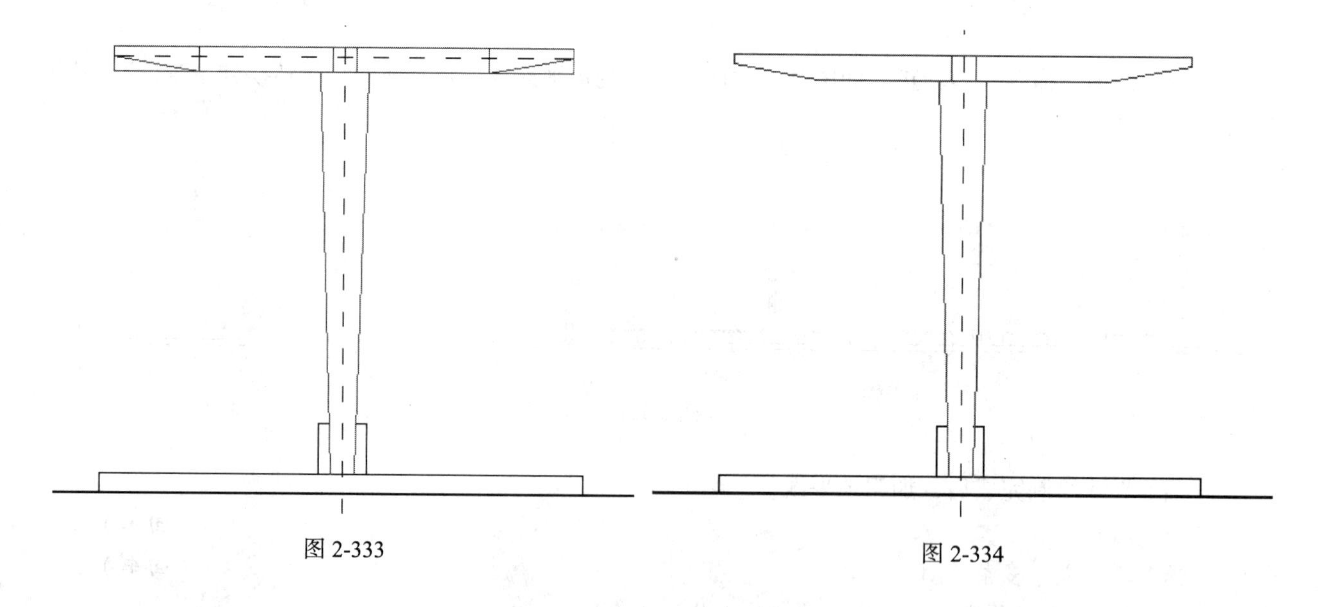

图 2-333　　图 2-334

● 绘制花架细部结构

1. 花架梁柱连接图

“窗口缩放”放大显示侧立面图下方空间，运行“直线”命令，在不同图层绘制出花架的柱、梁正立面连接处构造（如图 2-335 所示）。

由于辅助线左右侧结构相同，先绘制一侧。

绘制螺栓辅助线。运行“偏移”命令，以距离 140mm、150mm、180mm、190mm 向左偏移辅助线作为螺栓的左右边线；重复“偏移”命令，以 15 mm、25 mm 向上偏移梁的上边缘线，以距离 20mm、35mm 向下偏移梁的下边缘线作为螺栓的上下边线；以距离 200mm 向左偏移辅助线作为固定螺栓的烙铁长度边（如图 2-336 所示）。

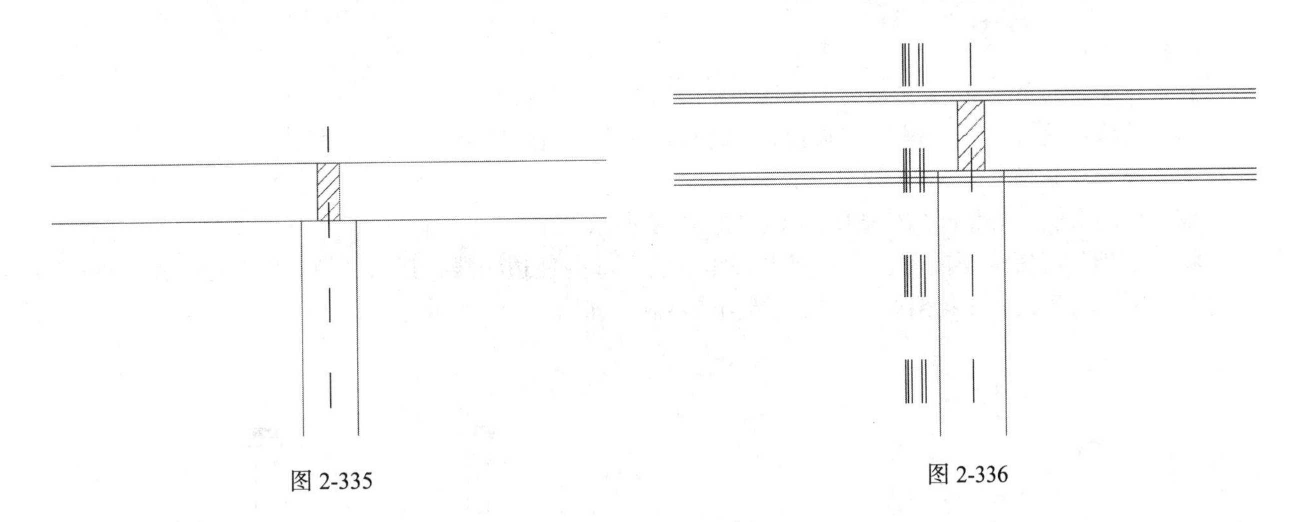

图 2-335　　图 2-336

修剪线条。运行“修剪”命令，修剪出螺栓和烙铁，并将修剪留下的线条转换到“基础”图层（如图 2-337 所示）；在“基础”层中用“多段线”命令绘制烙铁下的钢筋，并加粗。同时加粗螺栓和烙铁。

命令：PEDIT　（回车）

选择多段线或［多条（M）]:（光标单击钢筋线）

输入选项［闭合（C）/ 合并（J）/ 宽度（W）/ 编辑顶点（E）/ 拟合（F）/ 样条曲线（S）/ 非曲线化（D）/ 线型生成（L）/ 反转（R）/ 放弃（U）]：W　（回车）

指定所有线段的新宽度：5　（回车）

输入选项［闭合（C）/ 合并（J）/ 宽度（W）/ 编辑顶点（E）/ 拟合（F）/ 样条曲线（S）/ 非曲线化（D）/ 线型生成（L）/ 反转（R）/ 放弃（U）]:　（回车）

完成了左侧构造的基本绘制（如图 2-338 所示）。

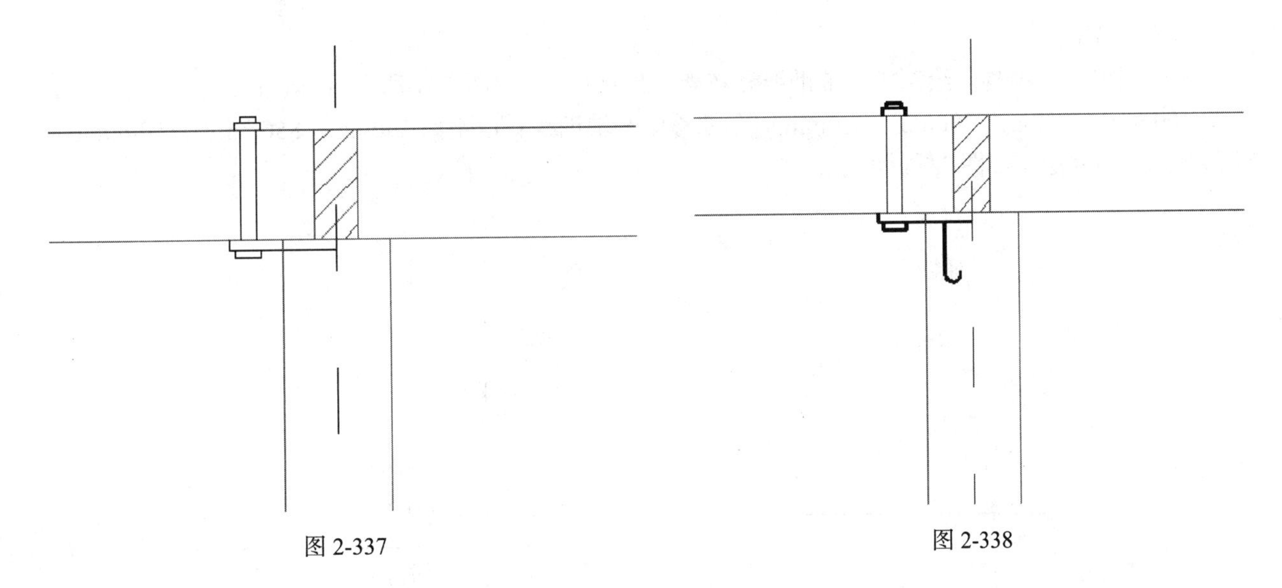

图 2-337　　图 2-338

复制左侧构造。打开“对象捕捉”，运行“镜像”命令，

命令：_mirror

选择对象：（光标依次选择刚绘制出的螺栓、烙铁、钢筋线条）

指定对角点：找到 3 个

选择对象：指定对角点：找到 5 个（1 个重复），总计 7 个

选择对象：指定对角点：找到 2 个，总计 9 个

选择对象：指定对角点：找到 5 个，总计 14 个

选择对象：　（回车）
指定镜像线的第一点：（光标捕捉烙铁和中心辅助线的交点）
指定镜像线的第二点：（光标捕捉梁的上边缘线和中心辅助线的交点）
要删除源对象吗？［是（Y）/ 否（N）］<N>：　（回车）

辅助线的右侧出现相同的构造图形（如图 2-339 所示）。

将“基础”层置为当前图层，修剪去右侧烙铁上部的柱边缘线，运行“填充”命令，用“SOLID（实体）”图案填实，完成花架梁柱连接处结构的绘制（如图 2-340 所示）。

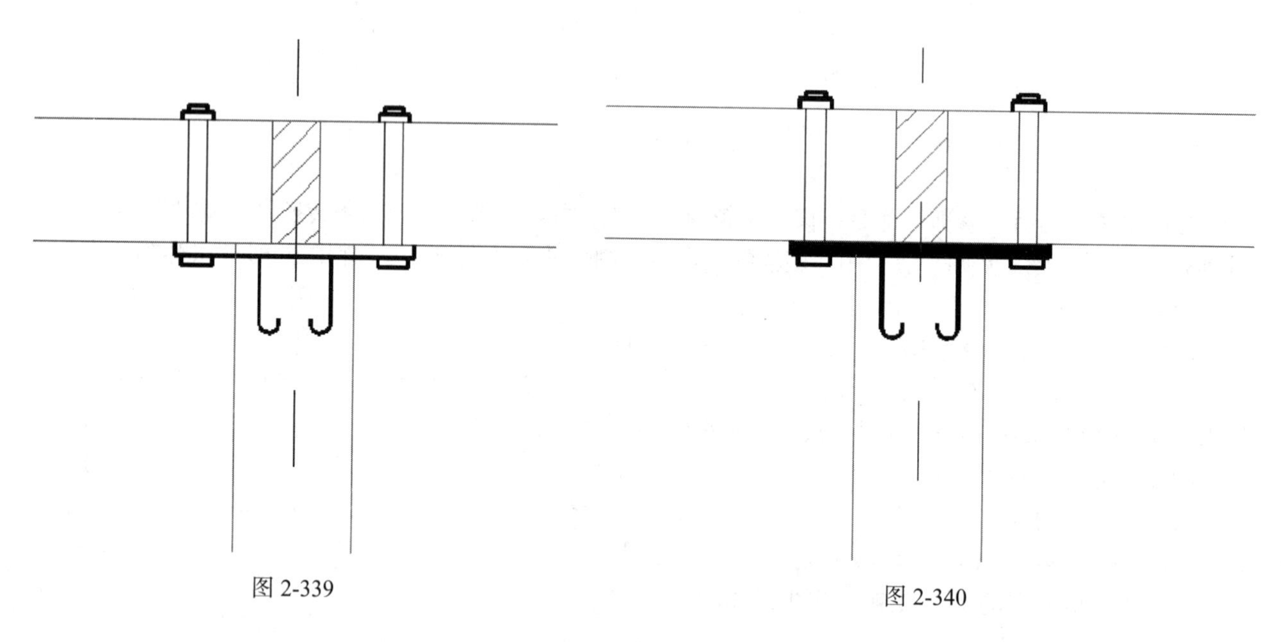

图 2-339　　图 2-340

2. 花架基础立面

先绘制出一侧结构。绘制中心辅助线和花架内地坪层（如图 2-341 所示）；运行“偏移”命令，以距离 100mm、120mm、200mm、500mm 向左偏移中心辅助线；以距离 150mm、850mm、1150mm 向下偏移花架内地坪层（如图 2-342 所示）。

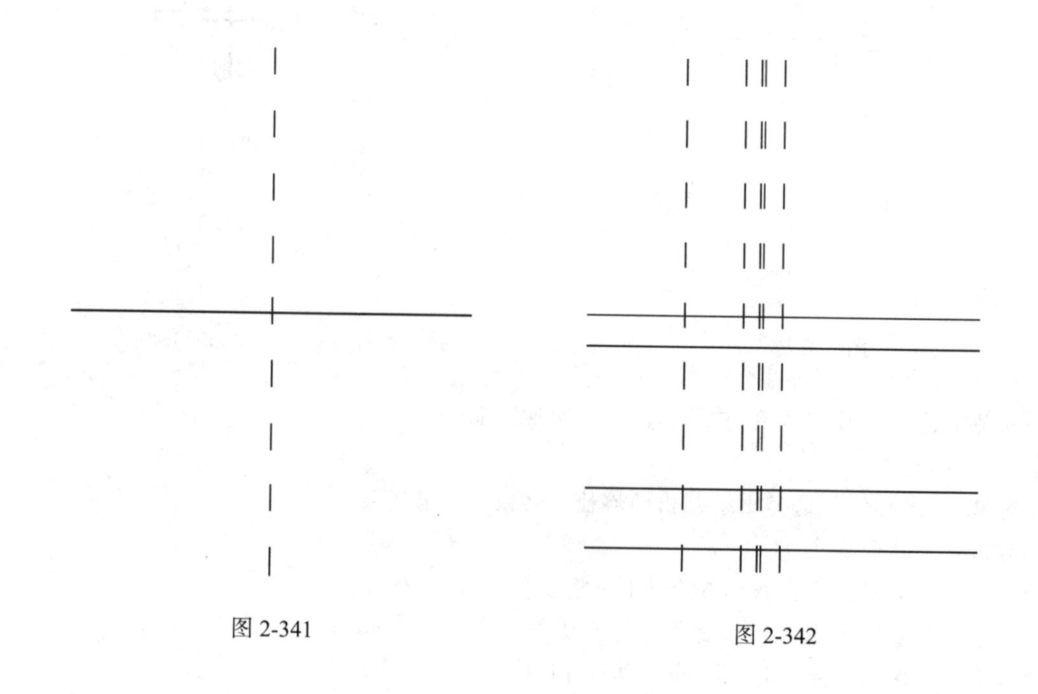

图 2-341　　图 2-342

修剪多余的线条，并将留下的线条置换到“基础”层（如图 2-343 所示）。

用“多段线”命令绘制出基础钢筋，并加粗，填充基础垫层（如图 2-344 所示）。

运行“镜像”命令，以辅助线的两个端点为镜像点，复制基础右侧构造（如图 2-345 所示）。

以距离 150mm 向基础底边线上方偏移，修剪后得到一条内部箍筋，并以行偏移 150mm，向上阵列 15 个，完成花架基础立面绘制（如图 2-346 所示）。

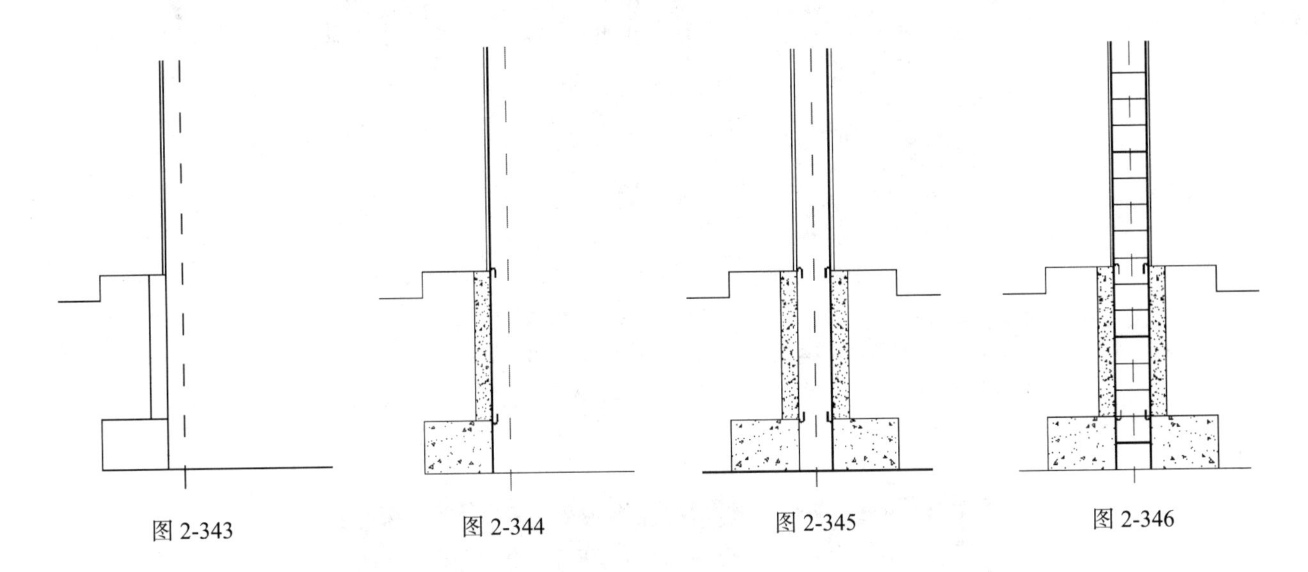

图 2-343　图 2-344　图 2-345　图 2-346

● 标注尺寸和添加文字

1. 标注尺寸

由于花架整体和局部尺寸差别太大，如果在一张图纸上打印输出，必须对图形的比例进行调整。

首先我们确定花架主体平、立面图的输出比例为 1∶100，花架侧立面图的输出比例为 1∶50；花架基础平面图和梁柱连接图的输出比例为 1∶25，选用 A2 图纸和图框。

在确定比例后，进行相应比例的标注样式和文字样式的设定。

鼠标对准工具属性栏右击，在弹出的快捷菜单中选择“标注”，在屏幕上显示出“标注”工具条。

调出“标注”工具条后，设置标注样式。单击菜单“格式 / 标注样式”，打开“标注样式管理器”对话框，单击“新建”按钮，系统弹出“创建新标注样式”对话框，填写标注名称为“100”（如图 2-347 所示），用于比例是 1∶100 的标注。打开“新建标注样式：100”的对话框；单击“符号和箭头”选项卡，在箭头栏中进行参数设置（如图 2-348 所示）；单击“文字”选项，在“文字外观”栏对文字样式、位置和高度进行设置（如图 2-349 所示）；单击“主单位”选项，在“线性标注”栏进行精度设置（如图 2-350 所示）；其余项默认。

图 2-347

用同样的方法新建标注名称为“50”和“25”的标注样式，其中在箭头大小和文字高度的两处根据比例做相应修改，其余设置基本不变。标注“50”的箭头大小和文字高度为标注“100”的一半；标注“25”的箭头大小和文字高度为标注“50”的一半。

设置完成后，将“标注”层置为当前图层，打开“对象捕捉”，开始尺寸标注。

运用“缩放”和“平移”工具逐个放大显示花架平面、立面、基础剖面、局部结构图，连续运行“线性标注”、“连续标注”命令，标出图中的尺寸。

完成花架立面图的尺寸标注（如图 2-351 所示）。

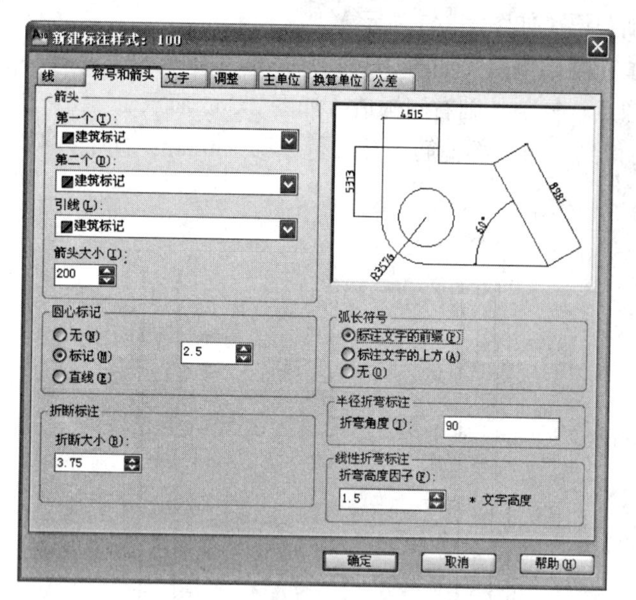

图 2-348

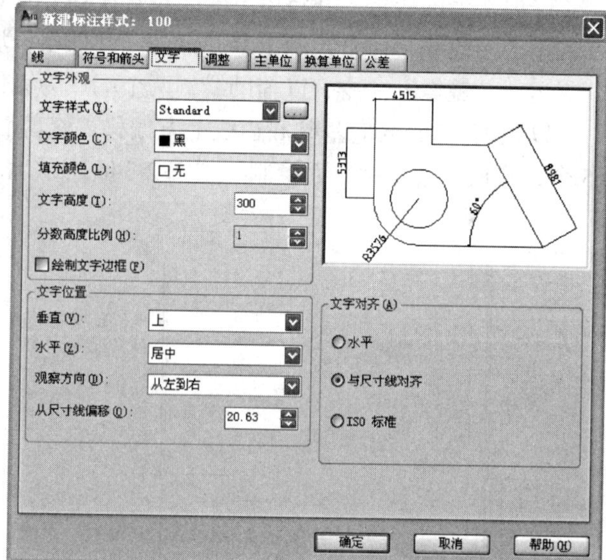

图 2-349

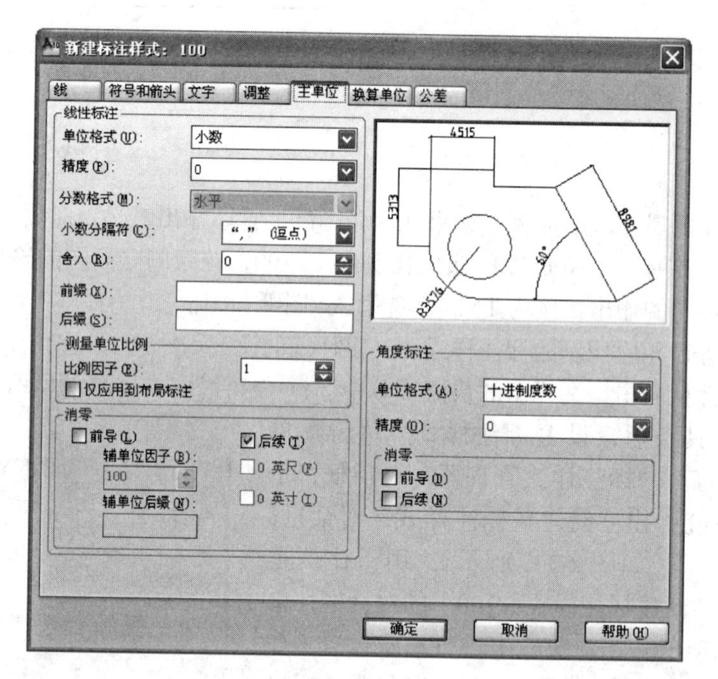

图 2-350

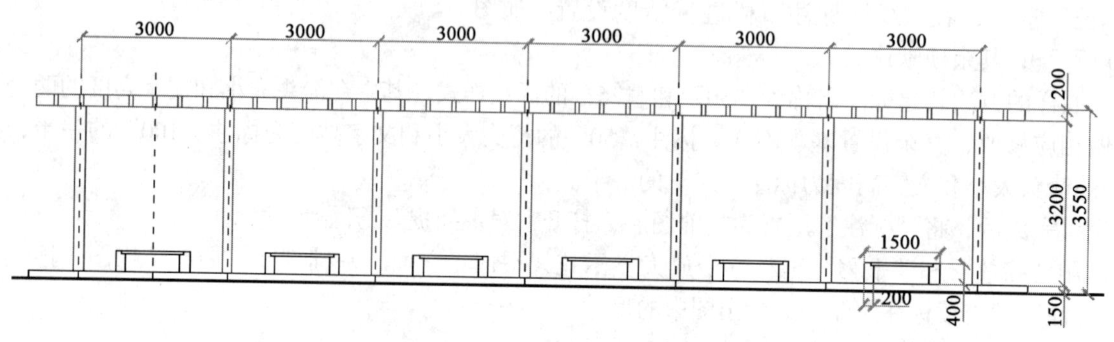

图 2-351

完成花架平面图的尺寸标注（如图 2-352 所示）。

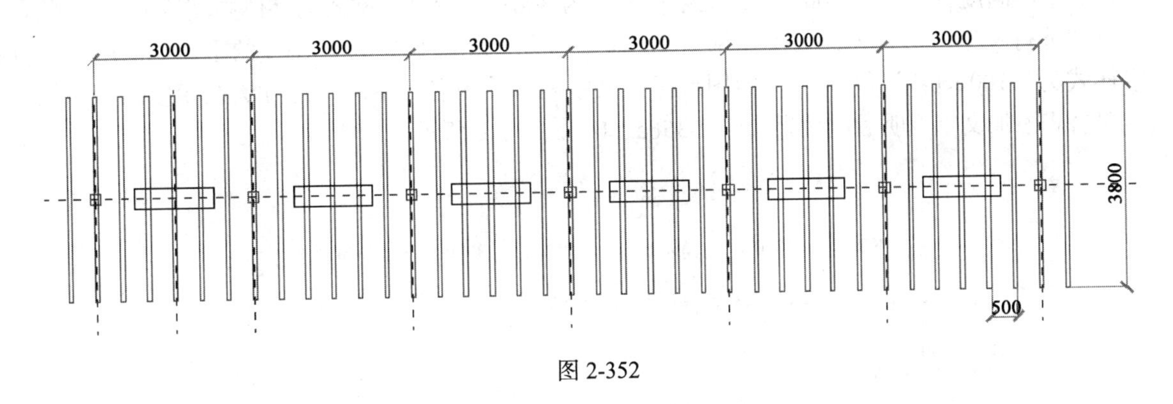

图 2-352

完成花架侧立面图的尺寸标注（如图 2-353 所示）。
完成花架基础立面的尺寸标注（如图 2-354 所示）。

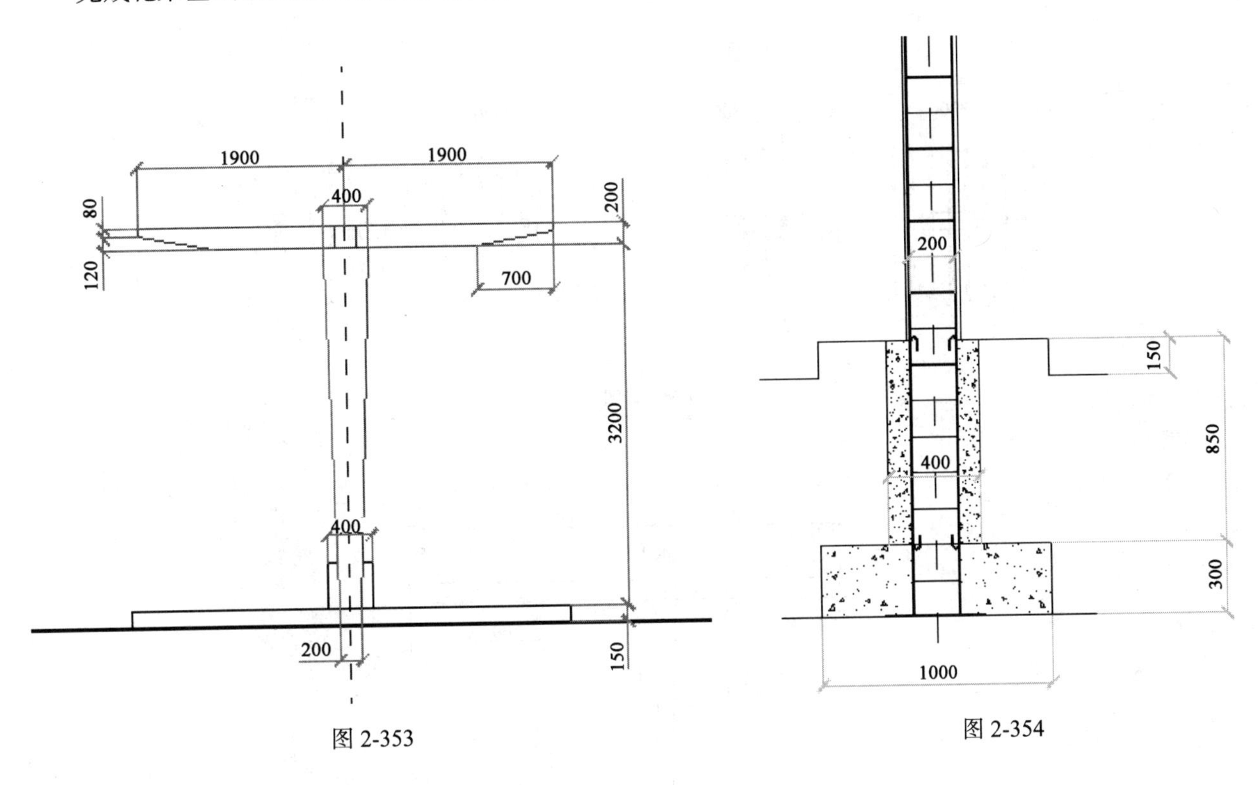

图 2-353　　图 2-354

完成花架立面梁柱连接处结构的尺寸标注（如图 2-355 所示）。

提示：在线性标注中，如果标注对象的尺寸很小不能放下标注文字，则文字将根据标注的方向放在箭头符号的侧方，如标注花架内地坪高度，先指定地坪高度右上角点，再指定地坪高度右下角点，则文字"150"将依据自上而下的方向标志在箭头符号的下方。随时调整标注方向可以使图面清晰整齐。

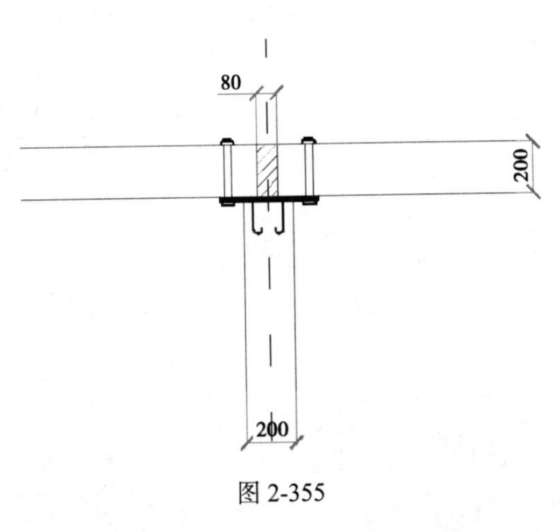

图 2-355

2. 添加文字说明

将"文字说明"层置为当前层，打开"文字样式"对话框，同园门实例中介绍的新建文字样式的方法相同，更改字体和高度，新建得到“100 图名、50 图名、25 图名、100、50、25”六种文字样式，其中“100 图名”样式的字体高度为 500；“100”样式的字体高度为 300；其余文字样式的字体高度按相应比例缩小。

运行“单行文字”工具（详细操作见例一“模纹花坛”），在比例为 1∶100 的平、立面图中，分别用文字样式为“100 图名”和“100”给图形标注文字和添加图名；用同样的方法在相应图中添加文字说明和图名。添加文字说明后的效果如图 2-356a、b、c、d、e 所示。

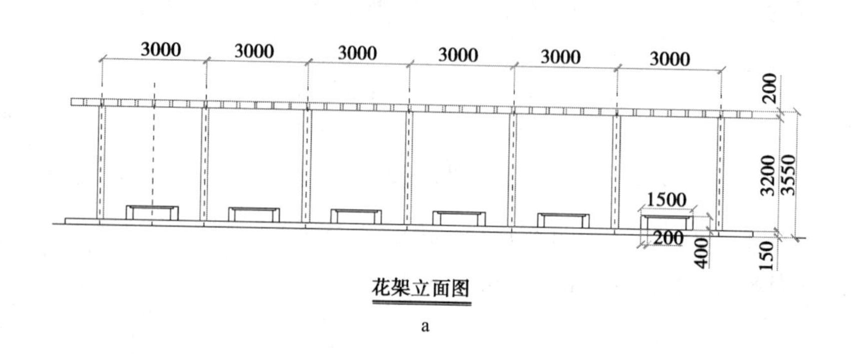

a

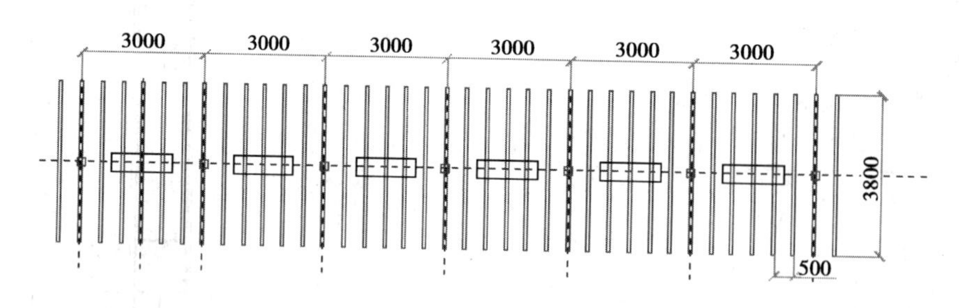

b

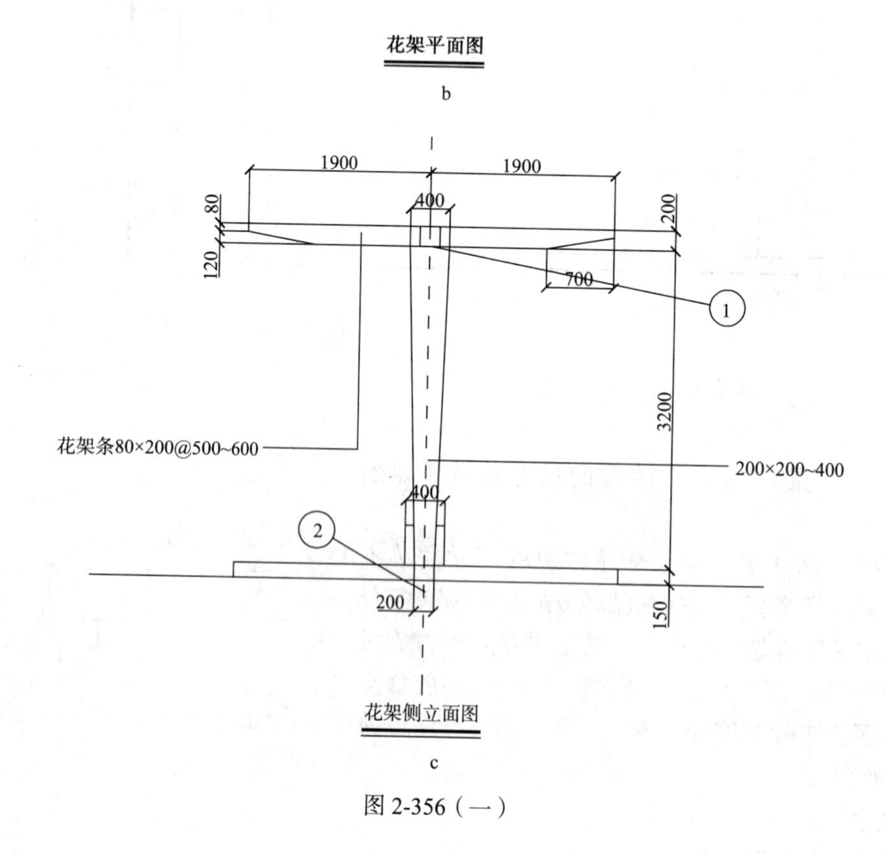

c

图 2-356（一）

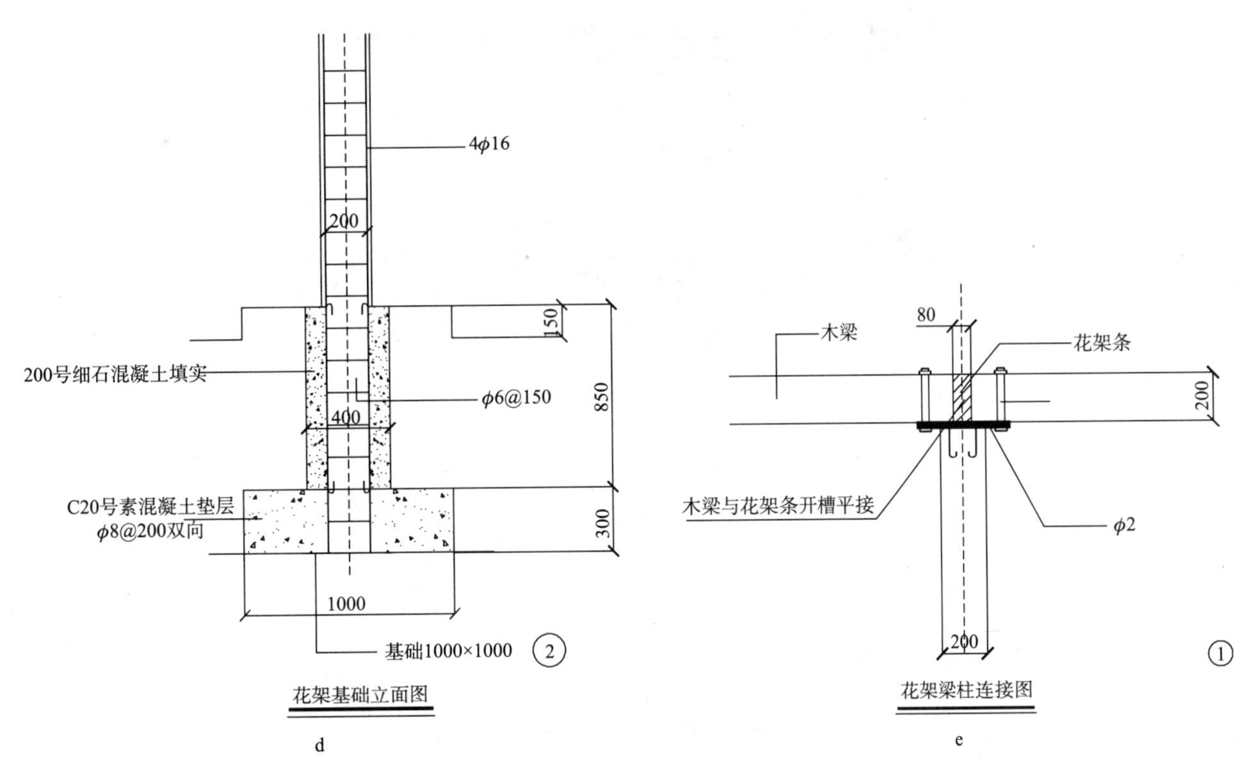

图 2-356（二）

● 布图

将“视口”层置为当前层。

下面我们介绍另一种布图的方法：利用插入布局向导来进行布局。

我们选用 A2 图纸和图框进行布图。

首先，在布局之前，在新建的 AutoCAD 2010 图形文件中制作 A2 图幅的图框（可事先制作出各种图幅的图框，以便以后使用），并保存在 C 盘中的 Template 目录下。

图 2-357

接下来，我们回到花架图形文件中，选择菜单“插入/布局/创建布局向导”命令（如图 2-357 所示），系统弹出“创建布局 - 开始”对话框，输入新布局名称（如图 2-358 所示），下一步选择打印机（如图 2-359 所示），下一步选择图纸尺寸为 A2（如图 2-360 所示），下一步选择横向放置（如图 2-361 所示），下一步选择事先保存在 Template 目录下的 A2 图框（如图 2-362 所示），下一步视口设置为无（如图 2-363 所示），可在下面的操作中根据实际需要在布图过程中添加视口，下一步点击完成。

提示：要修改本向导中引用的设置，可选择“新布局”选项卡，然后使用“页面设置”对话框修改任何现有的设置。

用“移动”工具，调整刚插入的 A2 图框位置，捕捉图框左下角与布局页面左下角（0，0）点对齐。

由于虚线内的部分才可以打印出来，现有的打印区域偏小，所以我们来进行相应的调整。

打开“页面设置管理器”，点击修改“花架布局”按钮，系统弹出“页面设置”对话框，单击“特性”选项（如图 2-364 所示），在出现的“绘图仪配置编辑器”对话框中，选择“修改标准图纸尺寸（可打印区域）”和 A2 大小的图纸后，单击“修改”按钮（如图 2-365 所示），将可打印区域的上、下、左、右边界全部调整为 0（如图 2-366 所示），修改后点击完成。

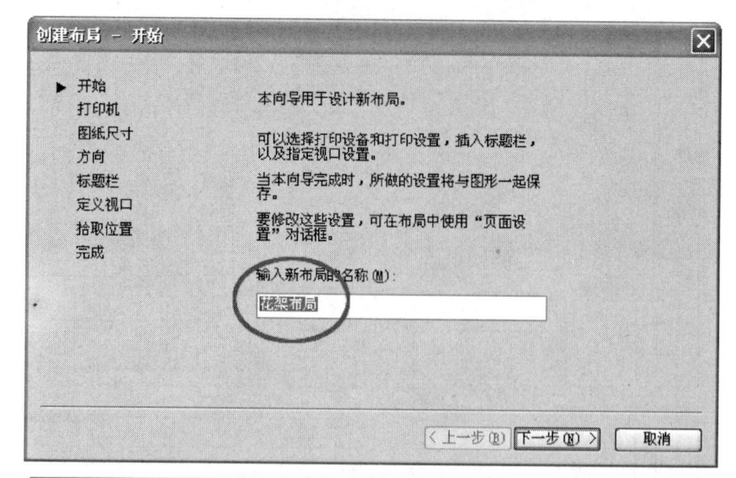

图 2-358

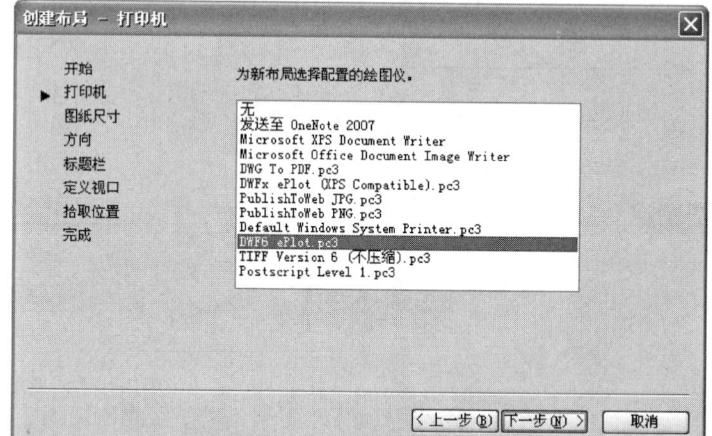

图 2-359

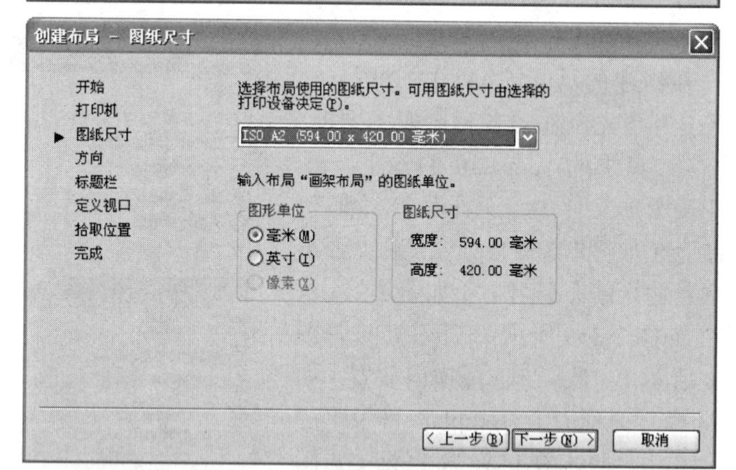

图 2-360

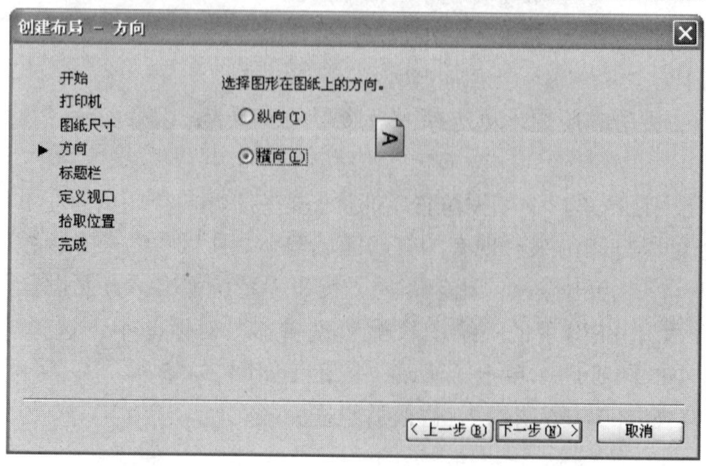

图 2-361

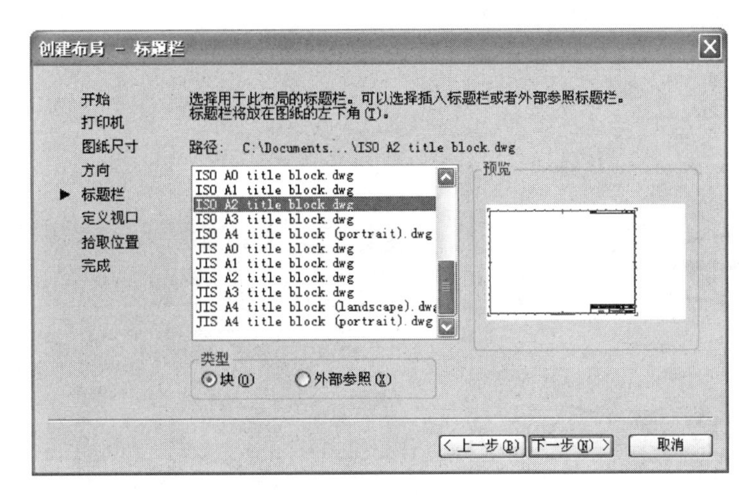

图 2-362

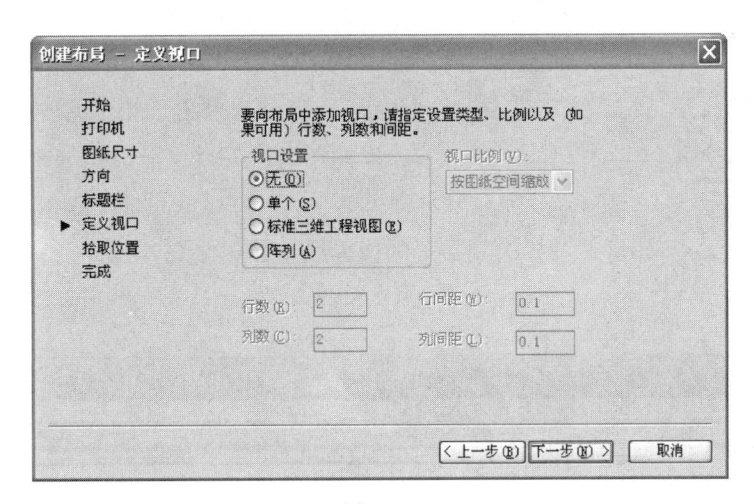

图 2-363

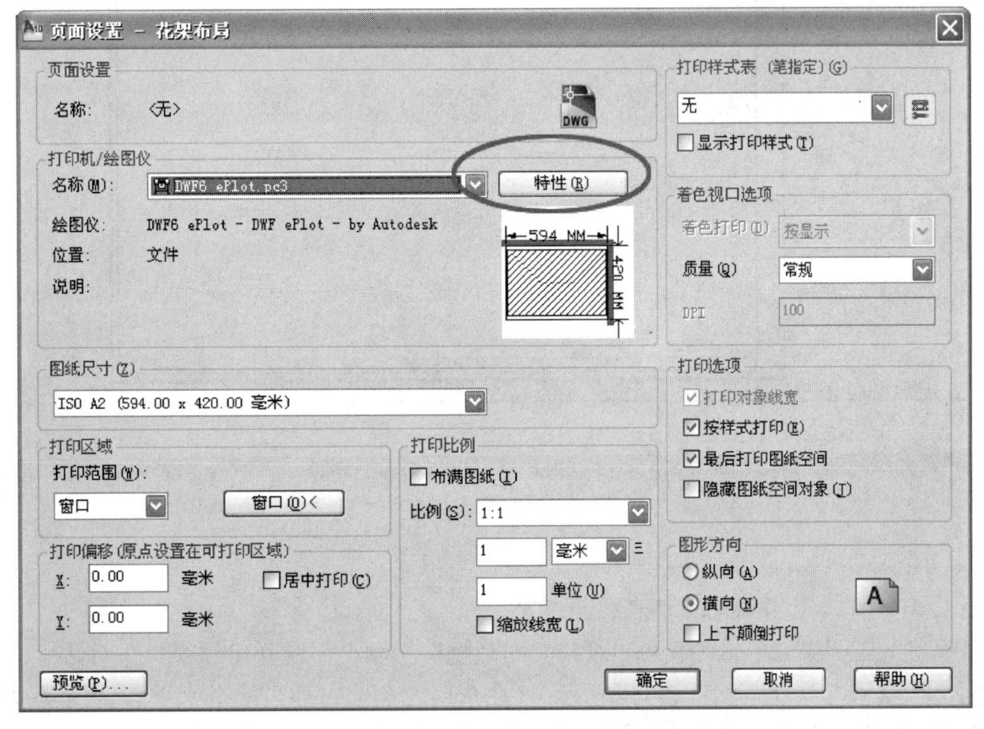

图 2-364

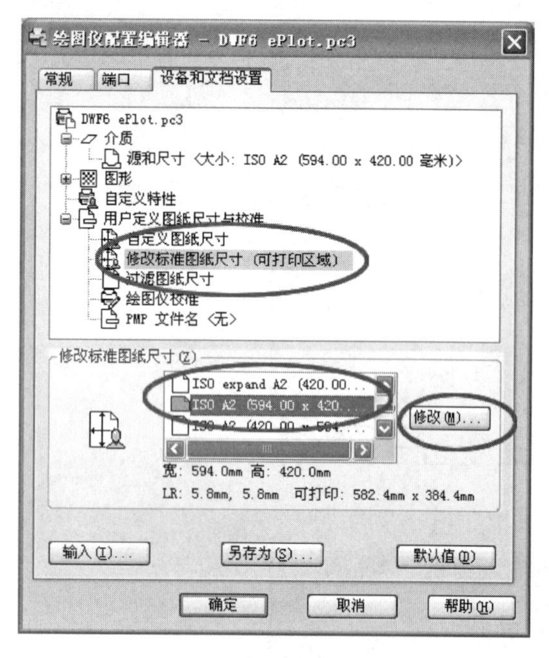

图 2-365

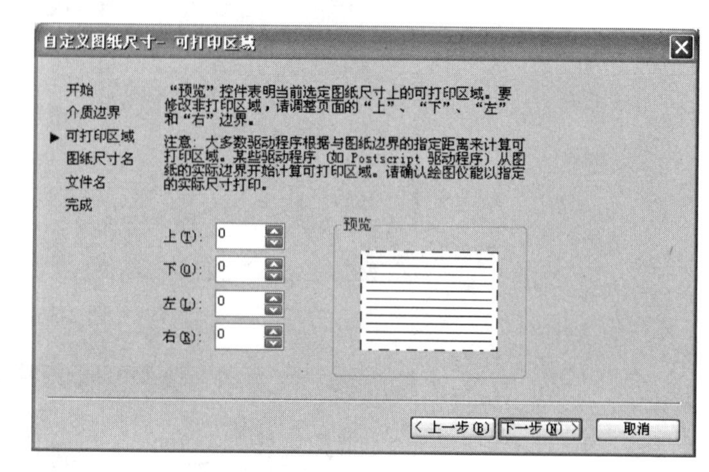

图 2-366

此时虚线不再显示，打印区域被扩大到布局的边界线（如图 2-367 所示）。

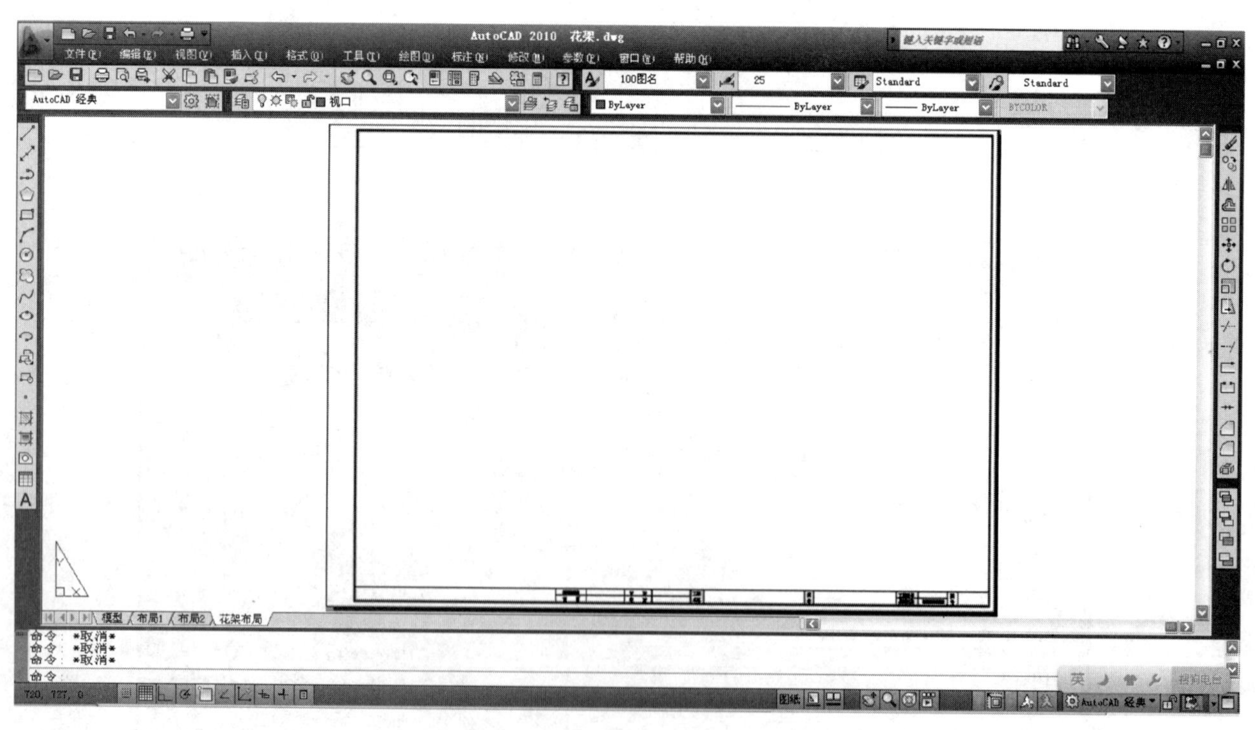

图 2-367

下面插入“新视口”，并调整比例和放图位置。

打开“视口”工具条，单击“显示‘视口’对话框”选项，系统弹出“视口”对话框，在新建视口中选择“两个：水平”选项（如图 2-368 所示），在布局左侧同时插入两个水平放置的新视口，显示花架平、立面图，比例调整为 1∶100（如图 2-369 所示）。

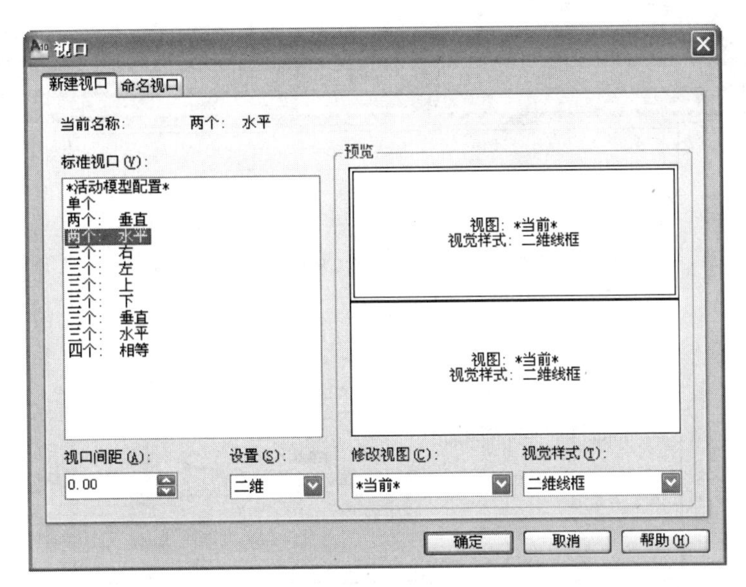

图 2-368

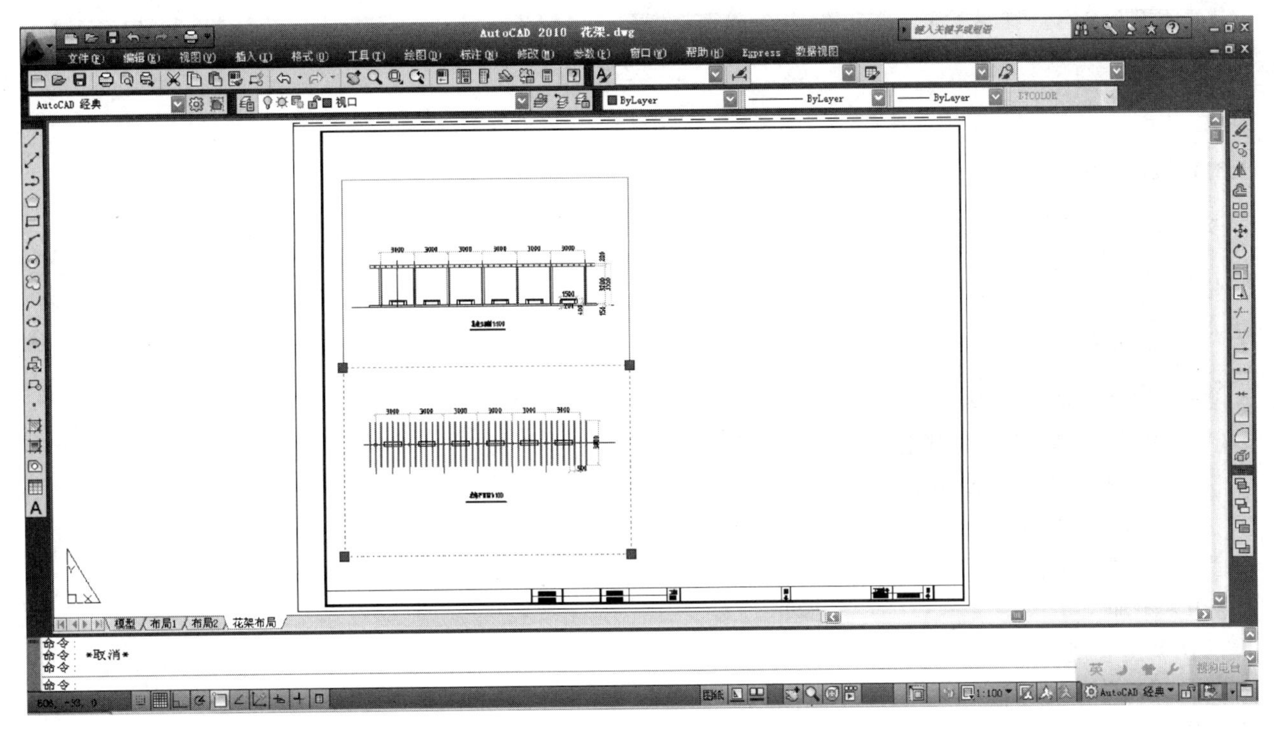

图 2-369

继续插入"新视口"，并调整比例和放图位置，其中花架侧立面图比例调整为 1∶50；花架基础平面图和梁柱连接图比例调整为 1∶25（如图 2-370 所示）。

● 打印设置与输出

关闭"视口"图层前的"小灯泡"，使其不再显示。

选择菜单"文件/打印"命令，系统弹出"打印"对话框。在打印机配备的下拉列表框中选择打印机（电脑预先已装配）；图纸尺寸选择为 A2；单击"打印范围"中的"布图"按钮；打印比例设置为 1∶1，设置完成后可以通过单击"预览"按钮预览设定的图形布局，不满意的返回再重新设置。

设置完成后，单击"确定"按钮，图纸将从打印机中输出。

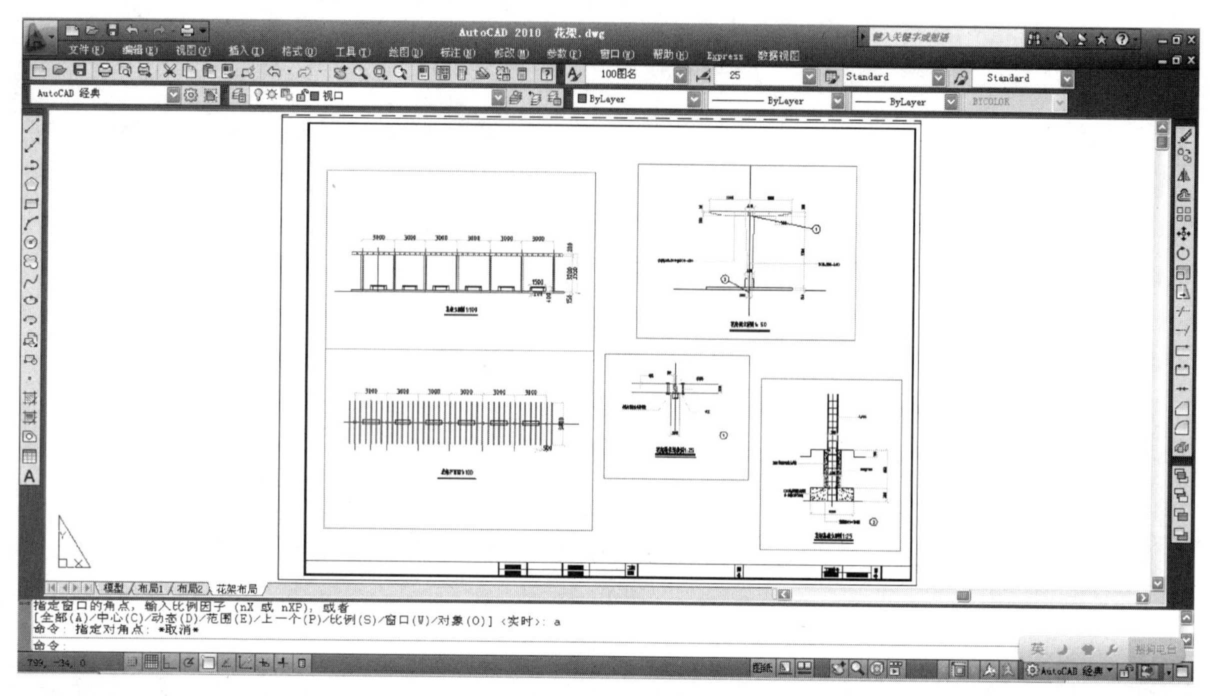

图 2-370

2.3.3 景廊绘制实例

下面我们将进行景廊的平面图、立面图和剖面图的绘制，效果如彩页。主要绘制步骤有：

1〉基本设置；

2〉建立图层；

3〉绘制景廊平面图；

4〉绘制景廊立面图；

5〉绘制景廊 A-A 剖面图；

6〉绘制景廊 B-B 剖面图；

7〉图形整理；

8〉尺寸标注；

9〉添加文字；

10〉建立视图；

11〉打印设置与输出。

下面进行具体的图形绘制：

● 基本设置

图形单位的设置请参照前文。

绘图区域设置为（45000，25000），如果对命令掌握得较熟练，可以不设置绘图区域，在绘制过程中用“缩放”工具根据需要放大。

● 建立图层

单击工具属性栏中“图层”按钮，在“图层特性管理器”窗口中设置“柱梁”、“坐凳”、“墙体”、“园门”、“基础”、“辅助”、“标注”、“文字说明”等图层，并设定相应的颜色（如图 2-371 所示）。

● 绘制景廊平面图

由于景廊的平面图和立面图为左右对称的图形，所以我们先进行景廊右侧线条的绘制，再利用“镜像”命令，复制出另一边。

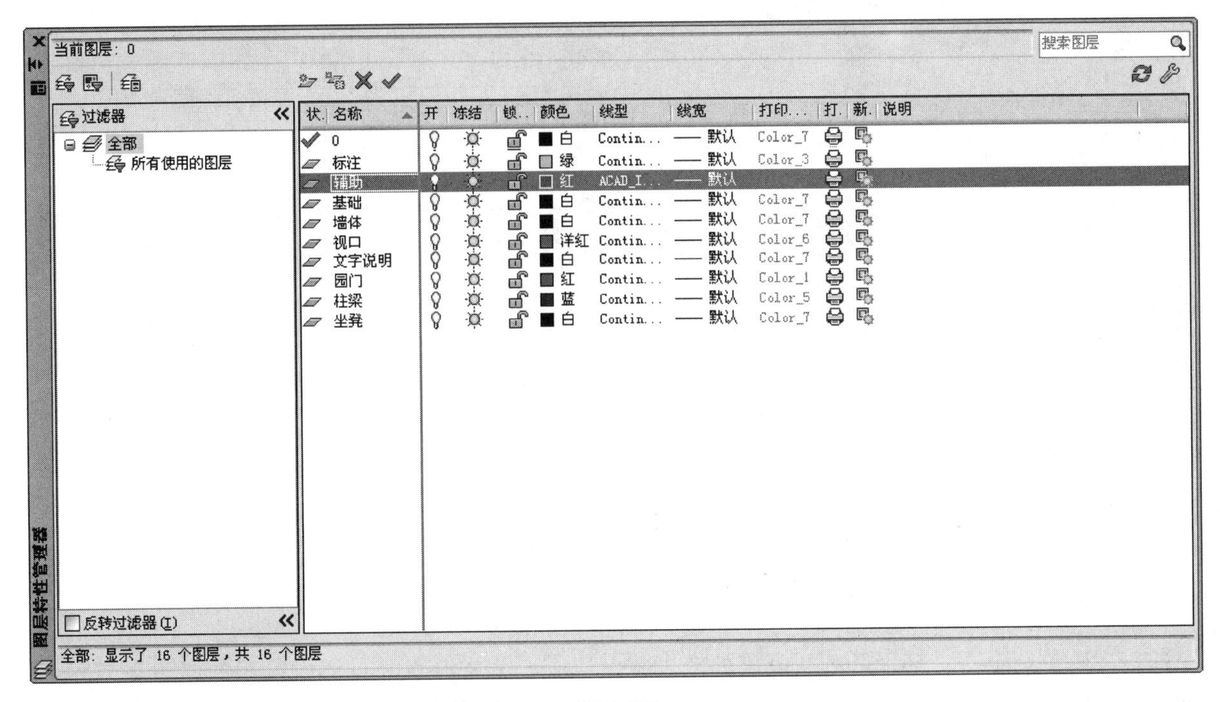

图 2-371

1. 绘制辅助线

首先绘制出半径为 5100 的圆。将“辅助”层置为当前图层，按下 F8 打开正交，运行“圆”命令。

命令：_circle 指定圆的圆心或［三点（3P）/ 两点（2P）/ 切点、切点、半径（T）]:（在图形左上方单击）

指定圆的半径或［直径（D）]：5100　（回车）

运行“偏移”命令，以距离 2100mm 向外偏移圆形辅助线，得到的两个辅助圆为弧形廊的柱基中心线。

运行“直线”命令，打开“对象捕捉”，以圆心为端点绘制垂直辅助线，复制并旋转垂直辅助线 -30 度。

命令：_rotate

UCS 当前的正角方向：ANGDIR= 逆时针 ANGBASE=0

选择对象：（单击垂直辅助线）找到 1 个　（回车）

选择对象：　（回车）

指定基点：（光标靠近圆心附近，出现垂直辅助线的端点符号）单击

指定旋转角度，或［复制（C）/ 参照（R）] <0>：C　（回车）

旋转一组选定对象。

指定旋转角度，或［复制（C）/ 参照（R）] <0>：-30　（回车）

由复制旋转出的辅助线，与小圆交于一点，通过此点绘制水平辅助线（如图 2-372 所示）；并将水平辅助线右端点向右延伸一段距离，得到水平辅助线（如图 2-373 所示）。

运行“偏移”命令，将水平辅助线依次向上偏移 3600mm、4200mm，得到廊的柱基中线和水平边界线；将垂直辅助线依次向右偏移 1500 mm、3600mm，得到方形柱基中线（如图 2-374 所示）。

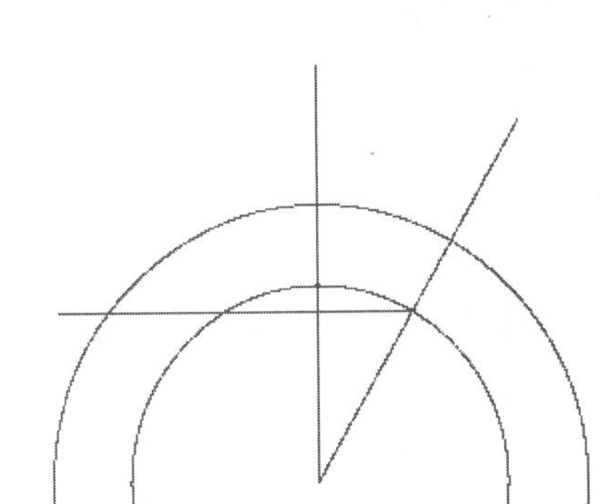

图 2-372

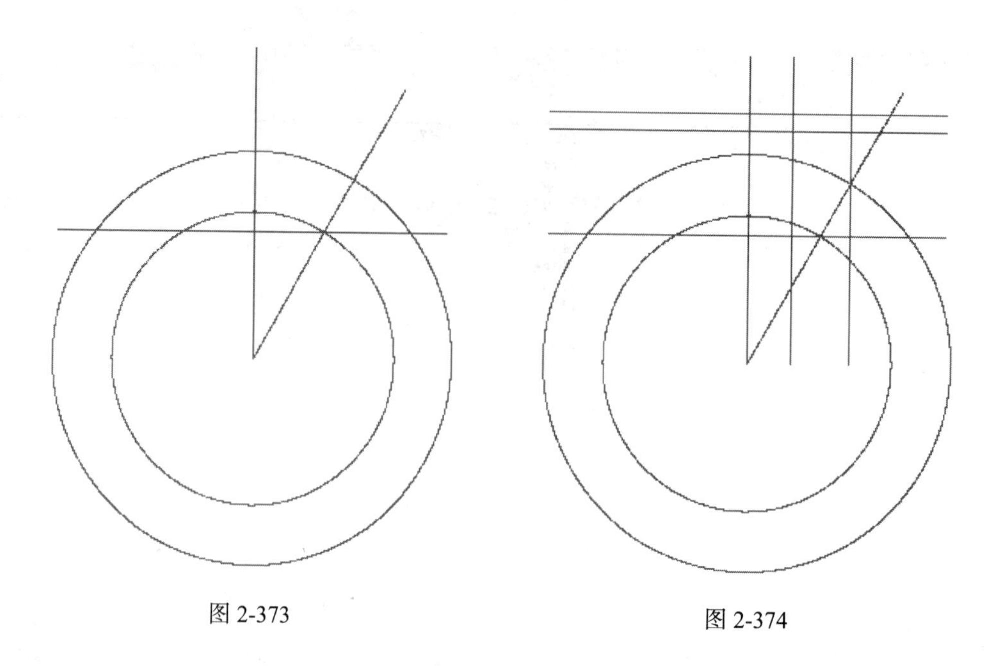

图 2-373　　　　图 2-374

运行“阵列”命令，环形阵列 –30 度的辅助线，以圆心为中心点，具体设置参数如图 2-375 所示，阵列得到辅助线与大小圆的交点分别为圆形柱基的基点（如图 2-376 所示）。

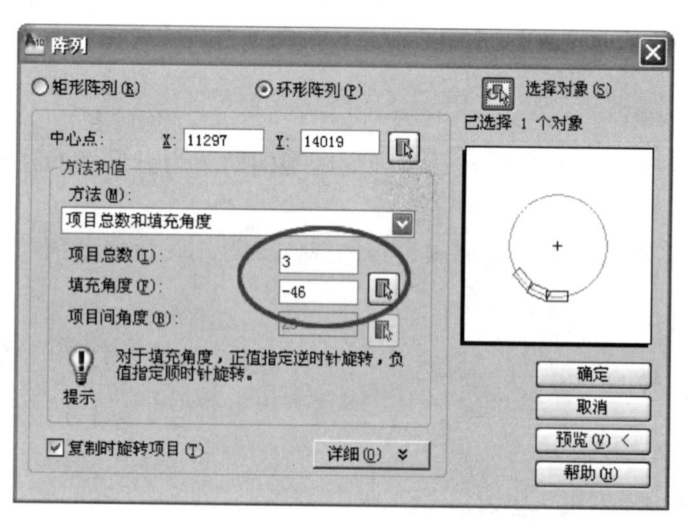

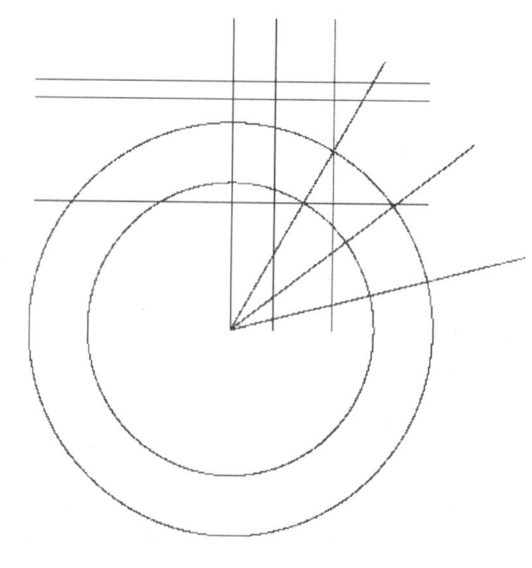

图 2-375　　　　图 2-376

方法二：打开命令行下的“动态输入”按钮，或按下 F12，绘制直线时会自动显示角度和长度，直接输入角度，此方法读者可以自己尝试，在此不做详述。

框选中以上绘制的所有辅助线，图层显示为“辅助”层。

命令：PROPERTIES　　（回车）

系统弹出“特性”对话框，单击“线型比例”栏，把缺省的“1”改为“10”，关闭“特性”对话框。辅助线变为肉眼可观察的虚断线（如图 2-377 所示）。

执行“修剪”命令，修剪掉多余的辅助线（如图 2-378 所示）。

2. 绘制景廊的柱基

单击“图层”的下拉窗口，将“柱基”层设为当前层。利用辅助线的交点处为景廊柱基的基点，绘制柱基。

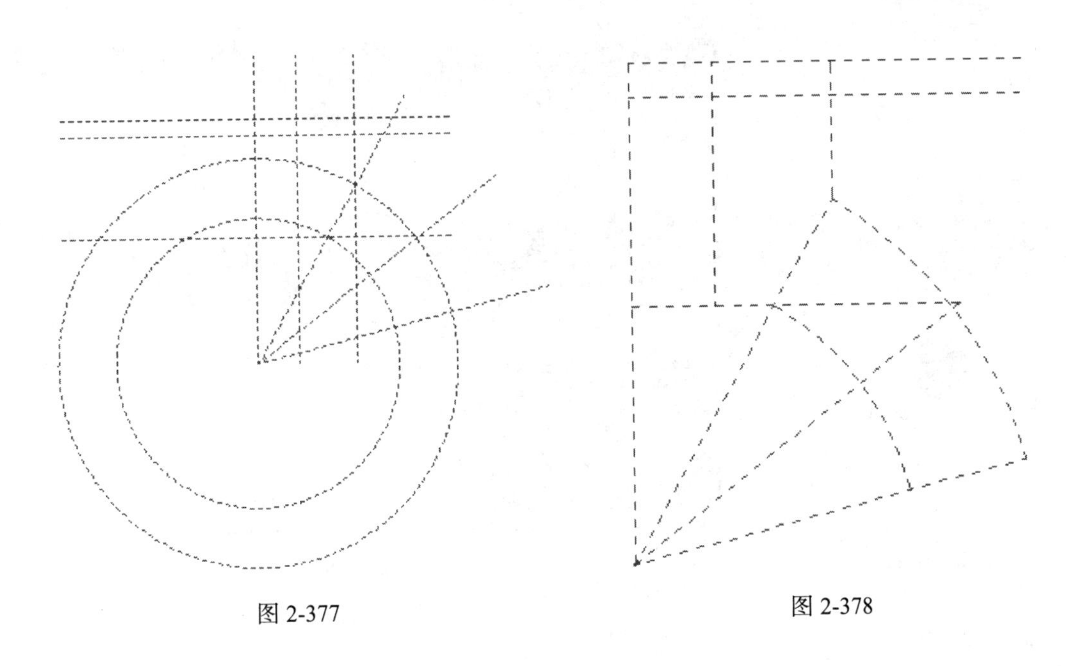

图 2-377　　　　图 2-378

1〉绘制 1 个圆形柱基

打开“对象捕捉”（F3）。

运行“圆”命令，捕捉弧形廊上的一个交点，绘制出半径为 100 的圆形（如图 2-379 所示），运行“填充”命令选择“SOLID”图案填充（如图 2-380 所示）。

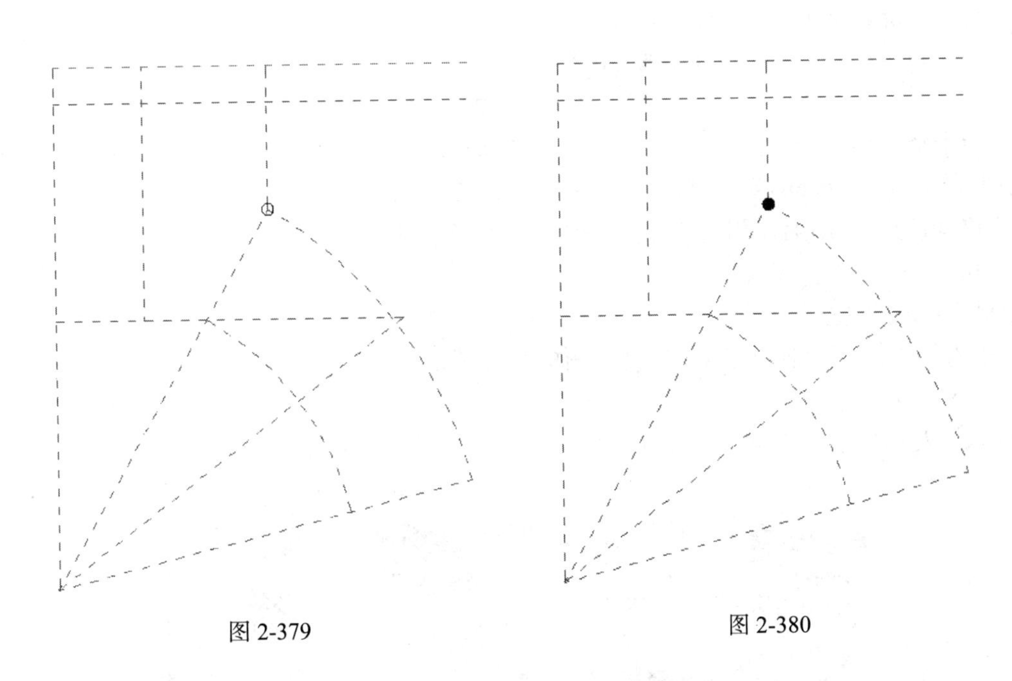

图 2-379　　　　图 2-380

运用“定义块”命令，将这个圆形柱基的定义成块。

命令：BLOCK　（回车）

选择对象：找到 1 个（点击刚绘制出的圆形）

选择对象：找到 1 个，总计 2 个（点击填充图案）

选择对象：　（回车）

指定插入基点：（光标靠近圆心，出现圆心标志）单击（如图 2-381 所示）

块定义的名称为：圆形柱基（如图 2-382 所示），点击“确定”按钮。

得到一个定义好的圆形柱基。

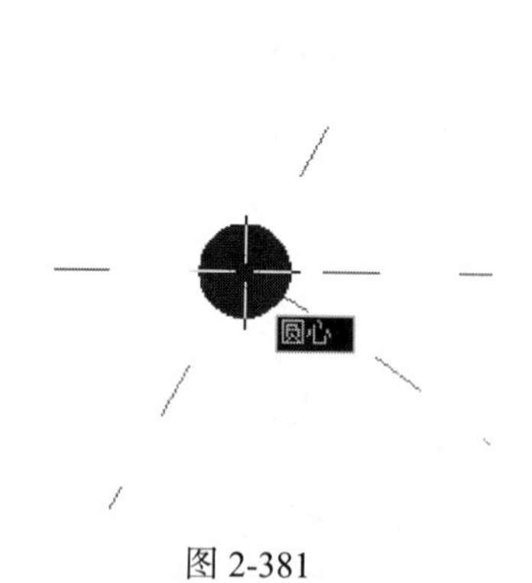

图 2-381

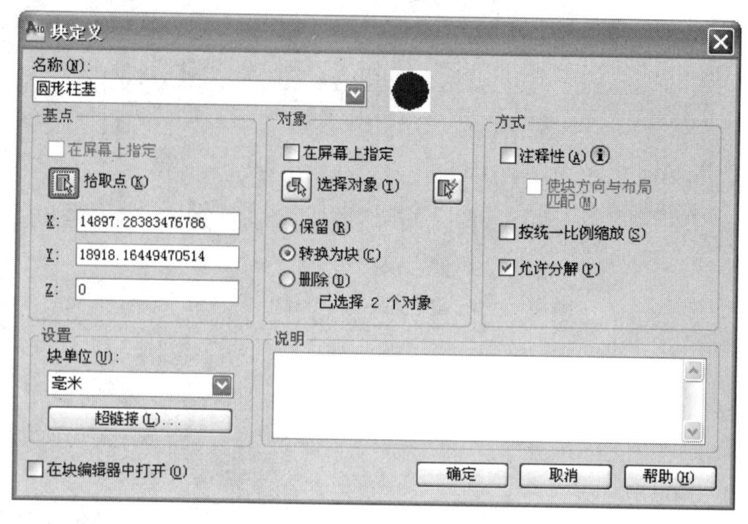

图 2-382

2〉绘制 1 个方形柱基

开始绘制方形柱基。

命令：POLYGON（发出创建正多边形命令）（回车）

输入边的数目 <4>:（默认当前数目）　　（回车）

指定正多边形的中心点或［边（E）]:（把光标靠近右上角辅助线的交叉点，屏幕出现交点符号）单击

输入选项［内接于圆（I）/ 外切于圆（C）] <I>: C　　（回车）

指定圆的半径：100　　（回车）

完成景廊方形柱基的绘制，运行“填充”命令选择“SOLID”图案填充，并用上述相同的方法定义成“方形柱基”块（如图 2-383 所示）。

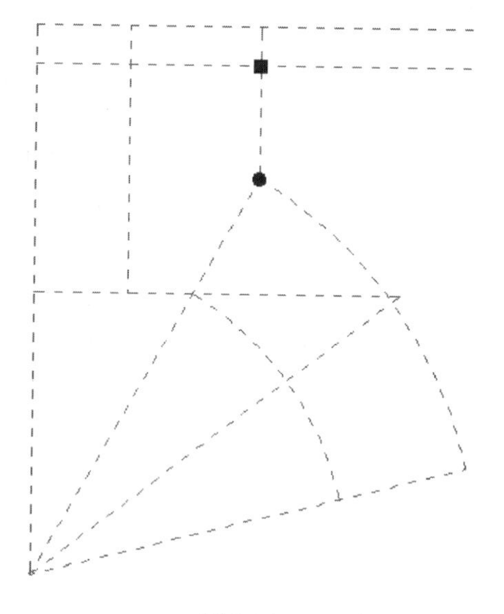

图 2-383

3〉绘制出其余的柱基

运用“插入”命令，插入刚才定义好的块，操作起来非常简便。

命令：INSERT

在“插入”对话框中，选择要插入的块（如图 2-384 所示），点击“确定”按钮。

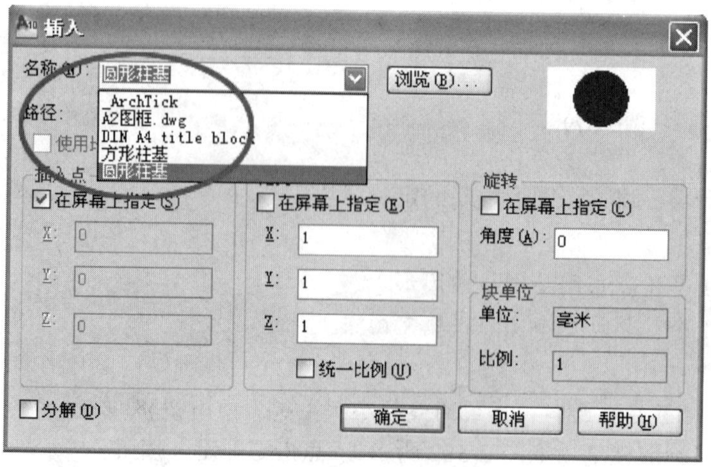

图 2-384

指定插入点或［基点（B）/ 比例（S）/X/Y/Z/ 旋转（R）]:（如图 2-385 所示）
完成一个块的插入。
回车，重复“插入”命令，将其余的柱基全部绘制完成（如图 2-386 所示）。

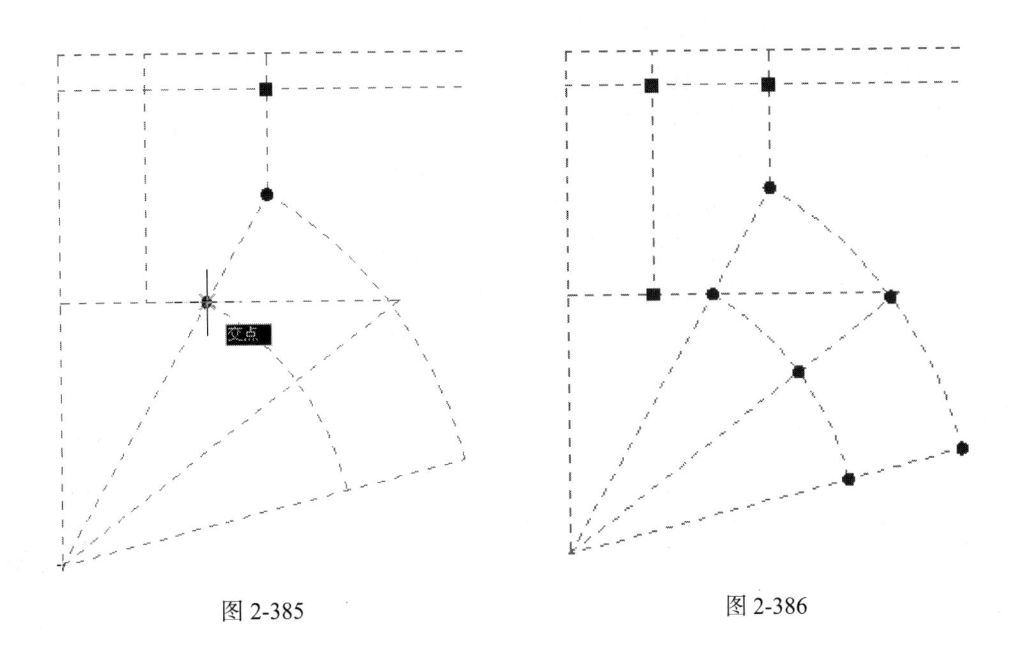

图 2-385　　　　图 2-386

3. 绘制景廊墙体

单击“图层”的下拉窗口，将“墙体”层设为当前层。

关闭“对象捕捉”，分别向左、右偏移最右侧的方形柱基的中心线 100mm；分别向上、下偏移最下侧的方形柱基的中心线 100mm；向右偏移垂直辅助线 750mm，作为景廊的墙体边界，并将偏移得到的线条转换为“墙体”层（如图 2-387 所示）。

以 −30 度辅助线为界，修剪多余的墙体线条，得到墙体的大概轮廓（如图 2-388 所示）。

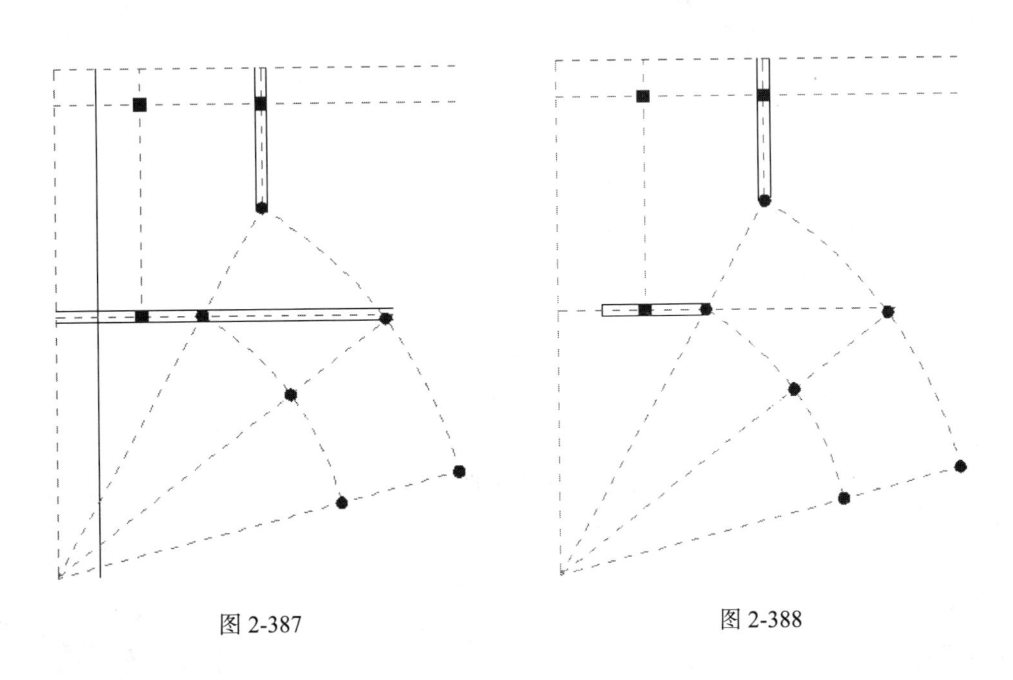

图 2-387　　　　图 2-388

4. 绘制景廊坐凳

单击“图层”的下拉窗口，将“坐凳”层设为当前层。

将小圆弧辅助线向左偏移 100mm、向右偏移 150mm；将大圆弧辅助线向左偏移 150mm、向右偏移 100mm，作为景廊的坐凳边界，并将偏移得到的线条转换为“坐凳”层，修剪掉坐凳边界与墙体轮廓相交处多余的线条，得到坐凳轮廓（如图 2-389 所示）。

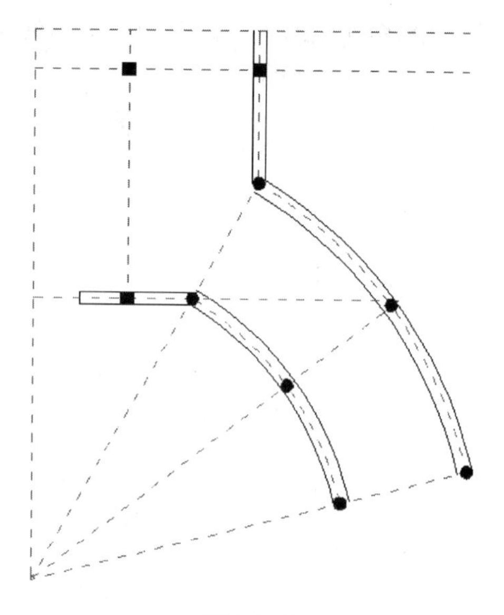
图 2-389

5. 绘制景廊基础地面

单击“图层”的下拉窗口，将“基础”层设为当前层。

将小圆弧辅助线向左偏移 300mm；大圆弧辅助线向右偏移 300mm；-76 度辅助线向外偏移 300mm；水平墙体中心线向下偏移 300mm、900mm；垂直辅助线向右偏移 1950mm；垂直墙体中心线向右偏移 300mm，作为基础地面的边界（如图 2-390 所示）。

将偏移得到的线条和水平边界，转换为“基础”层（如图 2-391 所示）。由于弧形廊的三条边界线没有相接，所以我们要延伸，使它们处于相交状态。

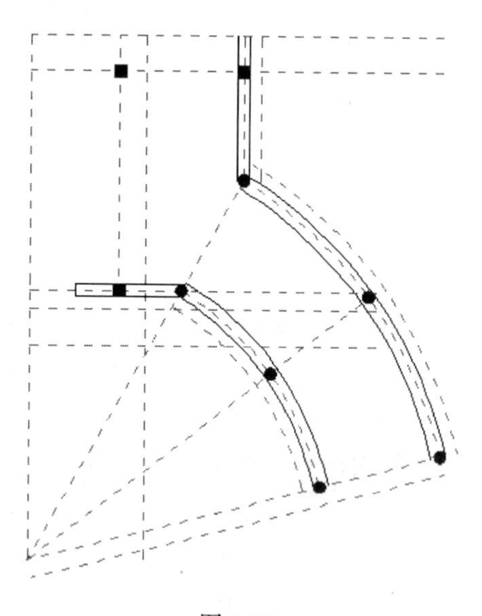
图 2-390

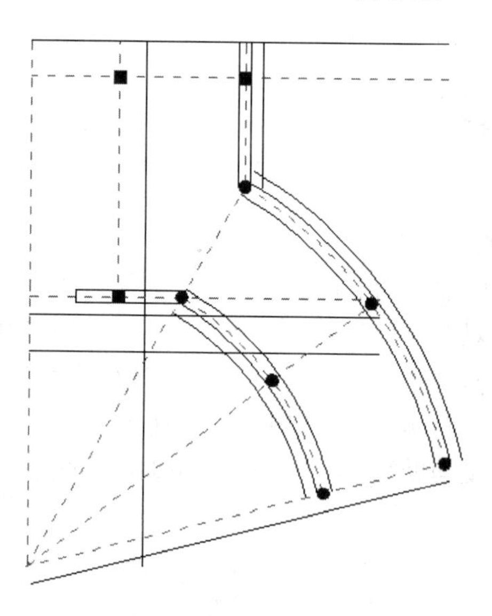
图 2-391

先将 −76 度辅助线向外偏移得到的线条进行拉伸操作，单击该线条，使它处于可编辑状态；按下 F3 按钮，打开“对象捕捉”，捕捉端头一点并单击，如图 2-392 所示，命令行提示：

** 拉伸 **

指定拉伸点或 [基点（B）/ 复制（C）/ 放弃（U）/ 退出（X）]：< 对象捕捉 关 >（顺着线条的方向，在弧形廊右侧地面边界以外单击）

运用“延伸”命令，将弧形廊两侧的地面边界延伸至上一步拉伸的线条处。

命令：_extend

当前设置：投影 =UCS，边 = 无

选择边界的边 ...

选择对象或 < 全部选择 >：（单击上一步拉伸的线条）找到 1 个

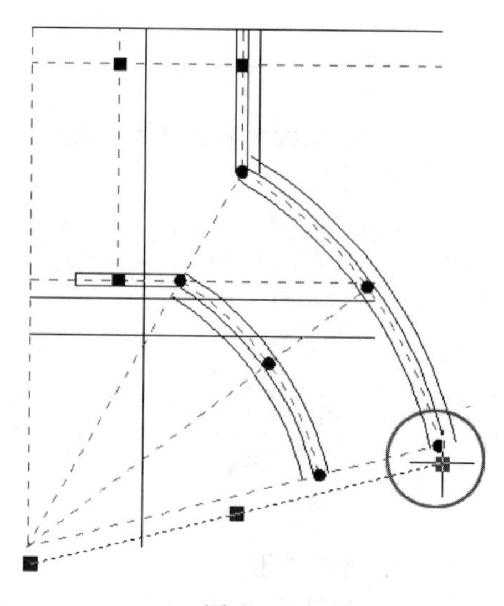
图 2-392

选择对象：（回车）
选择要延伸的对象，或按住 Shift 键选择要修剪的对象，或
[栏选（F）/ 窗交（C）/ 投影（P）/ 边（E）/ 放弃（U）]：（单击弧形廊左侧地面边界）
选择要延伸的对象，或按住 Shift 键选择要修剪的对象，或
[栏选（F）/ 窗交（C）/ 投影（P）/ 边（E）/ 放弃（U）]：（单击弧形廊右侧地面边界）
选择要延伸的对象，或按住 Shift 键选择要修剪的对象，或
[栏选（F）/ 窗交（C）/ 投影（P）/ 边（E）/ 放弃（U）]：（回车）
得到如图 2-393 所示的地面边界线。

运行“修剪”命令，修剪掉多余的线条，并在“墙体”层加粗墙体线条，绘制完成景廊右侧的平面（如图 2-394 所示）。

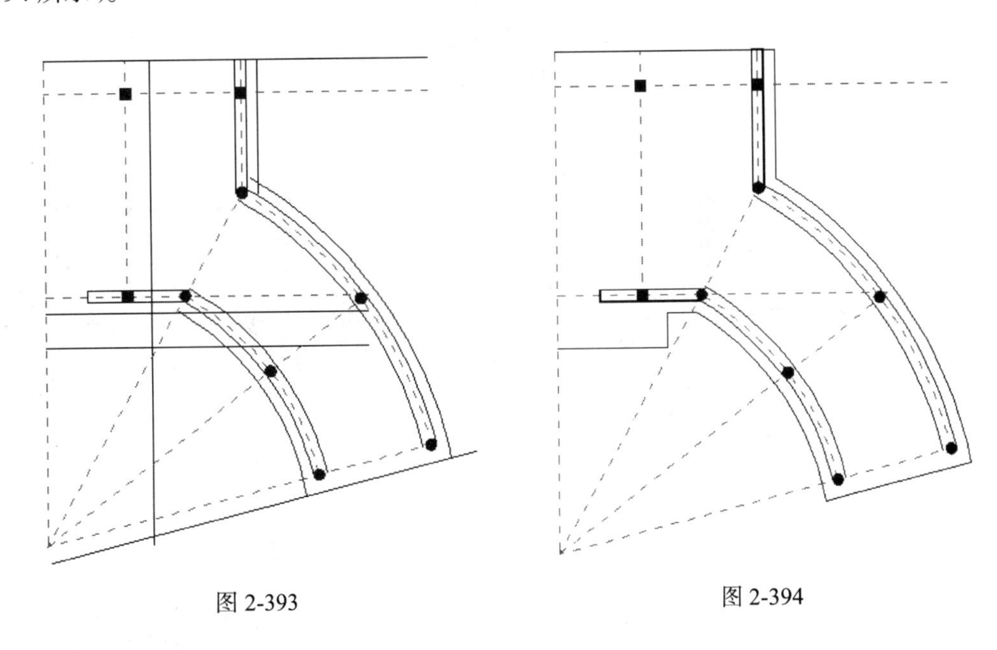

图 2-393　　　图 2-394

6. 镜像复制出左侧平面图

命令：_mirror
选择对象：（框选中所有线条） 指定对角点：找到 36 个
选择对象：（回车）
指定镜像线的第一点：< 对象捕捉 开 >（光标捕捉垂直辅助线上面端点）
指定镜像线的第二点：（光标捕捉垂直辅助线下面端点）
要删除源对象吗？[是（Y）/ 否（N）] <N>：（回车）
完成景廊平面图的绘制（如图 2-395 所示）。

● 绘制景廊立面图

由于立面图与平面图是相对应的，所以我们在平面图下方拉辅助线来绘制立面图，同样也是先绘制出立面图的右侧。

1. 绘制室外地平线

单击“图层”下拉窗口，将“基础”层设为当前层；单击状态行的“正交”（ORTHO）或按下 F8，打开正交方式。运行“直线”命令，在平面图的下方适当的位置，绘制出地平线，长度长于平面图的水平长度（如图 2-396 所示）。

2. 绘制辅助线

运用“延伸”命令，将平面图中的垂直中心线，延伸至立面图的地平线（如图 2-397 所示）。由于所用的辅助线较多，其余辅助线在绘图当中进行绘制。

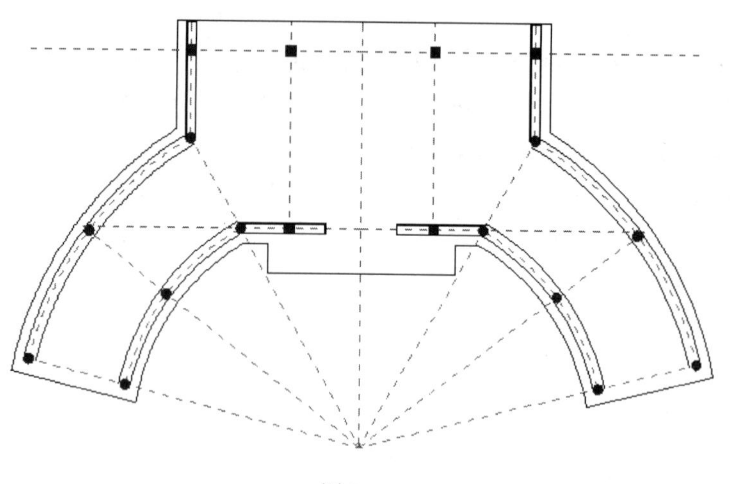

图 2-395

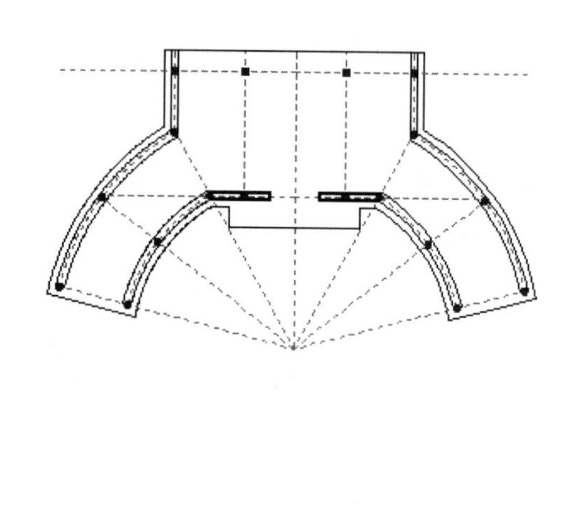

图 2-396

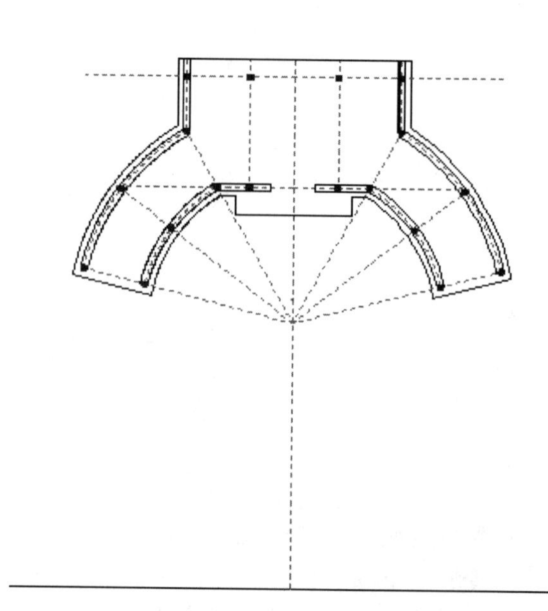

图 2-397

3. 绘制景廊内地坪层

运行“直线”命令，按下 F3 打开“对象捕捉”。

命令：_line

指定第一点：（捕捉平面图中最右侧的地面端点）

指定下一点或［放弃（U）］：（立面图的地平线下方单击）

指定下一点或［放弃（U）］：　　（回车）

重复“直线”命令，继续捕捉平面图中地坪层的拐角点，得到景廊内地坪层的界限（如图 2-398 所示）。

运行“偏移”命令，将地平线向上偏移 150mm，得到景廊内地坪层的上边界（如图 2-399 所示）。

回到绘图区域，选择景廊内地坪层的水平和垂直边线，将多余的部分剪切，得到景廊内地坪层（如图 2-400 所示）。

4. 绘制景廊的柱梁立面

将“辅助”层设为当前图层。运行“直线”命令，方法同上，分别捕捉平面图中的柱子各中心线的端点，绘制出立面图各立柱的中心辅助线（如图 2-401 所示）。

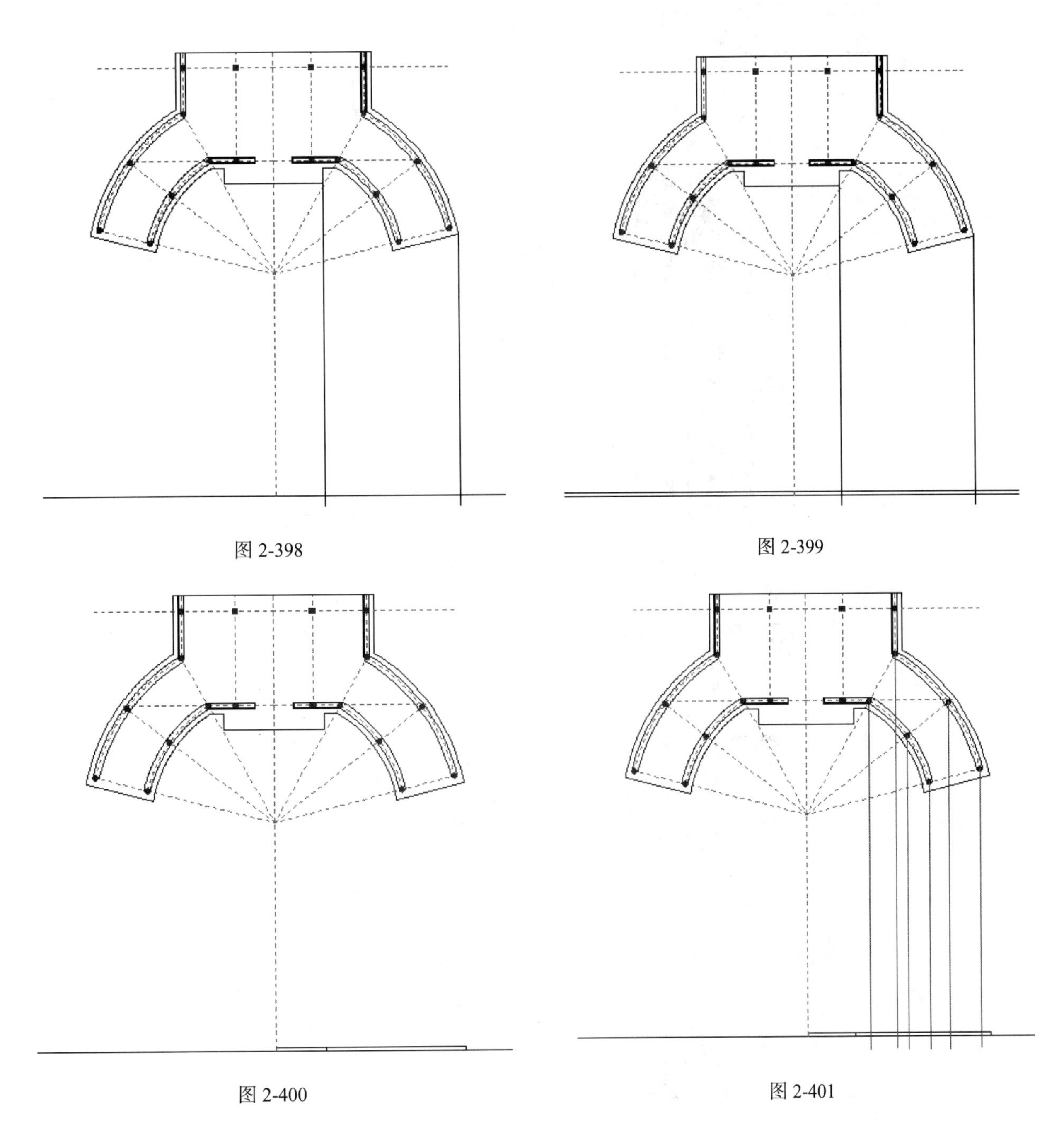

图 2-398

图 2-399

图 2-400

图 2-401

将各立柱中心辅助线分别向左右两侧偏移 100mm，并将偏移得到的线条转换为“柱梁”层，作为立柱的边线（如图 2-402 所示）。

景廊内地坪层依次向上偏移 2100mm、2350mm、2500mm 作为弧形廊横梁及顶的上下边界。

再将景廊内地坪层依次向上偏移 3000mm、3250mm、3325mm 作为方形廊横梁及顶的上下边界。

分别向右偏移最右侧一根方形立柱和一根圆形立柱中心线 300mm 作为方形和弧形廊顶的右边界（如图 2-403 所示）。

修剪和删除多余的线条，得到景廊右侧立面大概轮廓（如图 2-404 所示）。

将留下的线条全部转换为“柱梁”层（如图 2-405 所示）。

5. 绘制坐凳

景廊内地坪层依次向上偏移 355mm、400mm 作为坐凳的上下边界。

分别向左、右偏移右边第一根立柱中心线 200mm；向右偏移右边第三根立柱中心线 200mm 作为坐凳的竖向分界线。

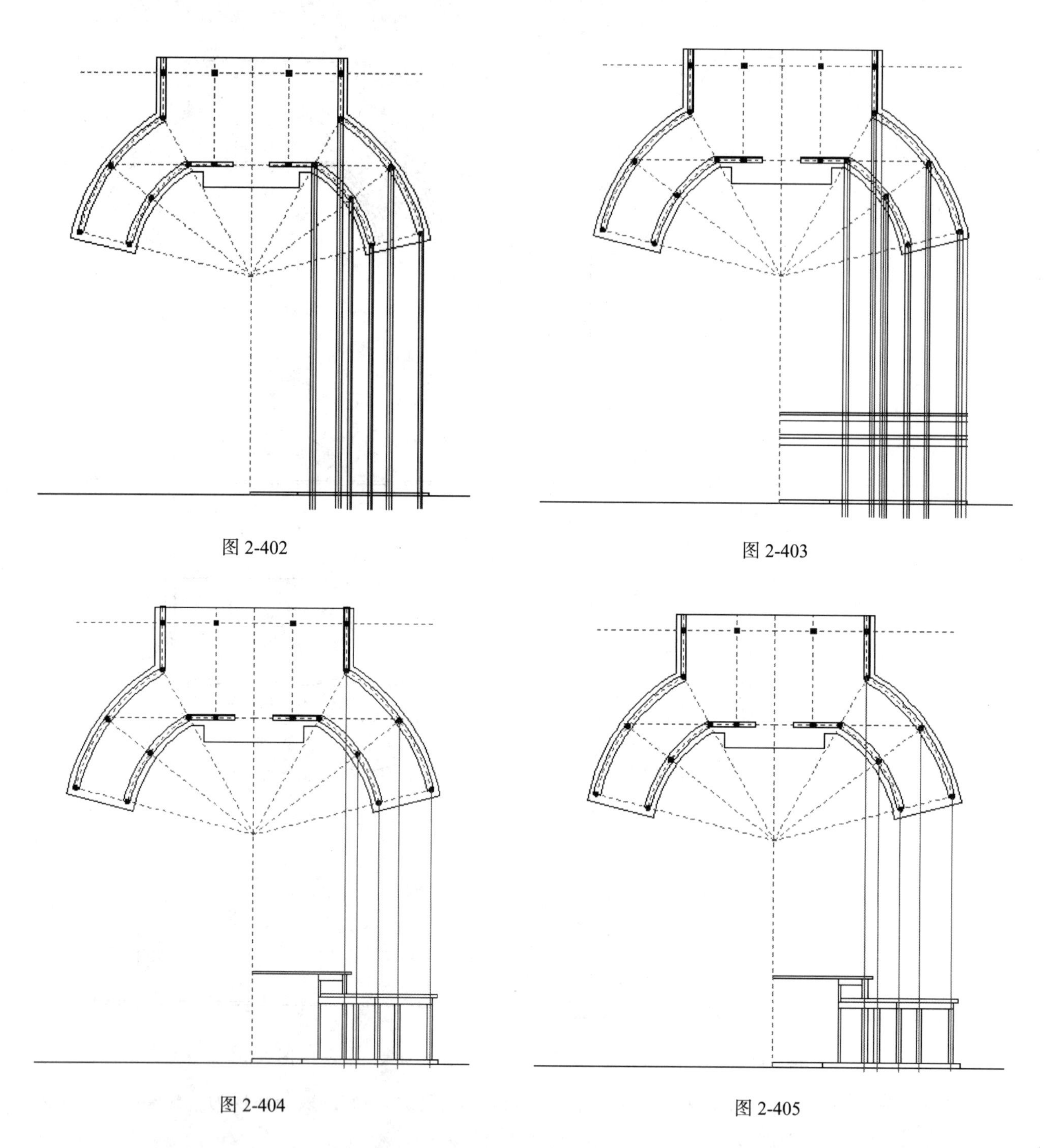

图 2-402

图 2-403

图 2-404

图 2-405

修剪和删除多余的线条，并将留下的线条转换为“坐凳”层，得到景廊坐凳立面轮廓（如图 2-406 所示）。

6. 绘制弧形廊顶的预制钢筋混凝土格栅

运用“复制”命令（COPY），打开“正交”，将弧形廊顶右侧边界线在其左侧重复复制，并剪切掉多余的线条，得到预制钢筋混凝土格栅示意图（如图 2-407 所示）。

7. 镜像复制出左侧立面图

删除多余的辅助线，按下 F3 打开“对象捕捉”，运行“镜像”命令，得到景廊左侧立面图（如图 2-408 所示）。

8. 绘制立面图中的园门

将“园门”层置为当前层。

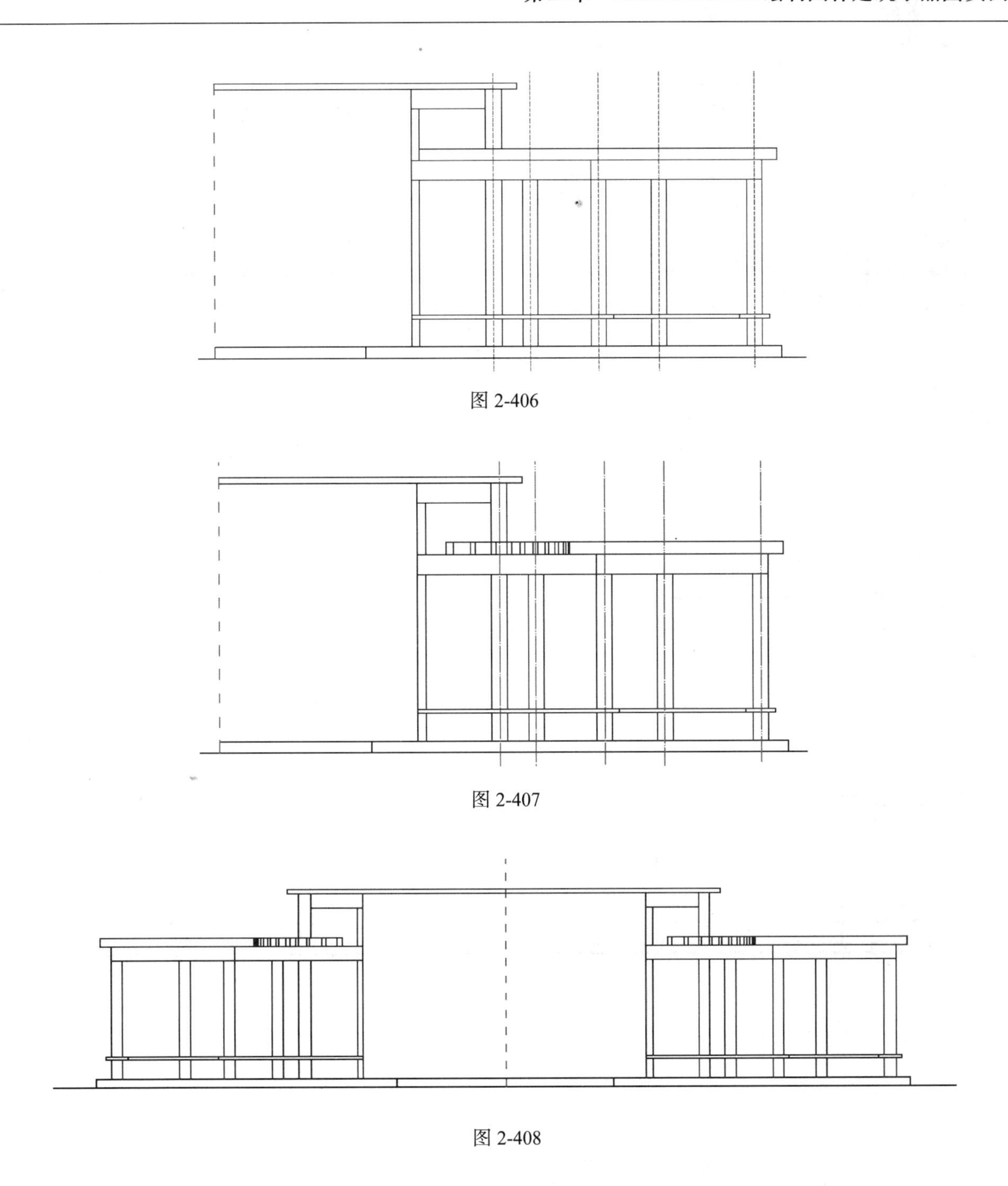

图 2-406

图 2-407

图 2-408

以地平线为基线向上偏移 1100mm，与垂直辅助线交点为圆心绘制半径为 1100 的圆作为园门外边线；再将圆向内偏移 100mm 作为园门内边线。

以地平线为基线向上偏移 400mm，修剪多余的线条（如图 2-409 所示）。

运行“直线”命令，绘制出园门的边线（如图 2-410 所示）。

加粗地平线，绘制完成景廊立面图（如图 2-411 所示）。

● 绘制景廊 A-A 剖面图

1. 绘制辅助线

与绘制立面图辅助线相同，同样从平面图对应的点向右方拉辅助线来绘制剖面图辅助线。

在“辅助”层，运用“直线”命令，打开“对象捕捉”，捕捉平面图中各柱基中心点为起点，向右拉伸绘制出辅助线（如图 2-412 所示）。

将绘制出的直线旋转 90 度。

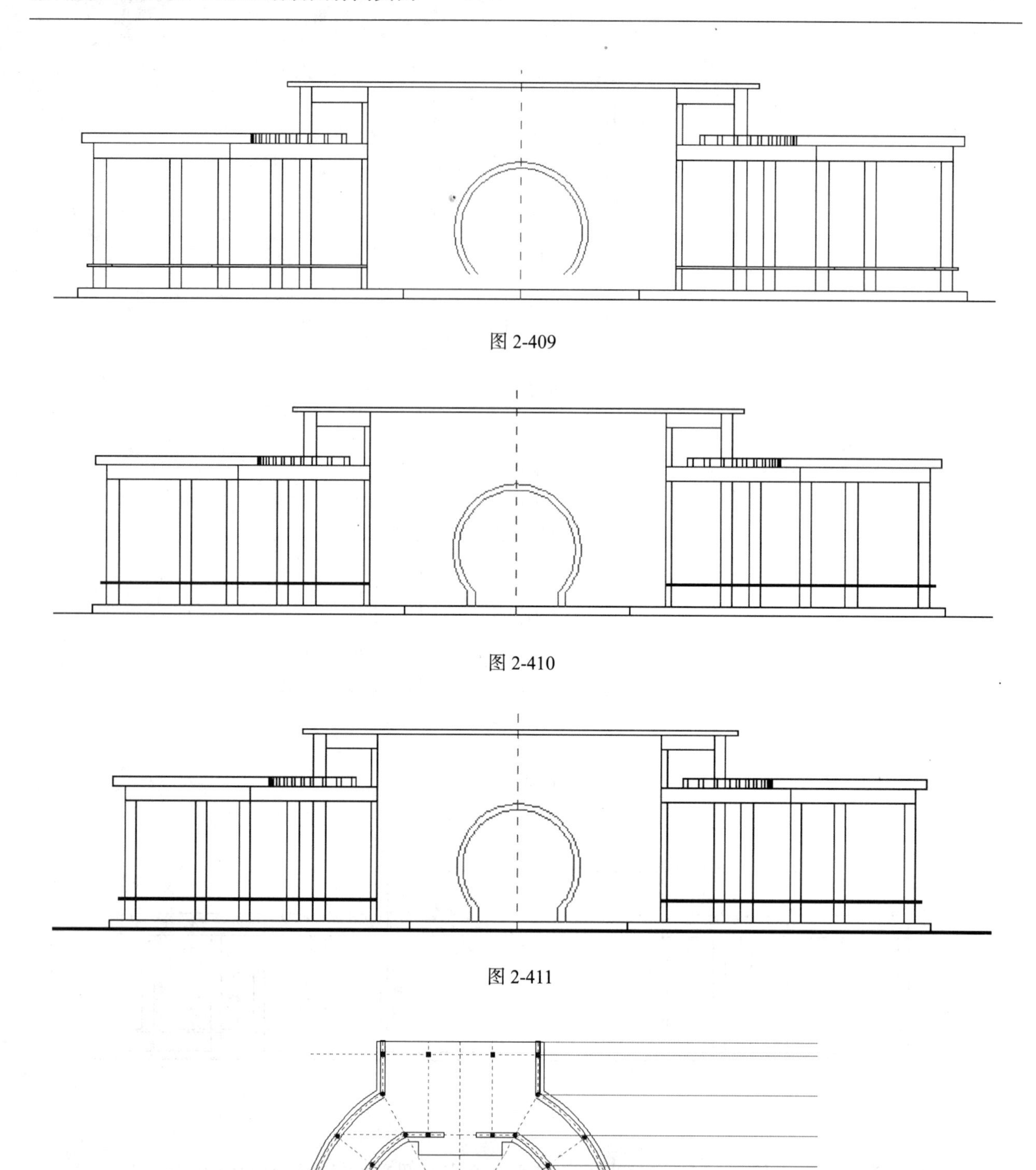

图 2-409

图 2-410

图 2-411

图 2-412

命令：_rotate

UCS 当前的正角方向：ANGDIR= 逆时针　ANGBASE=0

选择对象：(选择刚绘制出的直线)　指定对角点：找到 7 个

选择对象：　　　　　　　　　　　　　　　　　　　　　　　　　　　　　　(回车)

指定基点：< 对象捕捉 关 >(在平面图右侧适当位置单击)

指定旋转角度，或 [复制 (C) / 参照 (R)] <0>：90　　　　　　　　　　　　　　(回车)

选择所有辅助线，将它们的线型比例调整为 10，得到剖面图的垂直辅助线 (如图 2-413 所示)。

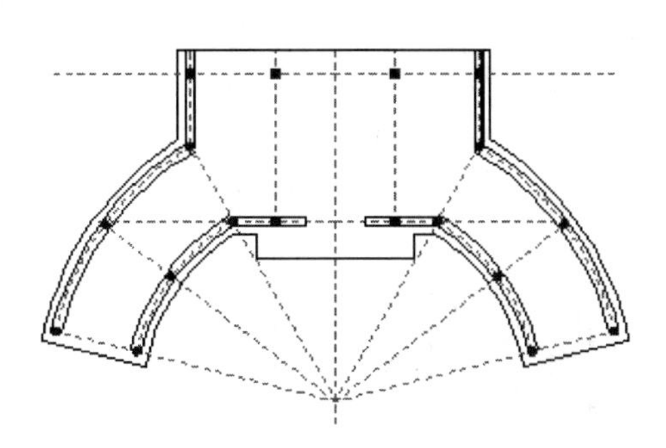

图 2-413

2. 绘制景廊内外地平线

将“基础”层设为当前层；按下 F8，打开正交方式。

运行“直线”命令，在剖面图辅助线下方适当的位置，绘制出基础地平线。

向上偏移该地平线 150mm；向左侧偏移左边第一条辅助线 300mm；向右偏移左边第四条辅助线 900mm；向右侧偏移右边第一条辅助线 300mm。

修剪多余的线条，得到景廊内外地平线（如图 2-414 所示）。

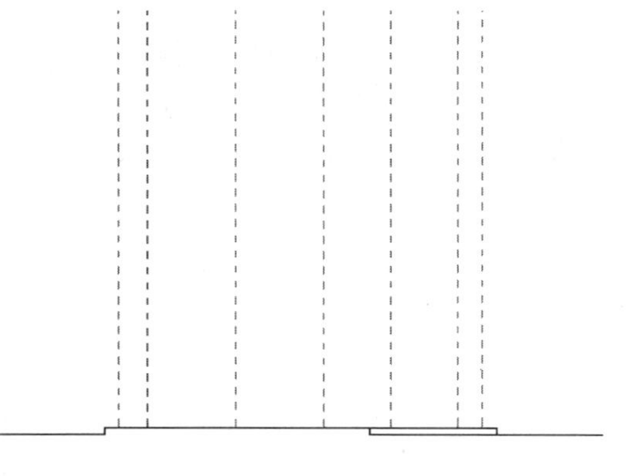

图 2-414

3. 绘制景廊柱梁剖面

将“柱梁”层设为当前层。

分别向左、右偏移 5 根立柱的中心辅助线 100mm 作为立柱的边线，并将偏移线转换为“柱梁”层（如图 2-415 所示）。

景廊内地坪层依次向上偏移 2100mm、250mm、150mm 作为弧形廊柱梁及顶篷构造的上下边界。

再将景廊内地坪层依次向上偏移 250mm、2750mm、250mm、75mm 作为方形廊柱梁及顶篷构造的上下边界。

向左偏移左边第一根辅助线 300mm；向右偏移左边第四根辅助线 300mm；作为方形廊顶的左右边界。

修剪和删除多余的线条，将留下的柱梁线条转换为“柱梁”层；墙体线条转换为“墙体”层，得到景廊右侧立面大概轮廓（如图 2-416 所示）。

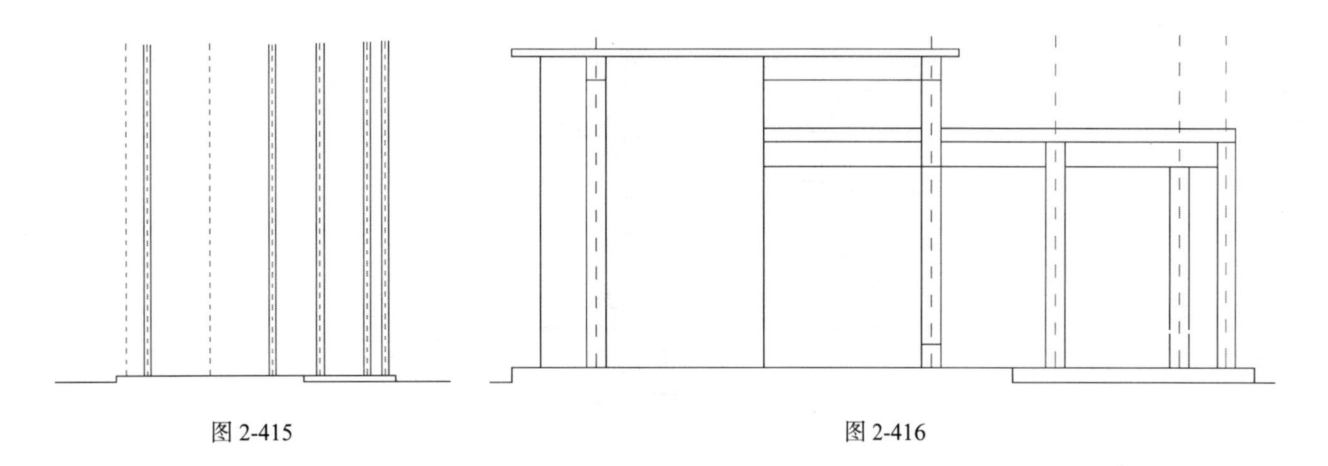

图 2-415　　图 2-416

4. 绘制坐凳

景廊内地坪层依次向上偏移 355mm、45mm 作为坐凳的上下边界。

修剪和删除多余的线条，并将留下的线条转换为“坐凳”层，得到景廊坐凳立面轮廓（如图 2-417 所示）。

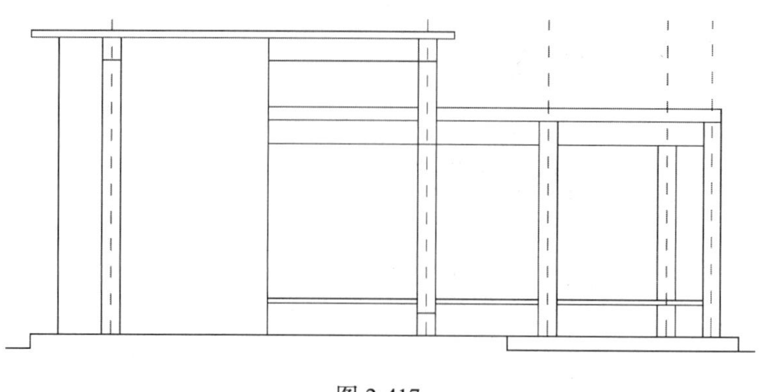

图 2-417

5. 绘制弧形廊顶的预制钢筋混凝土格栅

方法同立面图绘制相同，运用“复制”命令，打开“正交”，将弧形廊顶右侧边界线在其左侧重复复制，得到预制钢筋混凝土格栅示意图（如图 2-418 所示）。

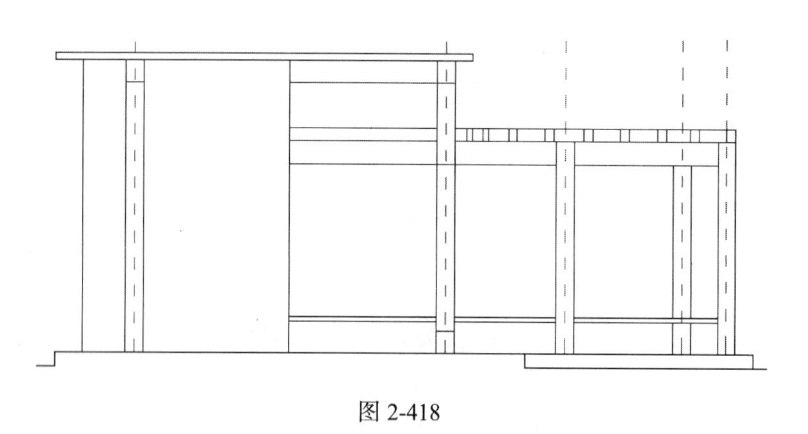

图 2-418

6. 填充图案，加粗部分线条

将“墙体”层置为当前图层，运行“填充”命令，用“AR-BRSTD”图案填实。

将“柱梁”层置为当前图层，运行“填充”命令，分别用“ANSI31”和“ANSI36”进行廊柱构造图案填实。

加粗地平线和廊柱构造线条，删除多余的辅助线，绘制完成景廊 A-A 剖面图（如图 2-419 所示）。

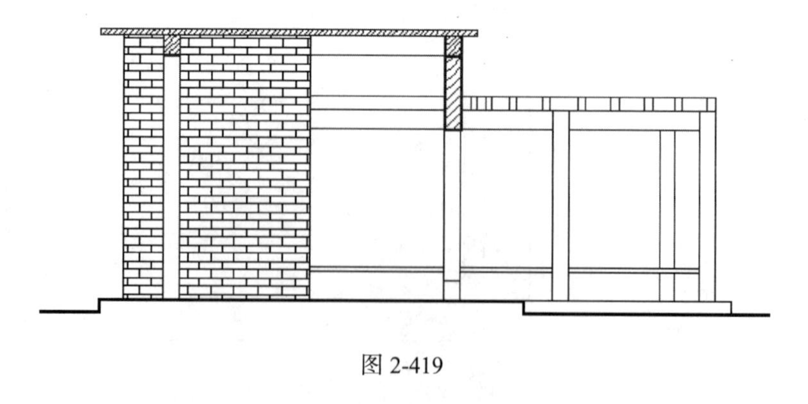

图 2-419

● 绘制景廊 B-B 剖面图

1. 绘制辅助线

在“辅助”层中，运行“直线”命令，在图纸右下角绘制一条垂直辅助线，并将其线型比例改为“10”（如图 2-420 所示）。

2. 绘制 B-B 剖面图右侧

打开“正交”，运行“直线”命令，在“基础”层，在辅助线下方适当位置绘制出一条基础地平线。

由于辅助线左右侧结构相同，先绘制一侧。

运行“偏移”命令，以距离 1050mm 向右偏移辅助线作为右侧立柱的中心线；重复“偏移”命令，分别以距离 100mm、125mm 向左、右偏移立柱的中心线，得到立柱和坐凳的边线；以距离 300mm 向右偏移立柱的中心线作为景廊内地坪层和顶棚的边界线。

依次以距离 150mm、355mm、45mm、1700mm、250mm、150mm 向上偏移地平线，分别得到廊内地坪层、坐凳、廊柱构造、顶棚的边界线（如图 2-421 所示）。

修剪线条。运行“修剪”命令，修剪出景廊 B-B 剖面图右侧图形，并将修剪留下的线条相应的转换到“基础”、“柱梁”、“坐凳”图层（如图 2-422 所示）。

图 2-420

3. 填充图案并加粗线条

将“柱梁”层置为当前图层，运行“填充”命令，用“ANSI36”进行廊柱构造图案填实。

加粗地平线和廊柱构造线条，删除多余的辅助线，绘制完成景廊 B-B 剖面图（如图 2-423 所示）。

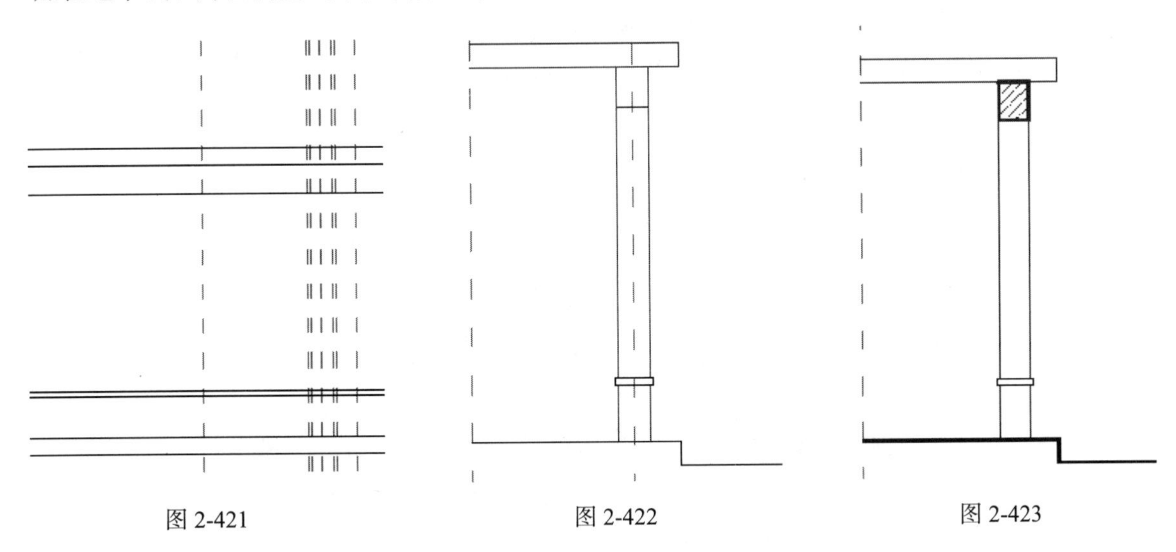

图 2-421　　图 2-422　　图 2-423

4. 复制出左侧构造

打开“对象捕捉”，运行“镜像”命令。

辅助线的左侧出现相同的构造图形（如图 2-424 所示）。

删除垂直辅助线，绘制完成景廊 B-B 剖面图（如图 2-425 所示）。

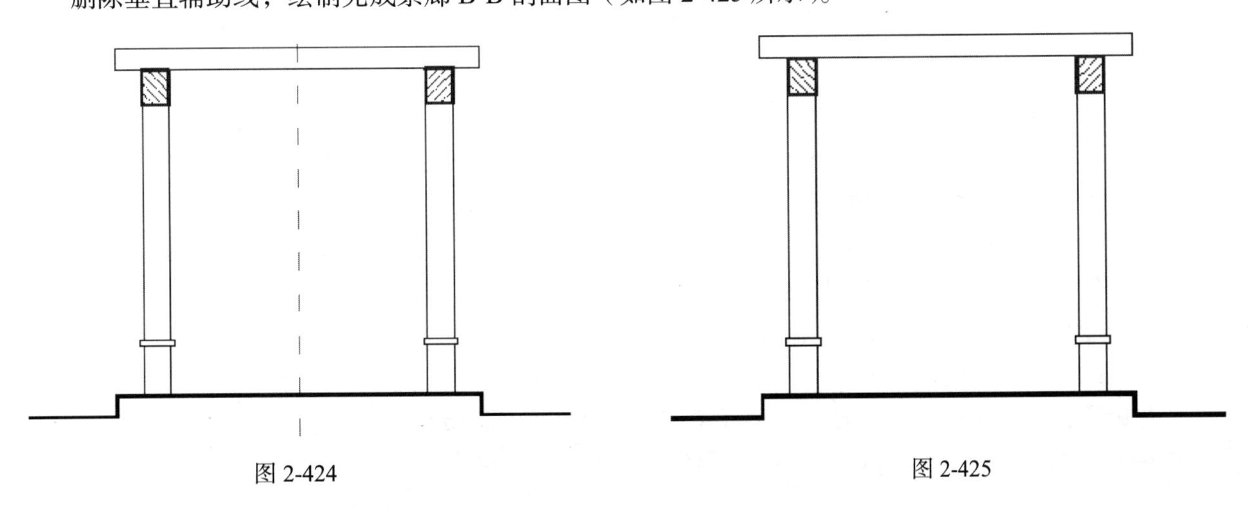

图 2-424　　图 2-425

● 标注尺寸

将“标注层”置为当前图层。

首先我们确定景廊平、立面图的输出比例为 1∶100，景廊的两个剖面图的输出比例为 1∶50；选用 A2 图纸和图框。

在确定比例后，进行相应比例的标注样式设定。

鼠标对准工具属性栏右击，在弹出的快捷菜单中选择“标注”，在屏幕上显示出“标注”工具条。

调出“标注”工具条后，设置标注样式。单击菜单“格式/标注样式”，打开“标注样式管理器”对话框，单击“新建”按钮，系统弹出“创建新标注样式”对话框，填写标注名称为“100”，用于比例是 1∶100 的标注。打开“新建标注样式 100”的对话框；单击“符号和箭头”选项卡，在箭头栏中进行参数设置（如图 2-426 所示）；单击“文字”选项，在“文字外观”栏对文字样式、位置和高度进行设置（如图 2-427 所示）；单击“主单位”选项，在“线性标注”栏进行精度设置（如图 2-428 所示）；其余项默认。

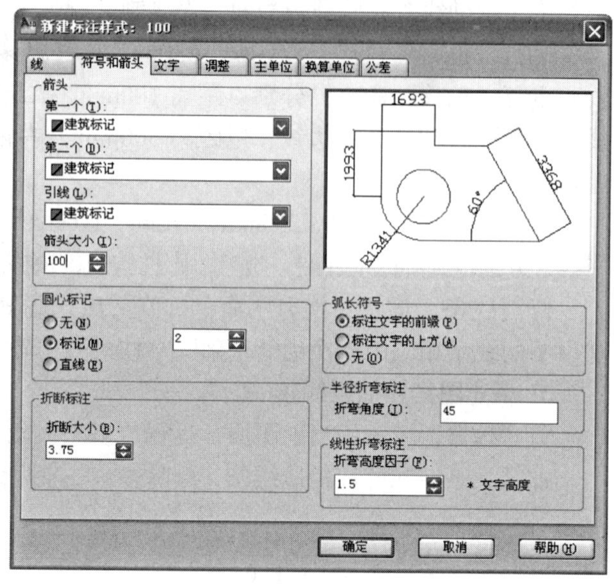

图 2-426

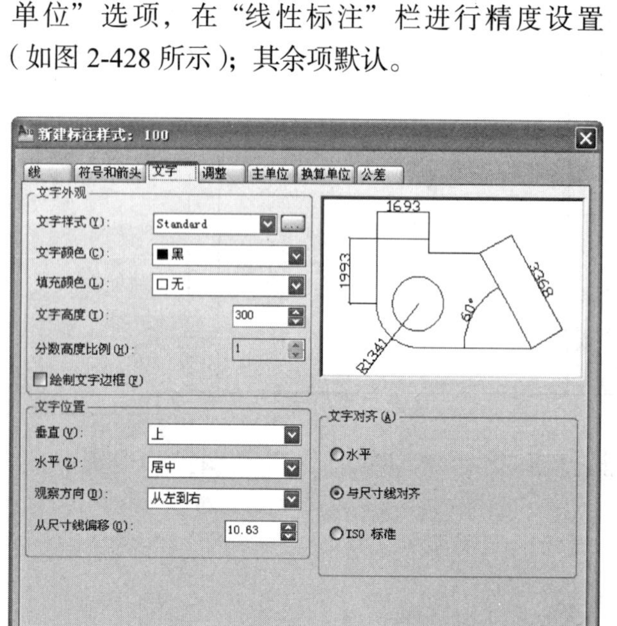

图 2-427

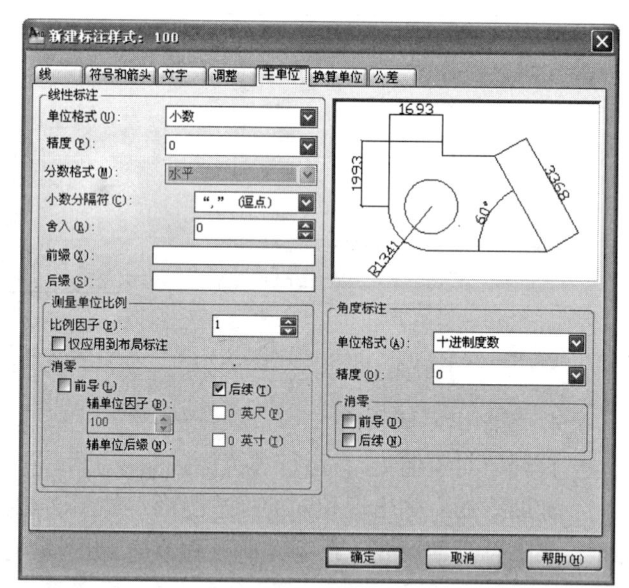

图 2-428

用同样的方法新建标注名称为“50”的标注样式，其中在箭头大小和文字高度的两处根据比例做相应修改，其余设置基本不变。标注“50”的箭头大小和文字高度为标注“100”的一半。

设置完成后，打开“对象捕捉”，开始尺寸标注。重复运行“线性标注”、“连续标注”、“对齐标注”、“角度标注”命令，标出图中的尺寸。“线性标注”、“连续标注”方法，在前面几个实例中都有介绍。

下面我们介绍一下“角度标注”命令和“对齐标注”命令。

标注角度时，运行“角度标注”命令。

命令：DIMANGULAR

选择圆弧、圆、直线或 <指定顶点>：（方形光标单击垂直辅助线）

选择第二条直线：（方形光标单击 -30 度辅助线）

指定标注弧线位置或［多行文字（M）/ 文字（T）/ 角度（A）/ 象限点（Q）]:（在适当位置单击）
标注文字 = 30
回车，重复“角度标注”命令。
命令：DIMANGULAR
选择圆弧、圆、直线或 < 指定顶点 >:（方形光标单击 -30 度辅助线）
选择第二条直线:（方形光标单击 -53 度辅助线）
指定标注弧线位置或［多行文字（M）/ 文字（T）/ 角度（A）/ 象限点（Q）]:（在适当位置单击）
标注文字 = 23
回车，重复“角度标注”命令。
命令：DIMANGULAR
选择圆弧、圆、直线或 < 指定顶点 >:（方形光标单击 -53 度辅助线）
选择第二条直线:（方形光标单击 -76 度辅助线）
指定标注弧线位置或［多行文字（M）/ 文字（T）/ 角度（A）/ 象限点（Q）]:（在适当位置单击）
标注文字 = 23
当标注非垂直或水平图形时，需要运行“对齐标注”命令。
命令：_dimaligned
指定第一条延伸线原点或 < 选择对象 >: < 对象捕捉 开 >（光标捕捉左边圆形柱的中心点）
指定第二条延伸线原点:（光标捕捉右边圆形柱的中心点）
指定尺寸线位置或
［多行文字（M）/ 文字（T）/ 角度（A）]:（确定标注的合适位置后单击）（如图 2-429 所示）
标注文字 = 2100
完成景廊的尺寸标注（如图 2-430 所示）。

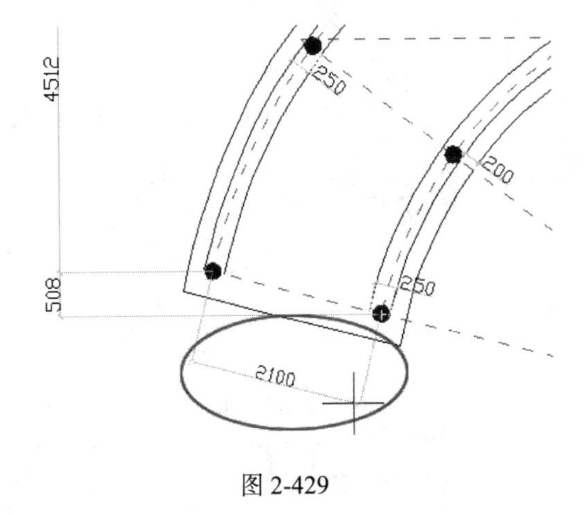

图 2-429

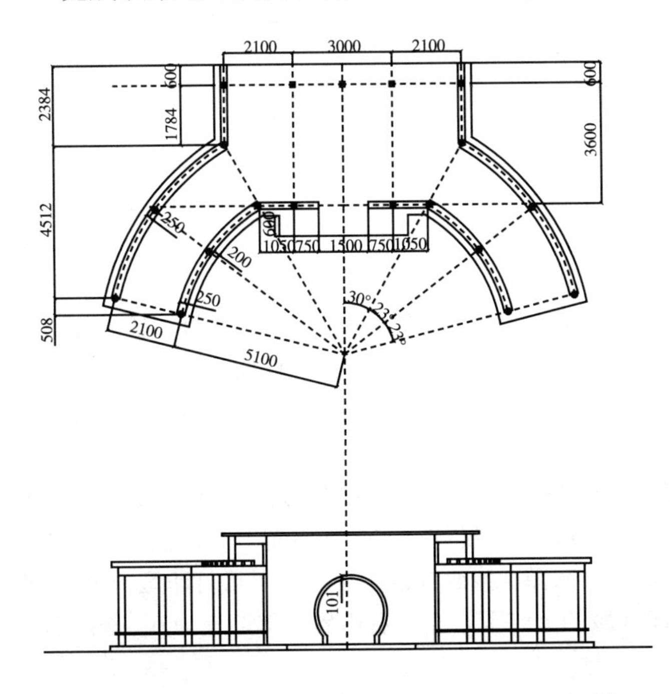

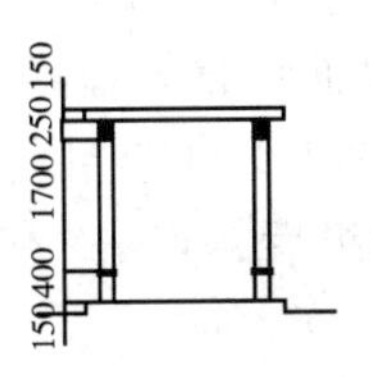

图 2-430

● 添加标注文字

将“文字说明”层置为当前层，打开“文字样式”对话框，方法同花架实例中介绍的相同，新建得到“100 图名”、“50 图名”、“100 标注”、“50 标注”四种文字样式，其中“100 图名”样式的字体高度为 600；“100 标注”样式的字体高度为 300；其余文字样式的字体高度按相应比例缩小。

运行“多行文字”工具（详细操作见“园门”实例），在比例为 1∶100 的平、立面图中，分别用文字样式为“100 图名”和“100 标注”给图形标注文字和添加图名；用同样的方法在相应图中添加文字说明和图名。添加文字说明后的效果如图 2-431 所示。

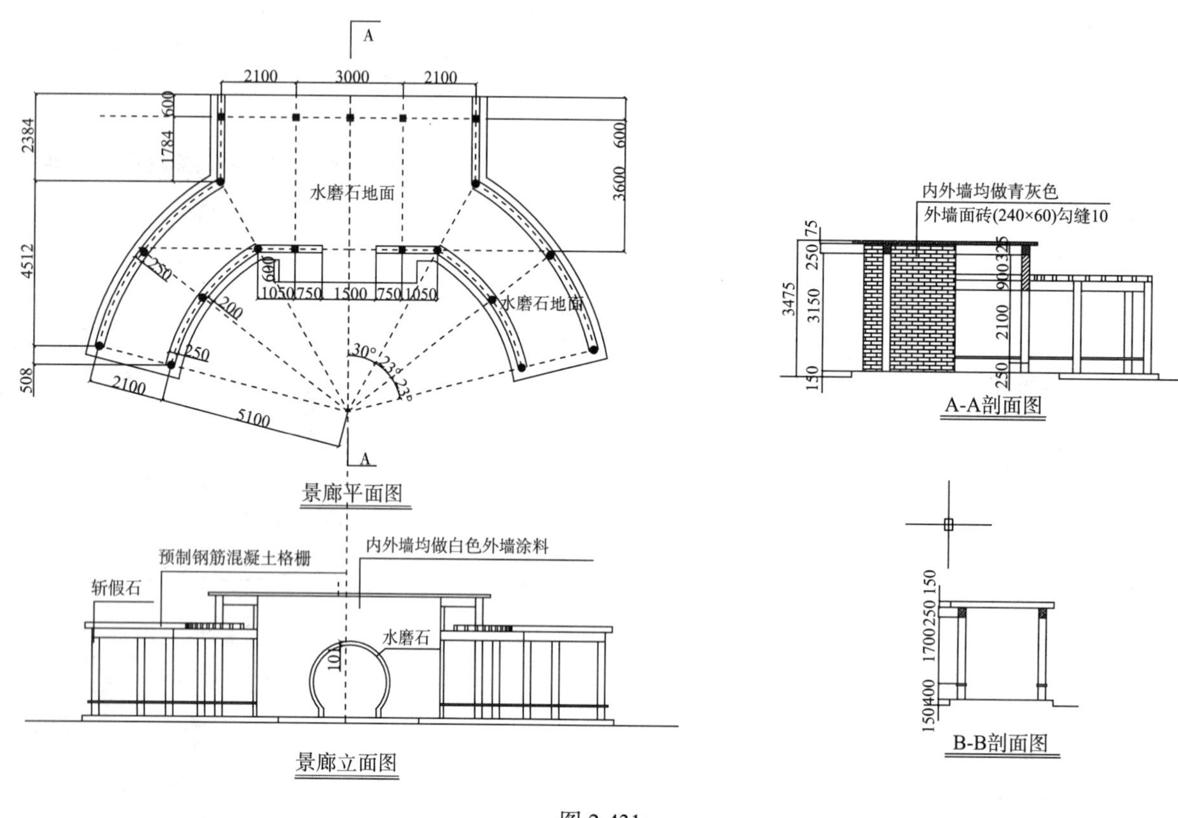

图 2-431

● 布图

将“视口”层置为当前层。

用花架实例中相同的方法进行布局。

我们选用 A2 图纸和图框进行布图。

选择菜单“插入 / 布局 / 创建布局向导”命令，系统弹出“创建布局 - 开始”对话框，输入新布局名称：景廊布局，下一步选择打印机，下一步选择图纸尺寸为 A2，下一步选择横向放置，下一步选择事先保存在 Template 目录下的 A2 图框，下一步视口设置为无，可在下面的操作中根据实际需要在布图过程中添加视口，下一步点击“完成”。

用“移动”工具，调整刚插入的 A2 图框位置，捕捉图框左下角与布局页面左下角（0，0）点对齐。

打开“页面设置管理器”，点击修改“景廊布局”按钮，系统弹出“页面设置”对话框，单击“特性”选项，在出现的“绘图仪配置编辑器”对话框中，选择“修改标准图纸尺寸（可打印区域）”和相对应的 A2 图纸后，点击“修改”按钮，将可打印区域的上、下、左、右边界全部调整为 0，修改后点击“完成”。

调整完成布局边界后，运用“移动”命令，再次调整 A2 图框的位置，使其完全对齐。

打开“视口”工具条，插入新视口，并调整比例和放图位置（如图 2-432 所示）。

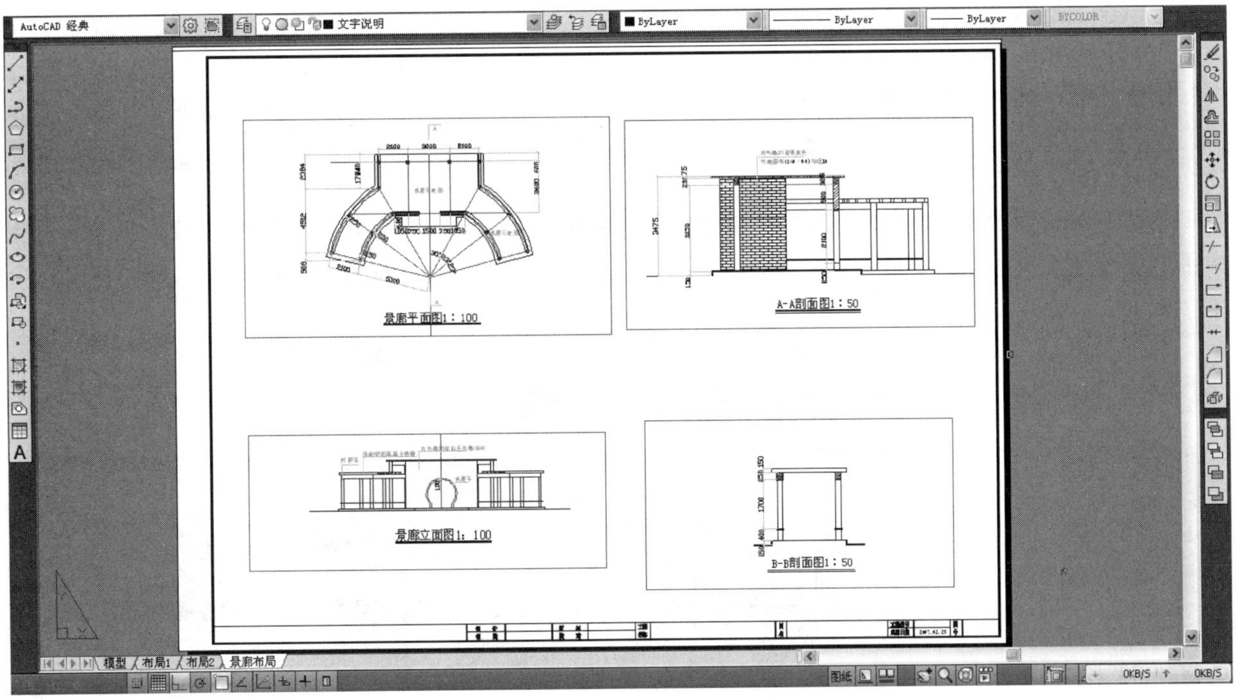

图 2-432

● 打印设置与输出

关闭“视口”图层前的“小灯泡”，使其不再显示。

选择菜单“文件 / 打印”命令，系统弹出“打印”对话框。在打印机配备的下拉列表框中选择打印机（电脑预先已装配）；图纸尺寸选择为 A2；单击打印范围中的“布图”按钮；打印比例设为 1∶1，设置完成后可以通过单击“预览”按钮预览设定的图形布局，不满意的返回再重新设置。

设置完成后，单击“确定”按钮，图纸将从打印机中输出。

2.3.4 四角亭绘制实例

我们学习园林中亭子的绘制。由于亭子具有对称性且种类各异，特别是形状、顶面有多种形式，所以通常在绘制亭子时会通过中轴线的划分，在平面图中左侧绘制屋面结构、右侧绘制平面构造；立面图也与之对应，轴线左侧绘制外部轮廓、右侧绘制剖面结构。

在绘制过程中平面图和立面图要相互结合，同时绘制。亭子绘制中主要注意两点：

1〉亭子具有对称性，左右上下对象要对应；

2〉亭子的轮廓线要加粗处理。

主要绘制步骤为：

1〉基本设置；

2〉建立图层；

3〉绘制图形；

A. 绘制辅助线；

B. 绘制剖断线左侧亭子顶平面、立面图；

C. 绘制剖断线右侧亭子平面、剖面图；

D. 图形整理；

4〉尺寸标注；

5〉添加文字；

6〉建立视图；

7〉打印设置与输出。

下面进行具体的图形绘制：

● 基本设置

图形单位的设置请参照前文。

绘图区域设置为（30000，22000），如果对命令掌握得较熟练，可以不设置绘图区域，在绘制过程中用“缩放”工具根据需要放大。

● 建立图层

单击工具属性栏中“图层”按钮，在“图层特性管理器”窗口中设置“辅助”、“建筑”、“标注”、“文字”、“视口”等图层，并设定相应的颜色（如图 2-433 所示）。

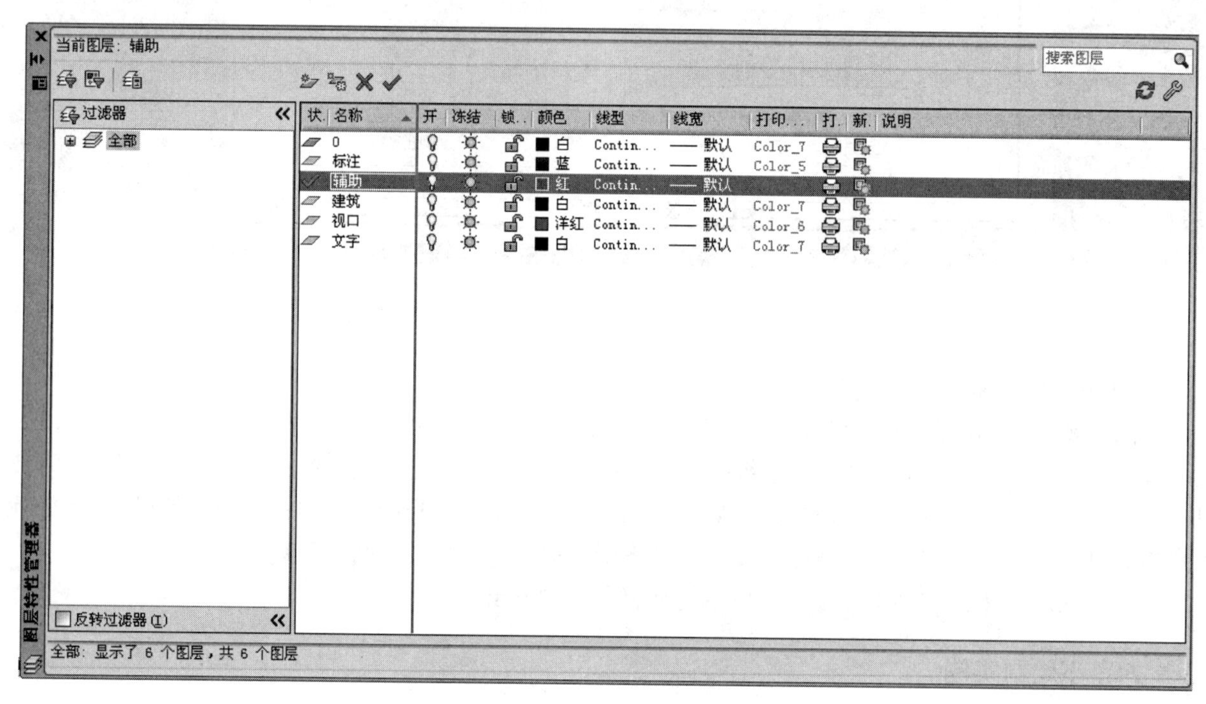

图 2-433

● 绘制图形

1. 绘制主要辅助线

首先绘出垂直剖断线。将“辅助”层置为当前图层，按下 F8 打开正交，运行“直线”命令。

命令：LINE

指定第一点：（在图形左下方单击）

指定下一点或［放弃（U）］：（光标放在第一点的上方）17000（回车）

指定下一点或［放弃（U）］：（回车）

回车，重复“直线”命令，绘制长 11000mm 的水平辅助线，作为平面图的水平中心线。

运行“偏移”命令，以距离 5000mm 向上偏移水平中心线作为立面图的基础地平线（如图 2-434 所示）。

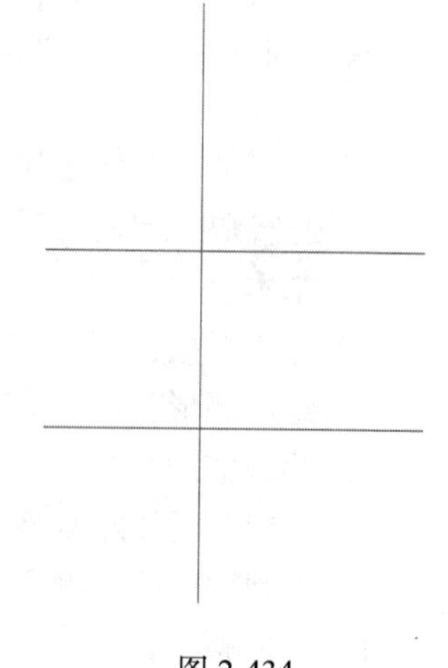

图 2-434

2. 绘制剖断线左侧亭子顶平面、立面图

1〉绘制公共辅助线

平、立面图的辅助线可以公用，所以一并绘出。

向左偏移垂直剖段线 2200mm、1800mm 作为平、立面图中亭子的轮廓线；向左偏移垂直剖段线 170mm、270mm 作为平、立面图中亭子宝顶的左侧边缘线；向左偏移垂直剖段线 1100mm、1300mm 作为立面图中柱子的边线（如图 2-435 所示）。

2〉绘制顶平面

在平面图中，上下偏移水平中心线 1800mm、2200mm 作为亭子的顶平面轮廓，上下偏移水平中心线 170mm、270mm 作为顶平面中的宝顶轮廓（如图 2-436 所示）。

以立面图中的基础地平线为界，修剪和删除图形下部平面图中多余的线条，得到亭子顶平面的大概轮廓（如图 2-437 所示）。

按下 F3 打开“对象捕捉”，单击“直线”按钮，连接出亭顶侧面的分界线（如图 2-438 所示）。

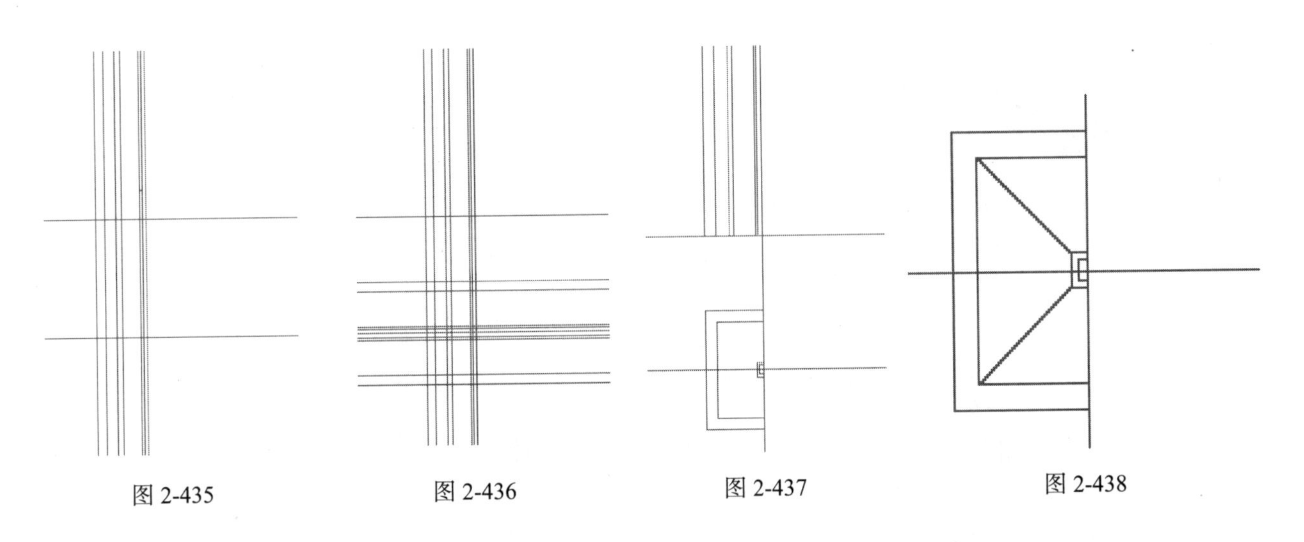

图 2-435　　图 2-436　　图 2-437　　图 2-438

3〉绘制立面

关闭“对象捕捉”，向上偏移基础地平线，距离为 450mm 作为亭子台基。

得到的偏移线再分别向上偏移 300mm、400mm 作为座凳的高度和面层，垂直剖段线依次向左偏移 340mm、460mm 作为座凳的支柱。

偏移得到的亭子台基线依次向上偏移 2400mm、2800mm，作为亭子立面的檐口上下边缘。

檐口上边缘向上偏移 85mm 作为坡屋顶下部的转折线，檐口向上偏移 600mm 作为屋顶上端线，也是宝顶的底线。

宝顶的底线向上偏移 1100mm 是宝顶的顶高度。

以垂直剖断线为界，保留右侧的辅助线，修剪和删除左侧多余的线条，得到亭立面大概轮廓（如图 2-439 所示）。

打开“对象捕捉”，单击“直线”命令，捕捉宝顶左下角点和檐底左上角点，连接成屋檐坡面（如图 2-440 所示）。

绘制宝顶详图。依次向上偏移宝顶底线 150mm、250mm、300mm、450mm、500mm，向左偏移垂直剖断线 120mm，剪去多余的线条（如图 2-441 所示）。

檐口下边缘（即偏移 2400mm 得到）向下偏移 350mm，作为亭立面的挂落等装饰物下边缘线；完成四角亭立面图的绘制（如图 2-442 所示）。

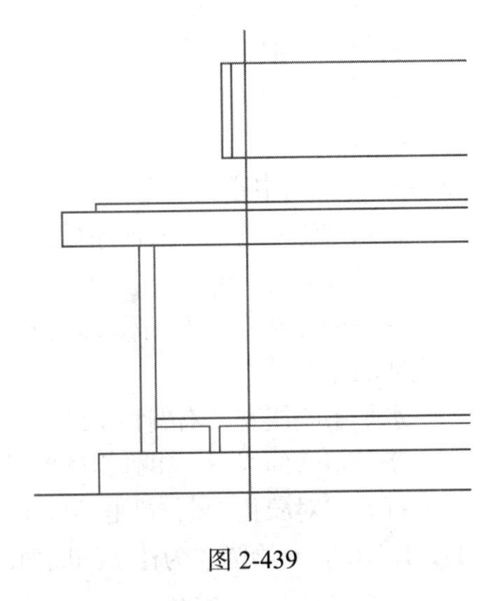

图 2-439

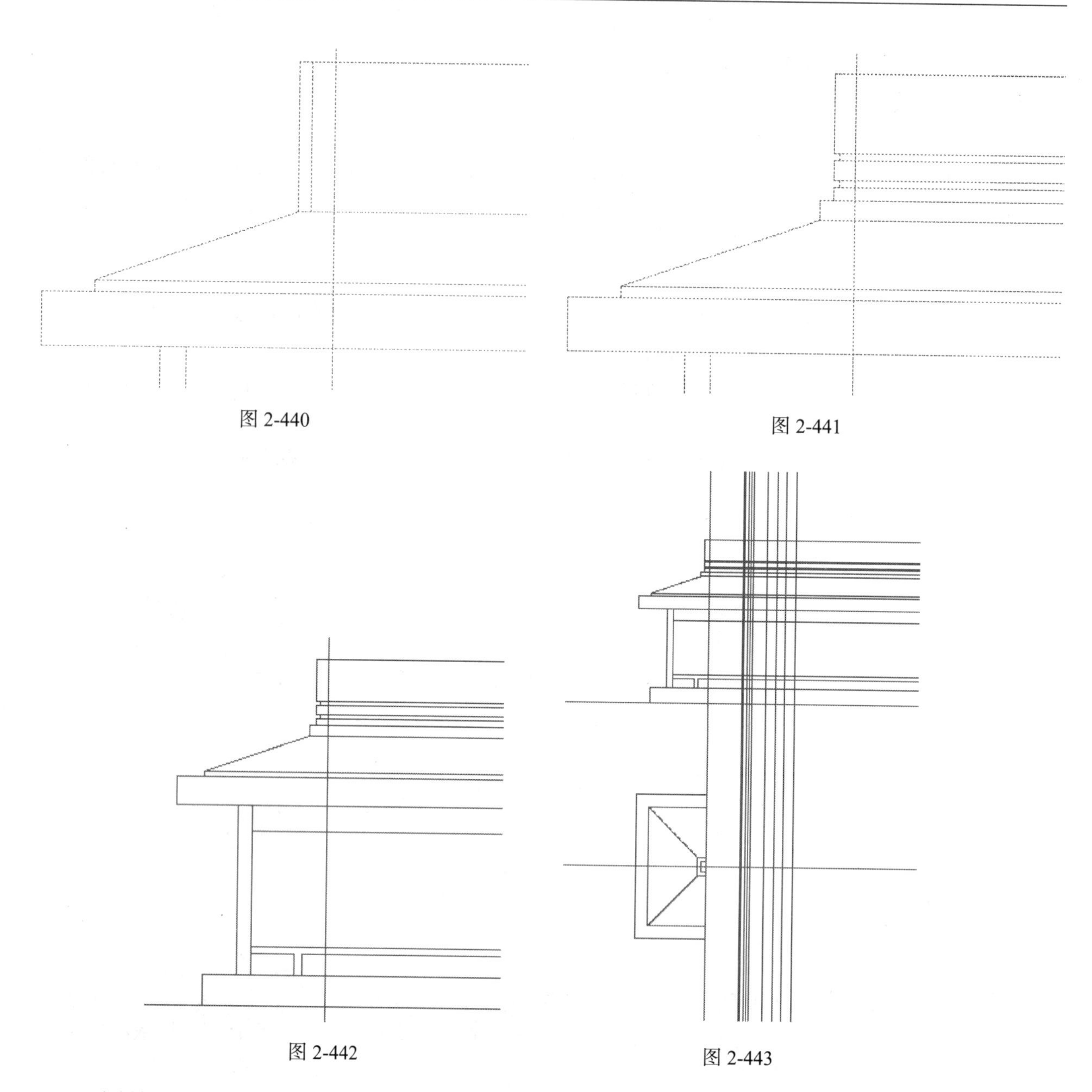

图 2-440

图 2-441

图 2-442

图 2-443

3. 绘制剖断线右侧亭子平面、剖面图

1〉绘制公共辅助线

关闭“对象捕捉”，向右偏移垂直剖断线 1200mm 作为亭柱的垂直中心线，偏移 1800mm 为亭子台基边缘线。

亭柱的中心线（即偏移 1200mm 所得线）左右偏移 100mm，为立面中柱子的宽度，左右偏移 150mm 为平面中座凳的宽度。

台基边缘线连续三次向左偏移 300mm，为台阶宽度（如图 2-443 所示）。

2〉绘制平面图

水平中心线左、右偏移 450mm，为亭子入口和台阶宽度；所得线分别向上、下偏移 400mm，为台阶边坡的宽度。

水平中心线左、右偏移 1200mm，即为亭柱的水平中心线。

修剪多余的线段，得到粗略的平面图（如图 2-444 所示）。

打开“对象捕捉”，单击绘圆工具按钮，捕捉亭柱的两条水平中心线和一条垂直中心线的交点为圆心，R=100mm 绘圆，为柱子的断面。

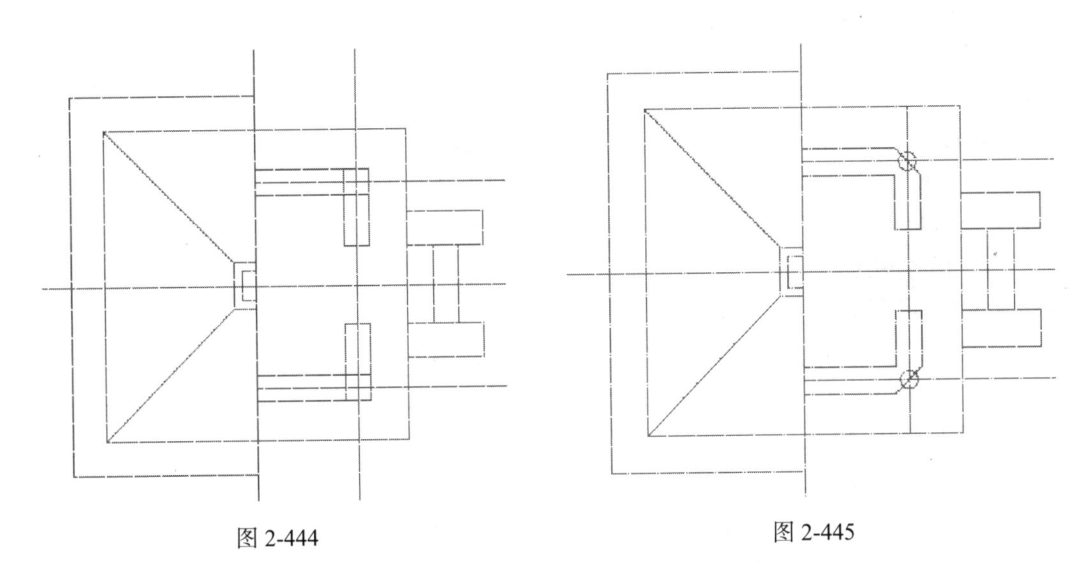

图 2-444　　　　图 2-445

运行“直线”命令，捕捉座凳转交处的对角点为端点，连接后删除多余的线条（如图 2-445 所示）。

3〉绘制剖面图

关闭“对象捕捉”，以距离 150mm，连续向上偏移基础地平线 3 次，为台阶的剖断面结构。

向右依次偏移中心剖断线 340mm、460mm，为右侧座凳支柱结构。

柱子垂直中心线向右偏移 600mm，为坡屋面转折处端点。

柱子垂直中心线向右偏移 1000mm，为檐口外缘线。

向右依次偏移中心剖断线 120mm、170mm、270mm，勾勒出宝顶的轮廓。

剪切多余的线段，得到剖面的部分（如图 2-446 所示）。

打开“对象捕捉”，运行“直线”命令，捕捉宝顶底边右下角点和坡屋面转折处端点，连接成屋面结构斜线，并向左下偏移 100mm。

檐口右边缘线向左偏移 100mm，下边缘线向上偏移 100mm，作为剖断面的结构，在下一步进行处理。

修剪多余的线条（如图 2-447 所示）。

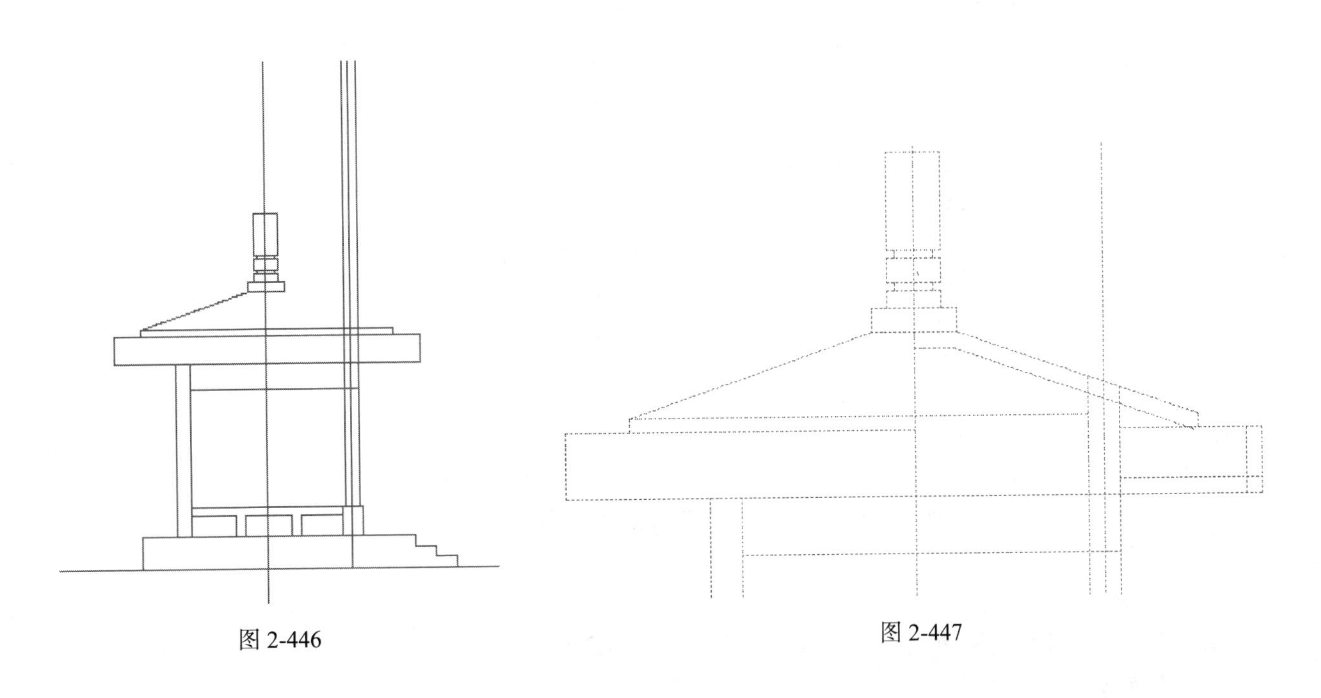

图 2-446　　　　图 2-447

4. 图形整理

1〉转换图层

保留中心剖断线、亭子水平中心线、亭柱的中心线等辅助线，选择图形中其他对象，单击“图层”的下拉按钮选择“建筑”层，将它们转换到“建筑”图层中（如图 2-448 所示）。

将“建筑”层置为当前图层，加粗亭子内外轮廓线，绘出剖断线。

加粗线条有两种方法，下面分别使用。

2〉顶平面和平面图的处理

先对顶平面图中的三条外轮廓边线进行加粗，按下快捷键 PE 后回车。

命令：PE（PEDIT） （回车）

选择多段线或［多条（M）］：M （回车）

选择对象：（光标单击下方外轮廓线）找到 1 个

选择对象：（光标单击左侧外轮廓线）找到 1 个，总计 2 个

选择对象：（光标单击上方外轮廓线）找到 1 个，总计 3 个

选择对象： （回车）

是否将直线、圆弧和样条曲线转换为多段线？［是（Y）/ 否（N）]? <Y> （回车）

输入选项

［闭合（C）/ 打开（O）/ 合并（J）/ 宽度（W）/ 拟合（F）/ 样条曲线（S）/ 非曲线化（D）/ 线型生成（L）/ 反转（R）/ 放弃（U）]：W （回车）

指定所有线段的新宽度：30 （回车）

输入选项

［闭合（C）/ 打开（O）/ 合并（J）/ 宽度（W）/ 拟合（F）/ 样条曲线（S）/ 非曲线化（D）/ 线型生成（L）/ 反转（R）/ 放弃（U）]： （回车）

完成顶平面的外轮廓边线的加粗。

用上述相同的方法完成顶平面和平面图中其余轮廓线的处理，线条宽度 W=15。

再运行“填充”命令，用“SOLID”图案填充平面图中柱子的断面（如图 2-449 所示）。

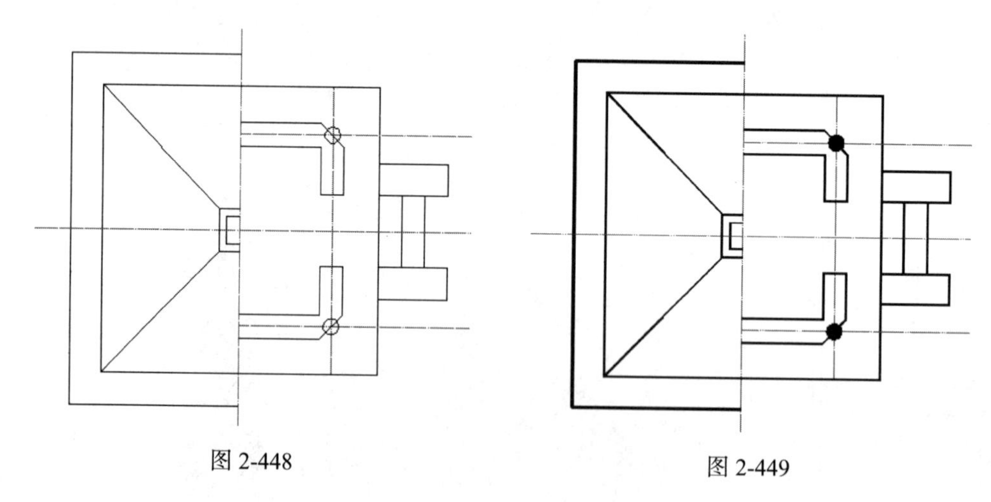

图 2-448 图 2-449

3〉亭子立面外轮廓线的整理

由于亭子立面和剖面图是同时绘制的，线段之间相连，不能用 PEDIT 命令编辑修改，所以用“多段线”命令加粗。

命令：_pline （回车）

指定起点：< 对象捕捉 开 >（光标捕捉地平线左侧端点）

当前线宽为 0

指定下一个点或［圆弧（A）/ 半宽（H）/ 长度（L）/ 放弃（U）/ 宽度（W）]：W　（回车）
指定起点宽度 <0>：30　（回车）
指定端点宽度 <30>：　（回车）
指定下一个点或［圆弧（A）/ 半宽（H）/ 长度（L）/ 放弃（U）/ 宽度（W）]：（光标捕捉基础地平线和剖断线的交点）
指定下一点或［圆弧（A）/ 闭合（C）/ 半宽（H）/ 长度（L）/ 放弃（U）/ 宽度（W）]：（回车）

地平线被加粗。回车，重复“多段线”命令。
命令：PLINE
指定起点：（光标捕捉左侧台基与地平线的交点）
当前线宽为 30
指定下一个点或［圆弧（A）/ 半宽（H）/ 长度（L）/ 放弃（U）/ 宽度（W）]：（光标捕捉左侧台基的左上角点）
指定下一点或［圆弧（A）/ 闭合（C）/ 半宽（H）/ 长度（L）/ 放弃（U）/ 宽度（W）]：（光标捕捉左侧柱子与台基的交点）
指定下一点或［圆弧（A）/ 闭合（C）/ 半宽（H）/ 长度（L）/ 放弃（U）/ 宽度（W）]：（光标捕捉左侧柱子与檐口下边缘的交点）
指定下一点或［圆弧（A）/ 闭合（C）/ 半宽（H）/ 长度（L）/ 放弃（U）/ 宽度（W）]：（光标捕捉檐口左下角点）
指定下一点或［圆弧（A）/ 闭合（C）/ 半宽（H）/ 长度（L）/ 放弃（U）/ 宽度（W）]：（光标捕捉檐口左上角点）
（光标依次捕捉剖断线左侧外轮廓转折点）
指定下一点或［圆弧（A）/ 闭合（C）/ 半宽（H）/ 长度（L）/ 放弃（U）/ 宽度（W）]：
指定下一点或［圆弧（A）/ 闭合（C）/ 半宽（H）/ 长度（L）/ 放弃（U）/ 宽度（W）]：
指定下一点或［圆弧（A）/ 闭合（C）/ 半宽（H）/ 长度（L）/ 放弃（U）/ 宽度（W）]：
指定下一点或［圆弧（A）/ 闭合（C）/ 半宽（H）/ 长度（L）/ 放弃（U）/ 宽度（W）]：
指定下一点或［圆弧（A）/ 闭合（C）/ 半宽（H）/ 长度（L）/ 放弃（U）/ 宽度（W）]：
（单击“窗口缩放”按钮，放大显示宝顶细部）
_zoom
>> 指定窗口的角点，输入比例因子（nX 或 nXP），或者
［全部（A）/ 中心（C）/ 动态（D）/ 范围（E）/ 上一个（P）/ 比例（S）/ 窗口（W）/ 对象（O）］< 实时 >：_w
>> 指定第一个角点：>> 指定对角点：
正在恢复执行 PLINE 命令。
（光标依次捕捉宝顶轮廓的转折点）
指定下一点或［圆弧（A）/ 闭合（C）/ 半宽（H）/ 长度（L）/ 放弃（U）/ 宽度（W）]：
指定下一点或［圆弧（A）/ 闭合（C）/ 半宽（H）/ 长度（L）/ 放弃（U）/ 宽度（W）]：
指定下一点或［圆弧（A）/ 闭合（C）/ 半宽（H）/ 长度（L）/ 放弃（U）/ 宽度（W）]：
指定下一点或［圆弧（A）/ 闭合（C）/ 半宽（H）/ 长度（L）/ 放弃（U）/ 宽度（W）]：
指定下一点或［圆弧（A）/ 闭合（C）/ 半宽（H）/ 长度（L）/ 放弃（U）/ 宽度（W）]：
指定下一点或［圆弧（A）/ 闭合（C）/ 半宽（H）/ 长度（L）/ 放弃（U）/ 宽度（W）]：
指定下一点或［圆弧（A）/ 闭合（C）/ 半宽（H）/ 长度（L）/ 放弃（U）/ 宽度（W）]：
指定下一点或［圆弧（A）/ 闭合（C）/ 半宽（H）/ 长度（L）/ 放弃（U）/ 宽度（W）]：

指定下一点或［圆弧（A）/ 闭合（C）/ 半宽（H）/ 长度（L）/ 放弃（U）/ 宽度（W）]:

指定下一点或［圆弧（A）/ 闭合（C）/ 半宽（H）/ 长度（L）/ 放弃（U）/ 宽度（W）]:

指定下一点或［圆弧（A）/ 闭合（C）/ 半宽（H）/ 长度（L）/ 放弃（U）/ 宽度（W）]:（捕捉宝顶上边缘线和中心剖断线的交点）

（光标单击“缩放上一个”按钮，返回前视图）

命令：_zoom

>> 指定窗口的角点，输入比例因子（nX 或 nXP），或者

［全部（A）/ 中心（C）/ 动态（D）/ 范围（E）/ 上一个（P）/ 比例（S）/ 窗口（W）/ 对象（O）] < 实时 >：_p

正在恢复执行 PLINE 命令。

指定下一点或［圆弧（A）/ 闭合（C）/ 半宽（H）/ 长度（L）/ 放弃（U）/ 宽度（W）]:

（回车）

结束外轮廓线的绘制（如图 2-450 所示）。

4〉亭子剖面图的处理

剖断线右侧的图形是亭子从中心剖切得到的图形，对于被剖切的屋面结构和宝顶等，运行“填充”命令选择“SOLID”图案填充。

被剖切的台基和台阶，用多段线的方法加粗，线条宽度同上 W=30（如图 2-451 所示）。

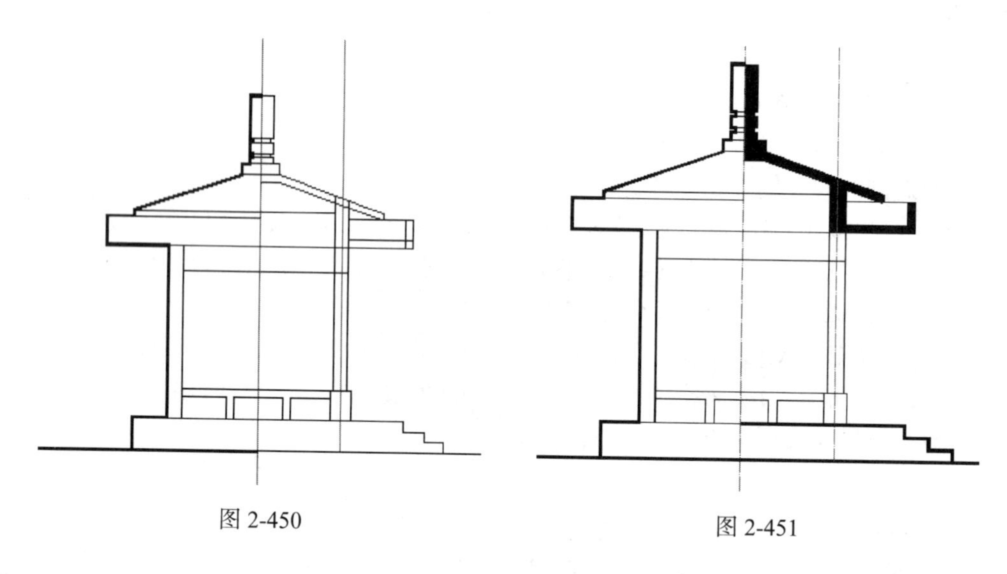

图 2-450　　　　图 2-451

5〉亭子立面内轮廓线的处理

亭子立面内轮廓线主要是内部柱子、座凳的线条，内轮廓线的宽度要小于外轮廓线。

运行“多段线”命令，线条宽度 W=15，用相同的方法完成内轮廓线的处理（如图 2-452 所示）。

● 尺寸标注

将“标注”层置为当前图层。

在确定四角亭平面图、立面图的输出比例为 1∶50，宝顶立面标注图的输出比例为 1∶25；选用 A3 图纸和图框后，进行相应比例的标注样式的设定。

鼠标对准工具属性栏右击，在弹出的快捷菜单中选择“标注”，在屏幕上显示出“标注”工具条。

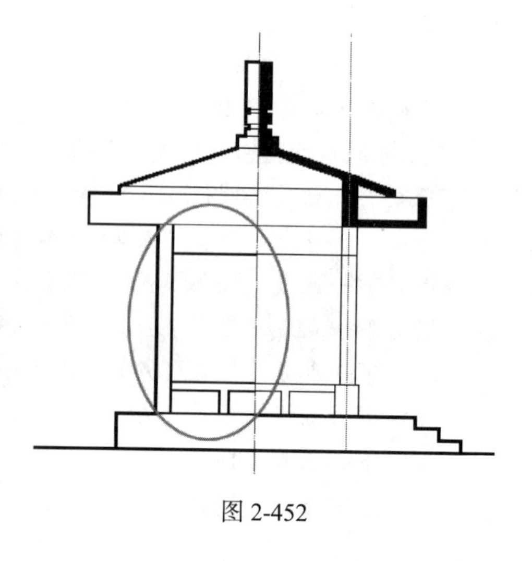

图 2-452

标注前先设置标注样式。单击菜单“格式 / 标注样式”命令，在打开的“标注样式管理器”对话框单击“新建”按钮，系统弹出“创建新标注样式”窗口，在“新样式名”栏添上“50”；单击“继续”按钮，接下来再打开“新建标注样式：50”对话框，对箭头、文字、主单位的参数进行设置（如图 2-453a、b、c 所示）。

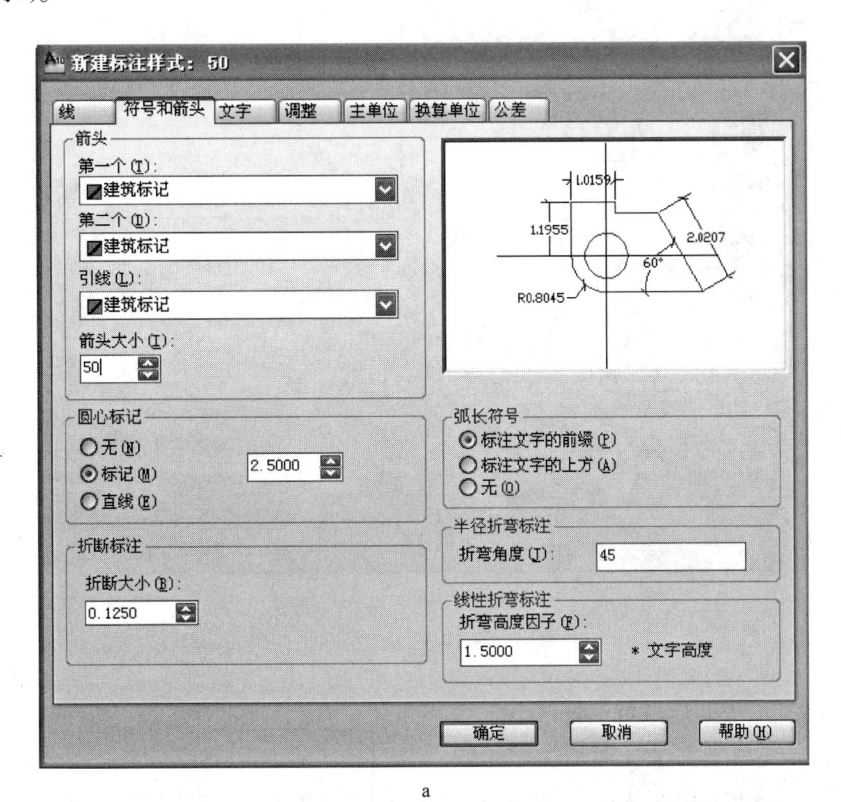

a

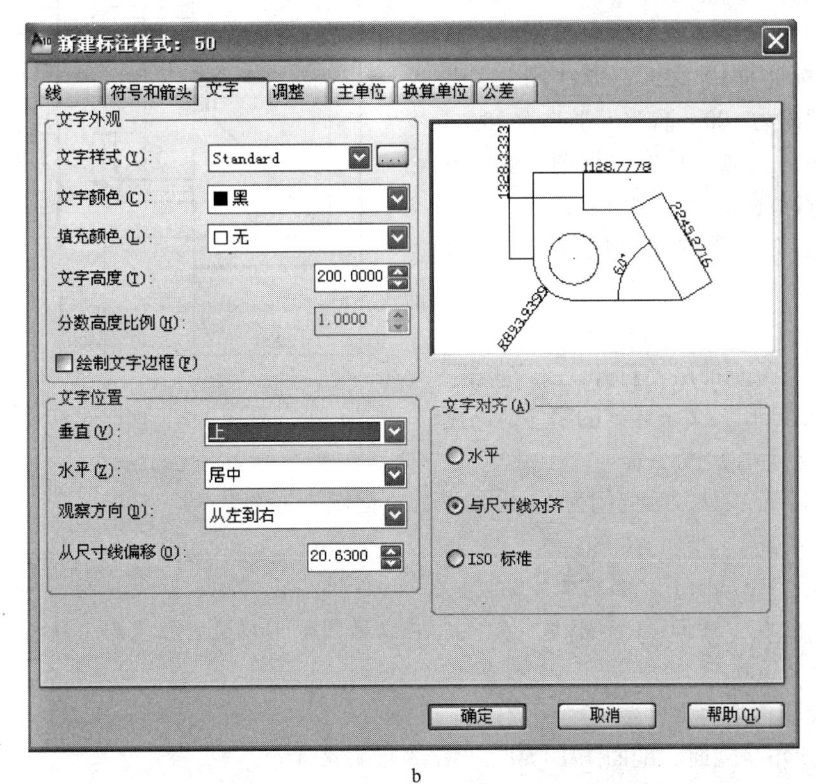

b

图 2-453（一）

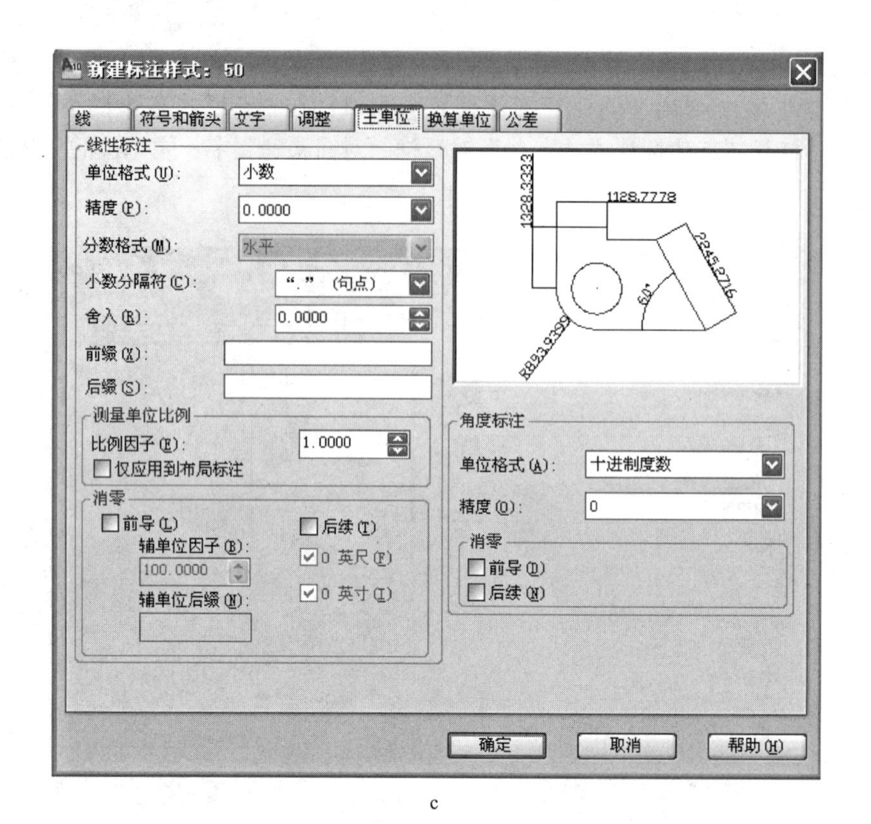

c

图 2-453（二）

打开“对象捕捉”，接下来运行“标注”工具（详细操作见前文），完成亭子平立面图形的尺寸标注（如图 2-454、图 2-455 所示）。

标注宝顶。由于宝顶结构较细密，比例定为 1∶25，因此新建标注样式“25”，方法同上，改变设置：文字高度改为 100，箭头大小改为 25。

先复制立面图中宝顶，放在立面图右侧，修剪整理图形，进行标注。

用相同的方法对宝顶的细部进行尺寸标注（如图 2-456 所示）。

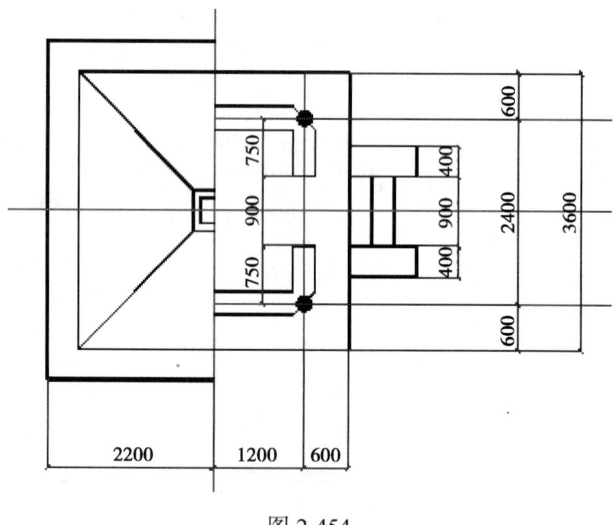

图 2-454

● 添加文字

将“文字”层置为当前层，打开“文字样式”对话框，修改“Standard”文字样式的字体，高度定为 0（如图 2-457 所示）。

运行“单行文字”工具，给比例为 1∶50 的平、立面图添加图名。

命令：_dtext （回车）

当前文字样式：“Standard” 当前文字高度：0 注释性：否

指定文字的起点或［对正（J）/ 样式（S）]:（在立面图形下方适当位置点击鼠标）

指定高度 <0>：400 （回车）

指定文字的旋转角度 <0>： （回车）

输入文字：“四角亭立面、剖面图 1∶50”。

回车继续输入文字“四角亭顶平面、平面图 1∶50”，文字输入完成后，退出“单行文字”命令，运用“移动”工具将“四角亭顶平面、平面图 1∶50”移动到平面图下方。

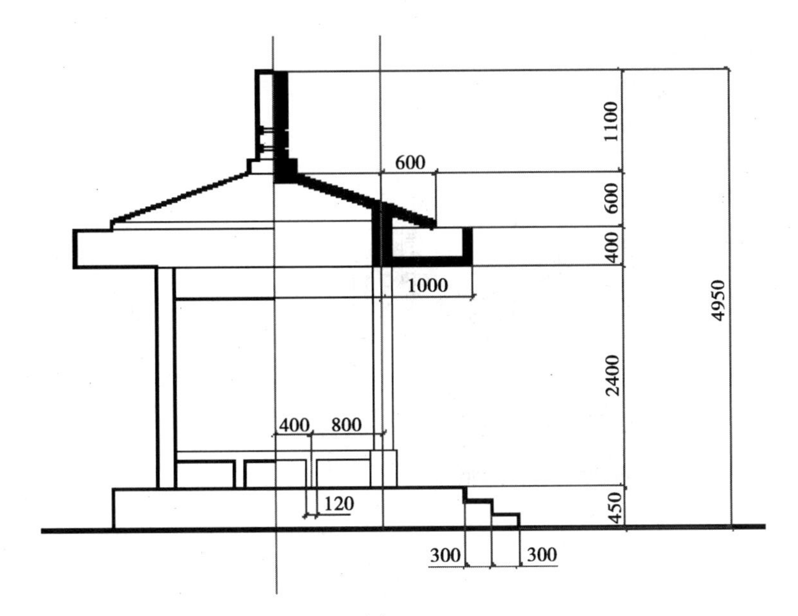

图 2-455

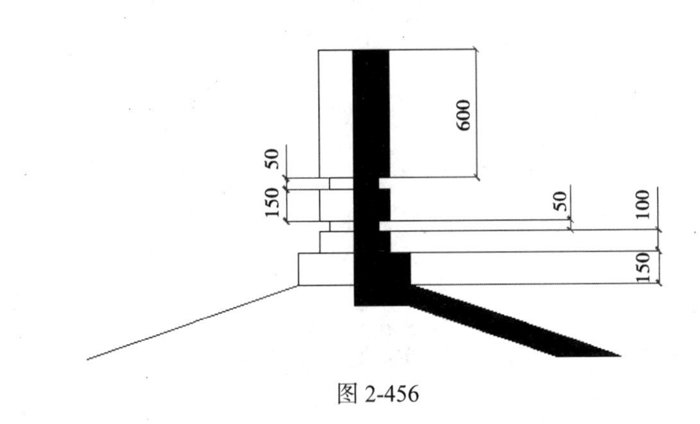

图 2-456

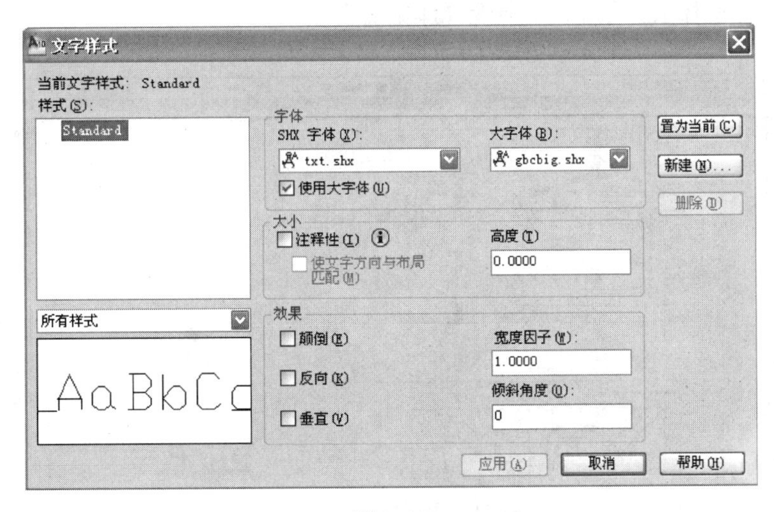

图 2-457

同样用“单行文字”工具给宝顶细部添加图名。

命令：_dtext　（回车）

当前文字样式：“Standard”　当前文字高度：400　注释性：否

指定文字的起点或［对正（J）/ 样式（S）］：（在宝顶细部图形下方适当位置点击鼠标）

指定高度 <400>：200　（回车）

指定文字的旋转角度 <0>: （回车）

输入文字："宝顶立面标注图 1∶25"。

添加文字后的效果如图 2-458 所示。

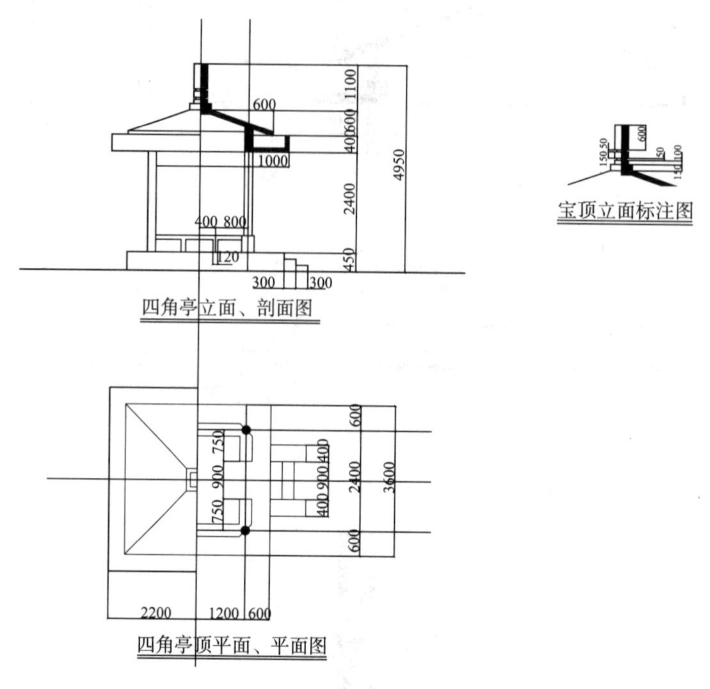

图 2-458

● 布图

将"视口"层置为当前层。

选用 A3 图纸和图框进行布图，方法同"花架实例"，调整比例和放图位置，图形显示如图 2-459 所示。

● 打印设置与输出

打印比例为 1∶1，选择 A3 图纸。其余设置详见前文。

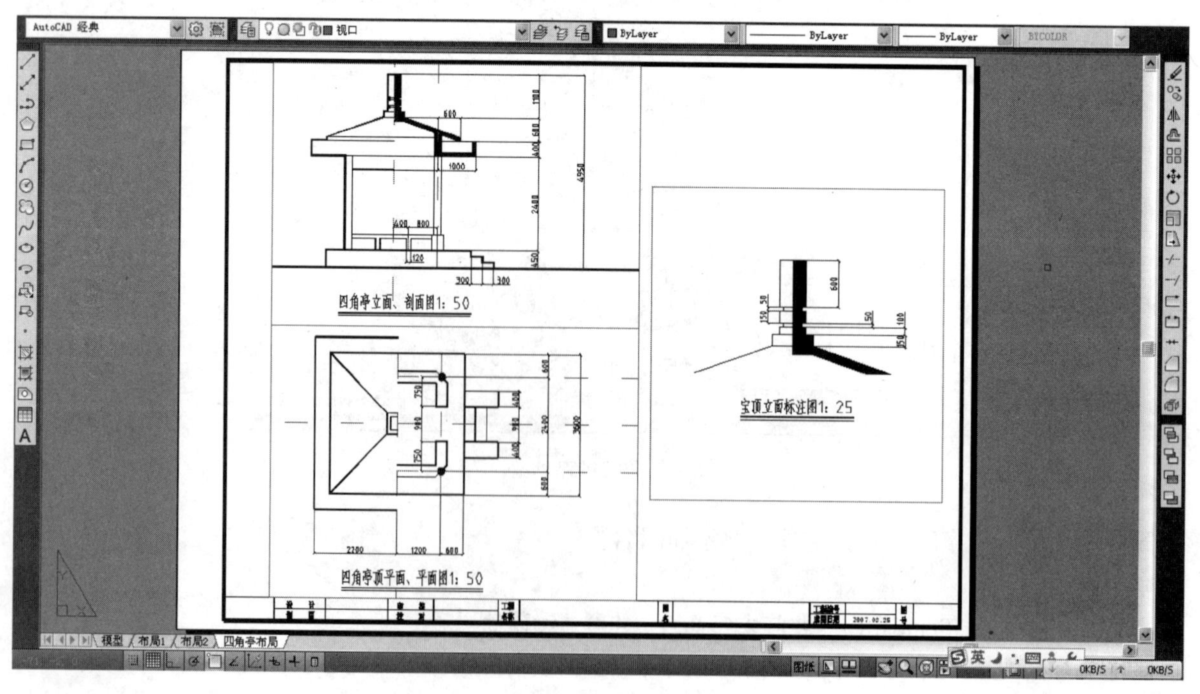

图 2-459

第三章 AutoCAD 2010 绘制园林规划设计图实例

本章介绍的是园林绘图领域中最重要的部分——园林规划和园林设计绘图的方法。一套完整的园林规划或园林设计图纸包括总平面图和分项（或分区）平面图，分项（或分区）平面图是在总平面图的基础上进行绘制的，所以本章先从绘制园林规划设计图总平面图入手，在已经熟悉了 AutoCAD 2010 绘制园林建筑小品的基本绘制方法和技巧的基础上，着重掌握绘制园林规划设计图的方法和技巧。

由于园林建筑小品是园林中重要组成部分，所以一套完整的园林设计图中也会包括园林建筑小品的设计图；第二章已经详细描述了园林建筑小品的绘制，在本章中园林设计图主要介绍总平面图和其他分项平面图的绘制。

3.1 园林规划设计总平面图与分项平面图概述

主要内容：了解园林规划和园林设计总平面图和分项平面图的概念，熟悉绘制总平面图和分项平面图的区别、内容，掌握绘制的主要步骤。

园林规划和园林设计总平面图是规划设计和制图中最基础也是最重要的图，只有总平面图确定以后，其他各分项的规划设计才可以在此基础上进行。如果进行规划设计的区域较大，内容较复杂，一张图纸无法清楚表达规划设计的内容，就需要把不同的项目内容分开绘制，甚至有时相同区域也要分开绘制。

由于总平面图较其他分项平面图更为基础，它的绘制也往往较简单，内容上主要是标志性、分区性的标注或主要道路、建筑布局，更详尽的内容都在分项平面图上。下面对园林规划设计总平面图和分项平面图的概念、图纸的内容和绘制步骤进行简要介绍。

3.1.1 园林规划和园林设计总平面图

● 总平面图的概念

园林规划和园林设计总平面图是园林规划设计中其他项目内容规划设计的依据，特别是园林设计总平面图，还是园林道路、建筑小品和其他设施放线、施工定位的依据。总平面图反映了规划设计范围内总体布局情况，表明了不同区域间或不同造园要素间的关系。

● 总平面图的绘制内容

根据规划设计的范围和内容不同，总平面图包含的内容也有所不同。如果所做的是较大区域的风景规划，总平面图上主要标明地形地貌和分区情况；如果所做的是一定范围内的园林绿地规划或设计，总平面图上主要显示设计的道路广场、建筑、山石水体、绿化等，类似于园林设计的俯视图。当然，总平面图会以比较概括的手法表现造园要素，比较详尽的内容将在分项图中表示。

除此之外，总平面图上还有以下内容：

1〉图名、比例尺；

2〉较大区域的规划中会使用图例，表明道路、边界、设施等位置与布局；园林设计中一般需要用文字注明，表明主要的道路、建筑和其他要素的位置与布局；

3〉标出地形等高线或微地形走向变化；

4〉指北针标志。区域的规划中也常常标上风向频率玫瑰图，表示该区域的常年风向频率。

● 总平面图的绘制步骤

由于规划设计的面积、内容有所不同，我们在绘制总平面图时采用不同方法，以便绘制的图形更准确、更快捷地表达设计意图。

当面积较小或地形地貌较简单或规划设计的内容也较单一或重复，比如道路绿化、单体建筑的基础绿化、小庭院绿地等，对绿地范围和设计内容比较容易定位布局的，可以采取以下的绘制步骤：

1〉建立绘图环境；

2〉根据提供的尺寸进行绿地范围放线；

3〉绘出道路广场、建筑小品、山石水体、绿化等造园要素；

4〉添加文字说明、比例、指北针、图名图框等细节；

5〉进行打印设置，图纸输出。

为了便于表述，我们依据绿地规划面积或复杂程度对绿地进行简单地划分，把绿地面积较大、地形地貌较复杂或规划设计的程度较深的绿地规划称为 A 类绿地规划，如城市绿地系统规划、风景区规划等；把绿地面积不大、地形地貌较简单或规划设计的内容较单一的绿地规划称为 B 类绿地规划，如观赏性质的公园绿地规划、单位性质的专有绿地系统规划、居住区绿地规划等。

由于绿地范围或设计内容不容易定位布局，可以采取以下的绘制步骤：

1〉建立绘图环境；

2〉在没有 AutoCAD 格式的地形文件可以直接利用时；

A 类绿地规划：把地形图扫描后进行矢量化处理，使图上的线条处于可编辑状态，插入 AutoCAD，根据实际尺寸对图形进行缩放，而后进行下一步的绘制；

B 类绿地规划：根据资料提供的尺寸进行绿地范围放线，或把地形资料扫描后插入 AutoCAD，在 AutoCAD 中对需要的线条进行描绘，然后根据实际尺寸对描绘的图形进行缩放；

3〉绘出总平面图需要的主要内容，如 A 类绿地规划中的道路、分区、边界等，B 类绿地规划中的道路广场、建筑、水体、绿化等要素；

4〉添加文字说明、比例、指北针、图名图框等细节；

5〉进行打印设置，图纸输出。

由于园林规划图不同于园林建筑小品图，后者强调精确的尺寸，前者更讲究尺度感、局部与整体的比例协调关系，所以一般情况下，在草图全图上更容易把握局部（区划）的范围尺寸，协调整体的比例、布局关系，建议读者在草图上对规划的内容进行大概的划分或定位，然后再扫描插入 AutoCAD 绘制，精确它的尺度。

3.1.2 园林规划和园林设计分项（分区）平面图

● 分项（分区）平面图的概念

分项（分区）平面图是在园林规划设计总平面图的基础上，对规划设计的某方面内容有效而详细地表示和说明，是整套园林规划或园林设计图的重要组成部分。

不同项目方案的分项（分区）平面图，根据规划设计用地的性质、用途的不同，包含的内容会有所不同；同一个项目方案，分项（分区）平面图会根据具体的内容划分而有不同表示。如：风景区规划的分项平面图可能会包含区位分析图、综合现状图、景观资源分析图、游览线路规划图、交通规划图、植物规划图、旅游设施规划图、基础设施规划图、土地利用规划图等等，而居住区绿地景观设计的分项（分区）平面图可能会包含园林建筑设计、小品设计、种植设计、铺装设计、照明（园灯、草地灯）设计、景园水体（水景、喷灌）设计等。

● 分项（分区）平面图的内容

如上文所言，根据不同的要求，每张分项图都表现某一方面不同的内容，与其他的分项图一起更好地解释、说明、补充总平面图的内容，为整体方案服务。所以在绘制内容上除去各自不同的专业内容外，我们主要描述基本相同的部分内容：

1〉图名、比例尺；

2〉A 类绿地规划中应用图例，表明具体规划内容的位置与布局；A 类绿地规划设计中一般多用文字注明，表明设计的内容、位置；

3〉表格或文字说明；

4〉指北针标志。

● 分项（分区）平面图的绘制步骤

1〉建立绘图环境；

2〉插入矢量化处理后的总平面地形地貌图；

3〉以总平面图为基础，进行分项（分区）的专业内容的绘制；

4〉添加文字说明、比例、指北针、图名图框等细节；

5〉进行打印设置，图纸输出。

在进行分项（分区）的专业内容绘制时，由于是以总平面图为基础，很多具体内容（如园林设计的单元素、园林规划的项目）的定位都是依靠总图而确定，有些就不必像园林建筑小品图的绘制那样十分精确，而更看重单项在整体中是否协调。如在园林的种植设计中，规则式园林的植物栽植要求成排成行或组成有规律可循的模纹图案，在图形绘制时，便于应用 AutoCAD 的“阵列”、“偏移”、“绘圆”、“填充”等命令进行快速栽植；自然式园林的植物栽植有孤植、丛植、群植、片植等多种方式，构图上常常追求均衡而不对称的美感，所以在图形绘制中，植物的定位要经常进行调整，以达到最佳效果。

本书主要想通过典型的实例，让读者学习掌握 AutoCAD 2010 绘图的基本知识和技能，能够应用 AutoCAD 2010 进行各种专业性的设计，所以在以下的图形绘制中对专业性知识内容不做分析。

3.2 园林设计总平面图与分项平面图绘制实例

3.2.1 居住区组团绿地平面图绘制实例

由于居住区内的绿地比较分散，所以在园林设计时将居住区楼间绿地分为多个组团，我们这里仅介绍其中一个组团绿地的绘制方法，该组团绿地主要由园路、水体、景亭和植被等组成，在 AutoCAD 2010 中绘制居住区组团绿地平面图的主要步骤如下：

1〉扫描草图；

2〉打开居住区建筑平面 CAD 图，新建图层；

3〉插入扫描的居住区组团一绿地平面图图片，根据实际的尺寸进行放大处理；

4〉在不同的图层描绘设计的草图；

A. 按设计图纸，描绘等高线；

B. 按设计图纸，描绘区域边界线；

C. 描绘水体、铺装；

D. 定位、描绘景亭、园桥等小品；

5〉绘制种植方案；

6〉标注文字。

具体步骤如下：

1. 扫描绿地设计方案草图

在绘制以前先要对提供的建筑平面图进行分析，建议在拷贝纸或硫酸纸上勾勒出绿地设计方案草图。

扫描方案草图。操作扫描仪，把勾绘的草图扫描下来，扫描文件保存为 *.JPG 格式，便于下一步区域布局线的绘制。

由于扫描仪的种类和规格各不相同，所以就不再详述扫描操作过程。扫描的图形文件附带在光盘中。

2. 打开居住区建筑平面CAD图，新建图层

创建文件。找到光盘中保存的居住区建筑平面CAD图，双击该图图标，打开原始建筑平面图，单击“另存为”按钮，在打开的对话框中输入“居住区—组团一”。

创建图层。单击“图层”按钮，在“图层特性管理器”对话框中创建新图层，包括“绿地”、“水体”、“等高线”、“景亭”、“园桥”、“乔木”、“花灌木”、“文字”、“底图”等多个图层（如图3-1所示），绘图当中也可根据需要随时添加。

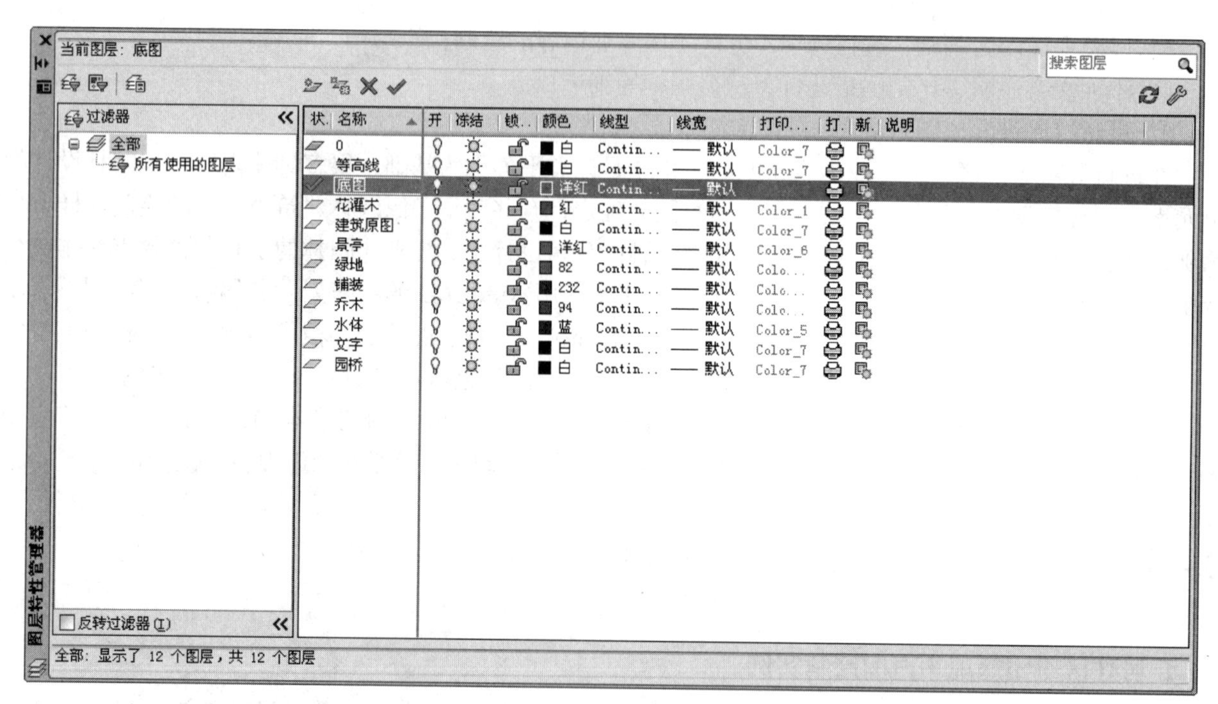

图3-1

3. 导入光栅图形，插入方案草图

在“图层”的下拉窗口中选择“底图”层，将它置为当前图层。

选择菜单“插入/光栅图像参照”，在打开的“选择参照文件”对话框中，按照“光盘\附图\扫描”路径找到该草图，单击文件“居住区绿化草图”，预览框中出现图形画面（如图3-2所示），确认后单击“打开”按钮，系统弹出“附着图像”对话框（如图3-3所示），确定后返回图形界面。命令行提示：

命令：_imageattach

指定插入点 <0，0>：（光标在图形界面中任意点单击）

基本图像大小：宽：1.000000，高：0.726338，Millimeters

指定缩放比例因子或 [单位（U）]<1>：（回车）

光栅图形被插入到AutoCAD图形中。

单击工具栏中“窗口缩放”按钮，把组团一放大显示。

计算缩放比例。按下F3键打开“对象捕捉”，按下标准工具栏中的“快速计算器（或Ctrl+8）”（如图3-4所示），系统出现“快速计算器”控制面板，点击最上面一行中的“两点之间的距离”选项（如图3-5所示），执行“测量距离”命令，测量原有建筑平面图中绿地上边线的长度，在“快速计算器”控制面板中出现68598.9908（如图3-6所示）；在数字键区点击“/”键后，再次点击“两点之间的距离”选项，测量插入草图中的绿地上边线的长度88424.5405，点击数字键区“=”键后得到数字0.775791318（如图3-7所示），所得数据即为扫描的图形要缩放的倍数。

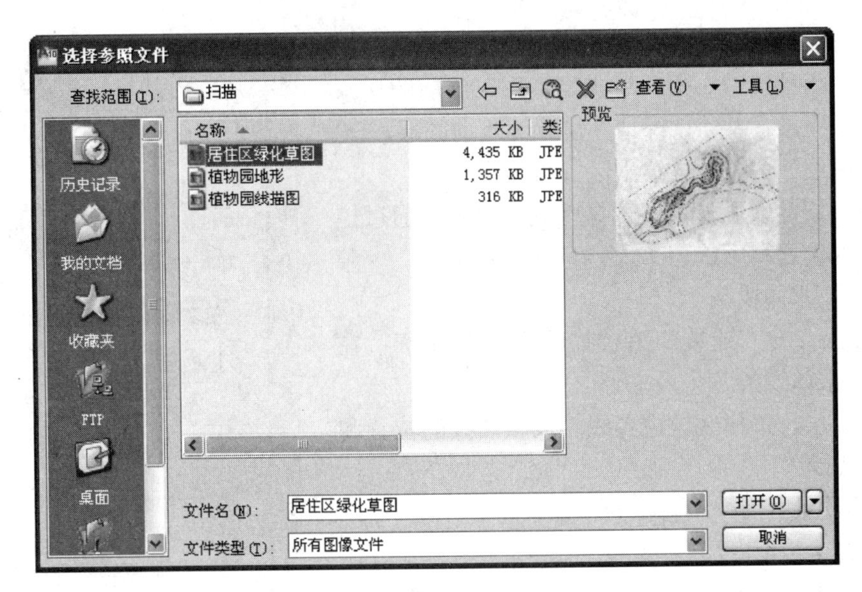

图 3-2

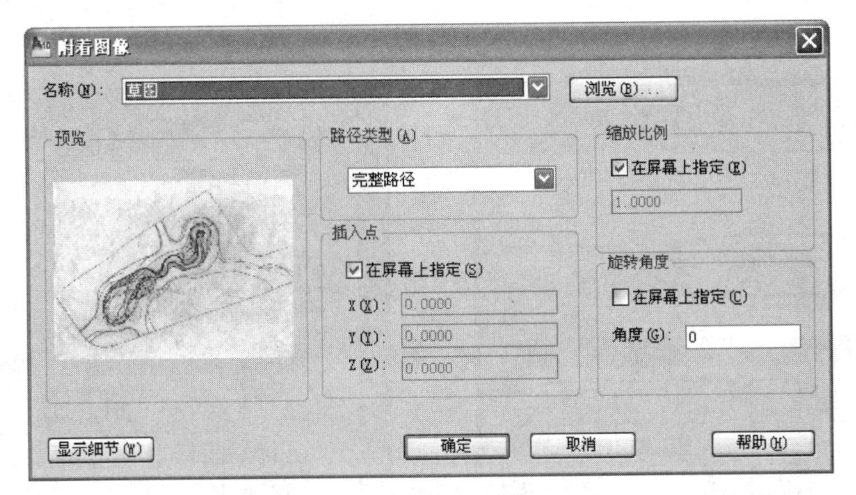

图 3-3

图 3-4

缩放图形。单击工具条中的“缩放”工具，选择草图的边界线，指定基点，输入比例因子后回车。

在建筑原图层中，选择组团一的外轮廓线，在“颜色”下拉列表中将颜色暂时改为红色，使其颜色与底图的色彩拉开距离。使用“移动”工具，将草图移动到组团一的位置，并对齐（如图 3-8 所示），就可以进行下一步的描绘工作了。

提示：当操作中原有线条被光栅图形遮盖时，可以选择菜单“工具/显示顺序/后置”命令，根据命令行的提示选择光栅图形，回车，光栅图形就被置于图形底层，露出其他的绘制线条。

4. 描绘草图

1〉描绘等高线

单击“图层”下拉窗口，将“等高线”层置为当前图层，运行“样条曲线”命令，按照草图描绘等高线。

打开“图层”下拉窗口，单击“底图”层前的“小灯泡”，暂时关闭“底图”层。

选择等高线，通过调整线条上的控制点来调整等高线（如图 3-9 所示）。

2〉描绘区域边界线

打开“图层”下拉窗口，再次单击“底图”层前的显示开关，打开“底图”层，并将“绿地”层置为当前图层。

运行“样条曲线”命令，描绘出区域边界线。

关闭“底图”层的显示开关，选择区域边界线，通过控制点来调整曲线的位置和形状。

3〉描绘铺装、水体线条

用同样的方法，在“铺装”图层描绘出铺装轮廓；在“水体”层描绘出水体线条。

关闭“底图”层，选择区域边界线，调整曲线的位置和形状（如图 3-10 所示）。

4〉定位、描绘景亭

将“景亭”置为当前图层。

打开“底图”的显示开关，单击“正多边形”按钮，运行“正多边形”命令，命令行显示：

图 3-5

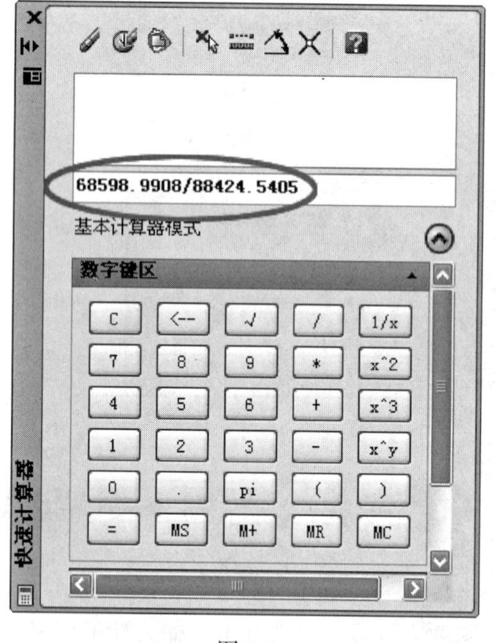

图 3-6

图 3-7

命令：_polygon　输入边的数目 <4>：（回车）

指定正多边形的中心点或［边（E）］:（根据方案草图的位置在水体一边单击）

输入选项［内接于圆（I）/ 外切于圆（C）］<I>：C（回车）

指定圆的半径：1500（回车）

运行“旋转”命令，以正方形的中心为基点，旋转至草图相同的方向，运行“移动”工具将正方形移到合适的位置。

运行“复制”命令，在正方形的左侧复制出相同的一个正方形，且两图形相交，关闭“底图”后如图 3-11 所示。

运行“直线”命令，分别连接两个正方形的对角点，修剪掉多余的线条，绘制出景亭的顶面（如图 3-12 所示）。

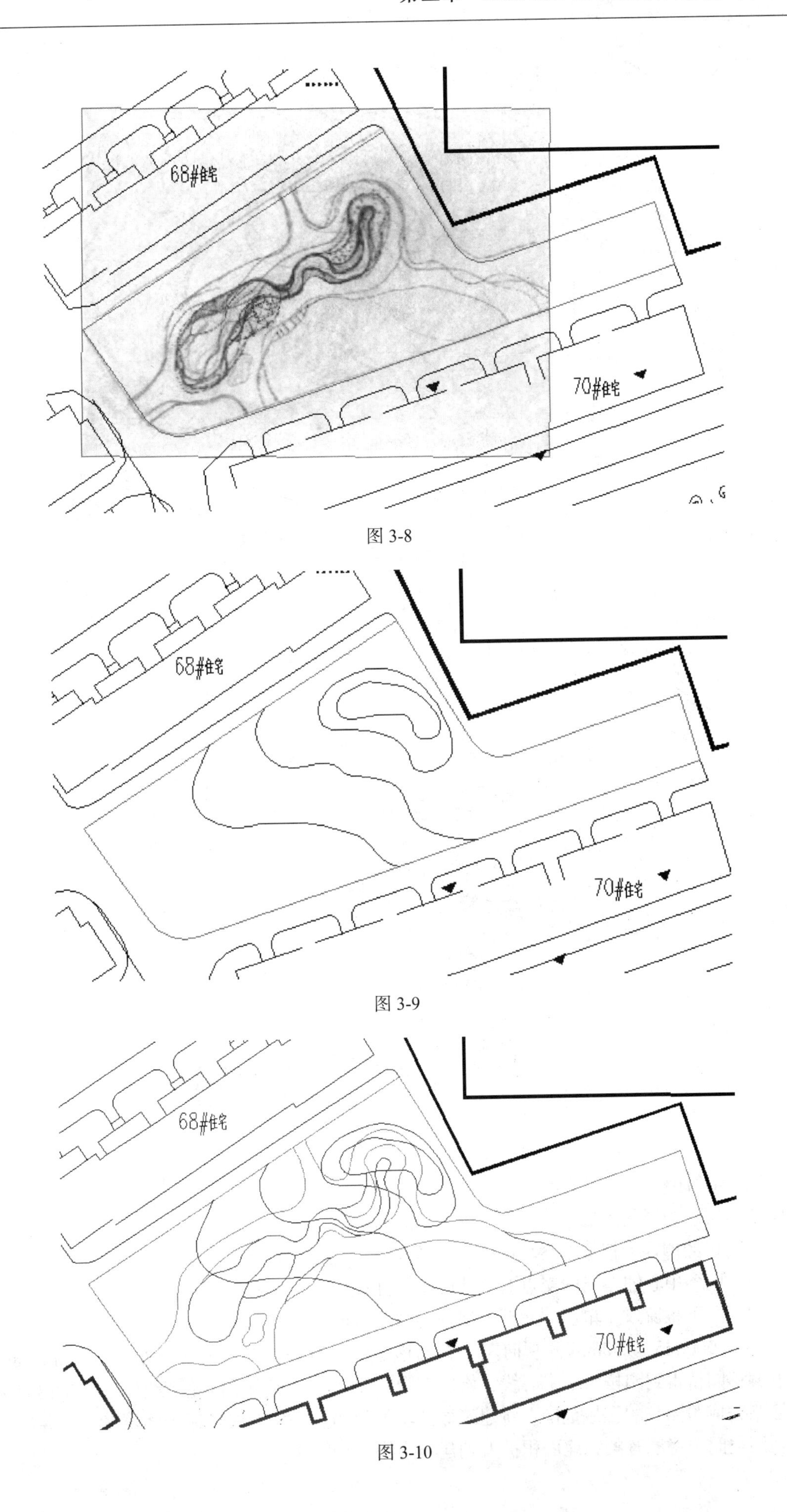

图 3-8

图 3-9

图 3-10

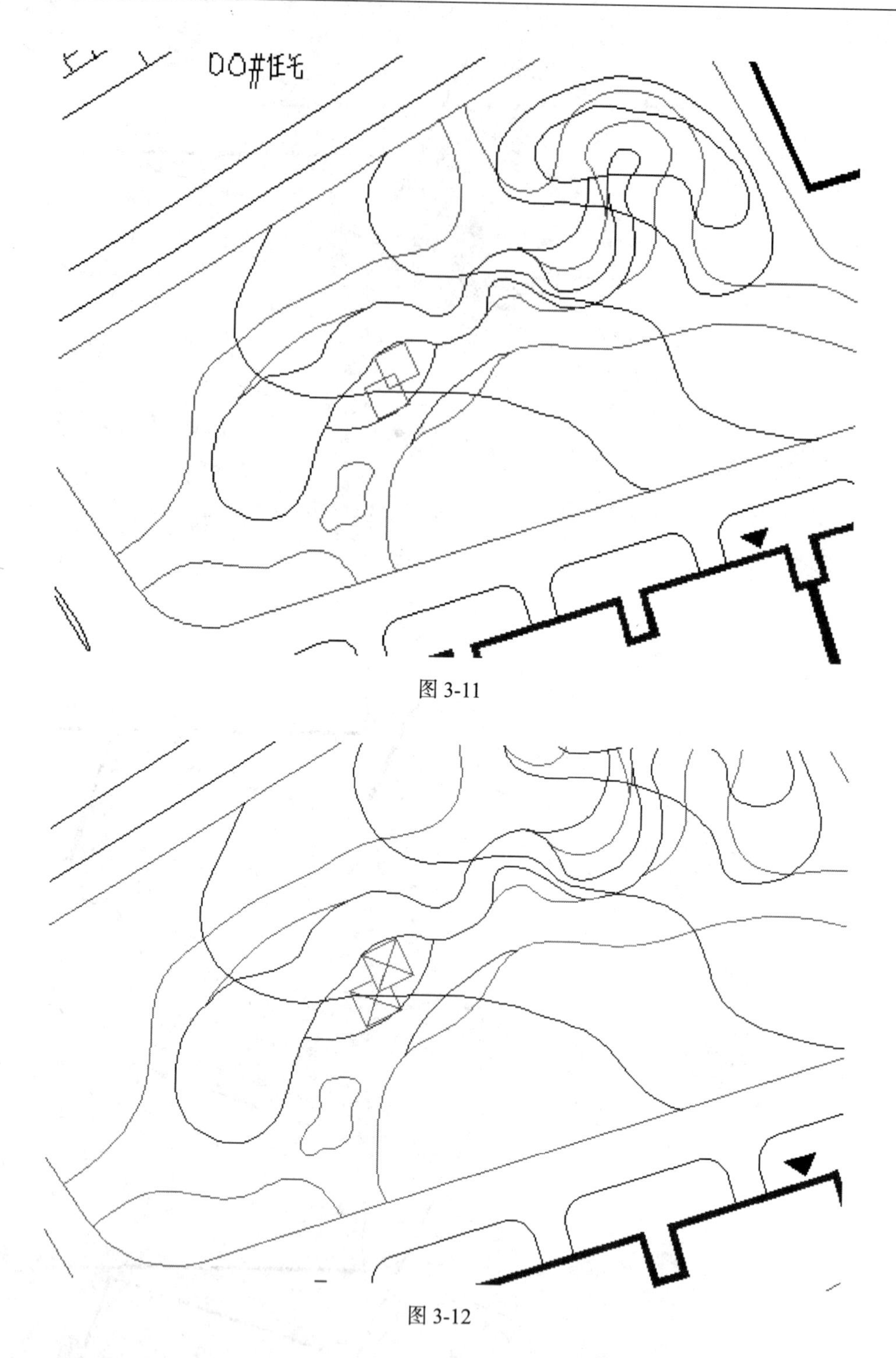

图 3-11

图 3-12

5〉定位、描绘园桥

将“园桥”层置为当前图层。

先定位出园桥的位置，根据方案草图中的园桥位置，运行“直线”命令，绘制出园桥的垂直中心线和水平中心线，两条中心辅助线的交点在水体的中心部位。

打开“图层”下拉窗口，单击“底图”层前的“小灯泡”，暂时关闭“底图”层。

依次以距离 900mm、100mm 分别向左、右偏移园桥垂直中心线；依次以距离 600mm、800mm 分别向上、下偏移园桥得到园桥水平中心线，修剪多余的线条，得到园桥的轮廓线（如图 3-13 所示）。

基本绘制完成组团一的区域范围，将建筑原图层的组团一外轮廓线还原为随层颜色，并根据设计意图，充分利用空间，将原有的绿地面积扩大到建筑边缘（如图 3-14 所示）。

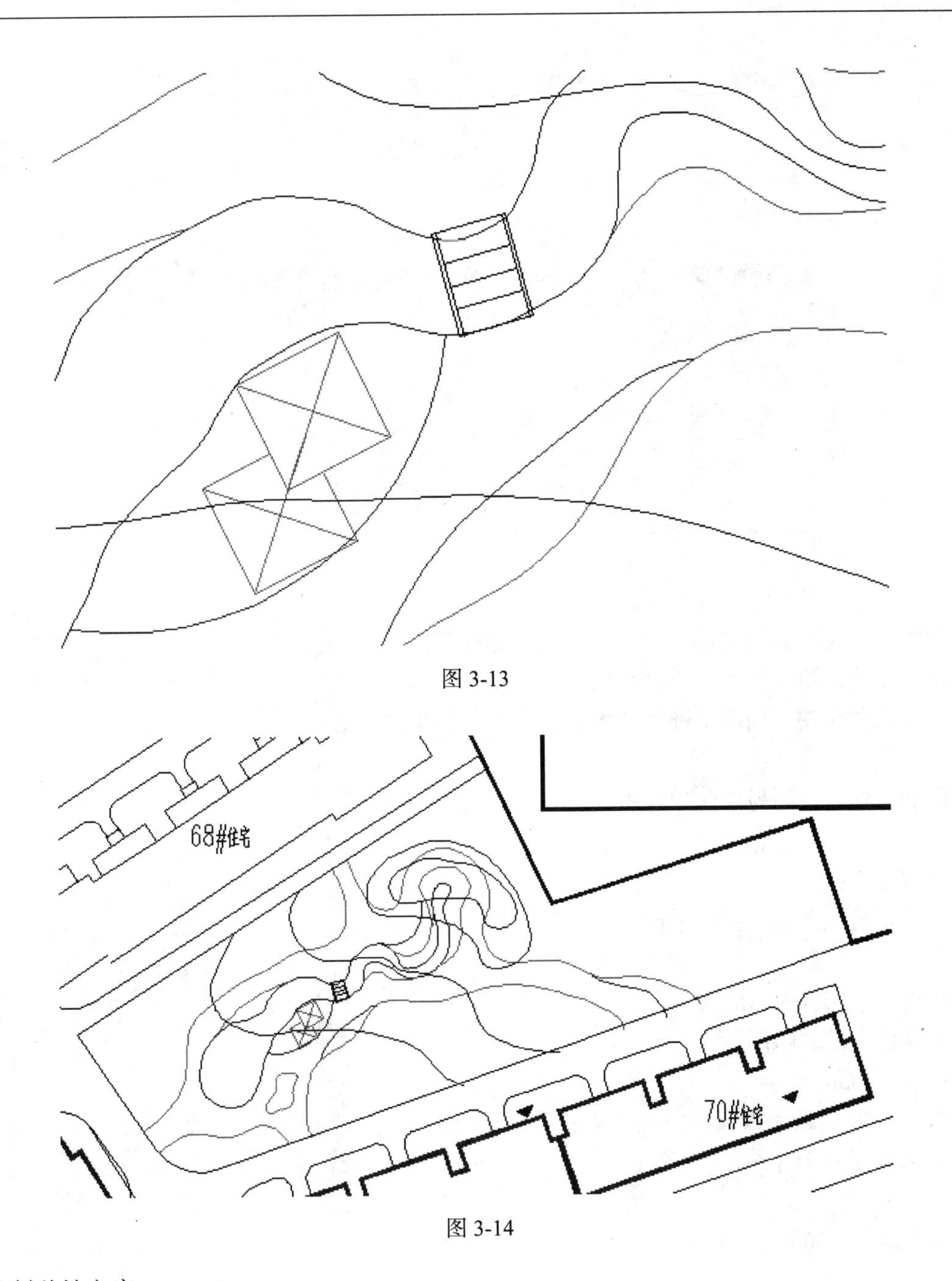

图 3-13

图 3-14

5. 绘制种植方案

根据设计意图，种植常绿乔木、落叶乔木和花灌木。由于此方案为初步设计阶段，可以不必详究树木栽植的具体位置和数量，能够表现出设计意图即可。

1〉绘制乔木

按照前面第二章小块绿地种植图绘制实例中介绍的插入方法，在“乔木”层插入不同样式的树块。

命令：INSERT （回车）

选择树块“T001”（如图 3-15 所示），点击确定。

指定插入点或［基点（B）/ 比例（S）/X/Y/Z/ 旋转（R）]:（在左侧绿地范围内点击）

输入 X 比例因子，指定对角点，或［角点（C）/XYZ（XYZ）] <1>: （回车）

输入 Y 比例因子或 <使用 X 比例因子>: （回车）

绿地中插入名为“T001”的树块。

单击右键，在出现快捷菜单中，选择“快速计算器”，打开后，输入“4000/‘测量树块 T001 的直径’=”，得到缩放比例为 4（如图 3-16 所示）。

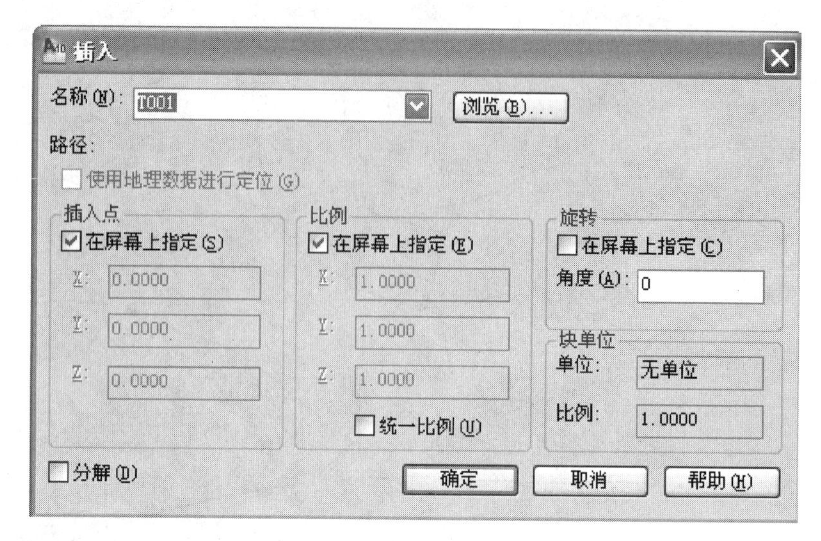

图 3-15

缩放图形。单击工具条中的“缩放”工具，选择草图的边界线，指定基点，输入比例因子后回车。

复制放大后的树块，到图中种植的相应位置（如图 3-17 所示）。

用相同的方法，绘制另外两种乔木，得到效果如图 3-18 所示。

2〉绘制花灌木

在完成乔木的绘制后，我们采用“云线”工具，绘制成片的花灌木。

将“花灌木”层置为当前层。

点击工具栏中的“修订云线”工具。

命令：_revcloud

最小弧长：500　最大弧长：500　样式：普通

指定起点或［弧长（A）/ 对象（O）/ 样式（S）］< 对象 >：A　　（回车）

指定最小弧长 <500>：1500　　（回车）

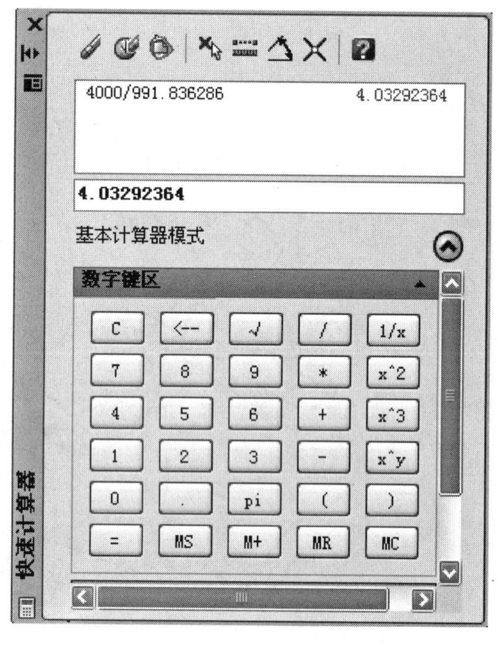

图 3-16

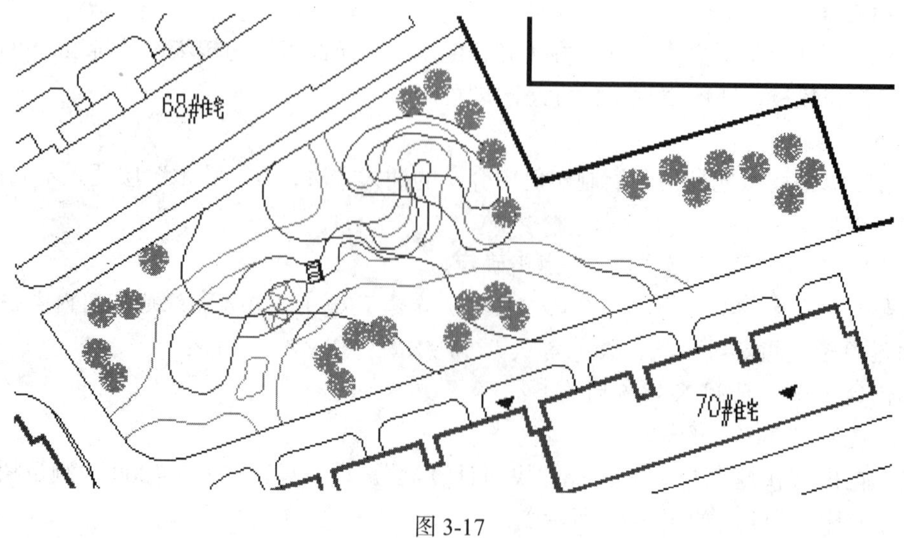

图 3-17

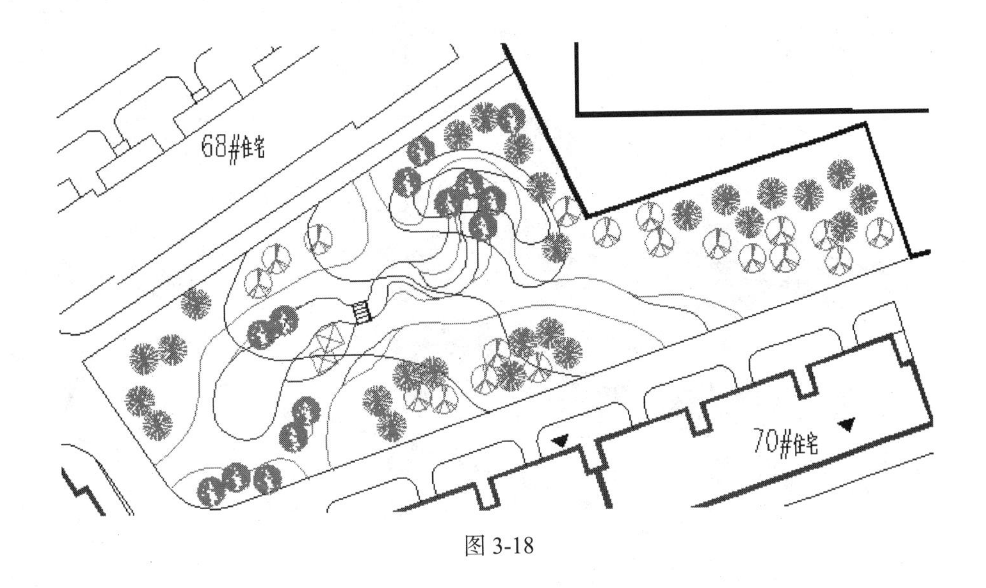

图 3-18

指定最大弧长 <1500>:　　（回车）

指定起点或［弧长（A）/ 对象（O）/ 样式（S）］< 对象 >:（光标在乔木附近单击）

沿云线路径引导十字光标 ...（光标在连续的几棵乔木附近划过）

修订云线完成。（当绘制到起点附近时，自动闭合）

完成一组花灌木的绘制（如图 3-19 所示）。

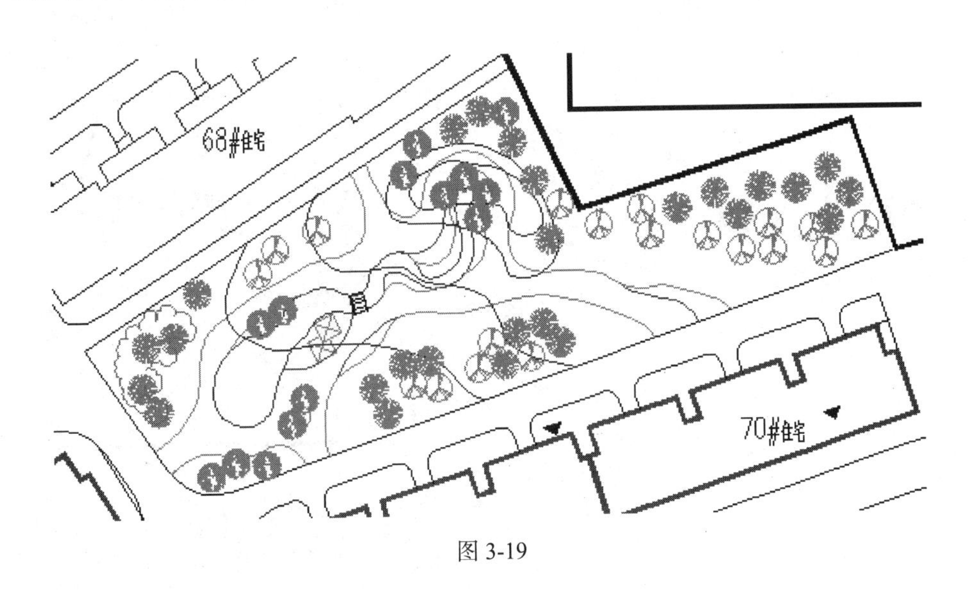

图 3-19

提示：使用“云线”工具时，不必点击鼠标，只是将鼠标按预定图案滑动即可，弧长设定根据所用灌木的冠幅而定。

按照上述方法，绘制出其余成片的花灌木（如图 3-20 所示）。

3〉细节调整

虽然花灌木是成片种植的，但根据实际情况，其中间会留有一定的空隙，所以在用云线表示的时候，在中间绘制几个不规则的空隙，使图案更加生动（如图 3-21 所示）。

6. 标注文字

将“文字”层置为当前层。

运用“单行文字”（DTEXT）命令，在图中直接标注文字说明部分。

到此完成了居住区绿地（组团一）平面图的绘制（如图 3-22 所示）。

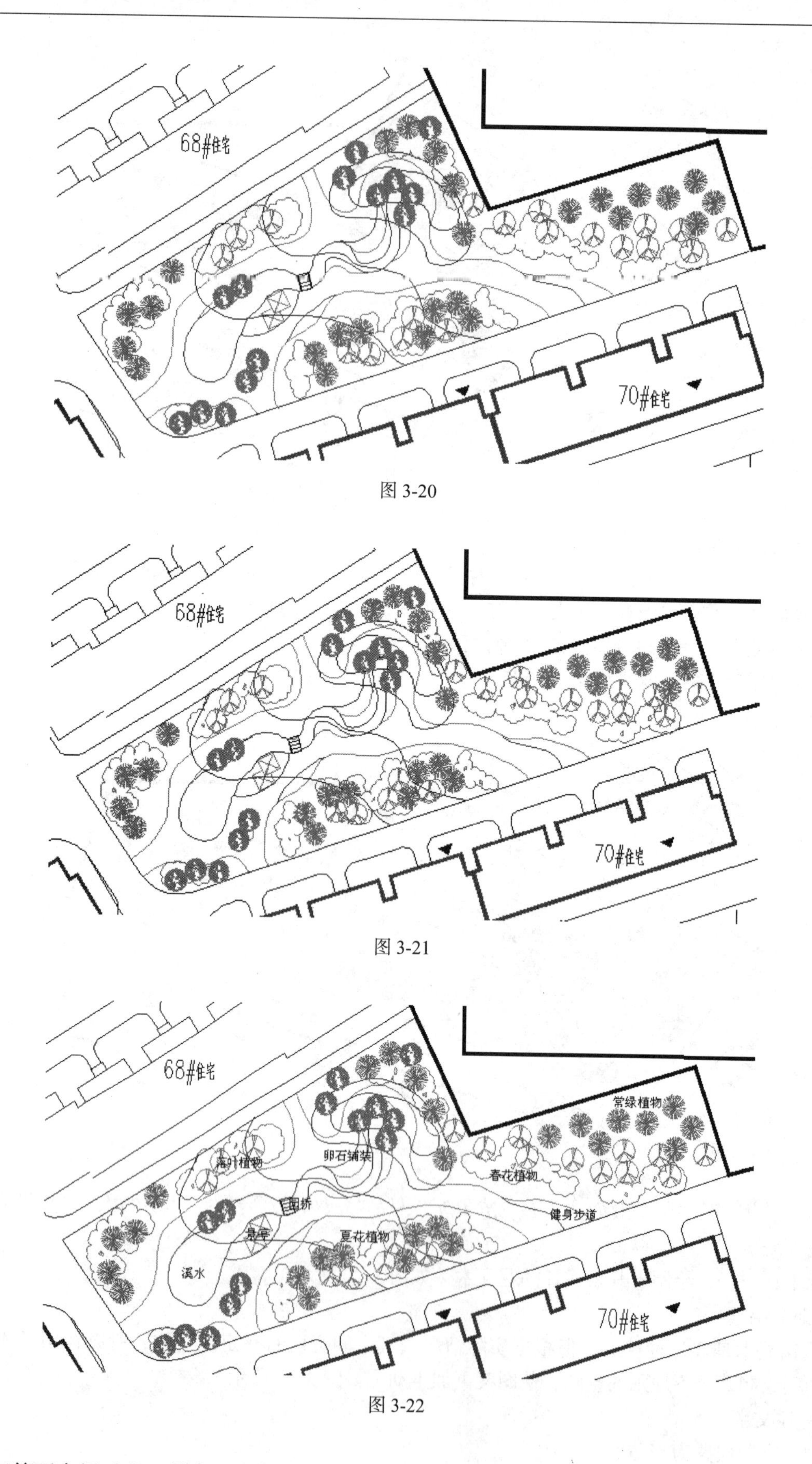

图 3-20

图 3-21

图 3-22

这里仅简要介绍过程，其余组团在这里不做详述。读者若有兴趣，自己根据前文介绍的命令操作动手完善，或直接转到下一章学习操作。

3.2.2 城市广场规划设计总平面图绘制实例

城市广场规划设计总平面图要绘出主要的道路、广场、绿化区域，效果如彩图，应用 AutoCAD 2010 绘制它的主要步骤有：

1〉新建文件，基本设置；

2〉创立图层；

3〉按所给的资料进行周边绿地范围的放线；

4〉描绘规划草图，确定尺寸与形状；

A. 绘制中心辅助线；

B. 绘制中心广场；

C. 绘制南入口广场；

D. 绘制北入口广场；

E. 绘制东侧文化广场、绿地；

F. 绘制西侧绿之广场、绿地；

5〉计算图形大小，插入图 框、指北针、比例尺；

6〉图案、色彩填充；

7〉添加图名、文字标注；

8〉进行打印设置，图纸输出。

具体的图形绘制步骤如下：

● 新建文件

首先新建文件。双击桌面上 AutoCAD 2010 图标，创建新的图形文件 Drawing1.dwg；然后单击菜单“文件 / 保存”或按快捷键“Ctrl+S”键，在打开的“另存为”对话框中，指定合适的位置，文件名为“城市广场 -Z”保存。

绘图单位的设置。单击菜单栏“格式 / 单位”，在图形单位的“精度”下拉窗口中选择 0.00。

文字样式设置。单击菜单栏“格式 / 文字样式”，在“文字样式”对话框的“字体名”下拉窗口中选择“仿宋”体，样式和高度用默认值。

技巧：文字高度在设置时采用默认值“0”，则在以后创建文本时可以根据命令行的提示，随时改变所输入文字的高度。

● 创建图层

根据图面所示设计内容，打开“图层特性管理器”，创建以下图层：“道路”、“建筑”、“花坛小品”、“水景”、“绿地”、“铺装 1”、“铺装 2”、“文字”和“辅助”层，并设定图层线条和色彩（如图 3-23 所示）。

● 绿地放线

在本例中，由于绘制的面积范围较大，为了减少文件的容量，提高绘图速度，在绘制时单位的表示可以不同于园林建筑小品，我们直接以实际中米的数值进行绘制，而不是园林建筑小品中的毫米单位（图形单位设置取小数点后两位，即“0.00”）。同时，在以上实例的操作中，我们已经熟悉绘图前的绘图范围 LIMITS 设置，现在我们尝试忽略这一步，在绘图过程中不断地应用“实时缩放”（ZOOM）和“全图缩放”（ZOOM ALL），或利用鼠标滚轴来解决这一问题。

打开“图层”的下拉窗口，把“道路”层设为当前层，根据所给基本资料，把广场和周边道路的基本范围绘制出来。

命令：LINE　　（回车）

指定第一点：（在屏幕窗口左上侧任意点单击）

指定下一点或 [放弃（U）]：@ 383，0　　（回车）

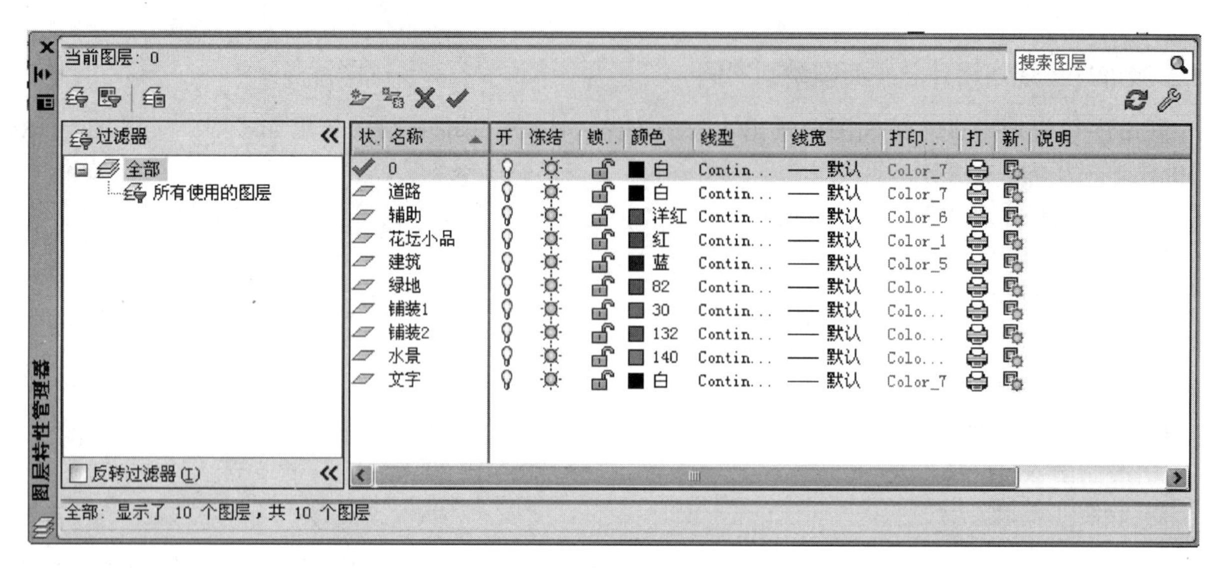

图 3-23

指定下一点或［放弃（U）］：@ 0，-202　（回车）

指定下一点或［闭合（C）/ 放弃（U）］：@ -383，0　（回车）

指定下一点或［闭合（C）/ 放弃（U）］：C　（回车）

闭合曲线，结束命令。单击工具栏“全部缩放”按钮，刚才绘制的图形在屏幕上呈全图显示，再单击“实时缩放”按钮，按住鼠标左键往下拖，使图形的显示缩小到适当位置，单击右键，选择退出。

命令：OSNAP　（回车）

在打开的“草图设置”对话框中，勾选端点、中点、圆心、交点；打开状态栏的“对象捕捉”按钮。

命令：CIRCLE　（回车）

指定圆的圆心或［三点（3P）/ 两点（2P）/ 切点、切点、半径（T）］：（把光标靠近图形左下角的交点处单击）

指定圆的半径或［直径（D）］：44.5　（回车）

命令：TRIM　（回车）

当前设置：投影 =UCS，边 = 无

选择剪切边 ...

选择对象或〈全部选择〉：　（回车）

选择要修剪的对象，或按住 Shift 键选择要延伸的对象，或［栏选（F）/ 窗交（C）/ 投影（P）/ 边（E）/ 删除（R）/ 放弃（U）］：（选择圆内的垂直直线部分单击）

选择要修剪的对象，或按住 Shift 键选择要延伸的对象，或［栏选（F）/ 窗交（C）/ 投影（P）/ 边（E）/ 删除（R）/ 放弃（U）］：（选择圆内的水平直线部分单击）

选择要修剪的对象，或按住 Shift 键选择要延伸的对象，或［栏选（F）/ 窗交（C）/ 投影（P）/ 边（E）/ 删除（R）/ 放弃（U）］：（选择两条直线外的圆弧部分单击）

选择要修剪的对象，或按住 Shift 键选择要延伸的对象，或［栏选（F）/ 窗交（C）/ 投影（P）/ 边（E）/ 删除（R）/ 放弃（U）］：　（回车）

技巧：在输入“修剪”命令后，可以连续两次单击回车，忽略剪切对象的选择，直接对两条边界中间的部分进行剪切，实现快速修剪对象。

关闭状态栏的“对象捕捉”按钮，继续进行广场放线。

命令：OFFSET　（回车）

当前设置：删除源 = 否　图层 = 源　OFFSETGAPTYPE=0

指定偏移距离或［通过（T）/ 删除（E）/ 图层（L）］< 通过 >：15　　　　　　　　（回车）

选择要偏移的对象，或［退出（E）/ 放弃（U）］< 退出 >：（方框光标选择左侧垂直线）

指定要偏移的那一侧上的点，或［退出（E）/ 多个（M）/ 放弃（U）］< 退出 >：（光标在所选垂直线右侧任意点单击）

选择要偏移的对象，或［退出（E）/ 放弃（U）］< 退出 >：（方框光标选择下方水平直线）

指定要偏移的那一侧上的点，或［退出（E）/ 多个（M）/ 放弃（U）］< 退出 >：（光标在所选水平直线上方任意点单击）

选择要偏移的对象，或［退出（E）/ 放弃（U）］< 退出 >：（方框光标选择圆弧线）

指定要偏移的那一侧上的点，或［退出（E）/ 多个（M）/ 放弃（U）］< 退出 >：（光标在所选圆弧线右上方任意点单击）

选择要偏移的对象，或［退出（E）/ 放弃（U）］< 退出 >：（单击右键“退出”）

单击右键，选择“重复偏移”命令。

指定偏移距离或［通过（T）/ 删除（E）/ 图层（L）］<15.00>：7.5　　　　　　　　（回车）

选择要偏移的对象，或［退出（E）/ 放弃（U）］< 退出 >：（方框光标选择右侧垂直线）

指定要偏移的那一侧上的点，或［退出（E）/ 多个（M）/ 放弃（U）］< 退出 >：（光标在所选垂直线左侧任意点单击）

选择要偏移的对象，或［退出（E）/ 放弃（U）］< 退出 >：（方框光标选择上方水平直线）

指定要偏移的那一侧上的点，或［退出（E）/ 多个（M）/ 放弃（U）］< 退出 >：（光标在所选水平直线下方任意点单击）

选择要偏移的对象，或［退出（E）/ 放弃（U）］< 退出 >：（单击右键“退出”）

在图形中间界限绘制完成后，再绘制最内圈界限。单击回车键，对刚刚偏移得到的图形线条重复“偏移”命令。

指定偏移距离或［通过（T）/ 删除（E）/ 图层（L）］<7.50>：10　　　　　　　　（回车）

选择要偏移的对象，或［退出（E）/ 放弃（U）］< 退出 >：（方框光标选择左内侧垂直线）

指定要偏移的那一侧上的点，或［退出（E）/ 多个（M）/ 放弃（U）］< 退出 >：（光标在所选垂直线右侧任意点单击）

选择要偏移的对象，或［退出（E）/ 放弃（U）］< 退出 >：（方框光标选择下方内侧水平直线）

指定要偏移的那一侧上的点，或［退出（E）/ 多个（M）/ 放弃（U）］< 退出 >：（光标在所选水平直线上方任意点单击）

选择要偏移的对象，或［退出（E）/ 放弃（U）］< 退出 >：（方框光标选择内侧圆弧线）

指定要偏移的那一侧上的点，或［退出（E）/ 多个（M）/ 放弃（U）］< 退出 >：（光标在所选圆弧线右上方任意点单击）

选择要偏移的对象，或［退出（E）/ 放弃（U）］< 退出 >：（单击右键“退出”）

单击回车键。

指定偏移距离或［通过（T）/ 删除（E）/ 图层（L）］<10.00>：5　　　　　　　　（回车）

选择要偏移的对象，或［退出（E）/ 放弃（U）］< 退出 >：（方框光标选择右内侧垂直线）

指定要偏移的那一侧上的点，或［退出（E）/ 多个（M）/ 放弃（U）］< 退出 >：（光标在所选垂直线左侧任意点单击）

选择要偏移的对象，或［退出（E）/ 放弃（U）］< 退出 >：（方框光标选择上方内侧水平直线）

指定要偏移的那一侧上的点，或［退出（E）/ 多个（M）/ 放弃（U）］< 退出 >：（光标在所选水平直线下方任意点单击）

选择要偏移的对象，或［退出（E）/ 放弃（U）］< 退出 >：（单击右键“退出”）

单击编辑工具条中的“修剪”工具按钮，再单击右键，对准多余的线段进行剪切。

下面对转角处进行圆角处理，单击编辑工具条中的“圆角”工具按钮。

命令：_fillet

当前模式：模式 = 修剪，半径 =0.50

选择第一个对象或［放弃（U）/ 多段线（P）/ 半径（R）/ 修剪（T）/ 多个（M）］：R　（回车）

指定圆角半径 <0.50>：3　（回车）

选择第一个对象或［放弃（U）/ 多段线（P）/ 半径（R）/ 修剪（T）/ 多个（M）］：（单击左上角中间垂直线）

选择第二个对象，或按住 Shift 键选择要应用角点的对象：（单击左上角中间水平线）

结束命令，左上角中间直角被修剪为圆角。单击右键，选择“重复圆角”命令，对中间和内圈其他的直角转角进行圆角处理（如图 3-24 所示）。

● 根据规划的草图，进行绘制工作

1. 绘制辅助线

打开“图层”的下拉窗口，把“辅助”层设为当前层，打开状态行“正交”、“对象捕捉”按钮，绘制图形的辅助线。

单击绘图工具条中的“直线”按钮，

_line 指定第一点：（在图形上方内侧水平线中点位置单击）

指定下一点或［放弃（U）］：（拖动光标，在低于最下方水平线处单击）

指定下一点或［放弃（U）］：　（回车）

单击辅助线，使之呈可编辑状态，鼠标对准最上一点单击，执行“拉伸”命令，

指定拉伸点或［基点（B）/ 复制（C）/ 放弃（U）/ 退出（X）］：（拖动光标，在高于最上方水平线处单击）

按下 Esc 键，线段恢复正常状态。

以右侧内圈的垂直线的中点为起点，用相同的方法绘制内圈范围的水平辅助线。然后选择两条辅助线，单击“特性”按钮，在特性窗口中把线型比例“1”改为“0.3”，退出特性修改，效果如图 3-25 所示。

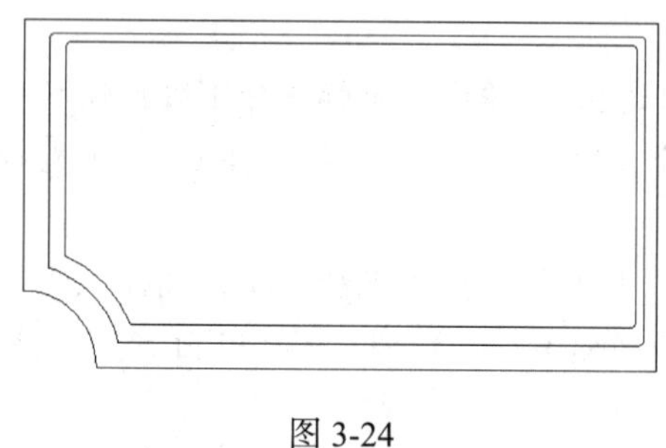

图 3-24

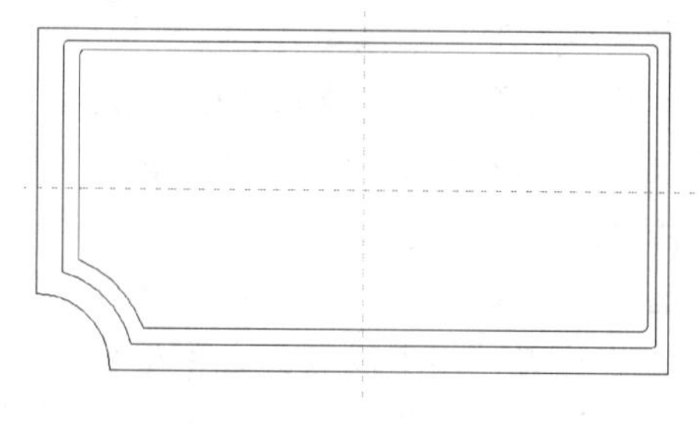

图 3-25

2. 绘制中心广场

先进行中心广场辅助线的绘制，

命令：OFFSET　（回车）

指定偏移距离或［通过（T）/ 删除（E）/ 图层（L）］<5.00>：60　（回车）

选择要偏移的对象，或［退出（E）/ 放弃（U）］< 退出 >：（光标选择垂直辅助线）

指定要偏移的那一侧上的点，或［退出（E）/ 多个（M）/ 放弃（U）］< 退出 >：（光标在所选垂直辅助线右侧任意点单击）

选择要偏移的对象，或［退出（E）/ 放弃（U）］< 退出 >：（光标选择垂直辅助线）

指定要偏移的那一侧上的点，或［退出（E）/ 多个（M）/ 放弃（U）］< 退出 >：（光标在所选垂直辅助线左侧任意点单击）

选择要偏移的对象，或［退出（E）/ 放弃（U）］< 退出 >：（单击右键“退出”）

单击工具条中“阵列”按钮，在打开的“阵列”对话框中选择“环形阵列”，项目总数设为 8；单击“拾取中心点”按钮，在屏幕上单击图形中心两条辅助线的交点；单击“选择对象”按钮，在屏幕上单击图形水平辅助线，设置如图 3-26 所示，确定后返回图形界面，效果如图 3-27 所示。

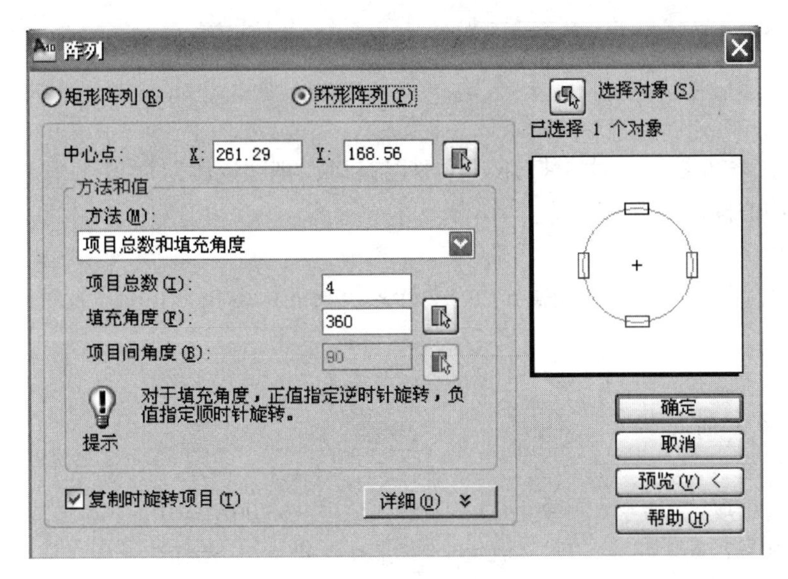

图 3-26

按下 F3 关闭“对象捕捉”，绘制中心广场的道路，

命令：OFFSET （回车）

指定偏移距离或［通过（T）/ 删除（E）/ 图层（L）］<60.00>：3 （回车）

选择要偏移的对象，或［退出（E）/ 放弃（U）］< 退出 >：（光标选择水平辅助线）

指定要偏移的那一侧上的点，或［退出（E）/ 多个（M）/ 放弃（U）］< 退出 >：（光标在所选辅助线上方任意点单击）

选择要偏移的对象，或［退出（E）/ 放弃（U）］< 退出 >：（光标选择水平辅助线）

指定要偏移的那一侧上的点，或［退出（E）/ 多个（M）/ 放弃（U）］< 退出 >：（光标在所选辅助线下方任意点单击）

选择要偏移的对象，或［退出（E）/ 放弃（U）］< 退出 >：（单击右键“退出”）

重复“偏移”命令，用相同的距离和方法绘制两条倾斜交叉辅助线两侧的道路线；以偏移距离为 4m，绘制左右两条垂直辅助线两侧的道路线；分别以偏移距离为 55m、63m，绘制中心水平辅助线两侧的中心广场边界线。

选择图形左侧偏移得到的道路线，单击“图层”工具栏右侧的下拉按钮，在打开的图层窗口中选择“道路”层，返回绘图界面，单击工具条中的格式刷——“特性匹配”按钮，依次选择刚刚偏移得到的广场道路线条。

删除阵列得到的辅助线，修剪广场道路线的多余部分，效果如图 3-28 所示。

单击“窗口缩放”按钮，命令行提示：

指定窗口的角点，输入比例因子（nX 或 nXP），或者

［全部（A）/ 中心（C）/ 动态（D）/ 范围（E）/ 上一个（P）/ 比例（S）/ 窗口（W）/ 对象（O）］< 实时 >：_w

指定第一个角点：（光标放在广场方框左上交点处，单击）

指定对角点：（光标放在广场方框右下交点处，单击）

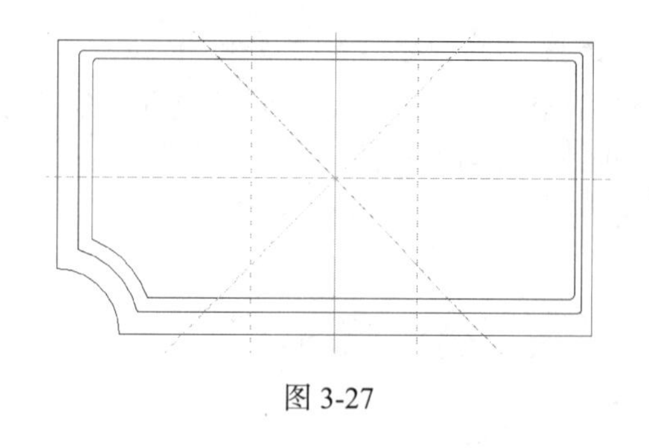
图 3-27

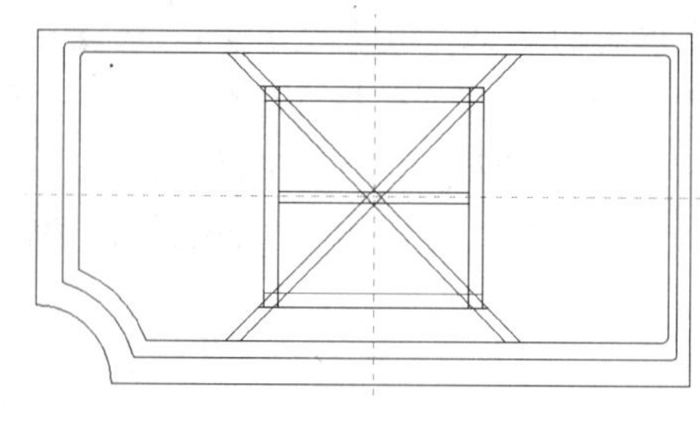
图 3-28

屏幕放大显示广场方框边界线。打开下拉图层窗口，把“道路”层设为当前层；按下 F3，打开“对象捕捉”，绘制中心圆形下沉式广场。

命令：CIRCLE　（回车）

指定圆的圆心或［三点（3P）/ 两点（2P）/ 切点、切点、半径（T）］：（把光标靠近辅助线的交点处单击）

指定圆的半径或［直径（D）］：35　（回车）

按下 F3 关闭“对象捕捉”，

命令：OFFSET　（回车）

指定偏移距离或［通过（T）/ 删除（E）/ 图层（L）］<63.00>：10　（回车）

选择要偏移的对象，或［退出（E）/ 放弃（U）］< 退出 >：（光标选择圆）

指定要偏移的那一侧上的点，或［退出（E）/ 多个（M）/ 放弃（U）］< 退出 >：（光标在圆外侧任意点单击）

选择要偏移的对象，或［退出（E）/ 放弃（U）］< 退出 >：（单击右键“退出”）

然后分别以距离 0.67、1.34、2 向外偏移中心圆。

将“花坛小品”层设为当前层，按下 F3 打开“对象捕捉”，绘制广场四角的花坛。

命令：POLYGON　（回车）

输入边的数目 <4>：　（回车）

指定正多边形的中心点或［边（E）］：E　（回车）

指定边的第一个端点：（光标在广场内圈左上角方框交点处单击）

指定边的第二个端点：6　（回车）

加粗花坛的线条。

命令：PEDIT　（回车）

选择多段线或［多条（M）］：（方框光标选择四边形）

输入选项［打开（O）/ 合并（J）/ 宽度（W）/ 编辑顶点（E）/ 拟合（F）/ 样条曲线（S）/ 非曲线化（D）/ 线型生成（L）/ 反转（R）/ 放弃（U）］：W

指定所有线段的新宽度：0.3　（回车）

输入选项［打开（O）/ 合并（J）/ 宽度（W）/ 编辑顶点（E）/ 拟合（F）/ 样条曲线（S）/ 非曲线化（D）/ 线型生成（L）/ 反转（R）/ 放弃（U）］：　（回车）

复制花坛，把其余各角点补充完全，得到的效果如图 3-29 所示。

命令：COPY　（回车）

选择对象：（光标对准小四边形单击） 找到 1 个

选择对象：　（回车）

当前设置：复制模式 = 多个

指定基点或［位移（D）/ 模式（O）］< 位移 >：（光标对准小四边形左下端点单击）

指定第二个点或 < 使用第一个点做位移 >：（光标在广场内圈左下角方框交点处单击）　（回车）

命令：COPY （回车）

选择对象：（光标对准小四边形单击） 找到 1 个

选择对象： （回车）

当前设置：复制模式 = 多个

指定基点或［位移（D）/ 模式（O）］< 位移 >：（光标对准小四边形右上端点单击）

指定第二个点或 < 使用第一个点做位移 >：（光标在广场内圈右上角方框交点处单击）（回车）

命令：COPY （回车）

选择对象：（光标对准小四边形单击） 找到 1 个

选择对象： （回车）

当前设置：复制模式 = 多个

指定基点或［位移（D）/ 模式（O）］< 位移 >：（光标对准小四边形右下端点单击）

指定第二个点或 < 使用第一个点做位移 >：（光标在广场内圈右下角方框交点处单击） （回车）

绘制四角圆弧形路口。

命令：CIRCLE （回车）

指定圆的圆心或［三点（3P）/ 两点（2P）/ 切点、切点、半径（T）］：（光标在广场内圈左上角方框交点处单击）

指定圆的半径或［直径（D）］：10 （回车）

分别以广场内圈其他三个交点为圆心，以相同的半径重复绘圆，然后修剪多余的部分，中心下沉式圆形广场的绘制基本完成，效果如图 3-30 所示。

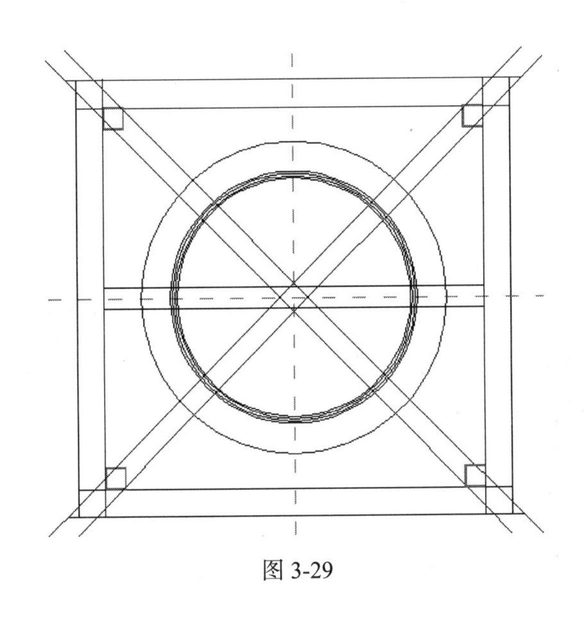

图 3-29

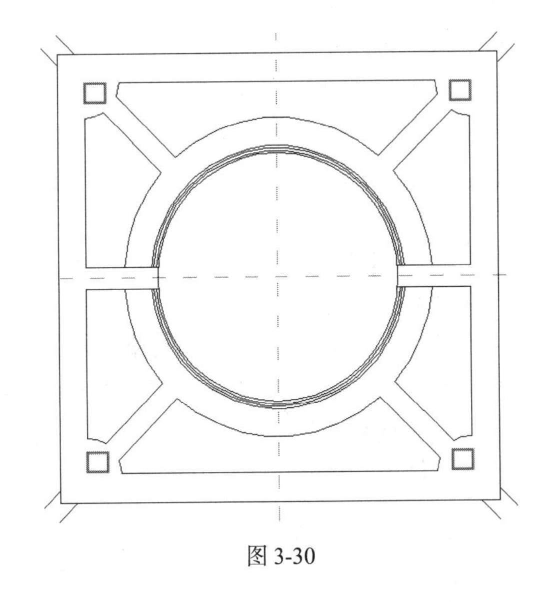

图 3-30

3. 绘制北入口广场

单击工具栏中“缩放上一个”按钮，回复到前一个视图。单击“窗口缩放”按钮，选择中心广场上部至上部入口部分区域，参考图 3-32 所示的界限。

将“水景”层置为当前层。

先以 OFFSET 命令把边缘线最内圈的水平线向下方偏移 20 个单位，然后按下 F3 打开“对象捕捉”，按下 F8 打开“正交”。

命令：PLINE （回车）

指定起点：（光标对准垂直辅助线与最内圈水平边缘线的交点单击）

当前线宽为 0

指定下一个点或［圆弧（A）/ 半宽（H）/ 长度（L）/ 放弃（U）/ 宽度（W）］：W

指定起点宽度 <0.00>：0.5 （回车）

指定起点宽度 <0.50>： （回车）

指定下一个点或［圆弧（A）/ 半宽（H）/ 长度（L）/ 放弃（U）/ 宽度（W）］：20（光标靠在起点的左侧，回车）

指定下一点或［圆弧（A）/ 闭合（C）/ 半宽（H）/ 长度（L）/ 放弃（U）/ 宽度（W）］：6（光标靠在刚才点的下侧，回车）

指定下一点或［圆弧（A）/ 闭合（C）/ 半宽（H）/ 长度（L）/ 放弃（U）/ 宽度（W）］：6（光标靠在刚才点的右侧，回车）

指定下一点或［圆弧（A）/ 闭合（C）/ 半宽（H）/ 长度（L）/ 放弃（U）/ 宽度（W）］：6（光标靠在刚才点的下侧，回车）

指定下一点或［圆弧（A）/ 闭合（C）/ 半宽（H）/ 长度（L）/ 放弃（U）/ 宽度（W）］：6（光标靠在刚才点的右侧，回车）

指定下一点或［圆弧（A）/ 闭合（C）/ 半宽（H）/ 长度（L）/ 放弃（U）/ 宽度（W）］：A

指定圆弧的端点或

［角度（A）/ 圆心（CE）/ 闭合（CL）/ 方向（D）/ 半宽（H）/ 直线（L）/ 半径（R）/ 第二个点（S）/ 放弃（U）/ 宽度（W）］：CE

指定圆弧的圆心：（光标靠在偏移的水平线和垂直辅助线的交点处单击）

指定圆弧的端点或［角度（A）/ 长度（L）］：A

指定包含角：90 （回车）

指定圆弧的端点或

［角度（A）/ 圆心（CE）/ 闭合（CL）/ 方向（D）/ 半宽（H）/ 直线（L）/ 半径（R）/ 第二个点（S）/ 放弃（U）/ 宽度（W）］： （回车）

结束命令，绘制出水池的一半，用“镜像”命令复制出另一半。

命令：MIRROR （回车）

选择对象：（对准绘制的半边水池单击）找到 1 个

选择对象： （回车）

指定镜像线的第一点：（光标对准水池图形的起点单击）

指定镜像线的第二点：（光标对准水池图形的终点单击）

要删除源对象吗？［是（Y）/ 否（N）］<N>：（单击右键，选择确认）

删除偏移得到的线条，所得水池如图 3-31a、b 所示。

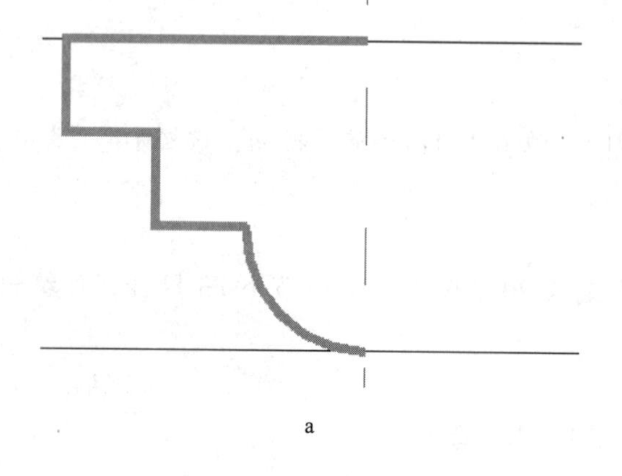

a

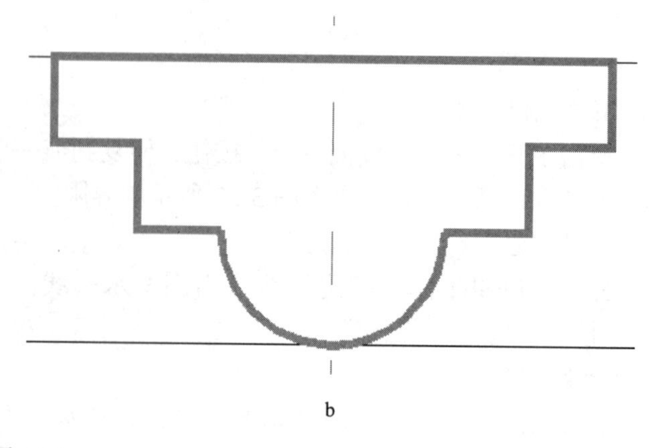

b

图 3-31

将“道路”层设为当前层，绘制水池周围的广场道路。以距离为 21m、25m、35m 分别左、右偏移中心垂直辅助线，并选择偏移线，在“特性”窗口中将图层改变到“道路”层；以距离为 10m、24m 分别向下偏移广场内侧水平方框线。

先以 LINE 命令绘制两段直线：在垂直辅助线的左侧，以垂直辅助线偏移 25m 和广场内侧水平方框线偏移 10m 所得直线的交点为起点，以广场内侧水平方框线偏移 24m 和下沉广场最内圈圆弧的交点为端点；在垂直辅助线的右侧相同绘制。

再绘制圆弧。

命令：ARC （回车）
指定圆弧的起点或［圆心（C）］：C （回车）
指定圆弧的圆心：（光标靠在广场内侧方框线与垂直辅助线交点处单击）
指定圆弧的起点：（光标靠在广场内侧方框线与垂直辅助线左侧第一条偏移线交点处单击）
指定圆弧的端点或［角度（A）/ 弦长（L）］：A （回车）
指定包含角：180 （回车）

根据总平面图，修剪多余的线条，效果如图 3-32 所示。

4. 绘制南入口广场

单击工具栏中“缩放上一个”按钮，回复到前一个视图。单击“窗口缩放”按钮，选择中心广场下部至下部入口部分区域，以距离为 12m、20m、30m 分别左、右偏移中心垂直辅助线，并选择偏移线，在“特性”窗口中将图层改变到“道路”层；以距离 13m 偏移广场最内边缘线，界限如图 3-33 所示。

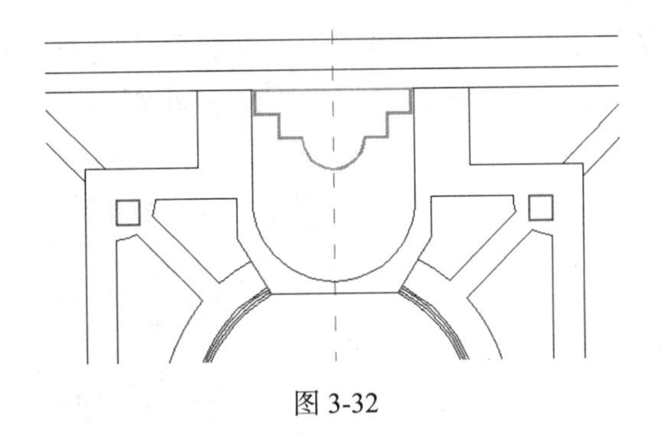

图 3-32

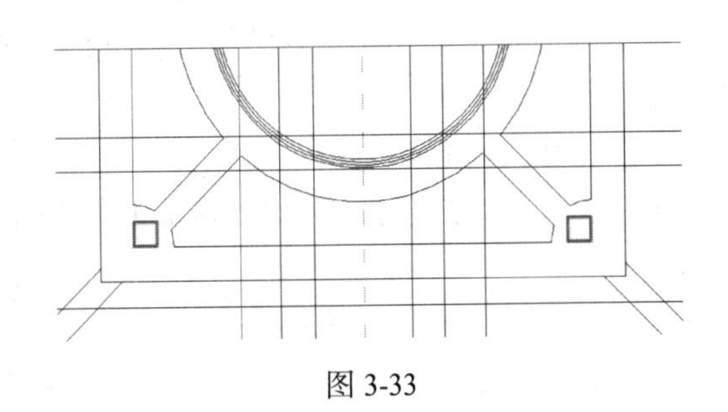

图 3-33

以 PLINE 命令绘制多段线：设置线段起点和端点宽度 W 均为 0.00（具体操作可以参照水池绘制方法），在垂直辅助线的左侧，以中间一条偏移线和下沉广场最外圈圆弧的交点为起点，以右侧一条偏移线和下沉广场最内圈圆弧的交点为第二点；在垂直辅助线的右侧，以左侧一条偏移线和下沉广场最内圈圆弧的交点为第三点，以中间一条偏移线和下沉广场最外圈圆弧的交点为端点。

以中心垂直辅助线与下沉广场内圈方框线的交点为中心，将“建筑”层设为当前层，用 CIRCLE 命令绘制雕塑底座，半径为 1.2m；将“花坛小品”层设为当前层，绘制雕塑所在的花坛。

命令：POLYGON （回车）
输入边的数目 <4>： （回车）
指定正多边形的中心点或［边（E）］： （在上述中心点处单击）
输入选项［内接于圆（I）/ 外切于圆（C）］<C>： （回车）
指定圆的半径：4.5 （回车）

用 PEDIT 命令加粗花坛的线条，线段宽度设为 0.3。

对多余的线条进行剪切，得到效果如图 3-34 所示。

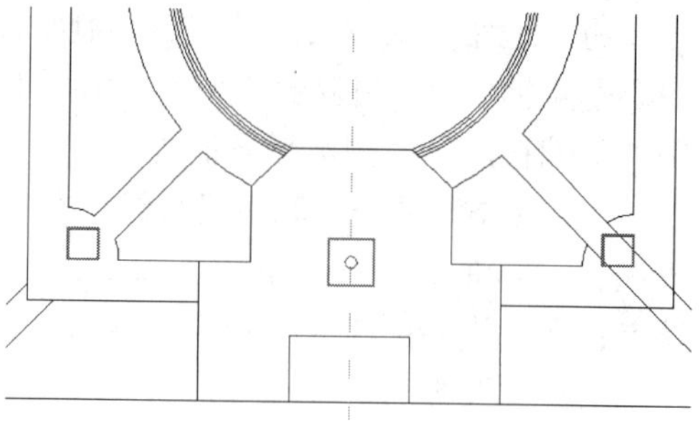

5. 绘制西侧广场

1）绘制西侧绿之广场

以距离为 53m 向左偏移中心垂直辅助线，单击工具栏中“缩放上一个”按钮，回复到前一个视图。单击“窗口缩放”按钮，选择图形西部区域，将“道路”层设为当前图层，按下 F3 打开“对象捕捉”，开始绘制西侧绿之广场。

图 3-34

命令：POLYGON　　（回车）

输入边的数目 <4>:　　（回车）

指定正多边形的中心点或［边（E）］:（在偏移辅助线和中心水平辅助线交点处单击）

输入选项［内接于圆（I）/ 外切于圆（C）］<I>：C　　（回车）

指定圆的半径：20　　（回车）

将得到的四边形旋转，单击“旋转”工具按钮，命令行提示：

命令：_rotate

UCS 当前的正角方向：　ANGDIR= 逆时针　ANGBASE=0

选择对象：（方框光标对准四边形单击）找到 1 个

选择对象：　　（回车）

指定基点：（在偏移辅助线和中心水平辅助线交点处单击）

指定旋转角度，或［复制（C）/ 参照（R）］<0>：45　　（回车）

西侧绿之广场外部轮廓绘好了，效果如图 3-35 所示。

下面以它的边为基础，绘制它与其他区域连接的道路出口。由于使用 POLYGON 命令绘制，中心广场轮廓是一个整体，无法对它的边单独进行“延伸”等编辑，需要对它进行分解，单击编辑工具条中的“分解”按钮或输入命令。

命令：EXPLODE　　（回车）

选择对象：（方框光标对准四边形单击）找到 1 个

选择对象：　　（回车）

对分解后的四边形进行编辑。

命令：EXTEND　　（回车）

当前设置：投影 =UCS，边 = 无

选择边界的边 ...

选择对象或 < 全部选择 >:　　（回车）

选择要延伸的对象，或按住 Shift 键选择要修剪的对象，或［栏选（F）/ 窗交（C）/ 投影（P）/ 边（E）/ 放弃（U）]:（方框光标对准四边形左上方边的端头部分单击）

选择要延伸的对象，或按住 Shift 键选择要修剪的对象，或［栏选（F）/ 窗交（C）/ 投影（P）/ 边（E）/ 放弃（U）]:（方框光标对准四边形右上方边的端头部分单击）

选择要延伸的对象，或按住 Shift 键选择要修剪的对象，或［栏选（F）/ 窗交（C）/ 投影（P）/ 边（E）/ 放弃（U）]:（方框光标对准四边形右下方边的端头部分单击）

选择要延伸的对象，或按住 Shift 键选择要修剪的对象，或［栏选（F）/ 窗交（C）/ 投影（P）/ 边（E）/ 放弃（U）]:　　（回车）

技巧：在运行“延伸”EXTEND 命令过程中，当命令行出现“选择对象”提示时，按回车或单击鼠标右键，可以跳过延伸对象的选择，直接在可视区域中两条线段间延伸，在延伸对象不多或距离中很少有其他线段时能快速方便地绘制所需图形。

得到道路的边缘线如图 3-36 所示。

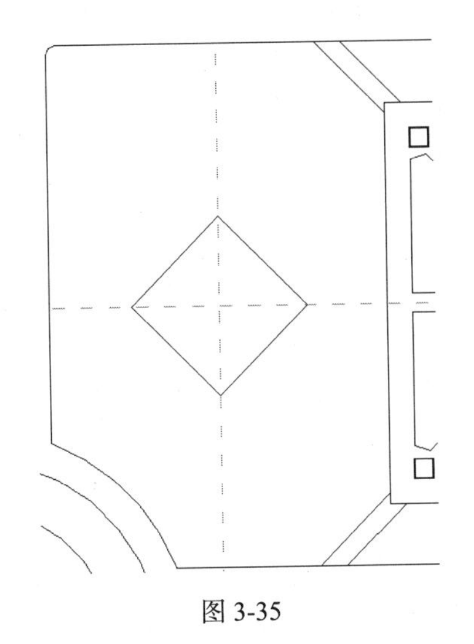
图 3-35

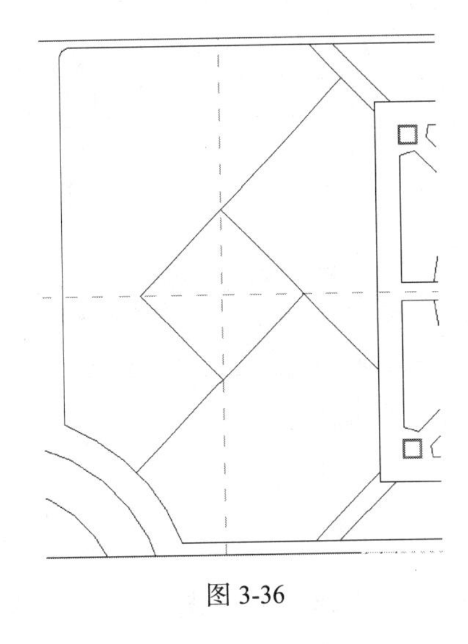
图 3-36

2〉绘制西侧绿之广场南侧道路

下面进行西侧绿之广场南侧道路的绘制，首先确定南侧道路宽度为 6m，距离广场边缘约 10m。

命令：DI（DIST）

指定第一点：（光标在水平辅助线和西侧绿之广场垂直内缘线交点处单击）

指定第二点或［多个点（M）]：（光标在西侧绿之广场左下角垂直内缘线和圆弧线交点处单击）

距离 = 42.40，XY 平面中的倾角 = 270，与 XY 平面的夹角 = 0

X 增量 = 0.00，Y 增量 = -42.40，Z 增量 = 0.00

确定道路南侧边缘线的起点位置，距离广场边缘 10m。

命令：OFFSET　（回车）

当前设置：删除源 = 否　图层 = 源　OFFSETGAPTYPE = 0

指定偏移距离或［通过（T）/ 删除（E）/ 图层（L）] <10.00>：32.4　（回车）

选择要偏移的对象，或［退出（E）/ 放弃（U）] < 退出 >：（光标单击水平辅助线）

指定要偏移的那一侧上的点，或［退出（E）/ 多个（M）/ 放弃（U）] < 退出 >：（光标在水平辅助线下方单击）

选择要偏移的对象，或［退出（E）/ 放弃（U）] < 退出 >：　（回车）

绘制西侧绿之广场南侧道路的边缘线，打开“对象捕捉”。

命令：SPLINE　（回车）

指定第一个点或［对象（O）]：（光标捕捉偏移辅助线和西侧绿之广场垂直内缘线交点，单击）

指定下一点：（关闭对象捕捉）

指定下一点或［闭合（C）/ 拟合公差（F）] < 起点切向 >：（在合适的点单击）

（在命令行的提示下连续单击样条曲线的点，具体位置见图 3-37 所示）

指定下一点或［闭合（C）/ 拟合公差（F）] < 起点切向 >：（在与广场水平内缘线交汇处单击，可以超出一点以后再剪切掉多余部分）

指定下一点或［闭合（C）/ 拟合公差（F）] < 起点切向 >：（单击右键选择确认）

指定起点切向：（单击右键或回车）

指定端点切向：（单击右键或回车）

对得到的道路线向上偏移，偏移距离为 6m。

但是偏移得到的道路另一边界线没有和广场垂直边缘线相接，而样条曲线无法进行延伸（EXTEND），只能进行拉伸操作。

首先单击偏移得到的曲线，使它处于可编辑状态；按下 F3 按钮，打开状态行的“对象捕捉”，捕捉端头一点并单击，如图 3-38 所示，命令行提示：

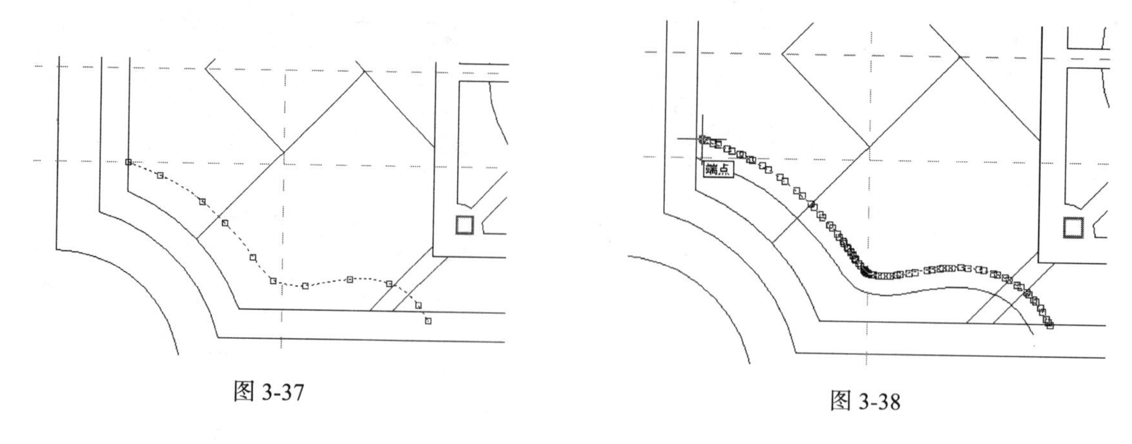

图 3-37　　图 3-38

** 拉伸 **

指定拉伸点或［基点（B）/ 复制（C）/ 放弃（U）/ 退出（X）]:（关闭对象捕捉）(顺着样条曲线的弧度，在内圈和中间的垂直边缘线间单击）

按下 Esc 键，退出编辑状态。得到的图形如图 3-39 所示。

进行西南侧道路入口的绘制。首先以距离 6m 向左上方偏移绿之广场右下边缘延伸线，再把这两条道路边缘线分别向两侧偏移距离 10m，得到图 3-40。

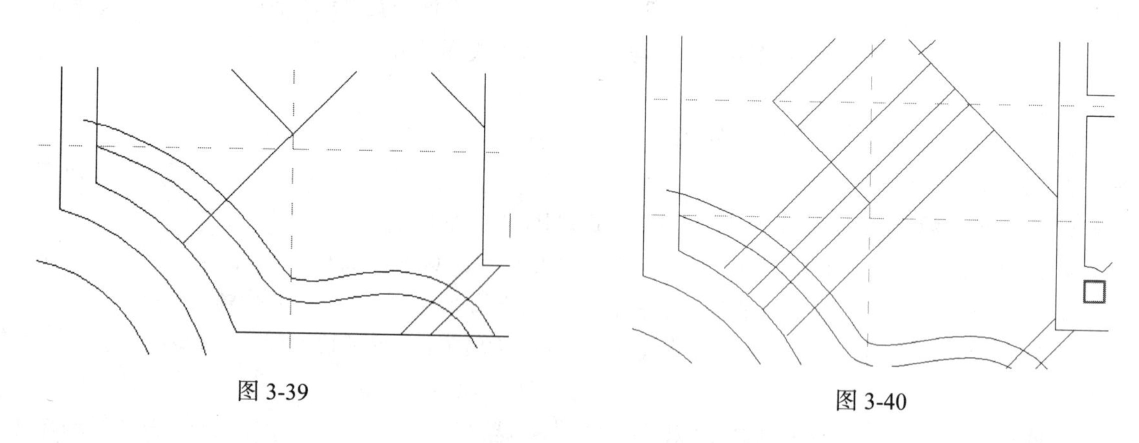

图 3-39　　图 3-40

对偏移得到的两条线进行旋转，使它们和样条曲线基本垂直。打开状态行的“对象捕捉”。

命令：ROTATE　（回车）

UCS 当前的正角方向：ANGDIR= 逆时针　ANGBASE=0

选择对象：(单击左上侧偏移得到直线）找到 1 个

选择对象：　（回车）

指定基点：(在线段底部端点处单击）

指定旋转角度，或［复制（C）/ 参照（R）] <0>：20　（回车）

命令：rotate　（回车）

UCS 当前的正角方向：ANGDIR= 逆时针　ANGBASE=0

选择对象：(单击右下侧偏移得到直线）找到 1 个

选择对象：　（回车）

指定基点：(在线段底部端点处单击）

指定旋转角度，或［复制（C）/ 参照（R）]：-10　（回车）

以“偏移”命令绘制出道路线。

命令：OFFSET　（回车）

指定偏移距离或［通过（T）/ 删除（E）/ 图层（L）] <10.00>：6

选择要偏移的对象，或［退出（E）/ 放弃（U）］< 退出 >：（单击左上侧旋转后的直线）

指定要偏移的那一侧上的点，或［退出（E）/ 多个（M）/ 放弃（U）］< 退出 >：（在所选直线的左上侧单击）

选择要偏移的对象，或［退出（E）/ 放弃（U）］ < 退出 >：（单击右下侧旋转后的直线）

指定要偏移的那一侧上的点，或［退出（E）/ 多个（M）/ 放弃（U）］< 退出 >：（在所选直线的右下侧单击）

选择要偏移的对象，或［退出（E）/ 放弃（U）］ < 退出 >：　（回车）

偏移得到的道路没有与广场边缘线相接，对它们进行快速延伸操作。

命令：EXTEND　（回车）

当前设置：投影 =UCS，边 = 无

选择边界的边 ...

选择对象或 < 全部选择 >：　（回车）

选择要延伸的对象，或按住 Shift 键选择要修剪的对象，或［栏选（F）/ 窗交（C）/ 投影（P）/ 边（E）/ 放弃（U）］：（依次选择需要延伸的对象）

选择要延伸的对象，或按住 Shift 键选择要修剪的对象，或［栏选（F）/ 窗交（C）/ 投影（P）/ 边（E）/ 放弃（U）］：　（回车）

得到的效果如图 3-41 所示。

单击“实时平移”工具按钮，把视图窗口向下移动，继续绘制西侧南入口道路线。以距离 16m，连续两次向右偏移西侧垂直辅助线，如图 3-42 所示。

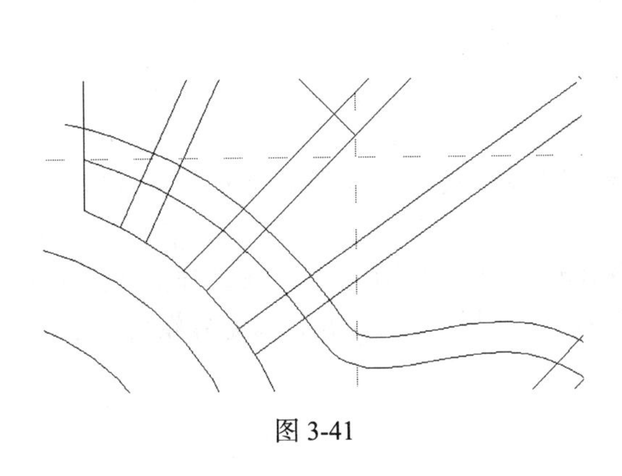

图 3-41

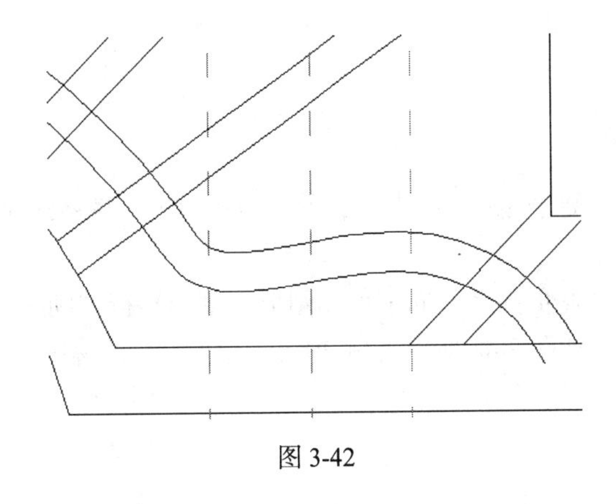

图 3-42

以距离 3m，左右偏移三条辅助线，并定义格式刷，重新定义新得到的偏移线，效果如图 3-43 所示。单击工具栏中的“特性匹配”按钮，命令行显示如下：

命令：_matchprop

选择源对象：（光标单击视图中任意一条道路线）

当前活动设置：颜色 图层 线型 线型比例 线宽 厚度 打印样式 标注 文字 填充图案 多线段 视口 表格材质 阴影显示 多重引线

选择目标对象或［设置（S）］：（根据命令行提示，依次选取新得到的偏移线）

选择目标对象或［设置（S）］：　（回车）

对多余的线条进行修剪和删除，效果如图 3-44 所示。

3〉绘制西侧广场上方（北侧）的道路曲线

单击“实时平移”工具按钮，把西侧绿之广场上部图像移至中间窗口，用上述相似的方法绘制。先用距离 10m 偏移中间广场的左上边缘线，偏移方向是右下方；然后运行“样条曲线”命令，起点位置是偏移得到的线条和中心广场右上边缘线的交点，绘制形状如图 3-45 所示。

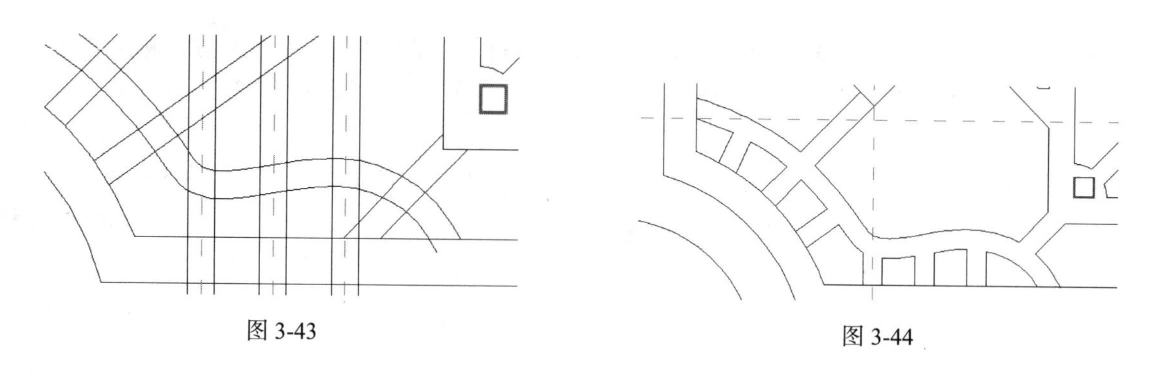

图 3-43　　　　图 3-44

向左偏移得到的样条曲线，距离为 6m。

向下偏移广场右上边缘线，距离为 6m（如图 3-46 所示）。

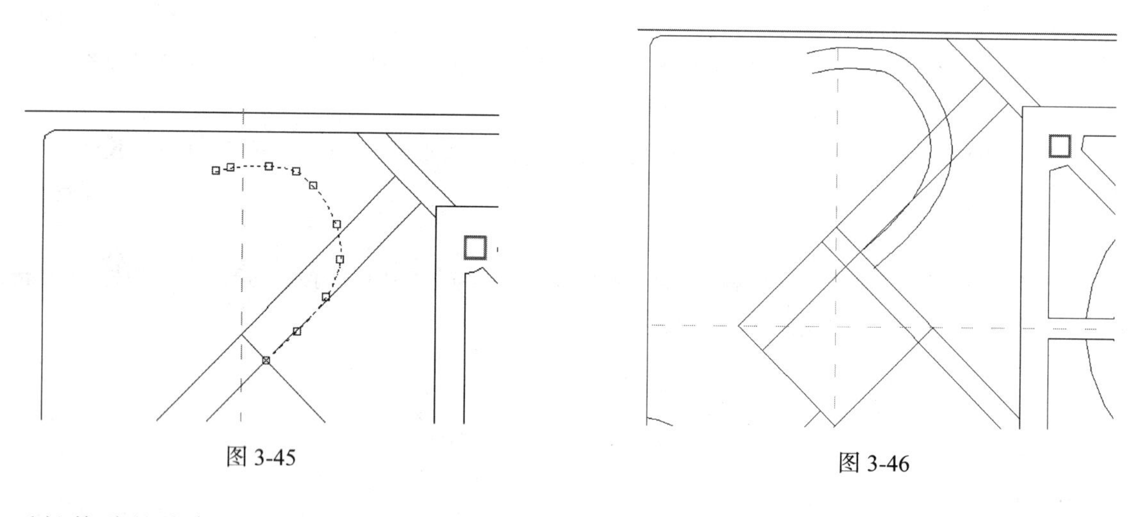

图 3-45　　　　图 3-46

延长偏移的线条，修剪去多余的偏移线或延长线，完善西侧绿之广场的连接道路（如图 3-47 所示）。

修剪夹角。向上偏移图形下部的平行辅助线，距离为 10m。运行“修剪”命令，选中偏移线和道路夹角（如图 3-48 所示），修剪去尖角部位。园林中的道路转角和花坛要尽量避免尖角，以免给游人造成危险。

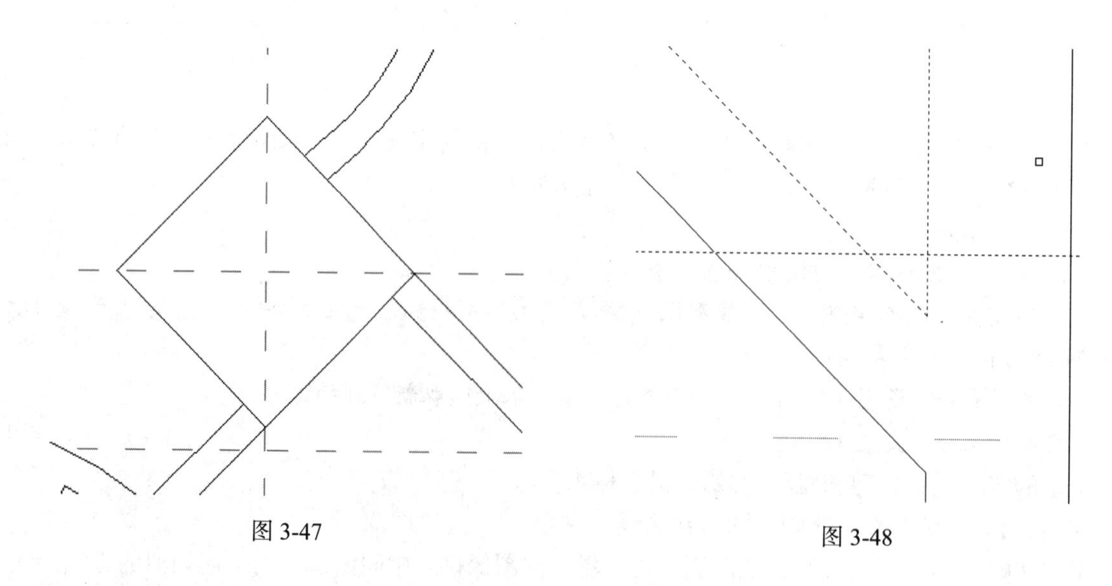

图 3-47　　　　图 3-48

完善西侧绿之广场上方的道路布局。整体广场左侧边缘线向右偏移，距离为 18m；单击“旋转”工具按钮，旋转偏移线。

命令：_rotate

UCS 当前的正角方向：ANGDIR= 逆时针　ANGBASE=0

选择对象：找到 1 个

选择对象：（回车）

指定基点：（按下 F3 打开“对象捕捉”）（单击线段上端点）

指定旋转角度，或［复制（C）/ 参照（R）］<0>：-45（回车）

完成了线段旋转，再向左偏移得到的斜线段，距离为 8m。向上延长两条线段至整体广场上边缘线，以整体广场左侧边缘线为界，修剪两条斜线段多余的部分。

两次向下偏移整体广场的上边缘线，距离分别为 7.5m、10m（如图 3-49 所示）。把“道路”设为当前层，绘制道路线。

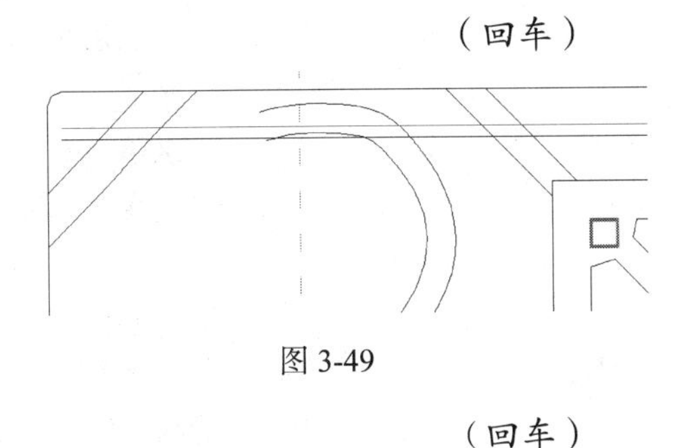

图 3-49

命令：LINE（回车）

指定第一点：（单击视图中方形花坛的左下端点）

指定下一点或［放弃（U）］：（按下 F8 打开“正交”）（鼠标在第一条样条曲线左侧单击）

指定下一点或［放弃（U）］：（回车）

向下偏移所得直线，距离为 6m（如图 3-50 所示）。

运行“修剪”命令，剪切多余的部分（如图 3-51 所示）。

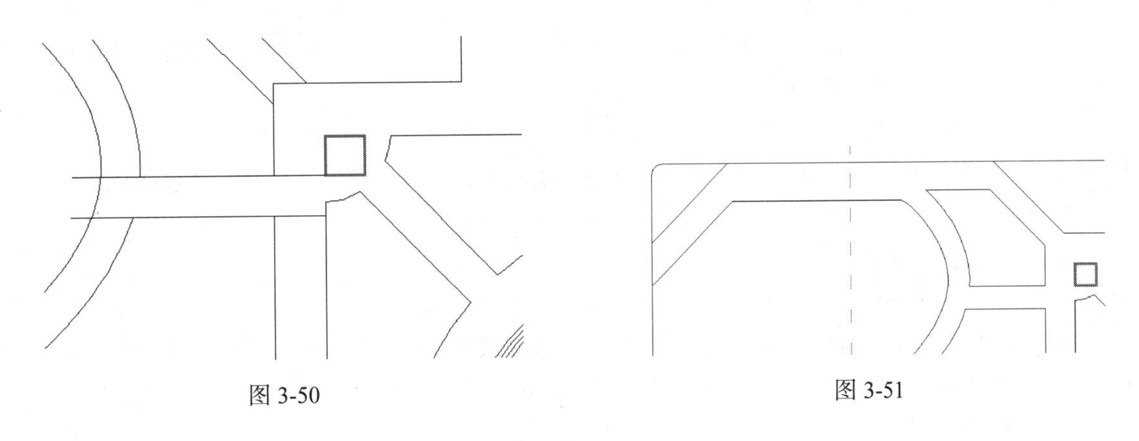

图 3-50　　图 3-51

修剪夹角。向右偏移西侧绿之广场的垂直辅助线，距离为 25m。运行“修剪”命令，选中偏移线和道路弧线夹角，修剪去尖角部位，格式刷修剪所得线段。

命令：_matchprop

选择源对象：（单击任意一条道路线）

当前活动设置：颜色 图层 线型 线型比例 线宽 厚度 打印样式 标注 文字 填充图案 多段线 视口 表格材质 阴影显示 多重引线

选择目标对象或［设置（S）］：（单击修剪所得线段）

选择目标对象或［设置（S）］：（回车）

修剪得到的线段由“辅助”层的虚断线变为“道路”层的连续线。

4〉绘制景墙

两次向下偏移与样条曲线相交的水平线，距离分别为 4m、12m；以距离 15m，连续两次向左偏移西侧广场的垂直辅助线；以辅助线为源对象，用“特性匹配”MZTCHPROP 命令格式水平偏移线。

将“建筑”层设为当前层，单击绘制“圆弧”命令，打开“对象捕捉”按钮，绘制景墙；将“花坛小品”层设为当前层，绘制景墙前面的弧形水池壁。

命令：PLINE （回车）

指定起点：（单击水平道路线和左边垂直辅助线的交点）

当前线宽为 0.00

指定下一个点或 [圆弧（A）/ 半宽（H）/ 长度（L）/ 放弃（U）/ 宽度（W）]：（单击水平道路线和中间垂直辅助线的交点）

指定下一点或 [圆弧（A）/ 闭合（C）/ 半宽（H）/ 长度（L）/ 放弃（U）/ 宽度（W）]：A

指定圆弧的端点或 [角度（A）/ 圆心（CE）/ 闭合（CL）/ 方向（D）/ 半宽（H）/ 直线（L）/ 半径（R）/ 第二个点（S）/ 放弃（U）/ 宽度（W）]：S

指定圆弧上的第二个点：（在两水平辅助线和右、中垂直辅助线间合适的位置单击）

指定圆弧的端点：（单击上边水平辅助线和右边垂直辅助线的交点）

指定圆弧的端点或 [角度（A）/ 圆心（CE）/ 闭合（CL）/ 方向（D）/ 半宽（H）/ 直线（L）/ 半径（R）/ 第二个点（S）/ 放弃（U）/ 宽度（W）]：（单击右键，选择确定）

水池壁成为一个整体，方便于以后的线条编辑。

将当前层设为“道路”层，运行“样条曲线”命令，绘制弧形道路线和景墙间的连接线（如图 3-52 所示）。

运行“修剪”命令，将景墙绘制中多余的线条进行修剪，而后加粗线条。

命令：PEDIT 选择多段线或 [多条（M）]：（单击蓝色景墙）

选定的对象不是多段线

是否将其转换为多段线？<Y> （回车）

输入选项 [闭合（C）/ 合并（J）/ 宽度（W）/ 编辑顶点（E）/ 拟合（F）/ 样条曲线（S）/ 非曲线化（D）/ 线型生成（L）/ 反转（R）/ 放弃（U）]：W

指定所有线段的新宽度：0.5 （回车）

输入选项 [闭合（C）/ 合并（J）/ 宽度（W）/ 编辑顶点（E）/ 拟合（F）/ 样条曲线（S）/ 非曲线化（D）/ 线型生成（L）/ 反转（R）/ 放弃（U）]： （回车）

完成对景墙线条的加粗。

命令：PEDIT 选择多段线或 [多条（M）]：（单击红色水池壁）

输入选项 [闭合（C）/ 合并（J）/ 宽度（W）/ 编辑顶点（E）/ 拟合（F）/ 样条曲线（S）/ 非曲线化（D）/ 线型生成（L）/ 反转（R）/ 放弃（U）]：W

指定所有线段的新宽度：0.3 （回车）

输入选项 [闭合（C）/ 合并（J）/ 宽度（W）/ 编辑顶点（E）/ 拟合（F）/ 样条曲线（S）/ 非曲线化（D）/ 线型生成（L）/ 反转（R）/ 放弃（U）]： （回车）

完成景墙水池小品的绘制（如图 3-53 所示）。

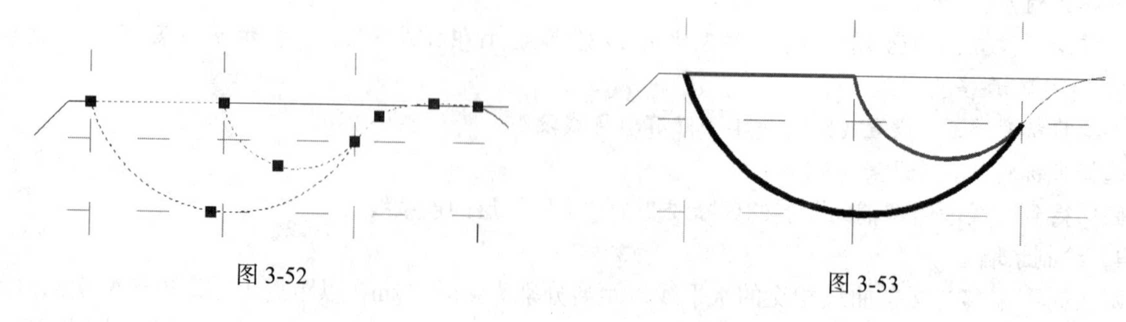

图 3-52　　图 3-53

5〉绘制对称花坛

由于花坛对称分布，先绘制一个。将“花坛小品”层置为当前层，单击状态行的“正交”、“对象捕捉”按钮，打开“正交”、“对象捕捉”。

命令：PLINE　（回车）
指定起点：（单击广场水平边缘线和左边垂直辅助线的交点）
当前线宽为 0.00
指定下一个点或 [圆弧（A）/ 半宽（H）/ 长度（L）/ 放弃（U）/ 宽度（W）]：（光标放在刚才点的下方）5　（回车）
指定下一点或 [圆弧（A）/ 闭合（C）/ 半宽（H）/ 长度（L）/ 放弃（U）/ 宽度（W）]：（光标放在刚才点的右侧）4.5
指定下一点或 [圆弧（A）/ 闭合（C）/ 半宽（H）/ 长度（L）/ 放弃（U）/ 宽度（W）]：（光标放在刚才点的上方）2.5
指定下一点或 [圆弧（A）/ 闭合（C）/ 半宽（H）/ 长度（L）/ 放弃（U）/ 宽度（W）]：（光标放在刚才点的右侧）2.5
指定下一点或 [圆弧（A）/ 闭合（C）/ 半宽（H）/ 长度（L）/ 放弃（U）/ 宽度（W）]：（光标放在刚才点的上方）2.5
指定下一点或 [圆弧（A）/ 闭合（C）/ 半宽（H）/ 长度（L）/ 放弃（U）/ 宽度（W）]：C（回车）
绘制花坛座凳。
命令：PLINE　（回车）
指定起点：（捕捉花坛最下方右侧点，单击）
当前线宽为 0.00
指定下一个点或 [圆弧（A）/ 半宽（H）/ 长度（L）/ 放弃（U）/ 宽度（W）]：（光标放在刚才点的右侧）0.3
指定下一点或 [圆弧（A）/ 闭合（C）/ 半宽（H）/ 长度（L）/ 放弃（U）/ 宽度（W）]：（光标放在刚才点的上方）2.2
指定下一点或 [圆弧（A）/ 闭合（C）/ 半宽（H）/ 长度（L）/ 放弃（U）/ 宽度（W）]：（光标放在刚才点的右侧）2.2
指定下一点或 [圆弧（A）/ 闭合（C）/ 半宽（H）/ 长度（L）/ 放弃（U）/ 宽度（W）]：（光标放在刚才点的上方）0.3
指定下一点或 [圆弧（A）/ 闭合（C）/ 半宽（H）/ 长度（L）/ 放弃（U）/ 宽度（W）]：
（回车）

左侧花坛绘制完成（如图 3-54 所示），用 PEDIT 命令选择花坛边缘的多段线，加粗花坛线条，宽度为 0.2。

镜像复制出对称的另一个花坛。
命令：MIRROR　（回车）
选择对象：（在花坛座凳的右下角单击）
指定对角点：（拖动选框至花坛的范围框内，单击）找到 2 个
选择对象：　（回车）
指定镜像线的第一点：（单击广场水平边缘线和中间垂直辅助线的交点）
指定镜像线的第二点：（单击水池水平边缘线和中间垂直辅助线的交点）
要删除源对象吗? [是（Y）/ 否（N）] <N>：　（回车）
在水平对称的方向上出现了另一个花坛（如图 3-55 所示）。

6〉绘制西北角立体花坛

将“花坛小品”层置为当前层，用多段线绘制。
命令：PLINE　（回车）
指定起点：（捕捉西北角道路斜线段与广场水平内缘线的交点，单击）

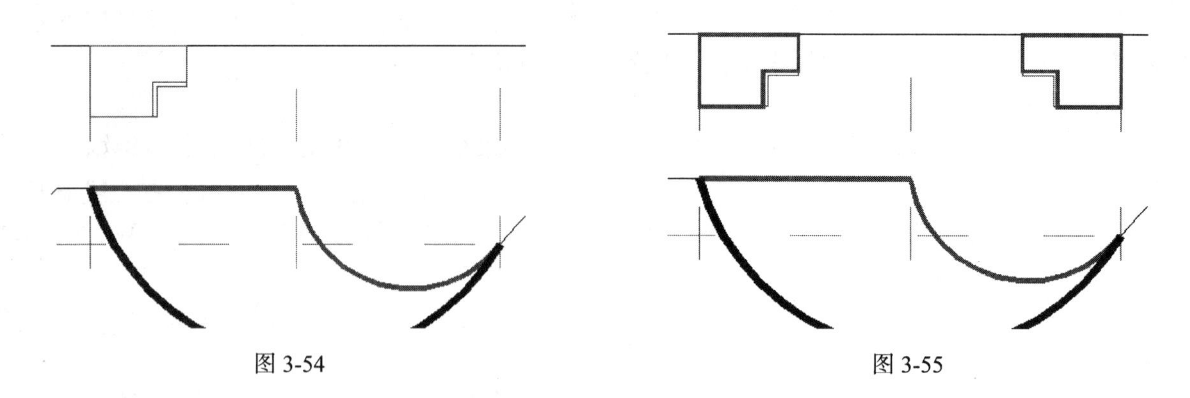

图 3-54　　　　　　图 3-55

当前线宽为 0.00

指定下一个点或［圆弧（A）/ 半宽（H）/ 长度（L）/ 放弃（U）/ 宽度（W）]:（光标放在刚才点的左侧）14

指定下一点或［圆弧（A）/ 闭合（C）/ 半宽（H）/ 长度（L）/ 放弃（U）/ 宽度（W）]:（光标放在刚才点的下方）14

指定下一点或［圆弧（A）/ 闭合（C）/ 半宽（H）/ 长度（L）/ 放弃（U）/ 宽度（W）]:
（回车）

回车，重复"多段线"命令。

命令：PLINE

指定起点：（捕捉西北角道路斜线段与广场左侧垂直内缘线的交点，单击）

当前线宽为 0.00

指定下一个点或［圆弧（A）/ 半宽（H）/ 长度（L）/ 放弃（U）/ 宽度（W）]:（光标放在刚才点的上方）14

指定下一点或［圆弧（A）/ 闭合（C）/ 半宽（H）/ 长度（L）/ 放弃（U）/ 宽度（W）]:（光标放在刚才点的右侧）14

指定下一点或［圆弧（A）/ 闭合（C）/ 半宽（H）/ 长度（L）/ 放弃（U）/ 宽度（W）]:
（回车）

西北角立体花坛绘制完成（如图 3-56 所示），用 PEDIT 命令选择花坛边缘的多段线，加粗花坛线条，宽度为 0.3m。

7〉绘制西北角方形花坛

先在图形线外绘制花坛，再移到图中。

命令：POLYGON　（回车）

输入边的数目 <4>：　（回车）

指定正多边形的中心点或［边（E）]:（在空白处任意点单击）

输入选项［内接于圆（I）/ 外切于圆（C）] <I>:　（回车）

指定圆的半径：6.5　（回车）

旋转花坛。

命令：_rotate

UCS 当前的正角方向：ANGDIR= 逆时针　ANGBASE=0

选择对象：（单击四边形）找到 1 个

选择对象：　（回车）

指定基点：（单击四边形左下角点）

指定旋转角度，或［复制（C）/ 参照（R）] <0>：45　（回车）

向外偏移复制多边形，距离为 6m。移动得到的两个四边形至合适的位置（如图 3-57 所示）；运行“修剪”命令，去除多余的线条，并将剪切留下的道路边缘线改为“道路”层；用 PEDIT 命令选择花坛边缘线，加粗花坛线条，宽度为 0.3m。

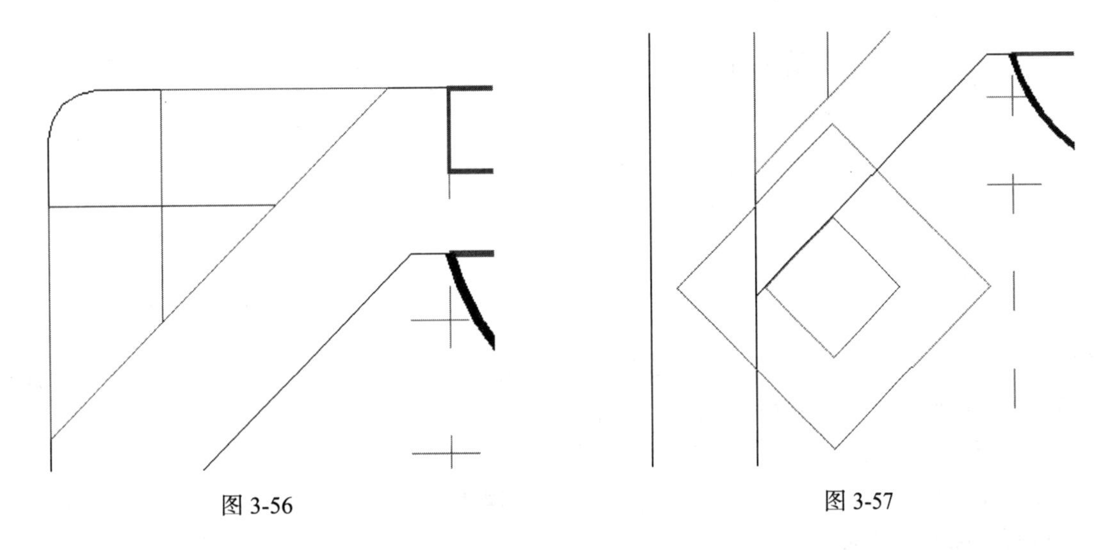

图 3-56　　　　图 3-57

至此，绿之广场北侧小品和布局就绘制完成了（如图 3-58 所示）。保留中心辅助线，删除其他偏移得到的辅助线。

6. 绘制东侧广场

东侧广场主要由中心文化广场和上方（北部）景亭、景墙及下方（东南部）入口花坛组成，分别绘制。

1〉绘制文化广场轮廓

先绘制东部广场中心辅助线。将“道路”层置为当前层，运行“偏移”命令，偏移距离为 122.75m，向图形右侧偏移集会广场中心垂直辅助线。

绘制文化广场轮廓。以水平辅助线与偏移得到的垂直辅助线交点为圆心，分别以 R=22.5m、R=7.5m、R=6m 绘圆，完成广场和舞台的轮廓绘制（如图 3-59 所示）。

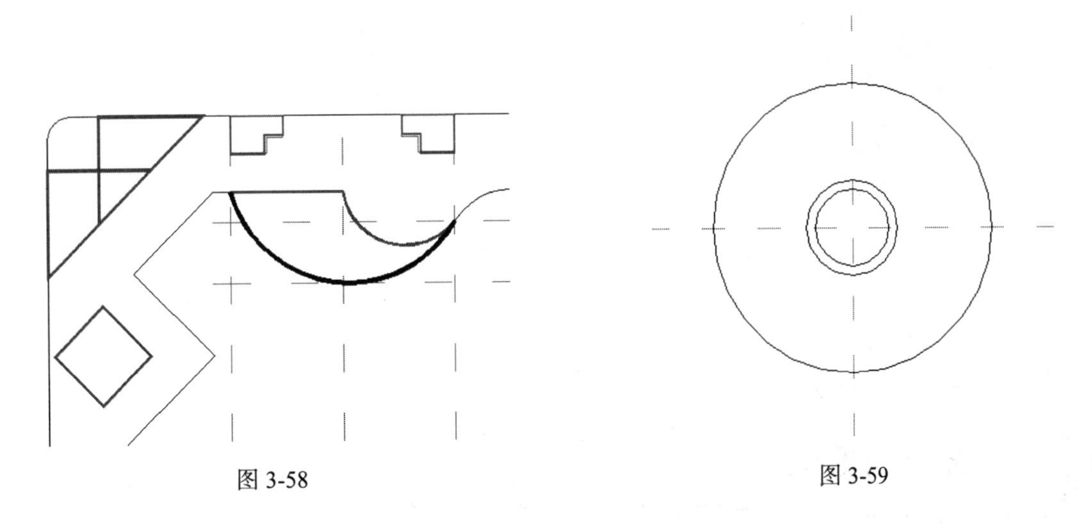

图 3-58　　　　图 3-59

2〉绘制文化广场看台

绘制第一阶看台。将“道路”层置为当前层，以 R=15.5m 绘制广场的同心圆；运行“直线”工具，绘制看台的边沿部分（如图 3-60 所示）；修剪去多余的线条，完成第一阶看台的绘制（如图 3-61 所示）。

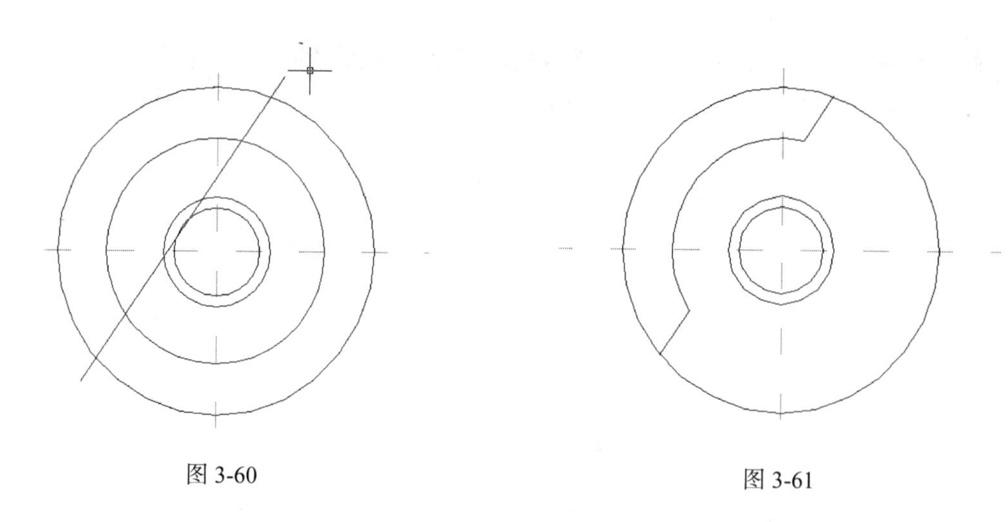

图 3-60　　图 3-61

绘制其余看台。运行“偏移”命令，偏移距离为 1m，连续三次向左（外）侧偏移第一阶看台的轮廓，修剪去多余的线条，完成看台的绘制（如图 3-62 所示）。

3〉绘制文化广场装饰石球

先绘制一个装饰石球。运行“偏移”命令，偏移距离为 3m，向内偏移文化广场外轮廓线，用格式刷将偏移得到的圆变为辅助线。

将“花坛小品”层置为当前层，按下 F3 打开“对象捕捉”，运行“圆”命令。

命令：CIRCLE

指定圆的圆心或［三点（3P）/ 两点（2P）/ 切点、切点、半径（T）]:（单击垂直辅助线和辅助圆的交点）

指定圆的半径或［直径（D）］<15.50>：D　（回车）

指定圆的直径 <31.00>：1.5　（回车）

单个石球绘制完成了（如图 3-63 所示）。

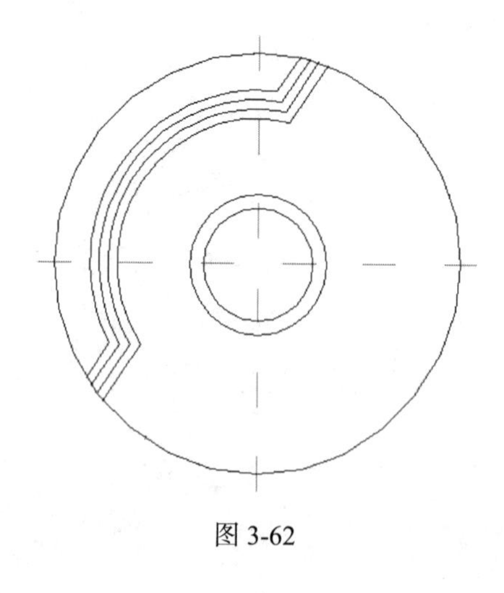

图 3-62

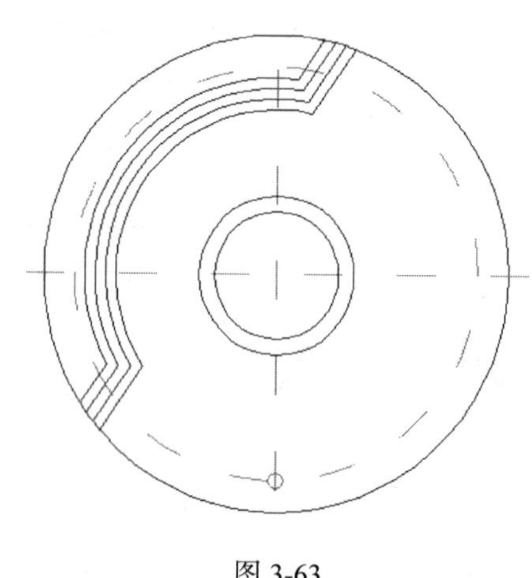

图 3-63

用“阵列”命令复制其余的石球。

单击“阵列”工具按钮或按下快捷键 AR，系统弹出“阵列”对话框，选择“环形阵列”选项；单击“拾取中心点”按钮，返回图形界面，根据命令行的提示单击广场圆心，将它指定为阵列中心点；系统再次弹出“阵列”对话框，单击“选择对象”按钮，返回图形界面，单击单个石球，回车；返回“阵列”对话框，进行其余参数设置（如图 3-64 所示），确定后返回。

删除多余的石球和偏移的辅助圆，完成了文化广场的绘制（如图 3-65 所示）。

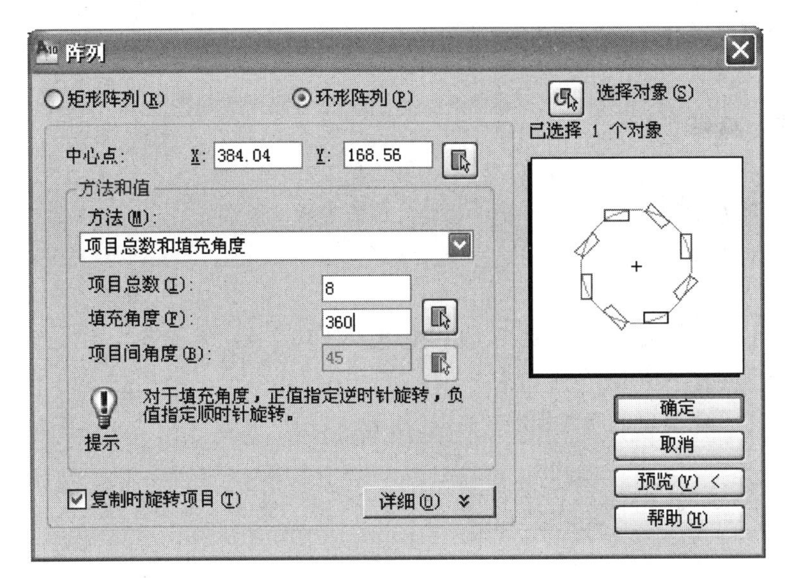

图 3-64

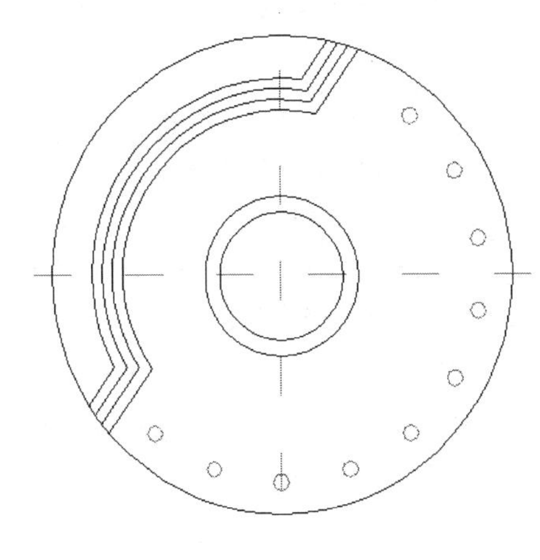

图 3-65

4〉绘制文化广场上方（北侧）布局

先绘制辅助线。运行“偏移”命令，距离分别为 4m、13m，向下分别偏移广场上方的水平内缘线；运行“偏移”命令，距离为 46m，向左偏移广场右侧的垂直内缘线；运行“直线”命令，捕捉中心广场右上方的花坛右上角点，按下 F8 打开“正交”按钮，绘制直线段；用格式刷将偏移线和直线改变为辅助线（如图 3-66 所示）。

绘制道路线。

运行“样条曲线”命令，以直线辅助线和垂直道路线的交点为起点，以中心垂直辅助线与圆形广场上方交点为端点，绘制第一条弧线；回车，重复“样条曲线”命令，以偏移 4m 得到的水平辅助线和偏移 46m 得到的垂直辅助线交点为起点，在合适的位置绘制第二条弧线；复制视图左上角倾斜的道路线，放在第二条弧线与偏移 13m 得到的水平辅助线交点处（如图 3-67 所示）。

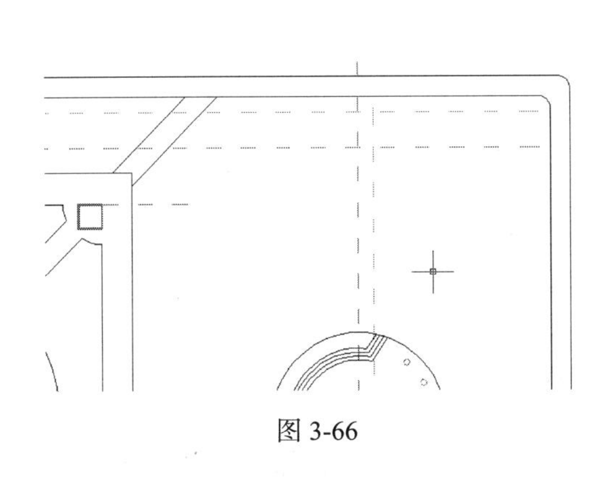

图 3-66

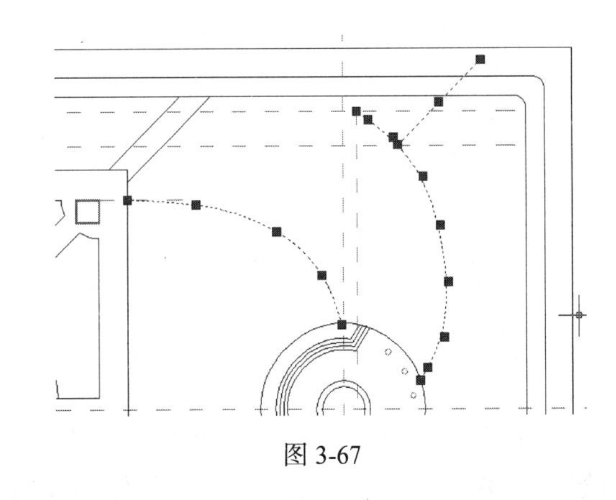

图 3-67

运行“偏移”命令，以距离 6m，向上偏移第一条弧线；运行“偏移”命令，以距离 6m，向左偏移倾斜的道路线，并将偏移得到的直线段延长到偏移得到的弧线段。

用格式刷将偏移 4m 得到的水平线改变到“道路”层，修剪或删除多余的线段、辅助线，完成道路布局的绘制（如图 3-68 所示）。

5〉绘制文化广场上方的景墙

以上步骤绘制的第二条弧线就是景墙所在的弧线，它的上端点就是景墙的起点；运行“偏移”命令，以距离 40.5m，向下偏移广场上方水平内缘线，与第二条弧线的交点为景墙终点。

将“建筑”层置为当前层，运行“多段线”命令，绘制景墙。

命令：PLINE （回车）

指定起点：< 对象捕捉　开 >（单击景墙起点）

当前线宽为 0.00

指定下一个点或［圆弧（A）/ 半宽（H）/ 长度（L）/ 放弃（U）/ 宽度（W）］：W

指定起点宽度 <0.00>：0.5 （回车）

指定端点宽度 <0.50>： （回车）

指定下一个点或［圆弧（A）/ 半宽（H）/ 长度（L）/ 放弃（U）/ 宽度（W）］：（单击第二条弧线段与下方直线段的交点）

指定下一点或［圆弧（A）/ 闭合（C）/ 半宽（H）/ 长度（L）/ 放弃（U）/ 宽度（W）］：（单击第二条弧线段与上方直线段的交点）

指定下一点或［圆弧（A）/ 闭合（C）/ 半宽（H）/ 长度（L）/ 放弃（U）/ 宽度（W）］：A （回车）

指定圆弧的端点或

［角度（A）/ 圆心（CE）/ 闭合（CL）/ 方向（D）/ 半宽（H）/ 直线（L）/ 半径（R）/ 第二个点（S）/ 放弃（U）/ 宽度（W）］：S （回车）

指定圆弧上的第二个点：< 对象捕捉　关 >（单击景墙弧线余下部分的中点）

指定圆弧的端点：< 对象捕捉　开 >　（单击景墙的终点）

指定圆弧的端点或

［角度（A）/ 圆心（CE）/ 闭合（CL）/ 方向（D）/ 半宽（H）/ 直线（L）/ 半径（R）/ 第二个点（S）/ 放弃（U）/ 宽度（W）］：（单击右键，选择确定）

删除偏移线，景墙绘制完成（如图 3-69 所示）。

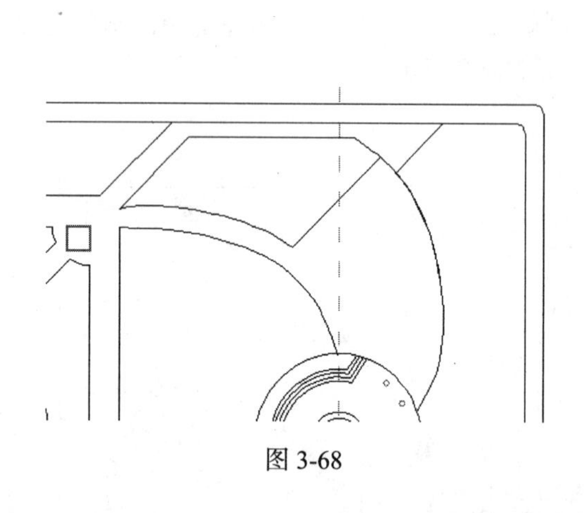

图 3-68

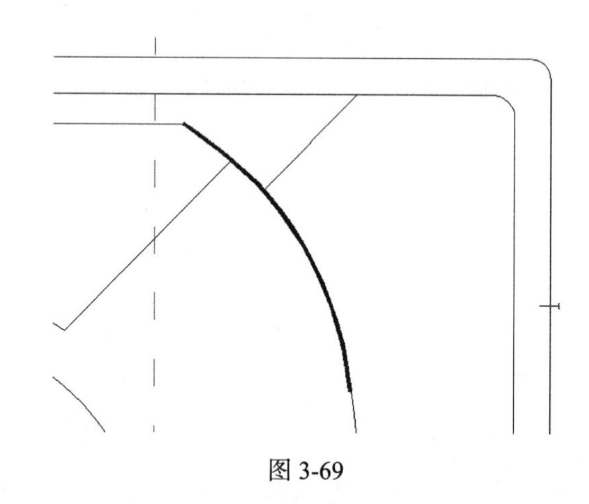

图 3-69

6〉绘制文化广场上方景墙前的水池

绘制辅助线。运行“偏移”命令，以距离 0.5m，向下偏移景墙上方的道路线段；运行“偏移”命令，以距离为 34.5m、37.2m、40m，分别向下偏移广场上方水平内缘线；用格式刷将偏移线变为辅助线。

绘制跌水水池。将“道路”层置为当前层，运行“圆弧”命令，以偏移得到的直线段和景墙弧线的交点为起点，以三条偏移得到的水平辅助线和景墙弧线的交点为端点，绘制圆弧（如图 3-70 所示）。

删除偏移得到的辅助线，水池绘制完成。

7〉绘制文化广场上方的景亭

绘制辅助线。运行“偏移”命令，以距离 10m，向左偏移文化广场中心垂直辅助线；回车，重复“偏移”命令，以距离 15m，将偏移得到的垂直辅助线再向左偏移。

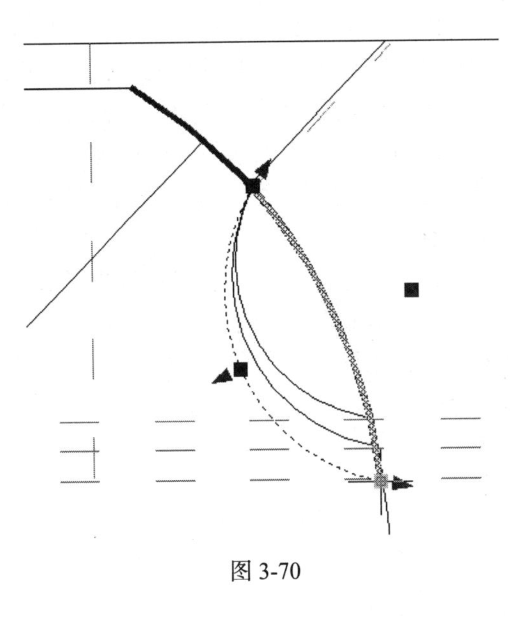
图 3-70

将“道路”层置为当前层，绘制正四边形。

命令：POLYGON　　（回车）

输入边的数目 <4>:　　（回车）

指定正多边形的中心点或［边（E）］:（单击第二条偏移线与广场道路上边缘的交点）

输入选项［内接于圆（I）/ 外切于圆（C）］<I>:　　（回车）

指定圆的半径：5　　（回车）

运行“旋转”命令，以图形的中心点为基点，旋转正四边形，旋转角度为 45°。

运行“偏移”命令，以距离 1.7m，向内偏移正四边形为景亭；回车重复命令，以距离 0.5m，向外偏移正四边形为绿地边缘结合座凳（如图 3-71 所示）。

单击“分解”工具按钮，选择最外的两个正四边形，然后把分解后正四边形的上方两条边删除。

将“建筑”层置为当前层，运行 PEDIT 命令，选择正四边形，线条宽度设为 0.2，加粗景亭轮廓线；运行“直线”工具，连接正四边形两对角点（如图 3-72 所示）。

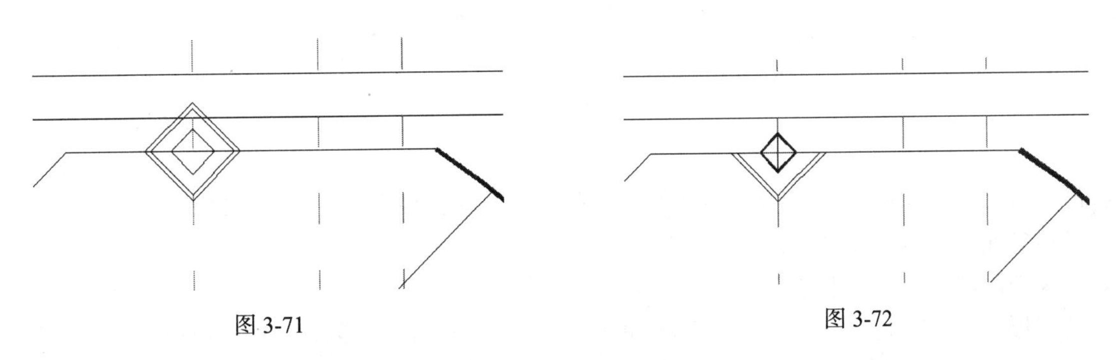
图 3-71　　图 3-72

复制景亭和正四边形余下的线条，以正四边形中心为基点，移动到第一条偏移线与广场道路上边缘的交点，删除多余的线条，结束景亭的绘制（如图 3-73 所示）。

8〉绘制文化广场上方的多边形绿地

在圆形文化广场上方，几条不规则的道路线之间有一个多边形绿地，绿地的每条边基本上对应着相邻的道路线，它们是由道路线复制、组合、变形而来（如图 3-74 所示）。将“道路”层置为当前层，请读者对照图上的形状，自己动手绘制。

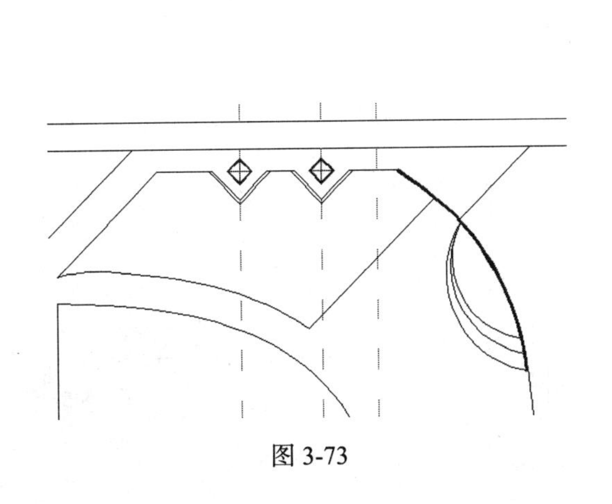
图 3-73

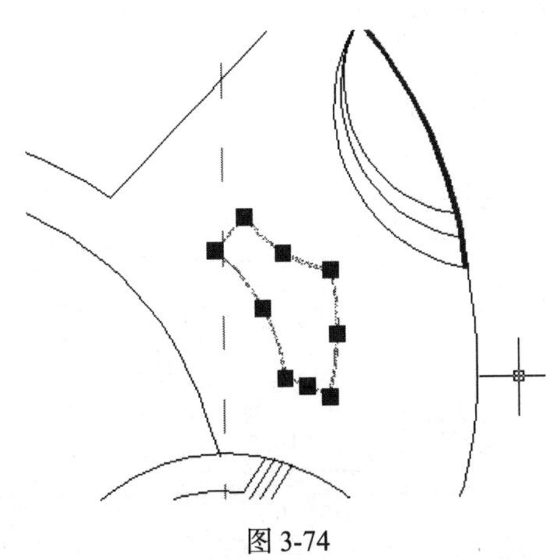
图 3-74

9〉绘制文化广场下方（南部）的道路线

文化广场下方（南部）的道路线是不规则曲线，先绘制出起点和端点的辅助线，再绘制不规则曲线。

绘制辅助线。将“辅助”层置为当前层，运行“直线”命令，以中心广场右下角花坛右侧的两个角点为起点，向右侧绘水平直线；运行“偏移”命令，以距离 43.5m，向下偏移广场中心水平辅助线。

绘制不规则曲线。将“道路”层置为当前层，运行“样条曲线”命令，根据图 3-75 所示的线条形状绘制。

10〉绘制文化广场东南入口的花坛

东南入口的花坛是一组立体花坛，由两个矩形花坛和中间一个弧形花坛组成（如图 3-76 所示）。弧形花坛是由同心圆为 90° 的两条边所截得到，矩形花坛两条边长分别为 7m、4m，请读者结合前文介绍的命令，自己绘制。

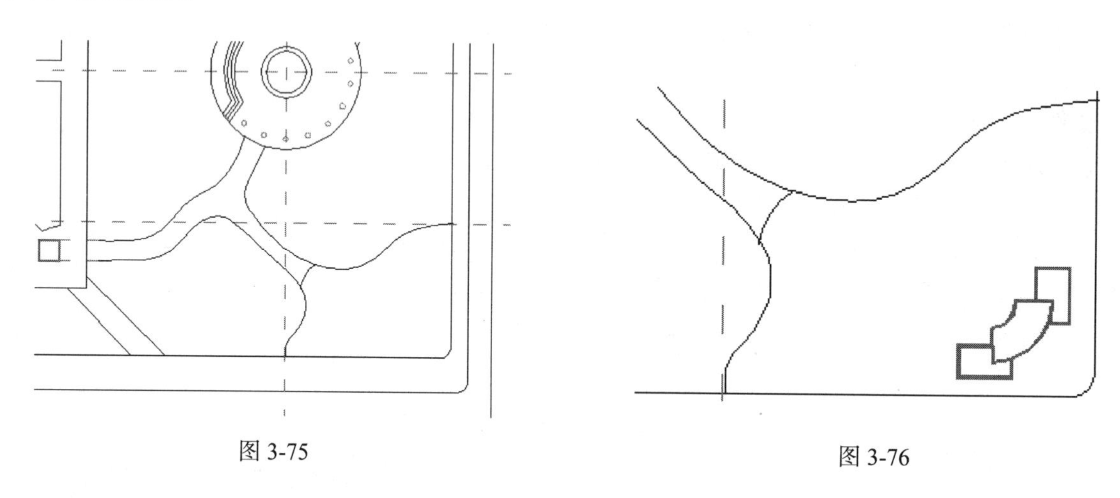

图 3-75　　　　图 3-76

运行窗口“全部缩放”，最后整理一下线条，修剪、删除掉多余的线条、辅助线，关闭“辅助”层，城市广场总平面图的绘制基本完成（如图 3-77 所示）。

● 计算图形大小，添加图框、指北针

计算图形尺寸。运行菜单“工具 / 查询 / 距离”命令，测量出图形大小约为 398 × 236，由于图形中 1 个单位代表 1m，如果以 1 : 1 的打印比例输出，则图面比例为 1 : 1000，作为具体的景观设计，这个比例尺相对太大，不是很合适；如果要取平面图比例尺为 1 : 500，则打印输出比例为 1 : 0.5，图形大小与 A1 图纸（841 × 594）× 0.5 的尺寸较接近。

插入图框。打开“图层”属性的下拉窗口，将“文字”层置为当前层。单击菜单“插入 / 块”，在打开的“插入”对话框中单击“浏览”按钮，打开路径“光盘: \ 图块 \ 图框 \”，选择“A1 横向图框”，确定后插入；运行“缩放”命令，将图框缩放 0.5 倍并移动到合适的位置。

用同样的方法插入指北针（如图 3-78 所示）。

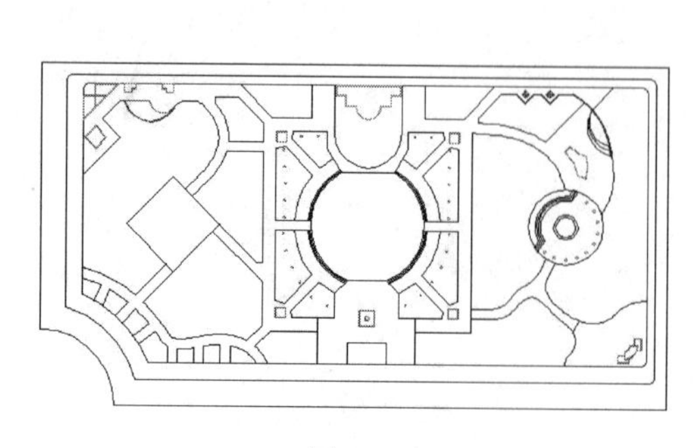

图 3-77

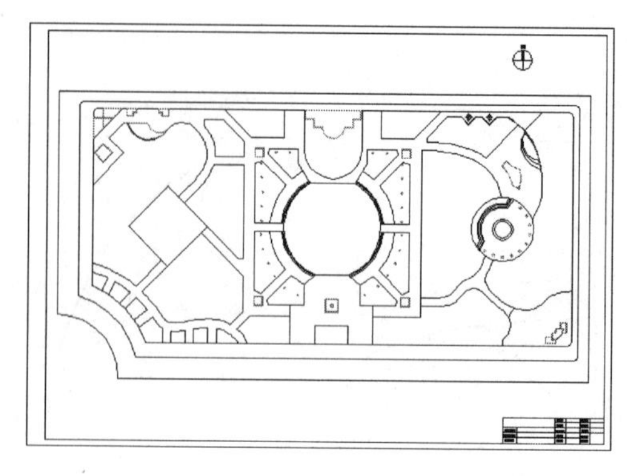

图 3-78

● 图案色彩渲染

图形绘制完成后，还要对铺装、小品、景观等进行图案、色彩的填充，以更确切、更细致地表达设计思想。AutoCAD 和 Photoshop 都可以进行渲染，但 Photoshop 是专门处理图片色彩的软件，它用于后期渲染的效果会更好；AutoCAD 多用于图形的精确绘制，有时也用于简单的图案填充，在施工图中应用较多。

在分项绘制和 Photoshop 渲染中会应用到总平面的布局和框架，所以先备份文件再进行下一步。单击“文件 / 另存为”，在打开的对话框中将文件名改为“城市广场—Z2”，确定后返回。在打开的图形界面中，主要对重点铺装景点区、草坪等进行渲染，以突出布局结构。

本书在后面的章节将以大型的规划方案为例，通过 AutoCAD 绘制基本图形，然后在 Photoshop 中进行渲染和制作图层效果，以达到平面鸟瞰图的效果。所以本章不再对绘制的方案进行图案填充，读者如果有兴趣，希望巩固和提高前面实例中学习的“填充”命令操作，可以自己对绘制的基本图形进行图案填充。

● 添加图名、文字标注

在添加文字前先对文字样式进行设置，本例要把注释的文字和图名分设为两种字体。

单击菜单“格式 / 文字样式”，打开“文字样式”对话框，先进行普通注释文字的设置（如图 3-79a 所示）。然后单击样式名后的“新建”按钮，在弹出的“新建文字样式”对话框中默认样式名为“样式 1”（如图 3-79b 所示），确认后返回“文字样式”对话框，在“样式”窗口下拉表框中重新设定字体（如图 3-79c 所示），单击“应用”按钮后关闭对话框，完成文字的设定。

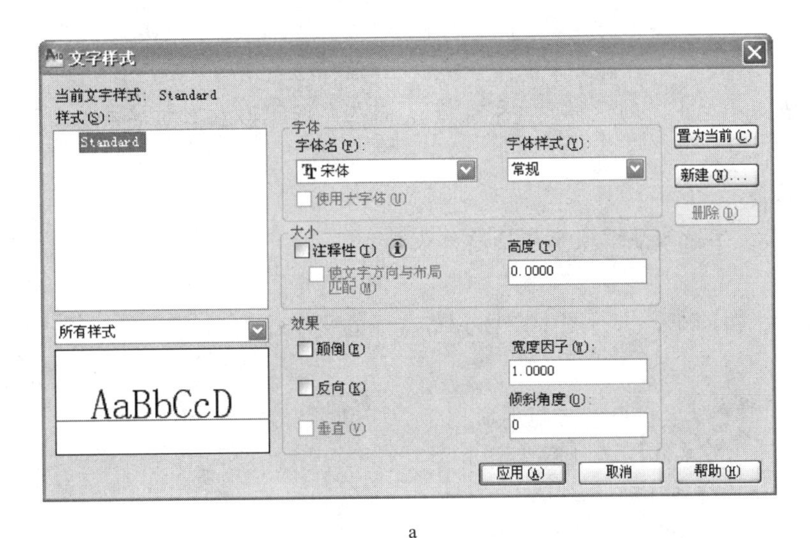

a

b

图 3-79（一）

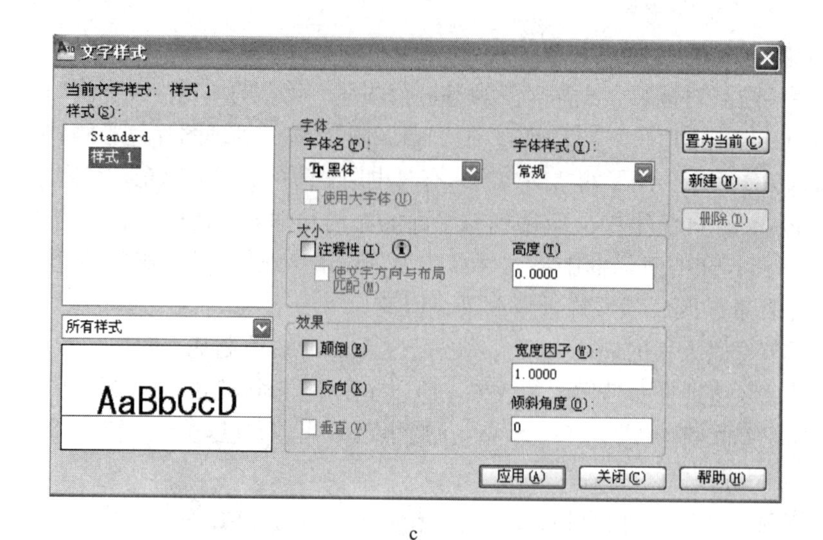

c

图 3-79（二）

打开“图层”属性的下拉窗口，将“文字”层置为当前层，选择菜单“绘图 / 文字 / 单行文字”或按下快捷键 DT 后回车，命令行显示：

命令：DT（DTEXT）

当前文字样式：“样式 1” 当前文字高度：5.00 注释性：否

指定文字的起点或 [对正（J）/ 样式（S）]：（鼠标在广场图形左上方单击）

指定高度 <5.00>：12 （回车）

指定文字的旋转角度 <0>： （回车）

输入文字：（调出文字输入法）城市广场总体设计 （回车）

输入文字： （回车）

完成图名的输入，再回车，进行图中广场分布注释的文字输入。

命令：DTEXT

当前文字样式：“样式 1” 当前文字高度：12 注释性：否

指定文字的起点或 [对正（J）/ 样式（S）]：S （回车）

输入样式名或 [?] < 样式 1>：standard （回车）

当前文字样式：“Standard” 当前文字高度：2.50 注释性：否

指定文字的起点或 [对正（J）/ 样式（S）]：< 对象捕捉 关 >（鼠标在西侧中心广场内单击）

指定高度 <2.50>：5 （回车）

指定文字的旋转角度 <0>： （回车）

输入文字：（调出文字输入法）绿之广场

（鼠标在中心广场内单击）

输入文字：集会广场

（鼠标在东侧中心广场内单击）

输入文字：文化广场

（鼠标在广场图形左下方单击）

输入文字：A、雕塑 （回车）

输入文字：B、观赏灯 （回车）

输入文字：C、喷泉水池 （回车）

输入文字：D、旱喷泉 （回车）

输入文字：E、景亭　（回车）
输入文字：F、景墙　（回车）
输入文字：G、花坛　（回车）
输入文字：H、舞台　（回车）
输入文字：I、观赏石球　（回车）
输入文字：　（回车）

结束文字的输入，上文文字注释在输入后按回车键自动换行（如图 3-80a 所示）。用鼠标框选左下角注释文字，单击“特性”按钮，在“特性”对话框将文字高度改为“3”，并逐行选择，用“移动”命令调整布局（如图 3-80b 所示）。

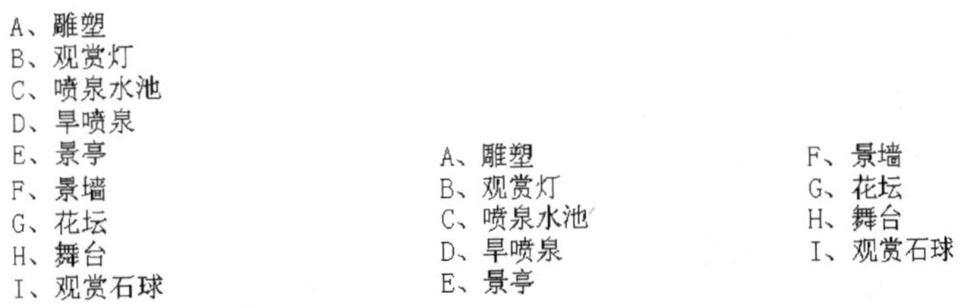

A、雕塑
B、观赏灯
C、喷泉水池
D、旱喷泉
E、景亭
F、景墙
G、花坛
H、舞台
I、观赏石球

a

A、雕塑
B、观赏灯
C、喷泉水池
D、旱喷泉
E、景亭

F、景墙
G、花坛
H、舞台
I、观赏石球

b

图 3-80

应用“单行文字”输入文字注释，在这里显然有些麻烦，AutoCAD 2010 新增功能里的“多行文字”命令，应用起来简单、方便，下面我们使用这种方法进行图形下方的多行文字注释输入。

接上文输入“文化广场”后。

命令：_mtext

当前文字样式："Standard" 当前文字高度：5　注释性：否

指定第一角点：（鼠标在广场图形左下方单击）

指定对角点或 [高度（H）/ 对正（J）/ 行距（L）/ 旋转（R）/ 样式（S）/ 宽度（W）/ 栏（C）]：H　（回车）

指定高度 <5>：3　（回车）

指定对角点或 [高度（H）/ 对正（J）/ 行距（L）/ 旋转（R）/ 样式（S）/ 宽度（W）]：（回车）

出现“文字格式”对话框，在写字框中填写相应的文字，并对齐（如图 3-81 所示）。

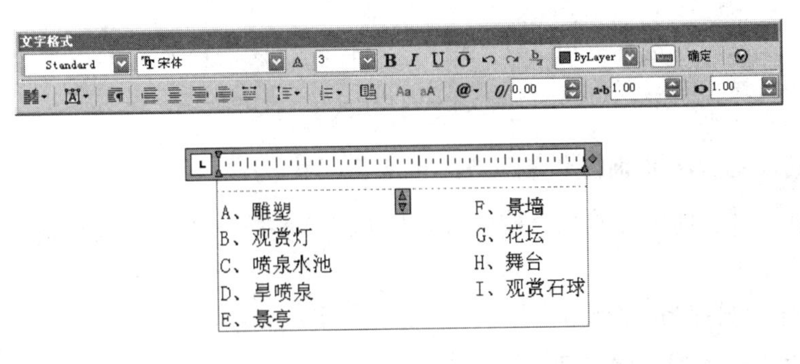

图 3-81

点击“确定”按钮。完成多行文字的输入。

<u>技巧</u>：在运行“多行文字”MTEXT 命令过程中，若需要输入项目编号或大写字母时，可以直接点击“文字格式”对话框中的相应选项（如图 3-82 所示），操作起来非常方便。

图 3-82

用相同的方法，在图中相应的位置标志出“A”、“B”、“C”……，在指北针下标志“1∶500”，并在右下角的图签栏中填入相关的内容（如图 3-83 所示）。

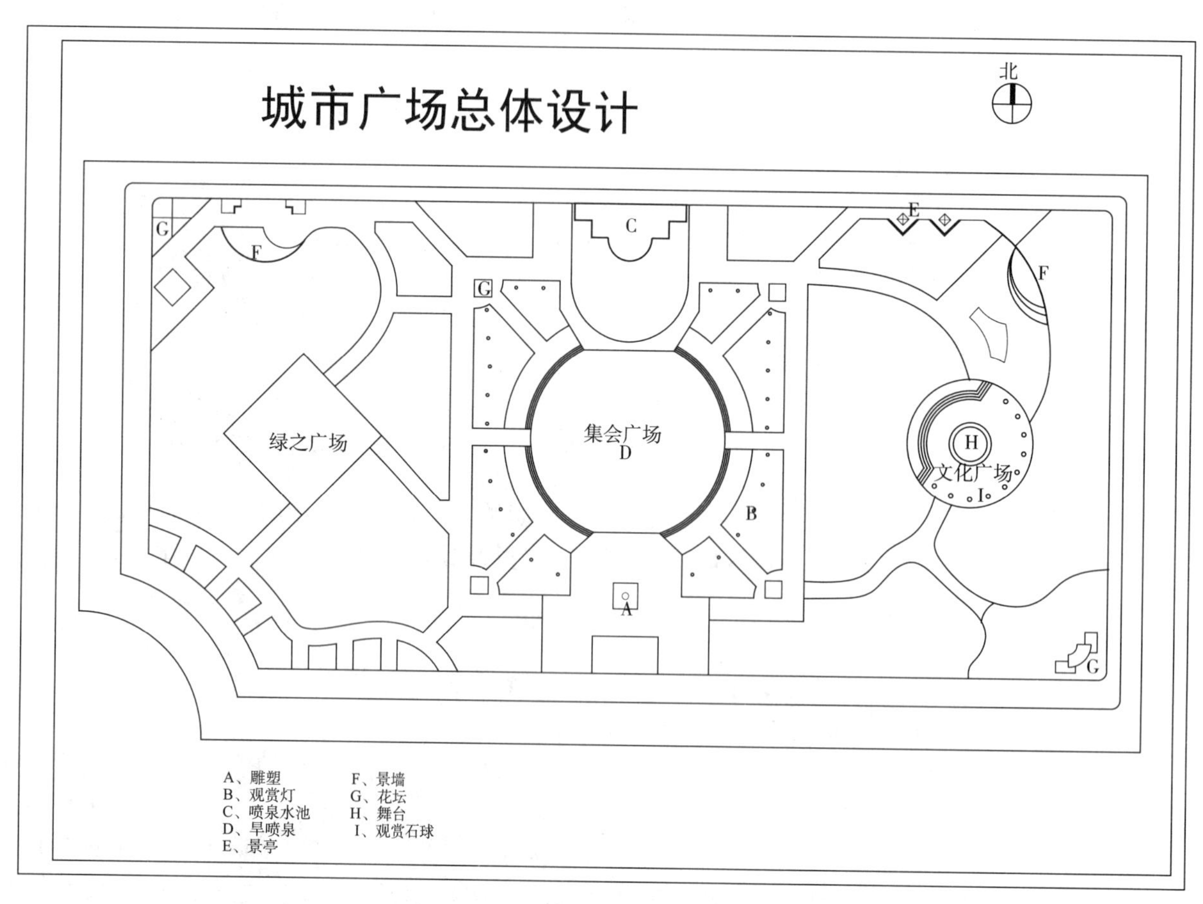

图 3-83

● 打印设置，图纸输出。

在打印设置中，图纸尺寸选择 A1（841×594），打印输出比例定义为 1∶0.5，图纸方向为横向打印，用“窗口”选择打印区域，而后通过预览再调试并打印。

3.2.3 城市广场规划设计分项平面图绘制实例

在城市广场规划设计分项平面图的绘制中，我们着重介绍种植设计图的绘制，在 AutoCAD 2010 中绘制的主要步骤如下：

1〉打开总平面图，另存为“种植设计”；

2〉删除不需要的内容，或关闭其所在的图层；

3〉在图面上插入树型图块，绘制绿化种植模式和等高线；

4〉添加种植的图例或文字注释；

5〉添加或修改图名、图签内容；

6〉进行打印设置，图纸输出。

具体的绘制如下：

● 保存文件

打开文件“城市广场—Z”，选择菜单“文件 / 另存为”，指定一个途径，文件名为“城市广场—P”。

● 删减图形内容

由于图形文件“城市广场—Z”本身没有填充渲染和文字，所以就不需要删减图形内容，而是直接在图上添加需要的内容。

提示：如果在开始时打开的是有填充渲染和文字的图形文件“城市广场—Z2”，就必须对图形内容进行必要的删减。如：

关闭不需要的内容。单击“图层”下拉窗口，关闭“绿地”、“铺装 1”、“铺装 2”、“水景”等图层前的“灯泡”（图层显示开关），保留完整的图形线条。

删除不需要的内容。本图以种植设计的内容为主，对于总平面图中的建筑小品的文字注释不再需要，所以对“文字”层的大部分内容进行删除，仅保留图名、图签内容、分广场名称等内容，留待以后修改。

暂时关闭“文字”图层，进行修改操作时再打开显示开关。

● 绘制草坪等高线

为了丰富立面景观，将大面积的草坪地作微地形处理，需要绘制出草坪等高线。单击“图层”按钮，打开“图层特性管理器”对话框，新建“等高线”层并置为当前图层；运行“样条曲线”命令，根据草图绘制等高线并调整到合适的位置（如图 3-84 所示），详细操作由读者自己尝试。

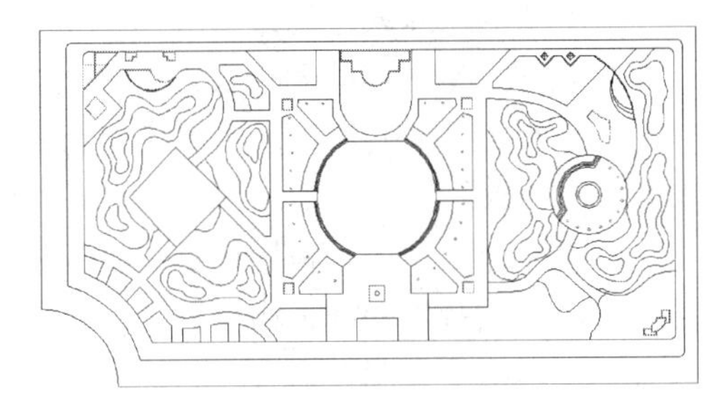

图 3-84

等高线绘制完成后，将为种植设计、种植物的栽植提供了参考。

● 绘制植物

植物的绘制主要是各类乔灌木和地被植物的绘制。在种植设计和施工图中，树木冠径的大小一般以成年树木的冠径为绘图标准，而不依赖于栽植时的冠径；一般大乔木、绿地孤植树、行道树冠径取 5~7m，普通中小乔木冠径取 3~5m，大灌木冠径取 1.5~2.5m，中小灌木取 1~2m，整形灌木可以以实际尺寸为准。

如果灌木太小不易标注清楚或成丛植、片植状，可以在图上绘制出栽植的范围，然后标注上栽植数量，如在紫薇栽植范围旁标注“紫薇 7 株”；植物满栽的绿篱、色块、模纹图案等，除了要在图上绘制出其栽植图形或边缘线，而后在其中填充图案或色彩来表示，还要在图中标注上栽植密度和栽植数量，如大叶黄杨色块可以标注为“大叶黄杨 160 株 / 每平方米 16 株”，或列表具体说明。

在图形比例较大而且栽植植物较多的情况下，为了图面清晰、整齐，便于识别，可以用数字代号来标注植物，而后在图的一角写上植物名录，植物、序号、数量一一对应，如名录中序号 16 与紫薇对应，则在图中“紫薇 7 株”可以简单标志为“16（7）”。

本图的植物绘制主要是乔木、灌木和模纹色块的绘制。

模纹的绘制使用“样条曲线”命令，这里不再详述，请参照上文中广场布局的绘制；树木的绘制有两种方式，一种是运行“插入 / 块”命令，从“光盘：\ 树块 \”中直接选择不同的树形，另一种更为简便的方法是绘制不同规格的圆，复制后放在合适的位置代表树木，圆中标注各种树木的文字代号。

由于本图是绘画设计方案定稿后绘制的绿化施工图，树木的标注主要要求清晰明确，便于放线施工，所以我们用普通的圆形代表树木。同时简单的树形也有利于图形文件在 Photoshop 中的后期处理。如果读者直接用 AutoCAD 绘制方案并想增加图面的效果，植物的绘制可以用插入树形和色块填充图案。请读者自己尝试一下。

下面在图形文件上添加树木。

绘制行道树。单击“图层”按钮，打开“图层特性管理器”对话框，新建“树木”层并置为当前图层；单击工具条中的绘圆工具或按下快捷键 C，激活绘圆工具。

命令：C　（回车）

CIRCLE 指定圆的圆心或［三点（3P）/ 两点（2P）/ 切点、切点、半径（T）]:（鼠标单击广场外边缘道路转角）

指定圆的半径或［直径（D）]: 3　（回车）

完成一棵树木的绘制，激活“复制”命令把它放到广场的其他转角处。

命令：COPY　（回车）

选择对象：（鼠标单击树木图形）找到 1 个

选择对象：　（回车）

当前设置：复制模式 = 多个

指定基点或［位移（D）/ 模式（O）] < 位移 >：（鼠标单击树木图形中心）　（回车）

指定第二个点或 < 使用第一个点作为位移 >：（鼠标在广场的第一个转角处单击）

指定第二个点或［退出（E）/ 放弃（U）] < 退出 >：（鼠标在广场的第二个转角处单击）

指定第二个点或［退出（E）/ 放弃（U）] < 退出 >：（鼠标在广场的第三个转角处单击）

指定第二个点或［退出（E）/ 放弃（U）] < 退出 >：　（回车）

然后再激活“阵列”命令（如图 3-85a、b 所示），分别复制各边缘的行道树（如图 3-86 所示）。

绘制绿地内树木。根据种植设计的构思或内容，先对不同的植物绘制相应规格的圆形，再用“复制”命令，将树木“种植”在合适的位置（如图 3-87 所示），下一步再进行文字标注。

绘制模纹图案。激活“样条曲线”命令，继续在“树木”层添加云纹图案（如图 3-88 所示）。

技巧：对图形中的模纹图案，如果有图可以参照（象本图的模纹是模仿少数民族的云纹图案），可以将图扫描后插入 AutoCAD 中，描绘线条后再变形创作。

● 标注植物

在园林工程的分项图——种植设计中，除了要在图形上添加植物，更主要的是给植物定位和标注名称，便于施工识图。

一般分几个步骤：

1）先用标志点单击树木的圆心（中心），便于树木的栽植放线定位；

2）再以树木的定位点或圆心为线段端点，用线条把邻近的同一种树木连到一起，便于标注；

3）激活文字工具，标注植物；对成组连结的可以仅标注一个，单独栽植的要逐个标注；

4）在图形中添加植物名录。

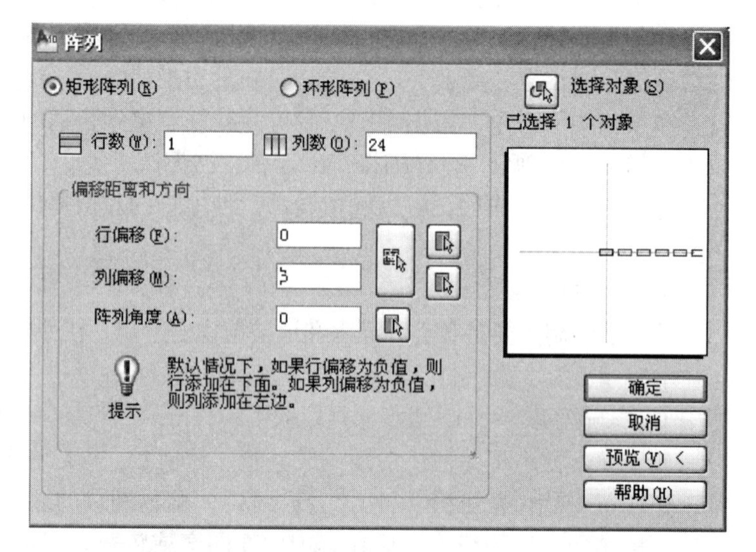

a

b

图 3-85

第一步工作可以在上文树木种植时，把圆形（树木）和定位点定义成一个块，一起复制放到合适的位置。有的园林制图中没有第一步，而直接用第二步相同树木的连线，它的端点或转折点就可以起到树木定位的作用。为了使读者在初学时掌握得更全面一些，我们分别逐个介绍如下：

新建标注层。单击“图层”按钮，打开“图层特性管理器”对话框，新建“种植设计”层并置为当前图层；为了使图面更清晰，单击“等高线”层前的小灯泡，使“等高线”层处于暂时关闭状态。

标注定位点。单击菜单“格式 / 点样式”，打开“点样式”对话框，进行样式选择和参数设定（如图 3-89 所示）；返回绘图界面，单击工具条中的“点”的按钮或按下快捷键 PO，激活点的绘制工具，在图形界面中单击树木（圆形）的中心。

技巧：如果单纯的“点”不够醒目，可以用其他的点标志，或者直接根据图形、树木比例，绘制小圆形并用色彩填实，定义为块后复制到树木的中心做定位点。

绘制树木连线。按下快捷键 PL 激活“多段线”工具，依据设计构思或草图，在小范围区域中不断单击同一种树木的定位点，没有绘制定位点的取树木的中心为线段转折端点。

添加植物品种标注。首先在草图上列出植物名称和代号，再依据草图添加到图形中。选择菜单“绘图 / 文字 / 单行文字”或按下 DT 键，运行文字工具，单击树木标注，添加相应的代号（如图 3-90 所示）。当图形中植物种类比较单一、数量较少时可以直接标注树木名称。

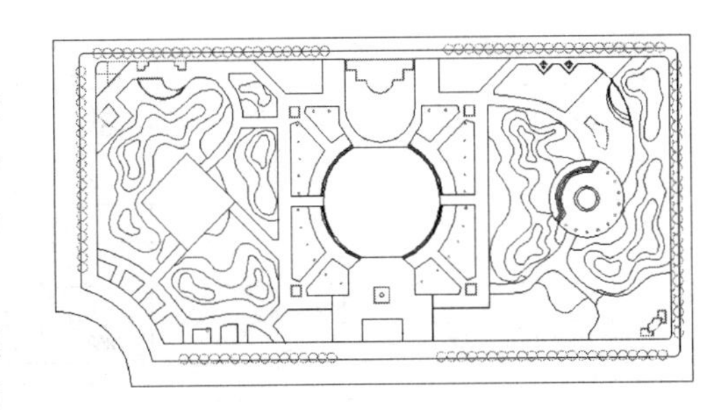

图 3-86

图 3-87

图 3-88

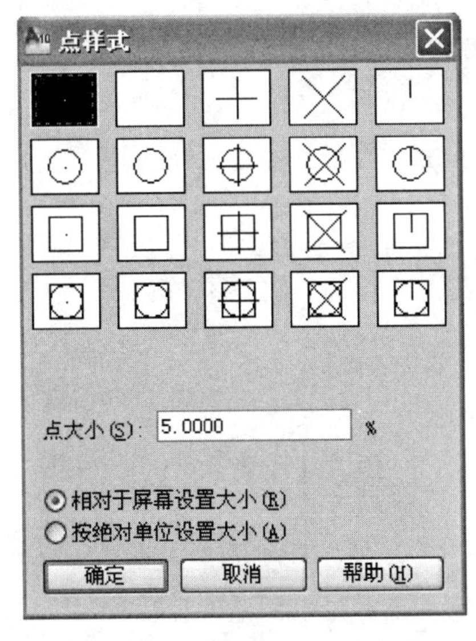

图 3-89

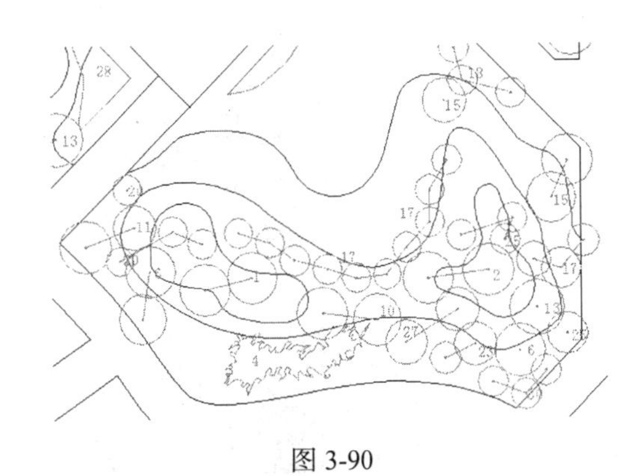

图 3-90

添加植物名录。可以直接激活文字工具，在图形的角落列出植物名录；或者根据需要绘制表格，把种植设计的详细内容列表说明（如图 3-91 所示）。

下面我们介绍一下 AutoCAD 2010 中新增功能，绘制表格。

苗木表											
编号	苗木名称	规格		数量	备注	编号	苗木名称	规格		数量	备注
		高度（m）	胸径（cm）					高度（m）	胸径（cm）		
1	油松	4~5		14		10	馒头柳		7~8	43	
2	白皮松	4~5		32		11	胡桃		7~8	16	
3	侧柏	3.5~4		7		12	榆树		7~8	10	
4	铺地柏	0.15~0.2		19丛	每丛100~120株	13	栾树		9~10	17	
5	沙地柏	0.3~0.4		12丛	每丛100~120株	14	元宝枫		7~8	14	
6	杜松	3~4		19		15	白蜡		9~10	11	
7	龙爪槐		7~8	21		16	珍珠梅	1.8~2.0		13	
8	新疆杨		7~8	20		17	黄刺玫	1.8~2.0		15	
9	绦柳			6		18	碧桃	1.8~2.5		8	

注：行道树为新疆杨，共112棵。

图 3-91

单击菜单“绘图 / 表格”（TABLE），打开“插入表格”对话框，点击“表格样式”选项栏后的方框（如图 3-92 所示），出现“表格样式”对话框；点击“新建”按钮（如图 3-93 所示），创建新的表格样式，命名为“样式 1”，参数设置如图 3-94a、b、c 所示（也可以直接对原有样式进行修改）；将“样式 1”置为当前，关闭“表格样式”对话框，再次回到“插入表格”对话框，根据表格内容，设置行、列参数（如图 3-95 所示）。

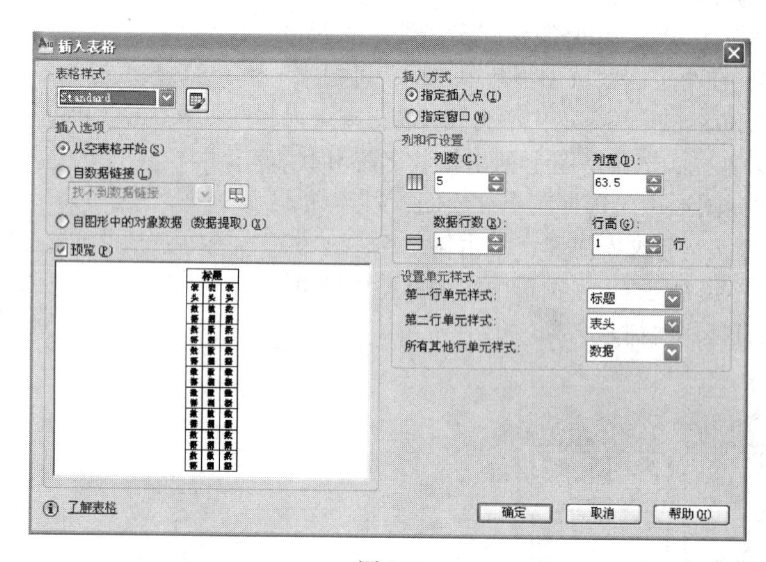

图 3-92

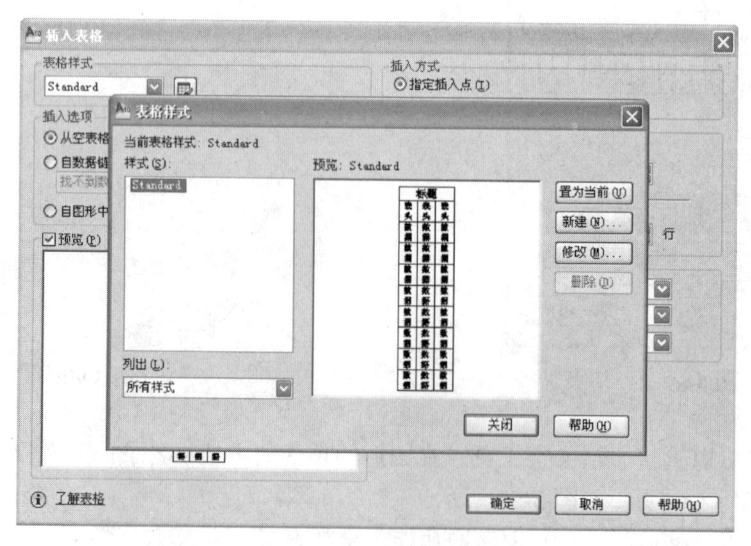

图 3-93

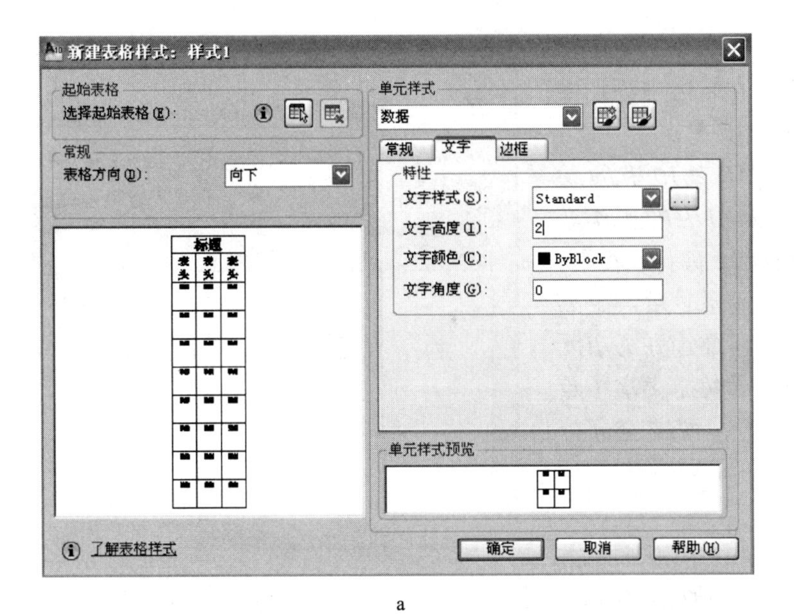
新建表格样式：样式1
起始表格
选择起始表格(E):
常规
表格方向(D):
向下
标题
表头
单元样式
数据
常规
文字
边框
特性
文字样式(S):
Standard
文字高度(I):
2
文字颜色(C):
ByBlock
文字角度(G):
0
单元样式预览
了解表格样式
确定
取消
帮助(H)

a

新建表格样式：样式1
起始表格
选择起始表格(E):
常规
表格方向(D):
向下
标题
单元样式
表头
常规
文字
边框
特性
文字样式(S):
Standard
文字高度(I):
2
文字颜色(C):
ByBlock
文字角度(G):
0
单元样式预览
了解表格样式
确定
取消
帮助(H)

b

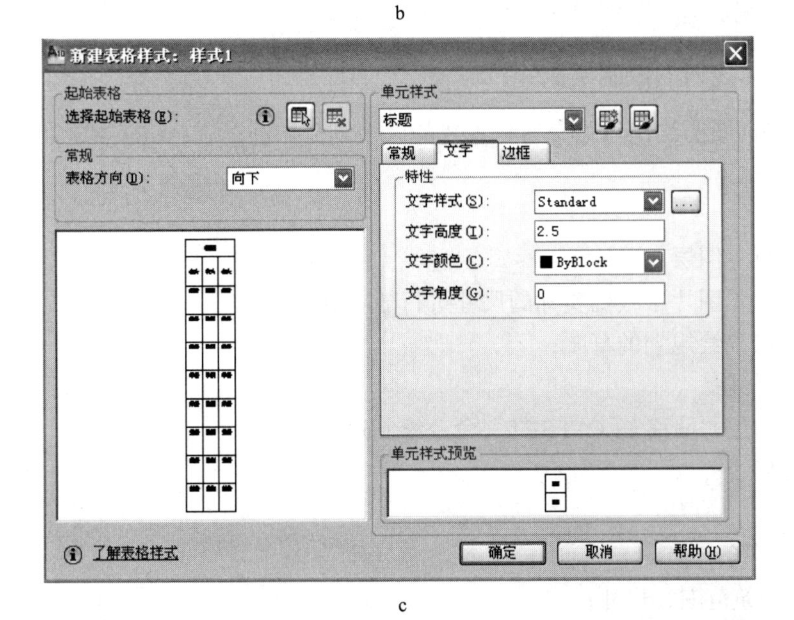
新建表格样式：样式1
起始表格
选择起始表格(E):
常规
表格方向(D):
向下
单元样式
标题
常规
文字
边框
特性
文字样式(S):
Standard
文字高度(I):
2.5
文字颜色(C):
ByBlock
文字角度(G):
0
单元样式预览
了解表格样式
确定
取消
帮助(H)

c

图 3-94

指定插入点后，在图中适当位置插入一组表格，而后在表格中添加文字，并对表格进行适当调整。

提示：在 AutoCAD 2010 中的绘制表格，与我们在 Word 中的操作非常相似，同样可以复制、剪切、粘贴、插入、合并、删除、调整宽度等。如果想合并单元格，先将要合并的单元格选中，在右键出现的快捷菜单中点击“合并”，选择按行、列或全部方式，完成合并单元格。

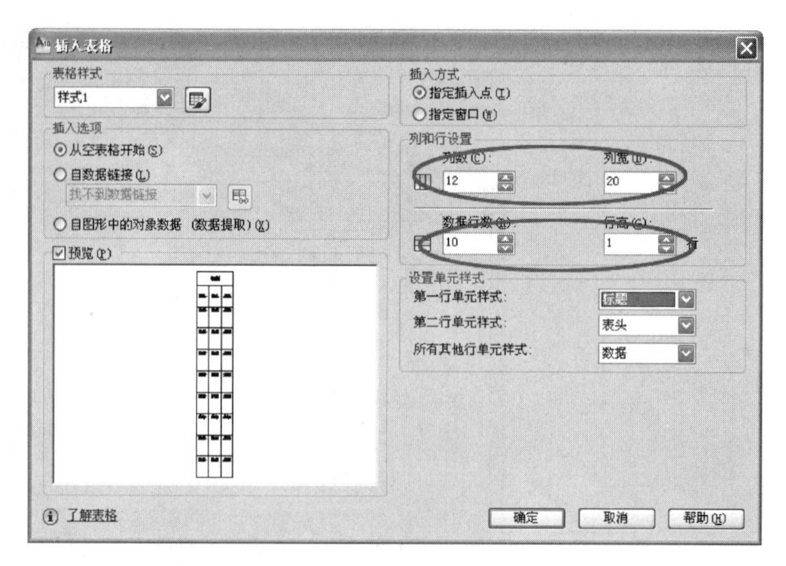

图 3-95

● 添加细部

依据总平面图，在本图中用相同的方法添加图名、指针、比例，填写图签等。

完成图形的绘制（如图 3-96 所示）。

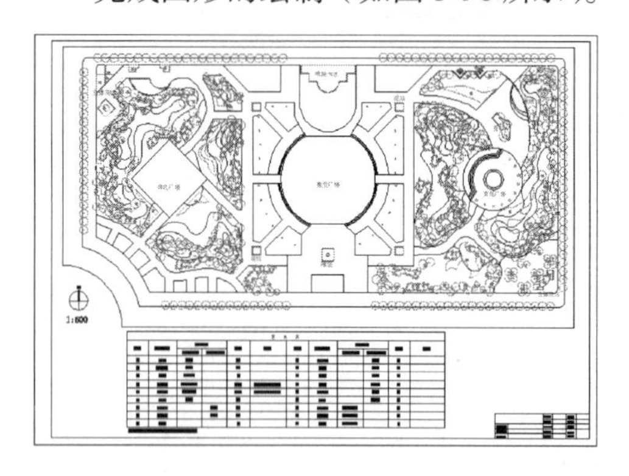

图 3-96

***技巧**：打开完整的总平面，按下［Ctrl+C］键拷贝图名、指针、比例、图框和图签内容等，然后回到种植设计图，用［Ctrl+V］命令粘贴在相应的位置。*

提示：如果本图直接在完整的总平面“城市广场—Z2”上修改，则只需要对图名和图签内容进行修改。鼠标对准文字单击使之呈编辑状态，右击鼠标在快捷菜单中选择“编辑文字”，在系统弹出的“编辑文字”对话框中输入需要的文字，确定后返回，文字已做修改。

● 进行打印设置，图纸输出

打印输出的操作内容和步骤与总平面图相同，请参照前文。

3.3 园林规划总平面图与分项平面图绘制实例

3.3.1 观光植物园总体规划图绘制实例

观光植物园总平面图要绘出道路交通和主要的区域划分情况，在 AutoCAD 2010 中绘制观光植物园总平面图的主要步骤如下：

1〉扫描地形图；

2〉新建文件，创立图层；

3〉插入扫描的地形图片，根据实际的尺寸进行放大处理；

4〉在不同的图层描绘规划的草图；

A. 描绘道路中心线；

B. 按规划尺寸，用“偏移”（OFFSET）命令绘制道路；

C. 描绘区域边界线；

D. 描绘水体；

E. 定位、描绘广场；

F. 定位、描绘建筑范围、尺寸；

G. 定位、描绘观景亭廊、花架（格）、花坛等小品；

5〉计算图形大小，添加图框、指北针、比例尺；

6〉添加区域的图案、色彩填充；

7〉添加图名、标注文字；

8〉进行打印设置，图纸输出。

具体步骤如下：

1〉扫描地形图和草图

在绘制以前先要对提供的地形资料进行分析，对于这种类型的规划，主要追求整体布局的合理性，不拘泥于具体尺寸的定位，所以建议在拷贝纸或硫酸纸上勾勒出布局方案和场馆分布草图。

扫描地形图。打开扫描仪的工作界面，对原始地形图进行扫描，并将图片保存为 *.JPG 格式，以便于下一步描绘出准确的边界。

扫描方案草图。操作扫描仪，把勾绘的草图扫描下来，扫描文件也保存为 *.JPG 格式，便于下一步区域布局线的绘制。

由于扫描仪的种类和规格各不相同，所以就不再详述扫描操作过程。这两个扫描的图形文件附带在光盘中。

技巧：当要扫描的图形大于扫描范围时，可以按照小于扫描界限的尺寸，在图形上画线把图形分成几块，然后分块扫描，最后用 Photoshop 把图像拼合后合并图层，另存为一张全图。

2〉建立文件

创建文件。双击桌面上 AutoCAD 2010 图标，新建一图形文件，单击“保存”按钮，在打开的对话框中输入“植物园 -Z”。

创建图层。单击“图层”按钮，在“图层特性管理器”对话框中创建新图层，包括“边界线”、“辅助线（道路中心线）”、“道路 1(一级道路)”、“道路 2(二级道路)”、“绿地”、“建筑”、“水体”、“文字”、“底图”等多个图层（如图 3-97 所示）。

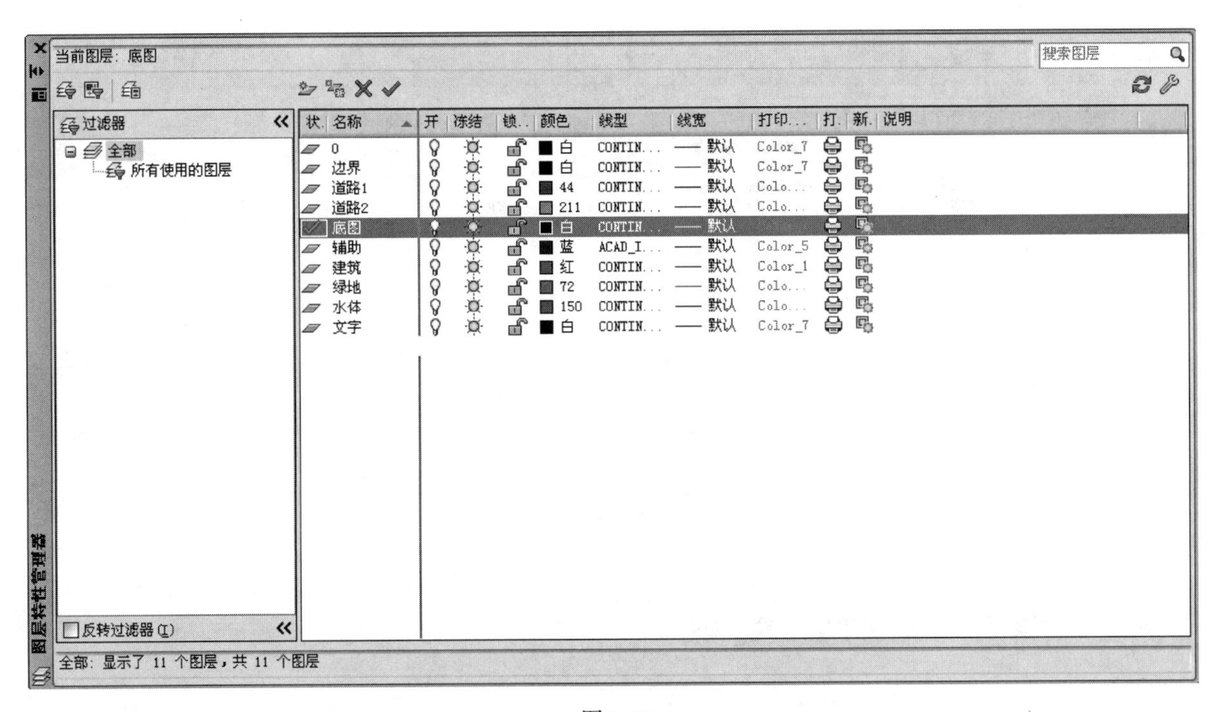

图 3-97

3〉导入光栅图形

A. 插入地形文件

在“图层”的下拉窗口中选择“底图”层，将它置为当前图层。

选择菜单“插入 / 光栅图像参照”（如图 3-98 所示），在打开的“选择参照文件”对话框中，按照路径“光盘：\ 彩图 \ 扫描”，单击文件“地形”，预览框中出现图形画面（如图 3-99 所示），确认后单击“打开”按钮，系统弹出“附着图像”对话框（如图 3-100 所示），确定后返回图形界面。命令行提示：

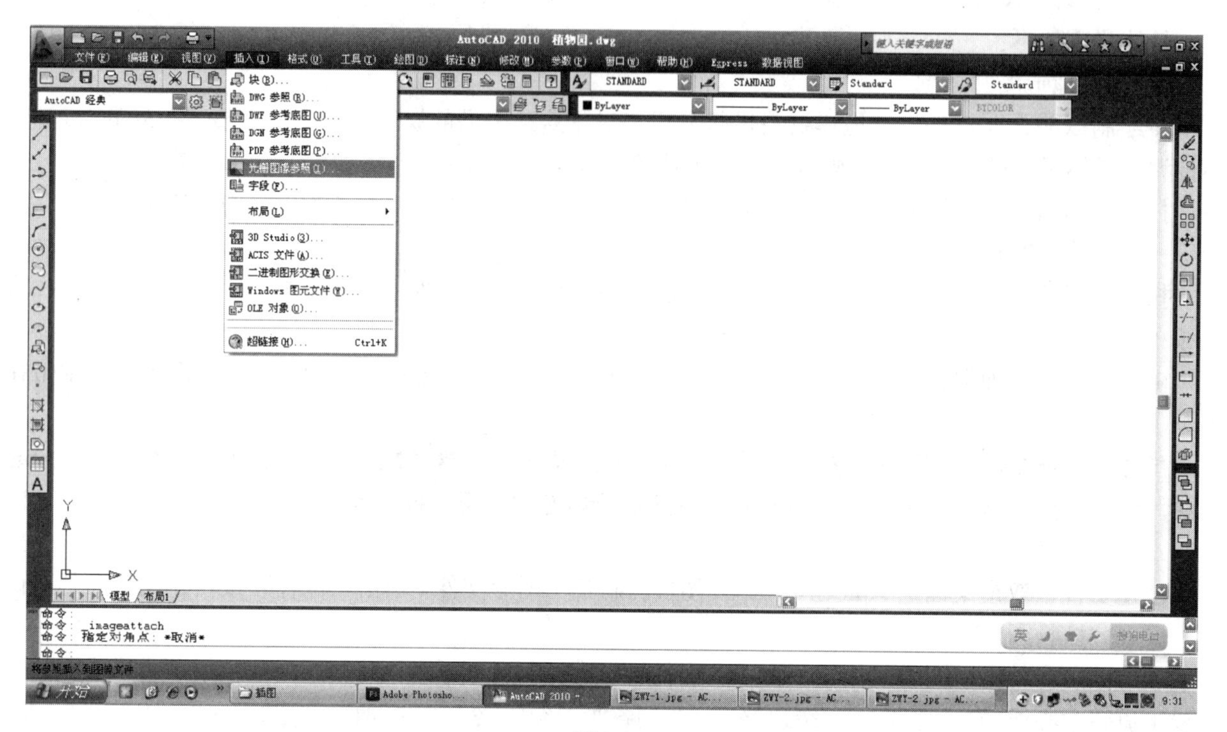

图 3-98

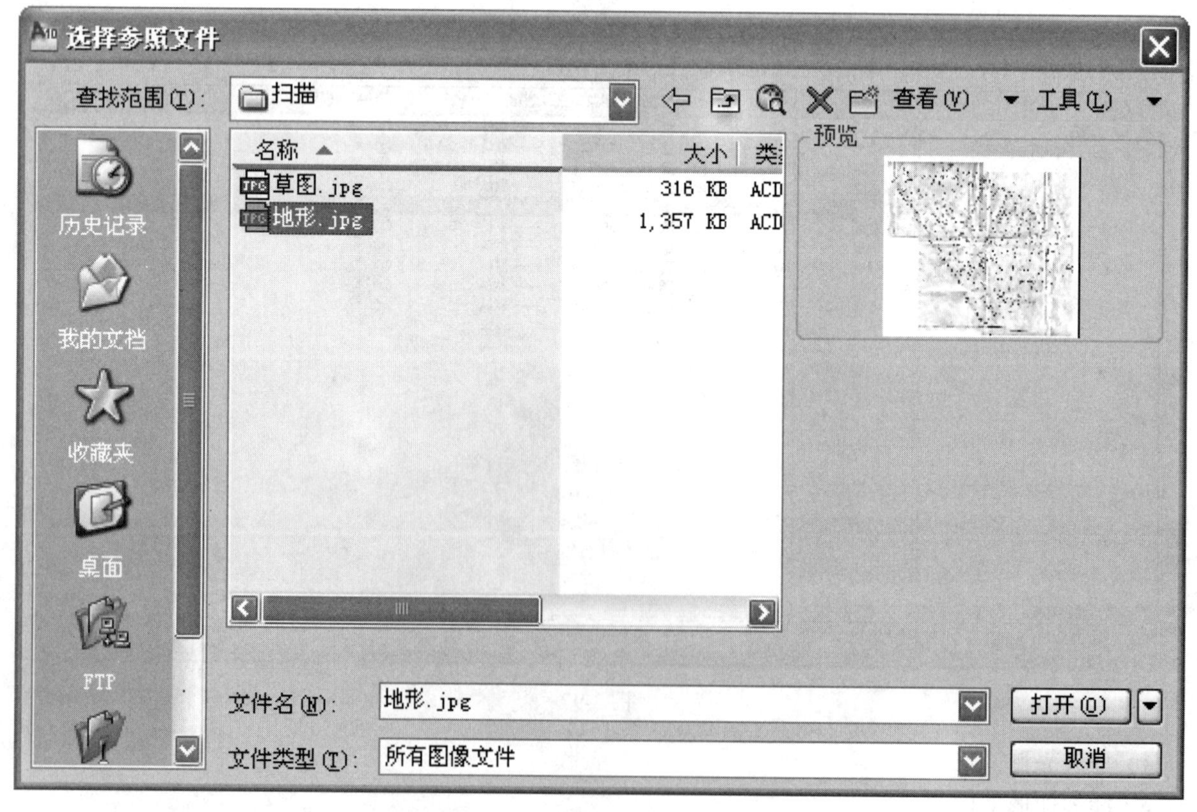

图 3-99

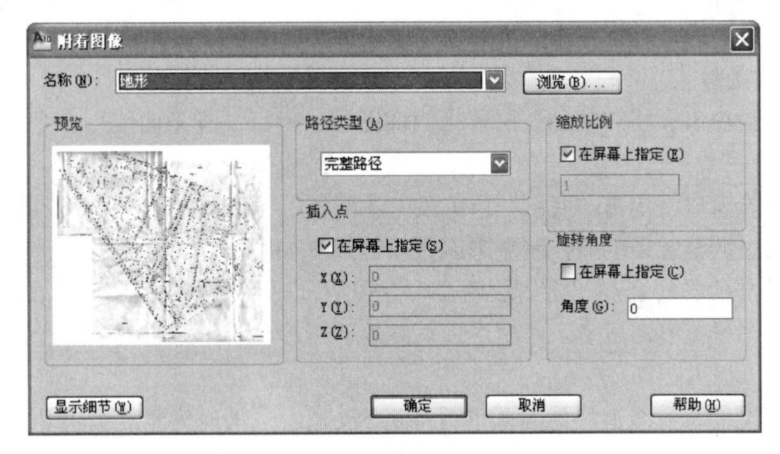

图 3-100

命令：_imageattach

指定插入点 <0，0>：(光标在图形界面中任意点单击)

基本图像大小：宽：1.000000，高：0.898690，Millimeters

指定缩放比例因子或［单位（U）］<1>：　(回车)

光栅图形被插入到 AutoCAD 图形中。

单击工具栏中“窗口缩放”按钮，把全图放大显示。

描绘边界。单击“图层”按钮，在“图层特性管理器”对话框中将“边界”层的颜色改为红色；返回图形界面，在下拉窗口中将“边界”层置为当前图层，运行“多段线”命令，描绘图形的边界。

***技巧**：在图形描绘中，为了使描绘的线条更突出，可以暂时地更改线条图层的色彩，使之与底图的色彩拉开差距，等一切操作完成后再恢复原有的图层颜色。*

计算缩放比例。边界描好以后，按下 F3 键打开“对象捕捉”，选择菜单“工具 / 查询 / 距离”，执行测量距离命令，量出图形左边界的长度为 L′ =0.8414；根据资料提供的地形数据以米为单位，在原图中用比例尺量出边界的实际尺寸 L=960.6476，用实际尺寸 L/ 测量尺寸 L′ =1141.7252，所得数据即为扫描的图形要放大的倍数。

提示：测量距离命令可以通过在键盘上输入 DIST 运行，还可以用鼠标右击工具条，在弹出的快捷菜单中选择“查询”，系统将在菜单栏弹出“查询”工具（如图 3-101 所示）。

图 3-101

放大图形。单击工具条中的“缩放”工具，选择地形图和描绘的边界线，指定基点，输入比例因子后回车。在工具栏单击“全部缩放”按钮，放大后的图形呈全图显示。

将“边界”层的颜色恢复到原来状态，运行“直线”或“多段线”命令，把边界周围的道路、立交桥等外部参照描绘出来。

B. 插入方案草图

在地形文件的右侧，用上述方法中插入光栅图像“光盘：\彩图\扫描”中的“草图”，不断运行“窗口缩放”命令，把草图放大显示。

单击“测量距离”按钮运行测量命令，在草图中单击左边界的上端点，然后单击“实时平移”按钮，将左边界的下方移到视图中心，单击右键选择“退出”，根据命令行的提示，光标单击左边界的下端点，命令提示行显示距离 L′ =0.9282。

根据前面量出的实际距离，求出草图需要放大的倍数（比例因子），指定草图的左下方点为基点，执行放大操作。

4〉描绘草图

首先把地形图上描绘的边界和周边对象复制并位移到右侧草图上，运行“移动”工具，将复制对象调整到的相关的位置，然后进行下一步的描绘工作。

A. 描绘图形的中心线

单击“图层”下拉窗口，将“辅助”层置为当前图层，运行“样条曲线”命令，在草图中描绘道路中心线。

打开“图层”下拉窗口，单击“底图”层前的“小灯泡”，暂时关闭“底图”层。

选择中心线，通过调整线条上的控制点来调整中心线（如图 3-102 所示）。

提示：当操作中描绘的线条被光栅图形遮盖时，可以选择菜单“工具/显示顺序/后置”命令，根据命令行的提示选择光栅图形，回车，光栅图形就被置于图形底层，露出其他的绘制线条。

B. 绘制道路

根据设计的道路宽度，一级道路为园区单行环道 5m 宽，主入口为景观大道宽 12m（其中中心花坛宽度为 2m），次入口道路宽 10m，二级道路为分区间连接道路 3m 宽，运行“偏移”命令，以中心线为偏移对象，对不同的道路进行相应距离的偏移。

修改图层。选择偏移后的道路线，根据分级，分别放置在“道路 1”、“道路 2”图层中。

运行“修剪”命令和“圆角”命令，整理道路线。

C. 描绘区域边界线

打开“图层”下拉窗口，再次单击“底图”层前的显示开关，打开“底图”层，并将“绿地”层置为当前图层。

运行“样条曲线”命令，描绘出区域边界线。

关闭“底图”层的显示开关，选择区域边界线，通过控制点来调整曲线的位置和形状（如图 3-103 所示）。

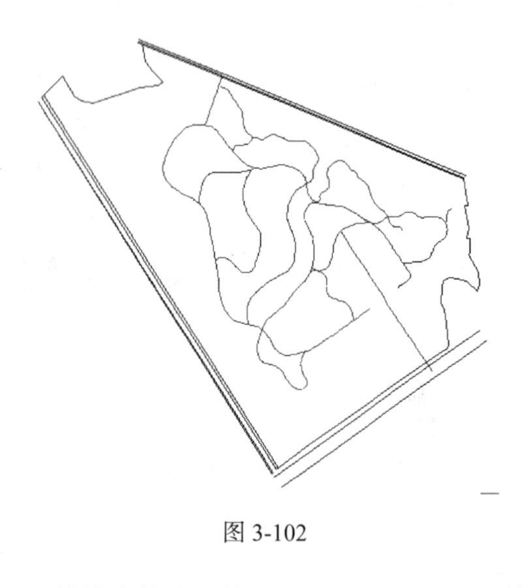

图 3-102

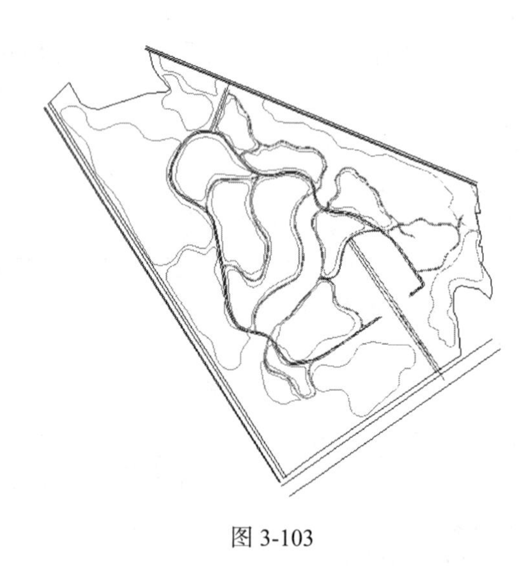

图 3-103

D. 描绘水体边界线

打开“图层”下拉窗口，打开“底图”层前的显示开关，并将“水体”层置为当前图层。

运行“样条曲线”命令，描绘出水体边界线。

关闭“底图”层，选择区域边界线，调整曲线的位置和形状（如图 3-104 所示）。

E. 定位、描绘广场

将“道路 1”置为当前图层。

定位广场外缘线。打开“底图”的显示开关，运行绘圆命令，根据方案草图的中心位置，在入口中轴线上适当的位置单击确定圆心，以半径 60m 绘圆，运行“移动”工具将圆移到合适的位置。

描绘广场细部。

运行“偏移”命令，将外缘线向内偏移距离 3m，作为下沉广场的外缘道路。

打开“对象捕捉”，反复运行绘圆命令，以捕捉的大圆中心为圆心，以 R=7.5m 绘制圆形花钟，以 R=20m、R=25m 绘制旱喷水景，以 R=35m 绘制跌落的圆形栽植池内缘线，再运行“偏移”命令，以距离 2m 连续 5 次向外偏移，完成品种月季栽植池的绘制。

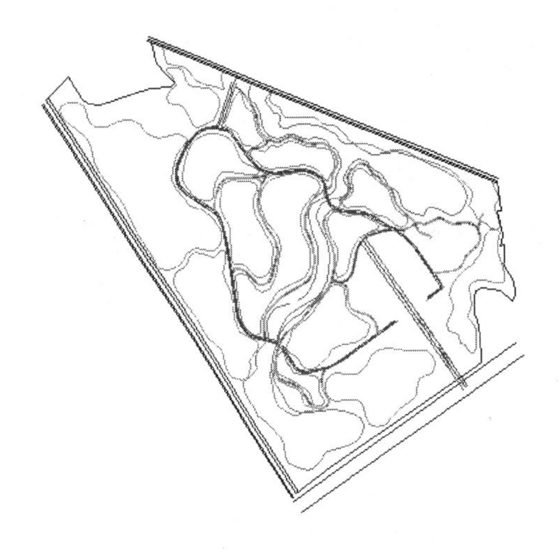

图 3-104

运行“直线”命令，绘制广场纵向台阶线段，以圆心为起点，以中轴线与栽植池入口方向的交点为端点。单击“阵列”命令按钮，选择刚绘制的线段为对象，以圆心为中心点，进行参数设置（如图 3-105 所示），确定后返回界面，均分圆形广场，中心台阶线条与入口道路平齐，修剪、删除多余的线段，完成下沉广场的绘制（如图 3-106 所示）。

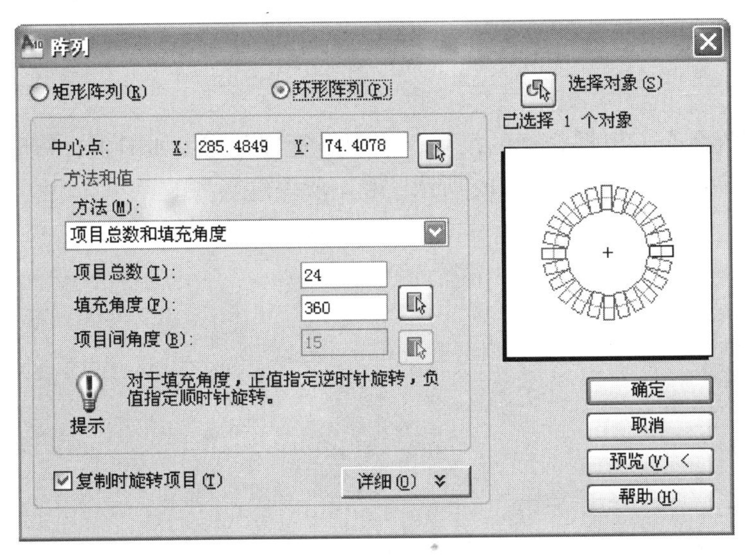

图 3-105

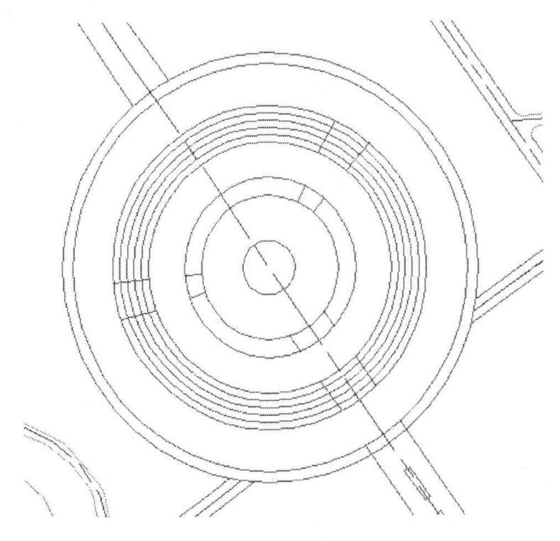

图 3-106

F. 定位、描绘建筑范围、尺寸

将“建筑”层置为当前图层。

绘制观赏温室。观赏温室位于下沉广场端头，围绕圆心分布，以跌落栽植池的边界作为两侧温室的边界；绘制 R=51m 的圆形作为中间温室的外缘，内缘比两侧温室退后 2m（即退后一阶栽植池的宽度）；中心辅助线左、右偏移 20m，与温室外缘交点和圆心的两条连线作为温室内部分界线，两侧台阶线为温室外部界线。修剪、删除多余的线段，完成观赏温室的绘制（如图 3-107 所示）。

绘制盆景园。打开“底图”控制按钮，在图形中绘制出盆景园的范围，另外在草图上勾勒出盆景园的布局，用“多段线”命令根据合理的尺度，绘制出盆景园的建筑和亭廊（如图 3-108 所示）。

绘制牡丹亭。单击“正多边形”按钮，运行“正多边形”命令，命令行显示：

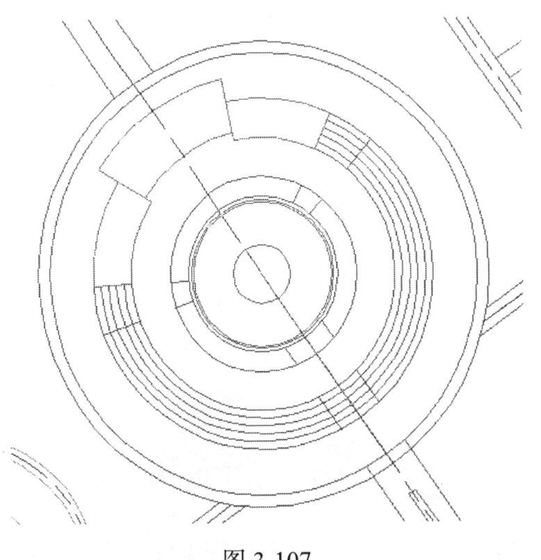

图 3-107

命令：_polygon　输入边的数目 <4>：6　（回车）
指定正多边形的中心点或［边（E）］:（在牡丹园区临水一边单击）
输入选项［内接于圆（I）/ 外切于圆（C）］<I>：C　（回车）
指定圆的半径：4　（回车）
完成牡丹亭的绘制（如图 3-109 所示）。

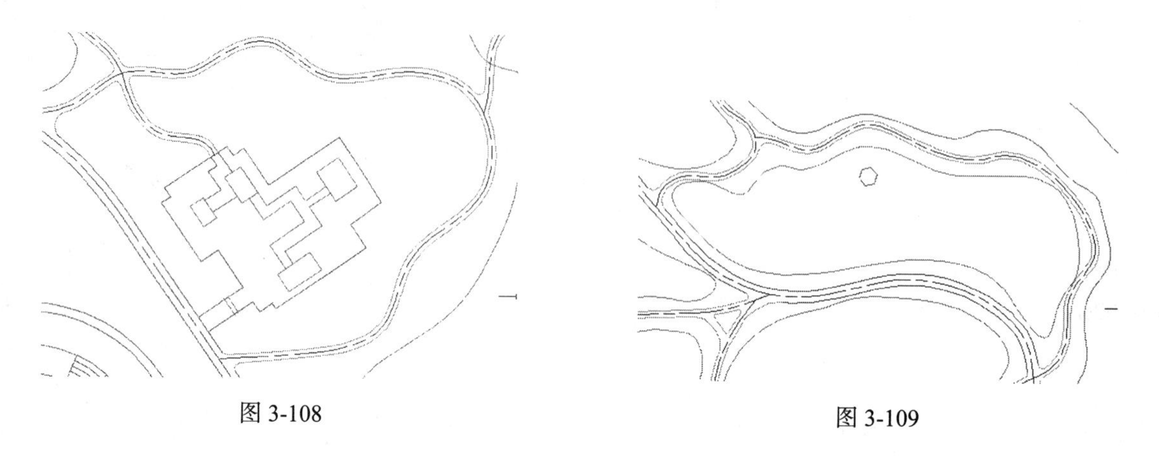

图 3-108　图 3-109

依据方案，运行“多段线”或“直线”命令，根据合理的尺度，绘制出管理用房（如图 3-110 所示）、生产温室（如图 3-111 所示）、科普教育区展室（如图 3-112 所示）和厕所等建筑。

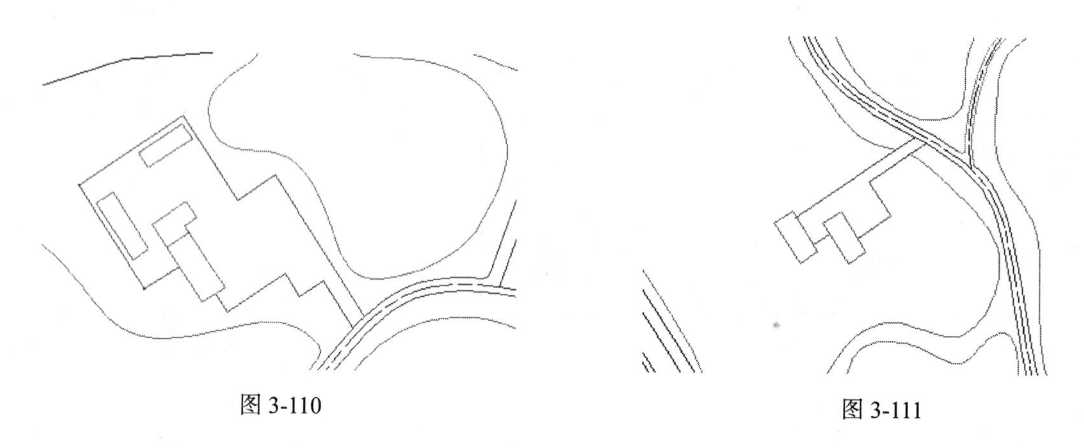

图 3-110　图 3-111

G. 定位、描绘景观小品
将“建筑”层置为当前图层。
在水体中段和藤蔓区绘制观景亭廊、花架、花格墙和圆形独立花架（如图 3-113 所示）。

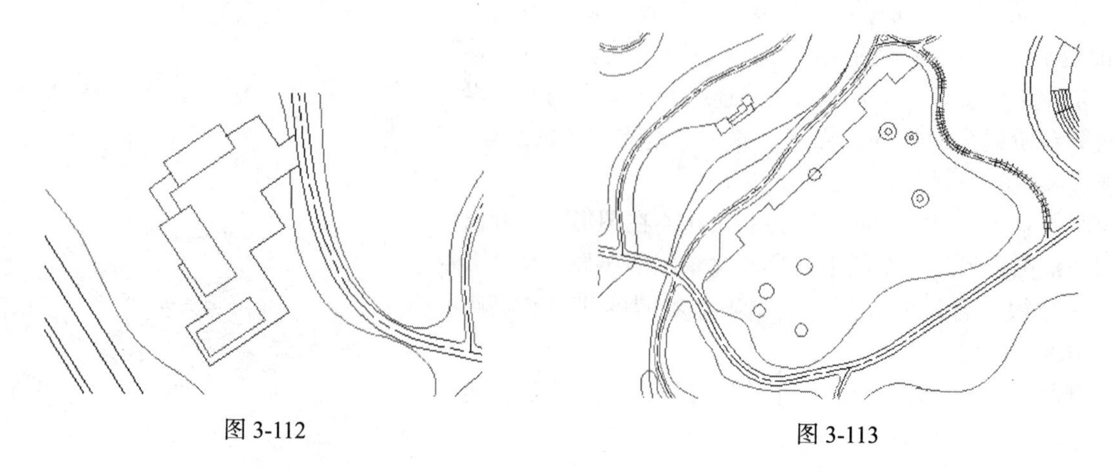

图 3-112　图 3-113

在主入口区绘制售票房和大门、景观大道的中心花坛（如图 3-114 所示）。

在次入口区绘制半圆花架（如图 3-115 所示）。

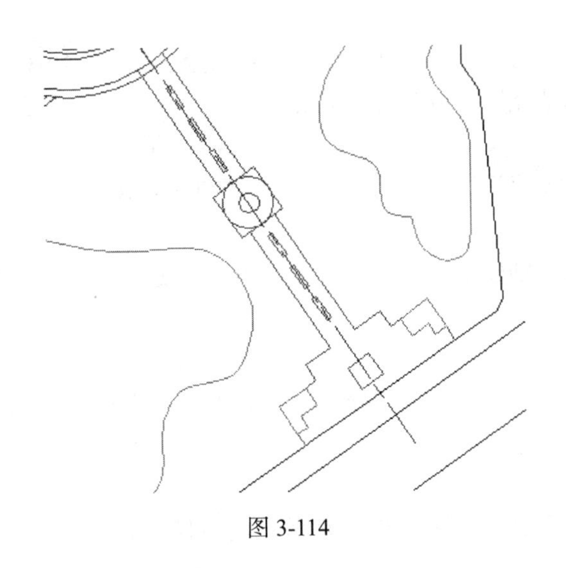

图 3-114

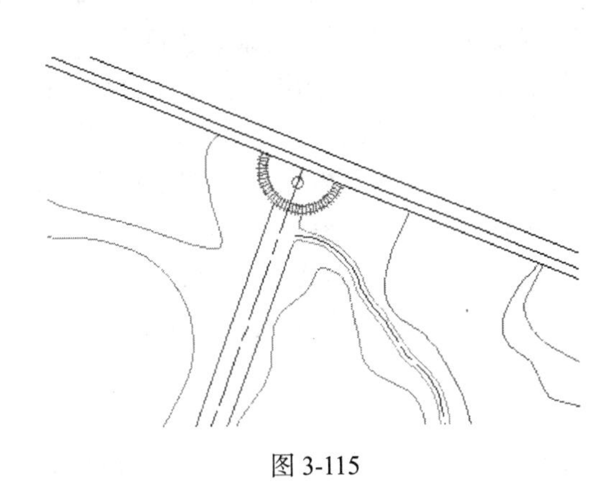

图 3-115

5）添加图框、指北针、比例尺

单击“测量距离”工具按钮，测量图形大小为 1109 × 1069，如果加上文字标注，图形尺寸将略小于 A1 图框（841 × 594）的两倍，所以插入 A1 竖向图框并放大两倍，移动调整到合适的位置，以 A1 竖向图框打印输出。由于图中 1 个单位代表 1m，当以 1∶1 的比例打印输出时图形比例为 1∶1000，现在以 1∶2 的比例打印输出则图形比例为 1∶2000。

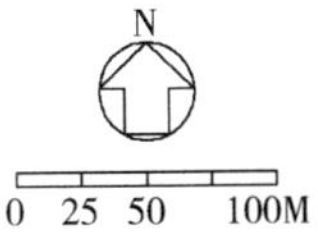

运用前文介绍的命令，在图中插入指北针并调整为合适的大小，添加比例尺标注（如图 3-116 所示）。

N

0　25　50　100M

图 3-116

图形绘制到此（如图 3-117 所示），就可以转入 Photoshop 中进行后期处理了，由于以下内容在本书后文有详细的操作步骤，所以这里仅简要介绍过程，读者若有兴趣，自己根据前文介绍的命令操作动手完善，或直接转到下一章学习操作。

6）区域的图案、色彩填充

由于本图重在分区布局的绘制，对区域的图案和色彩填充可以填实处理或用网纹斜线示意即可。

7）添加图名、标注文字

将“文字”层置为当前图层。

运行“单行文字”（DTEXT）命令，在图中直接标注分区的名称。

在图形的上方添加图名为“观光植物园总体规划”，图签内容也相应添加。

8）进行打印设置，图纸输出

打印输出比例为 1∶2，纸型选择 A1（841 × 594），纵向打印。

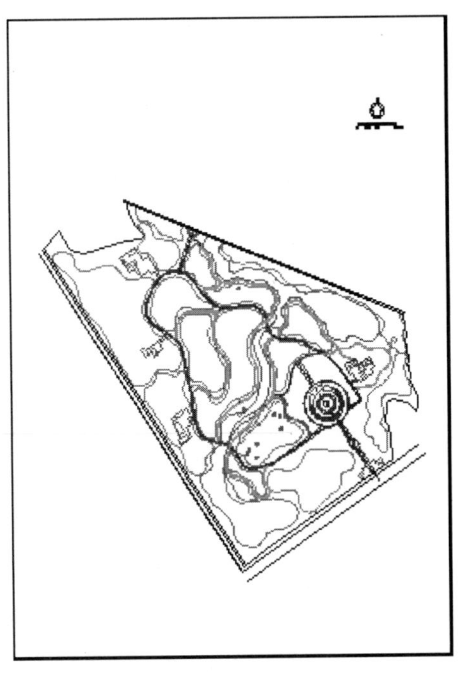

图 3-117

3.3.2 观光植物园分项平面图绘制实例

在观光植物园分项平面图中，我们只介绍景点设置图的绘制，其他的观赏结构分析等分项图不再多做介绍，主要使读者了解绘制的方法步骤。

在 AutoCAD 2010 中绘制观光植物园景点设置图的主要步骤如下：

1〉打开总平面图“植物园 -Z”，文件另存为“植物园 -J”

2〉删除不需要的内容，或关闭其所在的图层

如果从上文总平面图的第 5 步骤以后直接绘制，就可以省略这一项内容；如果在 AutoCAD 2010 中绘制出一个完整的方案总平面图，那么就需要关闭图案填充层，删除分区名称。

3〉在图面上添加设计的景观建筑小品

由于在总平面上已绘出景点设置的基本布局，所以就不再需要添加，但对于详细的景观建筑小品，可以在图案或色彩的渲染上进行修改，使之更醒目更突出。

如果为了丰富图面内容，还可以在图形的边侧插入个别建筑小品的景观意向图片，使图形文件（特别是在方案阶段）更形象、更丰富。

4〉添加景观建筑小品的图例或文字注释

文字注释主要侧重于景观建筑小品的标志，图例可以用不同的色彩表示出观赏建筑、管理用房、公共建筑等区别。

5〉改写图名、图签

在总平面图的基础上修改图名为“观光植物园总体规划之景点设置”，图签内容也作相应的修改。

6〉进行打印设置，图纸输出

打印输出的内容与步骤和总平面图相同，请参照上文。

第二篇　Photoshop CS5制作处理园林图实例

第四章 Photoshop CS5 基本知识

园林设计者用 AutoCAD 2010 绘制的平面图形，要加强图面表现效果，特别是总平面的鸟瞰效果，就需要把图形文件导入到其他的软件中，做色彩渲染、光度变化、图层效果等方面的处理。本书向读者推荐使用绘图专业人员常用的图像处理软件——Photoshop CS5，如果说 AutoCAD 是园林设计者绘图的基本工具——针管笔，那么 Photoshop 就是设计者手中的水彩笔、马克笔、彩色铅笔、喷笔……，Photoshop 几乎能做出绘画用过的所有笔的效果。

本章以园林规划绘图为标准，主要介绍 Photoshop CS5 的基本环境、基本概念、基本功能，让读者掌握 Photoshop CS5 的基本操作、常用的绘图工具和编辑工具，了解图像的打印输出，并学会在绘图中使用快捷键技巧。为方便读者辨识、理解和操作命令，本书使用 Photoshop CS5 的汉化版本。

4.1 Photoshop CS5 基本环境

主要内容：介绍 Photoshop CS5 的工作面板的组成，了解组成部分的内容、含义、操作。

启动 Photoshop CS5，首先双击桌面上 Photoshop CS5 的快捷方式，或单击桌面上的“开始”按钮，在打开的程序栏中找到 Photoshop CS5，单击选项进入 Photoshop CS5 的应用程序。

4.1.1 工作界面

在打开的工作面板上（如图 4-1 所示），可以看出 Photoshop CS5 主要由菜单栏、工具属性栏、工具箱、状态栏、文件编辑窗口和浮动面板控制区等部分组成。

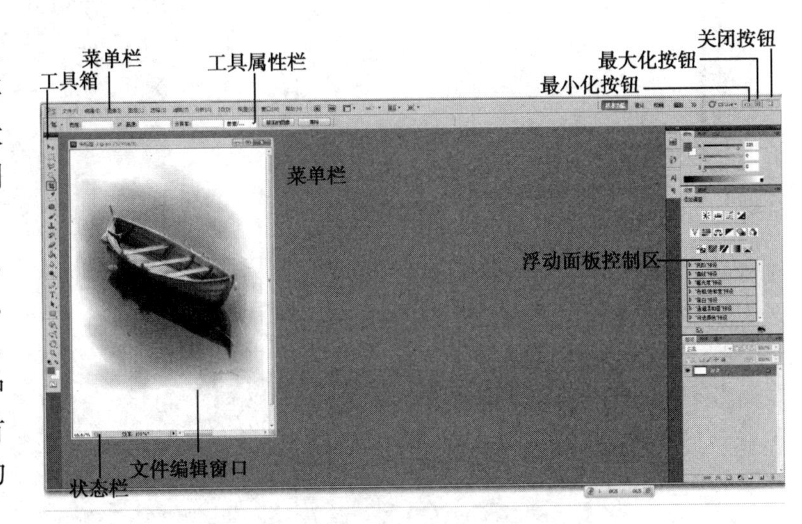

图 4-1

菜单栏：其中共有 11 个菜单项，每个菜单项都带有一组自己的命令，用于执行 Photoshop 的图像处理操作。

工具属性栏：用于设置工具箱中各个工具的参数设置。此工具栏具有很大的可变性，会随着用户所选择的工具不同而变化。

工具箱：包含着各种常用的工具，用于图像绘制、编辑和执行相关的其他操作。

文件编辑窗口：即图像显示的区域，用于编辑和修改图像。有关图像窗口的详细操作请参照后文。

浮动面板控制区：文件编辑窗口右侧的小窗口称为控制面板，用于配合图像编辑和 Photoshop 的功能设置。控制面板有很多个，详细内容请参照后文。

状态栏：窗口底部的横条称为状态栏，它能够提供一些当前操作的帮助信息。

4.1.2 菜单栏

在 Photoshop CS5 菜单栏中的命令菜单，包括了 Photoshop CS5 大部分的操作命令，与使用其他

Windows 应用软件的菜单命令一样，可以使用下述三种方法进行菜单命令的操作。

● 直接使用鼠标单击菜单名，在打开的菜单中选择菜单命令。如建立一个新的文件，用鼠标单击菜单栏的“文件”菜单，在打开的项目中单击“新建”就可以了。

● 使用“Alt”键和菜单名中带下划线的字母打开菜单，然后按菜单命令下带下划线的字母执行菜单命令。如建立一个新的文件（如图 4-2 所示），先同时按下“Alt+F”键打开“文件”的子菜单，再按下“N”键就可以打开“新建”对话框。

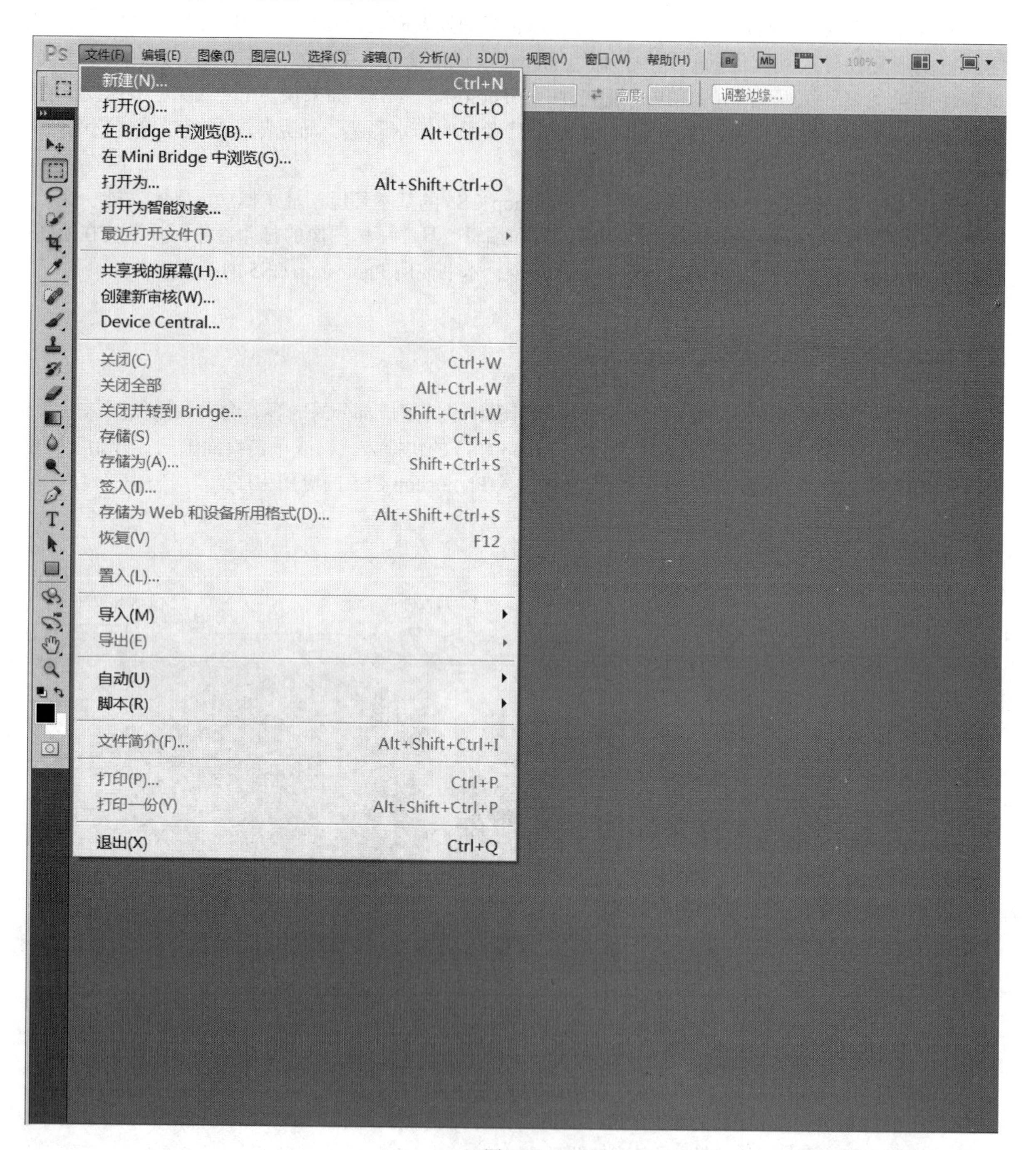

图 4-2

● 直接使用快捷命令。有些菜单命令旁，列出了快捷命令，还有很多可以参考本章后文。如建立一个新的文件，可以直接按下“Ctrl+N”，打开“新建”对话框。

除了通过菜单栏可以选择菜单命令外，如果用鼠标右键单击图像区域，还可以打一个快捷菜单，根据工具箱中所选命令的不同，快捷菜单的内容也在变化，菜单中列出了关于当前图像状态下有关工具、选择、各个面板中的所有可执行命令。

4.1.3 状态栏

当 Photoshop CS5 的屏幕上出现图像编辑窗口时，状态栏主要显示三部分的内容（如图 4-3 所示）。

状态栏的最左侧部分，显示当前图像缩放显示的百分数。

状态栏的右侧为当前状态下，工具箱中所选工具的具体操作说明。

状态栏中间部分，单击三角符号，在打开的菜单中选择各项，可以显示当前图像文件的十项信息（如图 4-4 及图 4-5 所示）。

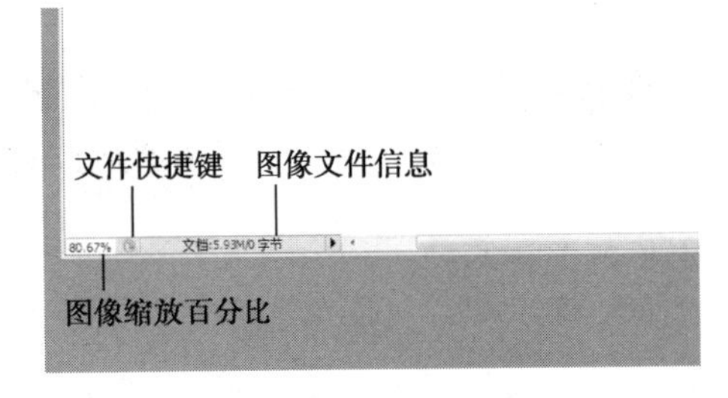

图 4-3

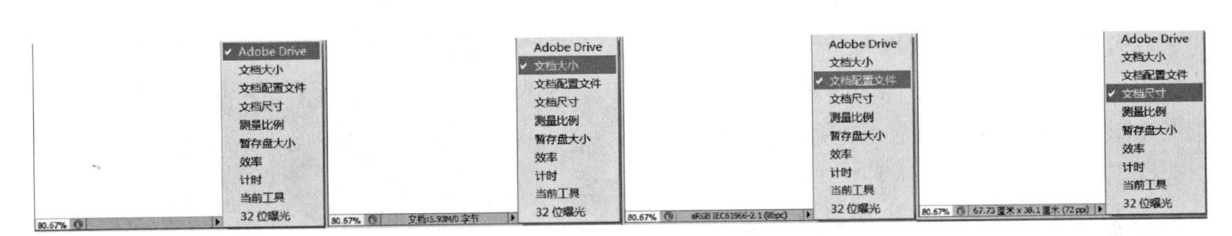

图 4-4

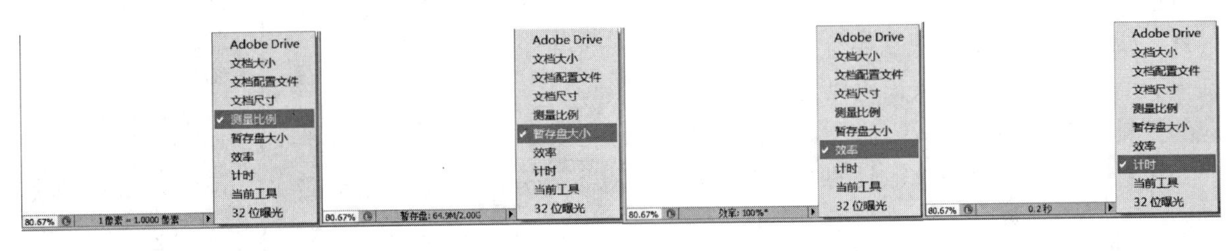

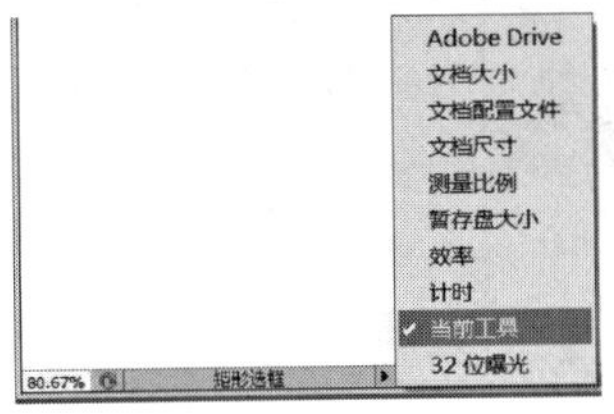

图 4-5

- AdobeDrive。
- 文档大小（Document Sizes）：当图像进行多层、多通道处理时，“/”符号左侧的数目表示合并后的图像文件大小，不含任何图层、通道等图像数据；“/”符号右侧的数目表示未合并图层时图像文件大小，包含了图层、通道、路径等当前图形全部内容的图像数据。另外，这两个数目与图像文件的实际存盘大小不相同，因为在图像的存盘操作中系统还会做压缩或附加信息的处理。
- 文档配置文件（Document Profile）：选择此项时，状态栏将显示文档配置文件。
- 文档大小：显示文件的大小尺寸。
- 测量比例。
- 暂存盘大小（Scratch Sizes）：“/”左侧的数表示当前图像操作所占内存数，“/”右侧的数表示系统可使用的内存数。系统的内存数将直接影响着图像处理的速度，当“/”左侧的数大于右侧的数时，表明系统将使用虚拟内存进行工作，这将大大降低图像处理速度。
- 效率（Efficiency）：将图像可用内存大小以百分数的方式表示。

● 计时（Timing）：指上一操作所使用的时间。

● 当前工具（Current Tool）：显示当前在工具箱中使用的工具名称。

● 32 位曝光。

状态栏的中间部分，还隐含着下述信息：将鼠标放至在状态栏的中间部分按下鼠标不松手，将显示当前图像的宽度、高度、分辨率以及通道数等信息（如图 4-6 所示）。

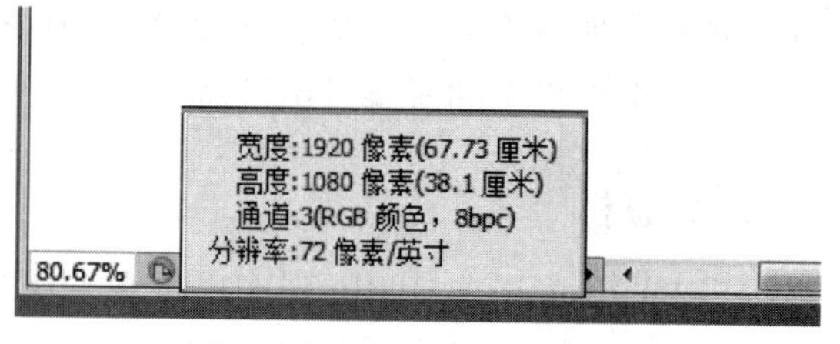

图 4-6

4.1.4 工具箱

Photoshop CS5 的工具箱提供了画图、编辑、颜色选择、屏幕视图等操作的工具，当鼠标对准某个工具图标不动时，将自动显示该工具的名称及快捷键。工具图标右下方有一个小三角标志的，表示该工具图标中还隐藏着同类其他工具图标，具体类型如图 4-7 所示。

选择工具的方法有以下两种。

● 直接在工具箱中选择：用鼠标左键单击所要的工具图标，图标变为高亮状态，表明此项工具已经被选中。

● 应用工具快捷键：根据系统提供的工具快捷键，直接通过键盘输入，可以快速地选择相应的工具。

在工具箱中，选择隐藏工具的方法有以下三种。

● 将鼠标移动到隐藏工具所在的图标上，按下鼠标左键不松手或对准图标单击右键，将会出现隐藏工具选项，将鼠标移动到所需工具图标上松开鼠标，就可以选择该工具。例如要选择“多边形套索工具”，首先将光标移动到“套索工具”上，按下鼠标左键不松手，当出现隐藏工具选项时选择“多边形套索工具”图标。

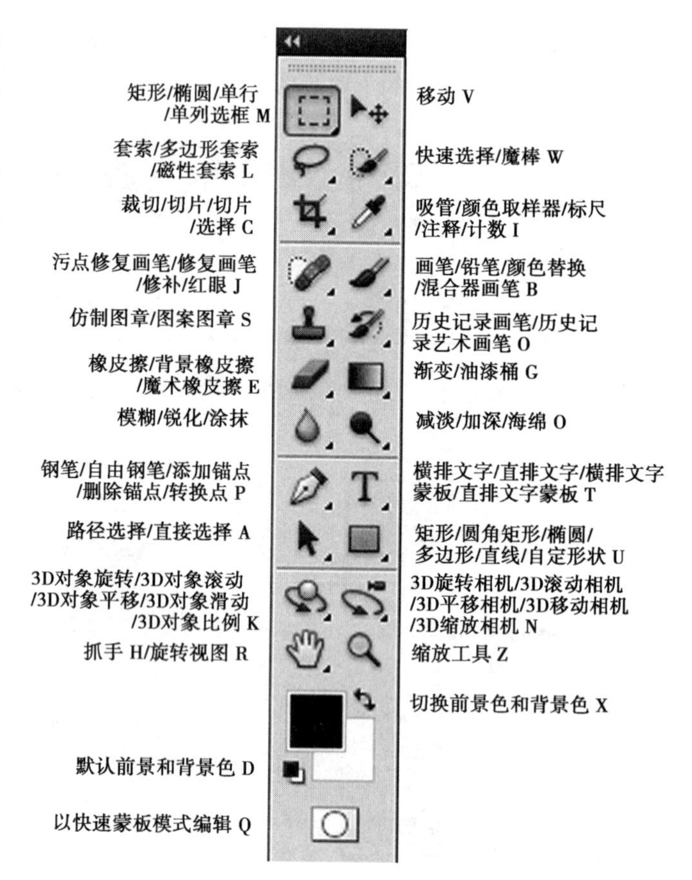

图 4-7

● 按下“Alt”键同时用鼠标左键反复单击隐藏工具所在的图标，就会循环出现各个隐藏工具。

● 按下“Shift”键的同时反复按工具快捷键，也可以循环出现其隐藏工具项。例如：按下“Shift”键的同时，反复按 L 键，“套索工具”图标栏将依次出现“套索工具”、“多边形套索工具”、“磁性套索工具”的图标。

用鼠标单击工具箱中工具图标时，屏幕上将显示所选工具的属性栏，可以设置关于该工具的各种属性，以产生不同的效果。如图 4-8 所示是“矩形选框工具”的属性栏。

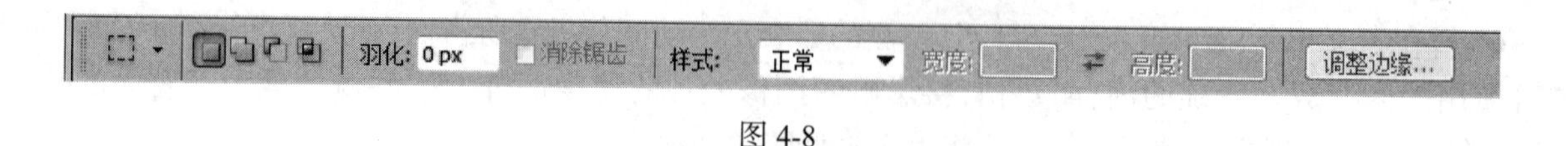

图 4-8

4.1.5 工作面板

Photoshop CS5 中，有 24 个工作面板，可以通过单击菜单栏中“窗口”命令勾选需要的面板（如图 4-9a 所示），这些面板有的以独立选项卡显示，有的是以面板组的形式出现。

Photoshop CS5 也为用户提供了不同的工作区面板组合，以适应不同的用户工作需要，如基本功能工作区、设计工作区、绘画工作区（如图 4-9b 所示）。不同的工作区有不同的面板组合，每个面板具有相同的组成要素（如图 4-9c 所示）。

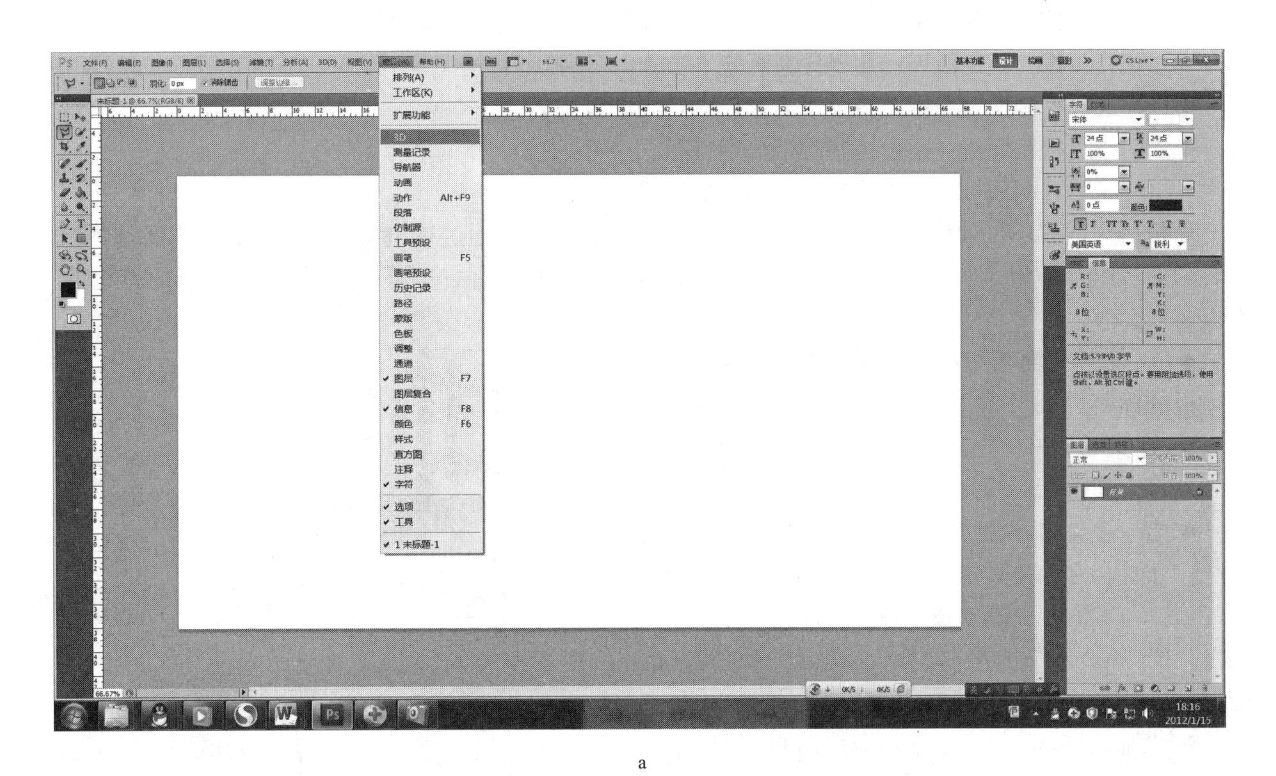

a

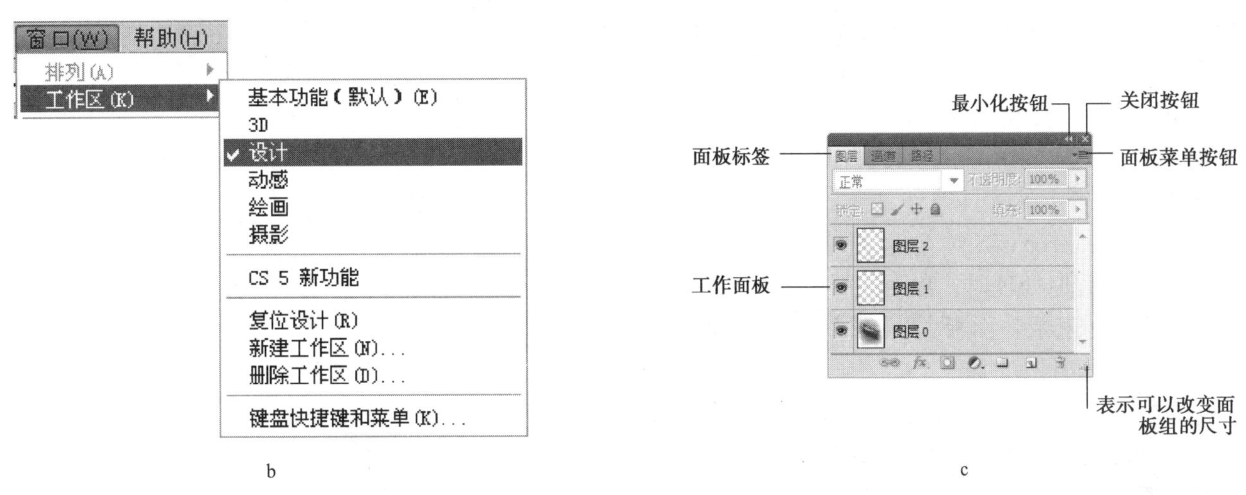

b　　　　c

图 4-9

下面介绍一些常用面板的基本功能。

- “导航器”控制面板：用于显示图像的缩略图，可用来缩放显示比例，迅速移动图像显示内容。
- “信息”控制面板：用于显示鼠标指针所在位置的坐标值，以及鼠标指针当前位置的像素色彩数值。当在图像中选取范围或进行图像旋转变形时，还会显示出所选取的范围大小和旋转角度等信息。

● “颜色”控制面板：用于选取或设定颜色，以便用于工具绘图和填充等操作。

● “色板”控制面板：功能类似于“颜色”控制面板，用于选择颜色。

● “图层”控制面板：用于控制图层的操作，可以进行新建层或合并层等操作。

● “通道”控制面板：用于记录图像的颜色数据和保存蒙板内容。用户可以在通道中进行各种通道操作，如切换显示通道内容，安装、保存和编辑蒙板等。

● “路径”控制面板：用于建立矢量式的图像路径。

● “历史记录”控制面板：用于恢复图像或指定恢复某一步操作。

● “动作”控制面板：用于录制一连串的编辑操作，以实现操作自动化。

● “工具预设”控制面板：用于设置画笔、文本等各种工具的预设参数。

● “样式”控制面板：用于将预设的效果应用到图像中。

● “字符”控制面板：用于控制文字的字符格式。

● “段落”控制面板：用于控制文本的段落格式。

面板用来放置不同的设置选项或记录不同信息，用户也可以通过单击菜单栏右侧的工作区选择自己需要的面板组合类型。如果在图像编辑窗口中没有所需的面板出现，也可以使用下述三种方法单独选择面板。

● 在打开的面板组中，用鼠标单击所需要面板的标签。

● 在菜单栏中单击“窗口”并选择不同命令，将会弹出相应的面板。

● 按下控制面板的快捷键：按“F5”选择“画笔”面板，按“F6”选择“颜色”面板，按“F7”选择“图层”面板，按“F8”选择“信息”面板，按“Alt+F9”选择“动作”面板。这些快捷键是开关键，在所选面板的开和关之间切换。

● 控制面板最大的优点是需要时可以打开它，以便于进行图像处理操作；不需要时可以将其隐藏，以免因控制面板遮住图像而给图像处理带来不便。控制工作面板的显示和隐藏，可以通过反复按下“F5”、“F6”、“F7”、“F8”、“Alt+F9”键控制显示或隐藏相对应的面板组。

利用 Photoshop CS5 对 AutoCAD 格式的园林平面图进行后期处理时，常用的面板（组）主要有：“历史记录”面板、“图层”面板 / “通道”面板 / “路径”面板。

“图层”面板及各选项功能如图 4-10 所示。如果单击“折叠为图标”按钮，可以使面板组仅显示面板标签（如图 4-11 所示）。

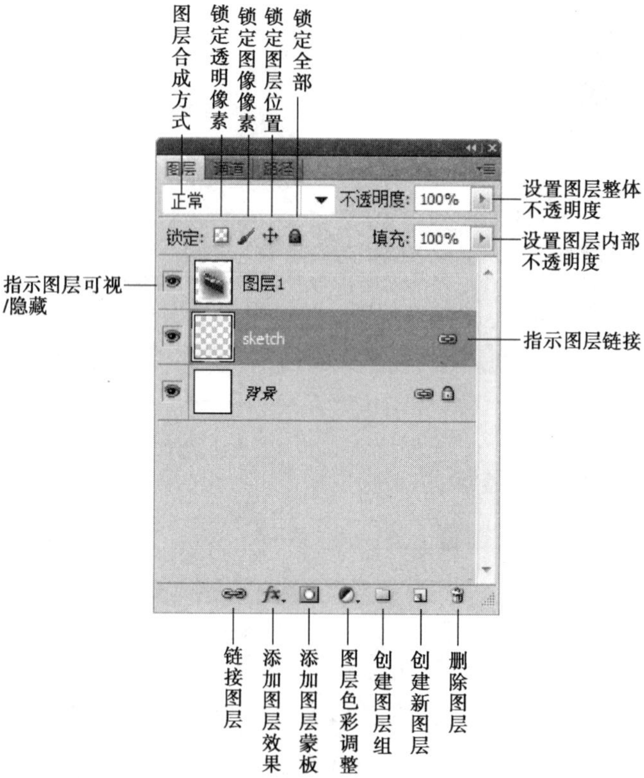

图 4-10

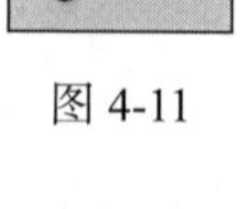

图 4-11

4.2 Photoshop CS5 基本概念

主要内容：了解应用 Photoshop CS5 进行图形绘制和编辑处理时经常接触的概念，并加以区别、分类，以方便地进行图像处理。

4.2.1 矢量图与位图

在计算机中，图像是以数字方式来记录、处理和保存的，所以图像也可以说是数字化图像。图像类型大致可以分为以下两种：矢量式图像与位图式图像，简称矢量图与位图。这两种类型的图像各有特色，也各有优缺点，两者各自的优点恰好可以弥补对方的缺点。因此在绘图与图像处理的过程中，往往需将这两种类型的图像交叉运用，才能取长补短，使作品更为完美。

4.2.1.1 矢量图

矢量图是以数学描述的方式来记录图像内容。它的内容以线条和色块为主，例如一条线段的数据只需要记录两个端点的坐标、线段的粗细和色彩等。因此它的文件所占的容量较小，也可以很容易地进行放大、缩小或旋转等操作，并且不会失真，可用以制作 3D 图像。但这种图像有一个缺点，即不易制作色调丰富或色彩变化太多的图像，而且绘制出来的图形不是很逼真，无法像照片一样精确地描述自然界的景观，同时也不易在不同的软件间交换文件。

在 AutoCAD 上绘制的图形就是矢量图，如我们的园林图。

4.2.1.2 位图

位图弥补了矢量式图像的缺陷，它能够制作出颜色和色调变化丰富的图像，可以逼真地表现自然界的景观，同时也可以很容易地在不同软件之间交换文件，这就是位图式图像的优点。而缺点则是它无法制作真正的 3D 图像，并且图像缩放和旋转时会产生失真现象，同时文件较大，对内存和硬盘空间容量的需求也较高。

位图又叫光栅图，是由许多点组成的，这些点称为像素（pixel）。位图中的像素由其位置值与颜色值表示，将不同位置上的像素设置成不同颜色，当许许多多不同颜色的点（即像素）组合在一起后便构成了一幅完整的图像。在保存文件时，图像需要记录下每一个像素的位置和色彩数据，因此，图像像素越多（即分辨率越高），文件也就越大，处理速度也就越慢。但由于它能够记录下每一个点的数据信息，因而可以精确地记录色调丰富的图像，可以逼真地表现自然界的图像，达到照片般的品质。

Adobe Photoshop 属于位图式的图像软件，用它保存的图像都为位图式图像，但它能够与其他矢量式图像软件交换文件，且可以打开矢量式图像。在制作 Photoshop 图像时，像素的数目和密度越高，图像就越逼真。记录每一个像素或色彩所使用的位的数量，决定了它可能表现出的色彩范围。如果用 1 位数据来记录，那么它只能记录 2 种颜色（$2^1=2$）；如果以 8 位来记录，便可以表现出 256 种颜色或色调（$2^8=256$），因此使用的位的数量越多，所能表现的色彩也越多。通常我们使用的颜色有 16 色、256 色、增强色 16 位和真彩色 24 位。一般所说的真彩色是指 24 位（$2^8 \times 2^8 \times 2^8=2^{24}$）的。

4.2.2 图像格式

Photoshop CS5 支持多种绘图软件的文件图像格式，但是不同的软件和图像色彩模式及其内容，所允许的文件图像存储格式是各不相同的。例如，有扩展名为 .BMP 的图像，有扩展名为 .PSD 的图像，有扩展名为 .JPG 的图像……然而，不同的格式都有不同的优缺点，每一种图像格式的存在都有它的独到之处。在 Photoshop CS5 中，能够支持 20 多种格式的图像，因此利用 Photoshop CS5 可以打开不同格式的图像进行编辑并保存，或者根据需要另存为其他格式的图像。但有些格式的图像只能在 Photoshop 中打开、修改并保存，而不能另存为其他格式。下面介绍一些常用的文件格式。

1〉可以保存 Photoshop 中通道信息的文件格式

PSD（*.PSD）：它是 Photoshop 软件缺省文件格式，它支持所有的图像类型，唯一缺点是很少有其他的图像软件能够读入这种格式。

TIFF（*.TIF）（Tagged-Image File Format）：是用于应用软件交换的文件格式，它支持 LZW 压缩方式，这种压缩方式对图像的损失很少，并且可以使文件所占磁盘空间减少。

TGA（*.TGA）：它是 Truevision 公司设计用于其显示卡的一种文件格式，一般在 MS-DOS 的图像应用软件中常用到这种格式。

2〉可以保存图像色彩信息的文件格式

以下文件格式可以保存图像的色彩信息，但不能保存 Photoshop 中的通道信息。

BMP（*.BMP）：它是一种 Windows 下的标准图像文件格式，可以进行压缩，这种压缩方式将对图像毫无损失。

GIF（*.GIF）：它也是使用 LZW 方式压缩的图形格式，节省磁盘空间，通信传输时较为经济。但是它不能处理多于 256 种色彩。

JPEG（*.JPG）：这种文件格式是当前能得到的压缩格式中最有效和最基本的一种，在保存过程中会丢掉一些数据，使得保存后的图像没有原图质量好。

Photoshop EPS（*.EPS）：这种文件格式应用广泛，可以用于绘图和排版。最大的特点是能以低分辨率预览，以高分辨率打印输出。

4.2.3 分辨率、图像尺寸、图像文件大小

4.2.3.1 分辨率

图像在计算机中的度量单位是"像素数"，而在实际的打印输出中，图像的度量单位往往是长度单位，如厘米、英寸等，它们之间的关系，是通过"分辨率"来描述的。图像中，每单位长度上的像素数叫做图像的分辨率。

通常用"每英寸中的像素数"来定义，即分辨率的单位为点 / 英寸（英文缩写为 dpi），300dpi 就表示该图像每英寸含有 300 个点或像素。同样尺寸的两幅图，分辨率高的图像其包含的像素比分辨率低的图像多。

在数字化图像中，分辨率的大小直接影响图像的品质。分辨率越高，图像越清晰，所产生的文件也就越大，在工作中所需的内存也就越大，CPU 处理时间也就越长。所以在制作图像时，不同品质的图像就需设置适当的分辨率。屏幕的分辨率由于显示卡及其设置不同而各不相同，PC 机显示器的分辨率一般不会超过 96dpi，打印机的分辨率一般用每英寸线上的墨点（dpi）表示，打印机的分辨率决定了打印输出图像的质量，一般 720dpi 以上分辨率的彩色打印机可以打印出较为满意的非专业用的彩色图像。

在 Photoshop 软件中，可以在状态栏上查询图像分辨率，在菜单"图像"中的"图像尺寸"设置图像的分辨率。

4.2.3.2 图像尺寸

图像尺寸指的是图像的长与宽，在 Photoshop 中，图像尺寸可以根据不同的用途用各种单位来度量，例如像素点（pixels）可用于度量屏幕显示，英寸（inches）、厘米（cm）等用于度量打印输出的图像。

一般常用显示器的像素尺寸为 860×600、1024×768、1280×1024 像素点。在 Photoshop 软件中，图像像素直接转换为显示器的像素，当图像的分辨率高于显示器的分辨率时，图像将显示得比指定尺寸大。如 144ppi、1×1 英寸的图像在 72ppi 的显示器上将显示为 2×2 英寸的大小。

图像在显示器上的尺寸与图像的打印尺寸无关，只取决于图像的像素及显示器设置尺寸。

4.2.3.3 图像文件大小

图像文件大小是用计算机存储单位字节来度量的。不同色彩模式的图像所占字节数不同。一般灰度图容量最小，RGB 图容量较大，CMYK 图像的文件容量更大，显示的内容也更清晰、逼真。所以图像文件大小是图像格式与图像分辨率的乘积。

另外，图像的尺寸大小、图像的分辨率和图像文件大小三者之间有着很密切的关系。一个分辨率相同的图像，如果尺寸不同，它的文件大小也不同。尺寸越大所保存的文件也就越大。同样，增加一个图像的分辨率，也会使图像文件变大。因此修改了前二者的参数，就直接决定了第三者的参数。关于图像尺寸和分辨率的详细操作请参见后文。

4.2.4 图像的色彩模式

图像的色彩模式指的是当图像在显示及打印时定义颜色的不同方式，它决定了用来显示和打印图像文档的色彩模型。Photoshop CS5 软件中常见的色彩模式有 RGB 模式、CMYK 模式、HSB 模式、LAB 模式，Photoshop 软件还包括其他的色彩输出模式，如索引色模式、灰度模式、位图模式、双调图模式、多通道模式等。下面介绍我们园林制图中常会接触的色彩模式。

1〉RGB 色彩模式（RGB Color Mode）

这种模式是屏幕显示的最佳模式，也是 Photoshop 中最常用的一种色彩模式。不管扫描输入的图像还是绘制的图像，几乎都是以 RGB 模式存储。在 RGB 模式下处理图像较为方便，且文件大小要比在 CMYK 色彩模式下小得多，可以节省内存和存储空间。

RGB 色彩模式由三个基本颜色组成：红、绿、蓝，这种模式下图像中的每个像素颜色用 3 个字节（24 位）来表示，每一种颜色又可以有 256 种不同浓度的色调，总共可以反映出 16.7×10^6 种颜色。

但是，这种模式的色彩超出了打印色彩的范围，打印结果往往会损失一些亮度和鲜明的色彩。

2〉CMYK 色彩模式（CMYK Color Mode）

CMYK 即品蓝、品红、品黄和黑色，该模式下图像的每个像素颜色由四个字节（32 位）来表示，每种颜色的数值范围为 0% ~ 100%，其中品蓝、品红、品黄分别是 RGB 中的红、绿、蓝的补色，例如，用白色减去红色，剩余的就是品蓝色。用于印刷的油墨一般都是由品蓝、品红、品黄组成。

由于一般打印机及印刷设备的油墨都是 CMYK 模式的，因此这种模式主要用于打印输出，如果用这种模式在 Photoshop 软件中进行编辑，速度将比 RGB 模式慢。在一般的图像处理过程中，应首先在 RGB 模式下完全处理后，最后转换成 CMYK 模式，进行打印输出。

3〉HSB 色彩模式（HSB Color Mode）

这种模式并不将色彩划分为红、绿、蓝或品蓝、品红、品黄，而是将色彩分解为色调（Hue）、饱和度（Saturation）及明度（Brightness）三个基本特性。在 Photoshop 中不能直接从菜单转换中得到这种色彩模式，但是在颜色面板选择、查询颜色和编辑图像时都将用到这种模式。具体的特性含义如下：

H：色调（Hue），即纯色，用 360° 色轮进行测量，主要用于调整颜色。

S：饱和度（Saturation），即纯度，色调的饱和度越高，色调给人的视觉感觉就越强烈；饱和度为 0% 时为灰色，饱和度为 100% 时为纯色。

B：明度（Brightness），描述色彩的明亮程度，明度为 0% 时为黑色，明度为 100% 时为白色。

4〉位图模式（Bitmap Mode）

这种模式下的图像中的像素用一个二进制位表示，即黑和白，因此这种模式的图像文件所占磁盘空间最小。在该模式下不能制作出色调丰富的图像，若将一副彩色图像转换为黑白图像时，必须先将图像转换为灰度模式的图像，再转换成黑白图像，即位图模式的图像。

5〉灰度模式（Grayscale Mode）

这种模式下的图像始终是黑白图像，但是图像中的每一个像素可以用 256 种不同灰度值表示，所以可以表现出丰富的色调，其中 0 表示最暗——黑色，255 为最亮——白色。

灰度模式可以与 RGB 色彩模式、黑白位图模式进行相互转换。但是灰度图像转换为黑白位图，Photoshop 将会丢失灰度图像的色调，黑白图像再转换回灰度图像时将不再显示原来的图像效果。同样，RGB 色彩图像转换为灰度图像，也会丢失图像的色调，再转换回 RGB 色彩图时将不具有色彩。

6〉Lab 色彩模式（Lab Color Mode）

Lab 色彩模式是 Photoshop 内部的颜色模式，将 RGB 模式转换为 CMYK 模式时，都经过了 Lab 模式在 Photoshop 内部的转换，所以在图像编辑中直接选择这种模式，既可以减少转换过程的色彩损失，其编辑操作速度又可以与在 RGB 模式下一样快。

这种模式通过一个亮度和两个色调来描述：

L：亮度（Lightness）数值为 0~100，主要影响着色调的明暗；

A：数值为 –128~127，表示颜色由绿到红的光谱变化；

B：数值为 –128~127，表示颜色由蓝到黄的光谱变化。

4.3 Photoshop CS5 基本操作

主要内容：介绍 Photoshop CS5 软件的常用基本操作，能熟知文件的新建、打开、保存、关闭的程序和内容，掌握图像的显示控制和辅助工具的应用。

4.3.1 键盘和鼠标的使用

在 Photoshop CS5 软件的运行中，命令的操作大部分都可以用鼠标来完成，但有些操作还需使用键盘，比如在进行参数设置时，要设置一个准确数值只有使用键盘才能完成。鼠标和键盘互相配合使用，能更快速、更准确地完成编辑图像的操作。有关键盘和鼠标的操作如下：

单击：指用鼠标指针移动到某对象上，按下鼠标按钮后再放开。没特殊指明，专指左键单击。此操作通常用于选择工具、菜单和命令、在对话框中设定选项，以及在图像窗口中选定物体和取消选择等。

右击：指用鼠标右键单击。Photoshop 提供了快捷菜单的功能，通常可用鼠标右键在图像窗口中单击打开快捷菜单，以便选择执行快捷菜单中的命令功能。

双击：指用鼠标左键迅速单击两次。该操作通常用在打开文件、保存文件、打开工具选项面板和在图像中确认旋转、裁剪等操作。

拖动：指用鼠标左、右键在要移动的对象（如选中的图像、窗口、控制面板）上按住鼠标键并移动到另一位置后释放鼠标键。未特殊指明，专指鼠标左键拖动。

组合键：用于选择工具、执行菜单和命令。详细内容请参见菜单栏。

按键 + 鼠标：在用 Photoshop 工具进行绘图时，通常要用键盘和鼠标（包括 Alt、Shift、Ctrl 和方向键）配合使用。例如，当工具箱选择“移动”命令时，按下 Alt 键的同时，再按下鼠标左键拖动，可以完成“复制”操作。

4.3.2 新建、打开图像文件

如果要在一个空白的画面上制作一幅图像，应使用 Photoshop 新建图像文件的操作；如果要修改、处理一幅原有的图像，应使用 Photoshop 打开图像文件的操作，导入图像进行处理。

4.3.2.1 新建图像文件

双击桌面上的 Photoshop CS5 图标，启动 Photoshop CS5 程序，在打开的工作面板上没有图像窗口，下面进行新建图像的操作。

1〉选择菜单“文件 / 新建”项，或按“Ctrl+N”键打开“新建”对话框（如图 4-12 所示）。

2〉在对话框中对新建图像文件进行各项设置。

● 名称：用于设定新建图像文件的名称，系统默认名为“未标题 -1”，连续建立文件则标题会依次排为“未标题 -2”、“未标题 -3”……用户可以修改成自己需要的名称。

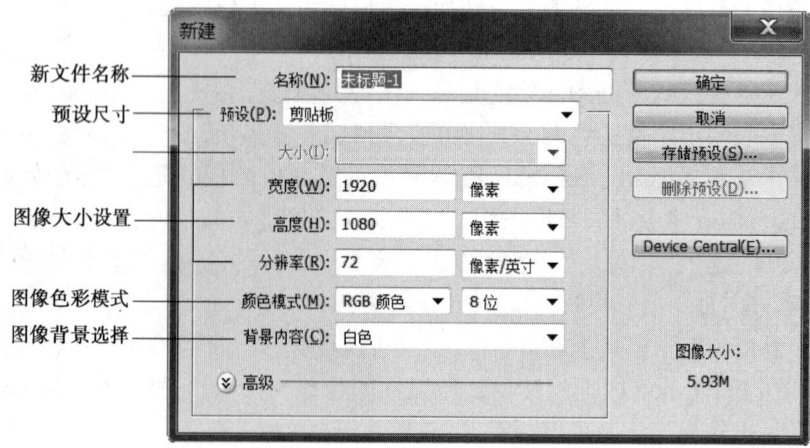

图 4-12

● 图像大小：用于设置新建图像文件分辨率的大小及图像的尺寸，在实际操作中，应首先根据图像制作的目的，确定新建图像的分辨率及图像的尺寸。设定时可先确定文件尺寸的单位，然后在文本框中用键盘输入数值。尺寸和分辨率标框后的下拉按钮分别列举了多种单位选择，用户可以根据自己需要选择；预设尺寸的下拉标框中也有多种图像尺寸可选择。

如果图像仅用于屏幕演示，分辨率应设置为显示器的分辨率及尺寸，如设置图像分辨率为 72dpi；如果图像用于输出设备，图像分辨率应设为输出设备的半调网屏频率的 1.5 ~ 2 倍，图像尺寸为实际所需的尺寸。半调网屏，在打印机中用于处理灰度图或分色图中的亮度控制，网屏数越高，打印出的图像越平滑。

● 颜色模式：用于设定新建图像文件的色彩模式，单击表框后的下拉按钮进行选择。

● 背景内容：用于设定新建图像文件的背景层颜色，有白色、背景色、透明三个选项。选择“背景色”选项时，新建文件的背景色与工具箱中背景色颜色框中的颜色相同。

3〉参数设定后，按“确定”按钮，返回工作面板，将出现根据设置新建的图像窗口（如图 4-13 所示）。而后，用户就可以在新建的图像窗口中进行绘制、编辑图像工作。

图 4-13

4.3.2.2 打开图像文件

导入图像或对已有的图像进行修改编辑，都需要进行如下的打开图像文件的操作。

1〉选择菜单“文件（File）”中的“打开（Open）”命令，或按“Ctrl+O”键，系统弹出“打开”对话框（如图 4-14 所示）。

2〉在“查找范围”下拉表框中，选择文件所在文件夹。

3〉在“文件类型”下拉表框中选择图像文件格式，一般状态下只显示所选文件类型的文件名；如果选择“所有格式”，文件列表中将显示所选文件夹中的全部文件名。

4〉在“文件”列表中，选择所需的图像文件名，可以在对话框下方预览指定文件的图像；还可以使用“Ctrl”键的同时，选择不连续的文件，按下“Shift”键的同时，选择连续的文件。

5〉单击“打开”钮，打开所选的一个或多个图像文件；或双击对话框中某文件图标，打开所选的图像文件。

选择菜单“文件（File）/ 打开为（Open as）”命令，或按“Alt+Shift+Ctrl+O”键用于打开指定格式的图像文件；选择菜单“文件（File）/ 最近打开的文件”栏，可以从列出的文件中快速选择最近打开的文件。

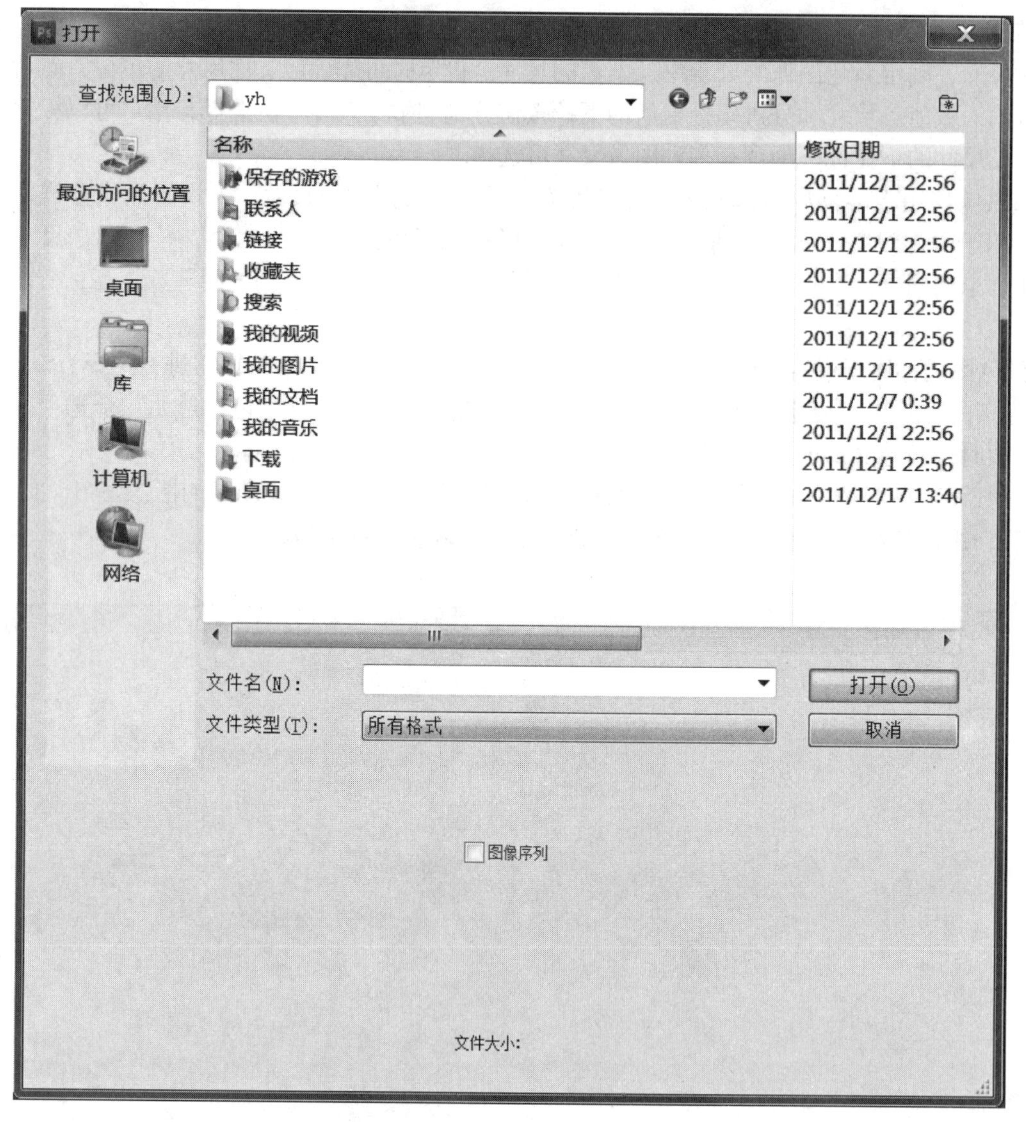

图 4-14

还有一个更为方便的方法，选择菜单“文件（File）/ 在 Bridge 中浏览”命令，或者选择“在 Mini Bridge 中浏览”，工作区将弹出打开 Bridge CS5 或如图 4-15b 所示的“Mini Bridge”对话框，选择文件夹所在位置，从文件显示框中选择所需要的文件，双击文件图标或直接将图片拖到 Photoshop 的文件编辑窗口中，即可以打开图像文件。

4.3.3 关闭、保存图像文件

4.3.3.1 图像文件格式

在基本概念中，已经介绍了 Photoshop 软件支持的多种图像文件格式。在文件存储中，不同的图像色彩模式及其内容，存储的文件格式也各不相同，我们在园林绘图中常用的文件格式有：PSD（*.PSD）、TIFF（*.TIF）、BMP（*.BMP）、JPEG（*.JPG）等。

其中，PSD（*.PSD）是 Photoshop 软件缺省文件格式。JPEG（*.JPG）是当前压缩格式中最有效和最基本的一种，当以这种格式进行存盘时，可以选择四种压缩程度（如图 4-16 所示）：“低”使图像文件最小，但图像质量最低；“最佳”则最大限度地保证图像质量，其图像文件相对最大。在实际的 Photoshop 操作中建议使用“最佳”方式以保证图像质量。

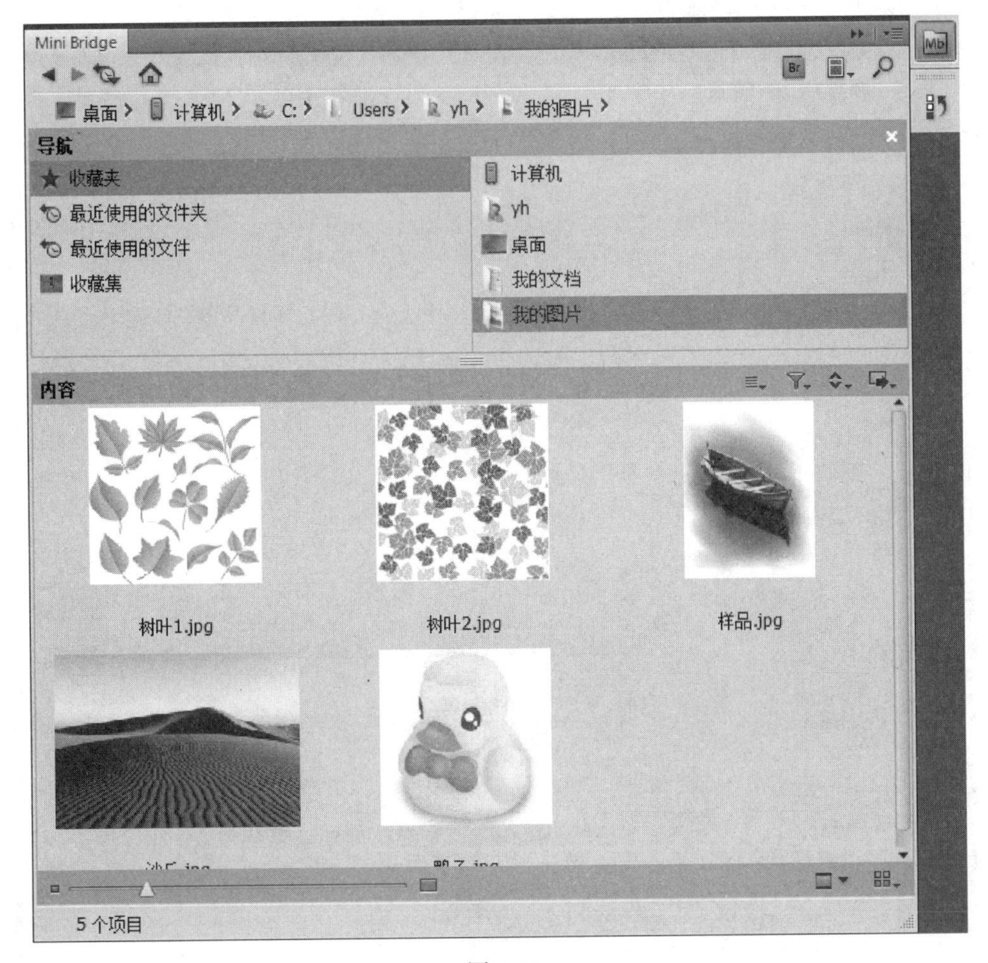

图 4-15

4.3.3.2 保存图像文件

图像在创建、编辑过程中要及时进行保存，以免死机、停电等意外事故带来巨大的损失。使用下述三种方法可以完成保存文件的操作。

1〉如果是第一次进行保存文件的操作，选择菜单“文件 / 存储”项，或按“Ctrl+S”键，将打开“存储为”对话框，在“文件名”文本框中输入文件名，在“格式”的下拉选框中选择图像文件类型（如图 4-17 所示），如果再次使用该命令，系统将只做默认的保存操作而不再显示对话框。

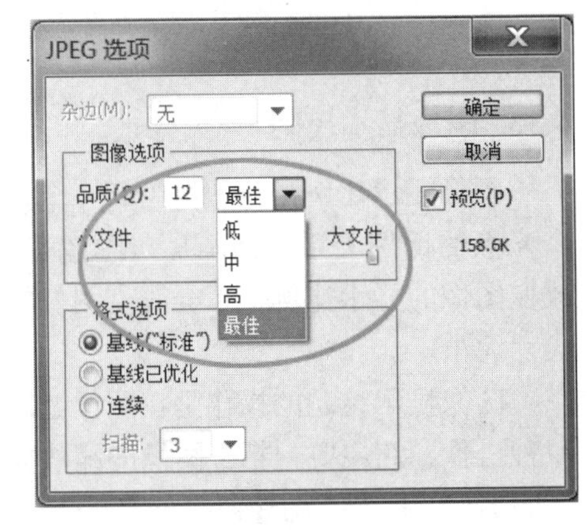

图 4-16

2〉选择菜单“文件 / 存储为”命令，或按“Ctrl+Shift+S”键可以将文件另存一个文件名，或另存为其他格式，或这两者同时改变，这时当前图像就改为另存的新文件名或格式。

4.3.3.3 关闭图像文件

在图像保存后，就可以将文件关闭。使用下述方法可以完成关闭文件的操作。

1〉单击图像窗口标题栏右侧的“关闭”按钮，或双击图像窗口标题栏左侧的图标（如图 4-18 所示），即可关闭文件。

2〉选择菜单“文件 / 关闭”命令，或按“Ctrl+W”键，或按“Ctrl+F4”组合键，就可以关闭图像文件。

3〉如果用户打开了多个图像窗口，并想同时关闭所有窗口，可以选择菜单“文件 / 关闭全部”命令。

图 4-17

4.3.4 图像显示控制

图 4-18

图像显示比例是指图像中每一个像素与屏幕上一个光点的比例关系，而不是与图像实际尺寸的比例。改变图像的显示比例，不会改变图像的分辨率和图像尺寸大小。

图像显示控制的操作是在图像处理中使用最多的一种操作，它主要包括：图像的缩放操作、查看图像不同部分的操作、图像窗口布置及全屏显示的操作等。

4.3.4.1 图像的缩放

在工具箱中单击“缩放工具”，再将鼠标在图像上单击，图像将以光标单击处为中心放大显示一级；按下 Alt 键，图像上的光标发生改变，用鼠标在图像上单击，图像将以光标单击处为中心缩小显示一级。图像窗口的标题栏及屏幕左下角将显示当前的缩放比例。

技巧：在任何情况下，按“Ctrl+Space+ 单击”，可实现放大图像显示；按“Alt+Space+ 单击”，可实现缩小图像显示。按“Ctrl+ ‘+’”，图像将放大显示一级；按“Ctrl+ ‘–’”，图像将缩小显示一级。按“Ctrl+0”，图像将以屏幕最大显示尺寸显示；按“Ctrl+Alt+0”，图像将以 100% 的方式显示。

还可以使用“导航器”面板。使用“导航器”面板的操作按钮，进行缩放图像（如图 4-19 所示）。

当选中“缩放工具”后，在工具属性栏上将显示相关的参数，单击右键也会出现相同的快捷菜单，意义如下：

按屏幕大小缩放：使窗口以最合适的大小和最合适的显示比例完整地显示图像；

实际像素：使窗口以 100% 的比例显示图像；

打印尺寸：使图像以 1∶1 的实际打印尺寸显示。

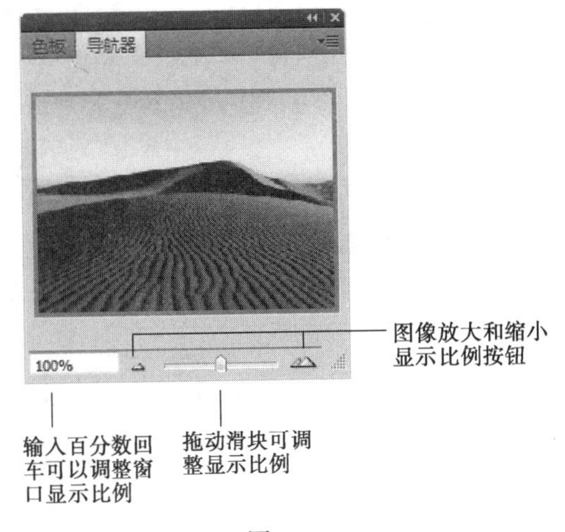

图 4-19

4.3.4.2 查看图像的不同部分

当窗口出现滚动条时，使用下述方法可以查看图像的不同部分。

- 工具箱的方法：单击工具箱中“抓手工具”，用鼠标在图像上拖曳可以看到图像的不同部分。
- 滚动条的方法：拖动垂直、水平滚动条可以查看图像的不同部分。
- 快捷键的方法：在任何情况下，按下“Space”键，图像上就会出现抓手光标，这时只要在图像上进行拖曳操作，就可以查看图像的不同部分；如果按“PageUp”、“PageDown”键也可以上下滚动图像窗口。

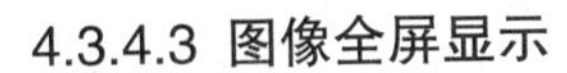

4.3.4.3 图像全屏显示

使用下述两种方法，可以进行全屏显示操作。

- 使用菜单栏中“屏幕模式”按钮操作；
- 反复按快捷键“F”键。

4.3.5 标尺和网格线的设置

标尺、参考线与网格线都是用于辅助图像处理操作的，如对齐操作、对称操作等，使用它们将大大提高工作效率。

4.3.5.1 设置标尺

设置标尺单位的操作如下。

选择菜单“编辑 / 首选项 / 单位与标尺”命令，打开“首选项”对话框（如图 4-20 所示），选择标尺单位，可以根据图形和画布大小改变尺寸。

显示或隐藏标尺：

- 菜单的方法：反复单击菜单“视图 / 标尺”命令，可以在屏幕上显示或隐藏标尺；
- 快捷键的方法：反复按“Ctrl+R”键可以切换标尺的显示和隐藏。

改变标尺的（0，0）点。将光标置于标尺（0，0）点处，拖曳鼠标到所需位置，松开鼠标，光标处就会变为（0，0）点的位置。

4.3.5.2 设置参考线与网格

当参考线与网格的颜色与图像接近时，会影响视觉，因此可以重新设置。操作如下。

选择菜单“编辑 / 首选项 / 参考线、网格和切片”命令，打开“首选项”对话框（如图 4-21 所示），可以在相应的下拉表框中，对参考线与网格的线型和颜色进行设置。

设置与取消参考线：

1〉在显示标尺的状态下，将光标从水平标尺向下拖曳就可以设置水平参考线；将光标从垂直标尺向右拖曳就可以设置垂直参考线。

2〉在步骤 1〉的拖曳中，按下“Alt”键可以设置与当前相垂直的参考线。

3〉单击“移动工具”按钮，然后将光标移到参考线上，当出现平行线光标时，可以移动参考线，将参考线拖至图像窗口外时，可以移去该参考线。

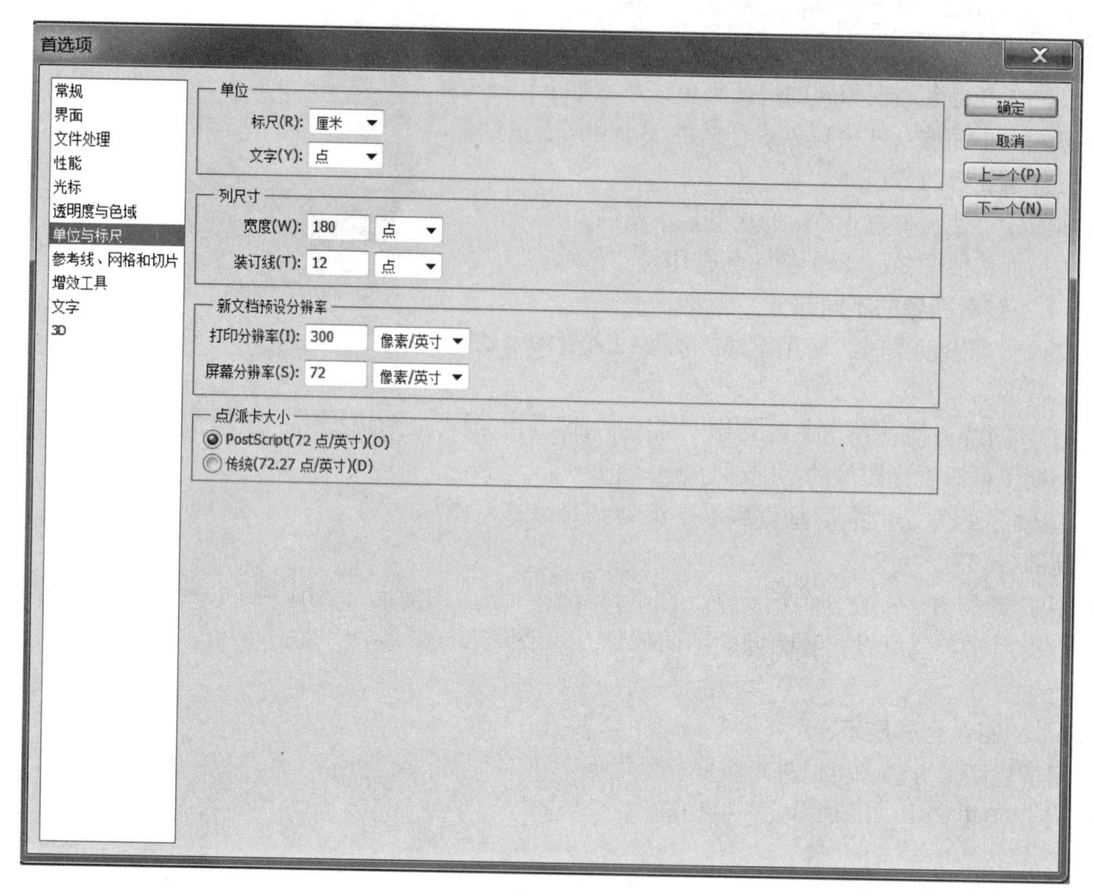
首选项
常规
界面
文件处理
性能
光标
透明度与色域
单位与标尺
参考线、网格和切片
增效工具
文字
3D
单位
标尺(R): 厘米
文字(Y): 点
列尺寸
宽度(W): 180 点
装订线(T): 12 点
新文档预设分辨率
打印分辨率(I): 300 像素/英寸
屏幕分辨率(S): 72 像素/英寸
点/派卡大小
PostScript(72 点/英寸)(O)
传统(72.27 点/英寸)(D)
确定
取消
上一个(P)
下一个(N)

图 4-20

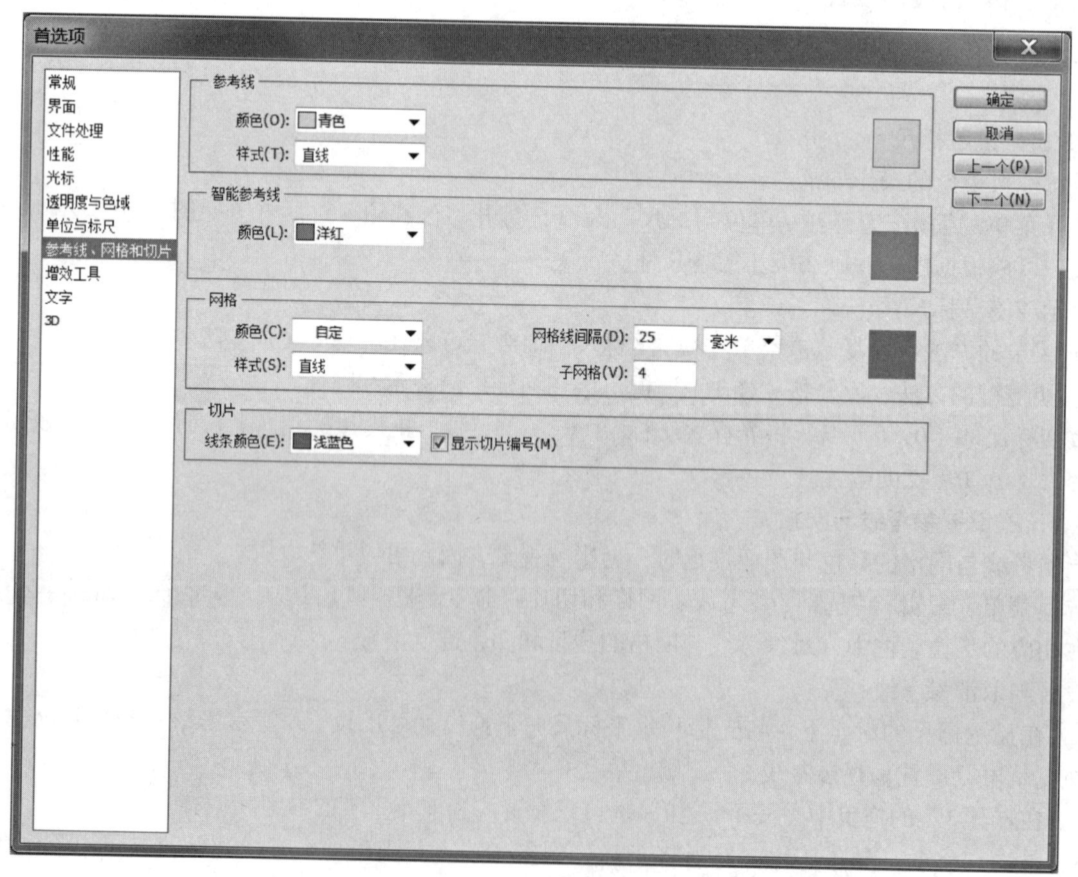
首选项
常规
界面
文件处理
性能
光标
透明度与色域
单位与标尺
参考线、网格和切片
增效工具
文字
3D
参考线
颜色(O): 青色
样式(T): 直线
智能参考线
颜色(L): 洋红
网格
颜色(C): 自定
样式(S): 直线
网格线间隔(D): 25 毫米
子网格(V): 4
切片
线条颜色(E): 浅蓝色
显示切片编号(M)
确定
取消
上一个(P)
下一个(N)

图 4-21

4〉选择菜单“视图 / 清除参考线”命令，可以清除所有的参考线。

5〉选择菜单“视图 / 锁定参考线”命令，就不可以进行移动参考线的操作。

6〉如果要精确地设置参考线，首先应按实际像素显示图像，再进行参考线的设置。

4.3.6 颜色的选择

4.3.6.1 使用工具箱选择前、背景色

工具箱下方为前、背景色块（如图 4-22 所示），缺省的前景色为黑色，背景色为白色。

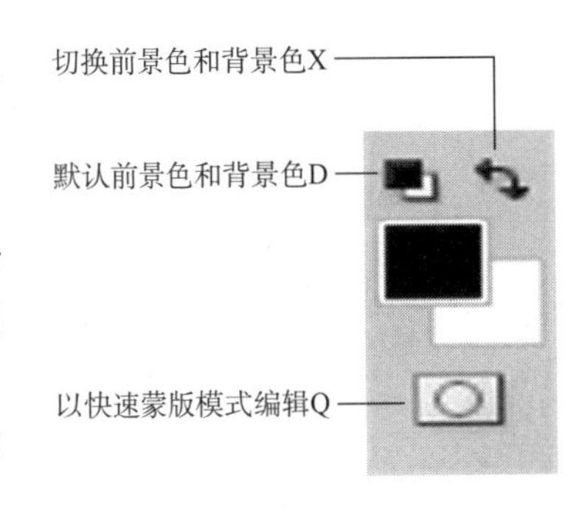

图 4-22

通过工具箱快速设置前、背景色：

● 单击“前景色”或“背景色”图标，在打开的“拾色器（Color Picker）”对话框中（如图 4-23a 所示），拖动颜色滑杆，直接用鼠标在颜色域中单击，或者在某种色彩模式中输入数值选择颜色。

● 单击“切换前景色和背景色”图标，或按“X”键，交换当前的前景和背景色。

● 单击“默认前景色和背景色”图标，或按“D”键，将前、背景色设置为黑、白色。

4.3.6.2 使用“颜色”面板选择颜色

使用“颜色”面板可以不需要进入“拾色器”对话框而同样方便地选择所需的颜色。按“F6”键打开“颜色”面板，左侧的两个色块显示的是当前的前景色和背景色。单击面板右上角的三角按钮，在打开的菜单中选择色彩模式，面板将显示所选色彩模式的滑块和颜色条（如图 4-23b 所示）。

在“颜色”面板中选择颜色。

● 移动色彩模式滑块。

● 在数字框中输入数字。

● 在“颜色条”中移动光标，直接单击鼠标左键，可以选择前景色；按下“ALt”键的同时单击鼠标，可以选择背景色；如果按下“Shift”键同时单击鼠标，可以使“颜色条”在不同模式下显示。

● 单击前景色块或背景色块进入“拾色器”对话框选择颜色。

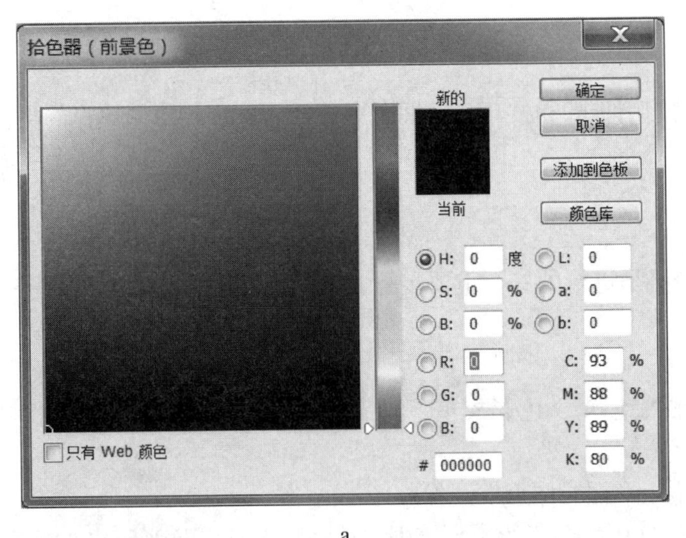

a

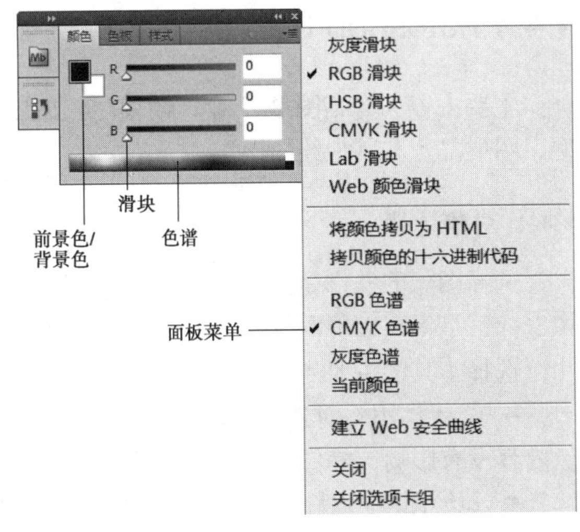

b

图 4-23

4.3.6.3 使用“色板（SWATCHES）”面板选择颜色

选择菜单“窗口 / 色板”项，打开“色板”面板。在“色板”面板中操作如下。

1〉将光标移到“色板”面板中，光标呈“取色吸管”状，单击所需色块可以设置前景色（如图 4-24 所示）；按下“Ctrl”键的同时，在色板面板中选择色块，可以设置背景色。

2〉将光标移到“色板”面板的空格处单击，光标呈“颜料桶”状，可以将当前前景色增添到新“色板”中（如图 4-25 所示）。

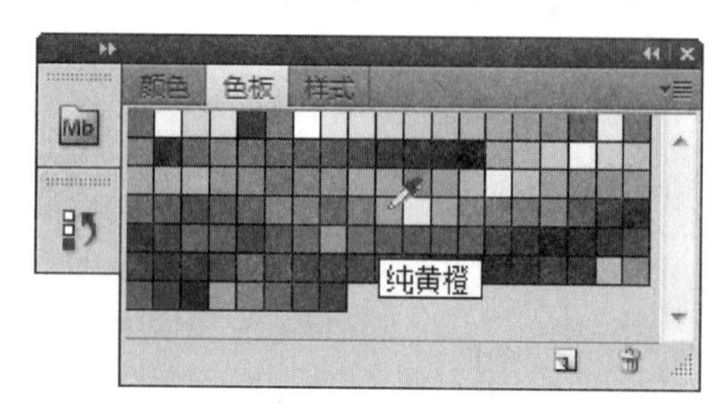

图 4-24

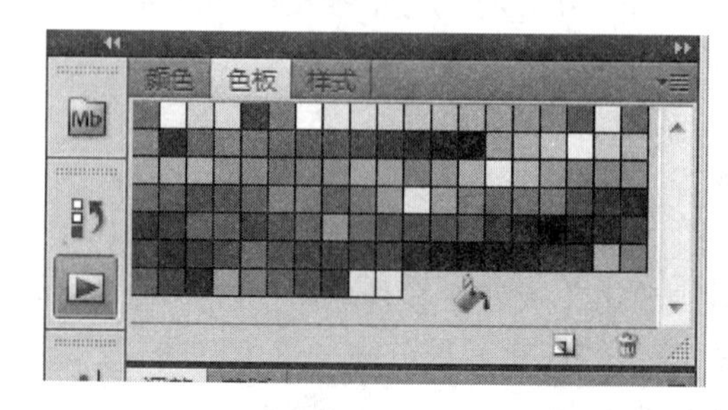

图 4-25

3〉按下“Alt”键的同时，在“色板”面板中选择色块，光标呈“剪刀”状，可以从面板中删除所选颜色。

4.3.6.4 使用“吸管工具”选择颜色

使用“吸管工具”可以将图像中的任一颜色设置为前景色或背景色。

使用“吸管工具”进行选择颜色：

● 鼠标单击工具箱中的“吸管工具”，将光标在图像中移动，单击鼠标可以将光标处的颜色设置为前景色；按下“Alt”键的同时单击鼠标，可以将光标处的颜色设置为背景色。

● 当选用的工具为画图、填色工具时，随时按下“Alt”键，光标也会变成吸管，这时在图像中选择颜色，就可以设置前景色。

4.3.6.5 使用“吸管工具”查询颜色

按下“Alt”键的同时单击工具箱中的“吸管工具”，得到“颜色取样器工具”，这时在图像区域中单击鼠标左键，就可以在信息面板中得到一组颜色值。

4.4 Photoshop CS5 图像绘制

主要内容：介绍图形绘制中常用的绘图工具使用步骤和技巧，掌握图形选择的方法、图形填充的类型、图形描边和其他绘图操作。

4.4.1 对象选择

选择图像的操作是进行图像绘制、编辑之前必须进行的一个重要步骤，灵活、方便、精确地进行图像选择，是提高编辑图像效率和质量的关键。

选择工具的主要作用为：

● 蒙版作用：对选择区域内的图像进行画图、编辑、色彩校正、滤镜处理等，对选择区域外的图像内容没有影响，好像被“蒙”住了一样；

● 勾绘图像：对选择框进行勾边处理，产生矩形框、圆形框图像。

Photoshop CS5 提供了许多选择图像的方法，这里主要介绍工具箱中“选择”工具以及部分“选择”菜单的使用，其他的选择图像方法，如“路径钢笔”的方法和蒙版的方法不再详细讲解。

工具箱中的“选择”工具主要有选框、套索、魔棒等（如图 4-26 所示）。

4.4.1.1 “选框工具”的使用

“选框工具”的一般使用方法如下。

● 反复按“Shift+M”键，或者按下“Alt”键的同时，反复单击“选框工具”，出现“矩形选框工具”时，在图像窗口中的所需选择区域，画一矩形区域；当出现“椭圆选框工具”时，在图像窗口中的所需选择区域，画一椭圆形区域（如图 4-27 所示）。

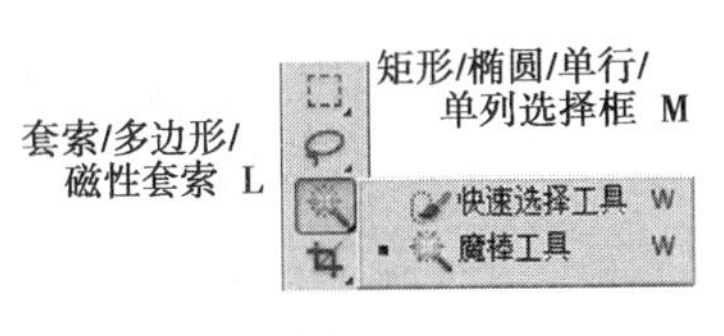

图 4-26

图 4-27

● 在选择框单击图片，并按下“Shift”键进行选择操作，则只可进行正方形框、圆形框的选择。

● 在选择框单击图片，并按下“Alt”键进行选择操作，则只可进行长方形框、椭圆形框的选择。

提示：如果图片中没有选择框，第一次执行选择命令，上述按下“Shift”键、“Alt”键的操作是成立的；如果图片中已有选择框，则按下“Shift”键，鼠标显示的是选择框叠加命令，按下“Alt”键显示的是选择框相减命令，无法达到上述效果。

“选框”隐藏工具中的单行选框、单列选框工具，常用于修补图像中丢失的像素线。

4.4.1.2 “套索工具”的使用

“套索工具”主要包括“套索工具”、“多边形套索工具”、“磁性套索工具”。

使用“套索工具”的操作步骤如下：

1〉反复按“Shift+L”键，或者按下“Alt”键的同时单击工具箱中的“套索工具”，或直接右击“套索工具”按钮选择“套索工具”；

2〉在图像中按下鼠标左键不放，拖动鼠标，直到选择完所需区域，松开鼠标，完成操作（如图 4-28 所示）。

图 4-28

“多边形套索”工具的操作步骤如下：

1〉反复按“Shift+L”键，或者按下“Alt”键的同时单击工具箱中的“套索工具”，或直接右击“套索工具”按钮选择“多边形套索工具”；

2〉在图像中鼠标单击所选区域的多边形顶点，按“Enter”键或双击图像，可以完成多边形区域的选择（如图 4-29 所示）；

3〉如果在步骤 2〉的操作过程中，按下“Delete”键或“Backspace”键，可以删除刚刚单击的多边形顶点。

“磁性套索”工具的操作步骤如下：

1〉反复按“Shift+L”键，或者按下“Alt”键的同时单击工具箱中的“套索工具”，或直接右击“套索工具”按钮选择“磁性套索工具”；

图 4-29

2〉在所需的图像区域按下鼠标左键，拖动鼠标，选择轨迹就会紧贴图像内容（如图 4-30 所示），按“Enter”键或双击图像，可以完成磁性手画线的操作；

3〉如果在步骤 2〉的操作过程中，按下“Delete”键或“Backspace”键，可以删除最近的一个拐点；

4〉在步骤 2〉的操作过程中，也可以单击鼠标，可同时使用“多边形套索”与“磁性套索”两种工具。

4.4.1.3 “魔棒工具”的使用

使用“魔棒工具”，可以自动选择颜色相近的相连区域（如图 4-31 所示），颜色相近的程度，决定了选择区域的大小。

“魔棒工具”的使用操作步骤如下：

1〉单击工具箱中的“魔棒工具”按钮，或按“W”键选择魔棒工具；

2〉用鼠标单击图像中所需选择颜色相近的区域。

在工具箱中单击“魔棒工具”按钮，图像窗口上方将出现“魔棒工具”属性栏（如图 4-32 所示），在“容差”项中可以输入 0 ~ 255 间的整数，设置颜色相近的程度。

4.4.1.4 选择工具的其他操作

当图像区域被选择后，还可以根据需要进行位置的移动和改变，增加或减少选区范围，以及对选区内的对象进行变换操作等。无论使用哪种选择工具进行选择操作，其选择结果都可以这样处理。

图 4-30

1〉移动选择框

将光标置于图像窗口中的所选框内，就会出现移动选择框的光标，这时可以使用下述方法进行移动选择框的操作：

- 拖曳鼠标，可以移动选择框到任意位置（如图 4-33 所示）。
- 使用键盘的四个方向键，可以沿该方向移动 1 个像素点，准确地移动选区。
- 使用“Shift+ 方向键”，可以沿该方向移动 10 个像素点。
- 当运行矩形或椭圆选框工具时，在松开鼠标前，按下“Space”键也可移动所选外框。
- 在鼠标拖动选区时，按下“Shift”键，选取则按垂直、水平和倾斜 45° 方向移动。

2〉调整选择框

在选定了一个图像区域后，还可以进行增加选区、减小选区、得到相交的区域等操作。可以直接单击工具属性上相关的选项（如图 4-34 所示），还可以通过键盘来控制操作。

● 增加选择区域：按下“Shift”键，光标旁将出现“+”符号，这时拖动鼠标即可增加选择区域，同时工具属性栏中自动显示为“添加到选区”项。

● 减小选择区域：按下“Alt”键，光标旁将出现“–”符号，这时在已有的选区拖动鼠标，则所选范围将从原有选区中删减，同时工具属性栏中自动显示为“从选区中减去”项。

图 4-31

图 4-32

● 得到相交区域：按下“Shift+Alt”键，光标旁将出现“×”符号，这时拖动鼠标进行选择，将得到相交的选区，工具属性栏中自动显示为“与选区交叉”项。

常用的选择项还有：

● 取消选择：按“Ctrl+D”键取消所有选择；

● 全部选择：按“Ctrl+A”键根据文件大小全部选择，这在图形文件的描边中经常用到；

● 反向选择：按“Ctrl+Shift+I”键选择当前没被选择的其他部分，用魔棒选择区域范围复制图像时应用最多。

另外，在菜单“选择”栏中，还可以进行扩大选区范围和选择框的缩放、羽化等修改，读者有兴趣可以自己去熟悉。

4.4.2 对象填充

填充指的是填充所选区域，一般可以使用四种方法进行：“删除”操作、“油漆桶工具”、“填充”命令和“渐变工具”等。

图 4-33

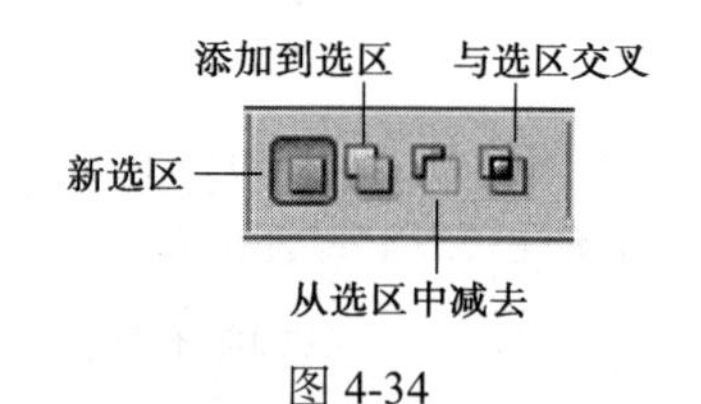

图 4-34

4.4.2.1 “删除”操作

使用删除键“Backspace”键或“Del”键，可以对所选区域或当前图层进行填充操作。

1〉选择所需填充区域或图层。

2〉如果不在图层中，按“Del”键将使用背景色进行填充；按“Alt+Del”键将使用前景色进行填充。

3〉如果在图层中，按“Ctrl+Del”键将使用背景色进行填充；按“Alt+Del”键将使用前景色进行填充。

4.4.2.2 “油漆桶工具”

“油漆桶工具”在图像选区中填充颜色，但它只对与鼠标单击处颜色相近的区域填充前景色或指定图案。

“油漆桶”有类似于魔棒的功能，在填充时会对单击处的颜色进行取样，确定要填充的范围，而后再填充（Fill）。它类似于“魔棒工具”和“填充”命令功能的组合。

在使用“油漆桶工具”填充前，需要在工具属性栏中进行参数设定（如图 4-35 所示），在“填充”的下拉框中先选定填充内容是前景色或图案，选定前景色则需要对前景色进行设定，选择图案则属性栏中图案的下拉表框被激活，可以从中选择已定义的图像进行填充。属性中的容差类似于魔棒中的容差含义，对于属性中的填充模式、透明度，由读者自己去尝试，在此不多作解释。

图 4-35

4.4.2.3 “填充（Fill）”命令

使用“填充”命令可以进行所选颜色的填充、定制图案填充以及最近一次存盘图像的填充。

1〉选取范围填充

“填充”命令可用于选择的区域或当前层。选择菜单“编辑 / 填充”项，打开“填充”对话框（如图 4-36 所示）。

在“内容”的下拉表框中有色彩和图案等多种选择（如图 4-37 所示），当选择“图案”时，对话框中的“自定义图案”下拉表框被激活，从中可以选择系统自带的图案，也可以自己先定义图案放在其中，再来选择填充；选择“历史记录”，则填充的内容为“历史记录”面板中所设置的以往某一步骤状态下的图像内容。

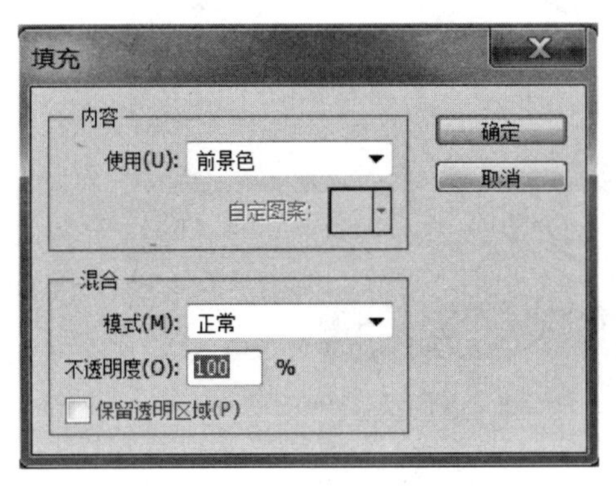

图 4-36

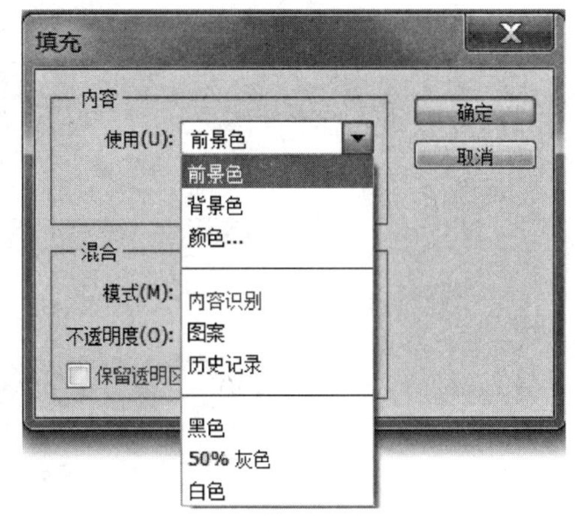

图 4-37

在“混合”中可以选择模式和调节透明度。

完成设置后，单击“确定”，返回图形界面完成图案填充。

2〉定义图案

选择并定义的图案将被存放在系统中，供填充、印章等操作反复使用。

定义图案的步骤：

● 首先打开一个图像，在工具箱中选择“矩形选框工具”，在工具属性栏中将羽化值设为 0，然后在图像中选择将要作为图案的图像区域（如图 4-38 所示）；

● 选择菜单“编辑 / 定义图案”命令，打开的“图案名称”对话框（如图 4-39 所示），在名称栏输入图案名称，“确定”后返回，完成定义图案操作。

图案定义后，就可以在“填充”命令的自定义图案表框中找到，并应用于图像文件。在园林制图中，造园要素的材质通常是选取实物图片中的色彩和纹理进行填充，以增强表现效果。

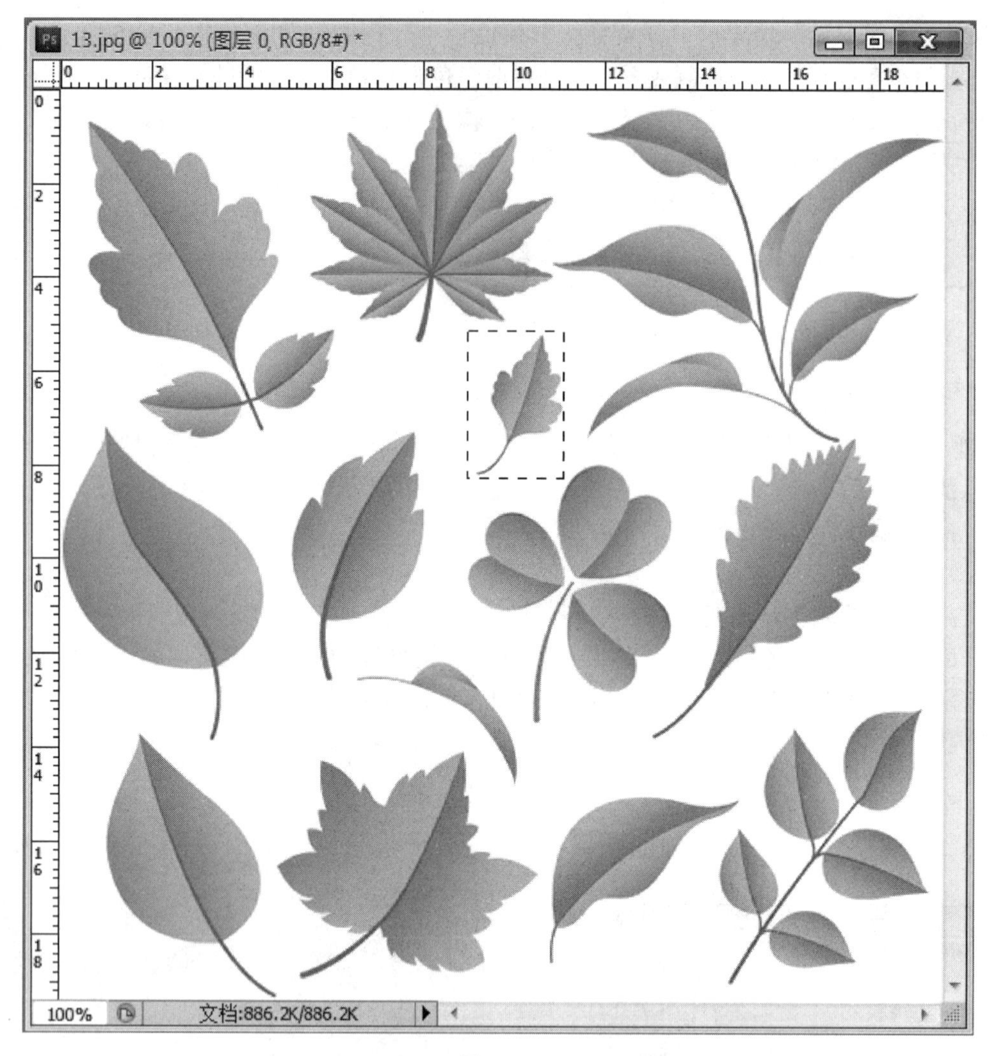

图 4-38

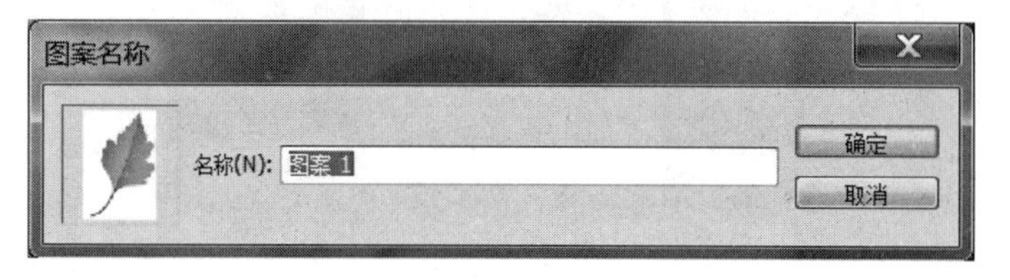

图 4-39

4.4.2.4 "渐变工具"

使用工具箱中的"渐变工具",可以产生两种以上颜色的渐变效果,既可以在属性的下拉表框中选择系统设置的渐变方式,也可以自定义渐变方式。属性工具栏中列举了五种渐变方式,有线性渐变、径向渐变、角度渐变、对称渐变、菱形渐变等。如果不选择区域,将对整个图像进行渐变填充。

"渐变工具"的操作步骤如下:

1)单击工具箱中的"渐变工具"(如图 4-40a 所示);

2)单击"渐变编辑器",选择渐变种类(如图 4-40b 所示)并调节渐变色彩混合程度;

3)在工具属性栏中选择一种渐变方式,并进行其他参数的设定(如图 4-41 所示);

4)在图像中按下鼠标并水平拖动,至另一位置后放开鼠标,选区内被填入渐变色彩(如图 4-42)。

技巧:拖动鼠标填充颜色时,按下"Shift"键则可以按水平、垂直、45°方向填充色彩。拖动的方向不同则填充的效果也不同。

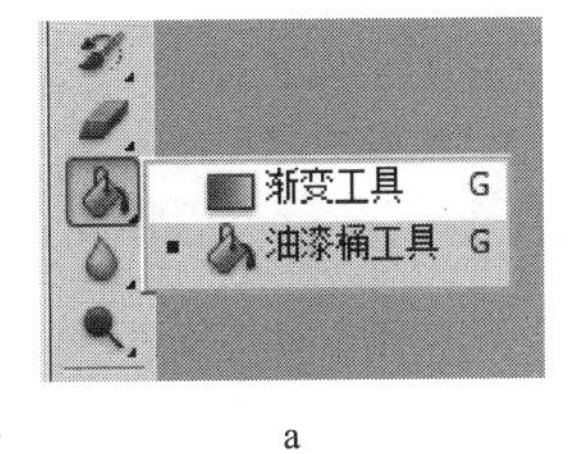

a

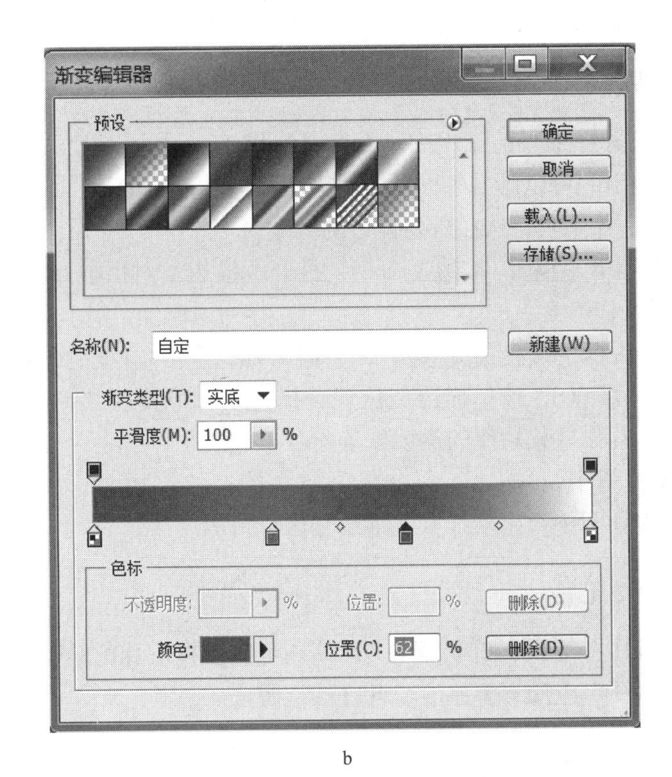

b

图 4-40

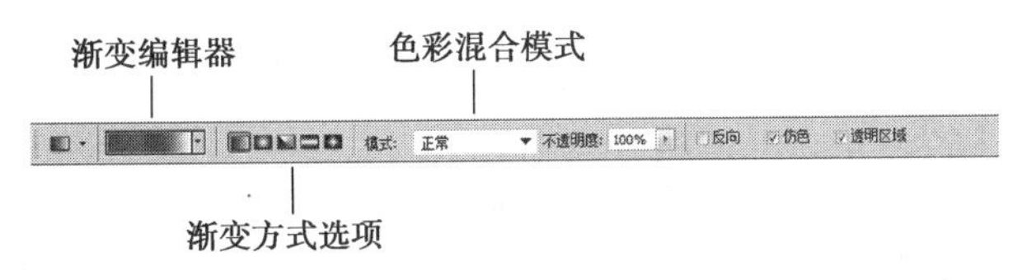

图 4-41

图 4-42

4.4.3 图形描边

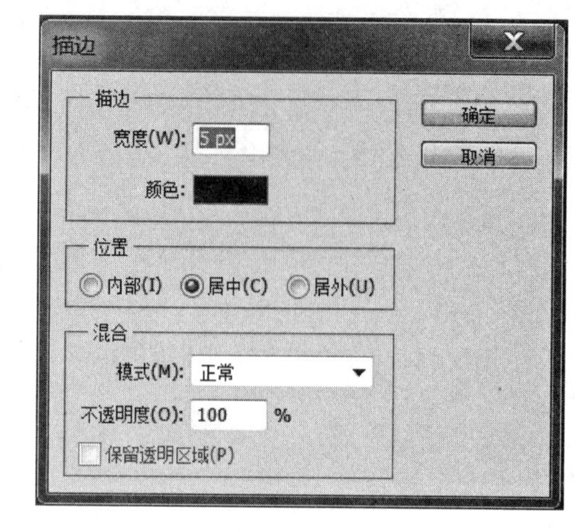

图 4-43

前文对象选择工具的作用中已介绍，选择工具结合“描边”命令的使用，可以画出各种形状的轮廓线。其操作如下：

1）使用选择工具，选择所要描边的区域；

2）选择菜单“编辑 / 描边”命令，打开“描边”对话框（如图 4-43 所示）；

3）在对话框的“描边宽度”栏中输入描边线的宽度，单位为 px（像素点），选择描边的位置，描边线和原图像之间混合模式，并设置描边线的透明度等参数。

在园林制图中，“描边”命令用得最多的是绘制图框，还可以用于规划图中突出某区域或景观分区分析等。

4.4.4 其他绘图工具

绘图工具还有笔刷、图章等工具，笔刷可以设置特殊的画笔绘出图案，图章可以用复制的图案绘制图形，园林制图中应用不多，请读者自己掌握。

4.4.5 图层的基本操作

当生成一个新的 Photoshop 图像文件时，图像将自动包含一个“背景”层，它好比是画图用的画布。利用“图层”面板，可以对所编辑的图像进行新增图层、删除图层、合并图层、控制各图层之间的合并方式、将图层转换为选择区域等操作。每一图层都可控制其与其他图层的合并方式及透明程度，包含了图层的图像文件只能保存为 Photoshop 格式（*.PSD）。

Photoshop 软件提供了三种方式的图层：一种是用于画图、编辑，另一种是用于控制色彩校正，还有一种是用于文字编辑。

4.4.5.1 “图层”面板

使用下述两种方法可以打开“图层”面板。

- 快捷键的方法。按“F7”键，可以打开“图层”面板。
- 菜单的方法。选择菜单“窗口 / 图层”命令，可以打开“图层”面板。

“图层”面板有图标、名称、图层的显示与隐藏、面板菜单等许多内容（如图 4-10 所示）。

4.4.5.2 新增图层

新建一个图层有多种方法。

1）“图层”面板菜单的方法

单击“图层”面板右上角的三角钮，打开“图层”菜单，选择“新建图层”命令；在打开的“新建图层”对话框中设置参数（如图 4-44 所示）。

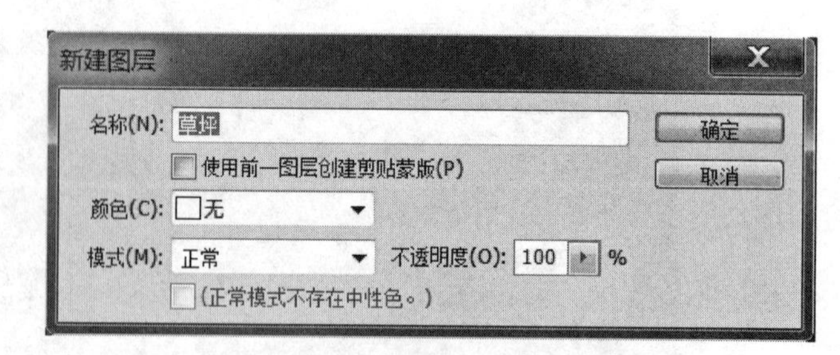

图 4-44

2）“图层”面板按钮的方法

单击“图层”面板中的“创建新图层”按钮，可以新建一个合成方式为“正常”，不透明度为 100% 的普通图层。

3）菜单命令的方法

选择菜单“图层 / 新建 / 图层”命令，或按“Ctrl+Shift+N”键，就会打开“新建图层”对话框，进行设置后就可以得到一个普通图层。

在 Photoshop 的某些操作过程中系统能自动产生新图层，具体如下：

1〉对选择区域的图像进行复制操作，系统将自动生成一个新图层；

2〉选择图像区域后，选择菜单“图层 / 新建 / 通过拷贝的图层”，或按“Ctrl+J”键，系统自动复制当前图层并放置到当前图层上（如图 4-45 所示）；

3〉如果使用工具箱中的“文字工具 T”制作文字，就会自动产生一个文字编辑图层。

图 4-45

4.4.5.3 移动、复制和删除图层

1〉移动图层

要移动图层中的图像，可以使用“移动工具”进行移动。

技巧：在移动图层中的图像时，如果是要移动整个图层内容，则不需要先选取范围再进行移动，而只要先将要移动的图层设为当前图层，然后用“移动工具”或按住“Ctrl+ 左键”就可以移动图像；如果是要移动图层中的某一块区域，则必须先选取范围后，再使用“移动工具”进行移动。

2〉复制图层

可将某一图层复制到同一图像中，或者复制到另一幅图像中。当在同一图像中复制图层时，最快速的方法就是将图层拖动至“创建新图层”按钮上，复制后的图层将出现在被复制的图层上方。

用菜单命令来复制图层。先选中要复制的图层，然后单击菜单“图层 / 复制图层”或在面板菜单中选择“复制图层”命令，打开“复制图层”对话框（如图 4-46 所示），输入复制后的图层名称。

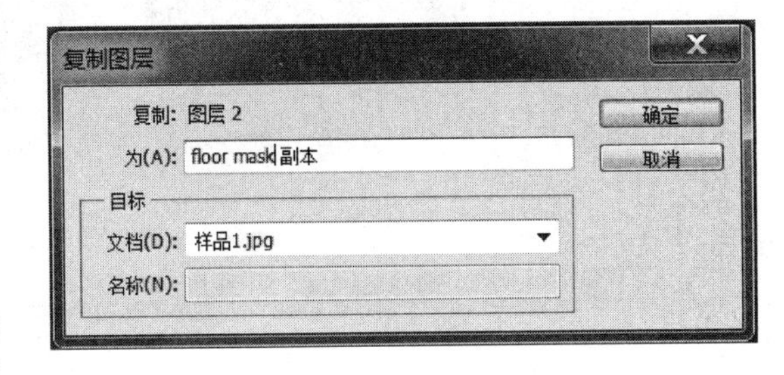

图 4-46

技巧：将某一幅图像中的某一图层复制到另一图像中，有一个很快速简便的方法：首先，同时显示这两个图像文件（如图 4-47 所示），然后在被复制图像的“图层”面板中拖动图层至另一图像窗口中即可。

3〉删除图层

对一些没有用的图层，可以将其删除。方法是：激活要删除的图层，然后单击“图层”面板上的“删除图层”按钮；或者单击面板菜单中的“删除图层”命令；也可以直接用鼠标拖动图层到“删除图层”按钮上来删除。

提示：如果所选图层是隐藏的图层，则可单击面板菜单中的“删除隐藏图层”命令来删除。

4.4.5.4 调整图层的叠放次序

图像一般由多个图层组成，而图层的叠放次序直接影响图像显示的真实效果，上方的图层总是遮盖其底下的图层。因此，在编辑图像时，可以调整各图层之间的叠放次序来实现最终的效果。

在“图层”面板中将鼠标指针移到要调整次序的图层上，拖动鼠标至适当的位置，就可以完成图层的次序调整。

此外，也可以用菜单“图层 / 排列”命令（如图 4-48 所示）来调整图层次序。在执行命令之前，需要先选定图层。如果图像中含有背景图层，则即便执行了“置为底层”命令后，该图层图像仍然只能在背景图层之上，这是因为背景图层始终是位于最底部的缘故。

4.4.5.5 锁定图层内容

Photoshop CS5 提供了锁定图层的功能，可以锁定某一个图层和图层组，使它在编辑图像时不受影响，从而可以给编辑图像带来方便。

图 4-47

图 4-48

在前文所示的“图层”面板中已经介绍，锁定选项组中的 4 个选项用于锁定图层内容（如图 4-49 所示）。它们的功能分别如下。

锁定透明像素：会将透明区域保护起来。因此在使用绘图工具绘图时（以及填充和描边），只对不透明的部分（即有颜色的像素）起作用。

锁定图像像素：可以将当前图层保护起来，不受任何填充、描边及其他绘图操作的影响。因此，此时在这一图层上无法操作绘图工具。

锁定图层位置：不能够对锁定的图层进行移动、旋转、翻转和自由变换等编辑操作。但能够对当前图层进行填充、描边和其他绘图的操作。

锁定全部：将完全锁定这一图层，此时任何绘图操作、编辑操作均不能在这一图层上使用，而只能对这一层的叠放次序进行调整。

提示：锁定图层后，在当前图层右侧会出现一个锁定图层的图标。

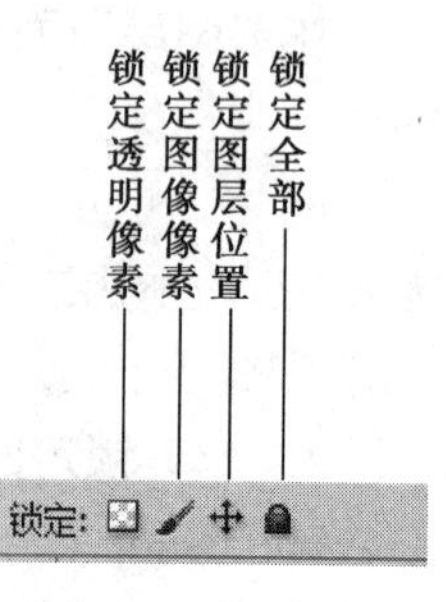

图 4-49

4.4.5.6 图层的链接与合并

图层的链接功能使得可以方便地移动多个图层图像，同时对多个图层中的图像进行旋转、翻转和自由变形，以及对不相邻的图层进行合并。

图层链接的方法如下：

先激活一个图层，然后按下“Ctrl”键的同时单击想要链接的图层，显示两个图层同时被激活，再单击“图层”面板下面的链接符号即可（如图 4-50 所示）；当要将链接的图层取消链接时，则可单击一下链接符号，当前图层就取消链接。

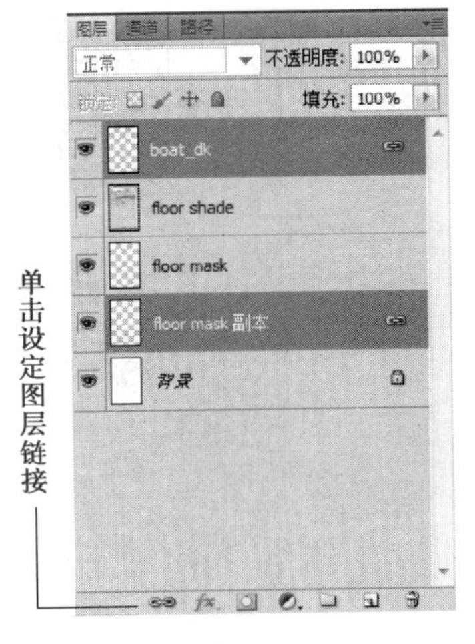

图 4-50

在图像绘制中，建立的图层越多，则该文件所占用的磁盘空间也就越多。在某些操作完成后，对一些不必要分开的图层进行合并，以减少文件所占用的磁盘空间和提高操作速度。

打开“图层”面板菜单，单击其中的合并命令即可（如图 4-51 所示）。

图 4-51

单击“向下合并”或按下组合键“Ctrl+E”，可以将当前作用图层与其下一图层图像合并，其他图层保持不变。如果当前图层中设有多图层链接，则该命令变为“合并图层”命令，单击此命令则合并所有链接的图层。

“合并可见图层”可将图像中所有显示的图层合并，而隐藏的图层则保持不变。

“拼合图像”可将图像中所有图层合并，并在合并过程中丢弃隐藏的图层。在丢弃隐藏图层时，系统会弹出提示对话框，提示用户是否确实要丢弃隐藏的图层。

提示：若作用图层是个隐藏图层，则不能使用“向下合并”和“合并可见图层”命令。合并多个链接的图层时，文本图层不能设为作用图层。

4.4.6 图层效果制作

图层效果是 Photoshop 制作的图层特效，如阴影、发光、斜面和浮雕等。Photoshop CS5 图层特效的界面可视化操作性更强，用户对图层效果所做的修改，均会实时地显示在图像窗口中。灵活地使用图层效果，可以使园林的平面图产生较好的平面效果。

4.4.6.1 使用图层效果的一般过程

图层效果的使用非常简单，操作步骤如下。

1）激活要应用图层效果的图层（如图 4-52 所示）。

提示：图层效果不能应用于背景图层和图层组。

2）单击菜单“图层 / 图层样式 / 混合选项”命令，在该子菜单中选择一种图层效果，如选择投影效果。

3）在打开的“图层样式”对话框，设置投影效果的各参数（如图 4-53 所示）。

4）完成参数设置，单击“确定”按钮返回图形窗口，图像已产生投影效果（如图 4-54 所示）。

提示：当添加了图层效果后，在“图层”面板中将显示代表图层效果的图标。图层效果与文本图层一样具有可修改的特点，只要双击“图层效果”图标，就可以打开“图层样式”对话框，重新设置图层效果的各参数。

5）如果要在同一个图层中应用多个图层效果，则可以在打开的“图层样式”对话框，选择多个效果并设置参数。

提示：图层效果在制作平面建筑、树木阴影和小品的浮雕效果时效果非常明显。

4.4.6.2 图层特效

从“图层样式”对话框中可以看出，图层效果有很多种。在“样式”栏单击某一种特效的选项，对话框的右侧就会显现出该效果的特性，可以进行具体的参数设置。

详细操作请读者自己尝试，本书在后文图形制作中结合图例详细设置。

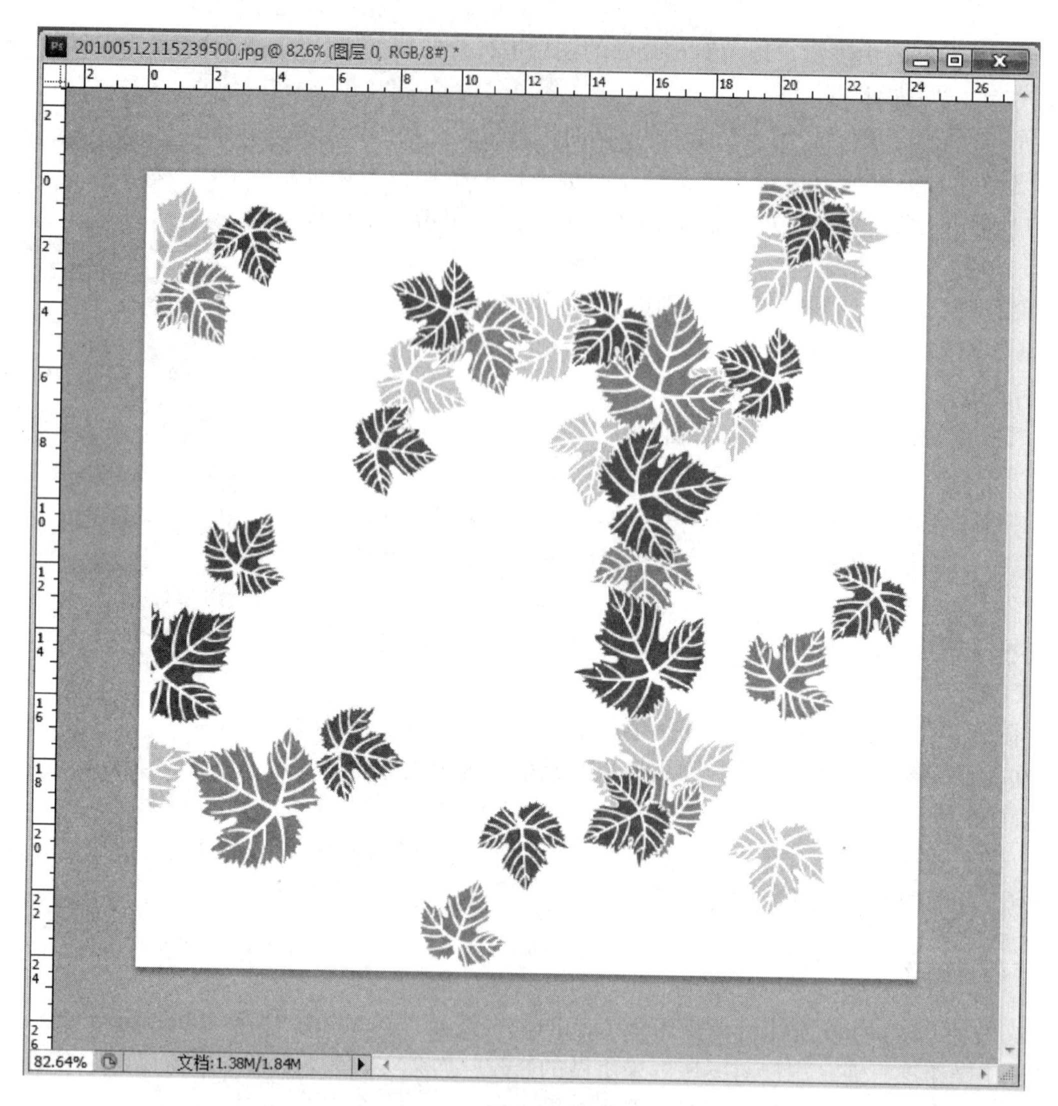
20100512115239500.jpg @ 82.6% (图层 0, RGB/8#) *
82.64%
文档:1.38M/1.84M

图 4-52

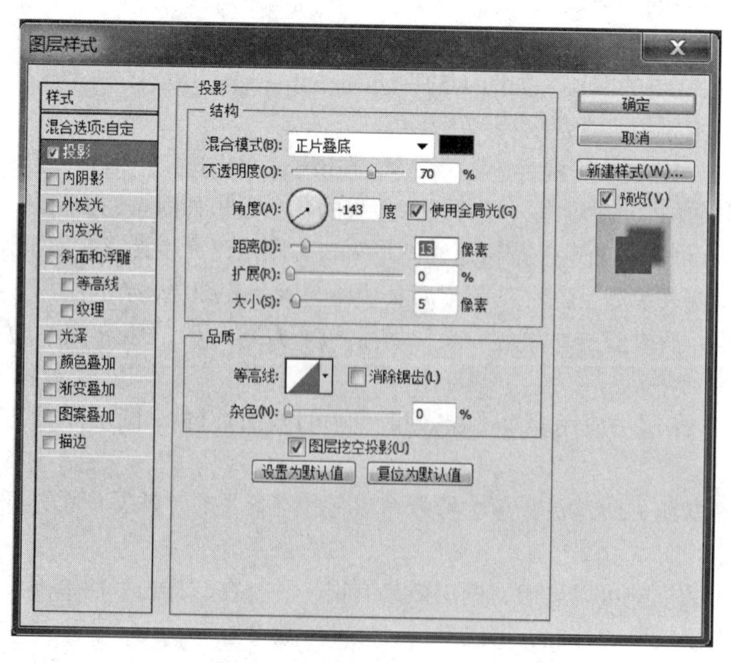
图层样式
样式
混合选项:自定
投影
内阴影
外发光
内发光
斜面和浮雕
等高线
纹理
光泽
颜色叠加
渐变叠加
图案叠加
描边
投影
结构
混合模式(B): 正片叠底
不透明度(O): 70 %
角度(A): -143 度 使用全局光(G)
距离(D): 13 像素
扩展(R): 0 %
大小(S): 5 像素
品质
等高线: 消除锯齿(L)
杂色(N): 0 %
图层挖空投影(U)
设置为默认值
复位为默认值
确定
取消
新建样式(W)...
预览(V)

图 4-53

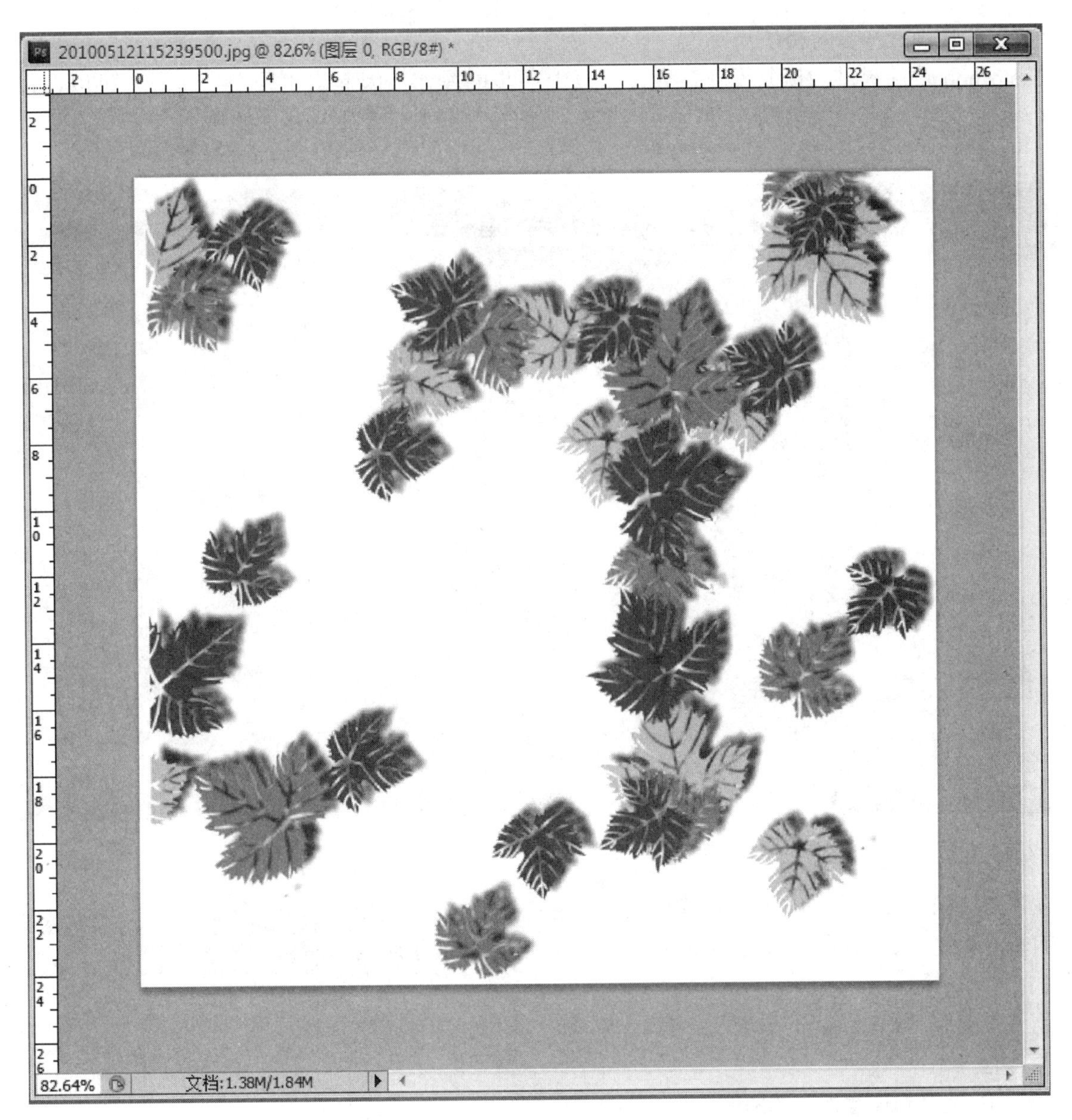

图 4-54

4.5 Photoshop CS5 的图像编辑

主要内容：介绍图像编辑中常用的工具，熟悉操作的恢复和重做、对象的复制和删除、图像的移动和变换、图像尺寸的改变、文本的输入与编辑，并掌握它们的操作步骤和技巧。

4.5.1 恢复操作

在编辑、绘画过程中，只要没有保存并关闭图像，Photoshop CS5 能够恢复到前一步，甚至前几步的操作，再重新操作处理图像。这就是 Photoshop CS5 的还原与重做功能，它远不同于一般软件的还原与重做，能给图像处理带来极大的方便。

4.5.1.1 中断操作

Photoshop 在进行图像处理过程中，有时需花费较长的时间，这时在状态栏中将会显示操作过程的状态。如果当前尚未完成操作，可以使用“Esc”键中断正在进行的操作。

4.5.1.2 恢复上一步的操作

Photoshop 软件提供的恢复操作，允许恢复上一步的操作，因此当出现误操作时，可以选择菜单“编辑 / 还原 XX”命令（如图 4-55 所示），或按“Ctrl+Z”键来恢复上一步的操作。

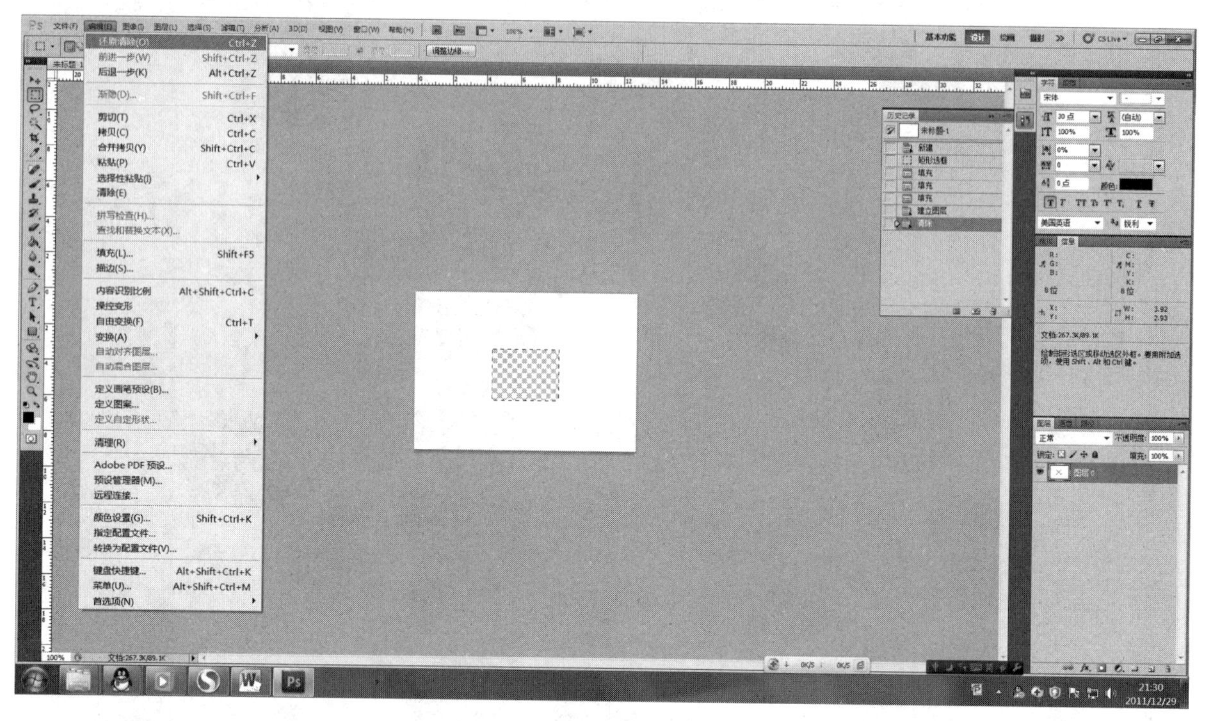

图 4-55

在恢复（Undo）操作执行后，菜单“编辑 / 还原 XX”命令就变为“编辑 / 重做 XX”命令（如图 4-56 所示），它可以重做已还原的操作。

此外，菜单“编辑 / 前进一步”、“编辑 / 后退一步”也具有还原和重做功能。

图 4-56

4.5.1.3 恢复到任意指定的图像

Photoshop 提供了多种方法，如“历史记录”面板法、“填充”命令法、“历史记录画笔工具”法、“橡皮擦工具”法等，都可以恢复图像到任意指定步骤的图像中。

我们主要介绍“历史记录”面板法。

首先选择菜单“窗口 / 历史记录”打开面板（如图 4-57 所示），“历史记录”面板中以使用的工具名或操作命令名记录了图像操作中的每一个画面，在缺省状态下，最多将记录最近产生的 20 个画面，当操作步骤大于该值后，前面的画面就会被自动删除。

使用“历史记录”面板进行恢复图像的具体操作如下。

1〉在面板中单击记录的任意一个中间画面，图像就会立即恢复到该画面状态；单击灰色的被退回的画面，又会重新返回到该图像状态中。

2〉反复按“Ctrl+Alt+Z”键可以逐一后退到每一个画面；反复按“Ctrl+Shift+Z”键可以逐一前进到每一个画面。

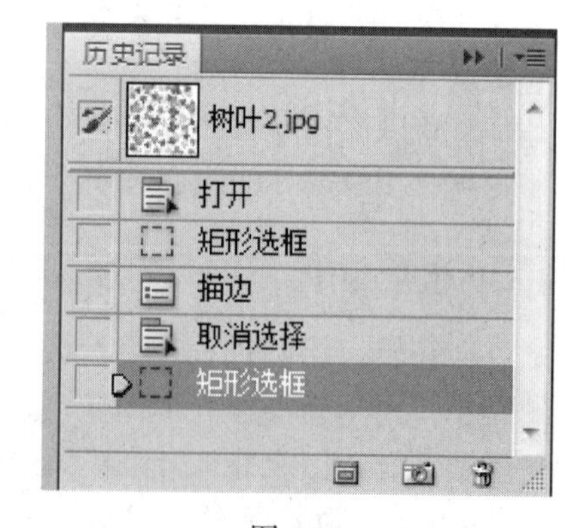

图 4-57

3〉缺省状态下，当选择了中间状态画面后开始进行新的图像操作，就会自动删除该状态后的所有记录的画面。

4〉单击面板下方的“创建新快照”图标，可以保存当前的图像，列于面板的上方，当记录的历史画面被删除时，定格图像仍然会被保存下来，以便恢复图像使用。

5〉单击面板右上角的菜单按钮，在打开的面板菜单中选择“历史记录选项”命令，在打开的对话框（如图 4-58 所示）中，快捷菜单提供了多种命令。

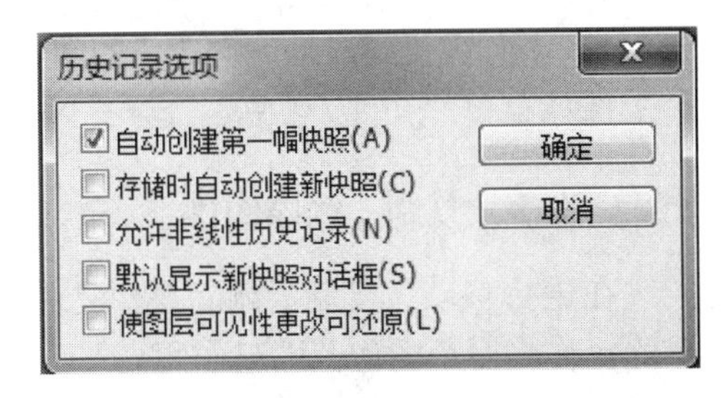

图 4-58

6〉选择菜单“编辑 / 首选项 / 性能”，打开对话框（如图 4-59 所示），在“历史记录状态”栏中可以设置面板所能容纳的历史记录的画面数，数值可以在 1 ~ 1000 间调整，默认设置为 20，表示历史记录面板只显示 20 步操作，当操作进行到 21 步时，新增记录将自动排挤出最前面的记录。

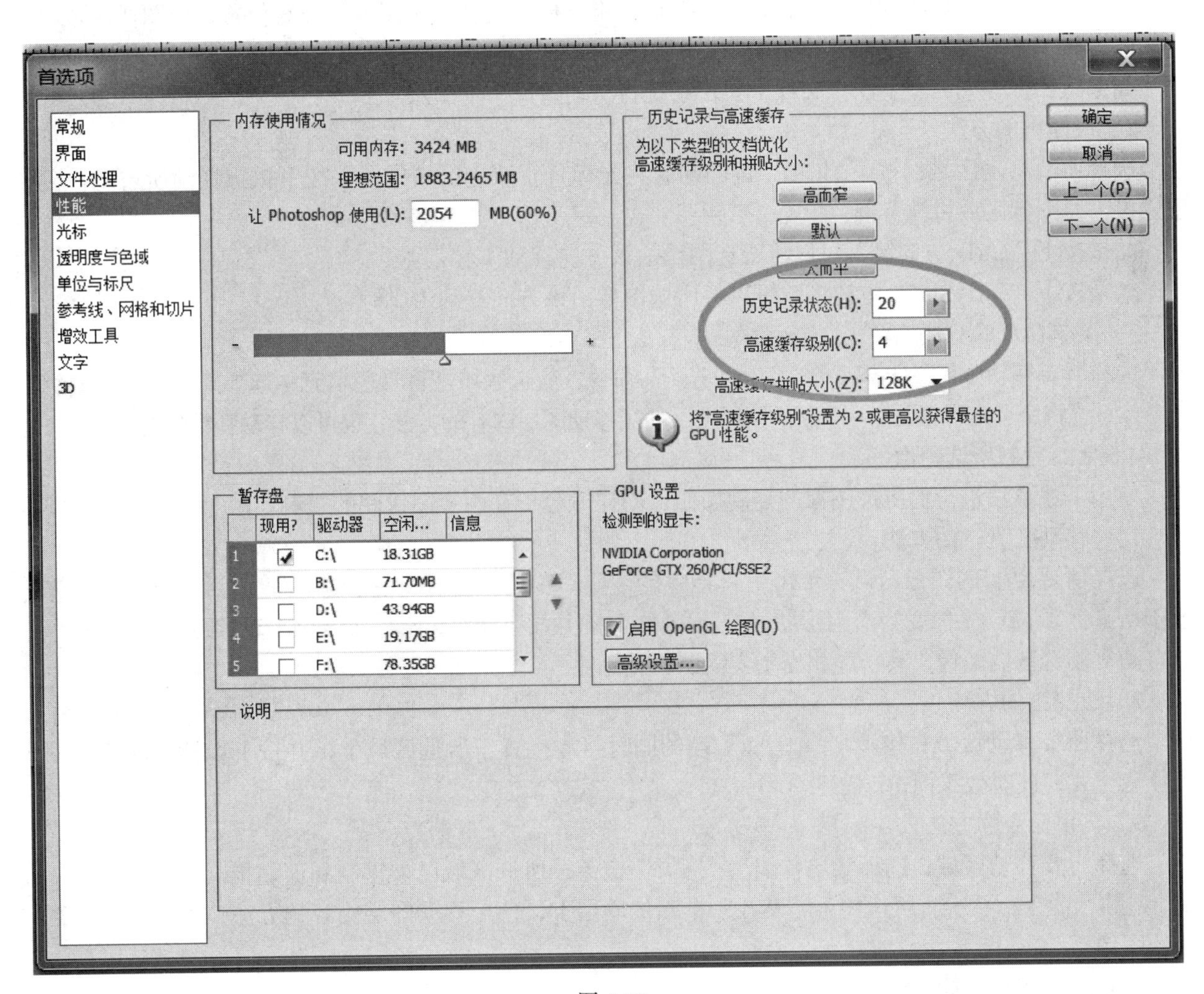

图 4-59

Photoshop CS5 软件提供的其他恢复操作。

“填充”命令的方法是在“填充”对话框中“内容”下拉列表中，选择“历史记录”项，将用“历史记录”面板中设置的“恢复点”画面填充所选区域。

“历史记录画笔工具”法是激活工具箱中的“历史记录画笔工具”，选择刷形后，在图像中拖动鼠标，可以将图像恢复到“历史记录”面板中设置的“恢复点”画面。

“橡皮擦工具”法是单击工具箱中的“橡皮擦工具”，在上方的工具属性栏设置中，选择“抹到历史记录”项，然后在图像区域中拖动鼠标，可以将图像恢复到“历史记录”面板中设置的“恢复点”画面。

4.5.1.4 恢复到最近一次存盘的图像

选择菜单“文件 / 恢复”命令，Photoshop 将图像重新从磁盘中调入，恢复到最近一次存盘的图像。

4.5.2 移动、复制、删除图像

在进行移动、复制、删除操作之前，首先应该选择所要处理的图像区域，否则所做的移动、复制、删除操作将对全图像范围起作用。

4.5.2.1 移动所选图像

所选图像的移动操作方法：

1〉“移动工具”的方法

选择所要移动的图像区域；单击工具箱中的“移动工具”，或按快捷键“V”激活该工具；将光标置于所选区域内，光标变为剪刀形状；按下鼠标左键不松手拖动所选图像到任意位置，原图像区域将被背景色填充。

如果将图像移到另一个图像文件中去，系统将自动生成一个图层。

2〉快捷键的方法

选择所要移动区域；按下“Ctrl”键的同时将光标置于所选区域中，并按下鼠标拖动所选图像到任意位置，原图像区域将被背景色填充。

如果按下“Ctrl+ 方向键”可以将所选图像沿该方向移动 1 像素。

如果按下“Ctrl+Shift+ 方向键”可以将所选图像沿该方向移动 10 像素。

3〉菜单命令的方法

选择所要移动区域；选择菜单“编辑 / 剪切”命令，所选区域被背景色填充；选择菜单“编辑 / 粘贴”命令，系统将所选内容粘贴在一个新的图层上，使用移动图层内容的方法，也可以移动新粘贴的图像。

4.5.2.2 复制所选图像

使用下述方法进行的所选图像的复制操作，同样适合于在两个图像间的复制。

1〉“移动工具”的方法

选择所要复制的图像区域；单击工具箱中的“移动工具”，或按快捷键“V”激活该工具；将光标置于所选区域内，光标变为剪刀形状；按下“Alt”键并按下鼠标左键，拖动所选图像到任意位置，系统自动复制选区内图像，其功能相当于先复制再粘贴。

2〉快捷键的方法

选择所要移动区域；按下“Ctrl+Alt”键的同时将光标置于所选区域中，并按下鼠标拖动所选图像到任意位置，此时效果同 1〉描述。

3〉菜单命令的方法

选择所要移动区域；选择菜单“编辑 / 拷贝”命令，所选区域已被复制到剪贴板上；选择菜单“编辑 / 粘贴”命令，系统将所选内容粘贴在一个新的图层上，使用移动图层内容的方法，也可以移动新粘贴的图像。

4.5.2.3 删除所选图像

删除所选图像的常用操作方法有：

1〉直接删除的方法

选择所要删除的图像区域；选择菜单“编辑 / 清除”命令，或按“Del”或“Backspace”键，所选图像区域被清除，如果不在图层中，所选区域将由背景色填充。若按“Shift+Alt+Del”键或“Shift+Alt+Backspace”键，所选图像区域被清除，并由前景色填充。

2〉“填充”命令的方法

如果要删除所选区域，并由其他方式填充所选区域，可以选择菜单中“编辑 / 填充”命令，选择“填充前景色”。

4.5.3 图像的变换

图像的变换主要包括改变图像尺寸、旋转图像、缩放图像、任意变换图像、对称变换图像、斜变换图像以及透视变换图像等，主要通过“变换”命令来完成，单纯的旋转图像也可以用“图像旋转”命令完成。

1〉图形变换操作

进行变换操作之前，首先应该选择所要变换的图像范围，如果没有选择图像区域，并且当前的操作不在背景图层中，则所做的变换操作将对整个图层中的图像内容起作用。

如果变换后不需要保留原图像内容，选择菜单“编辑 / 自由变换”命令，或按“Ctrl+T”键，这时在选择区域外出现控制点，然后按下述操作步骤进行各种变换操作。

A. 改变所选图像大小：直接拖动控制点就可以改变所选图像的大小。如果按下“Shift”键的同时拖动控制点（如图 4-60 所示），可以等比例地改变图像的大小。

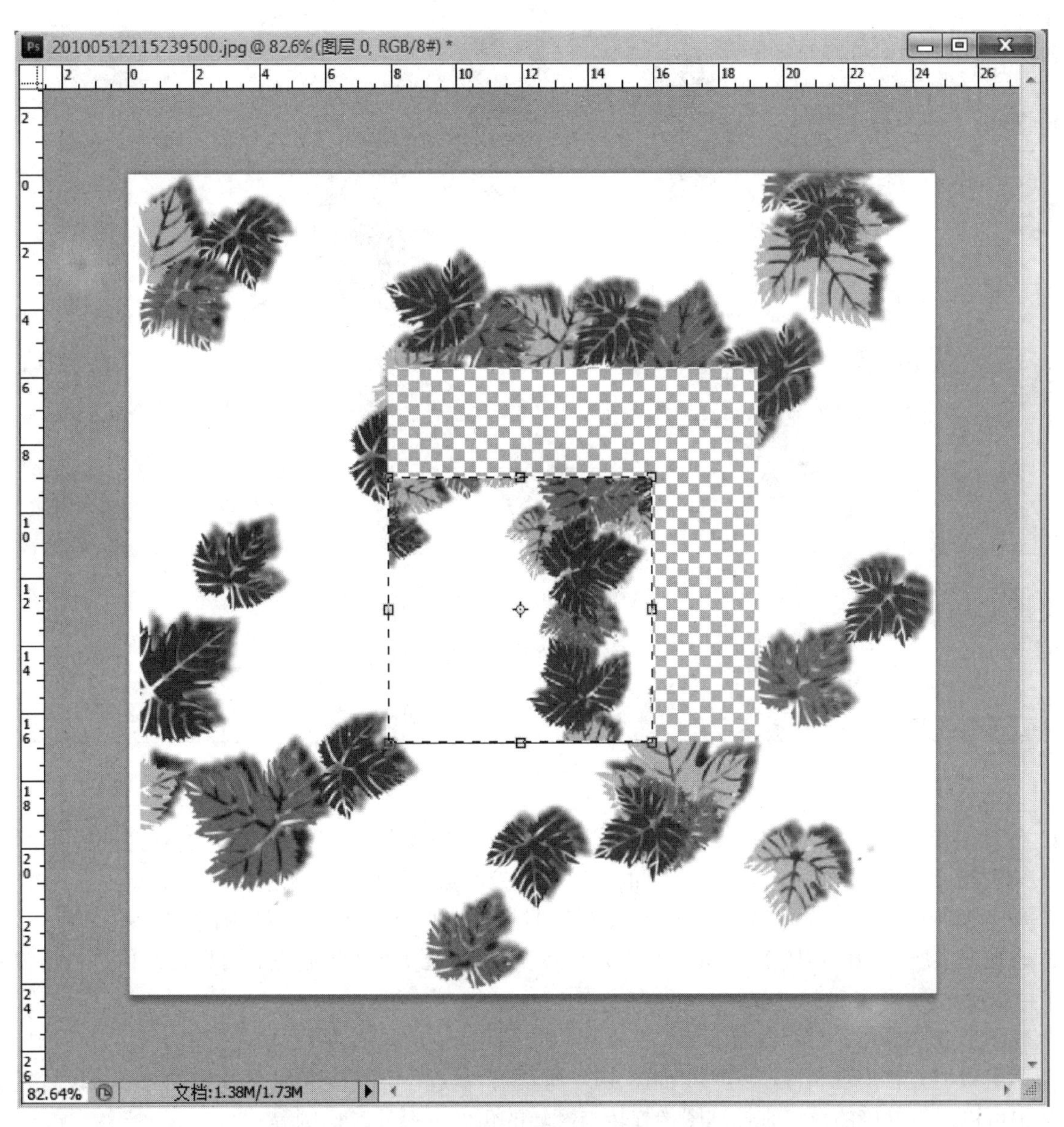

图 4-60

B. 旋转所选图像：将光标置于控制点外侧，就会出现旋转光标，在旋转光标状态下拖动鼠标，可以使用选择框围绕着旋转中心旋转，用鼠标拖动旋转中心，可以调整旋转中心的位置（如图 4-61 所示）。在旋转光标的状态下，如果按下“Shift”键的同时拖动鼠标，就会按 15° 间隔旋转所选图像。

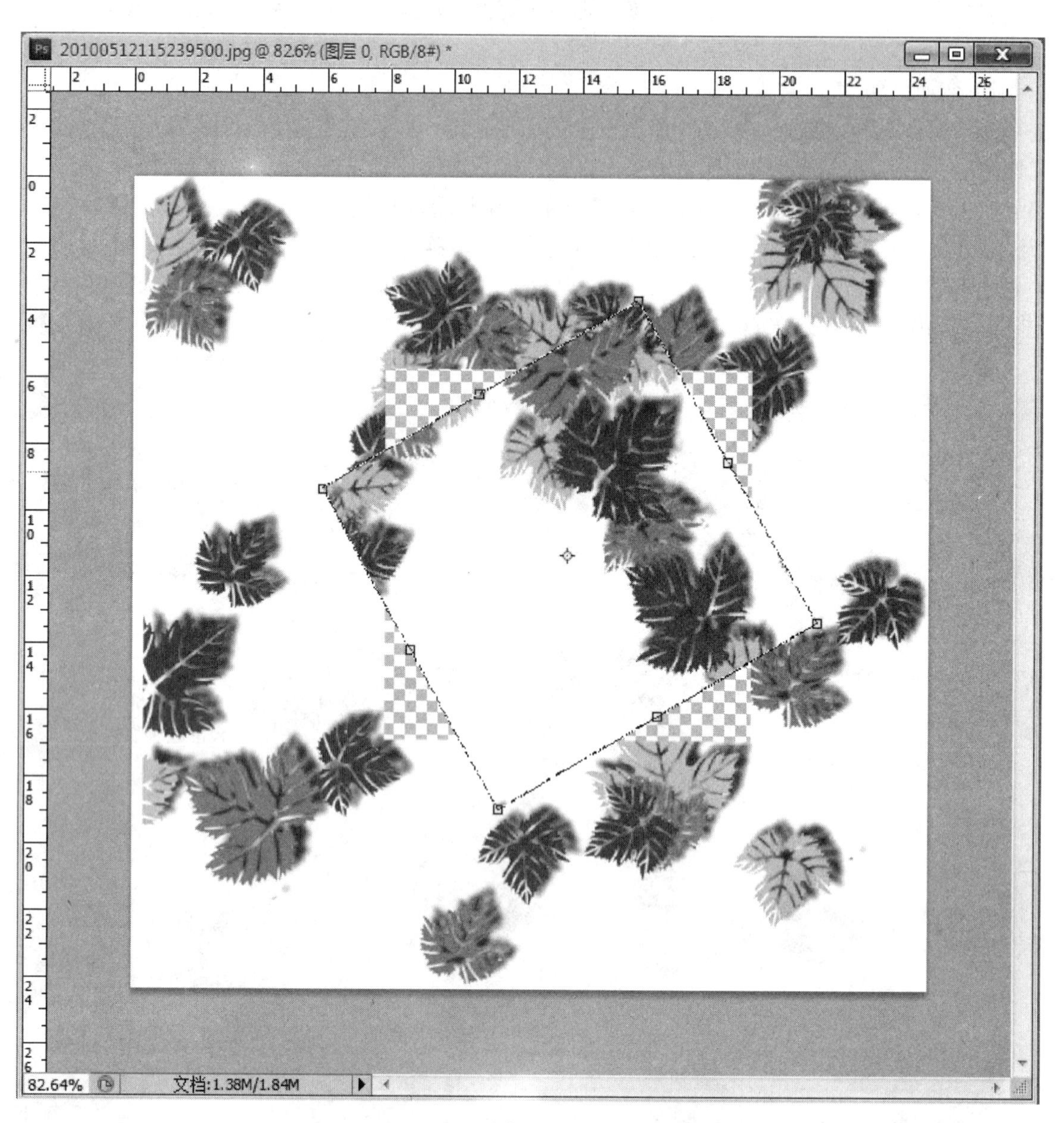

图 4-61

C. 任意变换所选图像：按下“Ctrl”键的同时拖动四角控制点，可以使图像进行任意变换。

D. 对称变换所选图像：按下“Alt”键的同时拖动控制点，可以使图像进行对称变换。

E. 斜变换所选图像：按下“Ctrl+Shift”键的同时拖动中心控制点，可以使图像进行斜变换。

F. 透视变换所选图像：按下“Ctrl+Shift+Alt”键的同时拖动四角控制点，可以使图像进行透视变换（如图 4-62 所示）。

上述图形变换操作，打开菜单“编辑”栏可以找到相应的菜单（如图 4-63 所示），并且在选择菜单后，图形窗口上方将出现属性工具栏（如图 4-64 所示），在进行自由变换时图像相关的参数设置发生改变，从中可以用更准确的数字来控制图像旋转与翻转的角度、尺寸、比例等。

2〉图像旋转操作

图像整体的旋转，还可以通过改变画布方向来完成。

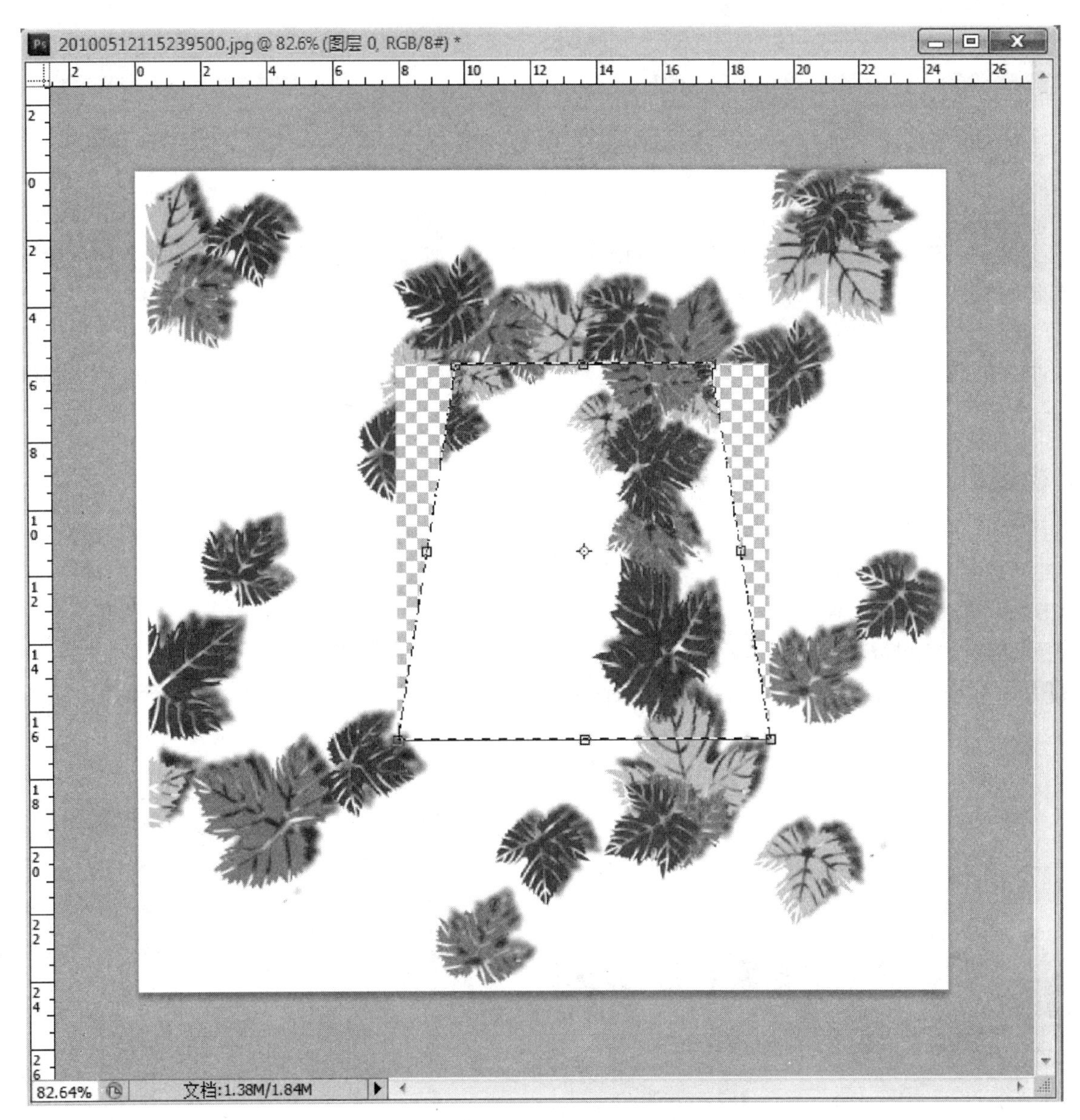

图 4-62

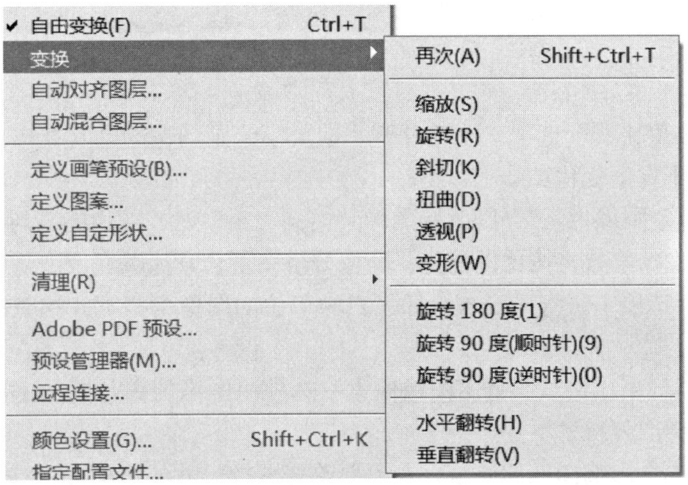

自由变换(F)　Ctrl+T
变换
自动对齐图层...
自动混合图层...
定义画笔预设(B)...
定义图案...
定义自定形状...
清理(R)
Adobe PDF 预设...
预设管理器(M)...
远程连接...
颜色设置(G)...　Shift+Ctrl+K
指定配置文件...

再次(A)　Shift+Ctrl+T
缩放(S)
旋转(R)
斜切(K)
扭曲(D)
透视(P)
变形(W)
旋转 180 度(1)
旋转 90 度(顺时针)(9)
旋转 90 度(逆时针)(0)
水平翻转(H)
垂直翻转(V)

图 4-63

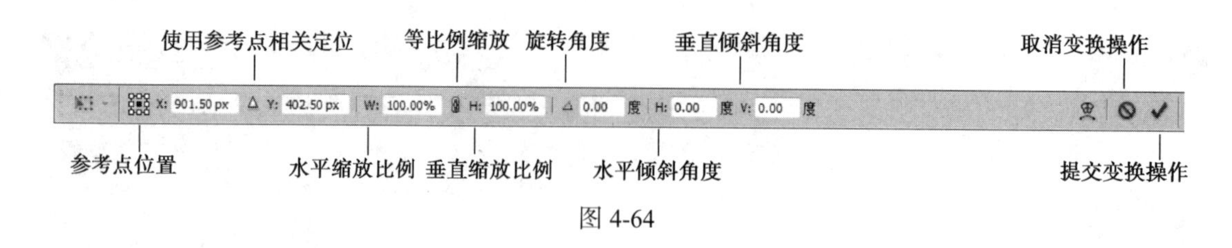

图 4-64

选择菜单“图像 / 图像旋转”命令，在打开的子菜单中（如图 4-65 所示），可以选择各种角度，使整个画布进行旋转，空白处将以背景色填充。

如果选择“水平翻转”、“垂直翻转”项，可以使整个图像进行对称反转。在做园林小品效果图时，为表现对象在铺装或水体上的倒影，常常将对象复制后再垂直翻转，改变色彩、亮度和透明度后达到倒影的效果。

4.5.4 改变图像尺寸

改变图像的尺寸主要包括三种情况，第一种是图像内容不变的情况下改变图像的尺寸，第二种是裁切图像的内容，从而改变图像的尺寸，第三种情况是改变画布的尺寸。

4.5.4.1 改变图像大小

使用菜单命令可以在图像内容不变的情况下，改变图像的尺寸。具体操作如下。

打开一张图形文件，选择菜单“图像 / 图像尺寸”命令，将打开“图像大小”对话框（如图 4-66 所示）。

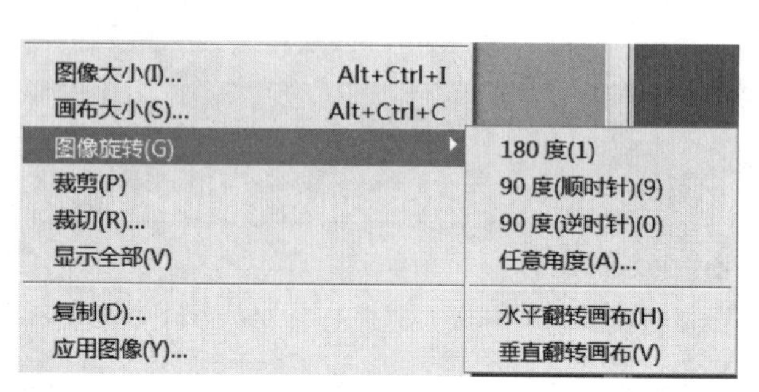

图 4-65

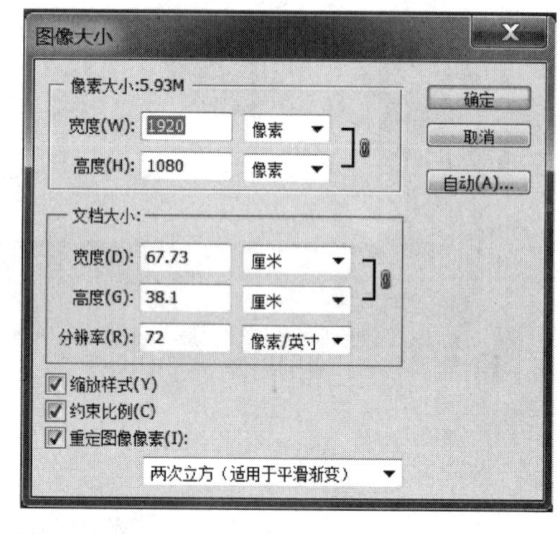

图 4-66

1〉如果单设置“约束比例”选项，改变分辨率的大小，则图像的高与宽按比例发生变化，图像像素不变，图像文件大小不发生变化。

2〉如果单选择“重定图像像素”，则改变图像“文档大小”时，图像的高与宽的改变互不影响，但文档高或宽所对应的图像像素数将按比例变化，图像分辨率不会发生关联改变。

3〉在“像素大小”选项中，直接输入以像素点为单位的图像高与宽，这时图像打印尺寸将按比例变化，图像分辨率不变。

4〉如果同时选择“约束比例”、“重定图像像素”选项，图像的高与宽锁定按比例发生变化，图像像素也将按比例变化，图像分辨率不变。

在实际绘图中为了不会影响图像的质量，在需要改变图像尺寸的情况下，首先取消设置“重定图像像素”项，然后改变图像打印尺寸，其分辨率就会按比例变化，而图像的像素点则保持不变，即图像文件大小不变。

4.5.4.2 裁剪图像

在图形文件调整中，从布局合理的角度出发，常常会剪裁去多余的部分。裁剪图像是将图像周围不需要的部分去掉，只留下中间有用的部分，所以裁剪后的图像尺寸将变小。

使用“裁剪工具”的方法进行裁剪图像的操作，同时可以对选框进行旋转、变形和设定分辨率裁剪；使用菜单命令的方法，可以在选择框的状态下，直接进行裁剪，并且操作速度较快。

“裁剪工具”的方法：

1〉单击工具箱中的“裁剪工具”按钮，或按下快捷键 C 激活“裁剪工具”。

2〉在图像中画一矩形框（如图 4-67 所示）。

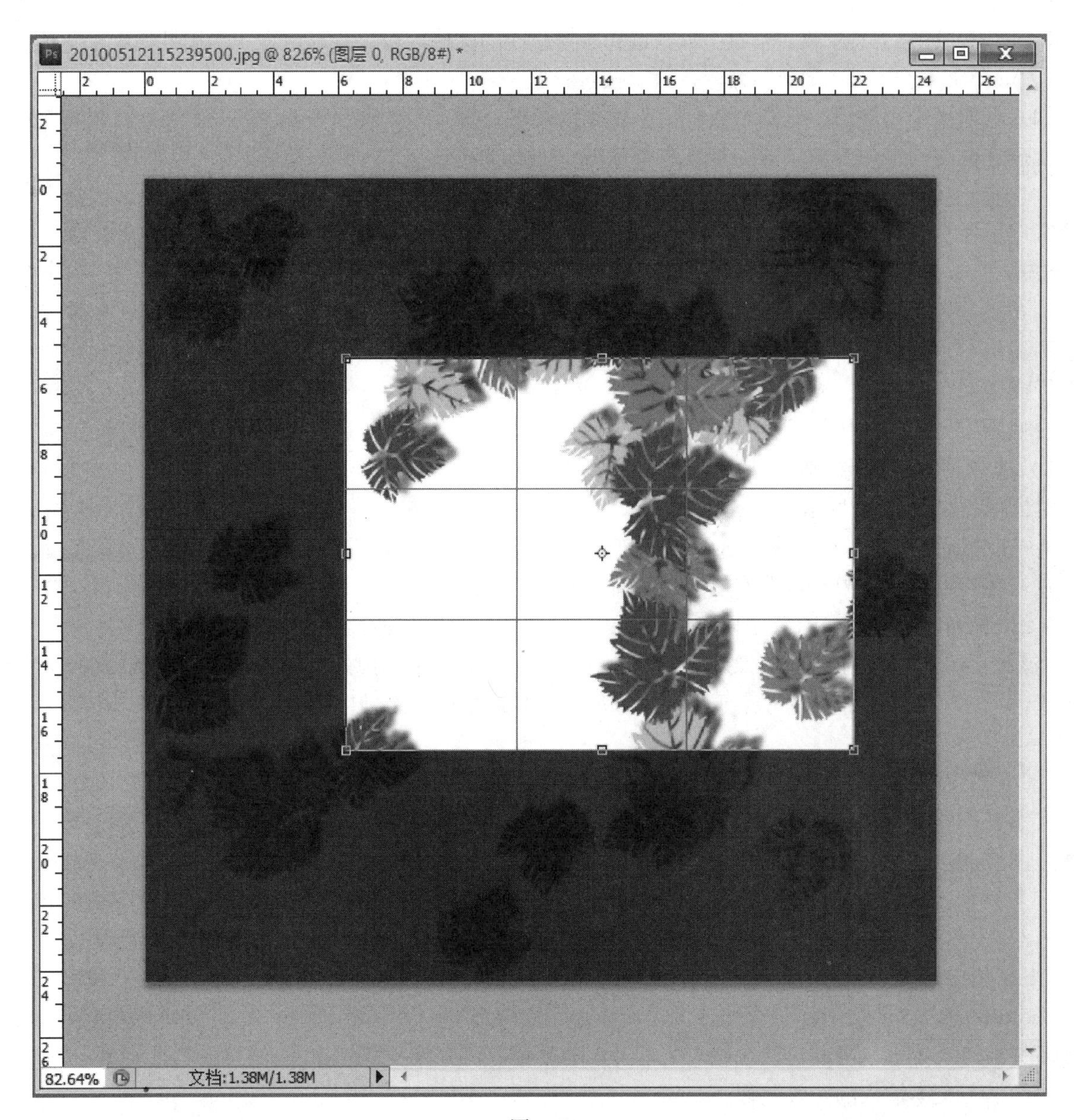

图 4-67

若将光标置于裁剪框四周控制点上，就会出现双向剪头，拖动裁剪框的控制点，可以调整裁剪框的大小。

将光标移到裁剪框，单击可以拖动裁剪框。

若将光标置于裁剪框控制点外侧，就会出现旋转光标，在旋转光标状态下拖动鼠标可以使裁剪框围绕旋转中心进行旋转，以适合裁剪图像的需要，用鼠标拖动旋转中心可以调整旋转中心的位置。

3〉裁剪框调整好以后，按下“Enter”键，可以裁剪图像；按下“Esc”键，可以取消裁剪操作。

如果要精确地设置裁剪框的宽度、高度以及分辨率等，可以在激活“裁剪工具”后，从图形窗口上方的工具属性栏中进行参数设置（如图 4-68 所示）。

图 4-68

使用菜单命令也可以裁剪图像，操作如下。

1〉使用“选框工具”或“套索工具”选择所要裁剪的图像区域，并确定在工具属性栏中羽化值为 0。

2〉选择菜单“图像 / 裁剪”命令，就会按选择区域裁剪图像。

如果选取范围是圆形、椭圆形或其他不规则的图框，裁剪时就按选框四周最边缘的位置为基准进行裁剪，而后选择菜单“选择 / 反向”进行反选操作，按下“Del”键删除反选的区域。

4.5.4.3 改变画布尺寸

画布是绘制和编辑图像的工作区域，即图像显示区域，修改画布尺寸是在图像中心不变的情况下，对图像的四周边缘进行或增加空白区域，或进行裁剪的操作。

改变画布尺寸，操作如下：

1〉选择菜单“图像 / 画布大小”命令，打开“画布大小”对话框（如图 4-69 所示）；

2〉在“新建大小”选项中输入画布宽度、高度的新尺寸，并且在“定位”格中确定当前图像在新画布上的位置；

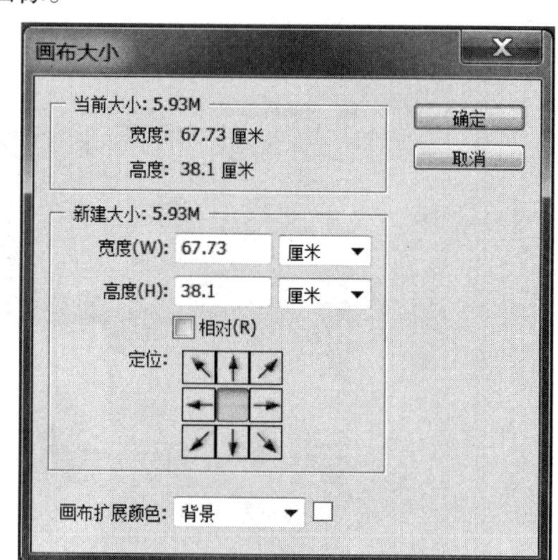

图 4-69

3〉设置确定后，依据图像在画布中的位置，系统执行画布修改命令。

当新画布的尺寸大于当前图像尺寸时，可以方便地生成一个等边外框的新图像，新画布的空白处将以背景色填充；当新画布的尺寸小于当前图像尺寸，其效果就是裁剪图像。

4.5.5 文本编辑

文字在图像中往往起着画龙点睛的作用，使用 Photoshop 提供的“文字工具”制作的文字，实际上就是图像的一部分，因此可以像处理图像区域一样，使用滤镜及其他图像处理工具进行各种变幻，创作出许多特殊效果。另外通过文字图层还可以对文字进行插入文字、修改文字等一般文字处理的编辑操作。

4.5.5.1 文本输入的基本操作

Photoshop CS5 的文字处理功能强大，用户可以对文本进行更多的控制，如可以实现对同一文本层进行多文本格式排版，可以实现在输入文本时自动换行，可以将文本转换路径使用等。

下面学习文本输入的一般过程。

1〉在工具箱中选择“横排文字工具”或“直排文字工具”（如图 4-70 所示），区别在于输入文本排列的方向不同。

2〉在工具属性栏中设置“文本工具”的各项参数。

3〉移动鼠标指针至图像窗口中单击，确定插入文本的位置。

4〉进入文本编辑，“图层”面板中自动建立一个文本图层，并且工具栏参数也将发生变化（如图 4-71 所示），接着输入文本内容。

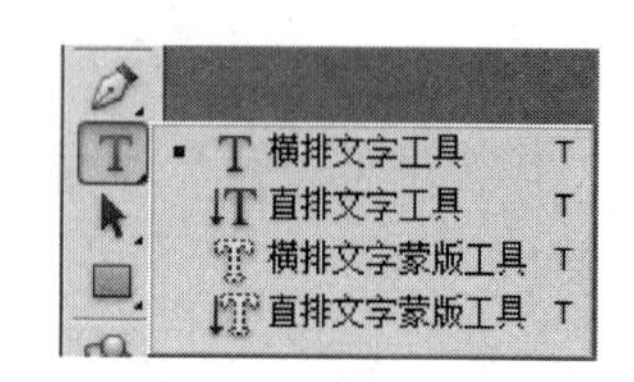

图 4-70

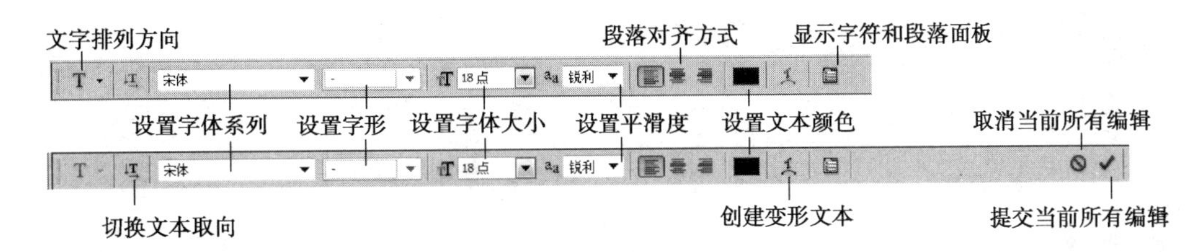

图 4-71

如果要输入多行文本，则按下回车键实现强制换行输入。

文字输入过程中，可以拖动鼠标，选择定义字符，利用工具栏中的参数设置或“字符 / 段落”面板，改变被定义字符的字体、字号和颜色，而不影响其他文本；按下“Del”或“Backspace”键可以删除文字。

5〉文本输入完成后，单击“提交”按钮确认输入。这样就可以在图像中输入文本，“图层”面板中文本图层的名称相应改变。如果在输入文本后，在工具栏中单击“取消”按钮，则会取消本次输入文本的操作。

技巧：在文本输入后，光标离开文本将自动变为移动标识，可拖动鼠标，移动文本到合适的位置再松开，然后再按“提交”键；在文本输入提交后，按下“Ctrl”键，光标将变为移动标识，拖动文本可以移动文本的位置。

4.5.5.2 段落文本的输入

使用段落文本可以在一个指定范围内输入较长的一段句子，并且在输入过程中会自动换行输入，当在一行中排不下时就会自动跳到下一行输入；如果输入的内容是英文，并且一个单词在行尾排不下时，则还会自动断行输入，在英文单词中间自动加入连字符。

段落文本输入的操作如下。

1〉在工具箱中选择“文字工具”，在工具属性栏中进行文本工具的参数设置。

2〉移动鼠标指针至图像窗口中，按下鼠标键并拖动出一个矩形框。

3〉在矩形框中输入文字内容，系统可以自动完成段落文本的输入（如图 4-72 所示）。

提示：在文字框中，拖动鼠标可以选择字符，对所选字符可以重新进行设置。

4〉矩形框类似图像的变形框，可以进行旋转、缩放操作，但文本字体大小不变。

将鼠标指针移到矩形框外侧，按下鼠标拖动，可旋转段落文本；若移动鼠标指针至矩形框四周控制点处，按下鼠标拖动，则可以调整矩形框大小，文本段落相应改变。

5〉进入文本编辑，“图层”面板中自动建立一个文本图层，并且工具栏参数也将发生变化。

6〉文本输入完成后，单击“提交”按钮确认输入。如果在工具栏中单击“取消”按钮，则会取消本次输入文本的操作。

4.5.5.3 文本编辑

当输入的文本内容有错误时，或者对其文本格式不满意时，可以重新修改和编辑文本内容。方法如下。

1〉先在工具箱中单击“文本工具”，将鼠标指针移至“图层”面板中文本图层的“图层缩览图”上双击，或者在图像窗口中已有的文本位置单击，将进入编辑文本状态。

2〉进入文本编辑状态后，拖动鼠标选取要删除或者是要重新设置文本格式的文字。

在文字输入过程中也可以拖动鼠标，选择定义字符，利用工具栏中的参数设置或“字符 / 段落”面板，改变被定义字符的字体、字号和颜色，而不影响其他文本；按下“Del”或“Backspace”键可以删除文字。

单击工具属性栏中“变形文字”按钮，可以制作弯曲效果的文本。

3〉单击菜单“窗口 / 字符”命令，打开“字符 / 段落”控制面板（如图 4-73 所示）。在“字符”面板中重新设置所选文本的字符格式、平滑程度；在“段落”面板中设置段落格式。

图 4-72

4〉完成设置后，单击工具栏中的“提交”按钮确认所做的修改，完成对一个已有文本的重新编辑和修改。

4.5.6 其他编辑工具

工具箱中的编辑工具还有“模糊 / 锐化 / 涂抹工具”、“减淡 / 加深 / 海绵工具”、“仿制图章 / 图案图章工具”等等。

点击这些编辑工具，可以进行图像的编辑操作。“模糊 / 锐化 / 涂抹工具”可以对图像清晰度进行模糊 / 锐化 / 涂抹效果处理，“减淡 / 加深 / 海绵工具”可以对图像的色彩进行减淡 / 加深 / 抹黑处理，“仿制图章工具”可以用于图像元素的复制，“图案图章工具”则可以用定义的图案进行填图。

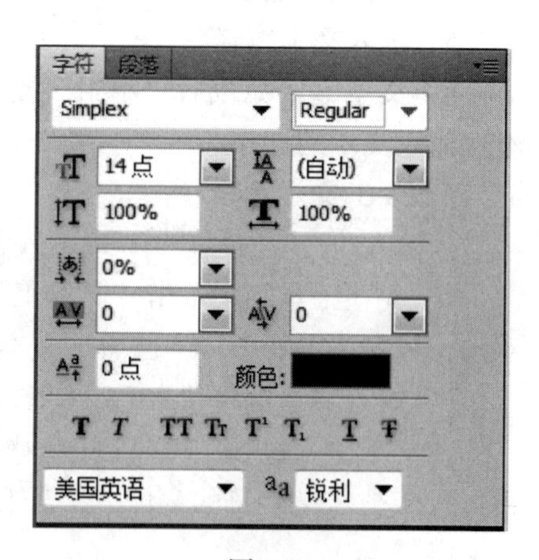

图 4-73

这些编辑工具的使用与画图工具的使用一样，可以对画笔的大小进行选择以及工具属性进行设置，不同的设置将产生不同的效果。

4.6 图像打印输出

主要内容：介绍图像打印输出的页面设置和打印设置基本操作。

园林制图完成后，最终要通过彩色打印机打印出成品，在此之前先进行打印设置。打印设置主要包括打印页面设置和打印输出设置。

4.6.1 页面设置

在打印图像前，先要进行页面设置，即设置纸张大小、打印方向和打印质量等。其操作如下。

1〉执行“文件 / 打印”命令或按下“Ctrl+P”组合键，打开“打印”对话框。

2〉选择纸张大小。打开“打印设置”中的“高级”选项，根据自己所用的纸张类型选择一种对应的纸张类型（如图 4-74 所示）。

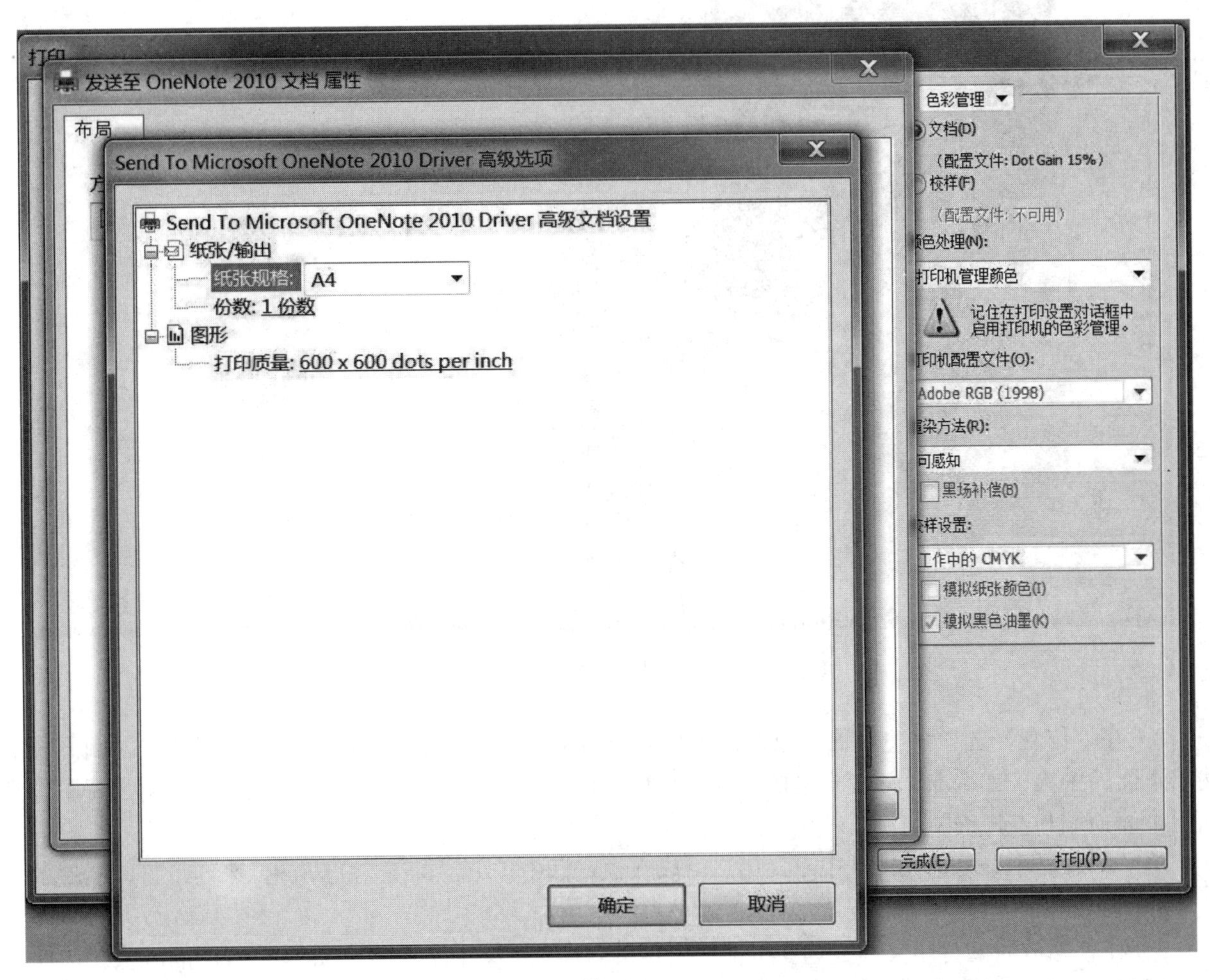

图 4-74

3〉选择送纸方式。在“纸张来源”下拉列表框中选择一种进纸方式，一般为“自动选择”。

4〉确定纸张打印方向。根据自己的图形布局，在“方向”选项中选择纸张打印方向，选中“纵向”，则打印时纸张以纵向打印，而选中“横向”，则打印时纸张以横向打印。

如果单击“打印机”按钮，则可以打开对话框，从中设定打印机的属性，这里不再详细介绍。

以上设置完成之后，单击“确定”按钮完成页面设置操作。接着进行打印输出设置。

4.6.2 打印设置

选定打印纸张的大小和方向之后，接着需要对打印输出进行设置。

一般过程如下。

1）打开要打印的图像，然后选择菜单“文件 / 打印”命令，或按下快捷键“Ctrl+P”，打开“打印”对话框（如图 4-75 所示）。

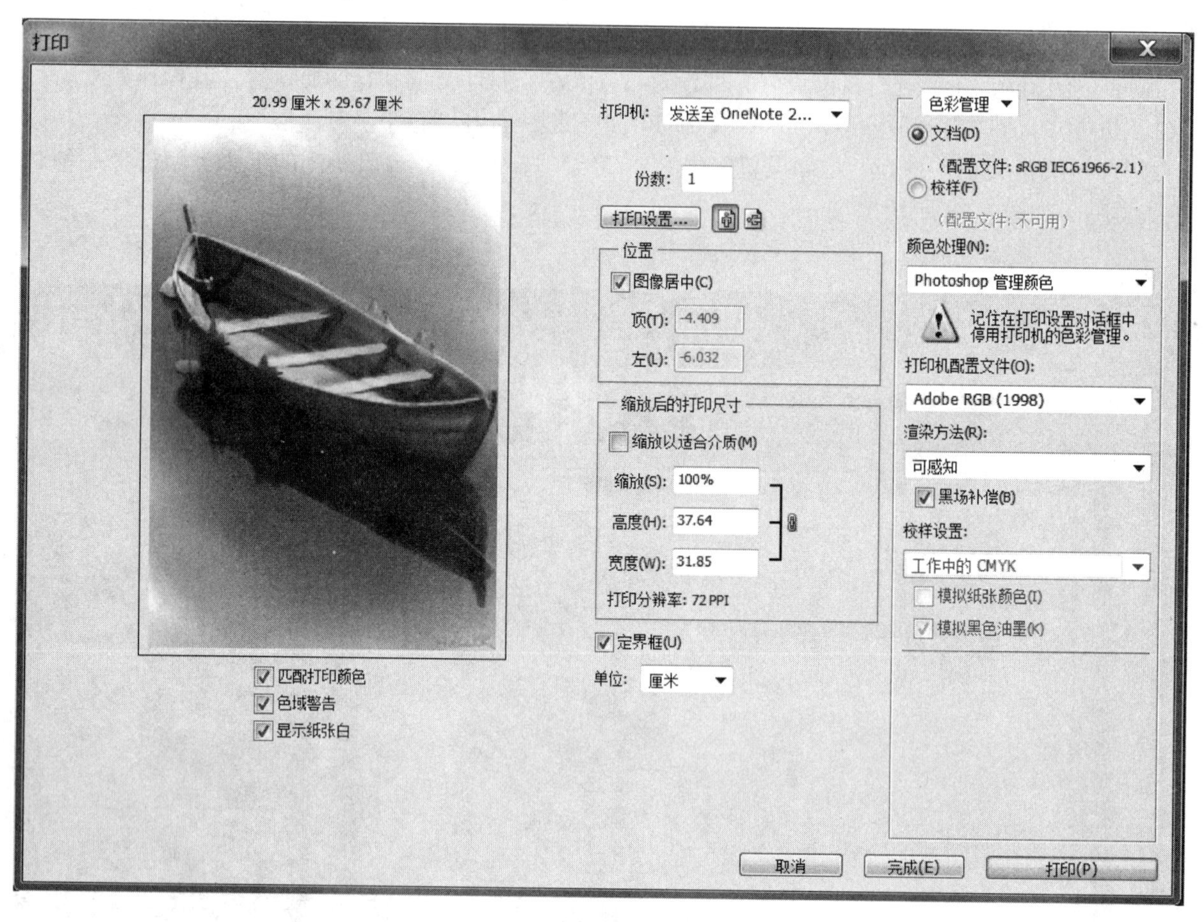

图 4-75

2）在“位置”选项组中设置图像在打印页面中的位置。如果选中“图像居中”复选框，则图像在输出页面的中央；如果取消该复选框的选择，在位置栏中在“顶”和“左”两个文本框分别设置图像到输出页面顶端和左边的距离。

当“图像居中”复选框未选中时，用户可以在预览框中按下鼠标键，拖动图像来定位打印图像的位置（如图 4-76 所示）。

3）在“缩放后的打印尺寸”选项中缩放图像的打印大小。在打印时，如果要打印的图像尺寸比所选的纸张大时，可以将图像打印大小进行缩放，使之能够在小纸上就能够打印出大图的缩略全图。

缩放图像的打印大小，只要在“缩放”文本框内输入相应的缩放比例，或者通过“高度”和“宽度”文本框输入想要的高度和宽度数值（输入数值时，注意选项“单位”框中所选择的计量单位）。设置后的结果将立刻显示在对话框左侧的预览框中。

提示：如果在对话框中选中“缩放以适合介质”复选框，则图像将以最适合的打印尺寸显示在可打印区域；如果选中显示“定界框”复选框，则用户可以手动调整图像在预览窗口内的大小（如图 4-76 所示）；如果在打开此对话框之前需要先选取一个范围，打印时可以选择“选定范围”复选框，则只打

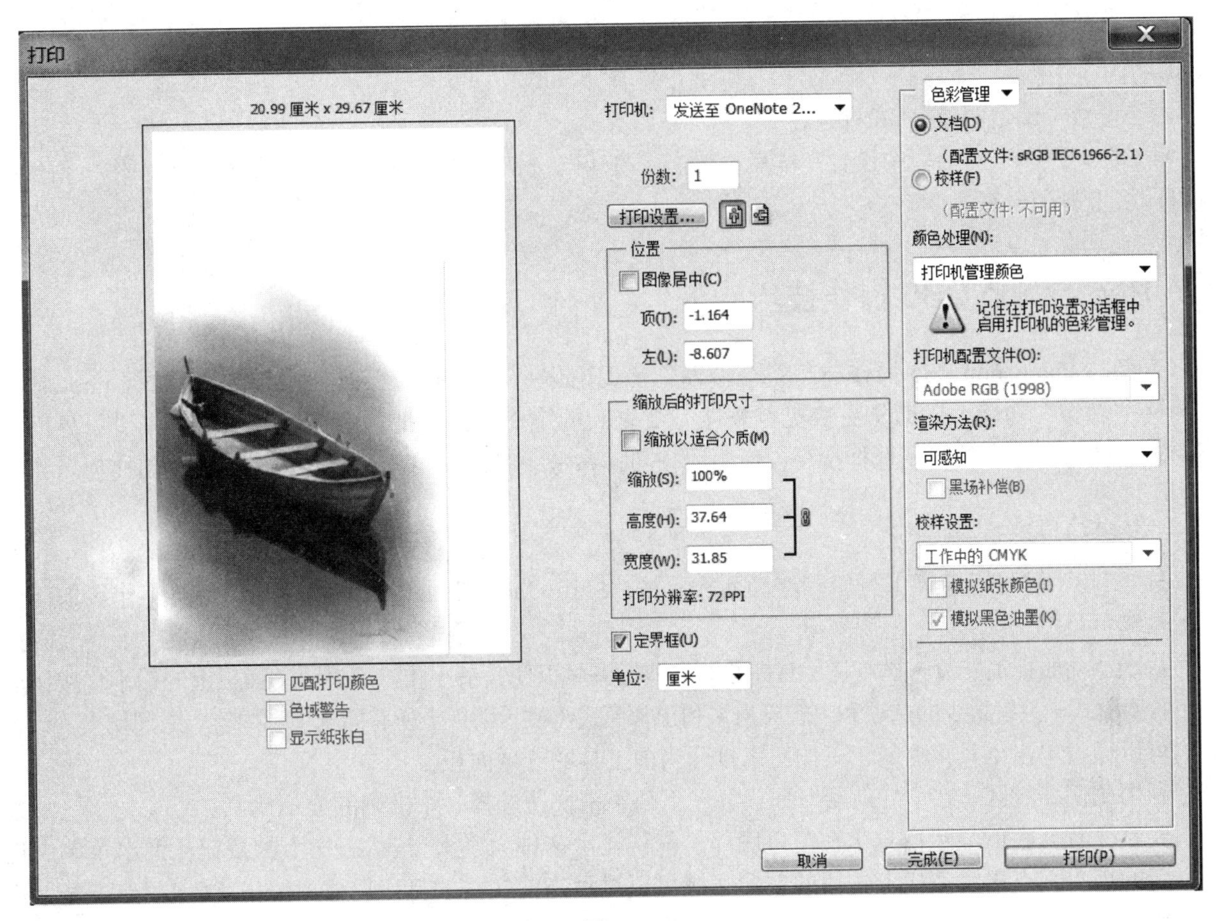

图 4-76

印在图像中选取的范围。

4〉设置其他选项。在默认状态下，其右侧上方的列表框中将显示“输出”，也就是用于打印输出的选项。该选项组中的按钮及其他各个复选框的作用不再详述。

5〉完成以上设置后，单击“完成”按钮完成打印选项的设置。

4.6.3 打印

在设置好页面和打印选项后，就可以进行打印图像了。执行菜单“文件 / 打印”命令，或在上文打印设置后直接选择“打印”按钮，可打开“打印”对话框（如图 4-77 所示）。

在该对话框中，可以设定以下打印参数。

1〉打印机：在此选项组中选择打印机。如果用户计算机只安装了一台打印机，则不用选择，使用默认设置即可；如果安装了多台打印机，则可以在下拉列表框中选择指定的打印机。

2〉打印范围：用于设定图像的打

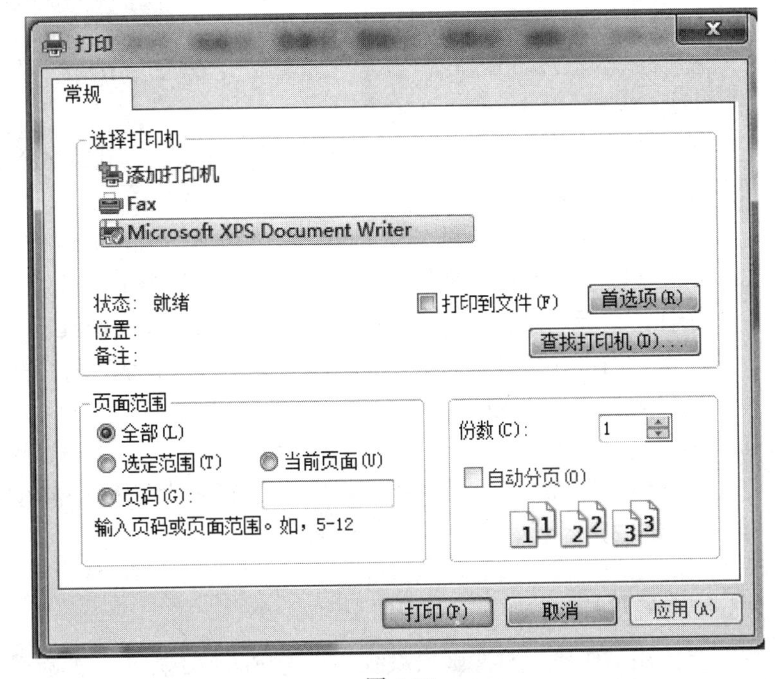

图 4-77

印范围，默设为“全部”。如果在图像中选取了范围，则可以选择“选定范围”进行打印，以打印出选取范围中的图像。

3〉份数：确定图像打印的份数。

4〉在“打印”对话框中设置完毕后，单击“打印”按钮，Photoshop 就开始执行打印操作，图像将从打印机上打印出来。

4.7 Photoshop CS5 操作技巧

下面的 Photoshop CS5 操作技巧将会帮助你（无论你是新手还是经验丰富的专家）掌握 Photoshop 的一些“隐藏”功能，以助于更快更有效地完成复杂的工作！我们把它们分为八个部分来讲：界面技巧；工具技巧；命令技巧；选择技巧；使用层技巧；参考线和标尺技巧；导航器技巧；复制技巧。

4.7.1 界面技巧

按“Tab”键可以隐藏工具箱和浮动面板，按“Shift+Tab”键可以只隐藏浮动面板（工作区）而保留工具箱可见。

双击浮动面板上的每一栏（就是有标题的那些栏）可以使其最小化。通过浮动面板上的最小化按钮可以在紧凑模式（只有最少的选项和内容可视）和正常模式（显示面板上所有的选项和内容）之间切换。

可以通过单击工具箱上的工具按钮来打开当前工具的选项面板。

利用比例缩放区（在“导航器”面板的左下角）来快速选择一个准确的显示比例。

要改变状态栏的显示信息（在窗口底部，默认显示文件大小），按状态栏上的按钮从弹出菜单中选一个新的项目。点击状态栏上按钮的左侧区域可以显示当前文件的打印尺寸、按住“Ctrl”点击显示拼贴信息。

改变画布底色，选择“油漆桶工具‘G’”，按住“Shift”点击画布边缘即可设置画布底色为当前的前景色。

在 Photoshop 中所有的对话框中的“取消”（Cancel）按钮都可以通过按住“Alt”键变为“复位”（Reset）按钮。这使你可以轻易回复到初始值而毋须取消重来。

键盘上的“CapsLock”键可以控制光标在精确状态及标准状态之间切换。

提示：如果 Photoshop 的参数“Ctrl+K，Ctrl+5”（编辑／首选项／光标）中已经设置光标为精确状态，这时“CapsLock”键不起作用。

按“F”键可在 Photoshop 的三种不同屏幕显示方式（标准显示模式→带菜单的全屏显示模式→全屏显示模式）下切换（或者可以使用菜单栏的按钮）。

提示：在全屏模式下按“Shift+F”可以切换是否显示菜单。

双击 Photoshop 的背景空白处为打开文件命令“Ctrl+O”（文件／打开）。

按住“Shift”点击“颜色”面板下的颜色条可以改变其所显示的色谱类型。或者，也可以在颜色条上单击鼠标右键，从弹出的颜色条选项菜单中选取其他色彩模式。

在图片窗口的标题栏上单击鼠标右键可以快速调用一些命令，如“画布大小”命令、“图像大小”命令和“复制”等等。

在“色板”面板上的任一空白（灰色）区域单击可在色板上加进一个自定义的颜色，按住“Alt”键点击可减去一个颜色。

4.7.2 工具技巧

要使用“画笔工具”画出直线，首先在图片上点击，然后移动鼠标到另一点上按住“Shift”再次点击图片，Photoshop 就会使用当前的绘图工具在两点间画一条直线。

任何时候按住“Ctrl”键即可切换为“移动工具‘V’”，按住“Ctrl+Alt”键拖动鼠标可以复制当前层或选区内容。

按住“Space”键可以在任何时候切换为“抓手工具‘H’”（Hand Tool）。

“缩放工具”的快捷键为“Z”，此外“Ctrl + Space”键为放大工具，“Alt + Space”键为缩小工具。按“Ctrl+‘+’”键以及“－”键分别为放大和缩小图像的视图；相对应的，按以上热键的同时按住“Alt”键可以自动调整窗口以满屏显示（“Ctrl+Alt+‘+’”和“Ctrl+Alt+‘－’”），这一点十分有用！（注意：如果想要在使用“缩放工具”时按图片的大小自动调整窗口，可以在“缩放工具”的选项中选中“调整窗口大小以满屏显示（Resize Windows to Fit）”选项。）

结合“颜色取样器工具‘Shift+I’”（Color Sampler Tool）和“信息”面板（Window/Info），我们可以监视当前图片的颜色变化。变化前后的颜色值显示在“信息”面板上其取样点编号的旁边。通过“信息”面板上的弹出菜单可以定义取样点的色彩模式。要增加新取样点只需在画布上随便什么地方再点一下（用“颜色取样器工具”），按住“Alt”键点击可以除去取样点。

提示：一张图上最多只能放置四个颜色取样点。

提示：当 Photoshop 中有对话框（例如：“色阶”命令、“曲线”命令等）弹出时，要增加新的取样点必须按住“Shift”键再点击，按住“Alt+Shift”点击一个取样点可以减去它。

“标尺工具‘I’”在测量距离上十分便利（特别是在斜线上），你同样可以用它来量角度（就像一只量角器）。首先要保证“信息”面板“F8”（Window/Info）可视。选择“标尺工具”点击并拖出一条直线，按住“Alt”键从第一条线的节点上再拖出第二条直线，这样两条线间的夹角和线的长度都显示在信息面板上。

提示：用“标尺工具”拖动可以移动测量线（也可以只单独移动测量线的一个节点），把测量线拖到画布以外就可以把它删除。

4.7.3 命令技巧

如果你最近拷贝了一张图片存在剪贴板里，Photoshop 在新建文件“Ctrl+N”（File/New...）的时候会以剪贴板中图片的尺寸作为新建图的默认大小。

要略过这个特性而使用上一次的设置，在打开的时候按住“Alt”键“Ctrl+Alt+N”（Alt+File/New...）。

“Ctrl+Alt+Z”和“Ctrl+Shift+Z”组合键分别为在历史记录中后退和前进（或者可以使用“历史记录”面板中的菜单来使用这些命令）。结合还原“Ctrl+Z”（Edit/Undo）命令使用这些热键可以自由地在历史记录和当前状态中切换。

“Alt+Backspace”和“Ctrl+Backspace”组合键分别为填充前景色和背景色，另一个非常有用的热键是“Shift+Backspace”——打开“填充”对话框。

提示：按“Alt+Shift+Backspace”及“Ctrl+Shift+Backspace”组合键在填充前景及背景色的时候只填充已存在的像素（保持透明区域）。

在使用“自由变换工具”“Ctrl+T”（Edit/Free Transform）时按住“Alt”键（“Ctrl+Alt+T”或“Alt+Edit/ Free Transform”）即可先复制原图层（在当前的选区）后在复制层上进行变换。

提示：“Ctrl+Shift+T”（Edit/Transform/Again）为再次执行上次的变换，“Ctrl+Alt+Shift+T”（Alt+Edit/ Transform/Again）为复制原图后再执行变换。

为防止使用“裁剪工具‘C’”时选框吸附在图片边框上，在拖动“裁剪工具”选框控制点的时候按住“Ctrl”键即可。

要修正倾斜的图像，先用“标尺工具”在图上可以作为水平或垂直方向基准的地方画一条线（像图像的边框、门框等），然后从菜单中选“图像 / 图像旋转 / 任意角度”，打开后会发现正确的旋转角度已经自动填好了，只要按“确定”就 OK 啦。

提示：也可以用裁剪工具来一步完成旋转和裁剪的工作，先用“裁剪工具‘C’”画一个方框，拖动选框上的控制点来调整选取框的角度和大小，最后按回车实现旋转及裁剪。

提示：“标尺工具”量出的角度同时也会自动填到“数字变换工具”（Edit/Transform/Numeric）对话框中。

使用“通过拷贝新建层‘Ctrl+J’（Layer/New/Layer via Copy）”或“通过裁剪新建层‘Ctrl+Shift+J’（Layer/New/Layer via Cut）”命令可以在一步之间完成拷贝 & 粘贴过程或裁剪 & 粘贴的工作。

提示：“通过复制（裁剪）新建层”命令粘贴时，图片仍被放在它们原来的地方，然而通过“拷贝（剪切）& 粘贴”命令的图片会贴到图片（或选区）的中心。

裁剪图像（使用“裁剪工具”或选“Image/Crop”）后所有在裁剪范围之外的像素就都丢失了。要想无损失地裁剪可以用“画布大小（Image/Canvas Size）”命令来代替。虽然 Photoshop 会警告你将进行一些剪切，但出于某种原因，事实上所有“被剪切掉的”数据都被保留在画面以外。

“合并可见图层”时按住“Alt”键“Ctrl+Alt+Shift+E”（Alt+Layer/Merge Visible）为把所有可见图层复制一份后合并到当前图层。

提示：同样可以在“合并图层”（Layer/Merge Down）的时候按住“Alt”键，会把当前层复制一份后合并到前一个层。这个命令没有相应的热键——“Ctrl+Alt+E”不起作用。

4.7.4 选择技巧

使用“选框工具‘M’”的时候，按住“Shift”键可以划出正方形和正圆的选区；按住“Alt”键将以起始点为中心勾画选区。

使用“重新选择”命令“Ctrl+Shift+D”来载入 / 恢复以前的选区。

在使用“套索工具”勾画选区的时候按“Alt”键可以在“套索工具”和“多边形套索工具”间切换。

勾画选区的时候按住“Space”键可以移动正在勾画的选区。

按住“Shift”或“Alt”键可以增加或修剪当前选区；同时按下“Shift”和“Alt”键勾画可以选取两个选区中相交的部分。

4.7.5 使用层技巧

按“Shift+‘+’”键（向前）和“Shift+‘–’”键（向后）可在各种层的合成模式上切换。我们还可以按“Alt+Shift+‘某一字符’”快速切换合成模式。

N= 正常（Normal）
I= 溶解（Dissolve）
M= 正片叠底（Multiply）
S= 滤色（Screen）
O= 叠加（Overlay）
F= 柔光（Soft Light）
H= 强光（Hard Light）
D= 颜色减淡（Color Dodge）
B= 颜色加深（Color Burn）
K= 变暗（Darken）
G= 变亮（Lighten）
E= 差值（Difference）
X= 排除（Exclusion）
U= 色相（Hue）
T= 饱和度（Saturation）
C= 颜色（Color）
Y= 明度（Luminosity）
Q= 背后（Behind 1）
L= 实色混合（Hard Mix）
R= 清除（Clear 3）
W= 线性减淡（添加）（Linear Dodge（Add））
V= 亮光（Virid Light）
Z= 点光（Pin Light）

直接按数字键即可改变当前工具或图层的不透明度。按“1”表示 10% 不透明度，“5”为 50%，以此类推，“0”为 100% 不透明度。连续按数字键比如“85”表示不透明度为 85%。

提示：以上热键同样对当前的绘图类工具有效，所以如果你要改变当前层的不透明度，先转到“移

动工具”或某一选取工具。

按住“Alt”点击所需层前眼睛图标可隐藏 / 显现其他所有图层。

要清除某个层上所有的层效果，按住“Alt”键双击该层上的层效果图标，在打开的“图层样式”对话框中取消样式；或者在菜单中选“图层 / 图层样式 / 清除图层样式”。

提示：要关掉其中一个效果，右击该层上的层效果图标，在打开的快捷菜单中选中它的名字，然后在图层效果对话框中取消它前面选框的“应用”标记。

按“Alt”键点击“删除”按钮（在“图层”面板的底部）可以快速删除层（无须确认），同样这也适用于通道和路径。

4.7.6 参考线和标尺技巧

拖动参考线时按住“Alt”键可以在水平参考线和垂直参考线之间切换。当前面板工具是“移动工具”时，按住“Alt”键点击一条已经存在的垂直参考线可以把它转为水平参考线，反之亦然。

提示：参考线是通过从标尺中拖出而建立的，所以要确保标尺是打开的“Ctrl+R”（视图 / 标尺）。

拖动参考线时按住 Shift 键将强制其对齐到标尺上的刻度。

双击参考线可以打开“参考线、网格和切片”参数设置对话框（编辑 / 首选项 / 参考线、网格和切片）。双击标尺可以打开“单位与标尺”参数设置对话框（编辑 / 首选项 / 单位与标尺）。

提示：也可以在“信息”面板上的选项菜单中选择标尺度量单位。

标尺的坐标原点可以设置在画布的任何地方，只要从标尺的左上角开始拖动即可应用新的坐标原点；双击左上角可以还原坐标原点到默认点。

参考线不仅会吸附在当前层或选区的边缘（上下左右），而且也会以（当前层或选区的）水平或垂直中心对齐。反过来也一样：选区和层也会吸附到已经存在的参考线上（边缘和中心）。

提示：参考线不会吸附到背景层上。而要实现上述功能先要打开“对齐”“Ctrl+Shift+;”（视图 / 对齐）选项。

提示：要找到画面的中心可以新建“Ctrl+Shift+N”（Layer/New/Layer）并填充“Shift+Backspace”（Edit/Fill）一个层然后把参考线吸附到垂直中心和水平中心上。

4.7.7 “导航器”技巧

很多时候用键盘来控制“导航器”（Navigator）比用鼠标更快捷。这里列出了一些常用的“导航器”热键：

“Home” = 到画布的左上角

“End” = 到画布的右下角

“PageUp” = 把画布向上滚动一页

“PageDown” = 把画布向下滚动一页

“Ctrl+PageUp” = 把画布向左滚动一页

“Ctrl+PageDown” = 把画布向右滚动一页

“Shift+PageUp” = 把画布向上滚动 10 个像素

“Shift+PageDown” = 把画布向下滚动 10 个像素

“Ctrl+Shift+PageUp” = 把画布向左滚动 10 个像素

“Ctrl+Shift+PageDown” = 把画布向右滚动 10 个像素

使用“Ctrl+Tab/Ctrl+F6”在多个文档中切换（或者也可以使用“窗口 / 文档菜单”），十分方便。

用恢复命令“F12”（文件 / 恢复）可以把当前文档恢复到上次保存时的状态，同时保存历史记录。

按住“Ctrl”键在“导航器”的代理预览区域中拖放，可以更新设定当前文档的可视区域。

提示：在代理预览区域中拖动显示框时按住“Shift”键可以锁定移动的方向为横向或垂直。

提示：在“导航器”面板的面板选项中可以更改代理预览区域中显示框的颜色。

4.7.8 复制技巧

用“选框工具‘M’”或“套索工具‘L’”选择区域后，用“移动工具”把选区从一个文档拖到另一个文档上。

把选择区域或层从一个文档拖向另一个时，按住“Shift”键可以使其在目的文档上居中。

提示：如果源文档和目的文档的大小（尺寸）相同，被拖动的元素会被放置在与源文档位置相同的地方（而不是放在画布的中心）。

提示：如果目的文档包含选区，所拖动的元素会被放置在选区的中心。

当要在不同文档间移动多个层时，首先把它们链接起来，然后就可以利用“移动工具”在文档间同时拖动多个层了。

提示：不能在“图层”面板中同时拖动多个层到另一个文档（即使它们是链接起来的）——这只会移动所选的层。

要把多个层编排为一个组，最快速的方法是先把它们链接起来，然后选择图层编组命令“Ctrl+G”（图层／图层编组）。之后可以按自己的意愿取消链接。

提示：用这个技术同样可以用来合并“Ctrl+E”（图层／合并图层）多个可见层。

要为当前历史状态或快照（Window/History）建立一个复制文档，使用以下操作：

1〉点击“从当前状态创建新文档（New Document）”按钮；

2〉从“历史”面板菜单中选择新文档；

3〉拖动当前状态（或快照）到“从当前状态创建新文档”按钮上；

4〉右键点击所要的状态（或快照），从弹出菜单中选择“新建文档”把历史状态中当前图片的某一历史状态拖到另一个图片的窗口，可改变目的图片的内容。

按住“Alt”键点击任一历史状态（除了当前的、最近的状态）可以复制它。而后被复制的状态就变为当前（最近的）状态。

按住 Alt 拖“动作”中的步骤可以把它复制到另一个“动作”中。

第五章　Photoshop CS5 制作园林规划设计图实例

我们把园林二维平面图形文件在 AutoCAD 中的绘制称为图形前期工作，把它导入到 Photoshop 中进行色彩处理就是后期制作处理过程。下面就解析一下制作处理过程，并通过实例分析，带领读者了解掌握如何在 Photoshop CS5 中制作处理园林图。

5.1　Photoshop CS5 后期制作处理园林图的概述

5.1.1　AutoCAD 图形输出

在 AutoCAD 中完成园林总平面图的绘制后，要仔细地推敲定酌，确定各部分不再有改动，再进行下一步导入 Photoshop 中的工作。如果后期制作处理过程中对方案进行修改，则操作上比较困难，费时费力不说，最后取得的效果也不佳。所以要想快捷、高效地绘制图形，一定要先确定 AutoCAD 图形文件。

AutoCAD 图形文件完成后，图形的输出有多种方法，下面简要介绍两种。

1. 直接输出法

单击“文件 / 输出”选项，在打开的“输出数据”对话框中，在“文件类型”下拉框中选择“位图（*.bmp）”，指定文件名就是指定图形输出的位置，而后单击“确定”按钮，返回图形界面，根据命令行的提示，选择输出的图形文件，单击右键或回车键，结束命令。从桌面上“我的电脑”打开刚刚指定的文件位置，就可以发现输出的图形文件。

用这种方法输出的图像，它的分辨率是默认电脑的分辨率，图形大小是电脑图形界面的大小，把输出的文件导入 Photoshop 处理后进行打印时，图像很小而且分辨率较低，图像质量较差。一般情况下，园林图像制作处理不使用这种图形输出方法。

2. 虚拟打印法

通过设置虚拟打印机，进行图形的打印输出，把输出的模型导入 Photoshop 进行后期制作处理。具体步骤如下。

单击“文件 / 页面设置管理器”选项，在打开的“页面设置管理器”对话框中单击“修改”按钮（如图 5-1a 所示），打开“页面设置 - 模型”对话框，在“打印机 / 绘图仪”选项卡中，打开“名称”下拉表框，选择“PublishToWeb JPG.pc3”（如图 5-1b 所示），单击打印机名称后的“特性”按钮，打开“绘图仪配置编辑器”对话框，在“设备和文档设置”选项卡的窗口中，单击“自定义图纸尺寸”（如图 5-2a 所示），而后在下面的“自定义图纸尺寸”框中单击“添加”按钮，在“自定义图纸尺寸 - 开始”对话框中，选择“创建新图纸”（如图 5-2b 所示），单击“下一步”按钮，在出现的“自定义图纸尺寸 - 介质边界”对话框中，输入需要的图纸尺寸（如图 5-2c 所示），再单击“下一步”按钮，出现“自定义图纸尺寸 - 图纸尺寸名”对话框，界面上提示所设定的图纸为“用户 1（2500.00 × 1800.00 像素）（如图 5-2d 所示）”，再单击“下一步”按钮完成图纸尺寸的设定。

系统返回“绘图仪配置编辑器”对话框，在下面的“自定义图纸尺寸”框中选择刚刚设置的“用户 1（2500.00 × 1800.00 像素）（如图 5-3a 所示）”，单击图框下面的“另存为”，在打开的窗口中输入文件名为“USER 1”（如图 5-3b 所示），确定后返回“页面设置 - 模型”对话框，在“打印机 / 绘图仪”选项卡中重新打开“名称”下拉表框，选择“USER 1.pc3”；在“图纸尺寸”下拉选框中，选择“用户 1（2500.00 × 1800.00 像素）”（如图 5-3c 所示），确定后返回图形界面。

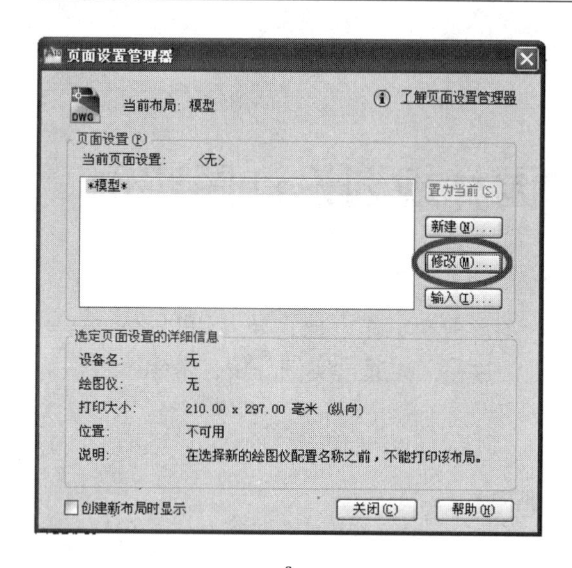

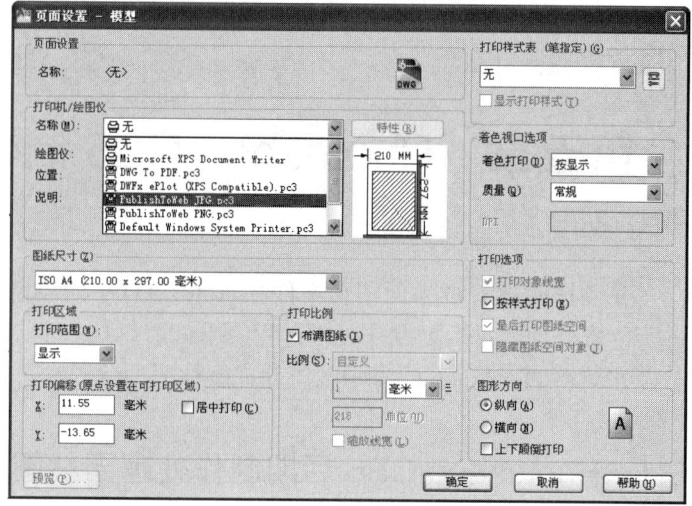

a b

图 5-1

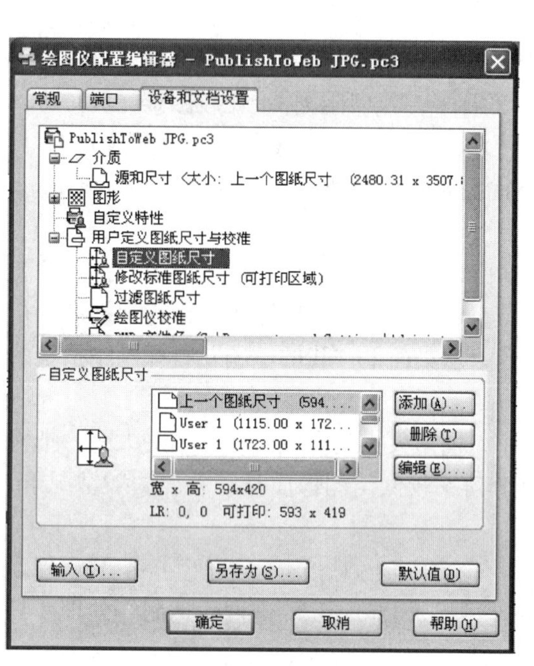

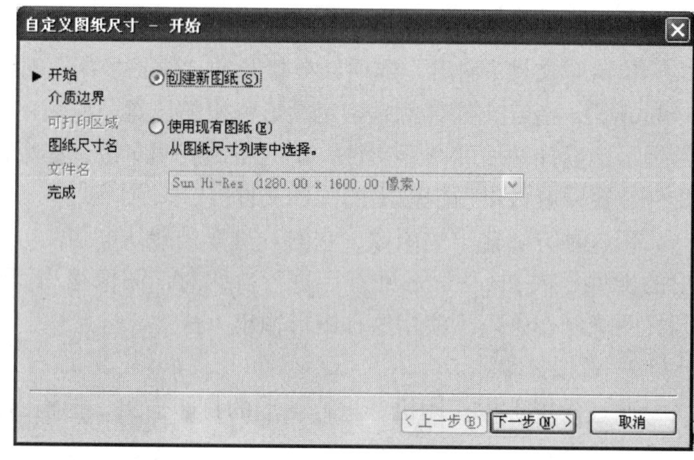

a b

自定义图纸尺寸 - 介质边界

开始
介质边界
可打印区域
图纸尺寸名
文件名
完成

当前图纸尺寸为 2480 x 3508 像素。要创建新的图纸尺寸，请调整“宽度”和“高度”，然后选择“英寸”或“毫米”。只有光栅格式才能使用“像素”选项。

宽度(W)：2500
高度(H)：1800
单位(U)：像素
预览
<上一步(B) 下一步(N)> 取消

c

图 5-2（一）

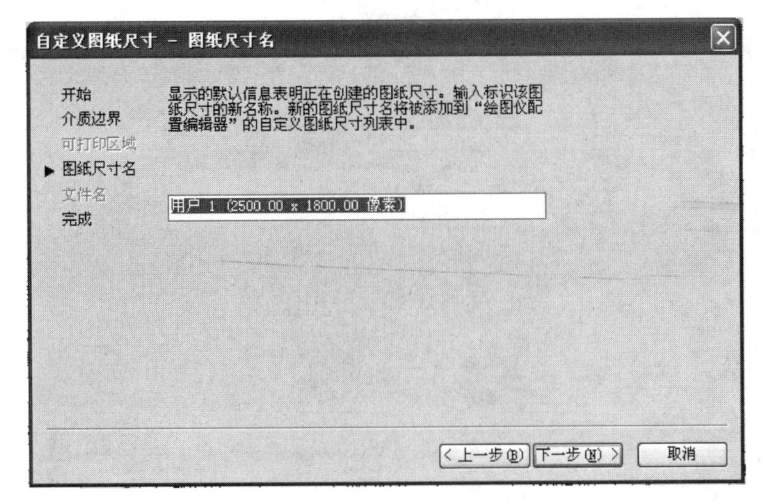

d

图 5-2（二）

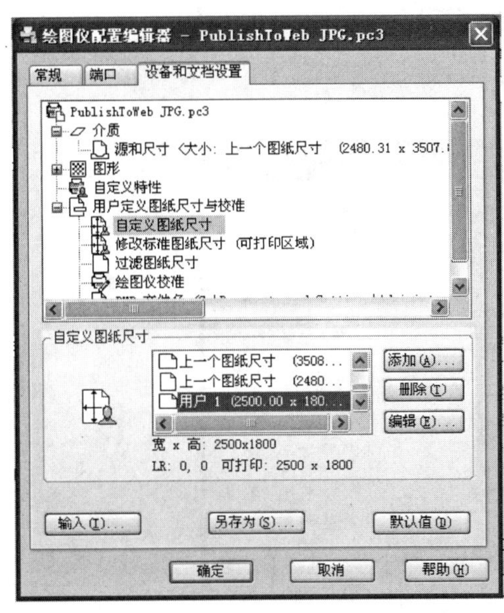

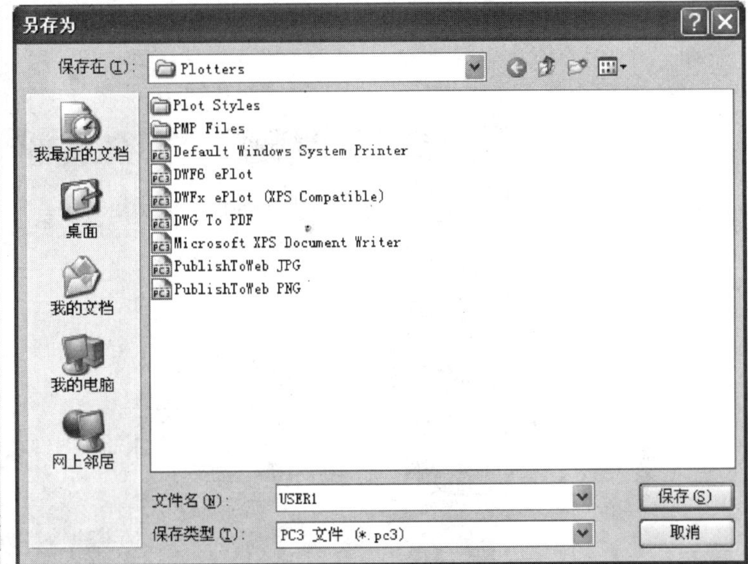

a　　　　　　　　b

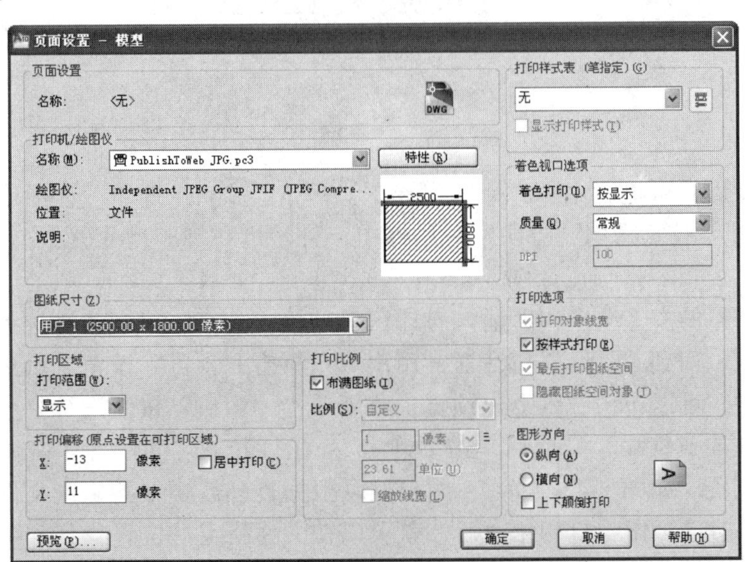

c

图 5-3

a

b

图 5-4

打印机设定好以后就可进行虚拟打印的操作了。单击“文件 / 打印”选项或直接从键盘输入打印的快捷键“Ctrl+P”。在打开的“打印”对话框中，打印机和打印尺寸就是上面刚刚设定的类型。在打印区域中选择“窗口”选项（如图 5-4a 所示），单击“窗口”按钮，系统返回绘图界面，根据命令行的提示，在图形的左上角单击，输入打印窗口的第一角点，鼠标拖动选择图框，在图形的右下角单击指定对角点，回到“打印”对话框，用户可以单击“预览”按钮进行观察，如果对所示的图形大小选择不满意，可以单击右键退出预览，重新单击“窗口”按钮进行打印窗口的设置，或者调整图形方向——纵向或横向，完成后单击“确定”，在打开的“浏览打印文件”对话框中，将显示文件将要保存的位置（如图 5-4b 所示），用户可以根据自己需要重新指定文件保存途径，确定后电脑屏幕会显示打印进度。虚拟打印结束后，就可以在文件指定的位置找到一个文件名为 *-Model.jpg 文件。

为了提高图像文件在 Photoshop 处理后的质量，读者可以根据自己打印出图尺寸的需要，在虚拟打印中设置较高分辨率下相应的像素点，如表 5-1 列出了不同分辨率下图纸尺寸与像素对应关系。随着图纸尺寸的变大，图中像素点变多，文件的容量就会变大，因而影响电脑运行速度，所以在虚拟设置时，图纸尺寸不要设置得过大。

图纸尺寸与像素对应表　　表 5–1

分辨率	A0（841mm × 1189mm）	A1（594mm × 841mm）	A2（420mm × 594mm）	A3（297mm × 420mm）	A4（210mm × 297mm）
72dpi	2384dpi × 3370dpi	1684dpi × 2384dpi	1191dpi × 1684dpi	842dpi × 1191dpi	595dpi × 842dpi
150dpi	4967dpi × 7022dpi	3508dpi × 4967dpi	2480dpi × 3508dpi	1754dpi × 2480dpi	1240dpi × 1754dpi

注：像素简称 dpi。

5.1.2　Photoshop 图形导入

双击桌面上 Photoshop 图标，打开 Photoshop 的操作程序。单击“文件 / 打开”或键盘输入“Ctrl+O”，在打开的对话框中查找上面的打印模型 model.jpg 文件，双击打开，就可以进行图像的后期制作处理了。

5.1.3　文件保存

最好在图像的制作处理前先进行文件的保存，以便在绘制处理过程中时时进行文件的保存。在打开的 *.JPG 格式文件上，单击“文件 / 存储为”，指定位置和文件名，以 *.PSD 格式保存，可以保留程序操作过程中的内容，便于处理后图像的修改和调整。

5.1.4　色彩渲染

色彩渲染是园林图在 Photoshop 中进行处理的主要内容。在这一过程中，需要绘制者对图纸表现内容和风格有全面的了解和把握。一般大型的园林是以绿地为主的，如果设计表现的是自然式园林，在色彩渲染上，总体把握色彩的淡雅、色调的沉稳、光线的变化，可以借鉴国画中水彩画的效果，使图面清新别致；如果设计表现的是现代规则式园林绿地或公共建筑外环境景观设计，由于建筑和铺装占据了图面相当一部分内容，所以绿地在色彩上可以鲜亮一些，突出外环境整体景观效果。当然，这些不是定论，每个人对色彩都有自己的理解，绘制者可以根据自己的喜好和风格来调整，只要整体上注意协调就行了。

道路广场的表现可以用色彩填充或贴图表现。贴图的样例可以从材质库中调出，贴在画面上后再对样例的大小比例、色相、明度进行调试，使之和画面整体融为一体。

5.1.5　综合调整

在图形表现基本完成后，可以从整体上分析一下，色彩是否协调，明暗是否合理，贴图是否合适等，如果有不满意的地方还可以进行适当的调整改变，或用 Photoshop 中一些编辑工具进行调整处理。

在图形处理完成后，添加上文字说明和图名、图框等细节。

5.1.6　注意事项

如果说园林图的前期绘制主要是设计的过程，那么后期制作处理则是再加工表现的过程，技法上如同绘画。园林是综合性的艺术，所以园林设计和图纸表现对设计者和绘制者的艺术素养有较高的要求，我们的图形处理中有些需要注意的问题也比较类似于绘画中的问题。

1〉在作图过程中，应当先把握大的关系，处理主要的东西，当大局已定时，再分别处理细部。

2）绘制中，不要急于把某一局部刻画的很细致，再绘制其他部分。而应当把图面当成一个整体，层层深入，不断调整。

3）对不同物体的渲染要放在不同的图层处理，则在后期做图层的效果处理和调整时就不会影响太大，方便快捷。

4）在绘图过程中要注意经常存盘，做不同的备份，以免发生断电或系统故障等意外情况，造成工作受损。

5.2　Photoshop CS5 绘制园林规划图实例

本章将通过把第三章的观光植物园规划图导入 Photoshop，逐步解析它的制作处理过程，使读者能通过实例掌握基本操作和绘图技巧。

5.2.1　制作植物园规划总平面图

参照上文所列的绘制过程，我们先进行植物园规划图总平面的后期再制作。

● AutoCAD 中的前期处理

在 AutoCAD 2010 中打开“光盘：\ 附图 \ 植物园”，另存为“D：\Photoshop\ 植物园”。关闭隐藏其他内容所在图层的显示开关，包括道路的中心线，图面上仅保留道路和区域的边界线条。

新建一个图层命名为“PHOTO”，颜色设置为白色，选择图面上所有对象，单击“特性”工具按钮打开“特性”对话框，再单击“图层”，在它的下拉选框中选择“PHOTO”图层，将它们改换到新建图层上。

按照第一节的方法，设置虚拟打印机，由于图形比例为 1∶2000，打印尺寸为 A1 图纸（594mm × 841mm），根据列表对应的像素，我们选择分辨率为 72dpi 时的图面尺寸，设置为 1800dpi × 2500dpi，这样可以使电脑处理图像时速度更快一些。如果读者的计算机性能较好，也可以参照分辨率为 150dpi 时的图面尺寸，设置为 3600dpi × 5000dpi，这样在图像打印时质量会比较好。

在虚拟打印机 USER1 设置好以后，就可以参照上文的程序进行虚拟打印了，用“窗口”选择时，按下“F3”打开“对象捕捉”，捕捉植物园的外图框为打印范围，存储的位置为“D：\ 附图 \”，确定后开始打印。

● 图形导入 Photoshop

运行 Photoshop CS5 操作程序，单击“文件 / 打开”，找到“D：\ 附图 \ 植物园 -Model.jpg”，双击打开图形。完成图形导入 Photoshop，在 Photoshop 中出现“图层 1”。

● 文件保存

单击菜单栏“文件 / 存储为”或按下“Shift+Ctrl+S”，系统弹出“存储为”对话框，以“植物园”为文件名保存在“D：\Photoshop\”，文件类型为 Photoshop（*.PSD；*.PDD）格式（如图 5-5 所示）。

● 添加白色底面

由于“植物园 -Model”图形在导入 Photoshop 时，仅为栅格图像，背景为透明，所以在导入后，要为其添加一白色底层。单击“图层”面板底行“创建新图层”按钮，在“图层 1”层上出现“图层 2”（如图 5-6 所示），光标对准“图层 2”进行拖拽，将“图层 2”置于“图层 1”下。设置前景色：单击工具箱中“设置前景色”工具框，系统弹出“拾色器”对话框，设置 RGB 值为（255，255，255）（如图 5-7 所示），确定后返回工作界面，前景色改变为刚刚设置的色彩。同时按下“Ctrl+Backspace”填充前景色，此时图形变为有白色底面的图像。

点击“图层”面板右上角的面板菜单按钮（小三角），选择“拼合图层”，系统将以上两个图层，拼合为“背景”层（如图 5-8 所示）。

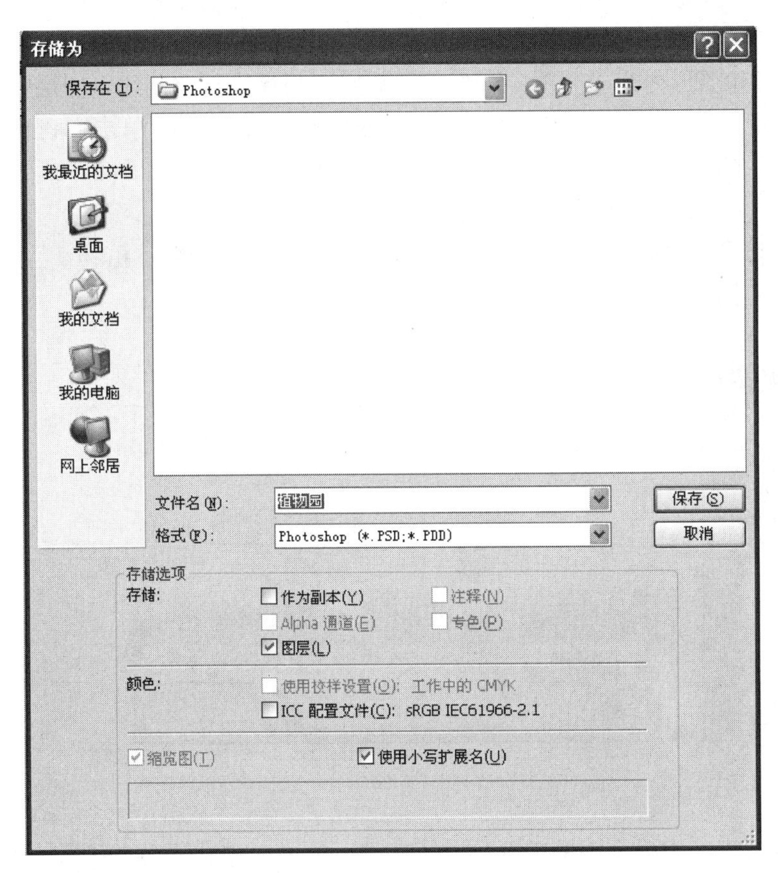

图 5-5

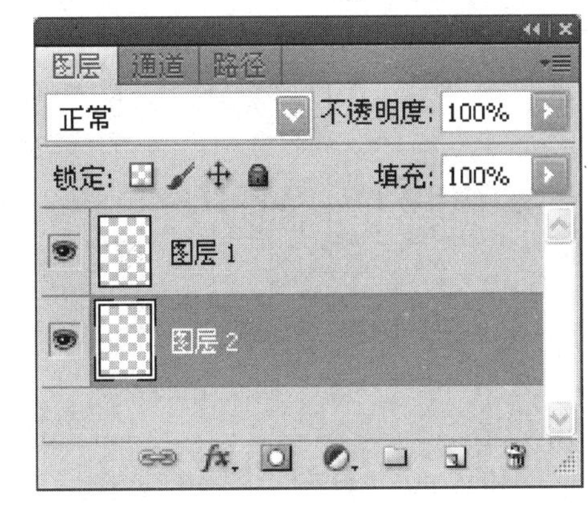

图 5-6

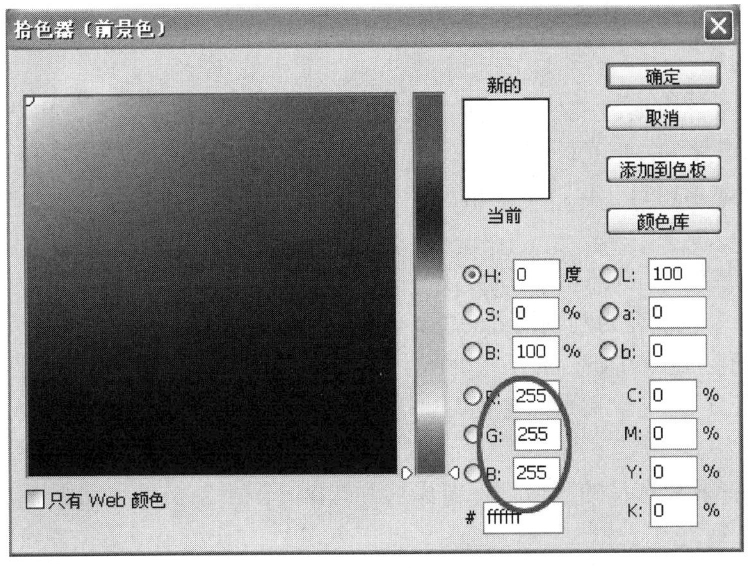

图 5-7

图 5-8

● 色彩渲染

对照书中彩页图的区域编码，对不同区域进行色彩渲染。在绘制前对图形内容进行分析，确定图形主要的色彩和色彩的基调。植物园规划总的基调色彩为绿色，有些区域如百花园、牡丹园、月季园可以用不同的红色或粉色来协调。同样是绿色，不同区域也可以分别选择不同的色调，以松柏园色调最深最暗，草坪色调最浅最亮，另外还有水体的颜色，也可以根据由浅至深不同的区段设置由浅至深不同的蓝色调。

1. 建立图层

根据上文的分析，我们将要根据色彩和图形内容建立图层。单击“图层”面板底行“创建新图层”按钮，在“背景（background）”层上出现“图层 1”（如图 5-9 所示），光标对准“图层 1”单击右键，选择“图层属性”，系统弹出“图层属性”对话框，在名称栏里把“图层 1”改为“道路”（如图 5-10 所示），确定后返回，“图层”面板上“图层 1”变成“道路”层。也可以将光标对准“图层 1”双击，直接修改图层名称，读者可自己尝试。用上述方法我们可以依次建立“植物深”、“植物中”、“植物浅”、“草坪”、“花卉”、“水体”、“铺装”、“建筑”等图层。

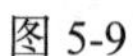
图 5-9

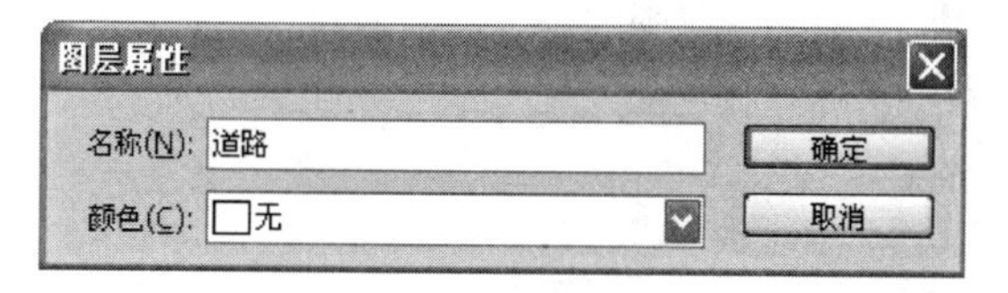

图 5-10

和 AutoCAD 中绘图一样，图层的数量可以根据个人的需要确定，建议不同的对象或颜色差别较大的分设不同图层，后期易于调整改动或做图层效果；图层的创建也可以在绘图过程根据需要，边绘图边创建。我们提倡在对图纸了解后先创建图层，可以把握整体色彩的填充渲染情况，个别细节有需要的则在绘制过程中新建图层。

2. 渲染植物绿色

在工具箱中选择“缩放工具”按钮或按下快捷键“Z”，激活“缩放工具”，对准植物园主入口和松柏区连续单击（或者单击右键选择“实际像素”），把光标靠在图形窗口右下角，光标显示为可拖动的标志，按住鼠标左键向右下角拖动放大画面显示窗口，再按下空格键使光标显示为“抓手工具”，移动画面至入口两侧的松柏区。

设置前景色：单击工具箱中“设置前景色”工具框，系统弹出“拾色器”对话框，设置 RGB 值为（39，135，37），确定后返回工作界面，前景色改变为刚刚设置的色彩。

选择渲染区域：首先移动“图层”面板的滑动条，激活“背景”层，因为区域界限在“背景层”中；然后按下快捷键“W”，激活“魔棒工具”，把十字光标在主入口道路下方区域 1 中单击，这个区域的边界线变为连续闪动的虚断线，即表示为选中状态；在菜单栏下方的“魔棒工具”特性栏，选择“添加到选区”按钮（如图 5-11 所示），可以将继续选择的区域都保留添加到选区，按下空格键移动画面，使用魔棒把剩余的区域 1 和区域 16、区域 14 选中。

图 5-11

填充颜色：激活“植物深”层为当前层，就可以把填充的图案或色彩放到这一层；然后单击菜单栏“编辑 / 填充”，系统弹出“填充”对话框，设置透明度为 90%（如图 5-12 所示），确定后返回，选择的区域已被填上深绿色；单击菜单栏“选择 / 取消选择”或按下快捷键“Ctrl+D”，选区被取消；按下快捷键“Z”激活“缩放工具”，单击右键选择“按屏幕大小缩放”，色彩渲染填充效果如图 5-13 所示。

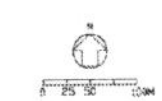

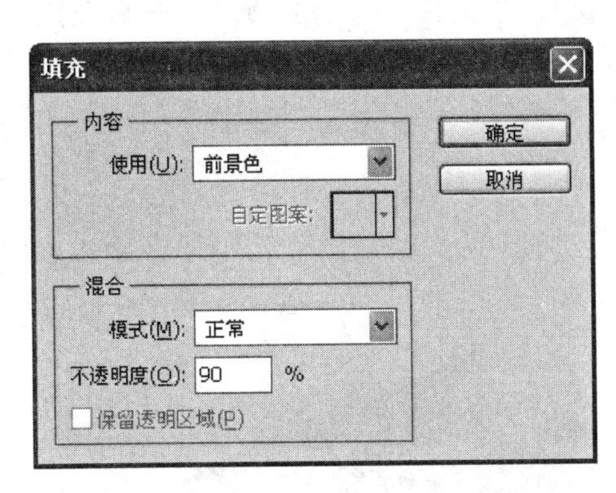

图 5-12

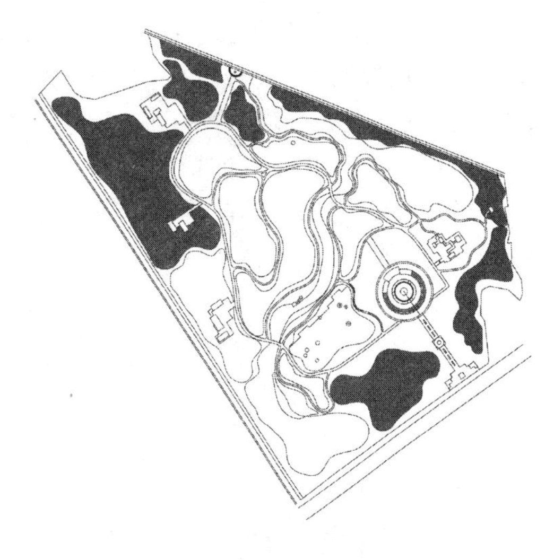

图 5-13

提示：选择填充区域一定在“背景”层，色彩填充时要改换到相应的图层。

技巧：在选区内填充色彩后，直接按数字键可以改变整个图层填充色彩的透明度，数字 0 表示透明度为 100%，数字 7 表示透明度为 70%。

填充 13、7、6、8 区。直接在图形窗口右侧的“颜色”面板修改前景色，它的 RGB 值设为（81，154，49）（如图 5-14 所示）；返回“背景”层，按下空格键移动图面，用魔棒选择区域 13，在“植物中”层填充前景色，透明度为 90%，取消选择；魔棒选择区域 7，填充前景色，透明度为 85%；魔棒选择区域 6，填充前景色，透明度为 80%；修改前景色的 RGB 值设为（11，195，110），魔棒选择区域 8，填充前景色，透明度为 90%；选择“缩放工具”按钮，单击右键选择“按屏幕大小缩放”，色彩渲染填充效果如图 5-15 所示。

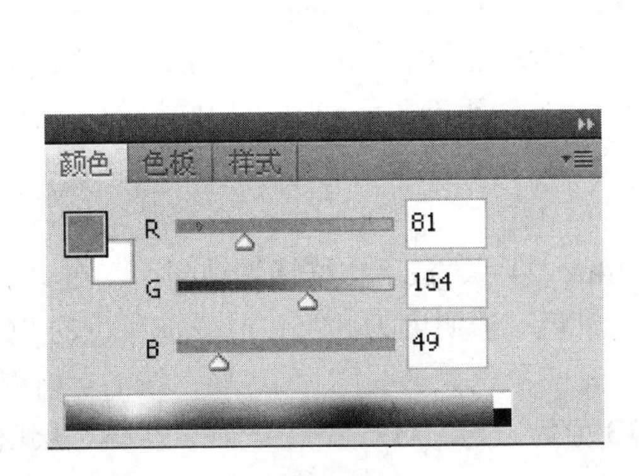

图 5-14

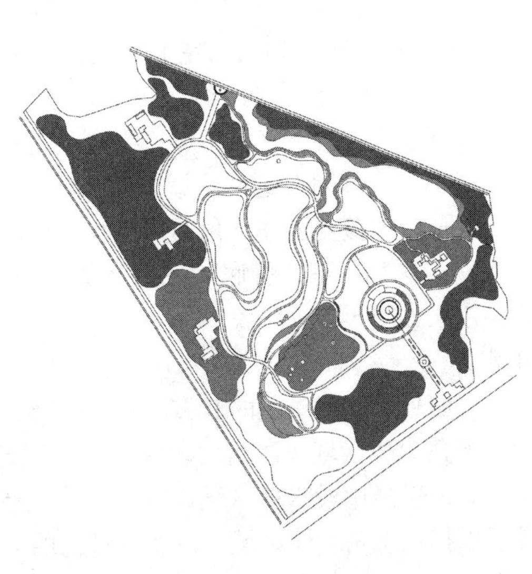

图 5-15

继续填充 11、12、4 区。在“颜色”面板中将前景色的 RGB 值改为（35，189，30），按下空格键移动图面，在“背景”层用魔棒选择区域 11，在“植物浅”层填充前景色，透明度为 90%，取消选择；用魔棒选择区域 12，填充前景色，透明度为 85%；用魔棒选择区域 4，透明度为 80% 填充前景色。选择“缩放工具”按钮，单击右键选择“按屏幕大小缩放”，色彩渲染填充效果如图 5-16 所示。

填充花卉区。在“颜色”面板中将前景色的 RGB 值改为（244，163，147），移动图面，在“背景”层用魔棒选择图形上方区域 5——百花园之木本园，在“花卉”层填充前景色，透明度为 100%；用 RGB 值为（248，142，217）的前景色，透明度为 100%，填充图形下方区域 5——百花园之草本园；用 RGB 值为（248，152，175）的前景色，透明度为 90%，填充图形上方区域 3——牡丹园。色彩渲染填充效果如图 5-17 所示。

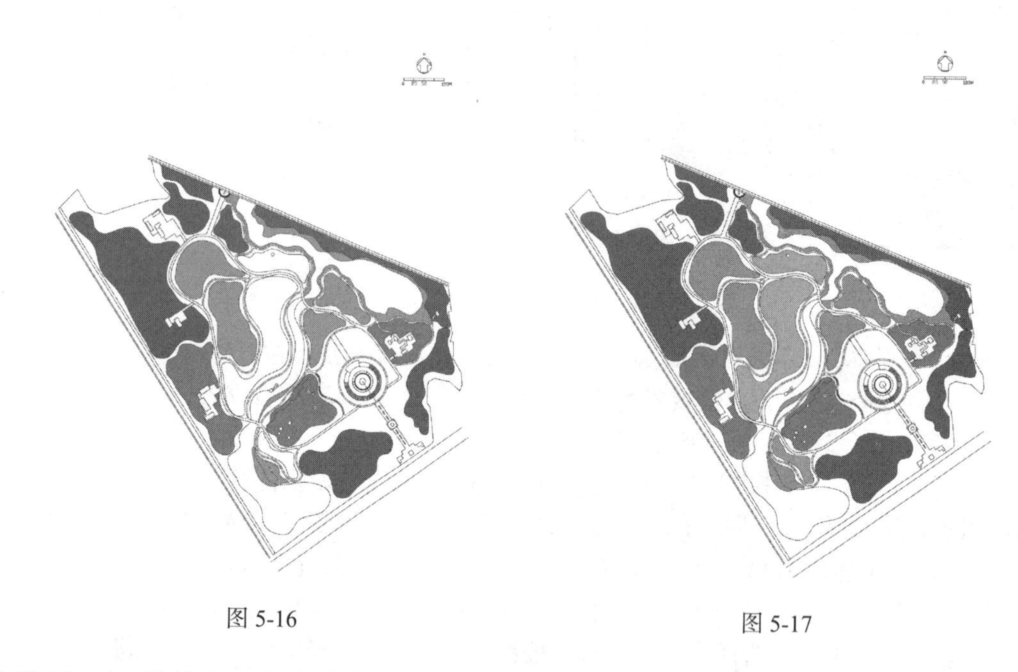

图 5-16　　　　图 5-17

填充草坪。在“颜色”面板中将前景色的 RGB 值改为（174，221，73），按下空格键移动图面，在“背景”层选择草坪区域，在“草坪”层填充前景色，透明度为 100%，由于图面较大，可以分成几块先后进行填充；同时用草坪色填充区域 2——月季园外围绿地。

为了图面整齐美观，把图形外的左上角和右下角填上草坪色。对准左侧工具箱中的“套索工具”按钮按下不放，或单击右键，在打开的省略工具框中选择“多边形套索工具”（如图 5-18 所示）。激活“草坪”层，按下空格键移动到图面左上方边界，在草坪边缘内单击一点，成为套索的起点，同时按下“Shift”键，沿左上角边缘线方向于水平成 45° 画直线，在右侧边界线上方延长线的位置单击，再把鼠标移至右上方草坪线内，接下来沿草坪边缘线不断单击回到起点位置，在“套索工具”右下方出现一个小圆圈时单击鼠标，表示闭合选择区域（如图 5-19 所示），用草坪色填充选区，按下“Ctrl+D”取消选择。这时会发现草坪色覆盖了左上角的边界线，单击右侧“图层”面板中“图层”属性框右侧的“设置混合模式”按钮，选择“正片叠底”（如图 5-20 所示），边界线重新显示出来。用同样的方法处理图形外的右下角，效果如图 5-21 所示。

3. 渲染水体

在“颜色”面板中将前景色的 RGB 值改为（51，140，241），按下空格键移动图面，在“背景”层用魔棒选择左下角水体区域，激活“水体”层，填充前景色，透明度为 85%；改变前景色的 RGB 值为（43，131，240），选择中段水体区域，在“水体”层填充前景色，透明度为 100%；按下空格键移动图面，在背景层选择右上角水体区域，改变前景色的 RGB 值为（74，113，242），在“水体”层填充前景色，透明度为 95%。渲染后的效果如图 5-22 所示。

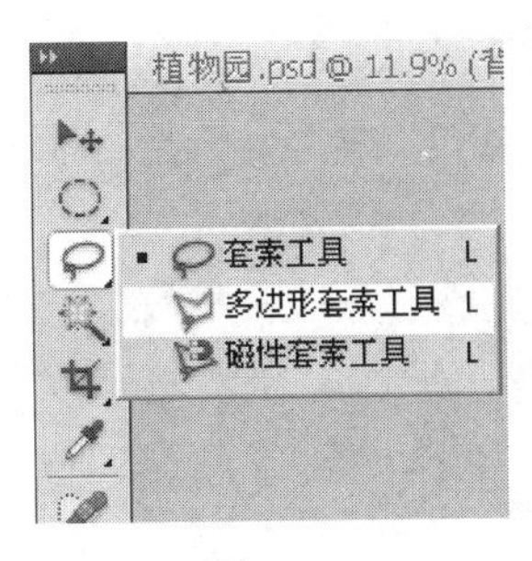

图 5-18

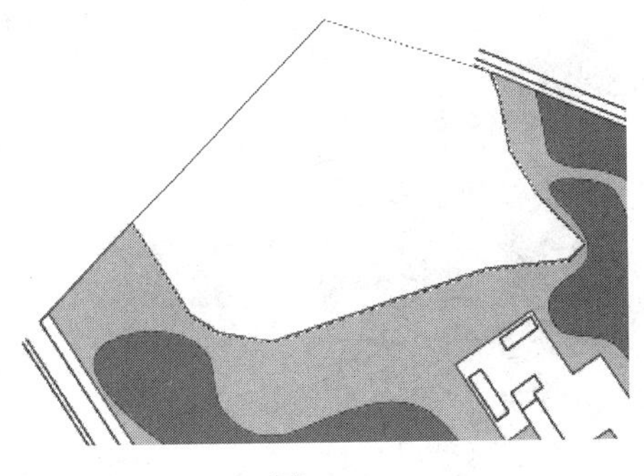

图 5-19

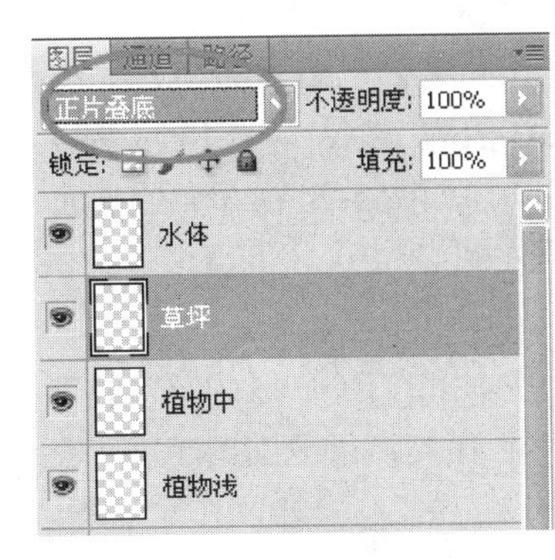

图 5-20

图 5-21

4. 渲染道路铺装

填充道路：在“颜色”面板中将前景色的 RGB 值改为（149，161，176），按下空格键移动图面，在“背景”层用“魔棒工具”选择主干道和次干道区域，激活“道路”层填充前景色，透明度为 80%，由于图面较大，可以像草坪一样分成几块先后进行填充；对主入口道路中间圆形花坛四周的道路用透明度 100% 的色彩填充。

填充铺装：在“颜色”面板中将前景色的 RGB 值改为（245，208，155），在“背景”层用魔棒选择院落内单体建筑周围地面、建筑与园内循环道路间的连线、月季园下沉式广场铺装，激活“铺装”层填充前景色，透明度为 100%。

5. 渲染建筑

填充建筑：由于图形上的园林建筑主要有展室、亭廊和公共管理建筑，需要从色彩上加以区别。在“颜色”面板中将前景色的 RGB 值改为（224，42，1），在“背景”层用魔棒选择管理用房、入口售票值班室和厕所，在“建筑”层填充前景色，透明度为 90%；前景色的 RGB 值改为（245，71，17），在“背景”层选择展室和观赏温室，在“建筑”层填充前景色，透明度为 90%；在“背景”层选择展室、亭子旁边的连廊，在“建筑”层填充前景色 RGB 值为（224，140，1），透明度为 90%。

6. 渲染图像细部

绘制花坛：在“颜色”面板中设置前景色的 RGB 值为（248，59，9），按下空格键移动图面至月季园下沉式广场，在“背景”层用“魔棒工具”进行选择，激活“花卉”层，用前景色 90% 透明度填充部分月季展区，用 RGB 值为（234，248，9）的前景色 90% 透明度填充月季展区的其余部分，如图 5-23 所示。

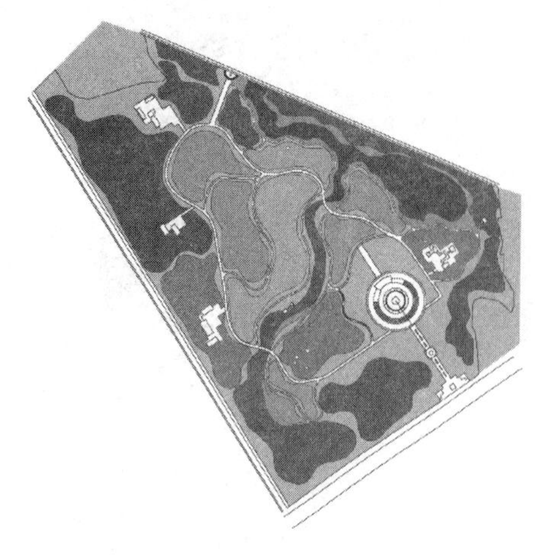

图 5-22

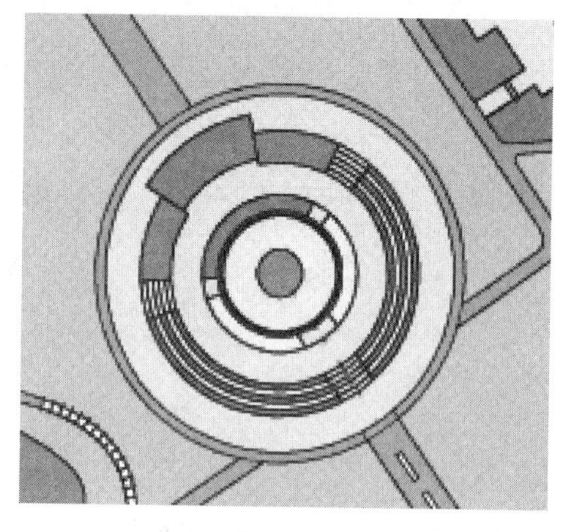

图 5-23

设置前景色的 RGB 值为（248，9，14），按下空格键移动图面，在“背景”层选择道路和入口全部的花坛及藤蔓园点装花架，在“花卉”层填充色彩，透明度为 100%。

绘制藤蔓园的花格：按下“Z”键激活“缩放工具”，在藤蔓园的右下方单击，拖动鼠标使放大区域至藤蔓园的左上方，在“颜色”面板中设置前景色的 RGB 值为（248，9，14）；在工具箱中选择“画笔工具”（Brush Tool），在工具属性栏中设置画笔的直径为 3，如图 5-24 所示；在画面中光标对准花格右上方端点单击，而后按下“Shift”键不放，连续单击线段的转折端点，可以依照背景图上的线条绘制出直线段，如图 5-25 所示。

绘制下沉式广场中的旱喷泉：在“颜色”面板中设置前景色的 RGB 值为（29，78，239），图形视图放大显示下沉式广场中心，在“背景”层中用“魔棒工具”在旱喷泉范围内单击，在“水体”层填充色彩，效果如图 5-26 所示。

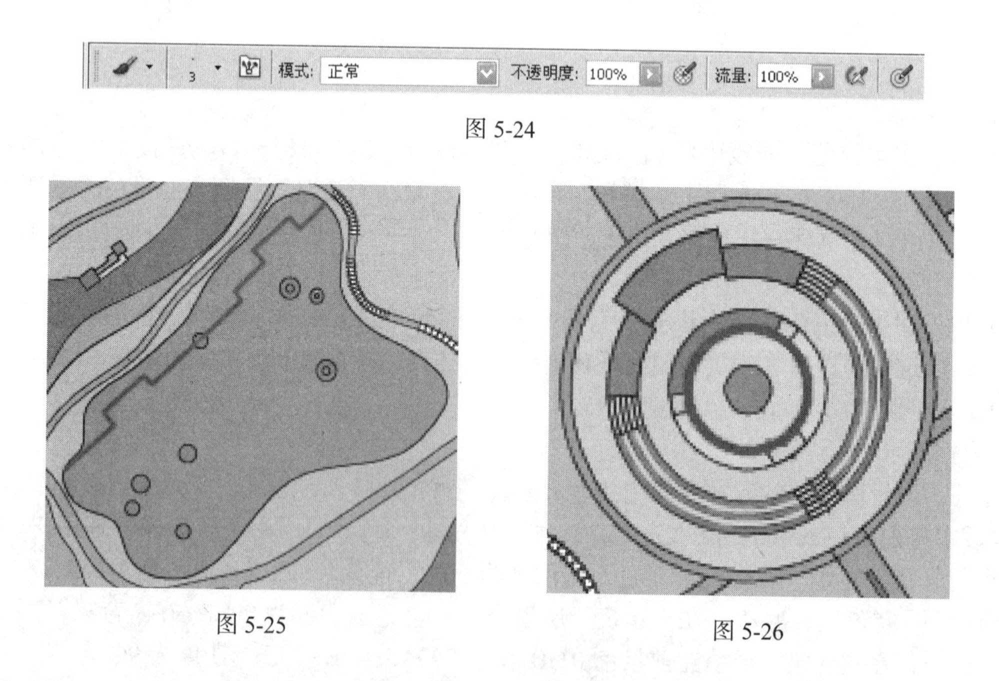

图 5-24

图 5-25

图 5-26

绘制藤蔓园右边和次入口处的藤架：我们可以重新设定前景色，也可以运用图面已有的色彩进行渲染，现在我们选用区域 8 的色彩，先按下快捷键“V”激活“移动工具”，在区域 8 的范围内单击右键，弹出图层选项（如图 5-27 所示），最上边的“植物中”表示这个区域的色彩渲染在图层“植物中”上，选择它以后，“图层”面板中“植物中”就处于激活状态；然后按下“I”键激活“吸管工具”，对准图面上区域 8 的色彩单击，前景色立即变为与之相同的色彩；将视图放大显示藤蔓园右边的藤架，选择工具箱中的“多边形套索工具”，在工具特性栏中选择“添加到选区”按钮（如图 5-28 所示），沿着一个藤架的边沿线单击，拖动选区线条回到起点处闭合，接着用套索选择另外两个藤架，透明度 100% 填充前景色；花架图形被绿色覆盖，在右侧“图层”面板中把当前图层的模式“正常”改变为“正片叠底”，花架的线条重新显示，效果如图 5-29 所示。用同样的方法渲染次入口处的藤架。

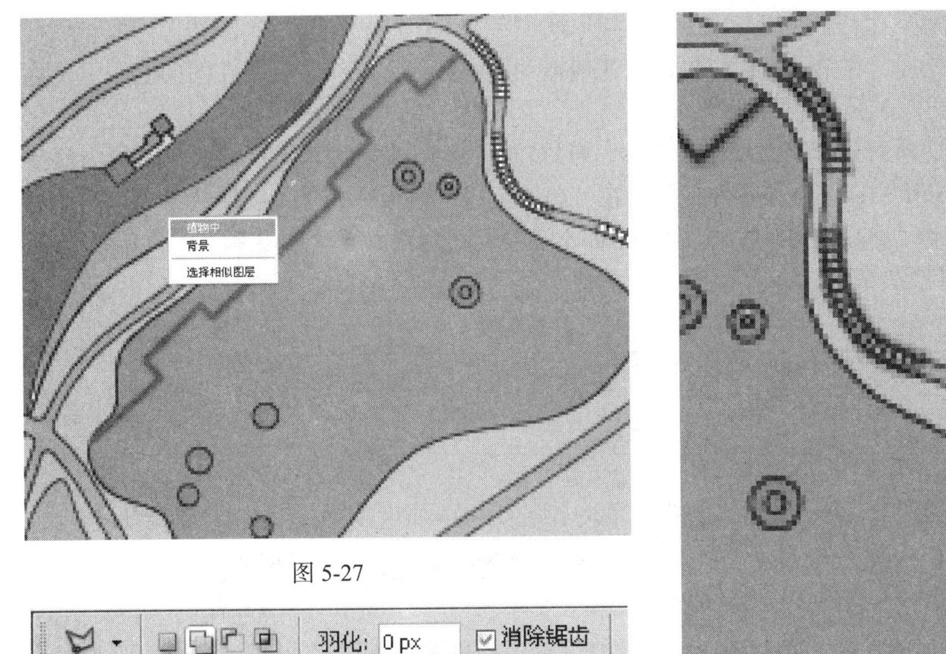

图 5-27

图 5-28

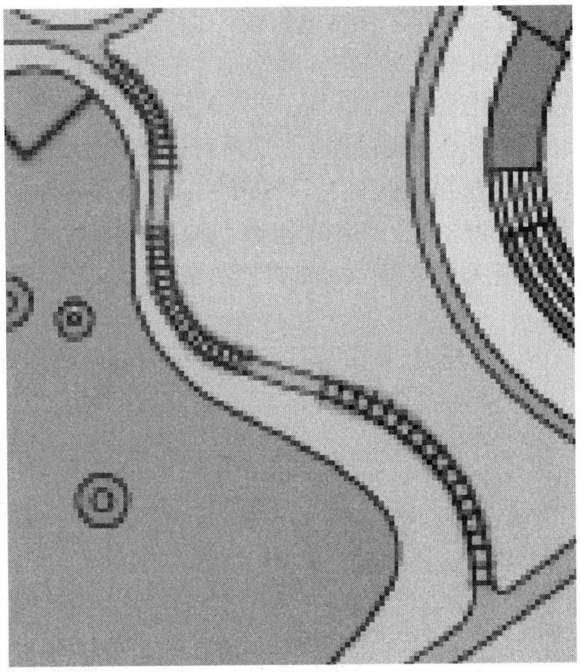

图 5-29

● 图层合并

图形基本绘制完成后，为了增加图面的艺术效果，使画面富有变化，可以先把文件的图层进行合并，然后利用一些编辑工具对图形进行调整和整理。

为了避免意外情况的发生破坏原有的图形和便于以后进行改动，我们把文件另存为“D:\Photoshop\ 植物园 -zpm”，文件类型为 *.PSD 格式。

单击“图层”面板右上角的面板菜单按钮，选择“合并可见图层”，“图层”面板上就只剩下“背景”（background）层了，如图 5-30 所示。用鼠标拖动“背景”层至图层面板下方的“新建”按钮，在“背景”层上方又新建了“背景副本（background copy）”层，并处于激活状态（如图 5-31 所示），我们就可以在它上面进行调整处理了。

图 5-30

图 5-31

● 图面效果调整

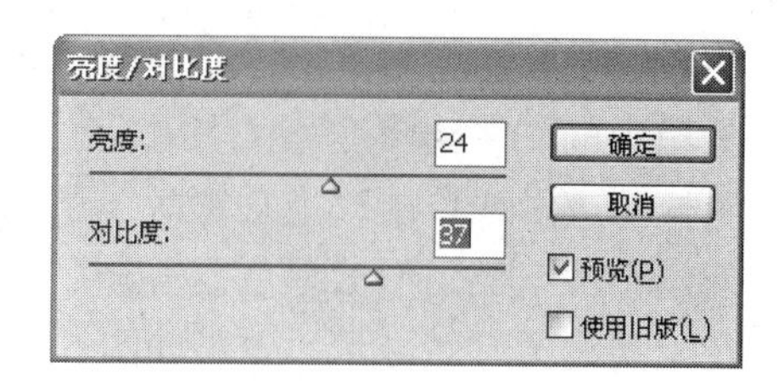

图 5-32

单击图形窗口右上角的最大化按钮，按下“Shift+Tab”键隐藏面板组，扩大视图区域。单击菜单栏“图像 / 调整 / 亮度 / 对比度”，调整参数如图 5-32 所示。

按下快捷键“O”激活“减淡工具”，工具特性设置如图 5-33 所示。图面显示出“减淡工具”的范围图标，对准图形左下角的水体连续单击，使水域色彩发生浓淡变化，如图 5-34 所示，接下来对另外两段水体做相同处理，在单击鼠标时可以快速地拖动鼠标，使“减淡工具”在图面上划过，色彩的变化就成为一条而不再单纯是一个圈。

在色彩处理过程中，如果对某一步的操作不满意，可以按下“Ctrl+Z”撤销上一步操作，更为简便快捷的方法是再次按下“Shift+Tab”键显示面板组，在“历史记录”面板中直接单击倒数第二个操作记录，就可以撤销刚刚的操作，如果对刚刚一组的操作都不满意，可以继续向上单击操作命令行（如图 5-35 所示），则图面的效果依次恢复。

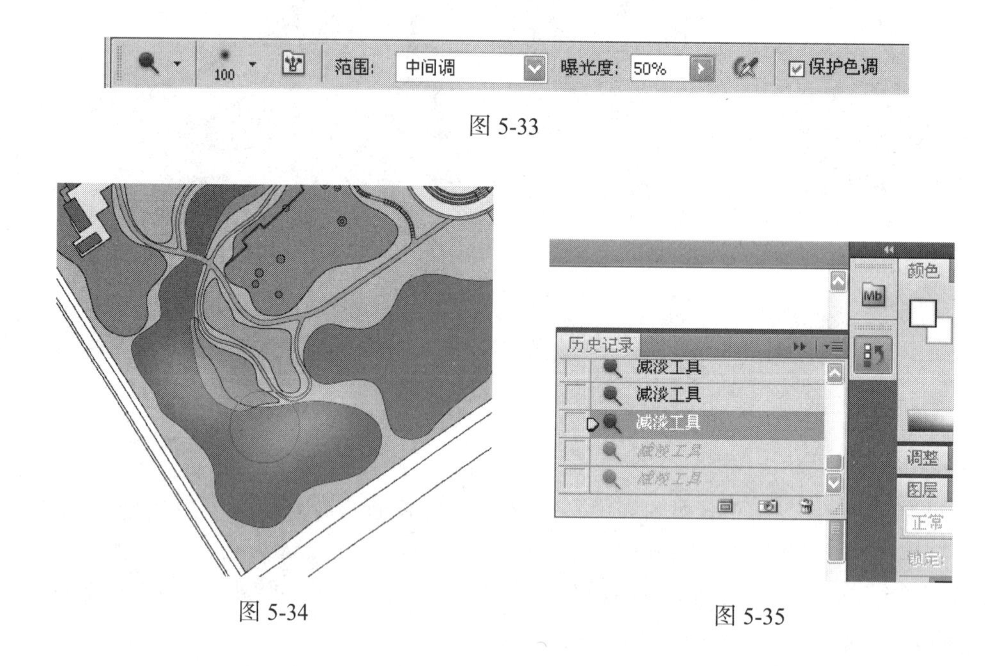

图 5-33

图 5-34

图 5-35

继续用“减淡工具”对色彩浓重的绿色区域进行处理，效果如图 5-36 所示。

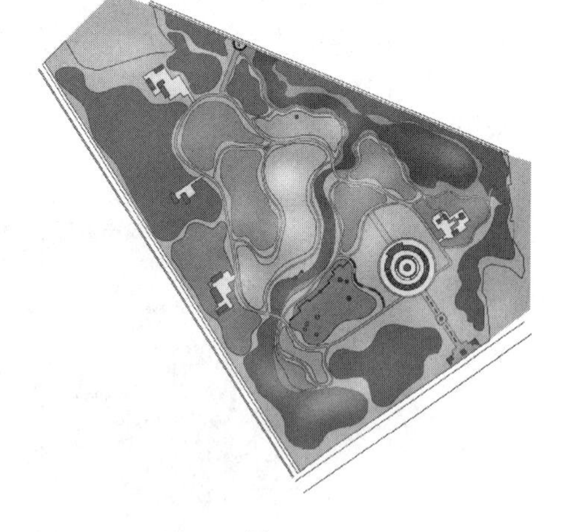

图 5-36

光标对准工具箱中“减淡工具”单击右键，选择“加深工具”，在工具属性栏中单击画笔框右侧的按钮，在打开的“画笔直径设置”对话框中，拖动“直径调节”按钮至合适的值或直接在提供的直径选项中选择（如图 5-37 所示）。返绘图形窗口，在刚刚减淡区域的外围单击，根据出现的效果，进行适当的调整。一般对较大区域的调整，减淡和加深工具画笔的直径大一些较好。

读者还可以根据自己的审美观点，再一次做“亮度 / 对比度”调整，最后图面效果如图 5-38 所示。

● 添加图框与文字

1. 填充比例尺和指北针

单击“图层”面板下方“新建”按钮，新建图层，单击右键选择“图层属性”给新图层命名为“图框”；设置前景色 RGB 值为（153，153，153），在“背景”层选取比例尺和指北针区域，在新建图层中进行填充，透明度为 100%，效果如图 5-39 所示。

2. 添加图框

单击工具箱中的“默认前景色和背景色”按钮，色框中的前景色恢复为黑色。按下“Z”键激活“缩放工具”，在图中单击右键选择“按屏幕大小缩放”；在工具箱中选择“矩形选框工具”，在图形文件中按背景图中图框的线条，拖动鼠标从右上角选择到左下角；单击菜单栏“编辑 / 描边”，在弹出的对话框中设置描边参数（如图 5-40 所示），按“Ctrl+D”取消选择；为增加图形整体美感，再次用矩形选框在刚绘制的图框内选择区域，用宽度 5px 描边，效果如图 5-41 所示。

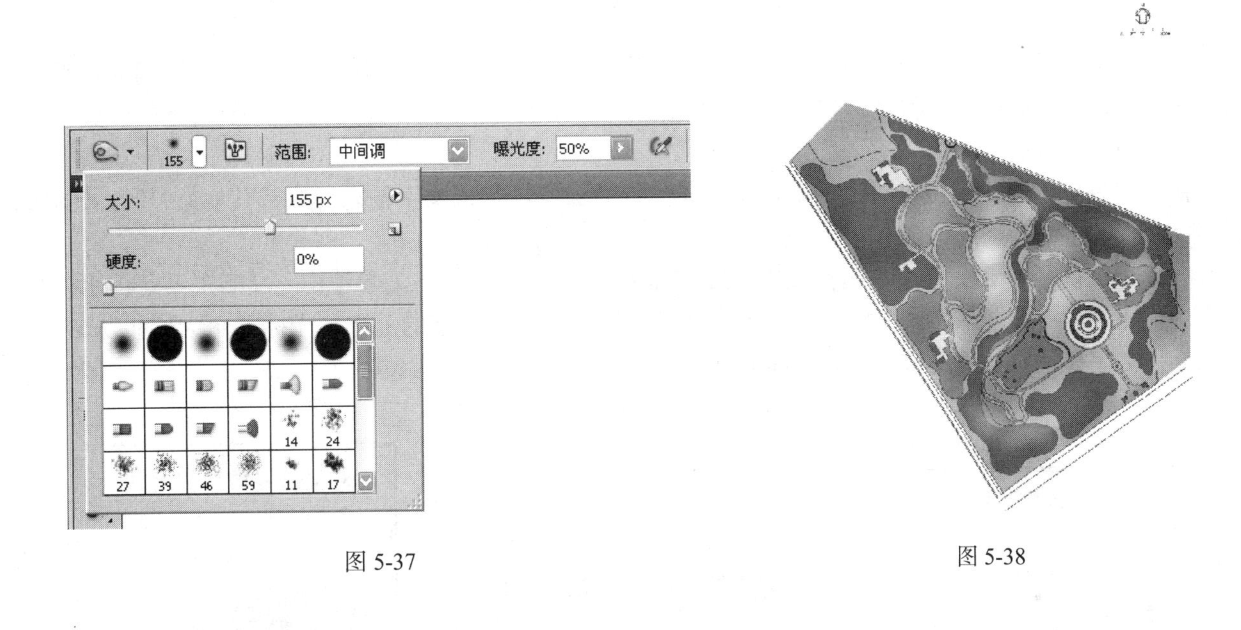

图 5-37　　　　图 5-38

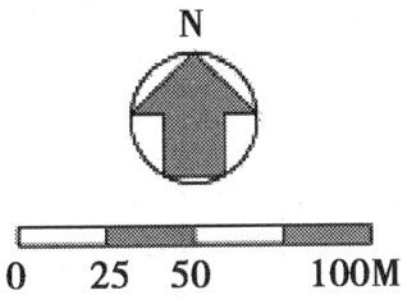

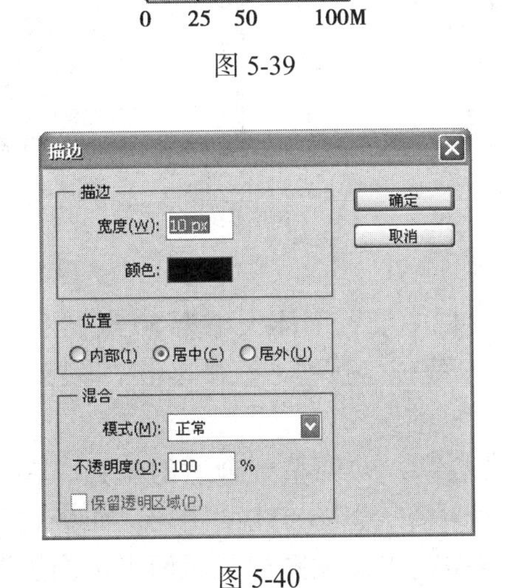

图 5-39

图 5-40

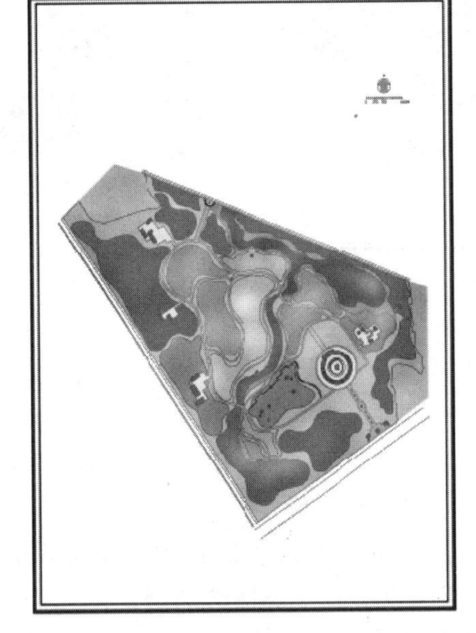

图 5-41

3. 添加文字

1〉添加图名和落款

按下快捷键“T”，激活工具箱中的“文字工具”，单击文字工具属性栏中的颜色框，在弹出的“选择文本颜色”对话框中将颜色调整为黑色，RGB 值为（0，0，0）；在属性栏中单击字体的下拉按钮可以选择字体；在字体大小框中直接改变数值，可以设置列别中没有的字体型号；其他参数的设置，如图 5-42 所示。

图 5-42

在图像文件的图框内、图形的左上方单击，然后从电脑界面的右下方调出汉字输入法，输入“观光植物园总体规划”九个字。将光标移开，文字将显示“移动工具”按钮，将文字移动到合适的位置，如图 5-43 所示。

在单击鼠标确定文字位置时，系统自动生成“图层 1”，在完成文字输入、执行其他命令时，“图层 1”名称自动改为所输文字，如图 5-44 所示。

继续添加落款：在文字工具属性栏中设置字体大小为 60 点，单击工具箱中“文字工具”按钮，在图形的左下方输入“× × 园林规划设计所 2007.2”，把光标移到文字的上方，光标显示为“移动工具”标志，将文字移动到合适的位置，如图 5-45 所示。

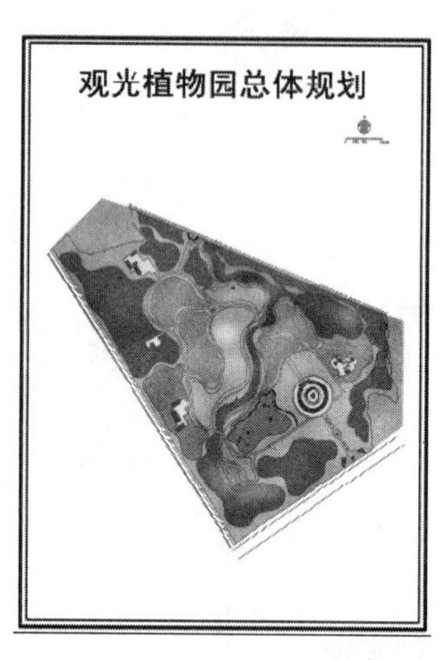

图 5-43

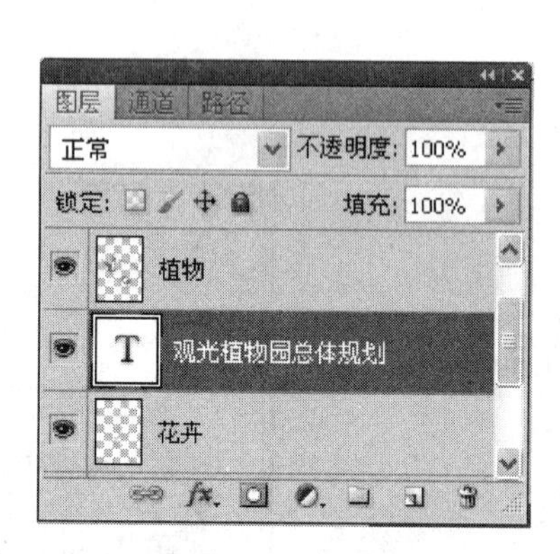

图 5-44

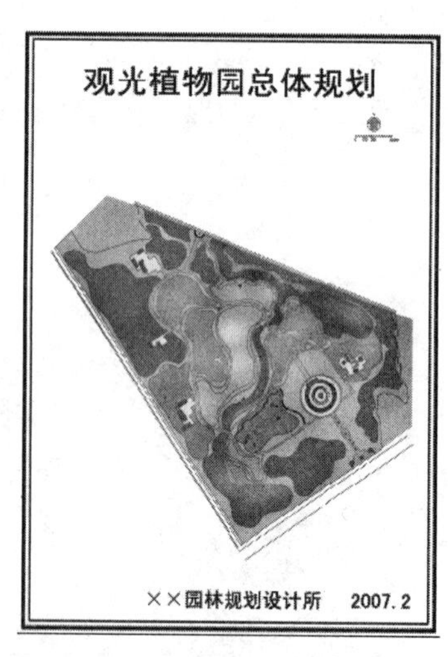

图 5-45

2〉标识分区数字

单击工具箱中“文字工具”按钮，在文字工具属性栏中设置字体大小为 60 点，根据彩图的提示，在区域 1 上单击，输入数字“1”，单击工具属性栏中的“完成”按钮或直接单击“图层”面板中的当前图层“图层 1”，名称自动变成“1”。

接下来我们用相同的方法依次在图形上标识分区数字，并调整到合适的位置。在“图层”面板上，按“Ctrl”依次点击需要链接的图层，使它们成为激活状态，点击“图层”面板右上角的面板菜单按钮，选择“链接图层”，系统将所有选中的图层链接起来，在图层条后面出现图层链接符号（如图 5-46 所示）。

单击“图层”面板右上角的面板菜单按钮，选择“合并图层”，“图层”面板上数字文本层就全合并到最上面一个图层中，即图层“1”上了（如图 5-47 所示）。

图 5-46

图 5-47

3〉在图形上输入代号的含义

单击工具箱中“文字工具”按钮，在文字工具属性栏中设置参数，如图 5-48 所示。在图形左侧下部单击，输入“1 松柏园”后，按下回车键，光标自动转到下一行，接着输入“2 月季园”，再次按下回车键在下一行接着输入文字，得到文本如图 5-49 所示，把光标放在文字间按下空格键，调整对齐文字。这部分文字的输入与 AutoCAD 中文字输入操作有相似之处。

4〉添加环境位置文字

单击工具箱中“文字工具”按钮，在文字工具属性栏中设置参数，如图 5-50 所示。在图形相应的位置单击，分别输入“主入口”、“次入口”、“铁路立交桥”的字样，并形成三个图层。

旋转字符：激活“铁路立交桥”图层，单击菜单“编辑 / 变换 / 旋转”，或按下快捷键“Ctrl+T”，使文字处于可变换旋转的状态（如图 5-51 所示），把鼠标放在变形框右侧中部，呈中心扭曲弯转的箭头符号时，以变形框中心点为轴心，向上拖动鼠标至与立交桥平行的方向，单击回车结束旋转操作（如图 5-52 所示）。按下“V”键激活“移动工具”，把字符上移至铁路立交桥处。

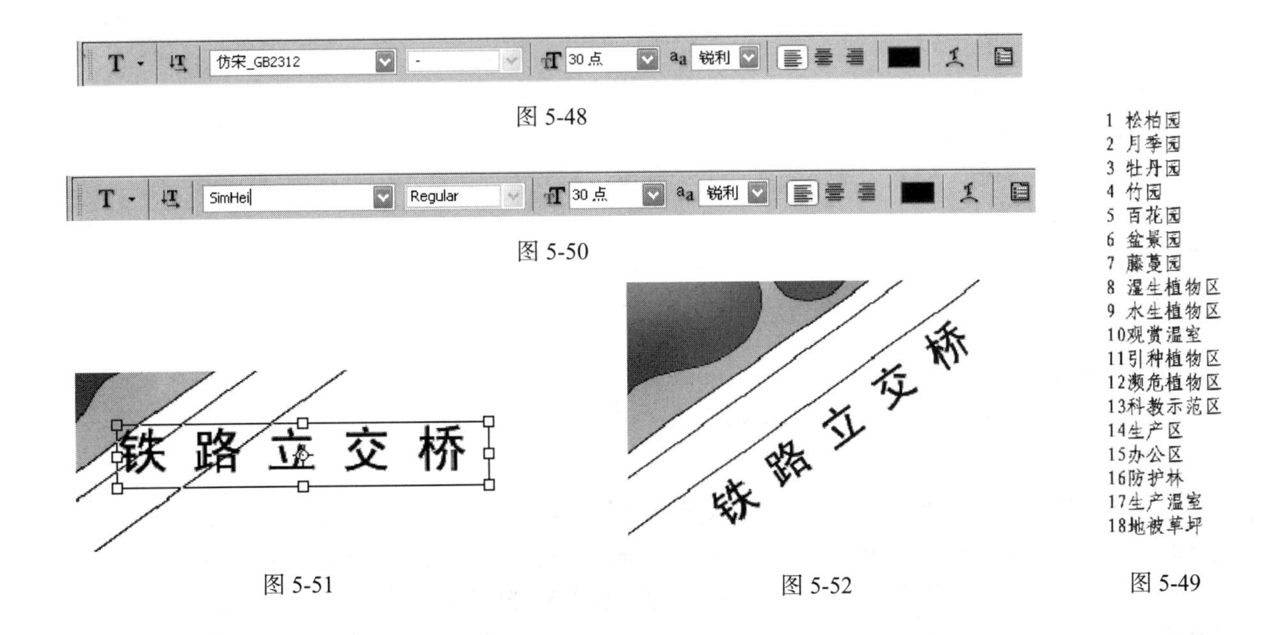

图 5-48

图 5-50

图 5-51　　图 5-52　　图 5-49

合并图层：连续激活“铁路立交桥”层、“主入口”层和“次入口”层，将它们链接起来，在“图层”面板菜单中选择“合并图层”，使三个图层合并为一。

5）添加比例

由 AutoCAD 2010 转换得来的文件，图面指北针字符和比例字符均不清楚，我们对它们用色彩覆盖后再重新书写。

覆盖原有字符：按下“Z”键激活“缩放工具”，单击后拖动鼠标，在图形上框选放大指北针和比例尺。先单击“图层”面板下方“新建图层”按钮，新建“图层 1”；单击“矩形选框工具”，在指北针上方框选字母“N”，单击“编辑 / 填充”，在“填充”对话框中选择填充背景色白色（如图 5-53 所示）。用相同的方法在比例尺标识下框选数字字符，并用白色进行覆盖（如图 5-54 所示）。

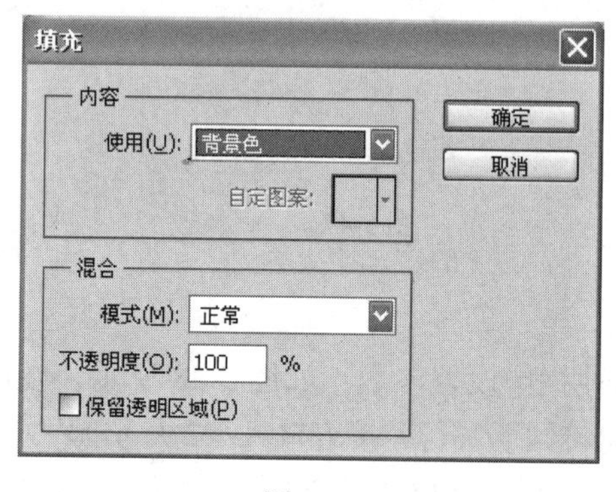

图 5-53

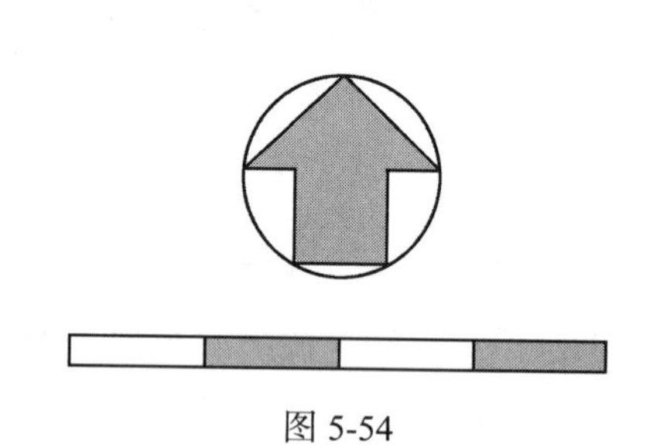

图 5-54

提示：覆盖文字时可以先把白色设为前景色，直接进行填充；填充时保证新建的图层处于最上一层，可以覆盖其他图层。

书写字符：单击“文字工具”，参数设置同上，在指北针上方单击，系统自动生成“图层 2”，输入字母“N”并移动到合适的位置，鼠标单击“图层 2”，名称变为“N”。

把参数项中的字符大小改为 60 点，光标在图名的左下方单击，输入字符“1∶2000”并移动到合适的位置，单击“提交所有当前编辑”按钮或直接单击新生成的“图层 2”，名称变为“1∶2000”。

把属性栏中的字符参数大小改为 18 点，在比例尺标识下输入数字“0　25　50　100M”并移动到合适的位置，提交当前编辑，图层名称相应改变。效果如图 5-55 所示。

1:2000

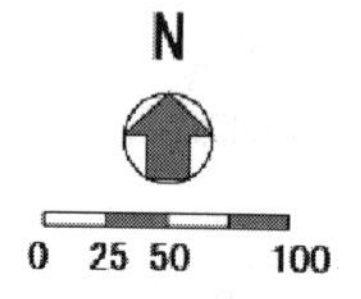

图 5-55

提示：当全图显示时，假如字体大小或字型不合适，激活字符所在图层，直接修改文字特性栏的参数，字体和字符跟着改变。

到此为止，植物园规划总平面的绘制基本完成，但为了将图形快捷方便地打印输出，并便于修改和做分项规划图，我们单击“文件 / 存储为”，将它另存为“植物园 -zpm.jpg”文件。

5.2.2　制作植物园规划分项图

植物园总体规划分项图中包含了多项内容，如景观分析、道路规划、建筑规划、景点规划等等，分项的内容是在总平面的基础上进行的，所以在分项规划图绘制中，可以以总平面图为基础，另存后关闭不需要的图层，使之处于不可视状态，再进行修改和添加分项所要强调和着重的内容、图例等。

下面以绘制植物园景点规划图为例，简单地说明分项规划图的绘制。由于在总平面图中已经基本上把景点内容绘制出来了，所以我们只对图名、图形标识和含义进行修改和添加即可。一般的分项图可能比这复杂得多，不但内容上与总平面差别很多，图形的表现上也差别很大，我们在此不做过多的阐述，主要强调绘制方法和技巧的应用，期望读者在以后的实战中提高。

首先在 Photoshop CS5 界面中打开“植物园 -zpm.psd”文件，单击“文件 / 另存为”，将它另存为“植物园 -jd.psd”文件。

1. 修改图名

激活“观光植物园总体规划”图层，按下“T”键激活“文字工具”，把文字光标放在最后一个字符后面，单击回车键，光标自动换行；连续按几下空格键，然后输入“——景点规划”，按住光标向前拖动，在图形窗口上方的文字特性栏中，将字符大小改为 72 点。按下“V”键激活“移动工具”，把图名移动到合适的位置。

激活“1 : 2000”图层，按下“V”键激活“移动工具”，把比例移动到合适的位置。效果如图 5-56 所示。

观光植物园总体规划
——景点规划
1:2000

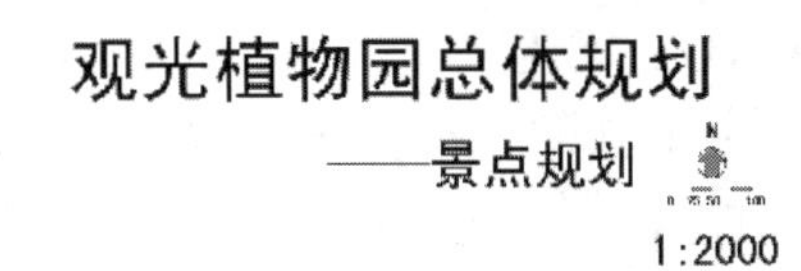

图 5-56

2. 修改景点对象代码

关闭“1 松柏园……”、“1”图层前的可视图标，使这张图上不再显示分区的符号和内容。

在图形的左下角输入对象内容。激活“文字工具”，在图形的左下角单击，输入文字“A 大门管理”后按下回车键，文字光标自动换行，接着输入文字“B 花坛”，再回车换行。用相同的方法，继续输入景点内容（如图 5-57 所示）。

在图上相应的位置标上景点的代码，并调整到合适的位置，最后把景点代码图层合并为一个图层，完成图形的绘制（如图 5-58 所示）。

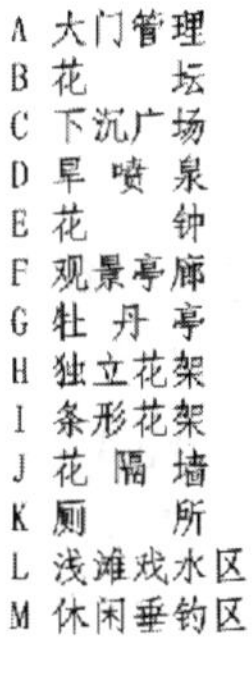

A 大门管理
B 花　坛
C 下沉广场
D 旱 喷 泉
E 花　钟
F 观景亭廊
G 牡 丹 亭
H 独立花架
I 条形花架
J 花 隔 墙
K 厕　所
L 浅滩戏水区
M 休闲垂钓区

图 5-57

观光植物园总体规划
——景点规划
1:2000
次入口
主入口
××园林规划设计所　2007. 2

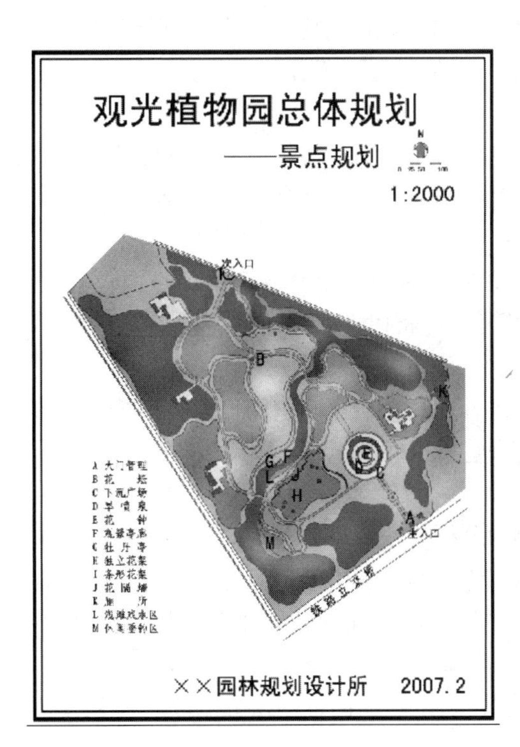

图 5-58

5.3　Photoshop CS5 绘制园林设计图实例

5.3.1　制作景廊设计图

本章把第二章中的 2.3.3 景廊设计图导入 Photoshop CS5，进行平立剖面图形渲染，增加树、人等背景，通过简单的图像处理，增强设计表现力。对于要求效果图不强的设计方案汇报，可以应用此方法，使设计思想更加突出。

参照上文所列的绘制过程，我们进行景廊设计图的后期再制作。

● AutoCAD 中的前期处理

运行 AutoCAD 2010 操作程序，打开“光盘：\附图\CAD 文件\景廊”，另存为“D：\Photoshop\景廊”。

新建图层“PHOTO”，颜色设置为白色，选择图面上所有对象，单击“特性”工具按钮打开“特性”对话框，再单击“图层”，在它的下拉选框中选择“PHOTO”图层，将它们改换到新建的“PHOTO”图层上。

关闭隐藏广场的“辅助线”、“标注”、“视口”等所在图层的显示开关，删除部分文字说明、填充图案。

点击命令行上的“景廊布局”按钮，进入“景廊布局”空间。

按照第一节的方法，设置虚拟打印机，打印尺寸为 A2 图纸（420mm × 594mm），根据列表对应的像素，我们选择分辨率为 72dpi 时的图面尺寸，设置为“用户 2（1800dpi × 2500dpi）”。读者的计算机性能较好，也可以选择分辨率为 150dpi 时的图面尺寸，设置为 3600dpi × 5000dpi，这样在图像打印时质量会比较好。

在虚拟打印机 USER2 设置好以后，就可以参照上文的程序进行虚拟打印了。用“窗口”选择打印范围，存储的位置为“D：\Photoshop\”或读者自己指定一个位置，确定后开始打印。

● 图形导入 Photoshop

运行 Photoshop CS5 操作程序，按下快捷键“Ctrl+O”，系统弹出“打开”面板，在查找范围内找到“D：\Photoshop\景廊 -model.eps”，双击打开图形，完成图形导入 Photoshop。

● 文件保存

单击菜单栏“文件 / 存储为”或按下“Shift+Ctrl+S”，系统弹出“存储为”对话框，以“景廊”为文件名保存在“D：\Photoshop\”，文件类型为 Photoshop（*.PSD；*.PDD）格式。

● 添加白色底面

按照前面实例的方法，在光栅图像下面添加一白色底层。点击“图层”面板右上角的面板菜单按钮，选择“拼合图像”，系统将以上两个图层，拼合为“背景”层，图形显示如图 5-59 所示。

● 图案填充

在绘制前对图形内容进行分析，确定图形需要渲染的主要对象和所用色彩的基调，并在立面和剖面图中添加树木和人物来营造景廊的氛围。

1. 建立图层

根据对图形内容的分析，我们将要对不同的对象分别建立图层。先建立基本图层，如“铺装”、“柱梁”、“墙体”、“坐凳”等，如果图层不足，可在绘制过程中根据需要增加。

在绘制中单击“图层”面板底行“创建新图层”按钮，在“背景（background）”层上出现“图层 1”，光标对准“图层 1”单击右键，选择“图层属性”，系统弹出“图层属性”对话框，在名称栏里把“图层 1”改为“铺装”，确定后返回，图层面板上“图层 1”变成“铺装”层。用同样的方法依次建立其他图层。

2. 渲染色彩

在工具箱中选择“缩放工具”按钮或按下快捷键“Z”，激活“缩放工具”，对准景廊平面图连续单击（或者单击右键选择“实际像素”），把光标靠在图形窗口右下角，光标显示为可拖动的标志，按住鼠标左键向右下角拖动放大画面显示窗口，再按下空格键使光标显示为“抓手工具”，移动画面至景廊平面图处。

设置前景色：单击工具箱中“设置前景色”工具框，系统弹出“拾色器”对话框，设置 RGB 值为（251，226，226），确定后返回工作界面，前景色改变为刚刚设置的色彩。

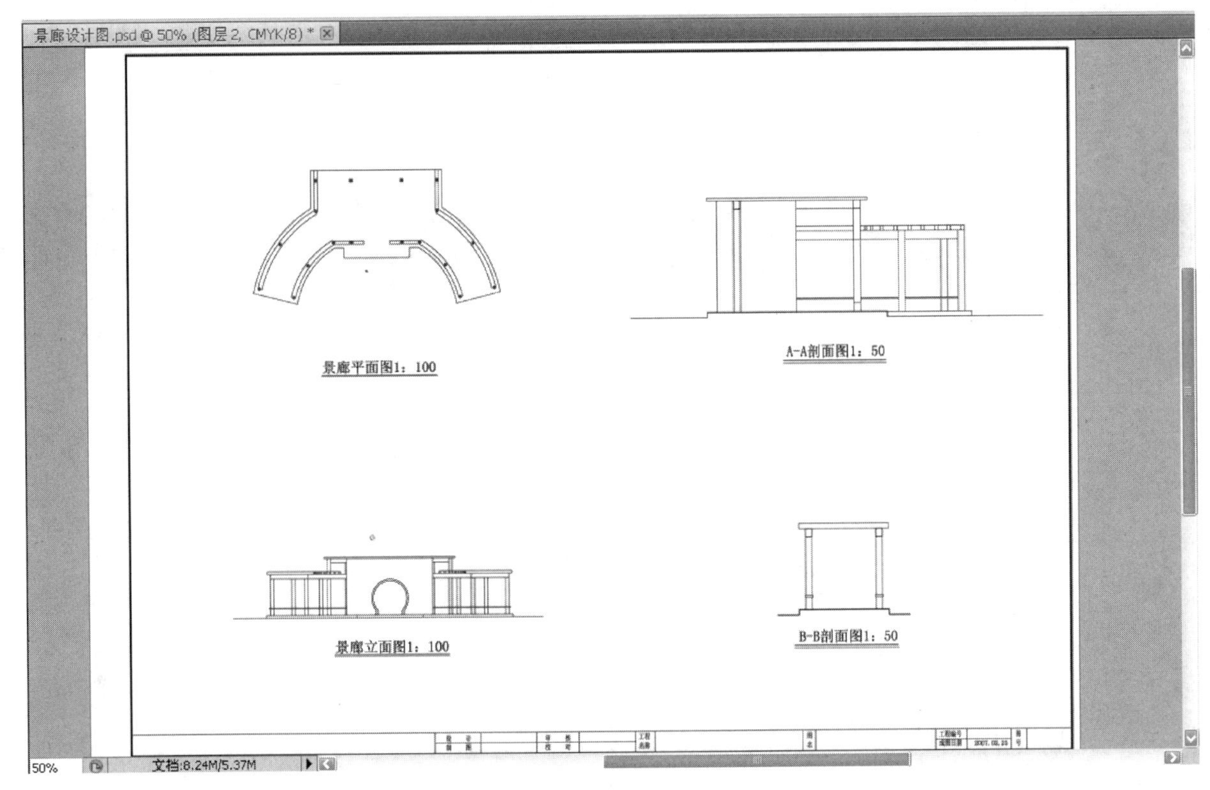

图 5-59

激活“背景”层，然后按下快捷键“W”，激活“魔棒工具”，选择平面图中的景廊内地面铺装；在菜单栏下方的魔棒工具特性栏，选择“添加到选区”按钮，继续选择区域，按下空格键移动画面，使用魔棒把立面图和 A-A 剖面图中的景廊内地面选中。填充前景色，透明度为 100%。

填充柱梁：在“颜色”面板中将前景色的 RGB 值改为（226，223，223），在“背景层”用魔棒选择立面图、剖面图中柱梁部分，在“柱梁”层填充前景色，透明度为 100%。

填充墙体：由于墙体颜色不同，在“颜色”面板中将前景色的 RGB 值改为（199，213，207），在“背景”层用魔棒选择剖面图中墙体部分，在“墙体”层填充前景色，透明度为 100%；在“颜色”面板中将前景色的 RGB 值改为（251，253，252），在“背景”层用魔棒选择立面图中墙体部分，在“墙体”层填充前景色，透明度为 100%。

填充坐凳：在“颜色”面板中将前景色的 RGB 值改为（247，154，130），在“背景”层用魔棒选择立面图、剖面图中坐凳部分，在“坐凳”层填充前景色，透明度为 100%。

色彩渲染后的效果如图 5-60 所示。

3. 渲染环境

1〉添加植物

单击面板组上方的浏览选项卡，在打开的途径中找到“光盘：\ 材质 \tree\”，通过打开的浏览框预览图案，选择“tr-001”为添加图案，在浏览框中双击图案，系统自动打开文件“tr-001.jpg”。由于该图无背景层，可直接运用“移动工具”，鼠标拖动图形到景廊设计图文件，系统自动生成“图层 1”，更名为“植物 1”层。

复制得到的图片在图中太大，单击“编辑 / 自由变换”或按下快捷键“Ctrl+T”，复制图片的四周围上了变形框；鼠标放在图片右上角呈 45° 倾斜时，按住“Shift”键，鼠标拖动右上角点向左下移动，缩小图片至立面图背景植物大小相当的位置松开，单击回车键结束变形。激活“移动工具”，把缩小的图片移至广场南侧树木位置；激活“缩放工具”，放大显示，再用移动和变形工具把图片调整到准确的位置（如图 5-61 所示），单个树形就完成了。

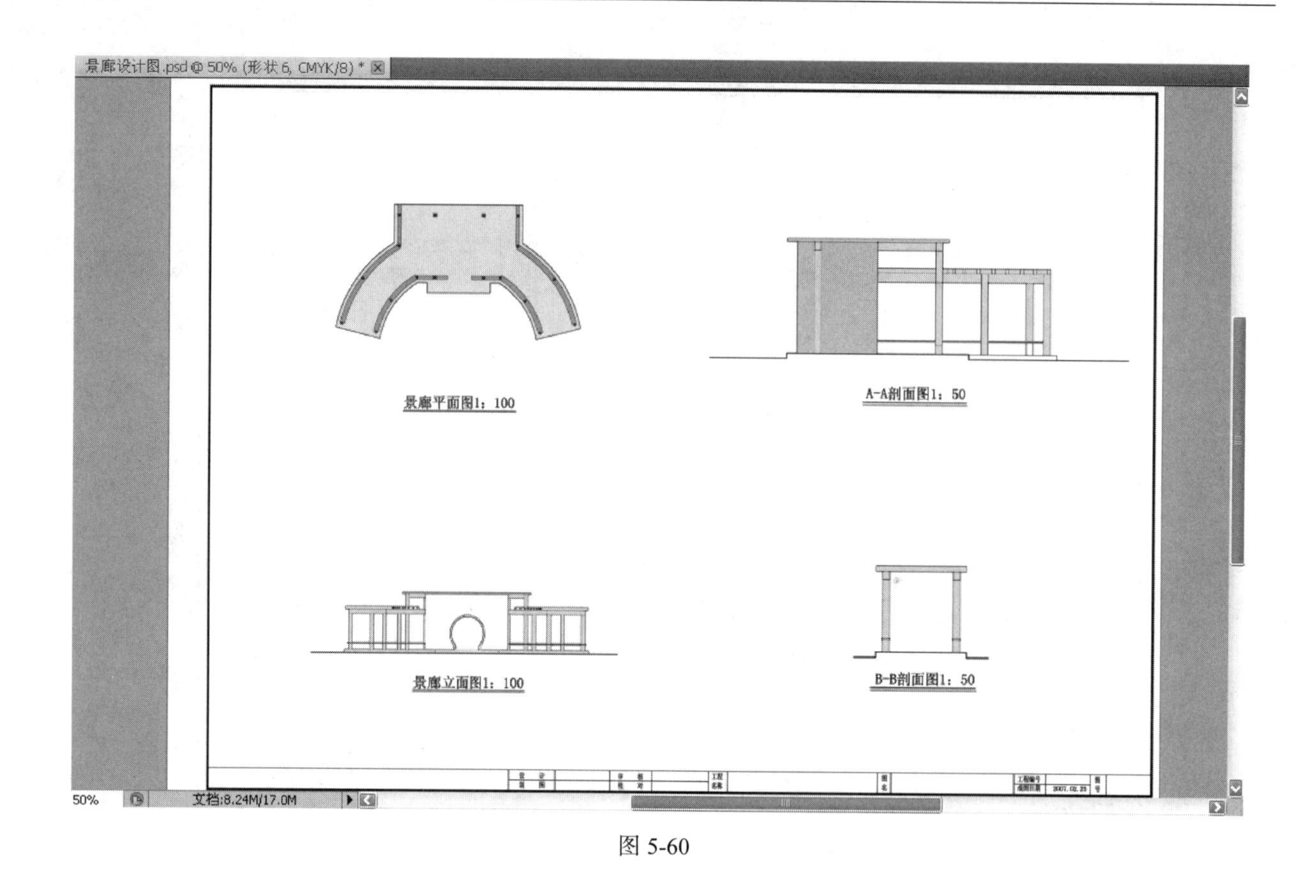

图 5-60

复制树形：激活“植物 1”层，单击“移动工具”，按下“Alt”键不放，鼠标对准树形 1 拖动到第二棵树位置松开（如图 5-62 所示），系统自动生成图层“植物 1 副本”。

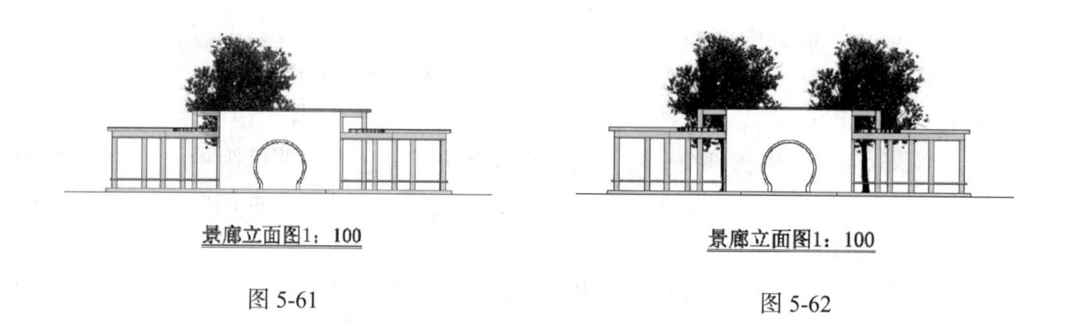

图 5-61　　　　图 5-62

用相同的方法再复制出一棵同样树形的树，用“移动工具”把它移动到 A-A 剖面图的适当位置，并用“变形工具”把它调整到适当大小（如图 5-63 所示）；用同样的方法将刚做完变形调整的树形进行复制（如图 5-64 所示）。

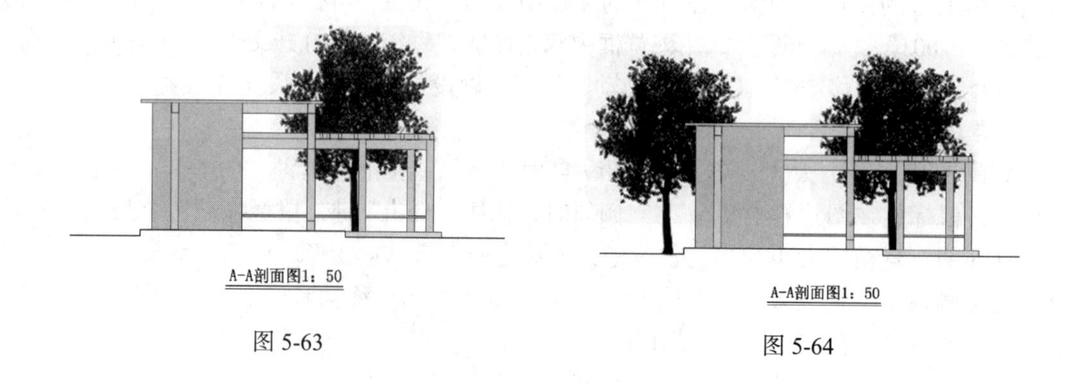

图 5-63　　　　图 5-64

合并图层：连续激活“植物 1”层及其所有副本层，将它们链接起来，在图层面板菜单中选择“合并图层”，树形 1 合并。

用相同的方法选择树形 2。单击面板组上方的浏览选项卡，在打开的途径中找到“光盘：\ 材质 \tree\”，通过打开的浏览框预览图案，选择“tr-002”为添加图案，在浏览框中双击图案，系统自动打开文件“tr-002.jpg”。运用“移动工具”，鼠标拖动图形到景廊设计图文件，系统自动生成“图层 1”，更名为“植物 2”层。

经过大小和位置的调整得到如图 5-65 所示图形，将该图形进行多次复制，并做适当调整，效果如图 5-66 所示。

图 5-65

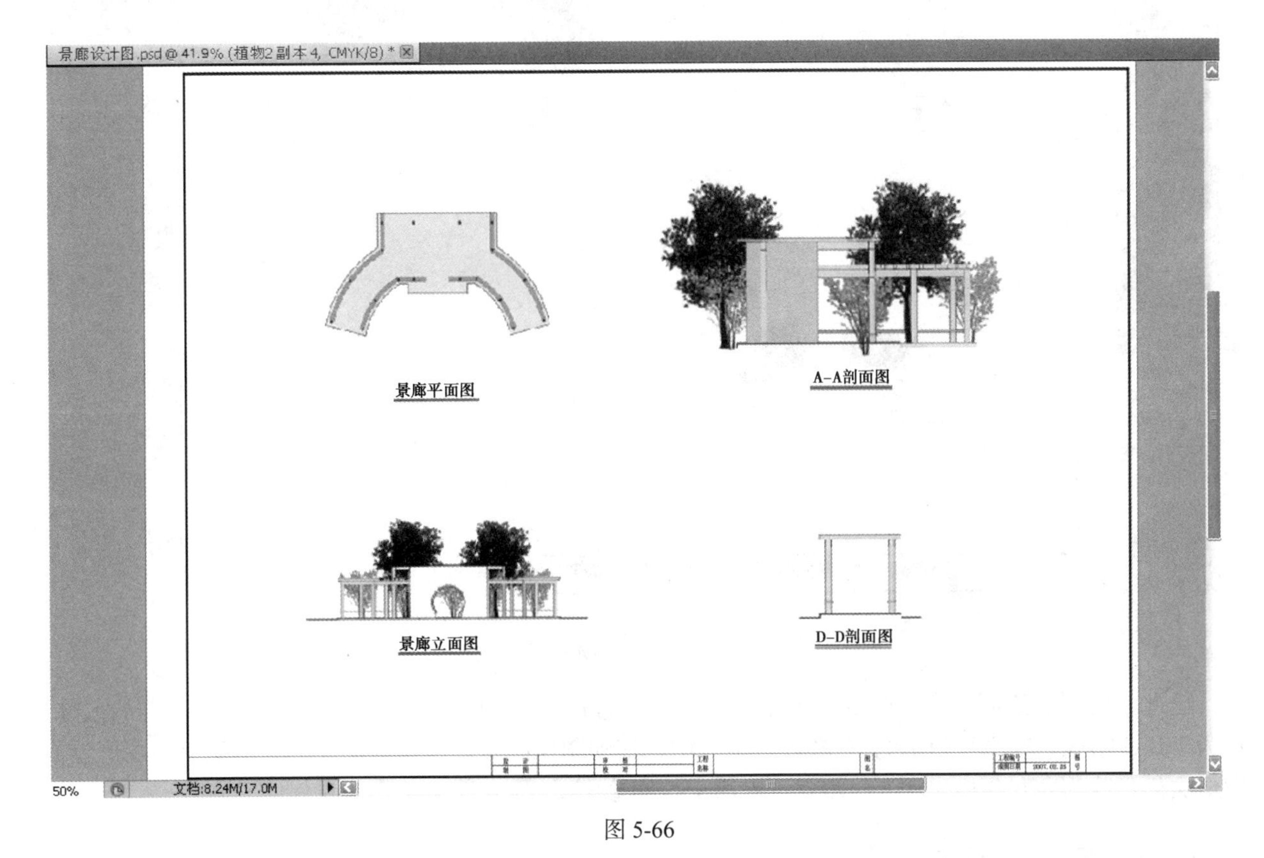

图 5-66

将所有树形 2 合并为“植物 2”层后，进行细节调整，删除 A-A 剖面图中不应显示出的部分。激活“矩形选框工具”或按“M”键，将需要删除的部分框选中（如图 5-67 所示），激活“植物 2”层，点击“Delete”键，框选中的部分就被删除掉，按下“Ctrl+D”取消选择（如图 5-68 所示）。

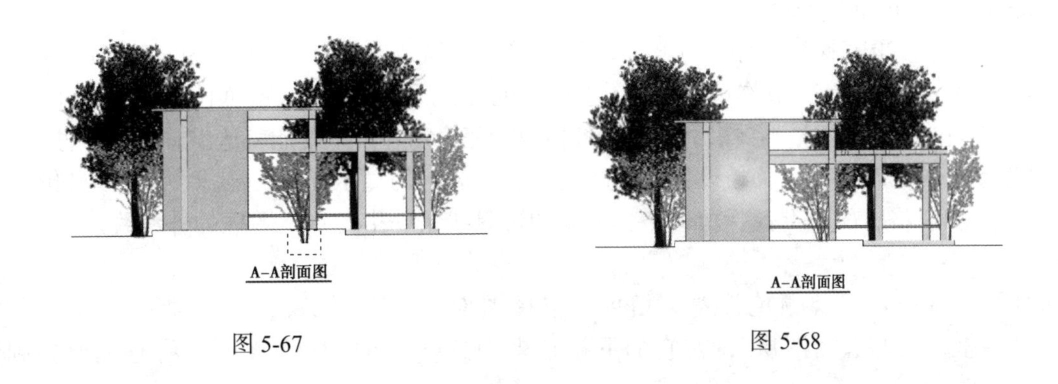

图 5-67　　　　图 5-68

2〉添加人物

单击面板组上方的浏览选项卡，在打开的途径中找到“光盘：\ 材质 \People\”，通过打开的浏览框预览图案，选择“pe-001”为添加图案，在浏览框中双击图案，系统自动打开文件“pe-001.jpg”。运用“移动工具”，鼠标拖动图形到景廊设计图文件，系统自动生成“图层 1”，更名为“人物”层。

调整大小后，复制相同的人物，运用“移动工具”移动到适当位置，得到效果如图 5-69 所示。

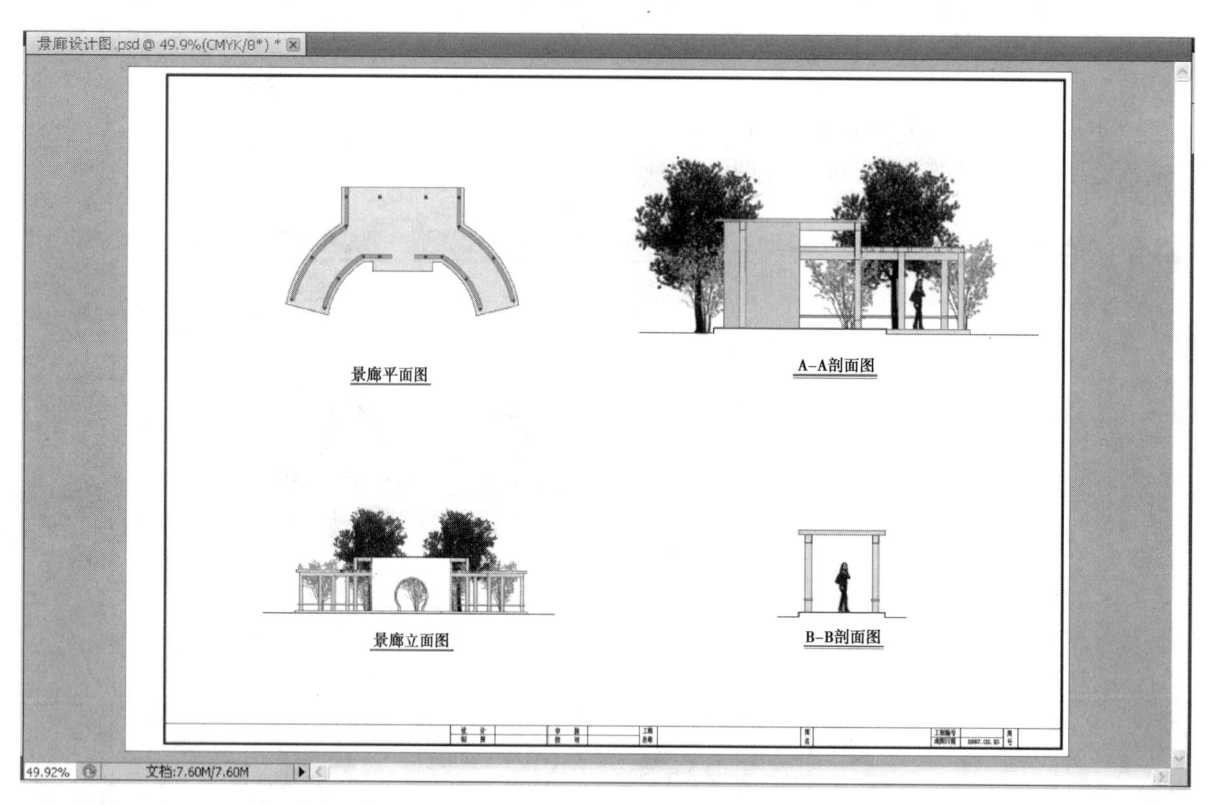

图 5-69

至此，图形已绘制完成，单击“文件 / 存储为”或按下“Shift+Ctrl+S”键，将文件用相同的名称另存为 *.JPG 格式，在系统弹出的“JPEG 选项”中，拖动图像品质调节钮至最大，确定后返回图形界面，图形文件已改为 *.JPG 格式。下一步就可以用于打印输出了。

5.3.2 制作城市广场设计图总平面

本章把第三章的城市广场规划设计图导入 Photoshop CS5，解析广场中铺装、树木的制作和图层效果处理过程，使读者能通过实例掌握更深一层的图像处理操作和绘图技巧。

参照上文所列的绘制过程，我们进行城市广场设计图总平面的后期再制作。

● AutoCAD 中的前期处理

运行 AutoCAD 2010 操作程序，打开“光盘：\ 附图 \ 城市广场 -P”，另存为“D：\Photoshop\ 城市广场 -Z”。因为在总体设计中植物景观占据了重要的地位，所以我们的总平面图在种植设计图的基础上绘制表现，植物的种类和数量不要求和具体的种植设计完全吻合，只要能表达出总体设计思想即可。

关闭隐藏广场的辅助线、种植设计、等高线等所在图层的显示开关，删除图框内线和图签，删除比例尺、文字和表格，图面上仅保留道路、区域的边界线条、指北针、图框的外缘线、树木、绿地模纹图案。

新建图层“PHOTO”，颜色设置为白色，选择图面上所有对象，单击“特性”工具按钮打开“特性”对话框，再单击“图层”，在它的下拉选框中选择“PHOTO”图层，将它们改换到新建的

“PHOTO”图层上。

将“PHOTO”图层设为当前层，以西侧广场中心线交点为中心，用“多边形”POLYGON 命令，在西侧中心广场中心绘制一边长为 12m 的正四边形，以便后期做铺装填充时应用。

调整指北针和平面图的位置，做好打印前的准备（如图 5-70 所示）。

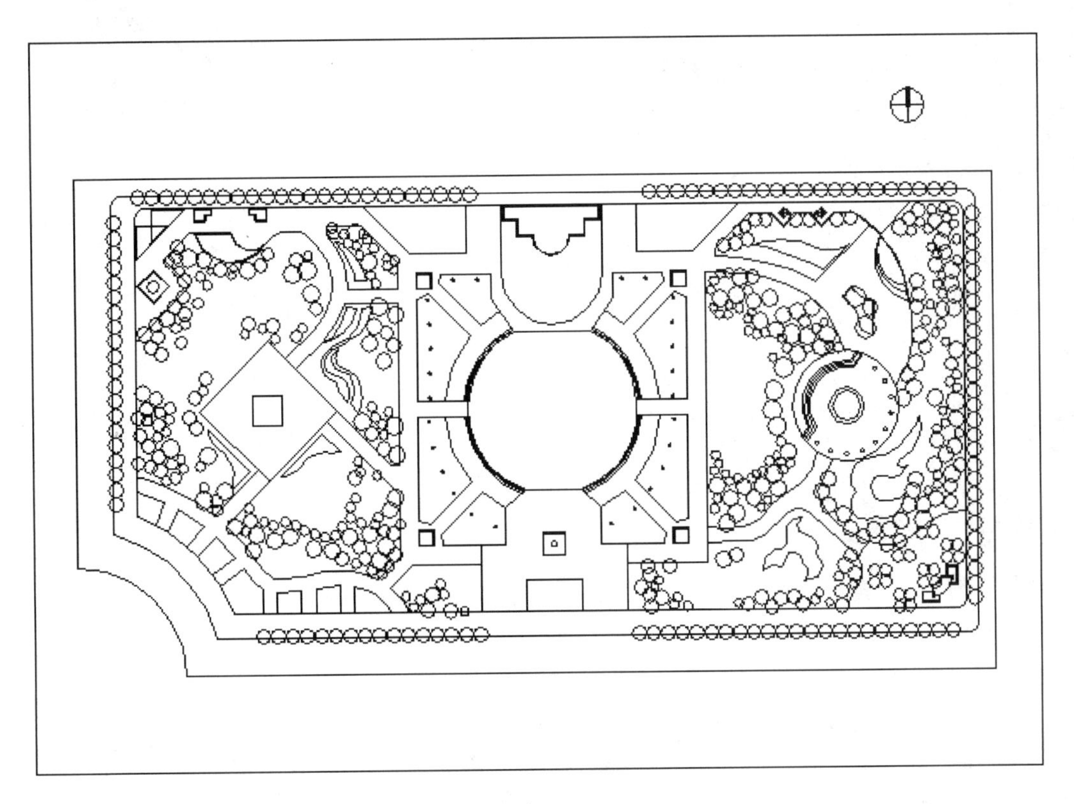

图 5-70

按照第一节的方法，设置虚拟打印机，由于图形比例为 1∶500，打印尺寸为 A1 图纸（594mm × 841mm），根据列表对应的像素，我们选择分辨率为 72dpi 时的图面尺寸，设置为“用户 3（1800dpi × 2500dpi）”。读者的计算机性能较好，也可以选择分辨率为 150dpi 时的图面尺寸，设置为 3600dpi × 5000dpi，这样在图像打印时质量会比较好。

在虚拟打印机 USER3 设置好以后，就可以参照上文的程序进行虚拟打印了。按下“F3”打开“对象捕捉”按钮，用“窗口选择”捕捉图形的外图框为打印范围，存储的位置为“D：\Photoshop\”或读者自己指定一个位置，确定后开始打印。

● 图形导入 Photoshop

运行 Photoshop CS5 操作程序，按下快捷键“Ctrl+O”，系统弹出“打开”面板，在查找范围内找到“D：\Photoshop\ 城市广场 -Z -model.eps”，双击打开图形，完成图形导入 Photoshop。

● 文件保存

单击菜单栏“文件 / 存储为”或按下“Shift+Ctrl+S”，系统弹出另存为对话框，以“城市广场 -Z”为文件名保存在“D：\Photoshop\”，文件类型为 Photoshop（*.PSD；*.PDD）格式。

● 添加白色底面

按照前面实例的方法，在光栅图像下面添加一白色底层。点击“图层”面板右上角的面板菜单按钮，选择“拼合图像”，系统将以上两个图层，拼合为“背景”层。

由于导入后的图像是竖向放置的（如图 5-71 所示），所以在菜单栏“图像 / 图像旋转”里选择“90 度（逆时针）”（如图 5-72 所示），使画面横向放置。

城市广场-z.psd @ 12.5% (图层 2, CMYK/8)
12.5%
文档:66.5M/75.6M

图 5-71

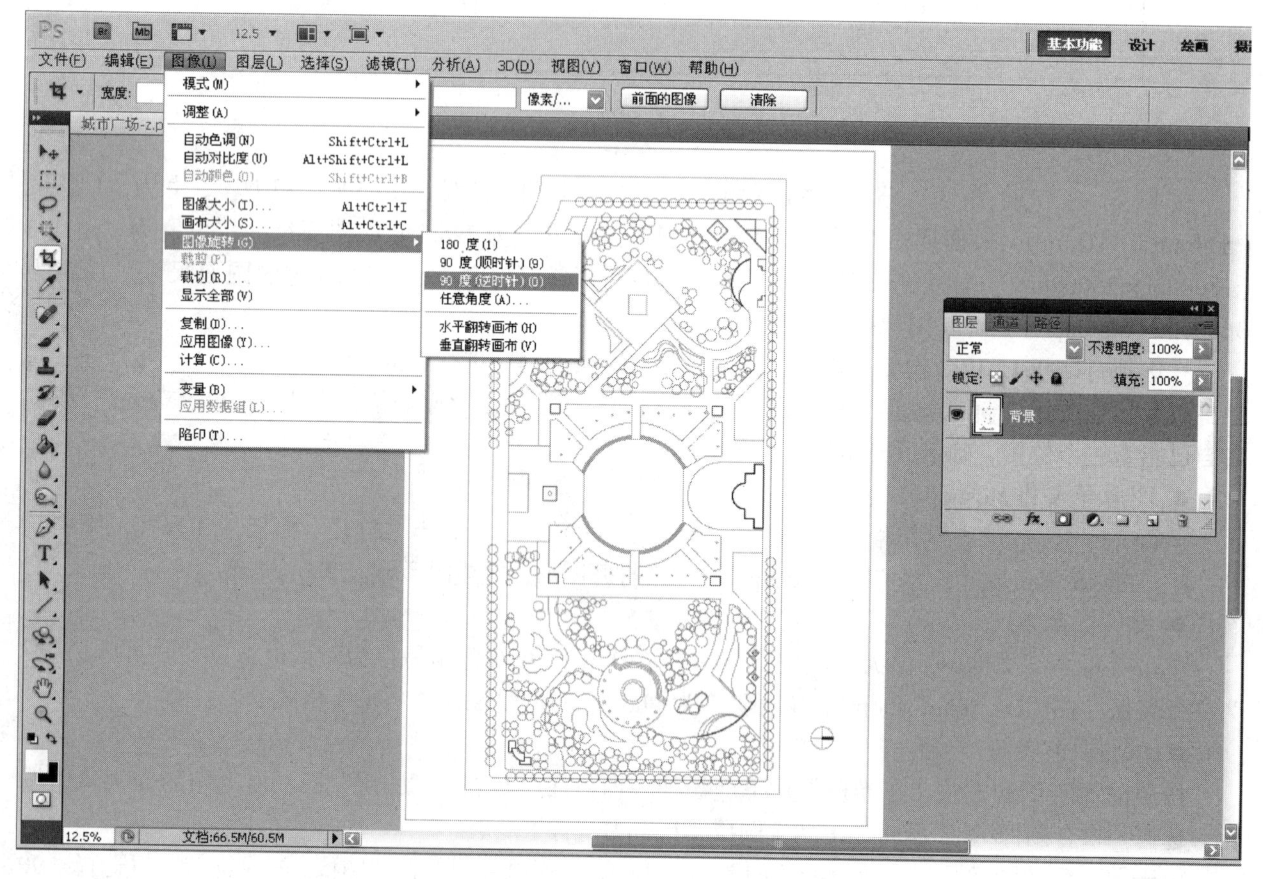
基本功能
设计
绘画
文件(F)
编辑(E)
图像(I)
图层(L)
选择(S)
滤镜(T)
分析(A)
3D(D)
视图(V)
窗口(W)
帮助(H)
宽度:
像素/...
前面的图像
清除
城市广场-z.p
模式(M)
调整(A)
自动色调(N) Shift+Ctrl+L
自动对比度(U) Alt+Shift+Ctrl+L
自动颜色(O) Shift+Ctrl+B
图像大小(I)... Alt+Ctrl+I
画布大小(S)... Alt+Ctrl+C
图像旋转(G)
裁剪(P)
裁切(R)...
显示全部(V)
复制(D)...
应用图像(Y)...
计算(C)...
变量(B)
应用数据组(L)...
陷印(T)...
180 度(1)
90 度(顺时针)(9)
90 度(逆时针)(0)
任意角度(A)...
水平翻转画布(H)
垂直翻转画布(V)
图层
通道
路径
正常
不透明度: 100%
锁定:
填充: 100%
背景
12.5%
文档:66.5M/60.5M

图 5-72

● 图案填充

在绘制前对图形内容进行分析，确定图形需要渲染的主要对象和所用色彩的基调。广场主要的内容是绿地和铺装，为了表现出广场的气氛，铺装将引进材料贴图、采用不同的材质，草坪和花卉也采用实际图片渲染；为了使平面效果图更具立体感，有平面鸟瞰的效果，立面上的对象如灯柱、景墙、树木，将做阴影效果处理，所以要分别放在不同的图层。

1. 建立图层

根据对图形内容的分析，我们将要对不同的对象分别建立图层。先建立基本图层，如“铺装”、“草坪”、“花卉”、“建筑小品”、“树木”等，如果图层不足，可在绘制过程中根据需要增加，如“铺装2”、“铺装3”、“树木2”、“树木3”等。

在绘制中单击“图层”面板底行“创建新图层”按钮，在“背景(background)”层上出现“图层1”，光标对准“图层1”单击右键，选择“图层属性”，系统弹出“图层属性”对话框，在名称栏里把“图层1”改为“草坪”(如图5-73所示)，确定后返回，“图层”面板上“图层1”变成“草坪”层。用同样的方法依次建立其他图层。

图 5-73

2. 填充草坪

1〉定义图案

单击屏幕左上角的选项卡（如图5-74a所示）或者单击菜单栏“文件/在Bridge中浏览（B）”，在打开的电脑查询途径中找到“光盘：\材质\meadow\”，通过打开的浏览框为草坪填充找到合适的图案“me040”（如图5-74b所示），在浏览框中双击图案，系统自动打开文件“me040.jpg”。如果用户对所选图案的色调不是很满意，可以通过菜单“图像/调整”来调整图像色彩平衡或亮度/对比度。

a

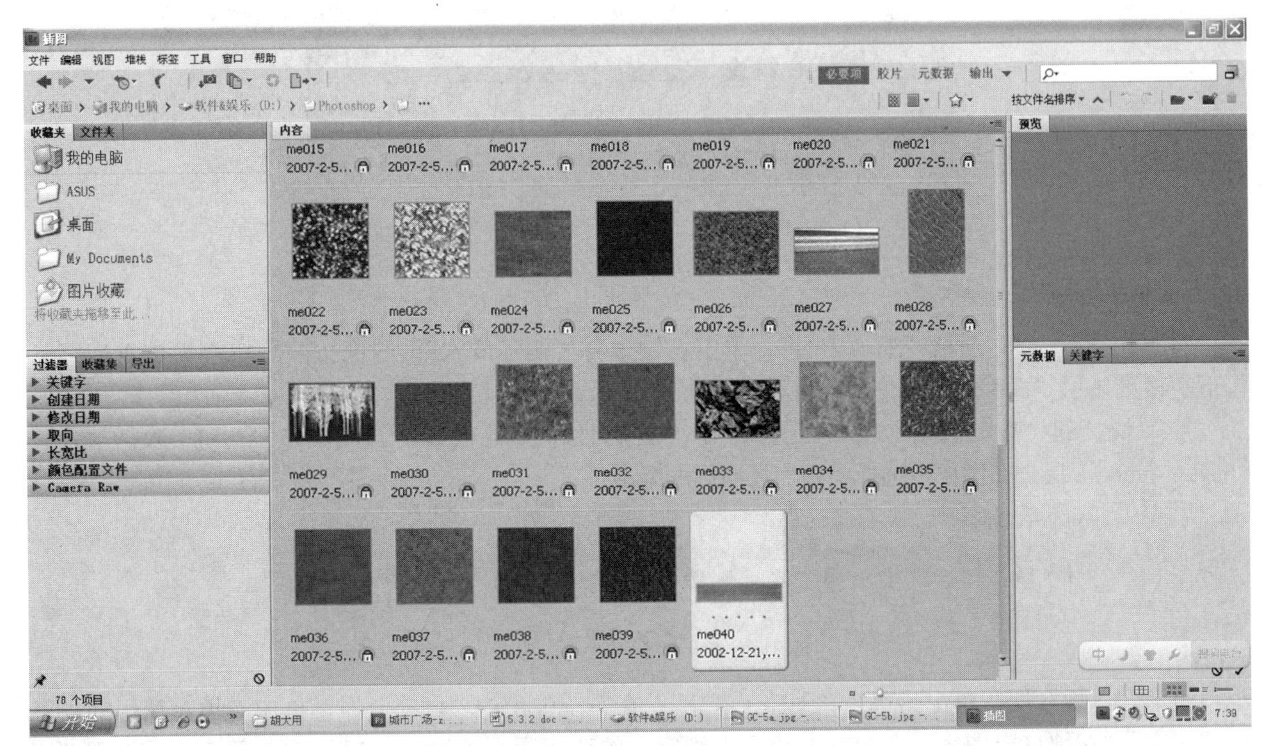

b

图 5-74

单击工具箱中“矩形选框工具”，在 me040 图像上选择色调较自然的部分（如图 5-75 所示），然后单击菜单栏“编辑 / 定义图案”，在系统自动弹出的“图案名称”对话框里，将默认名称“图案 1”改为“草坪”（如图 5-76 所示），确定后返回。所定义的草坪图案就可以用于下面的填充和渲染了。

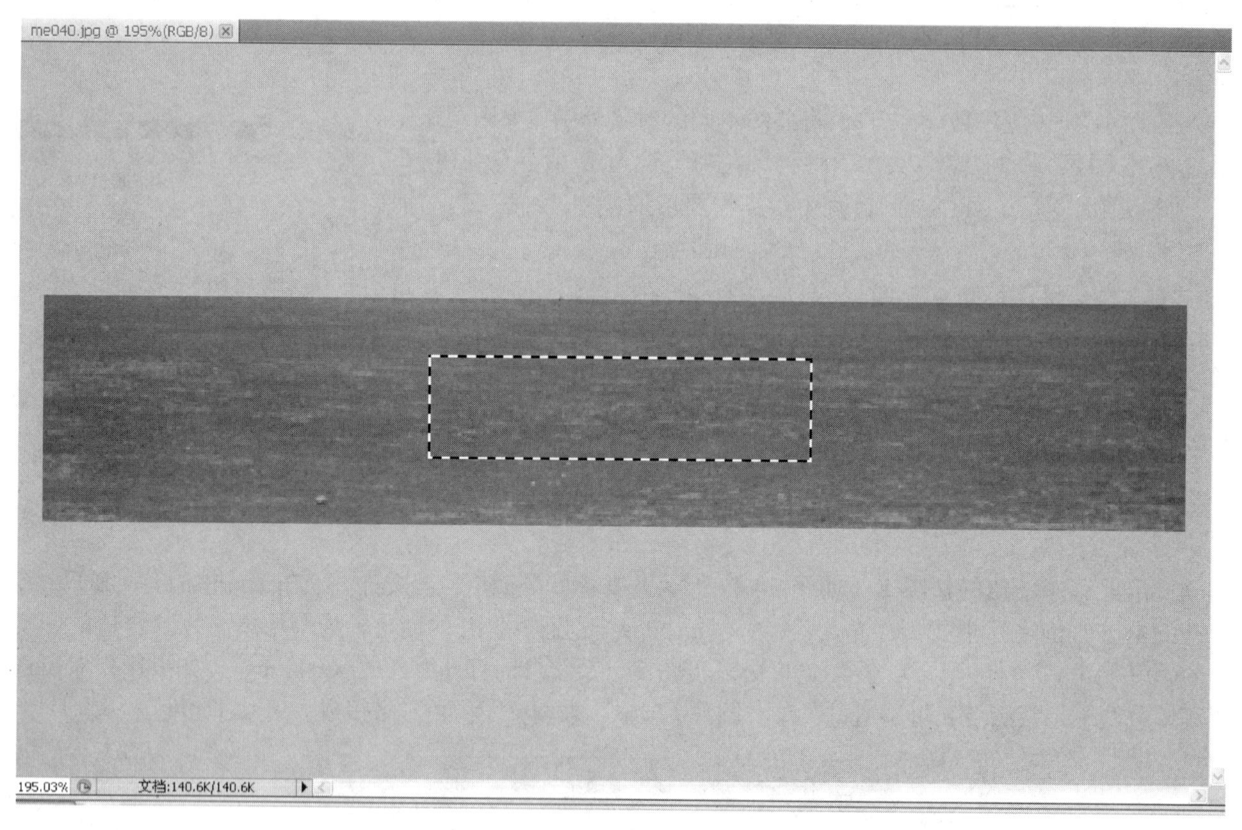

图 5-75

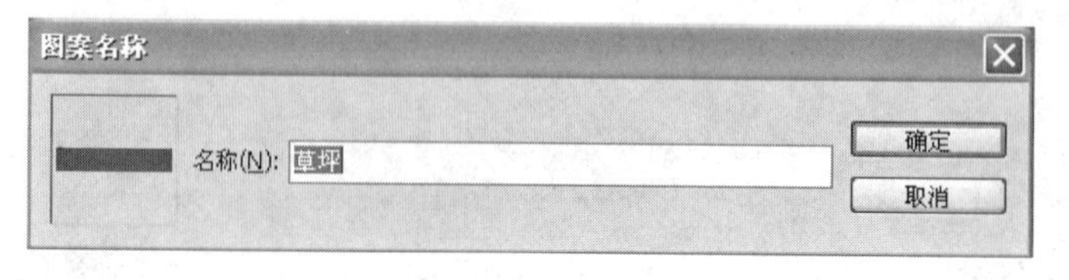

图 5-76

2〉填充图案

按下快捷键“Z”激活“缩放工具”，单击右键选择“实际像素”，图像按照分辨率为 72dpi 显示，按下空格键显示“抓手工具”，拖动鼠标将中心广场显示在图形视窗中心。

按下快捷键“W”激活“魔棒工具”，在工具属性中参数设置（如图 5-77 所示）。激活“背景（background）”层，在图像中选择中心广场周围的绿地。

图 5-77

激活“草坪”层，单击菜单栏“编辑 / 填充”，在系统弹出的“填充”对话框中，填充使用的内容为“图案”，在“自定图案”下拉框中找到刚刚定义的草坪图案（如图 5-78 所示）并双击，返回“填充”对话框，透明度 90%（如图 5-79 所示），确定后返回界面，选择的区域已填充草坪，按下快捷键

“Ctrl+D”取消选择框。按下快捷键“Z”激活“缩放工具”，利用缩放图形选框，显示中心广场草坪渲染效果（如图 5-80 所示）。

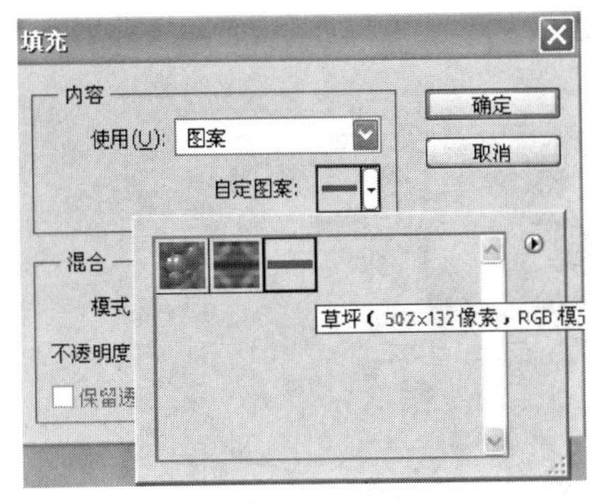

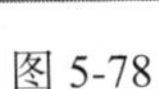

图 5-78

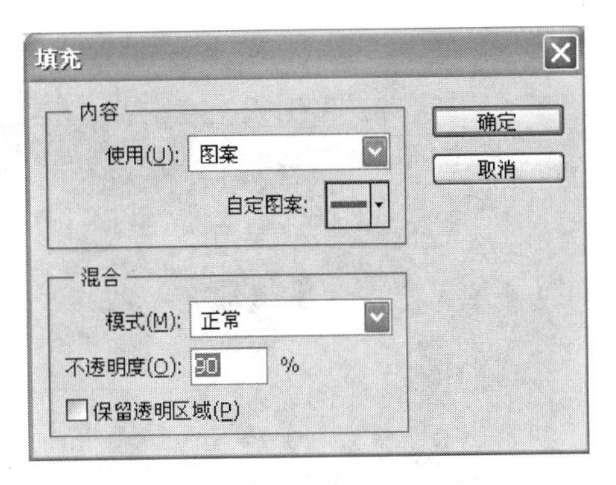

图 5-79

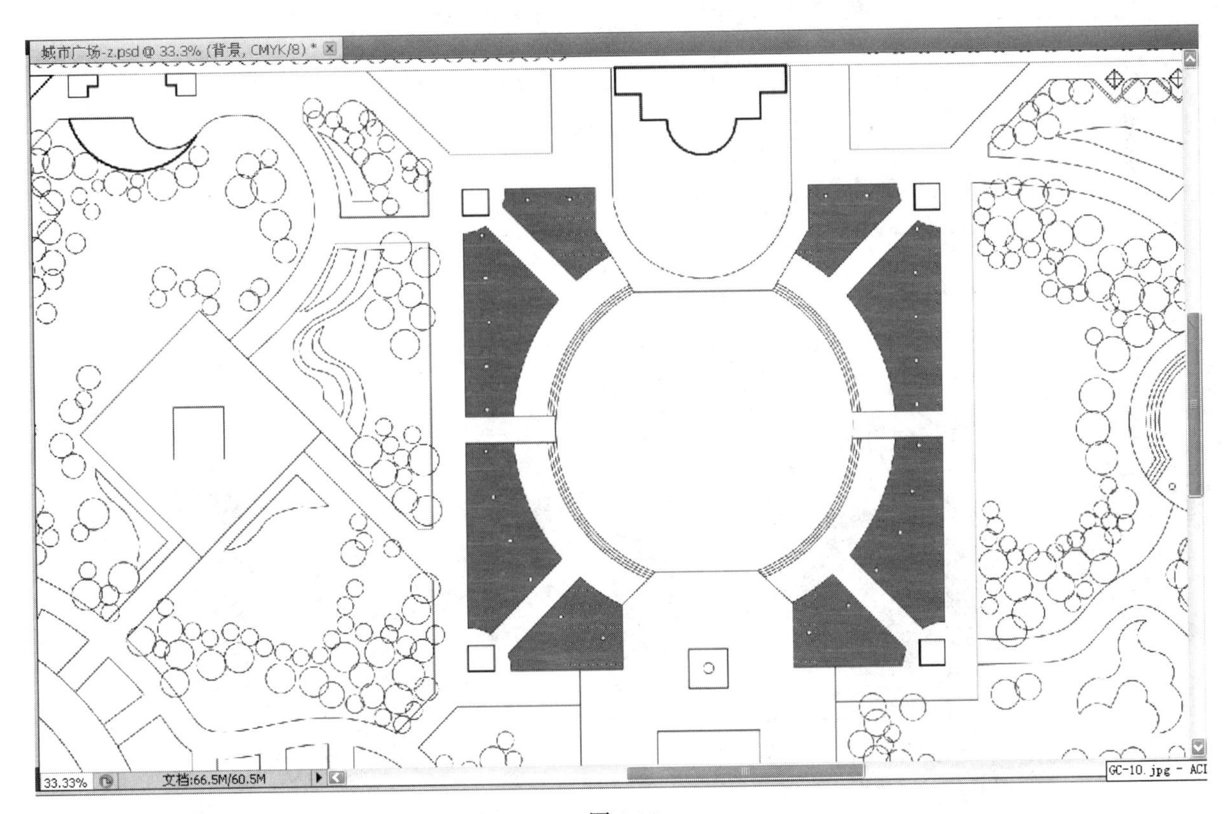

图 5-80

用相同的方法，在“草坪”层依次填充广场其他部分的草坪，效果如图 5-81 所示。

但是在魔棒选择时，草地上的模纹图案也被选入填充（如图 5-82 所示），在绘图中遇到这种情况，大多是因为图案未闭合。这时可以用“套索工具”把模纹图案选择出来，在“草坪”层进行删除；也可以在绘制模纹时再选择、删除，然后进行模纹花卉图案的填充。我们选择后一步进行删除。

3. 填充模纹花卉

1〉选择区域

激活“背景”层，单击工具箱中的“多边形套索工具”，对被草坪覆盖的模纹图案进行选择。按照模纹线条，在一点处单击，然后沿着图案在线条转角不断单击鼠标，带动选择线描画出模纹，在靠近起点时，光标右下方出现一个小圆圈，表示闭合，单击鼠标完成套索选择（如图 5-83 所示）。

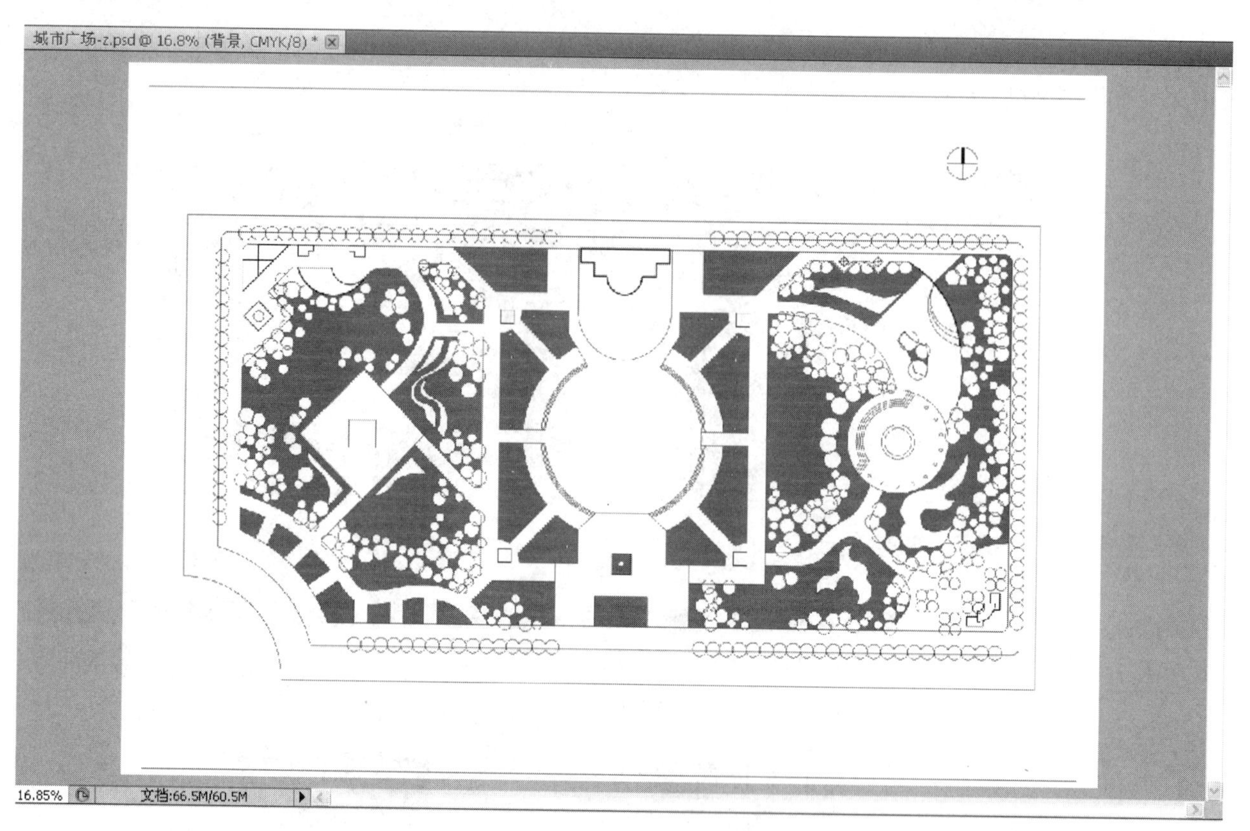

图 5-81

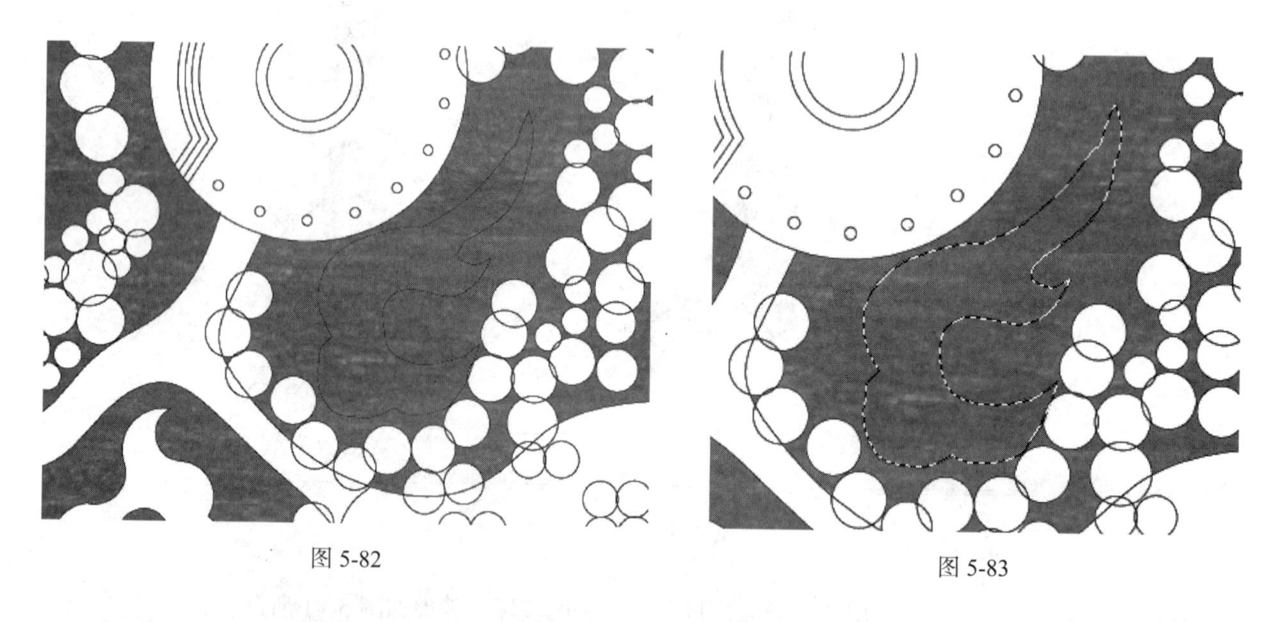

图 5-82　　　　图 5-83

激活“草坪”层，单击菜单“编辑 / 清除”或直接在键盘上按下“Delete”键，清除选区内的草坪渲染即可（如图 5-84 所示）。

2〉定义图案

单击面板组上方的浏览选项卡，在打开的途径中找到“光盘：\ 材质 \flower\”，通过打开的浏览框预览图案，选择“FL009”为模纹填充图案，在浏览框中双击图案，系统自动打开文件“FL009.jpg”。

单击工具箱中“矩形选框工具”，在“FL009”图像上选择黄色调较纯正的部分（如图 5-85 所示），然后单击菜单栏“编辑 / 定义图案”，在系统弹出的“图案名称”对话框里，将默认名称“图案 1”改为“模纹”，确定后返回，模纹图案就被定义好了。

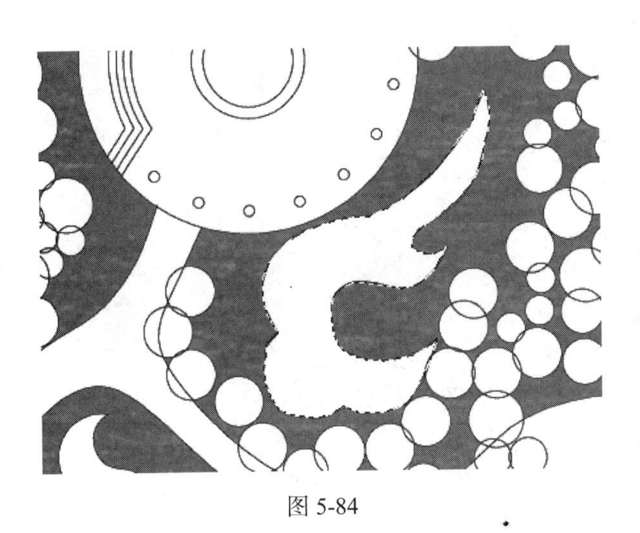

图 5-84

图 5-85

3〉填充图案

单击“图层”面板底行“创建新图层”按钮，在“草坪”层上出现“图层 1”，光标对准“图层 1”单击右键，选择“图层属性”，在“图层属性”对话框中，把名称改为“模纹”，确定后返回，图层面板上“图层 1”变成“模纹”层。

激活“模纹”层，单击菜单栏“编辑 / 填充”，在系统弹出的“填充”对话框中，填充使用的内容为“图案”，在“自定图案”下拉框中找到刚刚定义的模纹图案并双击，返回“填充”对话框，透明度 90%（如图 5-86 所示），确定后返回界面，选择的区域已填充了模纹图案（如图 5-87 所示），按下快捷键“Ctrl+D”取消选择。

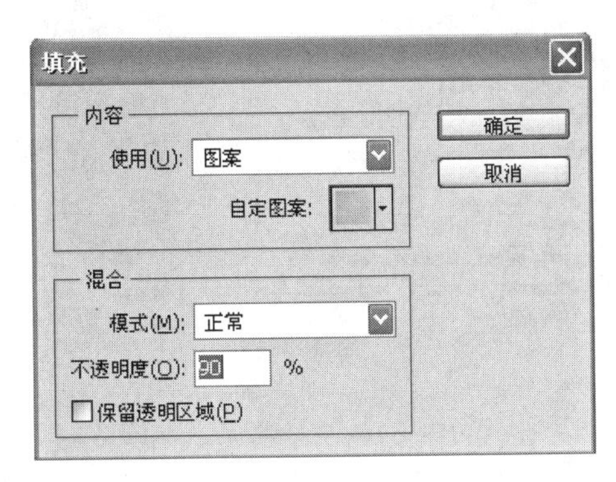

图 5-86

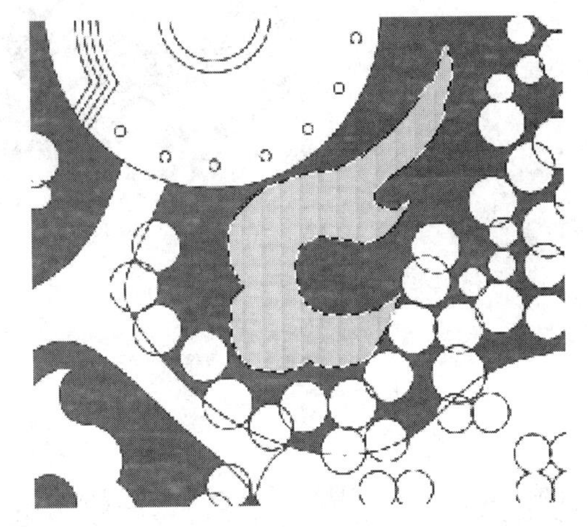

图 5-87

填充的模纹图案可能会把模纹的边缘线覆盖上，单击“图层”面板的“设置混合模式”右侧的下拉按钮，选择“正片叠底”（如图 5-88 所示），“背景”层的线条就清晰地显现出来了。

对于其他的模纹图案，如果也在草坪渲染时被覆盖，同样用上述方法，先在“背景”层用套索选择模纹线条，在“草坪”层删除草坪，而后在“模纹”层填充模纹图案。

对于“背景”层上线条闭合、没有被“草坪”层覆盖的模纹，可以在“背景”层上，直接用“魔棒工具”在模纹区域内单击，模纹线条框被选择，而后在“模纹”层填充模纹图案，效果如图 5-89 所示。

4. 填充花坛花卉

1〉定义图案

单击面板组上方的浏览选项卡，在打开的途径中找到“光盘：\材质\meadow\”，通过打开的浏览框预览图案，选择“me027”为模纹填充图案，在浏览框中双击图案，系统自动打开文件“me027.jpg”。

由于图面色调较暗淡，单击菜单“图像/调整/色彩平衡”，对所选图案进行色彩调整，参数如图5-90所示。

图案调整后，单击工具箱中“矩形选框工具”，在“me027”图像上选择红色和间隙绿色较均一的部分（如图5-91所示），然后单击菜单栏“编辑/定义图案”，在系统弹出的“图案名称”对话框里，将默认名称“图案1”改为“花卉”，确定后返回，完成了花坛花卉图案的定义。

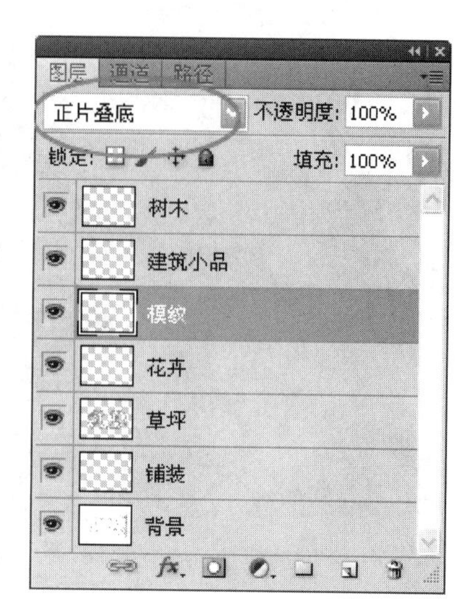

图 5-88

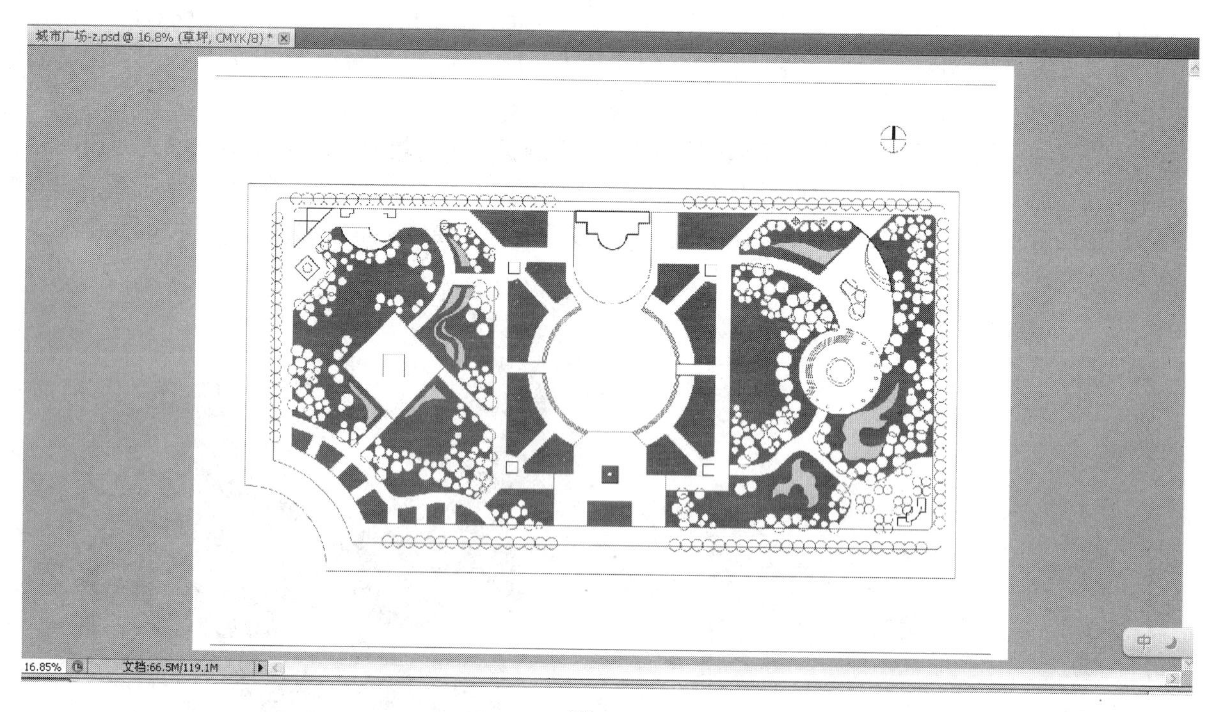

图 5-89

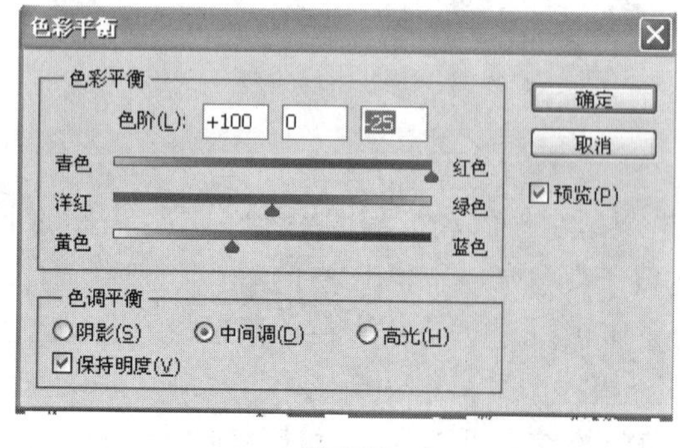

图 5-90

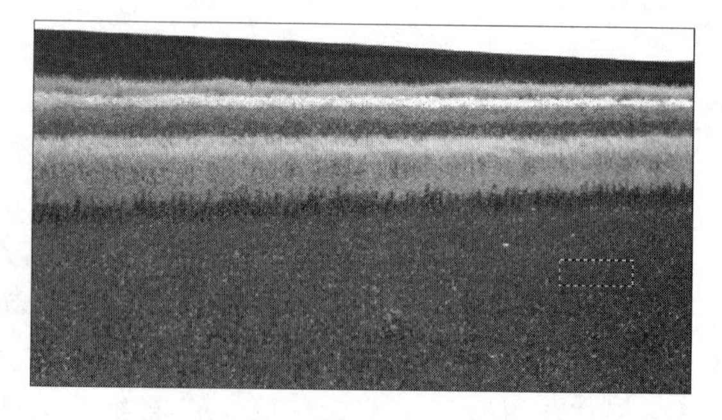

图 5-91

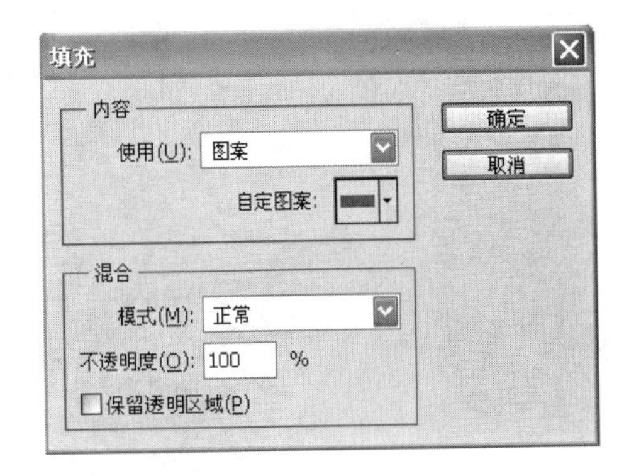

图 5-92

2〉选择区域

激活“背景”层，单击工具箱中的“缩放工具”，单击右键选择“按屏幕大小缩放”，然后光标在中心广场右下角单击，拖动鼠标至中心广场左上角，放大显示中心广场四周的花坛。

按下“W”键激活“魔棒工具”，分别在广场四角的花坛里单击，使花坛的区域范围被选择。

3〉填充图案

激活“花卉”层，单击菜单栏“编辑 / 填充”，在系统弹出的“填充”对话框中，填充使用的内容为“图案”，在“自定图案”下拉框中找到刚刚定义的花卉图案并双击，返回“填充”对话框，设置填充参数（如图 5-92 所示），确定后返回界面，按下快捷键“Ctrl+D”取消选择，花坛内已填充了模纹图案（如图 5-93 所示）。

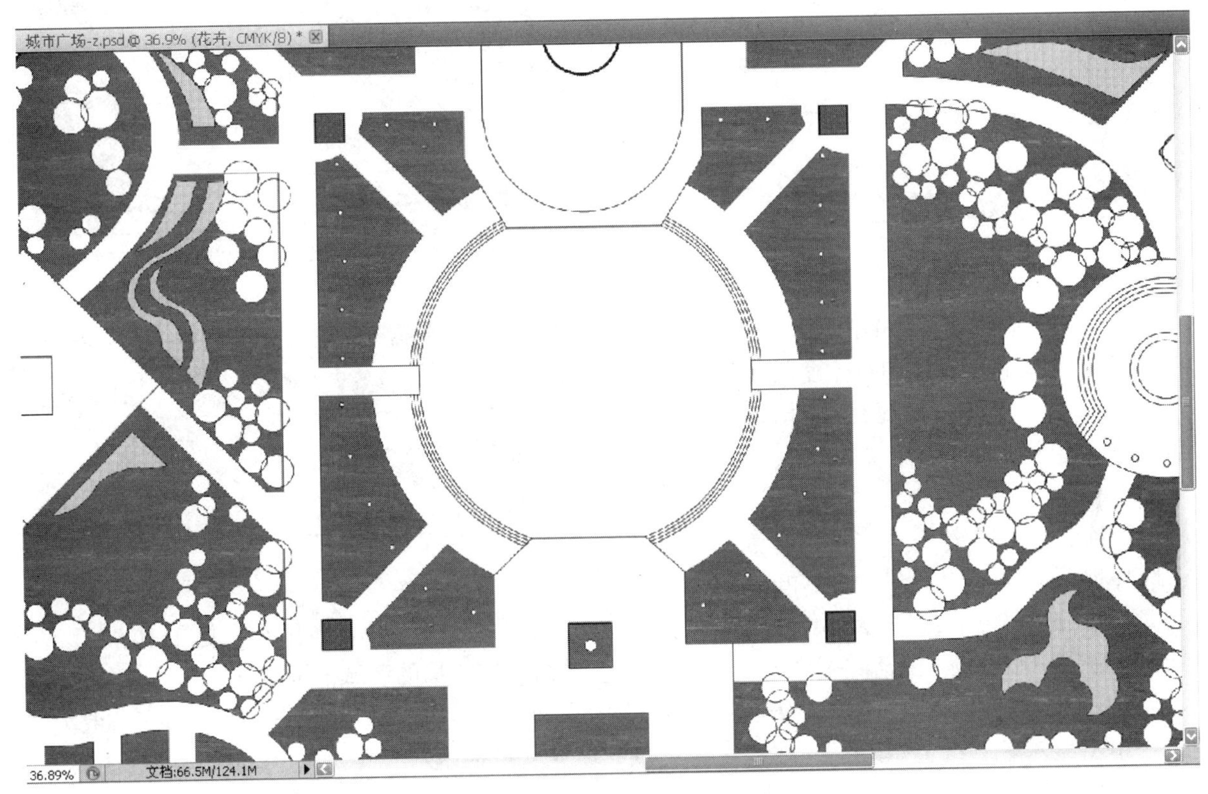

图 5-93

激活“魔棒工具”，在“背景”层依次选取其他的花坛区域，在“花卉”层填充花卉图案，完成花坛的图案填充，效果如图 5-94 所示。

5. 填充广场铺装

由于广场中硬地铺装占据了相当一部分，在实际设计和施工中，广场不同的区域会采用不同质地、色彩的铺装材料，组合的图案也会有所不同，所以我们要对不同区域定义不同的铺装图案。为了修改方便，我们依次定义“铺装 1”、“铺装 2”……，并分别放在不同的图层。

1〉填充中心集会广场铺装

定义图案：单击面板组上方的浏览选项卡，在打开的途径中找到“光盘：\ 材质 \ground\”，通过打开的浏览框预览图案，选择“gr098”为铺装填充图案，在浏览框中双击图案，系统自动打开文件“gr098.jpg”。

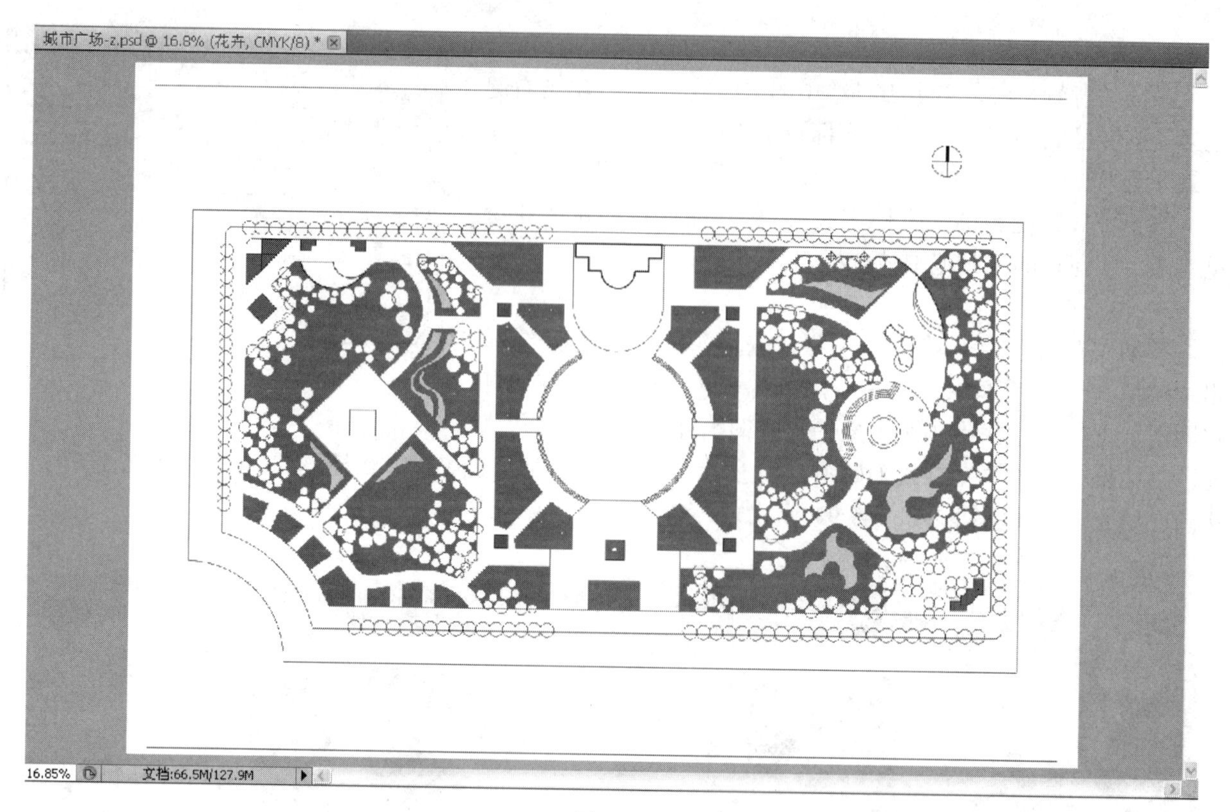

图 5-94

由于图面色调较暗淡，单击菜单“图像 / 调整 / 亮度 / 对比度”，对所选图案进行亮度和对比度调整，参数如图 5-95 所示。

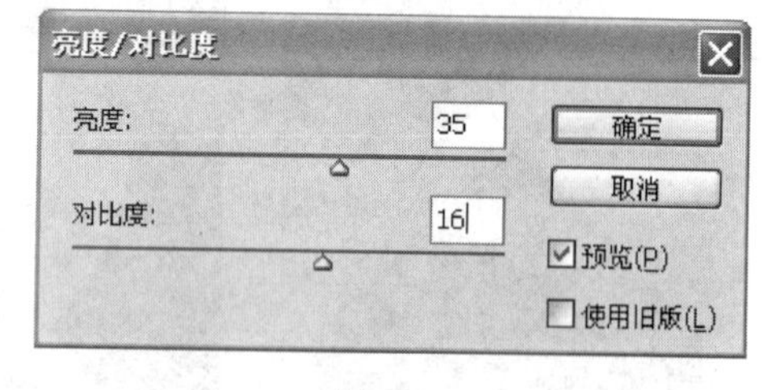

图 5-95

图案调整后，按下快捷键“Ctrl+A”，图案被全部选择，然后单击菜单栏“编辑 / 定义图案”，在系统弹出的“图案名称”对话框里，将名称改为“铺装 1”，确定后返回，完成了中心广场铺装图案的定义。

选择区域：激活“背景”层，单击工具箱中的“缩放工具”，单击右键选择“按屏幕大小缩放”，然后光标在中心广场右下角单击，拖动鼠标至中心广场左上角，放大显示中心广场。激活“魔棒工具”，在广场里单击，使广场的区域范围被选择。

填充图案：激活“铺装”层，单击右键选择“图层属性”，在图层属性对话框中将图层名称改为“铺装 1”。单击菜单栏“编辑 / 填充”，在系统弹出的“填充”对话框中，填充使用的内容为“图案”，在“自定图案”下拉框中选择“铺装 1”图案并双击，返回“填充”对话框，设置填充参数（如图 5-96 所示），确定后返回界面，按下快捷键“Ctrl+D”取消选择，广场内已填充了铺装图案（如图 5-97 所示）。

2〉填充西侧绿之广场铺装

西侧广场的铺装有两种，中心图案和四周有所不同，要分别定义、填充。

定义、填充中心图案。单击面板组上方的浏览选项卡，在打开的途径中找到“光盘：\ 材质 \ground\”，通过打开的浏览框预览图案，选择“gr014”为铺装填充图案，在浏览框中双击图案，系统自动打开文件“gr014.jpg”。

按下“Z”键激活“缩放工具”，单击右键选择“实际像素”，图片“gr014”远大于广场中心图案，当定义图案后填充，广场中心只能显示图片一个角。所以我们选择复制图片到绘制的图上。

方式一：激活文件“gr014.jpg”，按下快捷键“Ctrl+A”，图案被全部选择，然后按下快捷键“Ctrl+C”复制图片；在“城市广场 -Z.psd”文件中新建图层“铺装 2”，在此层按下快捷键“Ctrl+V”粘贴“gr014.jpg”图片。

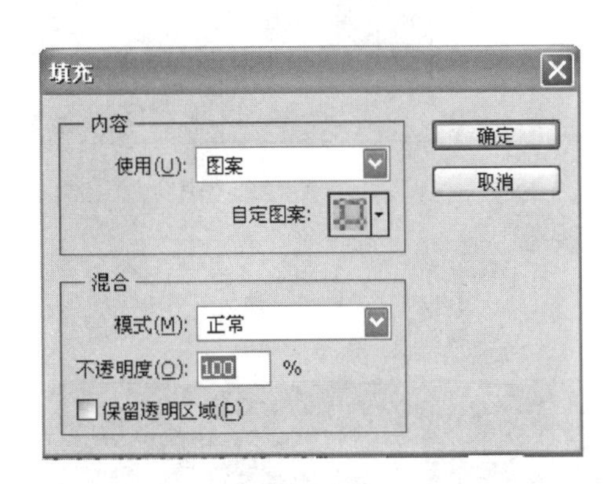

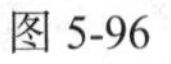
图 5-96

图 5-97

方式二（技巧）：按下快捷键“V”激活“移动工具”，在文件“gr014.jpg”中鼠标拖动图片至文件“城市广场 -Z.psd”中，完成复制，并且系统自动生成图层。

复制得到的图片在图中太大（如图 5-98 所示）。单击“编辑 / 自由变换”或按下快捷键“Ctrl+T”，复制图片的四周围上了变形框；鼠标放在图片右上角呈 45° 倾斜时，按住“Shift”键，鼠标拖动右上角点向左下移动，缩小图片至和广场中心大小相当的位置松开，单击回车键结束变形。激活“移动工具”，把缩小的图片移至中心图框位置；激活“缩放工具”，放大显示广场中心，再用移动和变形工具把图片调整到准确的位置，完成后返回西侧广场全图（如图 5-99 所示）。

图 5-98

图 5-99

单击浏览选项卡，在打开的途径中找到“光盘：\ 材质 \ground\”，通过打开的浏览框预览图案，选择“gr066”为铺装填充图案，在浏览框中双击图案，系统自动打开文件“gr066.jpg”。

根据设计意图，西侧为绿之广场，铺装的选择以淡棕色嵌草铺装为主，要把所选的图形色彩改变。打开文件“gr066.jpg”，在“图层”面板中拖动“背景”层至面板底部“创建新图层”，系统生成“背景”层副本（如图 5-100 所示）；由于“背景”层被锁定不可更改，所以我们可以在“背景”层副本上改动。

图 5-100

激活“缩放工具”，单击右键选择“按屏幕大小缩放”；激活“多边形套索工具”，参数设置为选区减法（如图 5-101 所示），先用“套索工具”选出菱形外边框，再用“套索工具”选出菱形内边框（如图 5-102 所示），而后按下“Delete”键删除选框内的颜色。

在“颜色”面板中设置前景色（如图 5-103 所示），单击菜单“编辑 / 填充”前景色，透明度 90%。单击菜单“选择 / 反选”，按下“Delete”键删除选框内的红色，重新设置前景色 RGB 值为（253，198，141），单击菜单“编辑 / 填充”前景色，透明度 80%。按下快捷键“Ctrl+D”，取消选择。

图 5-101

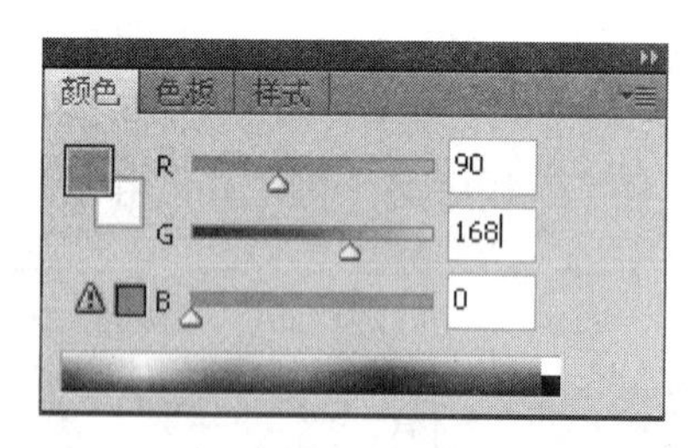

图 5-103

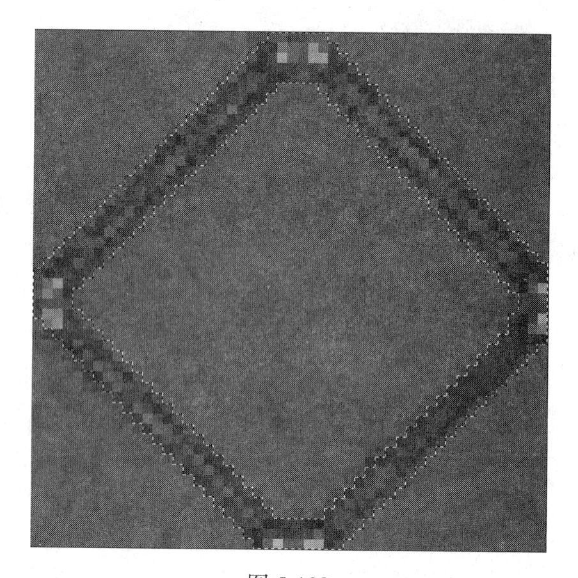
图 5-102

按下快捷键“Ctrl+A”，图案被全部选择，然后单击菜单栏“编辑 / 定义图案”，在系统弹出的“图案名称”对话框里，将名称改为“铺装 3”，确定后返回，完成了西侧广场铺装图案的定义（如图 5-104 所示）。

选择区域：激活“背景”层，单击工具箱中的“缩放工具”，放大显示西侧广场。激活“魔棒工具”，在广场里单击，使广场的区域范围被选择。单击“图层”面板下方的“创建新图层”，单击右键在“图层属性”中把图层名称改为“铺装 3”。

填充图案：激活“铺装 3”，单击菜单栏“编辑 / 填充”，在系统弹出的“填充”对话框中，填充使用的内容为“图案”，在“自定图案”下拉框中选择“铺装 3”图案并双击，返回“填充”对话框，设置透明度 100%，确定后返回界面，按下快捷键“Ctrl+D”取消选择，广场内已填充了铺装图案（如图 5-105 所示）。

3〉填充东侧文化广场铺装

定义图案：单击面板组上方的浏览选项卡，在打开的途径中找到“光盘：\ 材质 \ground\”，通过打开的浏览框预览图案，选择“gr048”为铺装填充图案，在浏览框中双击图案，系统自动打开文件“gr048.jpg”。

根据设计意图，东侧文化广场的铺装要充满节奏和韵律，色彩选择以淡雅明快为主，所以我们保留所选图片的样式，把它的色彩改变。打开文件“gr066.jpg”，在“图层”面板中拖动“背景”层至面板底部“创建新图层”，系统生成“背景”层副本，我们可以在“背景”层副本上改动。为了避免“背景”层色彩的干扰，先把“背景”层的可视按钮关闭（如图 5-106 所示）。

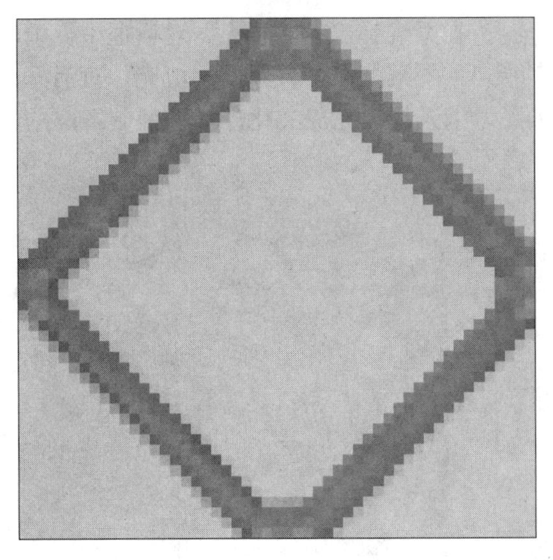
图 5-104

图 5-105

按下“W”键激活“魔棒工具”，参数设置为选区加法；魔棒在相同的方格内依次单击，而后按下“Delete”键删除选框内的颜色（如图 5-107 所示）。在“颜色”面板中设置前景色（如图 5-108 所示），单击菜单“编辑 / 填充”前景色，透明度 100%。

单击菜单“选择 / 反选”或按下快捷键“Shift+Ctrl+I”，选择图片中其他的黑色，按下“Delete”键删除色彩，设置背景色 RGB 值为（241，228，192），单击菜单“编辑 / 填充”背景色，透明度 80%。按下快捷键“Ctrl+D”，取消选择。

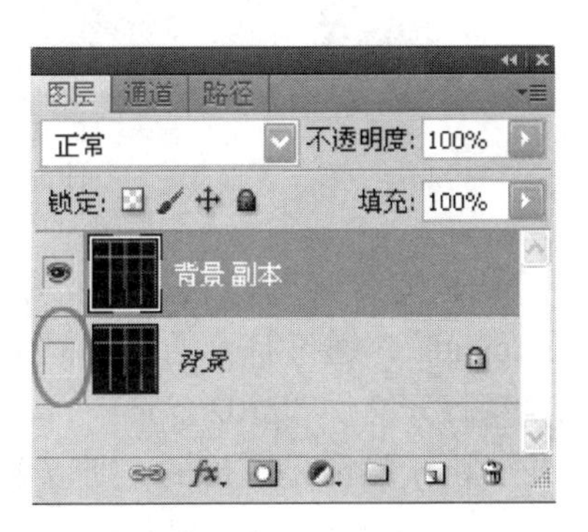

图 5-106

按下快捷键“Ctrl+A”，图案被全部选择，然后单击菜单栏“编辑 / 定义图案”，在系统弹出的“图案名称”对话框里，将名称改为“铺装 4”，确定后返回，完成了文化广场铺装图案的定义（如图 5-109 所示）。

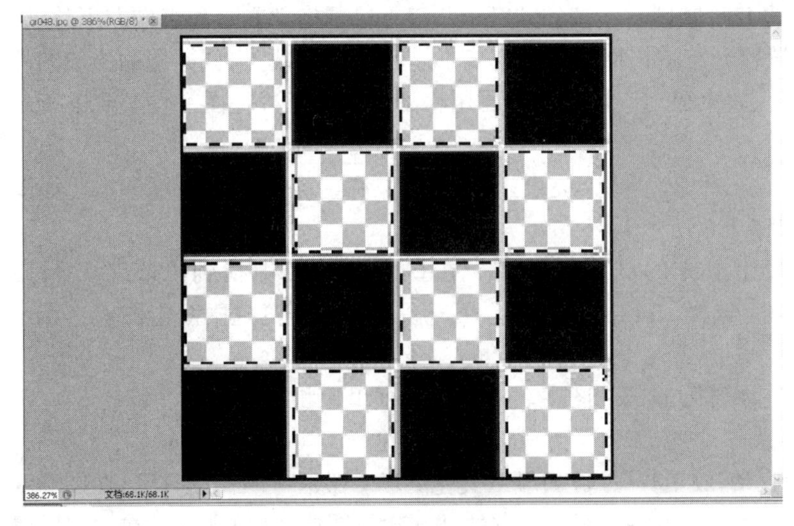
图 5-107

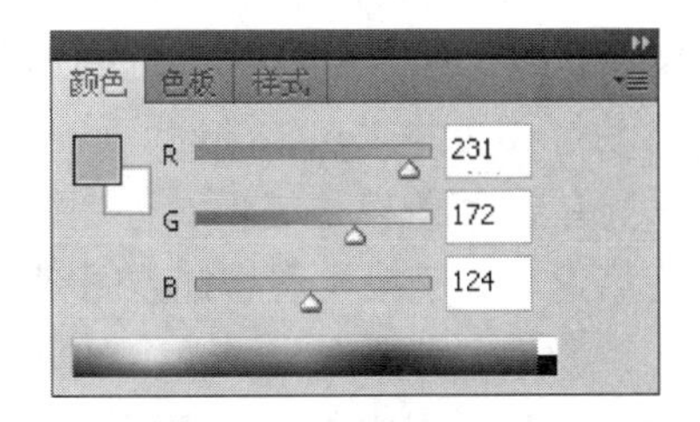

图 5-108

选择区域：激活“背景”层，单击工具箱中的“缩放工具”，放大显示东侧广场。激活“魔棒工具”，在广场里单击，使广场内舞台和看台以外的区域范围被选择。单击“图层”面板下方的“创建新图层”，单击右键在“图层属性”中把图层名称该为“铺装 4”。

填充图案：激活“铺装 4”，单击菜单栏“编辑 / 填充”，在系统弹出的“填充”对话框中，填充使用的内容为“图案”，在“自定图案”下拉框中选择“铺装 4”图案并双击，返回“填充”对话框，设置透明度 100%，确定后返回界面，按下快捷键“Ctrl+D”取消选择，完成文化广场内铺装图案的填充（如图 5-110 所示）。

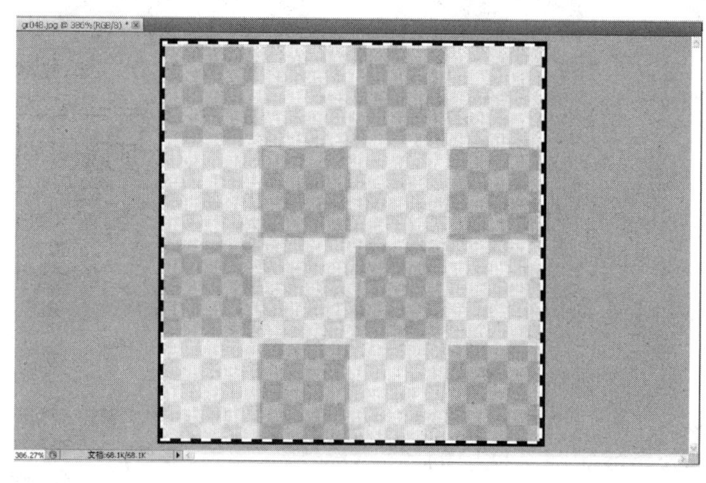

图 5-109

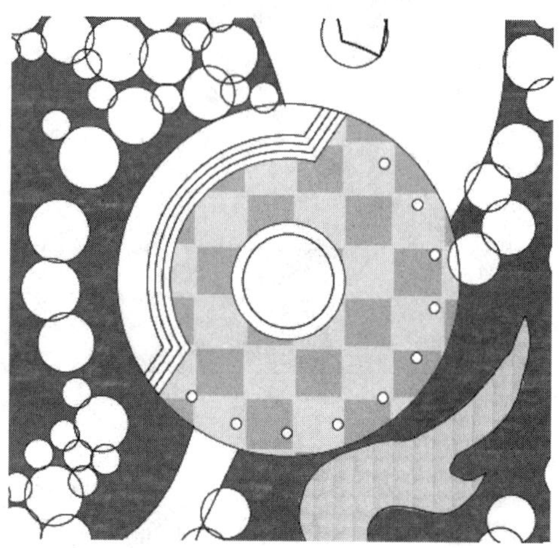

图 5-110

定义、填充舞台图案：单击面板组上方的浏览选项卡，在打开的途径中找到“光盘：\材质\ground\”，通过打开的浏览框预览图案，选择“gr020”为舞台填充图案，在浏览框中双击图案，系统自动打开文件“gr020.jpg”。

由于舞台是圆形的，所以要对图形进行处理。激活“椭圆选框工具”，在图片的左上角单击，按下“Shift”键不放，拖动鼠标至图片右下方，图面出现圆形选框并移动到合适位置，使选框沿着图片中白色圆形材料（如图 5-111 所示）。激活“移动工具”，鼠标拖动选区至“文件城市广场 -Z.psd”中，完成图案复制，系统自动生成“图层 1”，右击图层，在“图层属性”中将名称改为“铺装 5”。

复制得到的图片在图中太大，单击“编辑 / 自由变换”或按下快捷键“Ctrl+T”，复制图片的四周围上了变形框；鼠标放在图片右上角呈 45° 倾斜时，按住“Shift”键，鼠标拖动右上角点向左下移动，缩小图片至和广场中心大小相当的位置松开，单击回车键结束变形。激活“移动工具”，把缩小的图片移至中心图框位置；激活“缩放工具”，放大显示广场中心，再用移动和变形工具把图片调整到准确的位置，完成后返回文化广场全图。

由于复制图片的色调较暗淡，单击“图像 / 调整 / 亮度 / 对比度”，调整亮度和对比度参数（如图 5-112 所示），使广场整体较和谐（如图 5-113 所示）。

定义、填充看台图案：单击面板组上方的浏览选项卡，在打开的途径中找到“光盘：\材质\ground\”，通过打开的浏览框预览图案，选择“gr210”为看台填充图案，在浏览框中双击图案，系统自动打开文件“gr210.jpg”。

单击菜单栏“编辑 / 定义图案”，在系统弹出的“图案名称”对话框里，将名称改为“铺装 6”，确定后返回，完成了看台铺装图案的定义。

激活“背景”层，单击工具箱中的“缩放工具”，放大显示文化广场。激活“魔棒工具”，在广场看台和台阶区域内单击，选择填充范围。单击“图层”面板下方的“创建新图层”，单击右键在“图层属性”中把图层名称该为“铺装 6”。

激活图层“铺装 6”，单击菜单栏“编辑 / 填充”，在系统弹出的“填充”对话框中，填充使用的内容为“图案”，在“自定图案”下拉框中选择“铺装 6”图案并双击，返回“填充”对话框，设置透明度 100%，确定后返回界面，按下快捷键“Ctrl+D”取消选择，完成文化广场看台铺装图案的填充（如图 5-114 所示）。

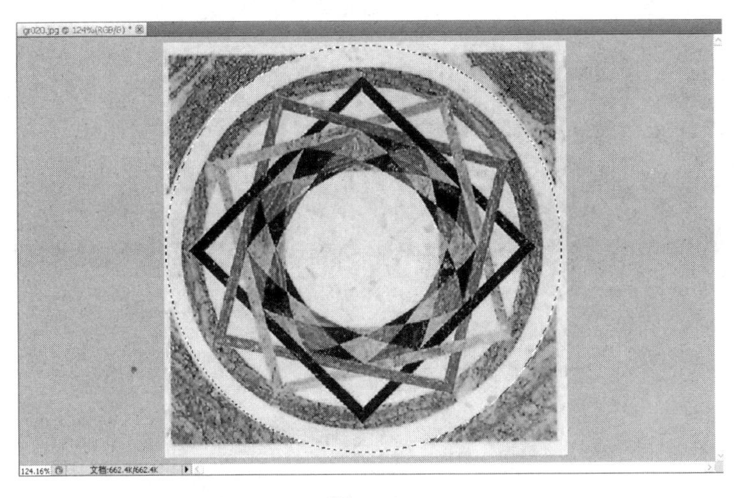

图 5-111

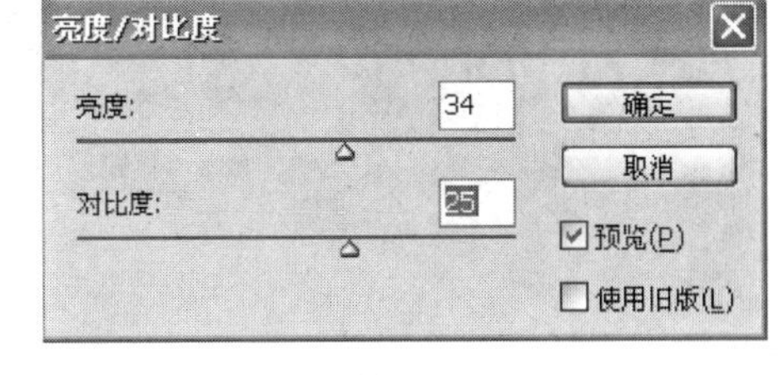

图 5-112

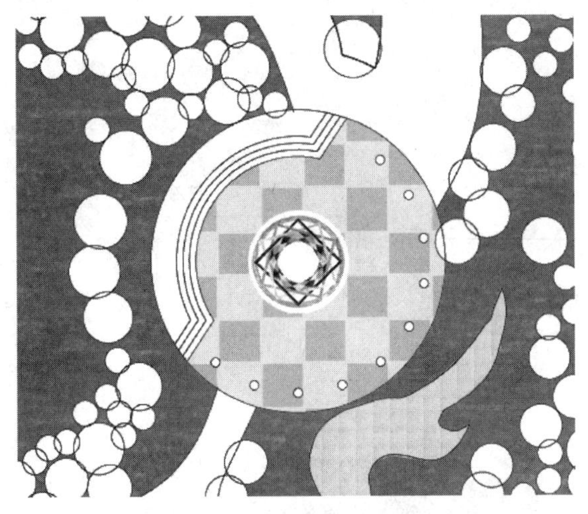

图 5-113

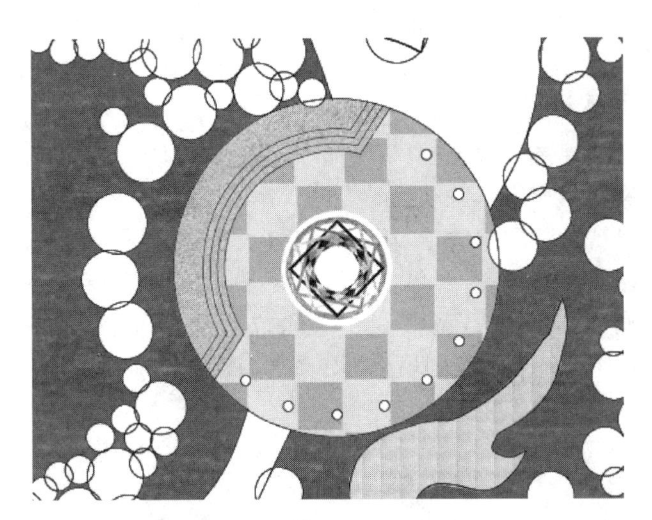

图 5-114

6. 填充广场连接道路的铺装图案

选择区域：激活“背景”层，单击工具箱中的“缩放工具”，放大显示城市广场。激活“魔棒工具”，在广场、入口以外的区域连续单击，选择广场上连接道路和次要区域。

填充图案：激活图层“铺装 6”，单击菜单栏“编辑 / 填充”，在系统弹出的“填充”对话框中，选择“铺装 6”图案，设置透明度 100%，填充选区，按下快捷键“Ctrl+D”取消选择，完成广场连接道路铺装图案的填充（如图 5-115 所示）。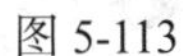

铺装色彩较暗淡，可以进行整个图层色彩的调整。激活图层“铺装 6”，单击菜单栏“图像 / 调整 / 亮度 / 对比度”，进行参数调整（如图 5-116 所示）。

7. 填充广场入口铺装

定义图案：单击面板组上方的浏览选项卡，在打开的途径中找到“光盘：\ 材质 \ground\”，通过打开的浏览框预览图案，选择“gr088”为填充图案，在浏览框中双击图案，系统自动打开文件“gr088.jpg”。

单击菜单栏“编辑 / 定义图案”，在系统弹出的“图案名称”对话框里，将名称改为“铺装 7”，确定后返回，完成了铺装图案的定义。

选择区域：激活“背景”层，单击工具箱中的“缩放工具”，放大显示广场入口。激活“魔棒工具”，在广场南北入口和图形右下方入口区域内单击，选择填充范围。单击“图层”面板下方的“创建新图层”，单击右键在“图层属性”中把图层名称改为“铺装 7”。

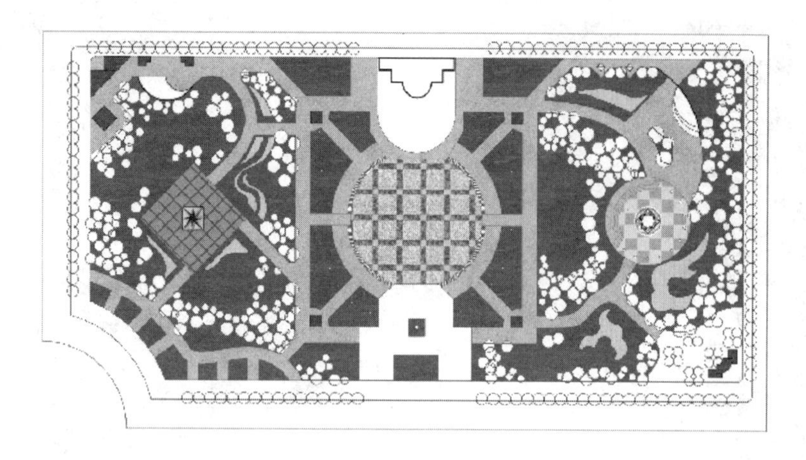

图 5-115

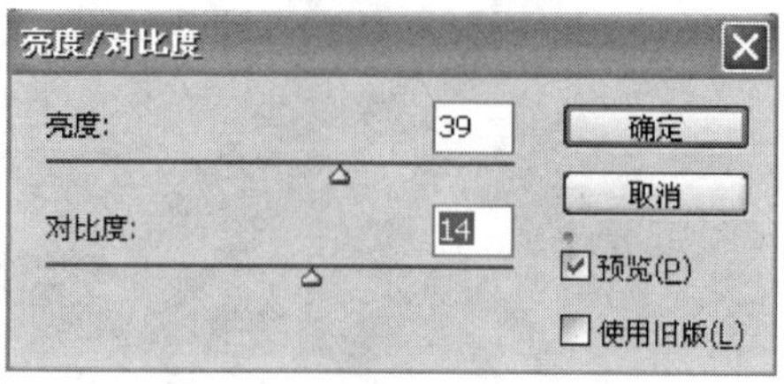

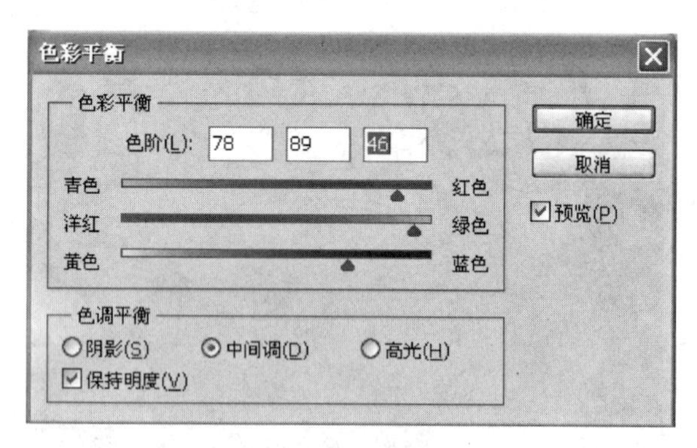

图 5-116

填充图案：激活图层“铺装 7”，单击菜单栏“编辑 / 填充”，在选择区域内选择“铺装 7”图案，设置透明度 30%，进行填充。确定后返回界面，按下快捷键“Ctrl+D”取消选择，完成广场入口铺装图案的填充。

激活“缩放工具”，按屏幕大小缩放图形；激活图层“铺装 7”，单击菜单栏“图像 / 调整 / 色彩平衡”，进行参数调整（如图 5-117 所示），而后完成广场入口铺装图案的填充（如图 5-118 所示）。

图 5-117

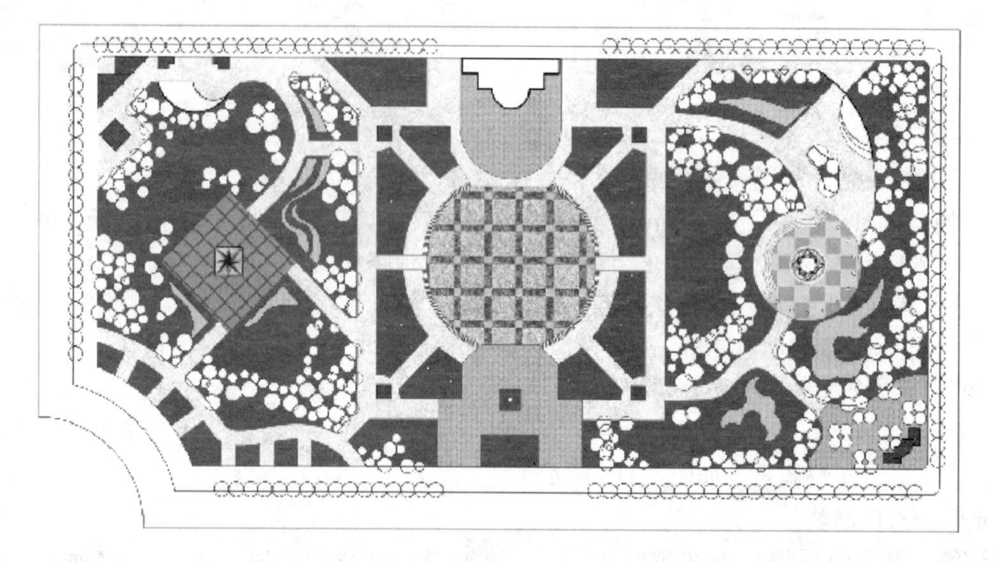

图 5-118

8. 填充、描绘建筑小品

定义色彩：调整“颜色”面板上前景色的 RGB 值（如图 5-119 所示），用它来填充和描绘建筑小品。

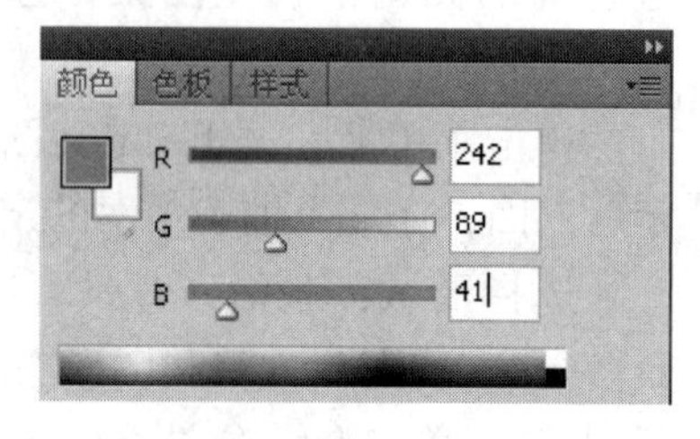

图 5-119

描绘景墙：激活“缩放工具”，放大显示文化广场右上角的历史画壁；激活“多边形套索工具”，在“背景”层沿着历史画壁的轮廓线进行选择（如图 5-120 所示）。激活图层“建筑小品”，单击菜单栏“编

辑 / 填充”，在选择区域内填充前景色，设置透明度 100%。返回界面，按下快捷键“Ctrl+D”取消选择，完成历史画壁的填充（如图 5-121 所示）。

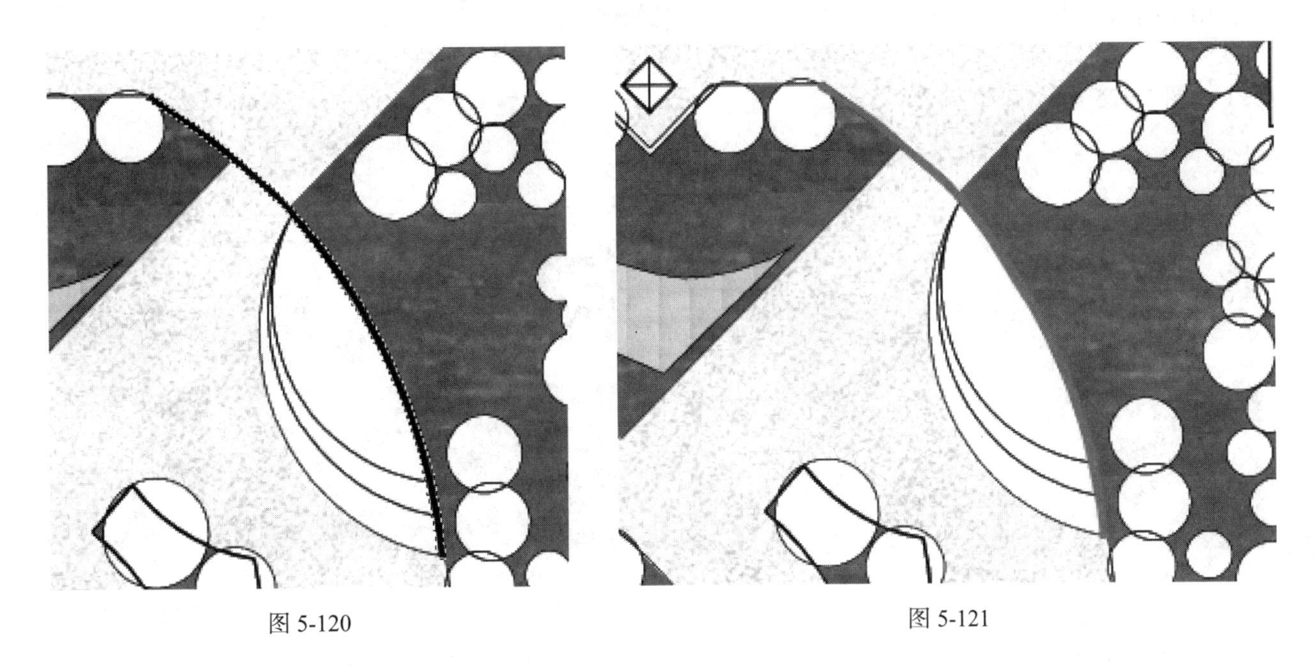

图 5-120　　　　图 5-121

用相同的方法，进行中心广场雕塑、绿之广场北侧景墙、文化广场北侧景亭的色彩填充。值得注意的是，景亭的色彩渲染只填充阴面，增强立体感（如图 5-122 所示）。

用相同的方法，对中心广场四周均匀分布的灯柱填充同样的色彩；用前景色 RGB 值为（255，228，30）的色彩填充文化广场均布的大理石球（如图 5-123 所示）。

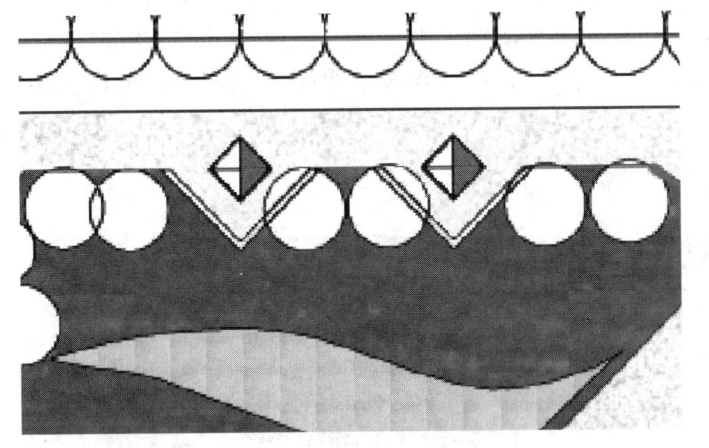

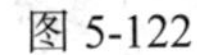

图 5-122

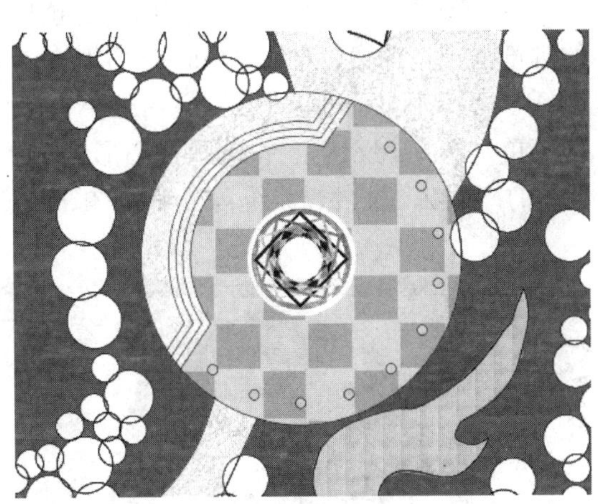

图 5-123

9. 填充、描绘水景

定义图案：单击面板组上方的浏览选项卡，在打开的途径中找到“光盘：\ 材质 \water\”，通过打开的浏览框预览图案，选择“wa005”为填充图案，在浏览框中双击图案，系统自动打开文件“wa005.jpg”。

单击菜单栏“编辑 / 定义图案”，在系统弹出的“图案名称”对话框里，将名称改为“水景”，确定后返回，完成水景图案的定义。

填充水景。激活“缩放工具”，放大显示中心广场北入口的水景；激活“魔棒工具”，在“背景”层水池内进行选择。单击“图层”面板下“创建新图层”按钮，命名为“水景”。单击菜单栏“编辑 / 填充”，选择“水景”图案，设置透明度 90% 进行填充。返回界面，按下快捷键“Ctrl+D”取消选择，完成北入口的水景填充（如图 5-124 所示）。

用相同的方法，填充绿之广场景墙前、文化广场景墙前的色彩。

激活“减淡工具”，在北入口水景色的左下方连续单击，使水体色彩有光影变化，增强图面立体效果（如图 5-125 所示）。

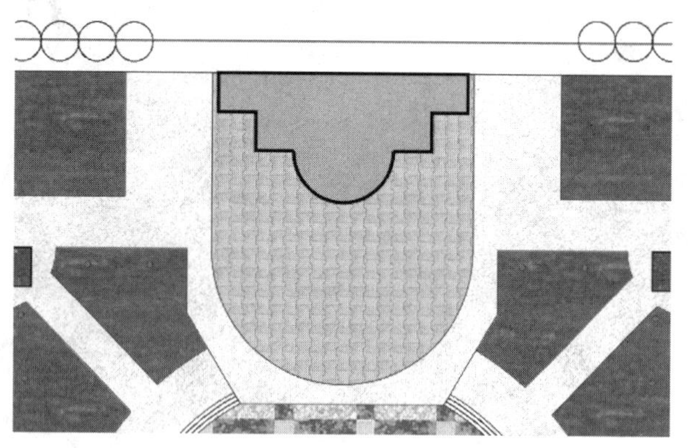

图 5-124

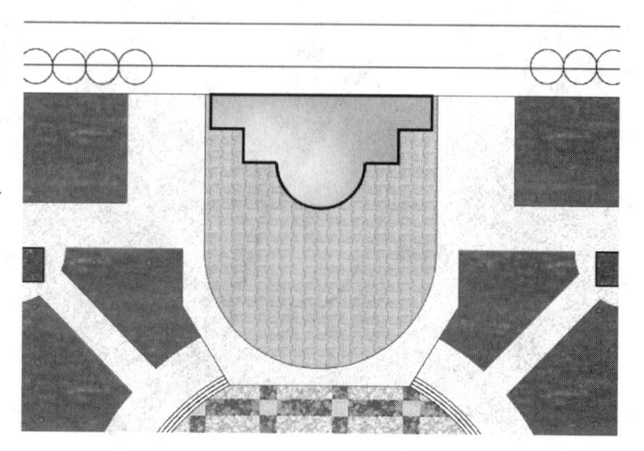

图 5-125

10. 描绘树木

树木在本图形绘制中任务量最大，主要是复制多种树形至本图，而后在图形中再次大量的复制。在复制过程中会产生大量的图层，一般来说，在绘制完成后，把相同树形的图层合并，有利于后期的图层效果设置和修改。另外，在上文已说明，本图为总平面图，树的品种上不要求分的很仔细，所以在图案选择上只要选取几种，能表现规划意图即可。

定义图案。单击面板组上方的浏览选项卡，在打开的途径中找到“光盘：\ 材质 \tree\”，通过打开的浏览框预览图案，选择“tr001”为填充图案，在浏览框中双击图案，系统自动打开文件“tr001.jpg”。激活“魔棒工具”，在图形中空白处单击（如图 5-126 所示），而后再按下快捷键“Shift+Ctrl+I”或单击菜单“选择 / 反选”，树的平面图形被选中（如图 5-127 所示）；激活“移动工具”，鼠标拖动图形到“城市广场 -Z”文件，系统自动生成“图层 1”，更名为“树木 1”层。

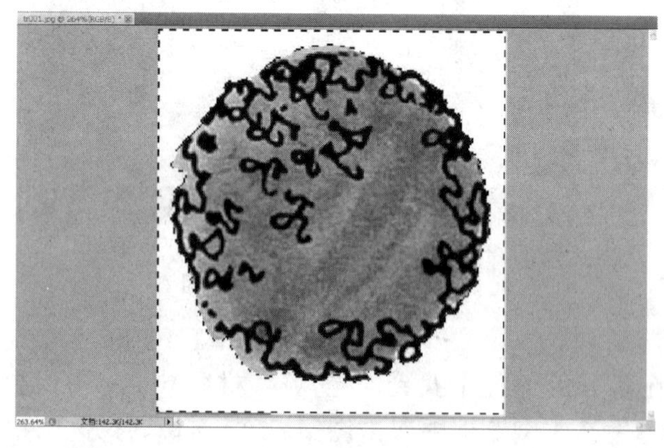

图 5-126

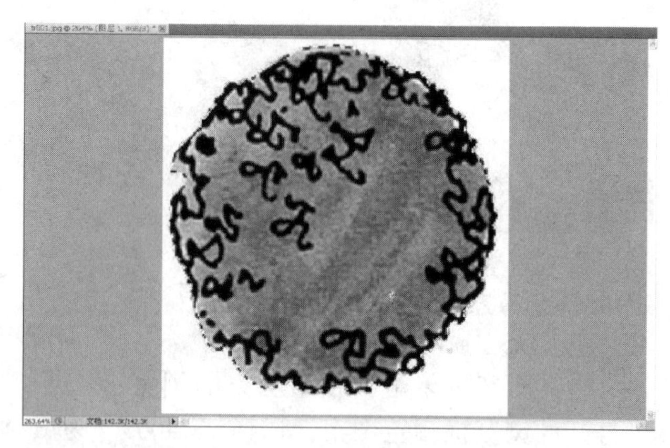

图 5-127

复制得到的图片在图中太大，单击“编辑 / 自由变换”或按下快捷键“Ctrl+T”，复制图片的四周围上了变形框；鼠标放在图片右上角呈 45° 倾斜时，按住“Shift”键，鼠标拖动右上角点向左下移动，缩小图片至广场周围行道树大小相当的位置松开，单击回车键结束变形。激活“移动工具”，把缩小的图片移至广场南侧树木位置；激活“缩放工具”，放大显示，再用移动和变形工具把图片调整到准确的位置（如图 5-128 所示），单个树形就完成了。

复制树形：由于行道树的大小比较均一，我们全部用这种树形表示。激活“树木 1”层，单击“移动工具”，按下“Alt”键不放，鼠标对准树形 1 拖动到第二棵行道树位置松开（如图 5-129 所示），系统自动生成图层“树木 1 副本”（如图 5-130 所示）。

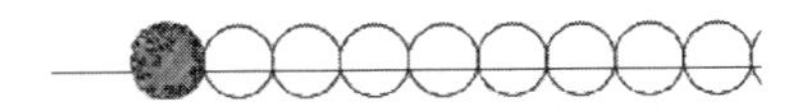

图 5-128

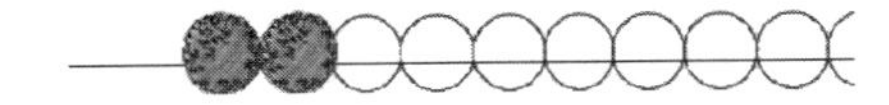

图 5-129

用相同的方法完成行道树的绘制。

合并图层：激活“图层”面板上最下面一个树木图层，按住“Shift”键，再激活图层面板上最上面一个树木图层，点击“图层”面板左下角的链接符号，使树木图层及其副本链接起来，单击图层面板菜单按钮，选择“合并图层”，“树形 1”合并。

***技巧**：由于行道树的大小相似、间距相等，而且数量较多，不必待全部行道树复制好后再做合并，可以边复制边合并，可以先复制好一段行道树，将它们合并成一体，再反复复制这一段行道树，这样可以提高绘图速度。*

用相同的方法定义树形并绘制广场绿地里的树木。需要注意的是，不同大小的树形不要放置在一个图层，以免影响后期图层阴影效果的设置。

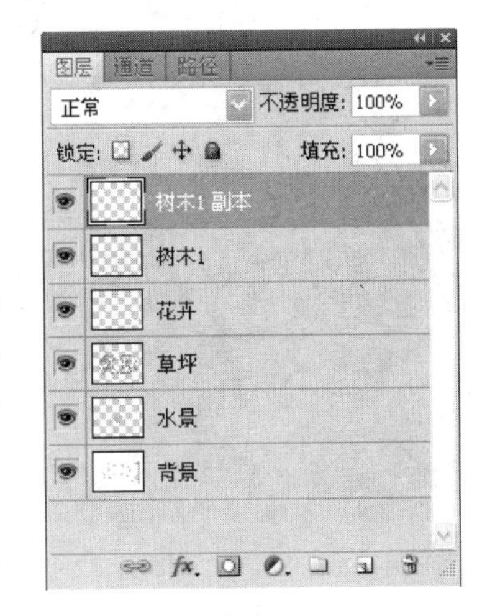

图 5-130

11. 细节调整

完成了树木绘制以后（如图 5-131 所示），为了加强中心集会广场的旱喷泉效果，可在广场铺装上加上水景色。

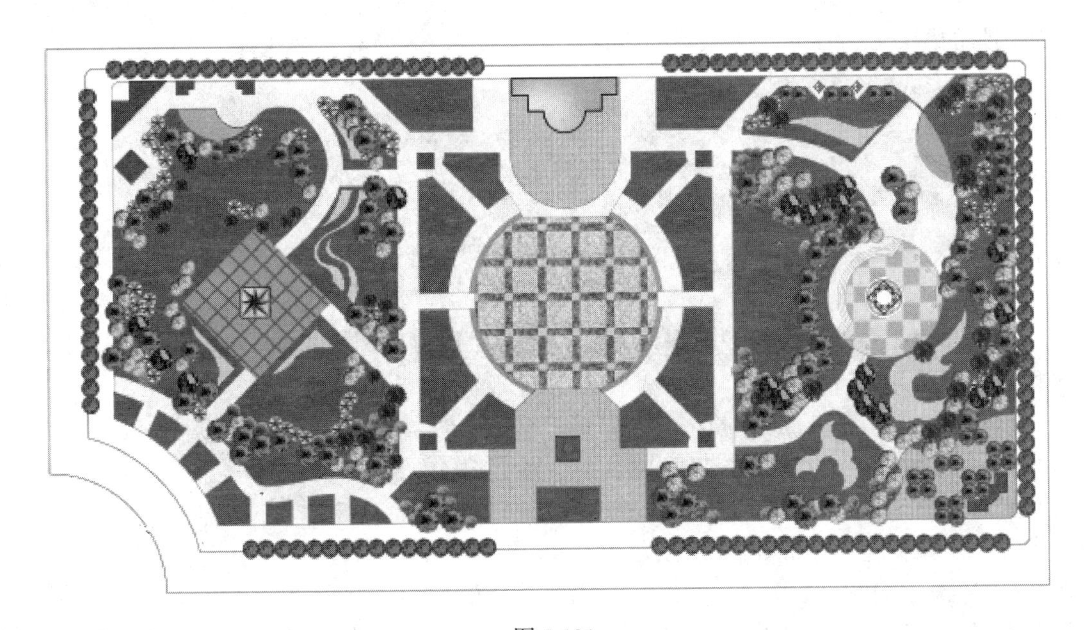

图 5-131

按下“Z”键激活“缩放工具”，放大显示中心广场。新建“图层 1”，用“矩形选框工具”选择两种铺装结点（如图 5-132 所示）；激活“吸管工具”，对准文化广场的水景单击，前景色相应变成水景色；单击“编辑 / 填充”，用前景色填充选区，透明度 100%。

采用类似绘制树木的方法进行水景的绘制。激活“移动工具”，按下“Alt”键，鼠标拖动水景图案至第二个结点处，放开鼠标，再拖动移至第三个结点处，以此类推，完成旱喷泉广场绘制（如图 5-133 所示）。激活图层“水景”，连续按“Ctrl”键单击“图层 1”和所有副本，全部激活后，按“图层”面板菜单左下角的“链接”键，在“图层”面板菜单中选择“合并图层”。由于合并后的图层名称为排在前面的图层，所以右键修改图层名为“水景”。

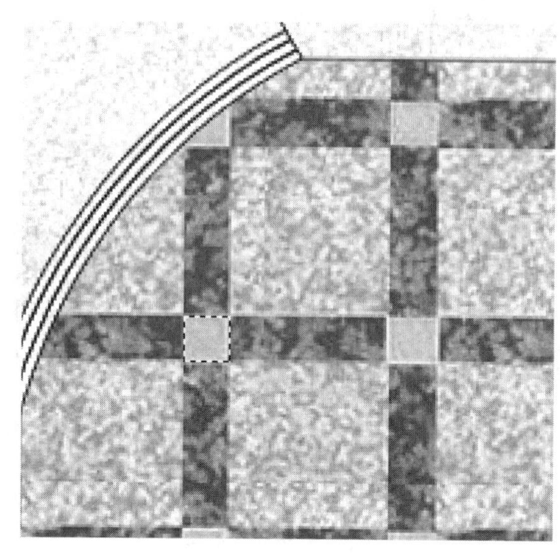

图 5-132

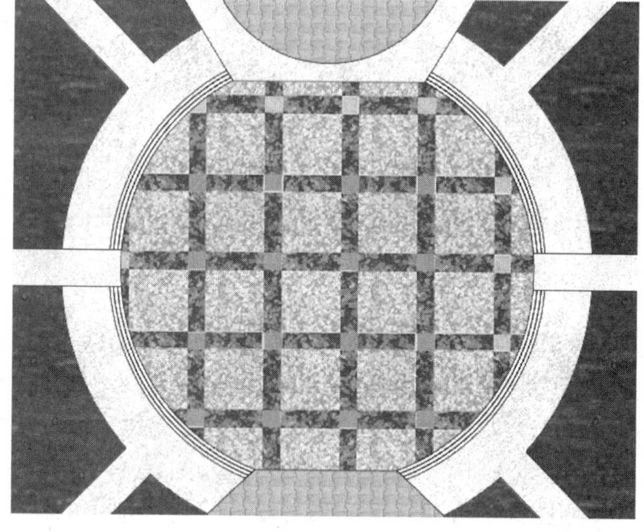

图 5-133

图层调整：渲染后的图层较多，相互叠加影响图面效果，特别是“树木”层，由于绘图有先后顺序，常常后来绘制的小树遮盖了大树的图形，需要调整。在“图层”面板上，激活某一图层，按下“Ctrl+]”键可以使图层向前移一层，按下“Ctrl+［”键可以使图层向后移一层；最简便的方法是直接拖动图层，如单击“花卉”层，鼠标拖动它至“草坪”层上方松开，则“花卉”层就被调整至“草坪”层上。最后调整的图层次序从下至上依次为“背景”、“草坪”、“模纹”、“花卉”、“铺装”、“水景”、“建筑小品”、“树木”（从小树至大树）等。

● 图层效果

图形绘制完成后，可以对立面空间的景物和树木顺着某一方向描绘阴影，增强平面鸟瞰图的立体效果。

鼠标右击图层“建筑小品”，在打开快捷菜单中选择“混合选项”，系统弹出“图层样式”对话框，勾选“投影”选项（如图 5-134 所示），图层的对象出现阴影。鼠标对准“投影”项单击，出现投影的具体选项，进行结构参数的设置（如图 5-135 所示），确定后返回图形界面，景亭、灯柱、景墙等都出现了特殊效果（如图 5-136 所示）。

激活“树木 1”层，右击选择“混合选项”，在打开的“图层样式”对话框中勾选“投影”选项（如图 5-137 所示），给“树木 1”层添加效果。

重新设置“投影”选项，用同样的方法和参数处理“树木 2”、“树木 3”层。

重新设置“投影”选项（如图 5-138 所示），用同样的方法处理“树木 4”、“树木 5”层。

重新设置“投影”选项（如图 5-139 所示），用同样的方法处理“树木 6”、“树木 7”、“树木 8”层。

重新设置“投影”选项（如图 5-140、图 5-141 所示），用同样的方法处理“花卉”、“模纹”层。

● 添加文字

先添加图名和落款。

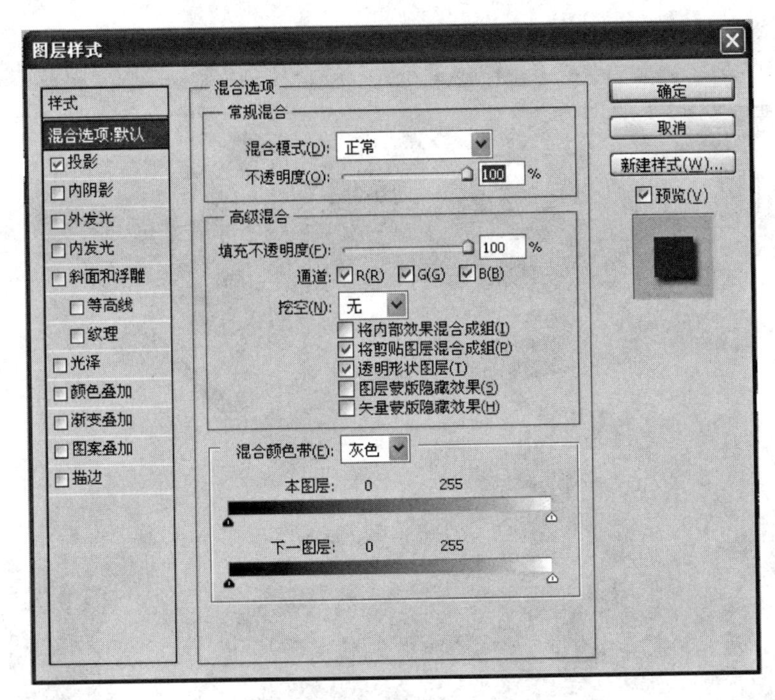

图 5-134

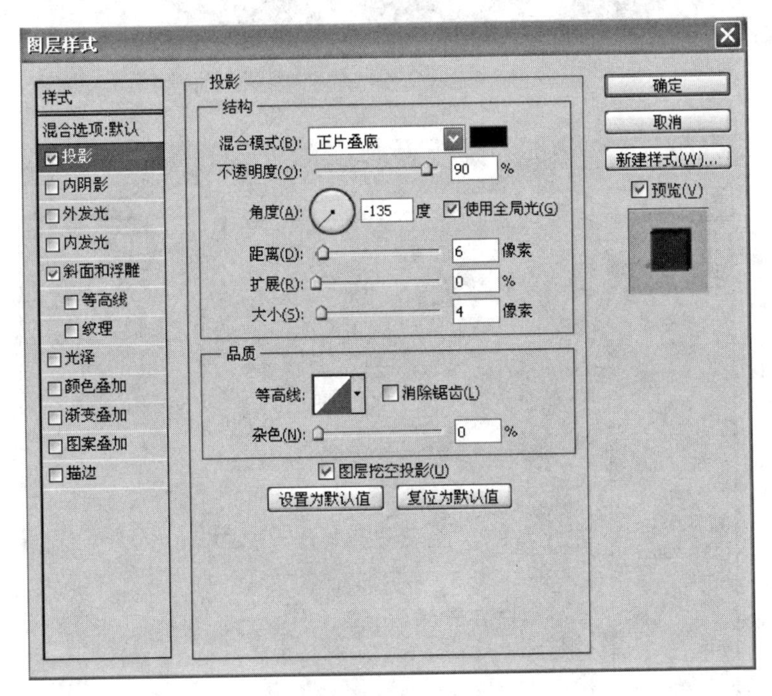

图 5-135

按下快捷键“T”，激活工具箱中的“文字工具”，单击文字工具属性栏中的颜色框，在弹出的“选择文本颜色”对话框中将颜色调整为黑色，RGB 值为（0，0，0）；在属性栏中单击字体的下拉按钮选择字体；在字体大小框中直接改变数值，并进行其他参数的设置（如图 5-142 所示）。

在图像文件的图框内、图形的左上方单击，然后从电脑界面的右下方调出汉字输入法，输入“城市广场总体设计”九个字，文字输入后光标离开文字将自动变为移动标识，拖动鼠标将文字移动到合适的位置；系统自动生成“图层 1”，在完成文字输入时，单击“图层 1”，名称自动改为所输文字。

继续添加文字。

图 5-136

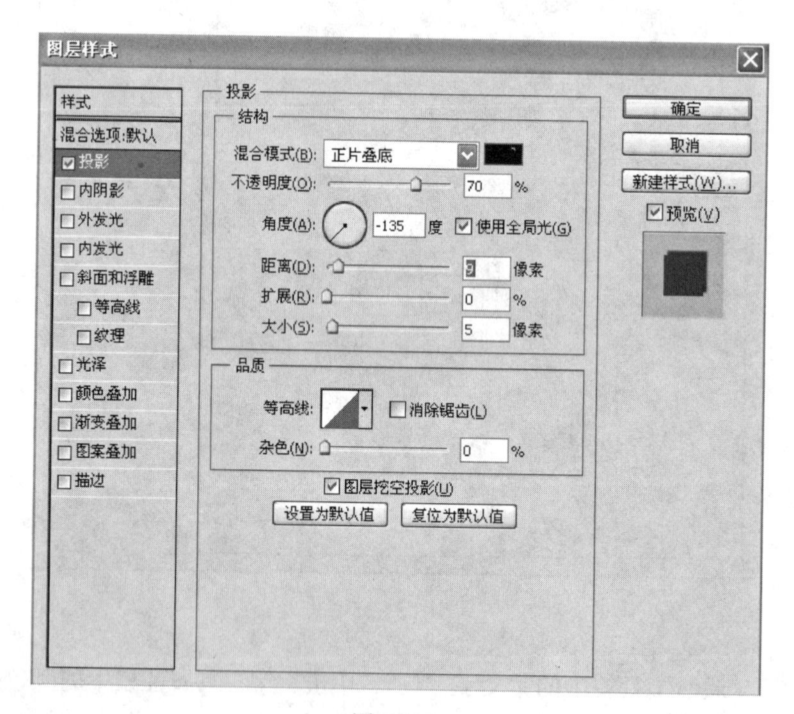

图 5-137

在文字工具属性栏中设置字体大小为 50 点，单击工具箱中“文字工具”按钮，在图名的右下方输入“总平面图 1∶500”，并在指北针的上方添加字母“N”。

在文字工具属性栏中设置字体大小为 60 点，单击工具箱中“文字工具”按钮，在图形的左下方输入“× × 园林规划设计所 2007.2”，拖动鼠标把“2007.2”抹黑定义，在工具属性栏中把字体改为 50 点，日期字符变小。

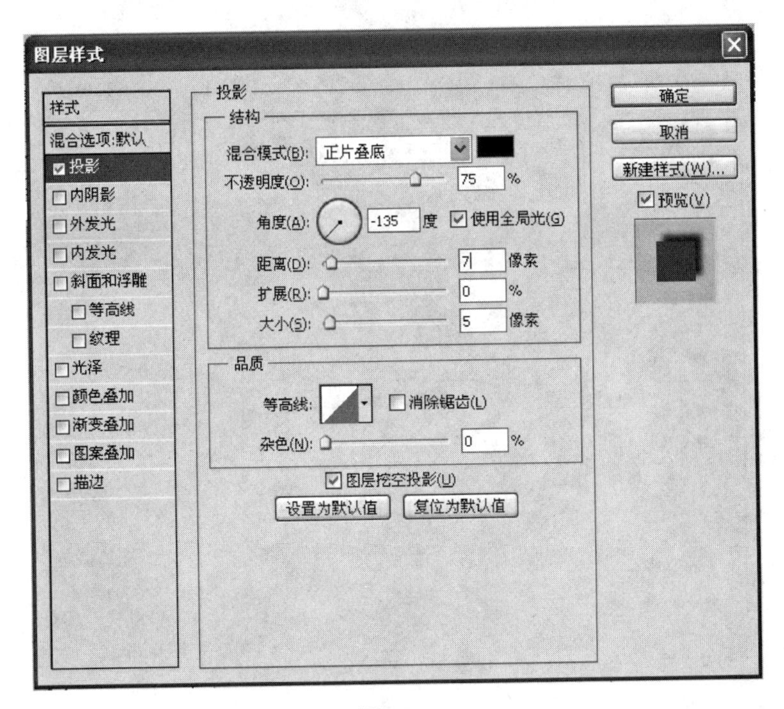

图 5-138

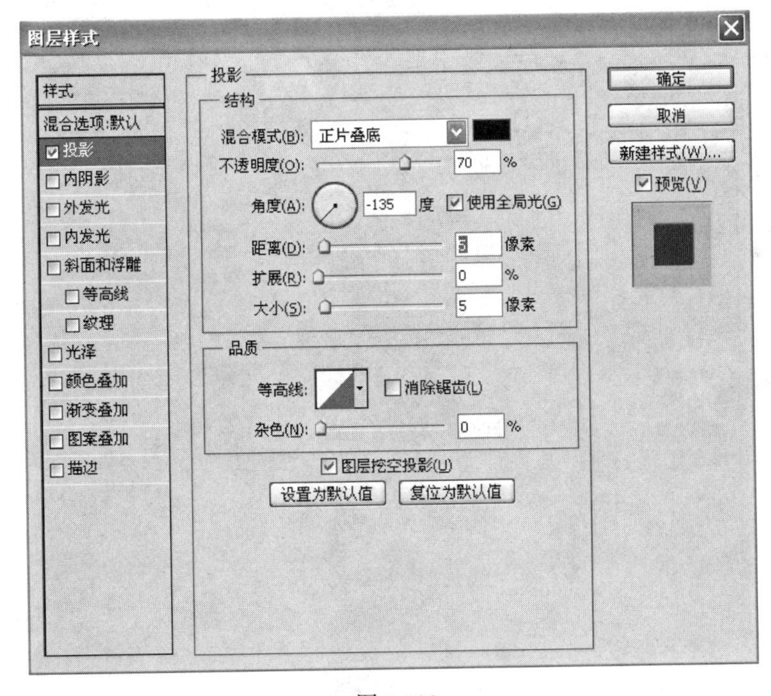

图 5-139

设置字体大小为 30 点，在图形相应的位置输入“绿之广场　集会广场　文化广场”，效果如图 5-143 所示。

● 描绘边框

由于图纸设定比实际图形大，所以要进行裁剪。按下快捷键“C”激活“裁剪工具”，在图的左上角单击，拖动鼠标裁剪框至图形右下方，拖动裁剪框上方线中心调节上下范围，拖动裁剪框左侧线中心调节左右范围，然后依次调节相对的边线，使裁剪框沿着图形的图框，按下回车键执行裁剪，图纸多余的部分被裁掉。

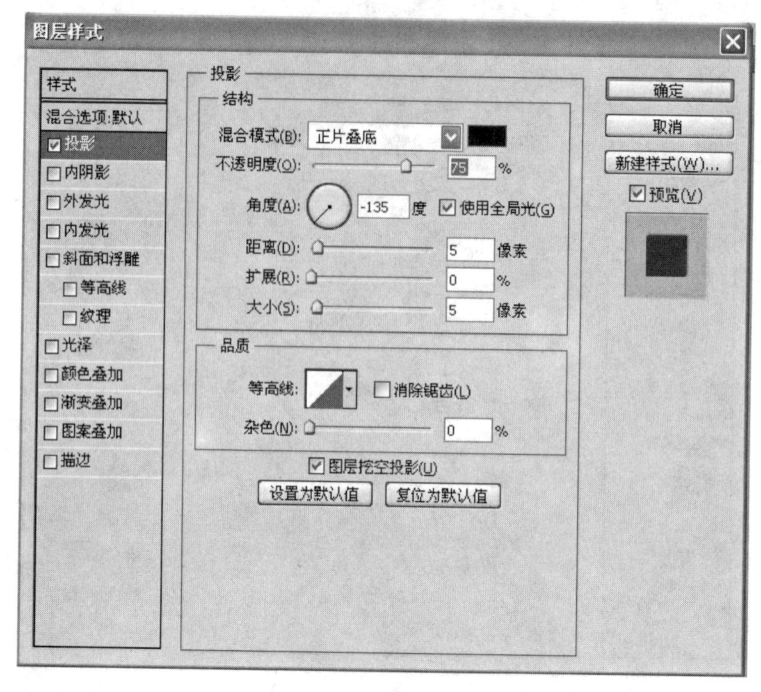

图 5-140

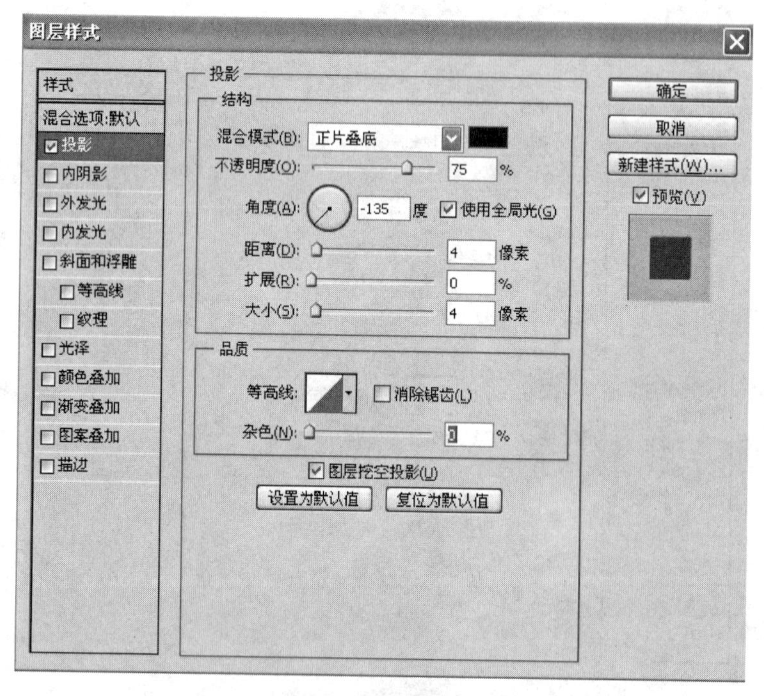

图 5-141

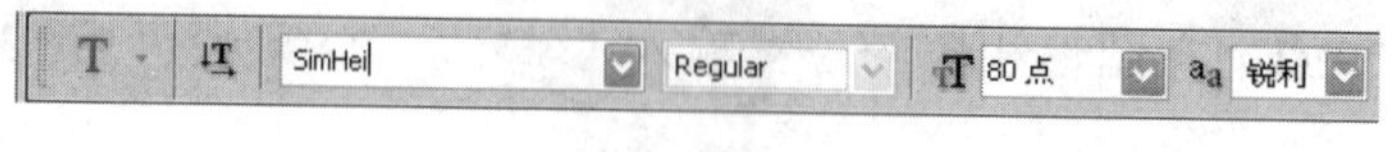

图 5-142

描边。单击“前景色和背景色默认工具”，恢复前景色为黑色。按下“Ctrl+A”键，选择图形区域。单击“图层”面板下方的“创建新图层”，单击右键在“图层属性”中把图层名称改为“描边”并激活，单击菜单“编辑 / 描边”在弹出的对话框中进行参数设置（如图 5-144 所示），确定后返回，按下“Ctrl+D”键取消选择，完成图形的全部绘制（如图 5-145 所示）。

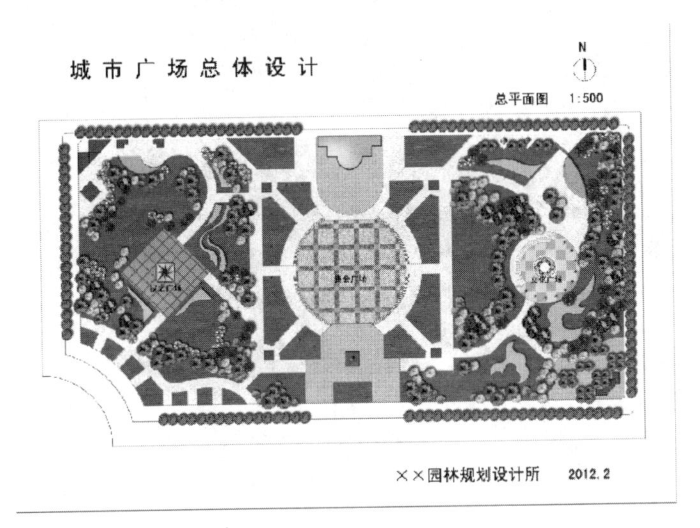

图 5-143

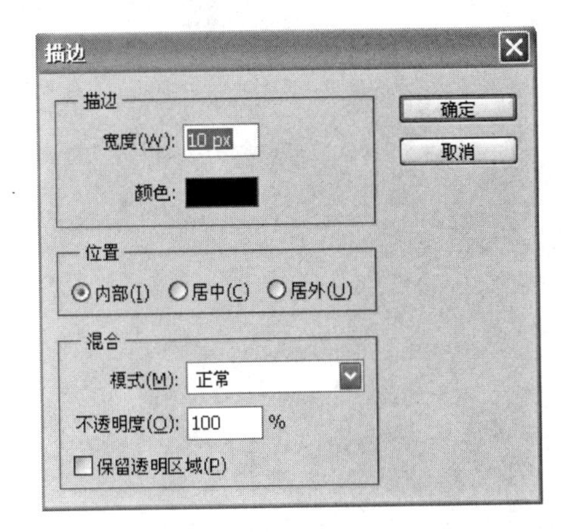

图 5-144

至此，图形已绘制完成，单击“文件 / 存储为”或按下“Shift+Ctrl+S”键，将文件用相同的名称另存为 *.JPG 格式，在系统弹出的“JPEG 选项”中，拖动图像品质调节钮至最大（如图 5-146 所示），确定后返回图形界面，图形文件已改为 *.JPG 格式。下一步就可以用于打印输出了。

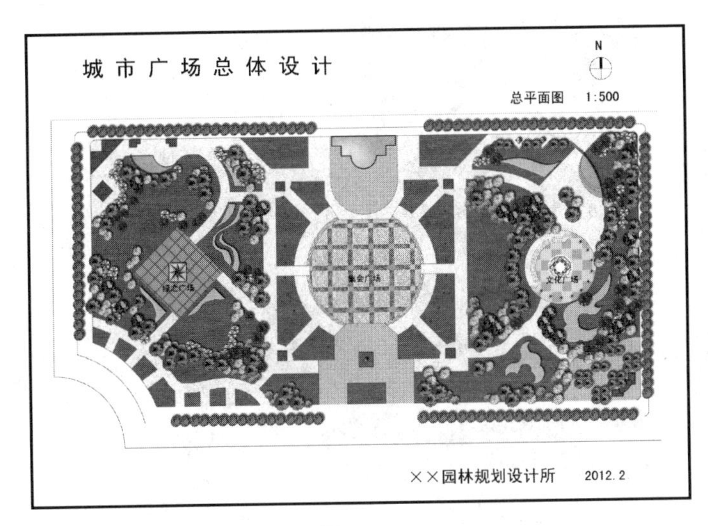

图 5-145

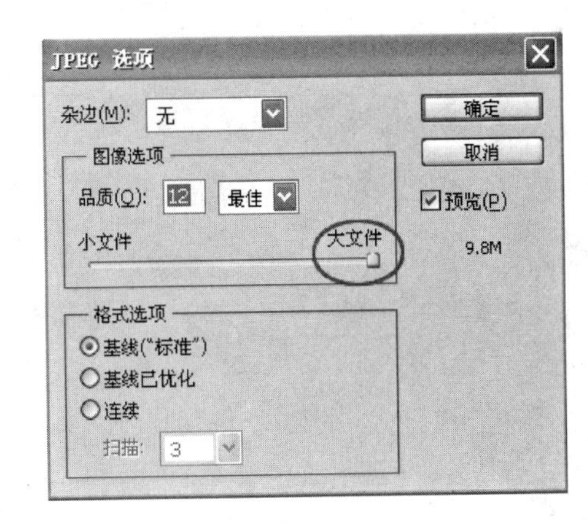

图 5-146